COLLECTION ODYSSÉE

MATHÉMATIQUES 2de

PROGRAMME 2009

Sous la direction de

Éric SIGWARD
IA-IPR de mathématiques de l'académie de Strasbourg

Auteurs

François BRISOUX
Professeur de mathématiques au lycée Frédéric Kirchleger de Munster

Christian BRUCKER
Professeur de mathématiques au lycée Théodore Deck de Guebwiller

Yvan MONKA
Professeur de mathématiques au collège Albert Camus de Soufflenheim

Éric SIGWARD

Les auteurs remercient chaleureusement
Véronique BRUSSET et **Annick CHAZAL** pour leur contribution,
ainsi que l'association Mathématiques sans Frontières.

HATIER

AVANT-PROPOS

Vous voici en première année de lycée, plus précisément en 2de qui est une classe de détermination.

Quelle que soit votre orientation en 1re, ce manuel vous aidera à assurer les bases nécessaires pour la suite de vos études de second cycle et à acquérir les notions indispensables au raisonnement et à la compréhension.

Les chapitres de ce manuel sont composés de plusieurs rubriques :

- Des **Activités** introductrices qui vous permettront de réinvestir les notions étudiées dans les classes de collège, paliers indispensables pour la compréhension des nouveaux outils.

- Le **Cours** qui contient des définitions et des propriétés démontrées et illustrées d'exemples.

- Les **Savoir-faire** qui vous aideront à résoudre les exercices d'application en vous guidant à l'aide de méthodes générales.

- De nombreux **Travaux pratiques** :

- utilisant l'outil informatique TP TICE
- qui vous initieront à la pratique algorithmique TP Algorithmique
- qui comprennent des questions plus ouvertes TP Problème ouvert

- UN PEU D'HISTOIRE qui vous familiarisera avec certains mathématiciens et leurs découvertes.

- De nombreux **Exercices d'application** classés par difficulté croissante.

Des renvois vers les savoir-faire vous guideront dans vos recherches.

- Un **QCM** pour tester vos connaissances sur le chapitre.

- De nombreux **Problèmes** dont certains issus de la vie courante ou d'autres disciplines scientifiques.

Certains de ces problèmes sont extraits de la compétition Mathématiques sans Frontières, dont quelques-uns en langue étrangère.

R signale une remarque ou un exercice ayant plus particulièrement trait au raisonnement logique.

N signale une remarque sur une notation mathématique.

V signale une remarque sur le vocabulaire mathématique.

www. signale des QCM interactifs, des figures dynamiques, des captures d'écran de calculatrices et des fichiers réalisés sous différents formats de logiciels disponibles en complément sur le site www.odyssee-hatier.com

Vous trouverez par ailleurs une introduction au **raisonnement logique** et une **Initiation à l'algorithmique** en début de manuel, ainsi que des **QCM** pour faire le point sur vos acquis du collège au début de chaque partie.

Nous espérons que ce manuel répondra à vos attentes et que vous y trouverez les éléments essentiels pour consolider votre culture mathématique.

Les auteurs.

© HATIER, PARIS 2010 - ISBN : 978-2-218-94646-2

Exécuter un programme

TI-83 Plus.fr

- Sélectionner « EXEC » dans le menu de programmation, choisir le programme à l'aide des flèches et appuyer sur [entrer] (précéd résol).

CASIO GRAPH 35+

- Choisir le programme à l'aide des flèches et sélectionner « EXE » par la touche [F1].

Exemple : Saisie et exécution du programme pour faire deviner le nombre 2010.

```
PROGRAM:DEVINE
:Input "N?",N
:While N≠2010
:Disp "NON :-("
:Input "N?",N
:End
:Disp "GAGNE"
:Stop
```

```
EXEC EDIT NOUV
1:DEVINE
```

```
prgmDEVINE
N?2000
NON :-(
N?2010
GAGNE
            Fait
```

```
======DEVINE  ======
"N"?→N↵
While N≠2010↵
"N"?→N↵
WhileEnd↵
"GAGNE"
Whle WEnd Do Lp-W
```

```
Program List
DEVINE        :   64
EXE EDIT NEW DEL DEL·A
```

```
N?
2000
N?
2009
N?
2010
GAGNE
```

Étudier une fonction

Exemple : Soit les fonctions f et g définies par $f(x) = -0{,}5x - 2$ et $g(x) = -x^2 + 1$.
On souhaite tracer les courbes représentatives de ces fonctions et visualiser leur(s) point(s) d'intersection.

TI-83 Plus.fr	CASIO *GRAPH* 35+

Saisir l'expression de la fonction

TI-83 Plus.fr

La touche [f(x)] (graph stats F1) permet d'accéder à la fenêtre de saisie.

Exemple

```
Graph1 Graph2 Graph3
\Y1■-0.5X-2
\Y2■-X²+1
\Y3=
\Y4=
\Y5=
\Y6=
\Y7=
```

CASIO GRAPH 35+

Choisir le mode GRAPH du menu puis appuyer sur [EXE].

Saisir l'expression dans la fenêtre qui s'affiche.

Exemple

```
Graph Func  :Y=
Y1■-0.5X-2      [—]
Y2■-X²+1        [—]
Y3:             [—]
Y4:             [—]
Y5:             [—]
Y6:             [—]
```

Obtenir un tableau de valeurs

TI-83 Plus.fr

- Pour définir les valeurs du tableau, appuyer sur [2nde] [fenêtre] (déf table F2).
- Pour afficher le tableau de valeurs, appuyer sur [2nde] [graphe] (table F5).

Exemple

```
DEFINIR TABLE
 DébTbl=-2
 Pas=0.5
Valeurs:Auto Dem
Calculs:Auto Dem
```

X	Y1	Y2
-2	-1	-3
-1.5	-1.25	-1.25
-1	-1.5	0
-.5	-1.75	.75
0	-2	1
.5	-2.25	.75
1	-2.5	0

Y1=-1

CASIO GRAPH 35+

Choisir le mode TABLE du menu puis appuyer sur [EXE].

- Le menu « SET », accessible via la touche [F5], permet d'accéder au paramétrage du tableau.
- Pour afficher le tableau de valeurs, appuyer sur [F6].

Remarque : Il faut vérifier au préalable que les fonctions sont sélectionnées à l'aide du menu « SEL », accessible via la touche [F1] (le signe = est alors en surbrillance).

Exemple

```
Table Setting
X
 Start:-2
 End  :3
 Step :0.5
```

Y1=-0.5X-2

X	Y1	Y2
-2	-1	-3
-1.5	-1.25	-1.25
-1	-1.5	0
-0.5	-1.75	0.75

-1
FORM DEL ROW EDIT G·CON G·PLT

Tracer la courbe et régler la fenêtre d'affichage

TI-83 Plus.fr

- La touche [graphe] (table F5) permet l'affichage de la courbe.
- La touche [trace] (calculs F4) permet en plus d'avoir un point mobile sur la courbe pour lire ses coordonnées.
- Pour obtenir le point d'intersection de courbes, appuyer sur [2nde] [trace] (calculs F4), puis choisir « 5 : intersect », les courbes et une valeur initiale.
- Pour choisir la fenêtre d'affichage, appuyer sur [fenêtre] (déf table F2) et indiquer les minima et maxima des abscisses et ordonnées dans la fenêtre qui s'affiche.

Les fonctionnalités de [zoom] (format F3) seront parfois nécessaires, en particulier « ZOrthonormal » et « ZStandard » qui permettent d'initialiser les paramètres de la fenêtre.

Exemple

```
FENETRE
 Xmin=-2
 Xmax=3
 Xgrad=1
 Ymin=-5
 Ymax=2
 Ygrad=1
 Xres=1
```

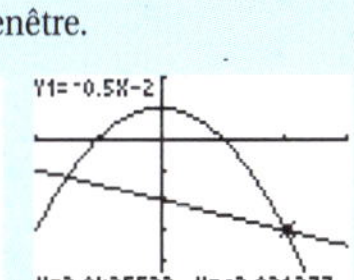

CASIO GRAPH 35+

- Choisir le mode GRAPH du menu puis appuyer sur [EXE].

La touche [F6] permet ensuite d'obtenir l'affichage de la courbe.

- Appuyer sur [SHIFT] [F1] pour avoir un point mobile sur la courbe et lire ses coordonnées.
- Le point d'intersection de courbes s'obtient par [SHIFT] [F5] puis [F5].
- Pour choisir la fenêtre d'affichage, appuyer sur [SHIFT] [F3] et indiquer les minima et maxima des abscisses et ordonnées dans la fenêtre qui s'affiche.

Les fonctionnalités « INIT » et « STD » permettent d'initialiser les paramètres de la fenêtre.

Remarque : La touche [EXIT] (QUIT) permet de ressortir d'un menu.

Exemple

```
View Window
Xmin  :-2
 max  :3
 scale:1
 dot  :0.03968253
Ymin  :-5
 max  :2
INIT TRIG STD STO RCL
```

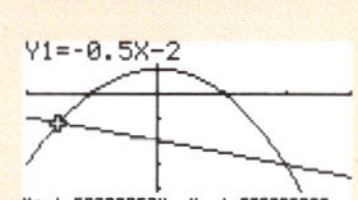

Faire des statistiques

Exemple

Dans une classe de 30 élèves, voici la répartition des notes à un devoir :

Note	8	10	11	12	14	17
Nombre d'élèves	3	5	10	7	4	1

On souhaite connaître les paramètres de cette série statistique.

TI-83 Plus.fr	**CASIO *GRAPH* 35+**
• La touche [listes / stats] permet d'accéder au menu des statistiques.	• Choisir le mode STAT du menu puis appuyer sur [EXE].

Entrer des données

TI-83 Plus.fr

• Sélectionner le menu « EDIT » puis « Edite... » et appuyer sur [précéd résol / entrer].

• Saisir les données statistiques dans les listes.

Exemple

On saisit les notes dans la liste L_1 et les effectifs correspondants dans la liste L_2.

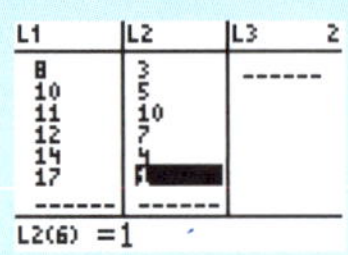

CASIO GRAPH 35+

• Sélectionner « EDIT » par la touche [F2].

Remarque

Pour trouver « EDIT », il faudra éventuellement appuyer sur [F6].

• Saisir les données statistiques dans les listes.

Exemple

On saisit les notes dans List 1 et les effectifs correspondants dans List 2.

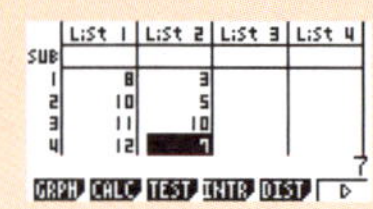

Obtenir les paramètres statistiques

TI-83 Plus.fr

• Dans les menus de [listes / stats], sélectionner « CALC » puis «Stats 1-Var » et appuyer sur [précéd résol / entrer].

• Saisir les noms de listes où se trouvent les valeurs x_i du caractère étudié et les effectifs n_i correspondants.

Exemple

Si les données ont été saisies dans les listes L_1 et L_2, appuyer sur :

[2nde] [L1 Y / 1] [EE J / ,] [2nde] [L2 Z / 2].

Remarque

Si les effectifs associés à chacune des valeurs du caractère sont tous 1, il suffira d'appeler la seule liste contenant les valeurs du caractère.

• Appuyer sur [précéd résol / entrer].

• **Après avoir vérifié que *n* indique le bon nombre de données,** la médiane et les quartiles s'obtiennent en demandant le bas de l'affichage avec la flèche [▼].

• Pour quitter la fenêtre des résultats, appuyer sur la touche [annul].

Exemple

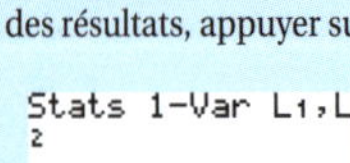

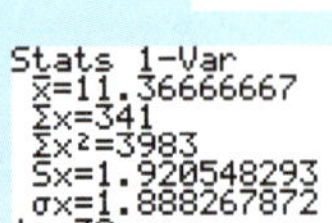

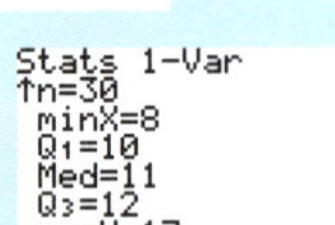

CASIO GRAPH 35+

• Sélectionner« CALC » par la touche [F2], puis « SET » par [F6] pour accéder au paramétrage :
– pour « 1Var Xlist », sélectionner la liste qui contient les valeurs x_i du caractère étudié (*ici, List 1*) ;
– pour « 1Var Freq », sélectionner la liste qui contient les effectifs n_i (*ici, List 2*).

Remarque

Si les effectifs associés à chacune des valeurs du caractère sont tous 1, sélectionner « 1 » pour « 1Var Freq ».

• Appuyer sur [EXE], puis sélectionner « 1VAR » par la touche [F1].

• **Après avoir vérifié que *n* indique le bon nombre de données,** la médiane et les quartiles s'obtiennent en demandant le bas de l'affichage avec la flèche [▼].

• Pour quitter la fenêtre des résultats, appuyer sur la touche [QUIT / EXIT].

Exemple

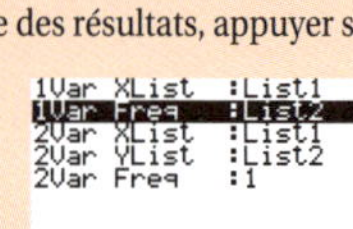

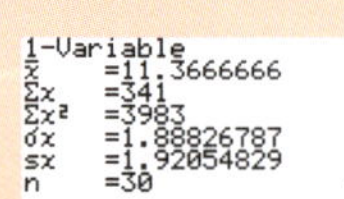

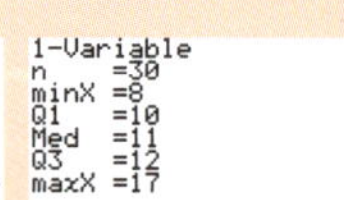

SOMMAIRE

TABLE DES CONTENUS

PROGRAMME DE LA CLASSE DE SECONDE (EXTRAITS)

Bulletin officiel n° 30 du 23 juillet 2009.

1. Fonctions

Contenus	Capacités attendues
Fonctions Image, antécédent, courbe représentative.	• Traduire le lien entre deux quantités par une formule. Pour une fonction définie par une courbe, un tableau de données ou une formule : • identifier la variable et, éventuellement, l'ensemble de définition ; • déterminer l'image d'un nombre ; • rechercher des antécédents d'un nombre.
Étude qualitative de fonctions Fonction croissante, fonction décroissante ; maximum, minimum d'une fonction sur un intervalle.	• Décrire, avec un vocabulaire adapté ou un tableau de variations, le comportement d'une fonction définie par une courbe. • Dessiner une représentation graphique compatible avec un tableau de variations. Lorsque le sens de variation est donné, par une phrase ou un tableau de variations : • comparer les images de deux nombres d'un intervalle ; • déterminer tous les nombres dont l'image est supérieure (ou inférieure) à une image donnée.
Expressions algébriques Transformations d'expressions algébriques en vue d'une résolution de problème.	• Associer à un problème une expression algébrique. • Identifier la forme la plus adéquate (développée, factorisée) d'une expression en vue de la résolution du problème donné. • Développer, factoriser des expressions polynomiales simples ; transformer des expressions rationnelles simples.
Équations Résolution graphique et algébrique d'équations.	• Mettre un problème en équation. • Résoudre une équation se ramenant au premier degré. • Encadrer une racine d'une équation grâce à un algorithme de dichotomie.
Fonctions de référence Fonctions linéaires et fonctions affines Variations de la fonction carré, de la fonction inverse.	• Donner le sens de variation d'une fonction affine. • Donner le tableau de signes de $ax + b$ pour des valeurs numériques données de a et b. • Connaître les variations des fonctions carré et inverse. • Représenter graphiquement les fonctions carré et inverse.
Études de fonctions Fonctions polynômes de degré 2. Fonctions homographiques.	• Connaître les variations des fonctions polynômes de degré 2 (monotonie, extremum) et la propriété de symétrie de leurs courbes. • Identifier l'ensemble de définition d'une fonction homographique.
Inéquations Résolution graphique et algébrique d'inéquations.	• Modéliser un problème par une inéquation. • Résoudre graphiquement des inéquations de la forme : $f(x) < k$; $f(x) < g(x)$. • Résoudre une inéquation à partir de l'étude du signe d'une expression produit ou quotient de facteurs du premier degré. • Résoudre algébriquement les inéquations nécessaires à la résolution d'un problème.
Trigonométrie « Enroulement de la droite numérique » sur le cercle trigonométrique et définition du sinus et du cosinus d'un nombre réel.	• On fait le lien avec les valeurs des sinus et cosinus des angles de 0°, 30°,45°, 60°, 90°.

2. Géométrie

Contenus	Capacités attendues
Coordonnées d'un point du plan Abscisse et ordonnée d'un point dans le plan rapporté à un repère orthonormé. Distance de deux points du plan. Milieu d'un segment.	• Repérer un point donné du plan, placer un point connaissant ses coordonnées. • Calculer la distance de deux points connaissant leurs coordonnées. • Calculer les coordonnées du milieu d'un segment.
Configurations du plan Triangles, quadrilatères, cercles.	Pour résoudre des problèmes : • Utiliser les propriétés des triangles, des quadrilatères, des cercles. • Utiliser les propriétés des symétries axiale ou centrale.
Droites Droite comme courbe représentative d'une fonction affine. Équations de droites. Droites parallèles, sécantes.	• Tracer une droite dans le plan repéré. • Interpréter graphiquement le coefficient directeur d'une droite. • Caractériser analytiquement une droite. • Établir que trois points sont alignés, non alignés. • Reconnaître que deux droites sont parallèles, sécantes. • Déterminer les coordonnées du point d'intersection de deux droites sécantes.
Vecteurs Définition de la translation qui transforme un point A du plan en un point B. Vecteur $\overrightarrow{AB}$ associé. Égalité de deux vecteurs : $\vec{u} = \overrightarrow{AB} = \overrightarrow{CD}$ Coordonnées d'un vecteur dans un repère.	• Savoir que $\overrightarrow{AB} = \overrightarrow{CD}$ équivaut à ABDC est un parallélogramme, éventuellement aplati. • Connaître les coordonnées $(x_B - x_A, y_B - y_A)$ du vecteur $\overrightarrow{AB}$.

Somme de deux vecteurs. Produit d'un vecteur par un nombre réel. Relation de Chasles.	• Calculer les coordonnées de la somme de deux vecteurs dans un repère. • Utiliser la notation $\lambda\vec{u}$. • Établir la colinéarité de deux vecteurs. • Construire géométriquement la somme de deux vecteurs. • Caractériser alignement et parallélisme par la colinéarité de vecteurs.
Géométrie dans l'espace Les solides usuels étudiés au collège : parallélépipède rectangle, pyramides, cône et cylindre de révolution, sphère. Droites et plans, positions relatives. Droites et plans parallèles.	• Manipuler, construire, représenter en perspective des solides.

3. Statistiques et probabilités

Contenus	Capacités attendues
Statistique descriptive, analyse de données Caractéristiques de position et de dispersion • médiane, quartiles ; • moyenne.	• Utiliser un logiciel (par exemple, un tableur) ou une calculatrice pour étudier une série statistique. • Passer des effectifs aux fréquences, calculer les caractéristiques d'une série définie par effectifs ou fréquences. • Calculer des effectifs cumulés, des fréquences cumulées. • Représenter une série statistique graphiquement (nuage de points, histogramme, courbe des fréquences cumulées).
Échantillonnage Notion d'échantillon. Intervalle de fluctuation d'une fréquence au seuil de 95 %. Réalisation d'une simulation.	• Concevoir, mettre en œuvre et exploiter des simulations de situations concrètes à l'aide du tableur ou d'une calculatrice. • Exploiter et faire une analyse critique d'un résultat d'échantillonnage.
Probabilité sur un ensemble fini Probabilité d'un événement. Réunion et intersection de deux événements, formule : $p(A \cup B) + p(A \cap B) = p(A) + p(B)$.	• Déterminer la probabilité d'événements dans des situations d'équiprobabilité. • Utiliser des modèles définis à partir de fréquences observées. • Connaître et exploiter cette formule.

Algorithmique (objectifs pour le lycée)

Il s'agit de familiariser les élèves avec les grands principes d'organisation d'un algorithme : gestion des entrées-sorties, affectation d'une valeur et mise en forme d'un calcul.

Dans le cadre de cette activité algorithmique, les élèves sont entraînés :
- à décrire certains algorithmes en langage naturel ou dans un langage symbolique ;
- à en réaliser quelques-uns à l'aide d'un tableur ou d'un petit programme réalisé sur une calculatrice ou avec un logiciel adapté ;
- à interpréter des algorithmes plus complexes.

Aucun langage, aucun logiciel n'est imposé.

L'algorithmique a une place naturelle dans tous les champs des mathématiques et les problèmes posés doivent être en relation avec les autres parties du programme (fonctions, géométrie, statistiques et probabilité, logique) mais aussi avec les autres disciplines ou la vie courante.

À l'occasion de l'écriture d'algorithmes et de petits programmes, il convient de donner aux élèves de bonnes habitudes de rigueur et de les entraîner aux pratiques systématiques de vérification et de contrôle.

Instructions élémentaires (affectation, calcul, entrée, sortie).

Les élèves, dans le cadre d'une résolution de problèmes, doivent être capables :
- d'écrire une formule permettant un calcul ;
- d'écrire un programme calculant et donnant la valeur d'une fonction ;
  ainsi que les instructions d'entrées et sorties nécessaires au traitement.

Boucle et itérateur, instruction conditionnelle

Les élèves, dans le cadre d'une résolution de problèmes, doivent être capables :
- de programmer un calcul itératif, le nombre d'itérations étant donné ;
- de programmer une instruction conditionnelle, un calcul itératif, avec une fin de boucle conditionnelle.

Notations et raisonnement mathématiques (objectifs pour le lycée)

Cette rubrique, consacrée à l'apprentissage des notations mathématiques et à la logique, ne doit pas faire l'objet de séances de cours spécifiques mais doit être répartie sur toute l'année scolaire.

Notations mathématiques

Les élèves doivent connaître les notions d'élément d'un ensemble, de sous-ensemble, d'appartenance et d'inclusion, de réunion, d'intersection et de complémentaire et savoir utiliser les symboles de base correspondant : $\in$, $\subset$, $\cup$, $\cap$ ainsi que la notation des ensembles de nombres et des intervalles.

Pour le complémentaire d'un ensemble A, on utilise la notation des probabilités $\overline{A}$.

Pour ce qui concerne le raisonnement logique, les élèves sont entraînés, sur des exemples :
- à utiliser correctement les connecteurs logiques « et », « ou » et à distinguer leur sens des sens courants de « et », « ou » dans le langage usuel ;
- à utiliser à bon escient les quantificateurs universel, existentiel (les symboles $\forall$, $\exists$ ne sont pas exigibles) et à repérer les quantifications implicites dans certaines propositions et, particulièrement, dans les propositions conditionnelles ;
- à distinguer, dans le cas d'une proposition conditionnelle, la proposition directe, sa réciproque, sa contraposée et sa négation ;
- à utiliser à bon escient les expressions « condition nécessaire », « condition suffisante » ;
- à formuler la négation d'une proposition ;
- à utiliser un contre-exemple pour infirmer une proposition universelle ;
- à reconnaître et à utiliser des types de raisonnement spécifiques : raisonnement par disjonction des cas, recours à la contraposée, raisonnement par l'absurde.

Le raisonnement logique

Le raisonnement logique n'est pas propre aux mathématiques ; il intervient au quotidien, dans les décisions que l'on prend, les gestes que l'on fait…
Le raisonnement le plus courant est l'implication : « *Si le feu est rouge alors je dois m'arrêter.* »
Mais il existe de nombreuses autres façons de s'assurer d'un résultat.
Par exemple, supposons que lorsqu'il pleut je prends toujours un parapluie. En conséquence, lorsque je me promène sans parapluie, on peut en conclure qu'il ne pleut pas : c'est logique !
Tous ces raisonnements sont utilisés en mathématiques pour démontrer un résultat. Vous trouverez dans ces pages tous les outils du raisonnement logique que vous pouvez utiliser pour démontrer.

1 Les connecteurs logiques : et, ou

Dans le langage usuel, le mot « ou » signifie le plus souvent un choix exclusif, comme « fromage ou dessert ». On parle de « ou » **exclusif**.
En mathématiques, le mot « ou » propose un choix qui n'est pas exclusif : « un élément appartient à A ou B » ne signifie pas « cet élément appartient soit à A, soit à B » mais « cet élément appartient **au moins** à A ou à B » ; dans ce cas, il peut appartenir soit à A, soit à B, soit aux deux ensembles. On parle alors de « ou » **inclusif**.

EXEMPLE

Considérons la phrase : « Tous les élèves de la chorale ou du cours de danse participent au spectacle. »
Dans cette phrase, le « ou » est inclusif : il inclut aussi les élèves qui participent à la fois à la chorale et au cours de danse.

L'intersection de deux ensembles A et B est l'ensemble des éléments qui appartiennent à A **et** à B.
On note cette intersection **A∩B.**
La **réunion** de deux ensembles A et B est l'ensemble des éléments qui appartiennent à A **ou** à B.
On note cette réunion **A∪B.**

EXEMPLE 1

Reprenons l'exemple précédent. On note A l'ensemble des élèves de la chorale et B l'ensemble des élèves du cours de danse.
A∪B est la partie colorée. Elle contient A∩B.

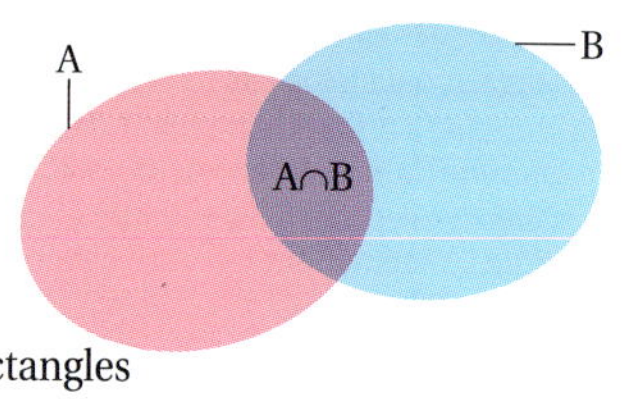

EXEMPLE 2

Dans la famille des parallélogrammes, en notant A l'ensemble des rectangles et B l'ensemble des losanges, on a :
– A∩B est l'ensemble des carrés ;
– A∪B contient les rectangles non carrés, les losanges non carrés et les carrés.

2 Les quantificateurs : pour tout, quel que soit, il existe

Les quantificateurs permettent de connaître le domaine de validité d'une propriété.

Ils sont donc essentiels pour savoir dans quel cas une propriété peut s'appliquer.

EXEMPLES

- On considère les trois affirmations suivantes :

« **Tout** parallélogramme dont les diagonales sont de même longueur est un rectangle. »
« **Quel que soit** x, x^2 est positif ou nul. »
« **Tous** les ans, Noël est en décembre. »

Dans ces trois affirmations, on énonce une **propriété universelle**, vraie pour tout les parallélogrammes, pour tout nombre réel x, pour chaque année.

- On considère les trois affirmations suivantes :

« **Il existe** des parallélogrammes dont les diagonales sont de même longueur. »
« **Il existe** des réels x tels que $x^2 > 100$. »
« **Il existe** des années où il ne neige pas. »

Dans ces trois affirmations, on énonce une propriété vraie sur des exemples mais qui n'est pas universelle.

REMARQUE Les quantificateurs sont intéressants pour donner un contre-exemple.
Par exemple, la proposition « tout parallélogramme a ses diagonales de longueurs différentes » est fausse car il existe des parallélogrammes dont les diagonales ont même longueur.

ATTENTION ! Les quantificateurs sont essentiels dans une proposition mais ils sont souvent implicites : il faut donc veiller à les repérer.

EXEMPLES

- « Un parallélogramme dont les diagonales sont de même longueur est un rectangle. »
Le quantificateur implicite est « **tout** ».
- « Un parallélogramme peut avoir des diagonales de même longueur. »
Le quantificateur implicite est « **il existe** ».

Les deux quantificateurs « tout » et « il existe » sont souvent liés lorsqu'il s'agit d'énoncer le contraire d'une proposition.

EXEMPLES

- Le contraire de la proposition « **Toutes** les fenêtres sont fermées » est la proposition « **Il existe** une fenêtre (au moins) d'ouverte ».
- Le contraire de la proposition « **Tous** les carrés sont des losanges » est la proposition « **Il existe** des losanges qui ne sont pas carrés ».

3 Implication, réciproque, contraposée et équivalence

ATTENTION ! Le sens de lecture de l'implication est essentiel.

Le principe même du raisonnement mathématique est **l'implication** (propriété directe) : un fait en implique un autre, une hypothèse entraîne une conclusion.

Une propriété et sa **réciproque** ne sont pas toujours équivalentes.
Une propriété et sa **contraposée** sont équivalentes.

EXEMPLES

Supposons que la propriété P suivante soit toujours vraie : « Si je suis habillé en bleu alors je suis heureux. »

- La **réciproque** de la propriété P est : « Si je suis heureux alors je suis habillé en bleu. »
Cette propriété n'est pas nécessairement vraie car il y a peut-être d'autres raisons d'être heureux.
- La **contraposée** de la propriété P est : « Si je ne suis pas heureux alors je ne suis pas habillé en bleu. »
Cette propriété est nécessairement vraie, car si j'étais habillé en bleu, je serais heureux, or je ne suis pas heureux, donc je ne peux pas être habillé en bleu.

En notant A et B deux propositions, nonA et nonB leurs propositions contraires, on peut résumer les relations entre ces propositions ainsi :

Propriétés indépendantes	**Implication :** A entraîne B *Si je suis habillé en bleu alors je suis heureux.*	Propriétés équivalentes $\Leftrightarrow$	**Contraposée :** nonB entraîne nonA *Si je ne suis pas heureux alors je ne suis pas habillé en bleu.*
	Réciproque : B entraîne A *Si je suis heureux alors je suis habillé en bleu.*	Propriétés équivalentes $\Leftrightarrow$	**Contraposée de la réciproque :** nonA entraîne nonB *Si je ne suis pas habillé en bleu alors je ne suis pas heureux.*

REMARQUE

La propriété « Si je suis habillé en bleu alors je suis heureux » n'est pas équivalente à « Si je ne suis pas habillé en bleu alors je ne suis pas heureux », bien qu'on confonde souvent leur sens par un raisonnement trop hâtif.

Lorsqu'une propriété et sa réciproque sont simultanément vraies, on dit que la propriété est une **équivalence**.

EXEMPLES

- La propriété « Un quadrilatère est un carré **si et seulement si** il est losange et rectangle » peut se décliner en deux propriétés :
– propriété directe : « Si un quadrilatère est un carré alors il est losange et rectangle. »
– propriété réciproque : « Si un quadrilatère est losange et rectangle alors c'est un carré. »
- Les égalités $x^2 = 9$ et $x = 3$ ne sont pas équivalentes : si $x = 3$ alors $x^2 = 9$ mais la réciproque est fausse car si $x^2 = 9$ alors $x = 3$ ou $x = -3$.

4 Les outils du raisonnement dans la démonstration

a. Le contre-exemple

Le contre-exemple s'utilise pour démontrer qu'une proposition n'est pas toujours vraie.

EXEMPLES

• TOM. – Aujourd'hui, on fabrique tout en Chine !
LYDIA. – C'est faux : mon sac a été fabriqué en France.

• « Un quadrilatère dont les diagonales sont de même longueur est un rectangle. »
Cette affirmation est fausse si les diagonales ne se coupent pas en leur milieu.
La figure ci-contre est un contre-exemple.

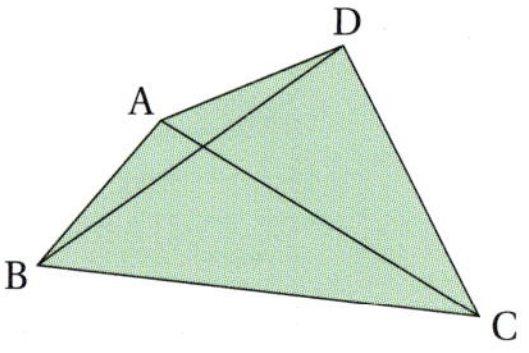

• « L'expression $x^2 - x$ est positive ou nulle pour tout réel x. »
Cette phrase est fausse car pour $x = \frac{1}{2}$ on a $\left(\frac{1}{2}\right)^2 - \frac{1}{2} = -\frac{1}{4} < 0$.

b. Le raisonnement par l'absurde

Le raisonnement par l'absurde consiste à émettre comme hypothèse le contraire du résultat escompté. Si cela conduit à un résultat absurde (ou faux) alors on aura démontré que le résultat attendu était juste.

EXEMPLE

S'il existe un nombre x solution de l'équation $x^2 + 1 = 0$ alors $x^2 = -1$, ce qui est impossible car un carré est toujours positif.
Donc l'équation $x^2 + 1 = 0$ n'a pas de solution.

c. Le raisonnement par contraposée

Le raisonnement par contraposée consiste à montrer la contraposée de la proposition car elle est équivalente à celle-ci. On suppose le contraire du résultat escompté, et l'on démontre le contraire de l'hypothèse initiale.

EXEMPLES

• « Dans ma classe tous les élèves font de l'espagnol. Tu ne fais pas espagnol donc tu n'es pas dans ma classe. »

• *Démontrons la propriété suivante :* « Si un entier n a un carré pair alors n est pair. »
Il est équivalent de démontrer sa contraposée : « Si un entier n est impair alors n a un carré impair. »
Supposons donc que n est impair. Il existe alors un entier k tel que $n = 2k + 1$.
On obtient $n^2 = (2k + 1)^2 = 4k^2 + 4k + 1 = 2(2k^2 + 2k) + 1$
n^2 est alors un nombre impair.
La contraposée de la propriété étant vraie, la propriété est aussi vraie.

d. Le raisonnement par disjonction des cas

Le raisonnement par disjonction des cas s'utilise lorsque la démonstration dépend de la situation mais que l'on peut démontrer la proposition en traitant les différents cas séparément.

EXEMPLES

• « Que je vienne à pieds ou en bus, je serai en retard : si je prends le bus, je serai pris dans les bouchons, si je viens à pieds, je mettrai trop longtemps. »

• *Démontrons la propriété suivante :* « Pour tout entier naturel n, $n^2 + 3n$ est pair. »
n est un nombre entier. Il est soit pair, soit impair.
– Supposons tout d'abord que n est impair. Il existe donc un entier k tel que $n = 2k + 1$.
On obtient : $n^2 + 3n = (2k + 1)^2 + 3(2k + 1) = 4k^2 + 4k + 1 + 6k + 3 = 4k^2 + 10k + 4 = 2(2k^2 + 5k + 2)$
$n^2 + 3n$ est donc un nombre pair.
– Supposons maintenant que n est pair. Il existe donc un entier k tel que $n = 2k$.
On obtient : $n^2 + 3n = (2k)^2 + 3(2k) = 4k^2 + 6k = 2(2k^2 + 3k)$
$n^2 + 3n$ est donc un nombre pair.
En conclusion, quel que soit l'entier naturel n, $n^2 + 3n$ est pair.

A. Introduction

1 Définition et exemples

Un algorithme est une liste finie de processus élémentaires, appelés instructions élémentaires, amenant à la résolution d'un problème.

Voici quelques algorithmes déjà rencontrés au cours de votre scolarité.

- **L'algorithme de la division euclidienne**

C'est une suite finie d'instructions qui calculent le quotient et le reste de la division de deux entiers.

- **L'algorithme d'Euclide**

C'est une suite finie de divisions euclidiennes aboutissant au calcul du PGCD de deux entiers.

En effet, pour déterminer le PGCD de deux entiers, on applique l'algorithme ci-contre.

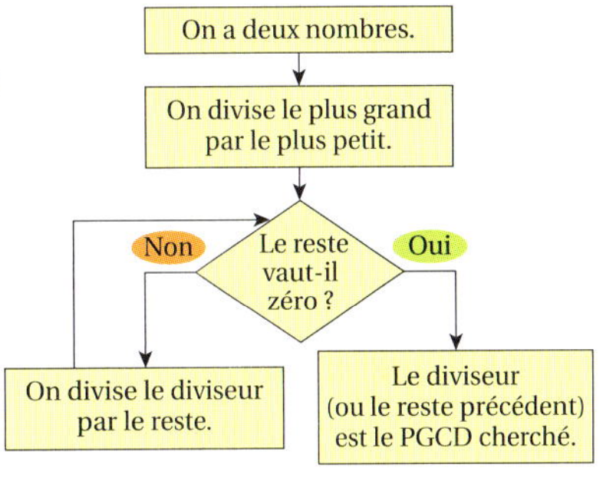

EXEMPLE

Calculons le PGCD de 946 et 444 :

946	444	444	58	58	38	38	20	20	18	18	2
58	2	38	7	20	1	18	1	2	1	0	9

Le PGCD de 946 et 444 est donc 2.

- **Des algorithmes de constructions géométriques**

EXEMPLE 1 *Partager un segment en cinq parties égales*

On donne un segment [AB].

On trace une demi-droite quelconque passant par le point A et pas par B.

On reporte sur cette dernière cinq segments de même longueur.

On trace le segment joignant B à l'extrémité du 5e segment.

Les parallèles à ce segment passant par les points placés sur la demi-droite découpent le segment [AB] en 5 segments de même longueur.

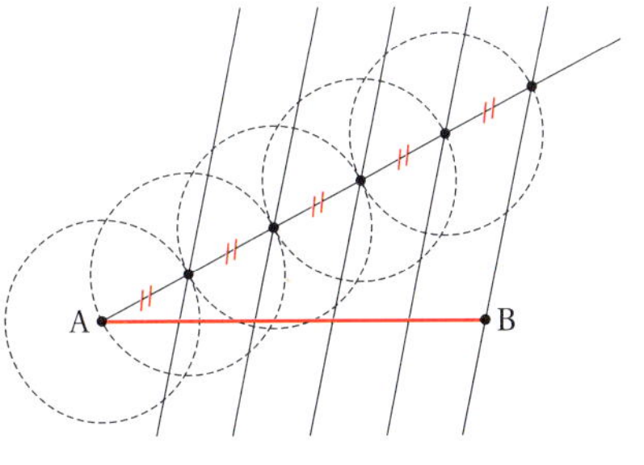

EXEMPLE 2 ***Le flocon de Koch*** (Niels Fabian Helge von Koch, 1870 - 1924)

Sur un triangle équilatéral (étape 1), on partage chaque côté en trois parties égales et on construit un triangle équilatéral ayant pour base le segment central (étape 2).

En réitérant ce procédé sur chaque côté, on obtient une figure de plus en plus complexe (étape 3, ..., étape 6, ...) : le flocon de Koch.

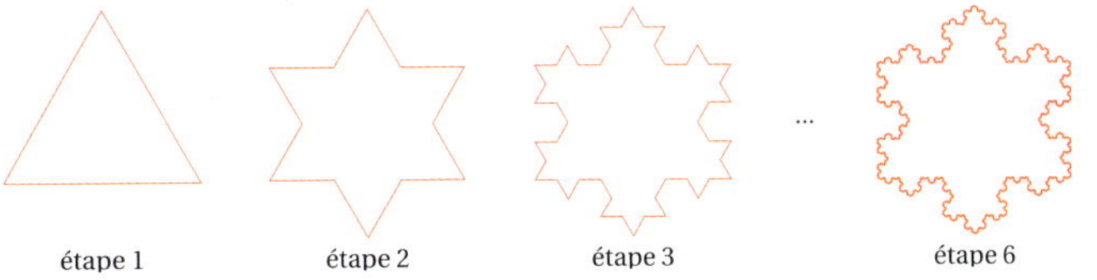

étape 1 — étape 2 — étape 3 — ... — étape 6

2 Langage et structure d'un algorithme

Un algorithme peut être décrit en langage « naturel », mais on utilise dans la plupart des cas un langage plus précis adapté aux instructions utilisées : on parle alors de langage de programmation.

Les exemples d'algorithmes de ce manuel sont écrits dans plusieurs environnements : le langage naturel, le logiciel AlgoBox, le langage de programmation Python, le langage des calculatrices les plus courantes (TI et Casio), la syntaxe des tableurs, ainsi que les syntaxes des logiciels Xcas et Scilab.

Les exemples introductifs qui suivent sont présentés dans le langage Python.
On pourra se reporter au tableau de correspondance entre les différentes syntaxes utilisées (▸ **voir p. IV**).

De façon générale, on peut considérer trois étapes dans un algorithme :

1. L'entrée des données
Dans cette étape figure la lecture des données qui seront traitées au cours de l'algorithme.
Dans un programme, ces données peuvent être saisies au clavier ou bien être lues dans un fichier annexe.

2. Le traitement des données
C'est le cœur du programme. Il est constitué d'une suite d'instructions, parmi lesquelles les différentes opérations sur les données, qui permettent de résoudre le problème.

3. La sortie des résultats
C'est le résultat obtenu qui peut être affiché à l'écran ou enregistré dans un fichier.

B. Les instructions

1 L'affectation

Une des instructions fondamentales est l'**affectation** d'une valeur à une variable.
L'affectation consiste à attribuer une valeur à une variable.

Les valeurs prises par les variables sont, par exemple, des nombres entiers, des nombres décimaux, des chaînes de caractères, des listes, des tableaux, des graphiques, ...

L'affectation se traduit de différentes manières selon le langage. Par exemple, si une variable A doit être affectée de la valeur 3, on écrit en langage naturel : « A **prend la valeur** 3. »
Ce que l'on écrit :

3 → A	A = 3	A:=3
en langage TI ou Casio ;	en langage Python ou sous Scilab ;	sous Xcas.

EXEMPLE

On suppose que trois variables *a*, *b* et *c* possèdent respectivement les valeurs initiales 1, 2 et 3 et on considère la suite des affectations en langage Python ci-contre.

```
a,b,c=1,2,3
a=2*b+5
c=b**2-a
a=c
b,c=c,b
```

Pour déterminer les valeurs prises par *a*, *b* et *c* à la suite de ces affectations, on exécute pas à pas la succession des instructions, ici en indiquant dans un tableau les valeurs successives prises par les trois variables.

	a	*b*	*c*
Affectation 1	1	2	3
Affectation 2	9	2	3
Affectation 3	9	2	–5
Affectation 4	–5	2	–5
Affectation 5	–5	–5	2

▸ Voir p. IV pour la syntaxe des instructions et les symboles des opérations en langage Python.

REMARQUES

- L'affectation d'une variable efface toute valeur antérieurement affectée.
- En Python, on peut effectuer des affectations simultanées (cf. 1re ligne de l'exemple ci-dessus).
- La dernière ligne a pour effet d'échanger les contenus des variables *b* et *c*.

Exercice 1 (corrigé p. 313)

Que réalise la suite des instructions en Python suivante ?

```
a=input('donnez la valeur de a')
b=input('donnez la valeur de b')
print 'c=',(a**2+b**2)**0.5
```

COUP DE POUCE

- L'instruction **input** met l'ordinateur en position d'attente. La valeur donnée par l'utilisateur sera ensuite affectée à la variable *a*.
- L'instruction **print** affiche la valeur de la variable précisée.

2 Instruction conditionnelle

On est très souvent amené à effectuer des instructions sous certaines conditions.

Il s'agit, par exemple, d'effectuer des instructions qui dépendent, la plupart du temps, de la comparaison de deux valeurs affectées à deux variables. Ces relations de comparaison sont $<, >, \leqslant, \geqslant, =, \neq$ (respectivement <, >,<=, >=, ==, != en Python).

Il est possible d'imbriquer plusieurs tests conditionnels les uns dans les autres.

En langage naturel, une instruction conditionnelle peut se formuler par : « si … alors … ; sinon … », ce qui se traduit en langage Python par :

```
if condition :
    instructions
else :
    instructions
```

EXEMPLE 1 *La suite de Syracuse*

Considérons l'algorithme en langage naturel suivant :

Entrée :	Un entier naturel a.
Traitement et Sortie :	Si a est pair alors on affiche la valeur $a \div 2$. Si a est impair alors on affiche la valeur $3a+1$.

Cet algorithme peut, par exemple, s'écrire à l'aide du logiciel AlgoBox ou en langage Python ou TI :

AlgoBox

```
VARIABLES
  a EST_DU_TYPE NOMBRE
DEBUT_ALGORITHME
  LIRE a
  SI (a%2==0) ALORS
    DEBUT_SI
    a PREND_LA_VALEUR a/2
    FIN_SI
    SINON
      DEBUT_SINON
      a PREND_LA_VALEUR 3*a+1
      FIN_SINON
  AFFICHER a
FIN_ALGORITHME
```

Python*

```
a=input('a=')
if a%2==0:
    a=a/2
else:
    a=3*a+1
print a
```

TI

```
PROGRAM:SYRACUSE
:Input "A=",A
:If A-2*ent(A/2)
=0
:Then
:A/2→A
:Else
:3*A+1→A
:End
:Disp A
```

* En Python, « a%2 » désigne le reste de la division euclidienne de l'entier a par 2.

ATTENTION !
Il ne faut pas confondre l'égalité et l'affectation.
En Python, « = » est le symbole d'affectation, « = = » est celui de l'égalité
(▸ voir p. IV).

REMARQUE

Dans la plupart des langages, les blocs d'instructions doivent être délimités par des symboles spécifiques.
En Python, ces délimiteurs de blocs sont repérés par les sauts de ligne et les indentations (décalage par rapport à la marge).
En Python, la ligne d'en-tête d'un bloc d'instructions se termine toujours par « : ».

EXEMPLE 2 *Un algorithme de tri*

On souhaite ranger par ordre croissant trois nombres a, b et c.
Pour cela, on applique les trois règles suivantes :

- règle 1 : si $a \leqslant b$ et $b \leqslant c$ alors les nombres sont dans l'ordre croissant et l'algorithme se termine ;
- règle 2 : si $a > b$ alors on échange les valeurs de a et de b ;
- règle 3 : si $b > c$ alors on échange les valeurs de b et de c.

On applique ces règles jusqu'à ce que la règle 1 indique que l'algorithme se termine.

Prenons, par exemple, les valeurs initiales $a = 10$, $b = 15$ et $c = 9$:
– les règles 1 et 2 ne s'appliquent pas ;
– la règle 3 s'applique et renvoie $a = 10$, $b = 9$, $c = 15$;
– la règle 1 ne s'applique pas ;
– la règle 2 s'applique et renvoie $a = 9$, $b = 10$, $c = 15$;
– la règle 3 ne s'applique pas ;
– la règle 1 s'applique et l'algorithme se termine ; les trois nombres sont rangés par ordre croissant.
Nous verrons dans le paragraphe suivant comment cet algorithme peut se programmer en Python.

3 Répétition en boucle

On peut être amené à répéter un bloc d'instructions tant qu'une condition reste vérifiée.

En langage naturel, une répétition en boucle peut se formuler par : « tant que ... ».

En langage Python, la syntaxe d'une répétition en boucle est **while** (*tant que* en anglais).
Si la condition qui suit la ligne d'en-tête contenant l'instruction **while** est vérifiée, alors le programme exécute toutes les instructions du bloc qui suit, sinon le bloc est entièrement ignoré.

EXEMPLE 1

Le programme Python ci-dessous affiche les carrés et cubes des entiers de 1 à 20.

```
n=1
while n<=20:
    print n,n**2,n**3
    n=n+1
```

EXEMPLE 2 *La « suite de Fibonacci »*

La suite de Fibonacci est une suite de nombres, dont les deux premiers sont égaux à 1 et chaque terme suivant est égal à la somme des deux termes qui le précèdent.
Les premiers termes de cette suite sont : 1, 1, 2 (=1+1), 3 (=1+2), 5 (=2+3), 8 (=3+5), 13 (=5+8),...

Le programme ci-dessous réalise cette suite.

```
a,b,c=1,1,0
while c<20:
    a,b,c=b,a+b,c+1
    print b,
```

On pourra l'exécuter pas à pas afin de comprendre le rôle de chaque variable.

Dans cet exemple, les variables *a* et *b* contiennent à chaque itération deux termes consécutifs de la suite. La variable *c* est un compteur de boucles.

REMARQUE

La virgule après l'instruction *print* permet d'afficher les résultats sur une même ligne.

EXEMPLE 3 *Un algorithme de tri*

Reprenons l'algorithme de tri décrit dans le paragraphe B ❷ :
l'application des règles 2 et 3 a pour effet de placer le plus grand des trois nombres en dernière position. Il suffit donc de répéter deux fois l'ensemble des règles pour obtenir le classement voulu. Cela donne le programme en Python ci-dessous.

```
a=input('a=')
b=input('b=')
c=input('c')
i=0
while i<2:
    i=i+1
    if a>b:
        a,b=b,a
    if b>c:
        b,c=c,b
print a,b,c
```

Exercice 2 (corrigé p. 313)

Voici un algorithme en langage naturel définissant une suite de nombres :

Prendre un entier naturel A comme valeur initiale.
Tant que A est différent de 4, effectuer les instructions suivantes :
  Afficher A.
  Si A se termine par 4, barrer ce chiffre.
  Si A se termine par le chiffre 0, barrer ce chiffre.
  Sinon, multiplier A par 2.

a. Exécuter cet algorithme pas à pas avec un entier naturel quelconque.

b. Écrire cet algorithme en Python. (Le chiffre des unités d'un entier s'obtient en déterminant son reste dans la division euclidienne par 10.)

4 Boucle itérative

L'autre moyen de répéter des instructions peut se réaliser à l'aide de l'instruction **for**.

En Python, la boucle **for** parcourt dans l'ordre les éléments d'une séquence quelconque.
La syntaxe est la suivante :

```
for variable in séquence :
    opérations à répéter
```

EXEMPLE

Calcul de la somme des entiers de 1 à 200 en langage Python :

```
S=0
for i in range(201):
    S=S+i
print S
```

REMARQUE

L'instruction **range**(201) désigne la séquence des entiers 0, 1, 2, ..., 200.
Si a et b sont des entiers (avec $a < b$), **range**(a, b) désigne la séquence des entiers n vérifiant $a \leqslant n < b$.

C. Fonctions ou procédures

Afin de faciliter la lecture d'un programme complexe, on peut le décomposer en sous-programmes plus simples à lire et interpréter. Ces mêmes sous-programmes peuvent de plus être utilisés plusieurs fois dans le programme initial. Il peut alors être intéressant de définir de nouvelles instructions pour la construction d'un programme.

La syntaxe en Python pour définir une fonction est la suivante :

```
def nomdelafonction (paramètres) :
    .........................
        bloc d'instructions
    .........................
```

Dans la suite du programme, l'appel à cette fonction s'effectuera simplement par son nom suivi des paramètres entre parenthèses, de la même manière qu'un appel à une fonction prédéfinie du langage.

EXEMPLE

La fonction **sec** suivante convertit en seconde une durée exprimée en heure, minute et seconde (l'instruction **return** renvoie la valeur calculée par la fonction).

```
def sec(h,m,s):
    "conversion en secondes"
    return 3600*h+60*m+s
```

REMARQUE

Dans un programme en Python, il est possible d'insérer des commentaires entre apostrophes.

Exercice 3 (corrigé p. 313)

On considère le programme ci-contre qui renvoie une valeur y pour un nombre x donné.

Calculer quelques valeurs prises par cette fonction, puis conjecturer la définition de celle-ci.

```
def fonc(x):
    a,b,y=1,1,0
    while a<=x:
        y=y+1
        b=b+2
        a=a+b
    return y
```

D. Module « tortue »

Il est possible d'importer des modules dans Python.

Un module particulièrement intéressant est le module « turtle » qui permet de réaliser des figures géométriques en déplaçant, à l'aide de commandes, le curseur qui laisse une trace derrière lui.

Les principales fonctions de ce module sont les suivantes :

Instruction	Action
reset()	Efface l'écran.
goto(x,y)	Se déplace au point de coordonnées (x,y).
forward(l)	Avance d'une longueur *l*.
backward(l)	Recule d'une longueur *l*.
left(a)	Tourne à gauche de *a* degrés.
right(a)	Tourne à droite de *a* degrés.
up()	Lève le crayon traceur.
down()	Abaisse le crayon.

La syntaxe pour importer toutes les fonctions du module « turtle » est *from turtle import**.

EXEMPLES

La suite des instructions suivantes dessine un carré de côté 100 :

forward(100) ; left(90) ; forward(100) ; left(90) ; forward(100) ; left(90) ; forward(100) ; left(90).

On l'écrira plus simplement :

```
for i in range (4):
    forward(100)
    left(90)
```

On peut bien entendu créer de nouvelles procédures qui pourront être appelées ultérieurement dans d'autres procédures.

Définissons par exemple la procédure **carre** qui prendra la longueur du côté en argument :

```
def carre(c):
    for i in range(4):
        forward(c)
        left(90)
```

L'exécution de carre(100) provoquera l'ouverture d'une fenêtre graphique dans laquelle se dessinera un carré de côté 100 :

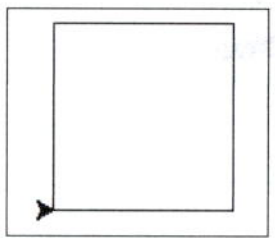

On peut ainsi réaliser des dessins géométriques plus complexes :

```
def tournecarre(n):
    i=0
    while i<n:
        carre(150)
        left(360/n)
        i=i+1
```

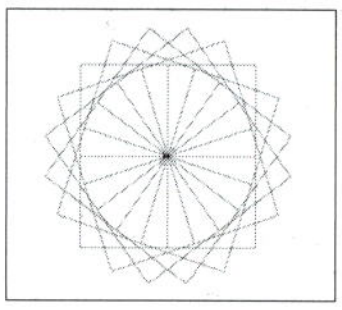

Exercice 4 (corrigé p. 313)

Écrire les algorithmes permettant de réaliser chacune des figures suivantes.

a. La figure ci-dessous, composée de 10 carrés emboîtés ; le plus petit carré a pour côté *c*, le plus grand carré a pour côté *c*+180.

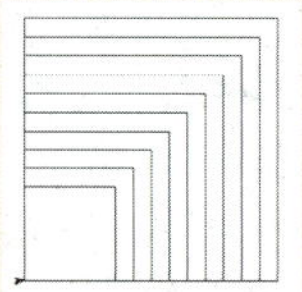

b. Un hexagone régulier de côté *c*.

c. La figure ci-dessous, composée de carrés et de triangles équilatéraux.

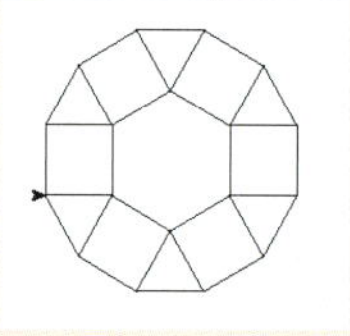

d. La figure ci-dessous.

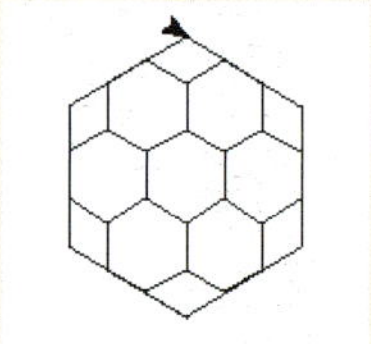

On pourra s'aider de l'algorithme écrit pour la figure **b**.

Club House du golf Creek de Dubaï (Émirats arabes unis) - Architecte : Brian Johnson, 1993.

QCM Je teste mes acquis sur les fonctions

CORRIGÉ P. 313

Pour chaque question, il y a une ou plusieurs bonnes réponses.

Calcul numérique

1 Le nombre $\frac{2}{13}\left(3-\frac{8}{7}\right)$ est :

A un nombre entier. B un nombre décimal.
C un nombre rationnel. D un nombre irrationnel.

2 Le nombre $(5-\sqrt{3})^2$ est :

A un nombre entier. B un nombre décimal.
C un nombre rationnel. D un nombre irrationnel.

Calcul algébrique

3 L'expression $9x^2-12x+4$ est égale à :

A $(3x+2)^2$ B $(3x-2)^2$
C $(3x-2)(3x+2)$ D $(2-3x)^2$

4 L'expression $4-16x^2$ est égale à :

A $(4-16x)^2$ B $(2-4x)^2$
C $(4-16x)(4+16x)$ D $(2-4x)(2+4x)$

Équations, inéquations

5 Les solutions de l'équation $(-2x+4)(5x+4)=0$ sont :

A $x=-\frac{4}{5}$ et $x=2$

B $x=-\frac{5}{4}$ et $x=2$

C les mêmes que celles de l'équation $(x-2)(5x+4)=0$.

D les mêmes que celles de l'équation $5x^2-6x-8=0$.

6 Les solutions de l'inéquation $-4x-2\leqslant -7x+4$ sont représentées en rouge sur l'axe gradué :

A 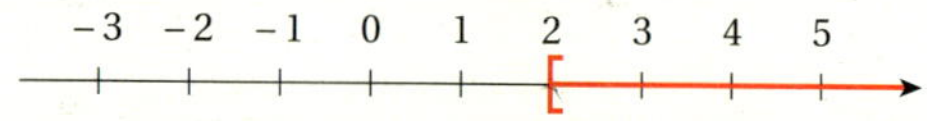

B 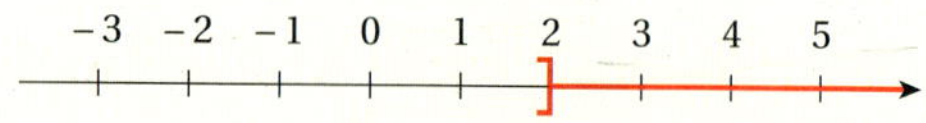

C 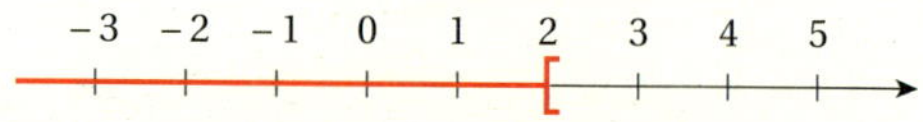

D 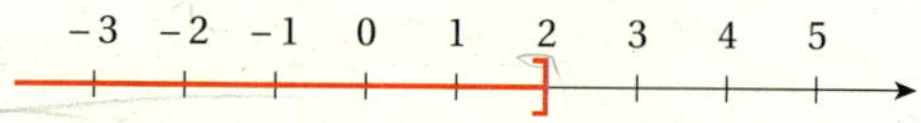

Fonctions

Pour les exercices **7** à **9**, on considère la représentation graphique ci-contre de la fonction *f*.

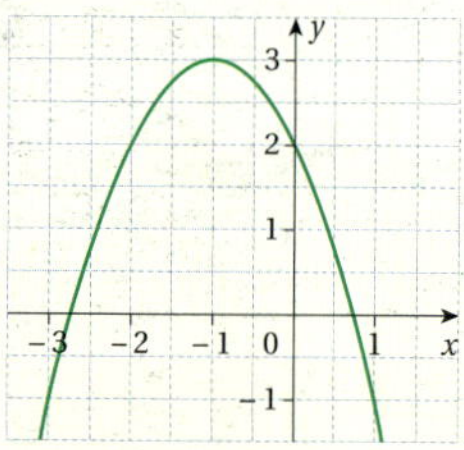

7 L'image de 1 par *f* :

A est 0,5. B est –2,5 ou 0,5.
C est –1. D n'existe pas.

8 Les antécédents de 2 par *f* :

A sont –2 et 2. B sont –2 et 0.
C ne peuvent pas être lus sur cette portion de graphique.
D n'existent pas.

9 Par lecture graphique, on peut affirmer que :

A $f(-3)=1$ B $f(-1)=-3$ C $f(-3)=-1$ D $f(-1)=3$

Pour les exercices **10** et **11**, on considère la représentation graphique ci-contre de la fonction *f* :

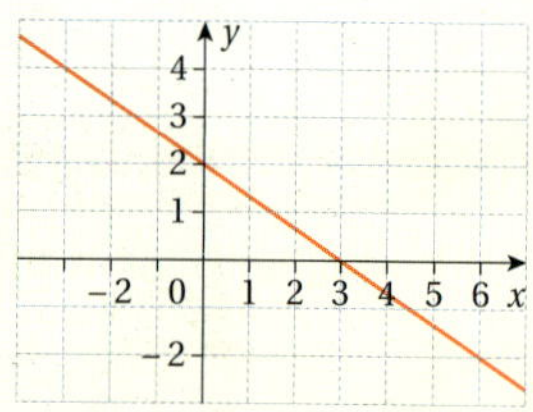

10 La fonction *f* est :

A affine. B linéaire. C ni affine ni linéaire.

11 Une expression de la fonction *f* est :

A $f(x)=-\frac{3}{2}x+2$

B $f(x)=2x-\frac{2}{3}$

C $f(x)=-\frac{2}{3}x+2$

D $f(x)=\frac{2}{3}x+2$

Calcul algébrique 1

Transformer une écriture algébrique permet :
- de diminuer le nombre de calculs avant d'appliquer de nombreuses fois la même formule (chapitre 2) ;
- d'identifier les propriétés d'une fonction (chapitres 3 et 4) ;
- de résoudre des équations et inéquations (chapitre 5).

Quelle action permet de transformer un produit de facteurs en une somme de termes ?
Quelle action permet de transformer une somme de termes en un produit de facteurs ?

Le chapitre en bref

Réinvestir
- Règles du calcul numérique
- Règles du calcul algébrique

Découvrir
- Ensembles de nombres
- Intervalles

UN PEU D'HISTOIRE P. 34

Activités

1 Reconnaître la forme d'une expression algébrique

Réinvestir : Reconnaître une somme, une différence, un produit, un quotient dans une expression algébrique.

1 Pour chacune des expressions suivantes, dire s'il s'agit d'une somme, d'une différence, d'un produit ou d'un quotient.

a. $3x+8$ **b.** $(3x+1)(4x-3)-(3x+1)(x-4)$ **c.** $4(x+2)$ **d.** $(4x-3)^2$

e. $\frac{2x}{1-x}$ **f.** $\frac{x-1}{5}-\sqrt{x}$ **g.** $(2x-3)(4+x)(x-1)$ **h.** $4-(x-7)^2$ **i.** $\sqrt{3x+2}-5$

2 Associer à chaque phrase l'expression algébrique qui lui correspond.

A Le quotient du produit de 2 et de x par la somme de 3 et de x.

B Le produit de la somme de 2 et de x et de la différence de 3 et de x.

C La somme du produit de 2 et de x et du quotient de 3 par x.

D La différence du quotient de 2 par x et de la somme de 3 et de x.

E Le quotient de la différence de 2 et de x par le produit de 3 et de x.

1 $2x+\frac{3}{x}$

2 $\frac{2x}{3+x}$

3 $(2+x)(3-x)$

4 $\frac{2-x}{3x}$

5 $\frac{2}{x}-(3+x)$

2 Différentes écritures d'un même nombre

Réinvestir :
- Reconnaître les différentes écritures d'un nombre.
- Choisir l'écriture la plus appropriée pour identifier les propriétés d'un nombre.

1 **a.** Montrer que les nombres suivants sont tous égaux.

$$1+\frac{5}{4}\ ;\quad 1{,}5^2\ ;\quad 45\times 0{,}05\ ;\quad \frac{3^2}{2^2}\ ;\quad 2{,}25\ ;\quad 3\times\frac{3}{4}\ ;\quad 3-\frac{3}{4}\ ;\quad 225\times 10^{-2}.$$

b. Laquelle des écritures ci-dessus peut-on choisir pour montrer que ce nombre est :
- un nombre décimal ?
- un nombre inférieur à 3 ?
- un carré ?
- un quotient d'entiers ?

2 **a.** Montrer que les nombres suivants sont tous égaux.

$$\frac{4}{9}\ ;\quad 1-\frac{5}{9}\ ;\quad \left(\frac{2}{3}\right)^2\ ;\quad \frac{1}{3}+\frac{1}{9}.$$

b. Laquelle des écritures ci-dessus peut-on choisir pour comparer ce nombre à :

- $\frac{1}{2}$?
- $\frac{1}{3}$?
- $\frac{4}{10}$?
- $\frac{2}{3}$?

c. La calculatrice donne pour écriture décimale de $\frac{4}{9}$ le nombre 0,444 444 444.

En supposant que l'écriture décimale de $\frac{4}{9}$ admette un nombre fini de 4, montrer que l'égalité $\frac{4}{9}=0{,}444...444$ n'est pas réalisable (on pourra faire un produit en croix et considérer le dernier chiffre de ce produit).

Que peut-on penser de cette écriture décimale ?

REMARQUE R
On fait ici un raisonnement par l'absurde.

A. Calcul algébrique

1 Développer et factoriser

a. Distributivité

DÉFINITIONS

Développer, c'est transformer un produit de facteurs en une somme de termes.
Factoriser, c'est transformer une somme de termes en un produit de facteurs.

On dit que la multiplication est **distributive** par rapport à l'addition (ou la soustraction).

EXEMPLE

DÉVELOPPER →

$$x(5+y) = 5x + xy$$

← FACTORISER

Dans cet exemple, on a *distribué* la multiplication par x sur les termes 5 et y.

PROPRIÉTÉ

On peut établir les règles suivantes de double distributivité :

$$(a+b)(c+d) = ac + ad + bc + bd$$

[1] ac [2] ad [3] bc [4] bd

▶ Savoir-faire 1
Développer une expression, p. 25

▶ Savoir-faire 2
Factoriser une expression en utilisant un facteur commun, p. 25

EXEMPLE *Développer et réduire l'expression* $A = (3-2x)(4-x)$.

$A = (3-2x)(4-x) = 12 - 3x - 8x + 2x^2 = 2x^2 - 11x + 12$

b. Identités remarquables

PROPRIÉTÉ

Pour tous nombres a et b réels, on a :

DÉVELOPPER →

$(a+b)^2 = a^2 + 2ab + b^2$ (1)

$(a-b)^2 = a^2 - 2ab + b^2$ (2)

$(a+b)(a-b) = a^2 - b^2$ (3)

← FACTORISER

▶ Savoir-faire 3
Factoriser une expression en utilisant une identité remarquable, p. 26

EXEMPLES

- *Développer* $A = (4x-6)^2$ et $B = (3x-1)(3x+1)$.

$A = (4x-6)^2 = (4x)^2 - 2 \times 4x \times 6 + 6^2 = 16x^2 - 48x + 36$ On utilise l'identité remarquable (2).

$B = (3x-1)(3x+1) = (3x)^2 - 1^2 = 9x^2 - 1$ On utilise l'identité remarquable (3).

- *Factoriser* $C = 25x^2 + 20x + 4$.

$C = 25x^2 + 20x + 4 = (5x)^2 + 2 \times 5x \times 2 + 2^2 = (5x+2)^2$ On utilise l'identité remarquable (1).

2 Réduire au même dénominateur

DÉFINITION

Réduire au même dénominateur, c'est transformer une somme (ou une différence) de deux fractions en une seule fraction.

PROPRIÉTÉ

Pour tous nombres a, b, c et d réels avec $b \neq 0$ et $d \neq 0$, on a :

$$\frac{a}{b}+\frac{c}{d}=\frac{ad}{bd}+\frac{bc}{bd}=\frac{ad+bc}{bd}$$

▶ Savoir-faire 4 Réduire au même dénominateur, p. 26

EXEMPLE *Réduire la fraction* $\frac{3}{x+1}+\frac{2}{x}$.

$$\frac{3}{x+1}+\frac{2}{x}=\frac{3x}{(x+1)x}+\frac{2(x+1)}{x(x+1)}=\frac{3x+2(x+1)}{x(x+1)}=\frac{3x+2x+2}{x(x+1)}=\frac{5x+2}{x(x+1)}$$

B. Ensembles de nombres

1 Les ensembles de nombres

DÉFINITIONS

- L'ensemble des nombres entiers naturels est noté $\mathbb{N}$.

$\mathbb{N} = \{0 ; 1 ; 2 ; 3 ; 4...\}$.

- L'ensemble des nombres entiers relatifs est noté $\mathbb{Z}$.

$\mathbb{Z} = \{... -3 ; -2 ; -1 ; 0 ; 1 ; 2 ; 3...\}$.

- L'ensemble des nombres décimaux est noté $\mathbb{D}$.

$\mathbb{D}$ est l'ensemble des nombres qui peuvent s'écrire avec un nombre fini de chiffres après la virgule.

- L'ensemble des nombres rationnels est noté $\mathbb{Q}$.

$\mathbb{Q}$ est l'ensemble des nombres qui peuvent s'écrire sous la forme d'un quotient $\frac{a}{b}$ avec a un entier et b un entier non nul.

- L'ensemble des nombres réels est noté $\mathbb{R}$.

$\mathbb{R}$ est l'ensemble de tous les nombres que nous utiliserons.

NOTE N

Le symbole $\in$, vu au collège, signifie « appartient à ». Le symbole $\notin$ signifie « n'appartient pas à ».

EXEMPLES

- $3 \in \mathbb{N}$ mais $-3 \notin \mathbb{N}$.
- $-3 \in \mathbb{Z}$ mais $0{,}33 \notin \mathbb{Z}$.
- $0{,}33 \in \mathbb{D}$ mais $\frac{1}{3} \notin \mathbb{D}$.
- $\frac{1}{3} \in \mathbb{Q}$ mais $\sqrt{3} \notin \mathbb{Q}$.

▶ Savoir-faire 5 Déterminer la nature d'un nombre, p. 27

REMARQUES

- Plus généralement, pour tout entier d qui n'est pas le carré d'un entier naturel, $\sqrt{d} \notin \mathbb{Q}$.
- Un nombre décimal est rationnel car il peut s'écrire $\frac{a}{10^n}$, avec $a \in \mathbb{Z}$ et $n \in \mathbb{N}$.

PROPRIÉTÉ ET NOTATION

Tous les éléments de $\mathbb{N}$ appartiennent à $\mathbb{Z}$: on dit que $\mathbb{N}$ est inclus dans $\mathbb{Z}$. On note $\mathbb{N} \subset \mathbb{Z}$.
On a donc aussi les inclusions suivantes : $\mathbb{N} \subset \mathbb{Z} \subset \mathbb{D} \subset \mathbb{Q} \subset \mathbb{R}$.

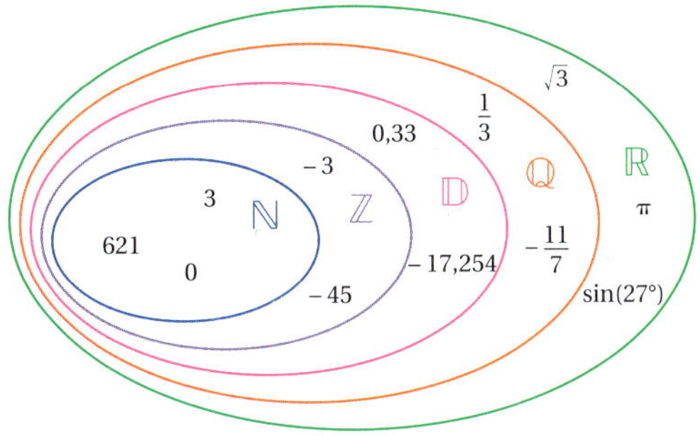

N Le signe * exclut le nombre 0 d'un ensemble.

EXEMPLE

$\mathbb{R}^*$ est l'ensemble des nombres réels privé de 0.
On le note également $\mathbb{R}\setminus\{0\}$.

2 Intervalles de $\mathbb{R}$

DÉFINITION

L'ensemble des nombres réels compris, au sens large, entre deux nombres a et b est noté $[a\,;b]$. C'est un **intervalle** qui désigne ici tous les nombres réels x tels que $a \leqslant x \leqslant b$.

NOTE N Le symbole ∞ désigne l'infini.

▶ Savoir-faire 6 Écrire sous forme d'intervalle les solutions d'une inégalité, d'un encadrement, p. 28

Le tableau suivant présente différentes sortes d'intervalles.

Notation	Nombres x	Représentation sur un axe
$[a\,;b]$	$a \leqslant x \leqslant b$	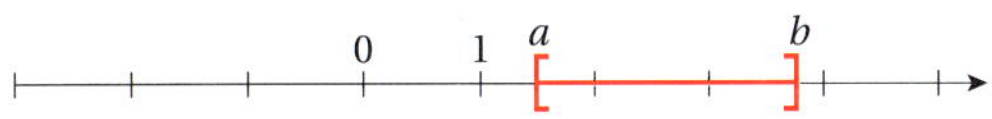
$]a\,;b[$	$a < x < b$	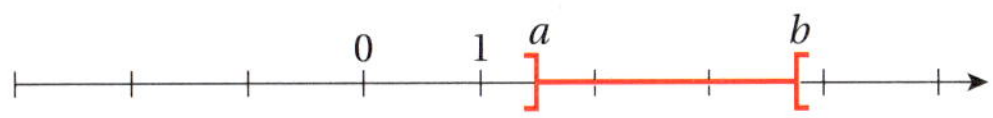
$]a\,;b]$	$a < x \leqslant b$	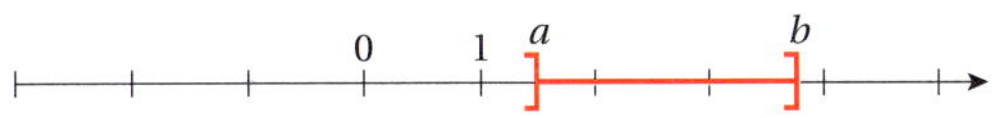
$[a\,;b[$	$a \leqslant x < b$	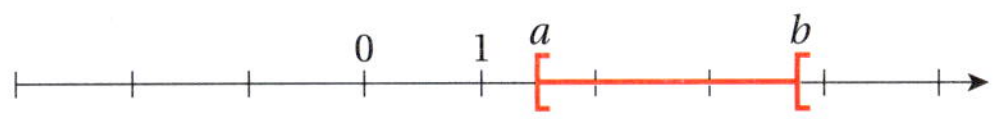
$[a\,;+\infty[$	$x \geqslant a$	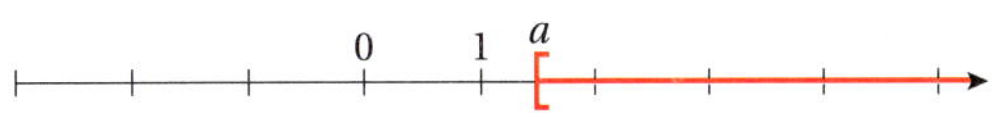
$]a\,;+\infty[$	$x > a$	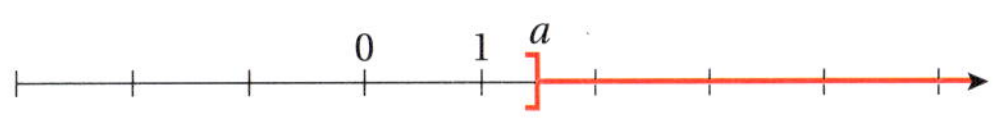
$]-\infty\,;b]$	$x \leqslant b$	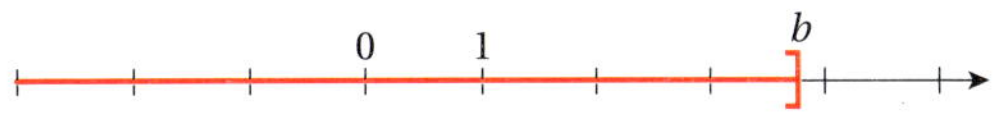
$]-\infty\,;b[$	$x < b$	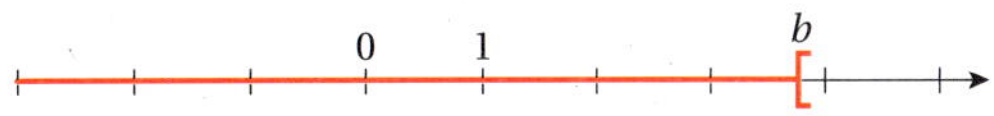

REMARQUES V

- On dit qu'un intervalle est **fermé** si ses extrémités appartiennent à l'intervalle.

Par exemple, $[-1\ ;\ 4]$ est un intervalle fermé.

- On dit qu'un intervalle est **ouvert** si ses extrémités n'appartiennent pas à l'intervalle.

Par exemple, $]-1\ ;\ 4[$ et $]2\ ;\ +\infty[$ sont des intervalles ouverts.

- L'ensemble $\mathbb{R}$ est aussi un intervalle et peut se noter $]-\infty\ ;\ +\infty[$; $\mathbb{R}$ est donc un intervalle ouvert.

3 Intersection et réunion

DÉFINITION

L'**intersection** de deux ensembles A et B est l'ensemble des éléments qui appartiennent à A **et** à B.

N On note cette intersection **A ∩ B**.

DÉFINITION

La **réunion** de deux ensembles A et B est l'ensemble des éléments qui appartiennent à A **ou** à B.

N On note cette réunion **A ∪ B**.

EXEMPLES

- Comme $\mathbb{N}$ est inclus dans $\mathbb{Z}$, on a :

$$\mathbb{N} \cap \mathbb{Z} = \mathbb{N} \quad \text{et} \quad \mathbb{N} \cup \mathbb{Z} = \mathbb{Z}$$

- Soit $A = [-2\ ;\ 1]$ et $B =]0\ ;\ 5[$ deux intervalles.

▶ Savoir-faire 7 Déterminer l'intersection et la réunion de deux intervalles, p. 28

Seuls les nombres entre 0 et 1 (sauf 0) appartiennent aux deux ensembles, donc $A \cap B =]0\ ;\ 1]$.
Tous les nombres de -2 à 5 (sauf 5) appartiennent au moins à un des deux ensembles, donc $A \cup B = [-2\ ;\ 5[$.

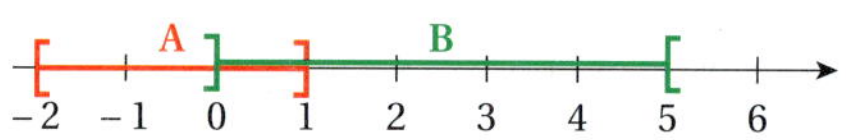

ATTENTION ! R V

Dans le langage usuel, le mot « ou » signifie le plus souvent un choix obligatoire, comme « fromage ou dessert ». On parle de « ou » **exclusif**.

En mathématiques, le symbole ∪ propose un choix qui n'est pas exclusif : « un nombre appartient à A ∪ B » ne signifie pas « ce nombre appartient soit à A, soit à B » mais « ce nombre appartient au moins à A ou à B » ; dans ce cas, le nombre peut éventuellement appartenir aux deux ensembles. On parle de « ou » **inclusif**.

▶ Le raisonnement logique, p. 8

REMARQUE N

L'ensemble vide se note Ø.

Savoir-faire

Savoir-faire 1 Développer une expression

ÉNONCÉ Développer et réduire les expressions suivantes.

$A = (2x+2)(5x-3)-(6-x)^2$ $\quad B = (3-4x)(x^2-4x+1)$ $\quad C = \frac{3}{2}x\left(\frac{4}{5}-\frac{2x}{3}\right)$

SOLUTION

- $A = (2x+2)(5x-3)-(6-x)^2$
  $= 10x^2-6x+10x-6-(36-12x+x^2)$
  $= 10x^2-6x+10x-6-36+12x-x^2$
  $= 9x^2+16x-42$
- $B = (3-4x)(x^2-4x+1)$
  $= 3x^2-12x+3-4x^3+16x^2-4x$
  $= -4x^3+19x^2-16x+3$
- $C = \frac{3}{2}x\left(\frac{4}{5}-\frac{2x}{3}\right)$
  $= \frac{3}{2}x\times\frac{4}{5}-\frac{3}{2}x\times\frac{2x}{3}$
  $= \frac{12}{10}x-\frac{6}{6}x^2$
  $= \frac{6}{5}x-x^2$

MÉTHODE

- Pour l'expression A, on développe le membre de gauche en appliquant la **double distributivité** et le membre de droite en utilisant une **identité remarquable**.
- Pour l'expression B, on développe en **distribuant** les termes du premier facteur (3 et $-4x$) sur les termes du deuxième facteur (x^2, $-4x$ et 1).
- Pour l'expression C, on développe en **distribuant** $\frac{3}{2}x$ sur les termes du deuxième facteur ($\frac{4}{5}$ et $-\frac{2x}{3}$).

Savoir-faire 2 Factoriser une expression en utilisant un facteur commun

ÉNONCÉ Factoriser les expressions suivantes.

$A = 3(2+3x)-(5+2x)(2+3x)$; $\quad B = (4x-1)(x+6)+(4x-1)$ $\quad C = (1-6x)^2-(1-6x)(2+5x)$

SOLUTION

- $A = 3(2+3x)-(5+2x)(2+3x)$
  $= (2+3x)(3-(5+2x))$
  $= (2+3x)(3-5-2x)$
  $= (2+3x)(-2-2x)$
  $= -2(2+3x)(1+x)$
- $B = (4x-1)(x+6)+(4x-1)$
  $= (4x-1)(x+6)+(4x-1)\times 1$
  $= (4x-1)(x+6+1)$
  $= (4x-1)(x+7)$
- $C = (1-6x)^2-(1-6x)(2+5x)$
  $= (1-6x)(1-6x)-(1-6x)(2+5x)$
  $= (1-6x)((1-6x)-(2+5x))$
  $= (1-6x)(1-6x-2-5x)$
  $= (1-6x)(-11x-1)$
  $= -(1-6x)(11x+1)$

MÉTHODE

Pour factoriser, il faut trouver dans chacun des termes de l'expression un facteur commun.

Ici :

- pour l'expression A, il s'agit de $2+3x$.
- pour l'expression B, il s'agit de $4x-1$.
- pour l'expression C, il s'agit de $1-6x$.

Savoir-faire 3 Factoriser une expression en utilisant une identité remarquable

ÉNONCÉ Factoriser les expressions suivantes.

$A = (2x + 3)^2 - 64$ $\quad$ $B = (1 + 3x)^2 - (2 - 5x)^2$

SOLUTION

- $A = (2x + 3)^2 - 64$
  $= (2x + 3)^2 - 8^2$
  $= ((2x + 3) - 8)((2x + 3) + 8)$
  $= (2x + 3 - 8)(2x + 3 + 8)$
  $= (2x - 5)(2x + 11)$
- $B = (1 + 3x)^2 - (2 - 5x)^2$
  $= ((1 + 3x) - (2 - 5x))((1 + 3x) + (2 - 5x))$
  $= (1 + 3x - 2 + 5x)(1 + 3x + 2 - 5x)$
  $= (8x - 1)(3 - 2x)$

MÉTHODE

- Dans l'expression A, on reconnaît une identité remarquable du type :
$$a^2 - b^2 = (a - b)(a + b)$$
avec $a = 2x + 3$ et $b = 8$.
- Dans l'expression B, on reconnaît une identité remarquable du type :
$$a^2 - b^2 = (a - b)(a + b)$$
avec $a = 1 + 3x$ et $b = 2 - 5x$.

Savoir-faire 4 Réduire au même dénominateur

ÉNONCÉ Réduire les expressions suivantes au même dénominateur.

$A = \frac{5x}{x-1} - \frac{2+x}{x+1}$ $\quad$ $B = \frac{x}{x+3} + 4$

SOLUTION

- $A = \frac{5x}{x-1} - \frac{2+x}{x+1}$
  $= \frac{5x(x+1)}{(x-1)(x+1)} - \frac{(x-1)(2+x)}{(x-1)(x+1)}$
  $= \frac{5x^2+5x}{(x-1)(x+1)} - \frac{2x+x^2-2-x}{(x-1)(x+1)}$
  $= \frac{5x^2+5x-2x-x^2+2+x}{(x-1)(x+1)}$
  $= \frac{4x^2+4x+2}{(x-1)(x+1)}$
- $B = \frac{x}{x+3} + 4$
  $= \frac{x}{x+3} + \frac{4(x+3)}{x+3}$
  $= \frac{x+4x+12}{x+3}$
  $= \frac{5x+12}{x+3}$

MÉTHODE

- Lorsque les fractions de l'expression n'ont pas de multiple commun évident, on choisit comme dénominateur commun leur produit (*ici*, $(x - 1)(x + 1)$).
On multiplie alors chaque fraction par le terme nécessaire au numérateur et au dénominateur.

- Un entier (*ici*, 4) peut toujours être considéré comme une fraction (*ici*, $4 = \frac{4}{1}$).

Savoir-faire 5 *Déterminer la nature d'un nombre*

ÉNONCÉ **1.** Simplifier l'écriture des nombres suivants pour préciser les ensembles de nombres auxquels ils appartiennent.

$$a=\frac{5}{6}\times\frac{9}{20}\ ; \qquad b=-2{,}05\times 20\ ; \qquad c=0{,}2\times\sqrt{\frac{64}{81}}\ ; \qquad d=\frac{2}{\sqrt{2}}.$$

2. Sans effectuer de calculs, préciser les ensembles de nombres auxquels appartiennent les nombres suivants :

$$a=0{,}12\times 5{,}473\ ; \qquad b=\frac{1}{3}\times 0{,}143\ ; \qquad c=\frac{\pi}{3}.$$

SOLUTION

1.

- $a=\frac{5}{6}\times\frac{9}{20}=\frac{5\times 9}{6\times 20}=\frac{\cancel{5}\times 3\times\cancel{3}}{2\times\cancel{3}\times 4\times\cancel{5}}=\frac{3}{2\times 4}=\frac{3}{8}=0{,}375$

a est donc décimal et *a fortiori* rationnel et réel.

$a\in\mathbb{D}$, $a\in\mathbb{Q}$ et $a\in\mathbb{R}$.

- $b=-2{,}05\times 20=-41$

b est donc un entier relatif et *a fortiori* un décimal, un rationnel et un réel.

$b\in\mathbb{Z}$, $b\in\mathbb{D}$, $b\in\mathbb{Q}$ et $b\in\mathbb{R}$.

- $c=0{,}2\times\sqrt{\frac{64}{81}}=0{,}2\times\frac{\sqrt{64}}{\sqrt{81}}=0{,}2\times\frac{8}{9}=\frac{1}{5}\times\frac{8}{9}=\frac{8}{45}$

c est donc rationnel et *a fortiori* réel.

$c\in\mathbb{Q}$ et $c\in\mathbb{R}$.

- $d=\frac{2}{\sqrt{2}}=\frac{2\times\sqrt{2}}{\sqrt{2}\times\sqrt{2}}=\frac{\cancel{2}\times\sqrt{2}}{\cancel{2}}=\sqrt{2}$

d est donc irrationnel.

$d\in\mathbb{R}\backslash\{\mathbb{Q}\}$.

MÉTHODE

1. On simplifie au maximum les expressions pour reconnaître des formes simples ou connues : entiers naturels, entiers relatifs (*b*), rationnels (*c*), irrationnels (*d*).
Au besoin, on évalue le nombre pour identifier un nombre décimal (*a*).

2. • $a=0{,}12\times 5{,}473$ est le produit de deux nombres décimaux ; *a* est donc un nombre décimal et *a fortiori* rationnel et réel.
De plus, le produit de deux nombres décimaux non entiers ne peut être un entier.
Donc $a\in\mathbb{D}$, $a\in\mathbb{Q}$ et $a\in\mathbb{R}$.

- $b=\frac{1}{3}\times 0{,}143$. $\frac{1}{3}$ est un nombre rationnel et 0,143 est un nombre décimal et donc rationnel ; *b* est donc un rationnel et *a fortiori* un réel. *b* pourrait être décimal si 143 était divisible par 3 ce qui n'est pas le cas.

Donc $b\in\mathbb{Q}$ et $b\in\mathbb{R}$.

- Si $c=\frac{\pi}{3}$ était un nombre rationnel, alors son triple $3c=\pi$ le serait aussi ; or $\pi\notin\mathbb{Q}$ donc $c\notin\mathbb{Q}$.
Donc $c\in\mathbb{R}$.

MÉTHODE

2. Ici, il n'est pas nécessaire d'effectuer des calculs car on peut s'appuyer sur les propriétés des nombres :

- la somme ou le produit de deux nombres décimaux est un nombre décimal (*a*) ;
- la somme ou le produit de deux nombres rationnels est un nombre rationnel (*b*).

Pour *c*, on fait un raisonnement par contraposée*.

* R Voir p. 10.

Savoir-faire 6 *Écrire sous forme d'intervalle les solutions d'une inégalité, d'un encadrement*

ÉNONCÉ Écrire sous forme d'intervalle l'ensemble des nombres vérifiant :

a. $-1 \leqslant x < \dfrac{1}{3}$ **b.** $x \leqslant -2$ **c.** $x > 4{,}7$

SOLUTION

a. $x \in \left[-1\,;\dfrac{1}{3}\right[$

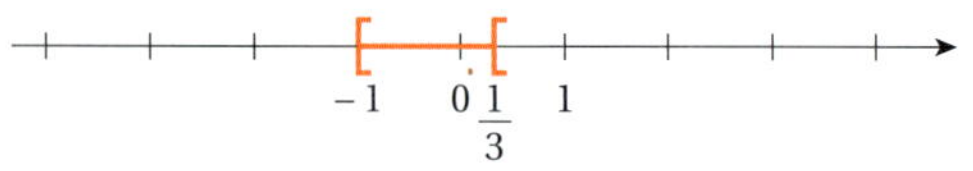

b. $x \in\ ]-\infty\,; -2]$

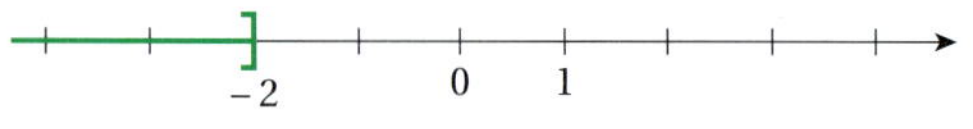

c. $x \in\ ]4{,}7\,; +\infty[$

MÉTHODE

Un encadrement donne lieu à un intervalle borné, alors qu'une inégalité correspond à un intervalle ouvert vers l'infini.
Il faut ensuite être vigilant sur le sens du crochet, selon que la borne appartient ou non aux solutions (inégalités larges ou strictes).

Savoir-faire 7 *Déterminer l'intersection et la réunion de deux intervalles*

ÉNONCÉ Dans chaque cas, déterminer l'intersection et la réunion des intervalles I et J.

a. $I = [-4\,; 7]$ et $J =]0\,; 10]$

b. $I = [1\,; 5]$ et $J =]3\,; +\infty[$

SOLUTION

a.

$I \cap J =]0\,; 7]$

Attention aux bornes de l'intervalle :

7 appartient aux deux ensembles mais 0 à un seul.

$I \cup J = [-4\,; 10]$

b.

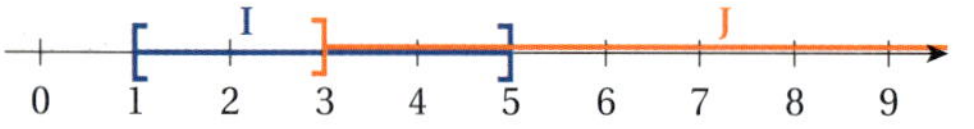

$I \cap J =]3\,; 5]$

$I \cup J = [1\,; +\infty[$

MÉTHODE

Il faut se servir de la représentation de ces intervalles sur un axe pour visualiser leur intersection et leur réunion.
Les éléments de l'intersection sont les nombres qui appartiennent aux deux ensembles, donc dans la zone où les ensembles se superposent.
Les éléments de la réunion sont les nombres qui appartiennent au moins à l'un des deux ensembles.

Travaux pratiques

TP TICE 1 Décomposition d'une expression

Objectifs : • À l'aide d'un tableur, automatiser un calcul.
• Écrire des formules relatives dans une feuille de calcul.

1 **a.** Saisir dans une feuille de calcul, les données et les formules du tableau suivant :

	A	B	C	D	E
1	2	=2*A1	=B1+3	=C1*3	=D1–9
2	2,5				
3	3				

b. Quelle formule peut-on saisir dans la cellule A2 pour compléter la colonne A en copiant cette formule vers le bas ?

c. Finir de compléter le tableau en copiant les formules vers le bas jusqu'à la ligne 10.

2 **a.** Parmi les fonctions suivantes, lesquelles font correspondre aux nombres de la colonne A les nombres de la colonne E ?

$A(x) = 2x + 3 \times 3 - 9$ $\quad B(x) = 3(2x + 3) - 9$ $\quad C(x) = 3(2x + 3) \times 3 - 9$ $\quad D(x) = 6x$

b. Vérifier la réponse en saisissant la formule appropriée dans la colonne F de la feuille de calcul.

TP TICE 2 L'algorithme de Héron d'Alexandrie

Objectifs : • À l'aide d'un tableur, calculer des termes successifs d'une suite de nombres.
• Écrire des formules relatives dans une feuille de calcul.

L'algorithme de Héron permet de déterminer des valeurs approchées de racines carrées d'entiers.
Pour déterminer une valeur approchée de $\sqrt{n}$, où n est un entier naturel, on aura à calculer les valeurs successives de $A_2, A_3, A_4, A_5\ldots$ avec $A_1 = n$, $A_2 = \frac{1}{2}\left(A_1 + \frac{n}{A_1}\right)$, $A_3 = \frac{1}{2}\left(A_2 + \frac{n}{A_2}\right)$, $A_4 = \frac{1}{2}\left(A_3 + \frac{n}{A_3}\right)$ …

Manuscrit grec du IXe siècle représentant Héron d'Alexandrie. Ce mathématicien grec du Ier siècle de notre ère est surtout connu pour ses travaux en optique.

1 **Cas $n = 2$**

a. Dans une même colonne d'une feuille de calcul, saisir la valeur de A_1 puis la formule permettant de calculer A_2.
Copier cette formule vers le bas afin de calculer $A_3, A_4, A_5\ldots$

b. À partir de quel terme de la suite $A_2, A_3, A_4, A_5\ldots$, obtient-on une valeur approchée de $\sqrt{2}$ à 10^{-7} près ?

2 **Autres cas**

Compléter plusieurs autres colonnes de la feuille de calcul dans le but d'obtenir des valeurs approchées de $\sqrt{3}$, $\sqrt{5}$, $\sqrt{6}$, $\sqrt{7}$ et $\sqrt{10}$ aussi précises que possible.

TP TICE 3

Distinguer le résultat d'un calcul de son affichage à la calculatrice

Objectif : Repérer et comprendre les erreurs de la calculatrice et obtenir une meilleure information que celle affichée.

1 Repérer un résultat arrondi par la calculatrice

a. Déterminer mentalement la plus petite décimale des nombres suivants :
$a = 19{,}2 \times 124{,}23$; $b = 45{,}003 \times 8{,}123\,57$; $c = 1{,}140\,56^2$.

b. Comparer ces résultats aux valeurs affichées par la calculatrice.
Expliquer les éventuelles différences.

2 Comprendre les erreurs de la calculatrice

a. Saisir à la calculatrice le calcul $10^{13} + 1 - 10^{13}$.
Le résultat est-il correct ?
Expliquer le phénomène (on pourra calculer $10^{13} + 1$).

b. Saisir à la calculatrice le calcul $987\,654\,321^2 - 987\,654\,320^2$.
Quel devrait être le chiffre des unités du résultat ?
Donner la valeur exacte de $987\,654\,321^2 - 987\,654\,320^2$ à l'aide d'une identité remarquable.

c. Saisir à la calculatrice le calcul $\dfrac{1}{1{,}000\,001}$.
En supposant que le résultat affiché soit correct, montrer à l'aide d'un produit en croix que l'égalité obtenue ne peut être exacte.

REMARQUE R
On fait ici un raisonnement par l'absurde.

3 Afficher les décimales connues par la calculatrice

La calculatrice donne un affichage à 10 chiffres de l'écriture décimale infinie de π.

```
π
        3.141592654
```

Pour connaître plus de décimales de π, on retranche le nombre décimal 3,141 592 654 à π.

a. On appelle e la différence $\pi - 3{,}141\,592\,654$.
Afficher la valeur approchée de e fournie par la calculatrice.
Que nous apprend le signe de e ?

b. Déduire de l'égalité $\pi = 3{,}141\,592\,654 + e$, des chiffres supplémentaires dans l'écriture décimale approchée de π.
Que peut-on penser du dernier chiffre de cette écriture ?

c. Par la même méthode, donner les treize premiers chiffres de l'écriture décimale de $\sqrt{2}$.

π

Au XIXe siècle, le mathématicien anglais William SHANKS (1812 - 1882) passa 20 ans à calculer « à la main » les décimales de π. Il en calcula 707 qui, à l'occasion de l'exposition universelle de Paris en 1937, furent gravées dans la salle π du Palais de la Découverte. Mais seules les 527 premières décimales étaient exactes. L'erreur ne fut détectée qu'en 1945 et corrigée dans les années 50. On peut désormais y admirer les 704 premières décimales correctes de π ! Les recherches plus récentes ont donné, en 2002, 1 241,1 milliards de décimales identifiées.

TP TICE 4 Construire les nombres

Objectif : Utiliser un logiciel de géométrie pour construire des nombres en réinvestissant la géométrie du collège.

Construire les nombres a été une préoccupation majeure dès l'Antiquité. En effet, pour beaucoup, un nombre n'existait que s'il était constructible à la règle et au compas, c'est-à-dire égal à la mesure d'une longueur d'un segment ou d'un arc de cercle que l'on peut tracer.

PARTIE A. Construire les nombres rationnels

1 Avec un logiciel de géométrie, on souhaite construire le nombre $\frac{5}{7}$.

a. Construire deux droites d_1 et d_2 ; elles se coupent en un point A.

b. Construire un point B de la droite d_1 tel que AB = 7 et un point C de la droite d_2 tel que AC = 1.

c. Construire un point D de la droite d_1 tel que AD = 5.
La parallèle à (BC) passant par D coupe d_2 en E.
Afficher la longueur AE et comparer ce résultat à $\frac{5}{7}$.

d. À l'aide du théorème de Thalès dans le triangle ABC, montrer que $AE = \frac{5}{7}$.

2 Construire de la même manière le nombre $\frac{17}{11}$.

PARTIE B. Construire les racines carrées

1 Construction

Avec un logiciel de géométrie :

a. créer un nombre variable a ;

b. construire la figure ci-contre telle que BH = 1 et BC = a (on placera tout d'abord B, C et H sur une droite quelconque) ;

c. afficher la longueur AB ;

d. comparer pour différentes valeurs de a la longueur AB et $\sqrt{a}$.

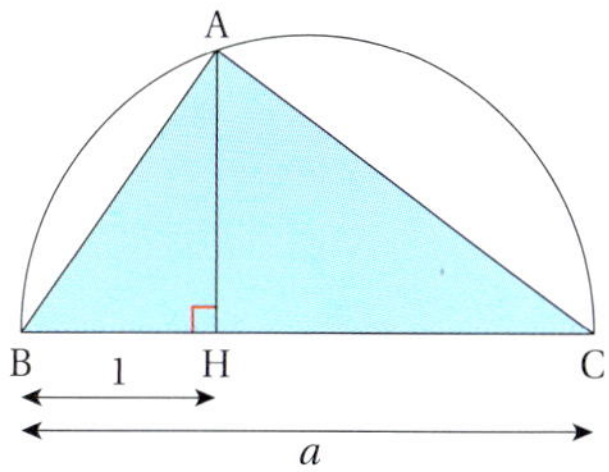

2 Démonstration

a. En se plaçant dans les triangles AHC et AHB, montrer que $AC^2 = (a-1)^2 + AB^2 - 1$.

b. En se plaçant dans le triangle ABC, montrer que $AC^2 = a^2 - AB^2$.

c. En déduire que $AB = \sqrt{a}$.

PARTIE C. Construire le nombre d'or

Le nombre d'or est une valeur remarquable qui intervient dans de nombreuses constructions géométriques (comme le pentagone) et qui a toujours fasciné. Il est cité autant dans l'architecture antique que dans l'évolution du nombre de graines sur un tournesol lorsqu'il pousse !

La valeur du nombre d'or est $\frac{1+\sqrt{5}}{2}$.

À l'aide des techniques vues dans les parties **A** et **B**, construire le nombre d'or et afficher la longueur obtenue.
Vérifier le travail à l'aide de la calculatrice.

VOIR FICHES ALGORITHMIQUE P. 11

TP Algorithmique

1 Réduire au même dénominateur

Objectif : Comprendre les instructions élémentaires : entrées-traitement-sorties.

On souhaite écrire un algorithme permettant de réduire la somme $\frac{a}{b}+\frac{c}{d}$ au même dénominateur, a, b, c et d étant des entiers, avec $b \neq 0$ et $d \neq 0$.

1 Existe-t-il des contraintes sur les valeurs d'entrée a, b, c et d ?

2 Donner un exemple d'entrées telles que la somme ne soit pas décimale.

3 Pour obtenir un résultat exact, on introduit deux variables u et v telles que $\frac{a}{b}+\frac{c}{d}=\frac{u}{v}$.
u et v seront donc les sorties de cet algorithme.

a. Donner les formules permettant de calculer u et v.

b. Écrire cet algorithme en langage naturel.

TP Algorithmique

2 Développer un produit

Objectif : Interpréter et adapter un programme.

Lucas veut concevoir un programme permettant de développer tous les produits de la forme $(ax+b)(cx+d)$.

1 Développer et réduire le produit $(x+2)(3x+4)$.

2 Lucas a écrit le programme ci-dessous sur sa calculatrice.

```
PROGRAM:DEVELOPP
:Prompt A,B,C,D
:A*C→M
:A*D+B*C→N
:B*D→P
:Disp M,N,P
```

Il le teste avec le produit $(x+2)(3x+4)$.
Voici ce qu'affiche alors son écran :

```
A=?1
B=?2
C=?3
D=?4
                3
               10
                8
```

a. Que représentent les lettres A, B, C et D ?

b. Que représentent les lettres M, N et P ?

c. Vérifier les formules utilisées pour le calcul de M, N et P.

3 Programmer cet algorithme sur la calculatrice et le tester pour développer le produit $(2x-1)(-5x+3)$.

4 Adapter le programme précédent afin de développer les expressions de la forme $(ax+b)^2$.

TP Problème ouvert 1 Croisement dangereux

Oscar et Alix doivent tracer sur la plage un circuit de karting.
Ils souhaitent construire un circuit en forme de 8 et disposent de 80 mètres de plage.
Voici leurs modèles respectifs, composés chacun de deux cercles tangents :

De ces deux circuits, lequel est le plus long ?

TP Problème ouvert 2 Inter-secteur

On considère la figure ci-contre. Comment choisir le point M pour que l'aire du secteur AMN soit égale à la moitié de l'aire du secteur ABC ?

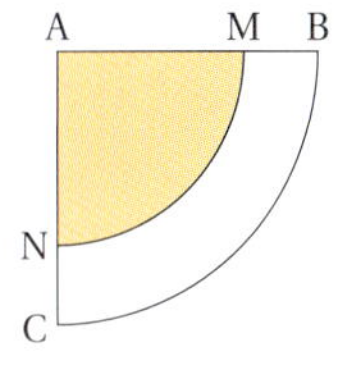

TP Problème ouvert 3 Nombres et géométrie

- Le nombre réel positif $\sqrt{2}$ est la distance (en mètre ou en toute autre unité u) entre deux sommets d'un carré de côté 1 (mètre ou u) qui ne se trouvent pas sur un même côté (chaque carré présente deux paires de tels sommets). Ce résultat est une conséquence du théorème de Pythagore.
- Le nombre réel positif π s'obtient en enroulant une ficelle autour d'un cercle de rayon unité. Fixons au cercle l'extrémité A de la ficelle, puis enroulons-la ; lors de cette opération, un point B de la ficelle en rencontre l'extrémité A pour la première fois. Si on tend la ficelle, la distance AB est le périmètre $2\pi \times 1 = 2\pi$ du cercle. Il suffit alors de « doubler » le morceau AB pour en obtenir le milieu C. La distance AC est alors le réel positif π.

Donner une réalisation comme distance entre deux points d'un plan de :

a. $\sqrt{3}$ **b.** $\sqrt{7}$ **c.** $\pi\sqrt{2}$

Simon STEVIN
(1548-1620, Flandre)
Il étudie les fractions et les nombres décimaux. Il imposera de décimaliser la monnaie et les mesures.

Richard DEDEKIND
(1831-1916, Allemagne)
Il donne une construction de l'ensemble des nombres rationnels et irrationnels.

Giuseppe PEANO
(1858-1932, Italie)
Il donne une définition formelle des ensembles de nombres entiers et rationnels. On lui doit les symboles ∈, ∪ et ∩.

1585 — 1872 — 1895

1500 | 1600 | 1700 | 1800 | 1900

Une brève histoire des nombres

Compter les objets

Depuis des millénaires, l'homme a été amené à compter dans la nature les animaux, les arbres ou toute sorte d'objets : 1, 2, 3, 4, … Plus tard, lorsqu'il eut à expliquer qu'il n'avait plus rien, il a usé du zéro. Cette démarche est ce qu'il y a de plus *naturel*. L'ensemble de ces nombres s'appelle, à ce titre, l'ensemble des **entiers naturels** et se note $\mathbb{N}$. Des os de babouin et de loup portant des encoches et datant d'environ 30 000 ans av. J.-C. ont été retrouvés en Afrique. Ils pourraient être les plus anciens témoignages de décomptes.

En dessous de 0

Si 0 est le premier des entiers naturels, que se passe-t-il lorsqu'on a moins que rien ? Par exemple, quand on dépense plus d'argent que l'on en possède. Les nombres négatifs naissent ainsi des besoins de la comptabilité (calculs de gains et de dettes) vers le Ier siècle après J.-C. Les nombres entiers négatifs et positifs forment l'ensemble des **entiers relatifs** qui se note $\mathbb{Z}$. La notation vient de l'allemand « Zahl », qui signifie « nombre », en hommage à Richard DEDEKIND.

1. Peinture de Jasper Johns, *Zero to Nine*, 1958-1959.

L'entier n'est pas voué à le rester !

Toujours en quête de précision, les besoins du commerce poussèrent à partager l'entier en fractions *décimales* (du latin *decimus* qui signifie dixième). C'est ce qu'imposa en Europe Simon STEVIN, en rendant incontournable l'usage de ces nouveaux nombres pour mesurer, payer, comparer. On utilisa donc l'ensemble des **nombres décimaux** qui se note $\mathbb{D}$.
Parfois, le partage choisi fait que l'écriture décimale du résultat est impossible. Partager par exemple un entier en trois revient à diviser 1 par 3. Le quotient obtenu, 0,333 333 33…, n'est pas décimal car son écriture possède une infinité de 3. Il y a cependant quelque chose de rationnel dans ce partage, car nous comprenons ce nombre. Ce nombre fait partie de l'ensemble des **nombres rationnels** qui se note $\mathbb{Q}$; cette notation vient de l'italien « Quotiente », mot choisi par Giuseppe PEANO. En effet, tous les nombres de l'ensemble des rationnels sont des quotients d'entiers ; ces quotients peuvent toujours s'écrire sous forme d'une fraction, parfois sous forme décimale. Par exemple, le quotient de 1 par 3 se note $\frac{1}{3}$.

Sans suite logique

Résoudre l'équation $x^2 = 2$ revient à trouver le nombre qui multiplié par lui-même donne 2. La solution est $\sqrt{2}$, soit environ 1,414 213 562 373 095. Ce nombre possède une infinité de décimales qui, de surcroît, se suivent sans suite logique. Il n'y a plus rien ici de rationnel ; $\sqrt{2}$ est un **nombre irrationnel**. Ce sont les pythagoriciens qui, au VIe siècle avant J.-C., ont découvert les nombres irrationnels. Ils ont longtemps tenté de cacher ces nombres « inexprimables » et « privés de raison ». Les nombres irrationnels font partie de l'ensemble des **nombres réels** qui se note $\mathbb{R}$.

Exercices d'application

Calcul algébrique

1 Parmi les expressions algébriques suivantes, lesquelles sont des sommes et lesquelles sont des produits ?

$A = 3x(2x + 1)$

$B = (x - 7)^2$

$C = 7x + x(x - 6)$

$D = (4x + 5)(7x - 1) + (8x + 1)(x - 1)$

$E = (2 - 6x)^2 - 1$

$F = (9x - 1)(5 + 3x)(5x - 6)$

2 Écrire l'expression algébrique correspondant à chacune des phrases suivantes.

a. La somme de x et du produit de x par y.

b. Le carré de la différence de x et de 3.

c. Le quotient du carré de x par le produit de 3 et du carré de y.

d. La différence du quotient de x par y et de la somme de 3 et du triple de x.

3 Soit x un nombre réel différent de -1.

Écrire l'expression algébrique correspondant à chacune des phrases suivantes.

a. Le carré de la somme de x et de 1.

b. L'inverse de l'expression **a**.

c. La somme de l'expression **b** et du double du carré de x.

4 Exprimer chacune des expressions algébriques suivante par une phrase en utilisant les mots suivants : carré, cube, double, triple, inverse, somme, différence, produit, quotient.

$A = \dfrac{1}{x+3}$ $\qquad B = 3x^2 + 2y^2$

$C = \left(\dfrac{1}{x-1} + 2\right)^3$ $\qquad D = xy - \dfrac{x}{y}$

5 Algorithmique

On donne le programme de calcul suivant :

```
Choisir un nombre.
Multiplier ce nombre par 3.
Ajouter le carré du nombre choisi.
Multiplier par 2.
Écrire le résultat.
```

1. Montrer que si on choisit le nombre 10, le résultat obtenu est 260.

2. Calculer la valeur exacte du résultat obtenu lorsque le nombre choisi est :

a. -5 **b.** $\dfrac{2}{3}$ **c.** $\sqrt{5}$

3. Quels nombres peut-on choisir pour que le résultat obtenu soit 0 ?

Extrait du brevet des collèges 2008

6 ABCD est un carré de côté $x > 3$ et AEFG est un carré de côté 3.

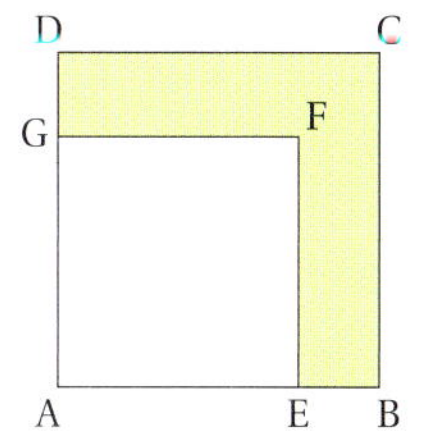

a. Exprimer en fonction de x le périmètre du polygone EBCDGF.

b. Vérifier que le polygone EBCDGF et le carré ABCD ont même périmètre en fonction de x.

c. Expliquer cette égalité par des considérations géométriques.

7 ABCD est un carré de côté 4.

E est un point quelconque à l'intérieur de ce carré.

Soit x la longueur de la hauteur issue de E dans le triangle CDE.

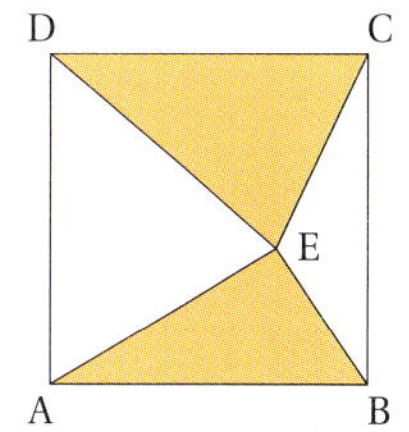

a. Exprimer en fonction de x l'aire de la figure colorée.

b. Peut-on comparer cette aire à celle du carré ABCD quel que soit x ?

8 Réduire les expressions.

$A = -10x - 5 - 4 - 6x + x + 8 + 10 - 5$

$B = -8y + 9x - 8 - 2y - 7x - 4y + 5x - 8 - 6x$

$C = -10y + 10y - 2y - 5 + y - 6 - 2x - 9$

$D = -x + 4 + 4 + 10y + 9y - 10y - 8y + 2y$

9 Réduire et ordonner les expressions.

$A = -1 - 7 + 7x^2 + 3 + 6x + 5 + 4x - 4x^2 + 5 + 3x + 9 - 1$

$B = x - 6x^2 + 8x^2 - 2x + 9x^2 + 4x^2 + 2x^2 + 5 - 4$

$C = -10 - 3x^2 + 10 - 3x^2 + 8x + 3x^2 - 3x^2 + 8x^2 - 8x - 10x - 6$

$D = -5 + 8x^2 + 8x - 3x + 10x - 10 - 4x + 3x - x + 7 + 9x + 4x$

10 Développer et réduire les expressions.

$A = 5(6x - 2) + 2(5y - 2)$

$B = 5(1 - 5x) - (-8y - 3)$

$C = 3(2x - 6) + 4(7y + 9)$

$D = (-x - 4)(y + 8)$

▶ Savoir-faire 1 p. 25

11 Développer et réduire les expressions.

$A = (-4x - 5)(4x - 7)$

$B = (8 - 8x)(-2x - 5)$

$C = 3(4x - 7)(7x + 5)$

$D = 2x(-x - 7)(10x + 5)$

12 Développer et réduire les expressions.

$A = (8x - 6)^2$ $\qquad B = (3x - 7)(3x + 7)$

$C = (6x + 1)^2$ $\qquad D = (3x + 2)^2$

$E = (9x - 10)^2$ $\qquad F = (3x - 8)(3x + 8)$

13 Développer et réduire les expressions.

$A = (4x + 4)^2 - (-x - 3)(5x - 4)$

$B = (2x + 4)(2x + 5) + (9x - 6)^2$

$C = (5x - 4)(5x + 4) - (6x - 3)^2$

$D = (3x - 7)^2 - (10x + 8)^2$

14 Développer et réduire les expressions.

$A = 3(x - 10)(x + 10) + (2x + 5)(x + 10)$

$B = 4(3x + 6)(5x + 1) - 2(3x - 6)^2$

$C = 4(7x + 5)^2 + 4(2x - 1)(7x + 5)$

15 Développer et réduire les expressions.

$A = \frac{2}{3}(3x+1)^2 \quad B = \left(6x - \frac{3}{2}\right)\left(\frac{6}{5}x + 4\right) \quad C = \left(\frac{7}{5}x + \frac{4}{3}\right)^2$

16 Démontrer les égalités suivantes pour tous nombres a et b réels.

a. $(a + b)^3 = a^3 + 3a^2b + 3ab^2 + b^3$

b. $(a - b)^3 = a^3 - 3a^2b + 3ab^2 - b^3$

17 Factoriser les expressions.

$A = (8x - 3)(8 - 7x) + (8x - 3)(-x - 9)$

$B = (-4x - 1)(3 - 4x) - (7x + 1)(3 - 4x)$

$C = (5x - 9)^2 + (5x + 10)(5x - 9)$

$D = (-3x - 2)(-2x - 2) - (-3x - 2)(6x + 8)$

▶ Savoir-faire 2 p. 25

18 Factoriser les expressions.

$A = (-7x - 6)(x + 5) + (8x - 9)(x + 5)$

$B = 5(5 - 2x)(x + 1) + 5(8x - 5)(x + 1)$

$C = 6(x + 1)(3x - 2) - 2(2 - 5x)(x + 1)$

$D = 16(x - 1)^2 - 8(x - 1)(x + 5)$

19 Factoriser les expressions.

$A = 49x^2 - 9$ $\qquad B = 100x^2 + 100x + 25$

$C = 25x^2 - 90x + 81$ $\qquad D = 25x^2 - 70x + 49$

$E = 16x^2 - 49$ $\qquad F = 3x^2 + 2\sqrt{3}x + 1$

▶ Savoir-faire 3 p. 26

20 Factoriser les expressions.

$A = (3x - 1)^2 - 81$ $\qquad B = (5x - 2)^2 - 16$

$C = 9 - (2x - 4)^2$ $\qquad D = (8x - 9)^2 - 1$

$E = (3x - 4)^2 - (5x - 1)^2$ $\qquad F = 3x^2 - 1$

21 Factoriser les expressions.

$A = (2x - 7)^2 - 49$

$B = (3x - 3)(2x + 7) - (9x^2 - 9)$

$C = 4(1 - 6x)(7x - 2) + 9(x - 3)(7x - 2)$

$D = (5x - 8)^2 - (2x + 9)^2$

22 On considère l'expression $A = (x - 3)(2x - 5) - 3(2x - 5)$.

1. Développer et réduire A.

2. Factoriser A.

3. Dans chaque cas, choisir la meilleure écriture pour calculer A.

a. $x = 0$ $\qquad$ **b.** $x = 6$ $\qquad$ **c.** $x = \sqrt{2}$

23 On considère l'expression :

$$A = (5x - 1)(3x + 2) + 25x^2 - 1$$

1. Développer et réduire A.

2. Factoriser A.

3. Dans chaque cas, choisir la meilleure écriture pour calculer A.

a. $x = -\frac{3}{8}$ $\qquad$ **b.** $x = \frac{1}{2}$ $\qquad$ **c.** $x = \sqrt{3}$

24 Soit deux nombres réels x et y positifs tels que :

$$x + y = 7 \text{ et } xy = 4.$$

Calculer :

$A = \left(\sqrt{x} - \sqrt{y}\right)^2$

$B = 2x(1 - y) + 2y(1 - 2x)$

$C = (x - y)^2 - (x + y)^2$

25 Démontrer chacune des égalités suivantes.

a. Pour $x \neq -3$, $\frac{4x+11}{x+3} = 4 - \frac{1}{x+3}$.

b. Pour $x \neq 2$, $\frac{5-3x}{2-x} = 3 - \frac{1}{2-x}$.

▶ Savoir-faire 4 p. 26

26 Démontrer chacune des égalités suivantes.

a. Pour $x \neq -1$ et $x \neq 0$, $\frac{1}{x} - \frac{1}{x+1} = \frac{1}{x(x+1)}$.

b. Pour $x \geqslant 0$ et $x \neq 1$, $\frac{1}{\sqrt{x}-1} - \frac{1}{\sqrt{x}+1} = \frac{2}{x-1}$.

c. Pour x positif, $\frac{1}{\sqrt{x+1}+\sqrt{x}} = \sqrt{x+1} - \sqrt{x}$.

▶ Savoir-faire 4 p. 26

27 Soit $A = \frac{1}{x-1} - \frac{1}{x+1}$, avec x un nombre réel différent de -1 et 1.

a. Démontrer que $A = \frac{2}{x^2-1}$.

b. Choisir l'expression la mieux adaptée pour calculer A avec $x = -\sqrt{3}$.

Ensembles de nombres

28 Reproduire et compléter le tableau en mettant une croix dans la case si le nombre appartient à l'ensemble.

	$\mathbb{N}$	$\mathbb{Z}$	$\mathbb{D}$	$\mathbb{Q}$	$\mathbb{R}$
-15					
$2{,}18$					
$\sqrt{5}$					
$3{,}14$					
$-\dfrac{17}{7}$					
$\dfrac{57}{3}$					
10^{-2}					
$\dfrac{\sqrt{3}}{7}$					
$\dfrac{\sqrt{144}}{5}$					

COUP DE POUCE

Un nombre peut appartenir à plusieurs ensembles.

▶ Savoir-faire 5 p. 27

29 Dans chaque cas, déterminer la nature du nombre, c'est-à-dire le plus petit ensemble parmi $\mathbb{N}$, $\mathbb{Z}$, $\mathbb{D}$, $\mathbb{Q}$ ou $\mathbb{R}$ auquel il appartient. On transformera le nombre dans une écriture permettant de répondre.

a. $\dfrac{19}{16}$ **b.** $-\dfrac{54}{18}$ **c.** $\dfrac{0{,}121}{0{,}19}$ **d.** $\dfrac{3}{\sqrt{3}}$ **e.** $\dfrac{\sqrt{225}}{3}$

▶ Savoir-faire 5 p. 27

30 Transformer les nombres pour déterminer leur nature.

a. $\dfrac{2}{3}-\dfrac{1}{6}$ **b.** $-8\times 0{,}625$ **c.** $\dfrac{24}{5}\times\dfrac{35}{9}$

d. $\dfrac{\sqrt{2}}{3\sqrt{8}}$ **e.** $\dfrac{2}{\sqrt{2}}-\sqrt{2}$ **f.** $(1-\sqrt{2})^2+(1+\sqrt{2})^2$

31 Vrai ou faux ?

Pour chacune des affirmations suivantes, indiquer si elle est vraie ou fausse. Justifier.

a. L'opposé d'un entier naturel est un entier naturel.
b. L'opposé d'un entier relatif est un entier négatif.
c. L'inverse d'un entier non nul est un décimal.
d. L'inverse d'un rationnel non nul est un rationnel.
e. La racine carrée d'un entier naturel est toujours irrationnelle.

32 Écrire les nombres décimaux suivants sous forme de fractions d'entiers irréductibles.

a. 0,72 **b.** 0,375 **c.** –4,32

33 Ranger dans l'ordre croissant les nombres suivants :

$$0{,}07\ ;\quad \frac{\sqrt{2}}{20}\ ;\quad \frac{7}{99}\ ;\quad 7{,}1\times 10^{-2}.$$

34 Ranger dans l'ordre croissant les nombres suivants sans utiliser la calculatrice :

$$\frac{9}{7}\ ;\ \frac{9}{8}\ ;\ \frac{8}{6}\ ;\ \frac{8}{7}.$$

35 **a.** À l'aide d'une identité remarquable, montrer que $\left(\sqrt{2}+\dfrac{1}{\sqrt{2}}\right)^2$ est un nombre décimal.

b. Déterminer de même la nature du nombre $\left(\sqrt{3}-\dfrac{1}{\sqrt{3}}\right)^2$.

36 **a.** À l'aide de la calculatrice, calculer le produit $2{,}000\,001\times 1{,}999\,999$.
Quelle semble être la nature du nombre obtenu ?

b. Quel devrait être le chiffre de la dernière décimale du produit $2{,}000\,001\times 1{,}999\,999$?
Que peut-on en conclure sur la nature de ce nombre ?

c. En écrivant ce produit sous la forme :

$$(2+10^{-6})(2-10^{-6})$$

calculer sa valeur exacte.

37 Dans chaque cas, écrire sous forme d'intervalle l'ensemble des nombres x vérifiant l'inégalité.

a. $-1\leqslant x\leqslant \dfrac{1}{3}$ **b.** $3<x<3{,}1$ **c.** $-3\leqslant x<\sqrt{2}$

d. $x>-2$ **e.** $x\leqslant 4$ **f.** $x>0$

▶ Savoir-faire 6 p. 28

38 Dans chaque cas, résoudre l'inéquation et donner la solution sous forme d'intervalle.

a. $2x-1\leqslant 2$ **b.** $4x+7>9$

c. $2-x\geqslant 5$ **d.** $x-7<3x+3$

39 Dans chaque cas, déterminer l'intersection et la réunion des intervalles I et J.

a. $I=[-8\,;8]$ et $J=[-2\,;12]$ **b.** $I=]1\,;8[$ et $J=[5\,;9]$

c. $I=]0\,;\sqrt{2}\,]$ et $J=[1\,;+\infty[$ **d.** $I=]-\infty\,;1[$ et $J=[2\,;5]$

▶ Savoir-faire 7 p. 28

40 Dans chaque cas, déterminer l'intersection et la réunion des intervalles I et J.

a. $I=[-1\,;1]$ et $J=]0\,;12[$ **b.** $I=]7\,;8[$ et $J=[6\,;9]$

c. $I=]-\infty\,;\sqrt{2}\,]$ et $J=[1\,;+\infty[$ **d.** $I=]-12\,;1[$ et $J=[1\,;5]$

41 Dans chaque cas, trouver l'ensemble des nombres x vérifiant les contraintes données.

a. $4x-1\geqslant 1$ et $3x-10\leqslant -7$
b. $4x-1\geqslant 1$ ou $3x-10\leqslant -7$
c. $2x+1\geqslant 5$ et $-x\leqslant -3$
d. $2x+1\geqslant 5$ ou $-x\leqslant -3$

QCM Je me teste sur le calcul algébrique

Pour chaque question, il y a une ou plusieurs bonnes réponses. CORRIGÉ P. 313

Calcul algébrique

42 Pour tout nombre réel x, le nombre $(x-1)^2-(x+1)^2$ est égal à :

A 0 B -2 C $-4x$

43 Parmi les expressions suivantes, lesquelles sont composées de termes ayant un facteur commun ?

A $2(4-5x)(5x-1)+2(x-8)(5x-1)$

B $-4(x-1)^2-2(x+2)(x-1)$

C $(5+x)(9-x)-9-x$

D $(x+1)(10x-7)+x+1$

44 Pour $x>1$, $\dfrac{\sqrt{x+1}-\sqrt{x-1}}{\sqrt{x+1}+\sqrt{x-1}}$ est égal à :

A $\frac{1}{2}\left(\sqrt{x+1}-\sqrt{x-1}\right)^2$ B 1 C $x-\sqrt{x^2-1}$

45 Quelle expression algébrique correspond à la phrase : « La somme du produit de 2 et de x et du quotient de x par la somme de 2 et de x » ?

A $\dfrac{2x+x}{2+x}$ B $2x+\dfrac{x}{2+x}$ C $2+x+\dfrac{x}{2}$

46 Une écriture réduite au même dénominateur de l'expression $\dfrac{4}{x+1}-\dfrac{1}{x-1}$ est :

A $\dfrac{3}{2x}$

B $\dfrac{3x-3}{x^2-1}$

C $\dfrac{3x-3}{x^2-1}$

D $\dfrac{3x-5}{x^2-1}$

47 Pour tous nombres réels x et y tels que $x>y>0$, l'expression $\dfrac{\sqrt{x-y}}{\sqrt{x}+\sqrt{y}}$ est égale à :

A $\sqrt{\dfrac{x-y}{x+y}}$

B $\dfrac{\left(\sqrt{x}-\sqrt{y}\right)\left(\sqrt{x-y}\right)}{x-y}$

C $\dfrac{\sqrt{x}-\sqrt{y}}{\sqrt{x-y}}$

Ensembles de nombres

48 Parmi les nombres suivants, lesquels appartiennent à $\mathbb{Z}$?

A 0 B -17 C $\dfrac{19}{3}$ D $-\dfrac{42}{3}$

49 Parmi les nombres suivants, lesquels appartiennent à $\mathbb{D}$?

A $\dfrac{3}{4}$ B $3{,}45\times10^{-2}$ C $\dfrac{19}{3}$ D $\dfrac{\sqrt{4}}{5}$

50 Parmi les nombres suivants, lesquels appartiennent à $\mathbb{Q}$?

A $\sqrt{8}$ B $-3{,}45$ C $\dfrac{19}{3}$ D 0

51 L'ensemble des solutions de l'inéquation $3-2x\leqslant5$ est :

A $]-\infty\,;-1]$ B $]-\infty\,;-1[$

C $[-1\,;+\infty[$ D $[1\,;+\infty[$

52 L'ensemble des réels x vérifiant simultanément les inégalités $5x-1\geqslant4$ et $1-x>-4$ est :

A $[1\,;5]$

B $[1\,;5[$

C $[1\,;+\infty[$

D $]-\infty\,;5[$

53 La réunion des intervalles $]-\infty\,;5]$ et $[-2\,;13[$ est :

A $[-2\,;5]$

B $]-\infty\,;13[$

C $]5\,;-2[$

D $\varnothing$

54 L'intersection des intervalles $]-\infty\,;5]$ et $[-2\,;13[$ est :

A $[-2\,;5]$

B $]-\infty\,;13[$

C $]5\,;-2[$

D $\varnothing$

Problèmes

55 Le b-a-ba du calcul

Trouver deux entiers positifs a et b, a supérieur à b, tels qu'en additionnant leur somme, leur produit et leur différence, on trouve 2005.

D'après *Mathématiques sans frontières*, décembre 2005.

56 Les contraintes du promoteur

Un promoteur veut découper une parcelle rectangulaire en deux parcelles A et B elles aussi rectangulaires comme le montre la figure ci-contre.

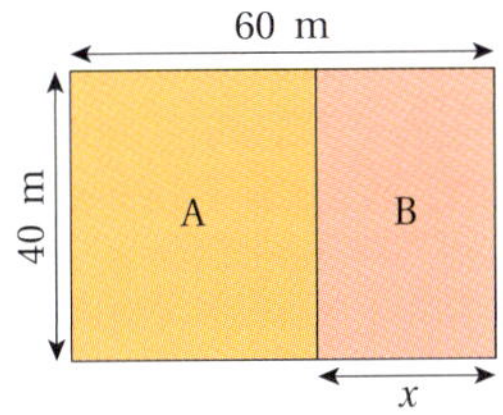

Il souhaite que la parcelle A ait une aire d'au moins 1 350 m² mais, pour clôturer cette parcelle, il préfère que son périmètre n'excède pas 150 m.

a. Montrer que les contraintes que doit respecter le promoteur s'expriment en fonction de la longueur x par le système suivant :

$$\begin{cases} 2400 - 40x \geqslant 1350 \\ 200 - 2x \leqslant 150 \end{cases}$$

b. Résoudre ce système et donner l'ensemble des valeurs x que peut choisir le promoteur.

57 Soyons verts ! Problème ouvert

ABCD est un carré.

Pour construire E et F, on a tracé un quart de cercle de centre D passant par B.

On a également tracé un quart de cercle de centre B passant par A.

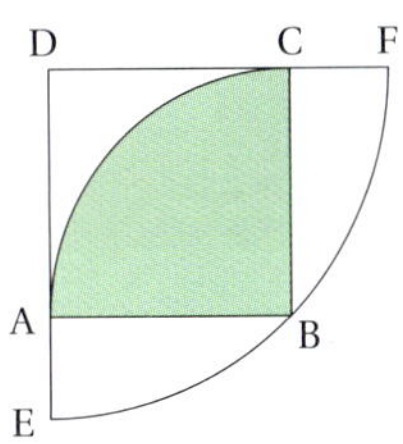

a. Montrer que l'aire de la surface blanche intérieure au secteur DEF est égale à l'aire de la surface verte.

b. L'aire de la surface verte est-elle plus grande ou plus petite que les trois quarts de l'aire du carré ABCD ?

58 Caractérisation des décimaux

1. On considère les nombres $\dfrac{17}{40}$ et $-\dfrac{2\,547}{8\,000}$.

a. Montrer que ces nombres peuvent s'écrire sous la forme $\dfrac{a}{10^n}$, avec a un entier et n un entier naturel.

b. En déduire la nature de ces deux nombres.

2. Démontrer que, si un nombre peut s'écrire sous la forme $\dfrac{a}{2^p \times 5^q}$ avec a un entier, p et q des entiers naturels, alors ce nombre est décimal.

59 Piégez la calculatrice ! (1)

1. À l'aide de la calculatrice, effectuer en une unique séquence le calcul suivant :

$$A = 28\,923\,761^2 - 28\,923\,760^2$$

2. a. Sans calculatrice et en appliquant une identité remarquable, calculer le nombre A.

b. Comparer avec le résultat de la question **1** et conclure.

60 Piégez la calculatrice ! (2)

1. À l'aide de la calculatrice, effectuer en une unique séquence chacun des calculs suivants :

$$A = (1 - 2 \times 10^{-8})(1 + 2 \times 10^{-8})$$
$$B = (1 - 2 \times 10^{-8})^2 + (1 + 2 \times 10^{-8})^2$$

2. a. Après avoir posé $x = 2 \times 10^{-8}$, développer et réduire A et B.

b. En déduire les valeurs exactes de A et B.

Comparer avec le résultat de la question **1** et conclure.

61 Programme de calcul Algorithmique

On donne le programme de calcul suivant :

```
Choisir un nombre.
Ajouter 3.
Multiplier par 2.
Ajouter le nombre choisi.
Diviser par 3.
Enlever 2.
Écrire le résultat.
```

a. Tester ce programme de calcul avec plusieurs nombres.

b. Que constate-t-on ?

c. Démontrer ce résultat.

62 20 years young — Algorithmique

To celebrate the 20th anniversary of *Mathématiques Sans Frontières,* Gérard has made up an algorithm or rule to get from 1989 to 2009 in stages :

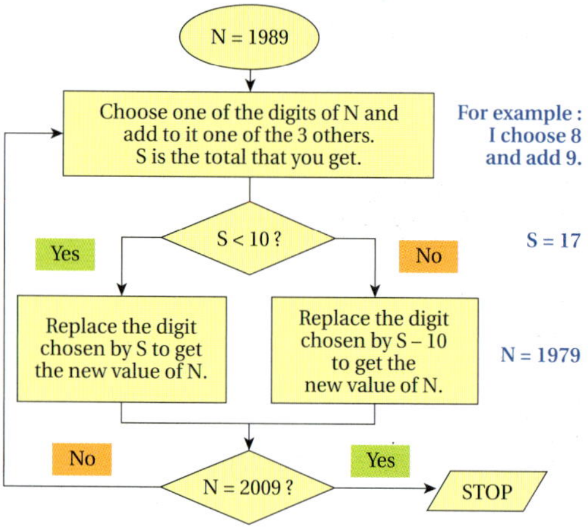

Find the shortest path to get from 1989 to 2009 following Gérard's algorithm.

D'après *Mathématiques sans frontières,* février 2009.

63 Pair ou impair ?

1. a. Calculer 2^2, 3^2, 4^2, 5^2, 6^2, 7^2, 22^2, 23^2.

b. Quel lien peut-on conjecturer entre la parité d'un entier et celle de son carré ?

2. Un entier naturel pair admet une écriture de la forme $n = 2k$ où k est un entier naturel.

Un entier naturel impair admet une écriture de la forme $n = 2k + 1$ où k est un entier naturel.

En exprimant n^2 dans chacun des cas, démontrer la conjecture émise à la question **1**.

3. Montrer la réciproque, c'est-à-dire les propriétés suivantes.

a. Si un entier a un carré pair, alors cet entier est pair.

b. Si un entier a un carré impair, alors cet entier est impair.

REMARQUE R

On fait ici un raisonnement par contraposée.

64 De carré en carré

1. a. Calculer sans calculatrice :

$1\,000^2 - 999^2$; $1\,001^2 - 1\,000^2$; $1\,002^2 - 1\,001^2$.

b. Que peut-on conjecturer à partir de ces trois résultats ?

2. Pour tout $n \in \mathbb{N}$, montrer que $(n + 1)^2 - n^2 = 2n + 1$.

En déduire que tout nombre impair est une différence de deux carrés consécutifs.

3. Écrire 199 comme différence de deux carrés.

65 0,999 999... = 1 !

1. On considère le nombre $\frac{19}{11}$.

a. Donner le développement décimal de $\frac{19}{11}$ avec 8 chiffres significatifs.

$\frac{19}{11}$ semble-t-il décimal ?

b. On dit que $\frac{19}{11}$ a une écriture périodique.

Préciser sa période (nombre entier qui se répète à l'infini dans le développement décimal du nombre).

2. On considère le nombre $x = 0{,}131\,313\ldots$ dont le développement décimal a pour période 13.

a. Montrer que $100x = 13 + x$.

b. En déduire la valeur de x et sa nature.

3. Par le même raisonnement, déterminer l'écriture fractionnaire du nombre x dont le développement périodique est $x = 0{,}173\,173\,173\ldots$ avec pour période 173.

4. En remarquant que le nombre $a = 3{,}404\,040\,40\ldots$, dont le développement périodique a pour période 40, peut s'écrire $3 + 0{,}404\,040\,40\ldots$, montrer que $a = \frac{337}{99}$.

REMARQUE

Il est démontré que, contrairement aux nombres irrationnels ($\sqrt{2}$ ou π par exemple), tout nombre rationnel admet un développement périodique.

Il est par ailleurs possible de construire des nombres réels irrationnels, comme le nombre 0,123 456 789 101 112 13..., proposé en 1933 par le mathématicien anglais D.G. Champernowne (1912 - 2000), dont le développement décimal est prévisible et pourtant non périodique.

5. Montrer par le même raisonnement que :

$$0{,}999\,999\ldots = 1.$$

REMARQUE

Ce dernier résultat n'est pas une erreur : la notation 0,999 999... est une autre écriture du nombre 1 ; elle s'appelle l'écriture impropre du nombre 1. Tout nombre décimal admet donc une écriture propre et une écriture impropre (par exemple 3,16 et 3,159 999...).

Généralités sur les fonctions

2

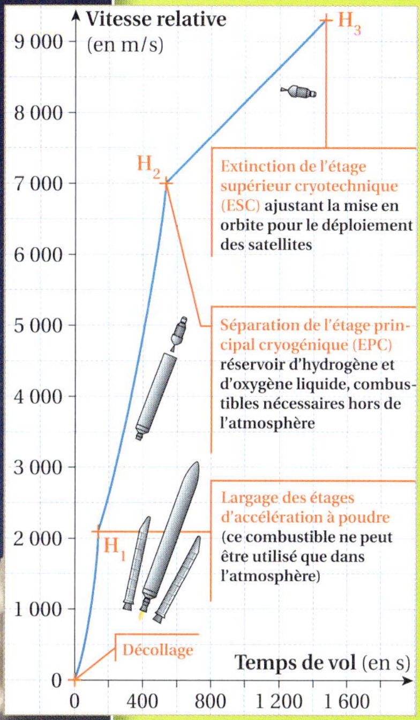

D'après le graphique, la fusée Ariane 5 accélère-t-elle encore hors de l'atmosphère ?

Le chapitre en bref

Réinvestir

- Notion de fonction
- Images et antécédents

Découvrir

- Variations d'une fonction
- Résolution graphique d'équations et d'inéquations

UN PEU D'HISTOIRE P. 60

1 Évolution du climat

Réinvestir : Lire et interpréter des informations sur un graphique.

Afin d'établir des objectifs de limitation des émissions de gaz à effet de serre, parmi lesquels le CO_2, il faut en estimer les effets à long terme. Pour cela, des chercheurs ont proposé plusieurs modèles d'évolution du climat selon l'importance des efforts des pays pour réduire leurs émissions de CO_2.
Le graphique de gauche présente un scénario optimiste de l'évolution des émissions de CO_2 dans l'atmosphère (en gigatonne de carbone).

Le graphique de droite représente la variation (par rapport à l'année 1990) de la température moyenne mondiale correspondant au scénario du premier graphique.

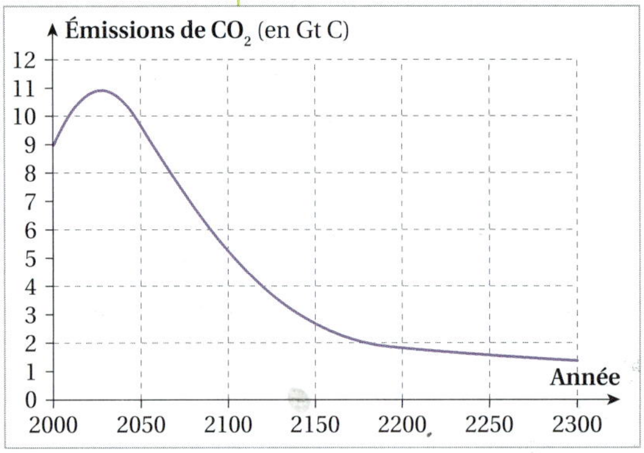

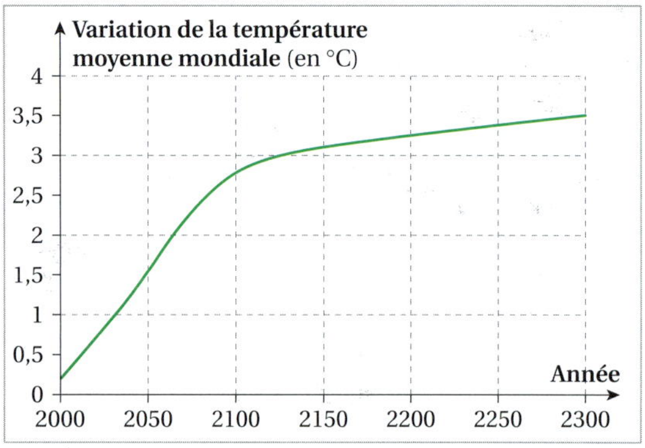

Source : Évaluation du Groupe d'experts intergouvernemental sur l'évolution du climat (GIEC) – 2007.

1. Quelle est, en gigatonne de carbone (Gt C), la quantité de CO_2 émise en 2000 ?
2. Selon le scénario proposé, quelle serait la quantité de CO_2 émise en 2100 ?
3. Quelle serait, en degré Celsius (°C), la variation de la température moyenne mondiale entre 2050 et 2100 ? Même question entre 2100 et 2150.
4. Quelle serait la quantité maximale de CO_2 émise ? À partir de quelle année les émissions de CO_2 devraient-elles décroître ?
5. Est-il vrai qu'une diminution des émissions de CO_2 entraîne une stabilisation immédiate de la variation de la température moyenne mondiale ? Justifier.

Morses sur une surface de glace détachée de la banquise arctique.

2 Distance d'arrêt d'un véhicule

Réinvestir : Notion de proportionnalité et de fonction affine.
Représentation graphique à partir d'un tableau de valeurs.

On appelle distance d'arrêt (notée D_A), mesurée en mètre, la distance totale parcourue par un véhicule pour s'arrêter, c'est-à-dire la somme de la distance parcourue pendant le temps de réaction du conducteur (notée D_R) et de la distance de freinage (notée D_F).

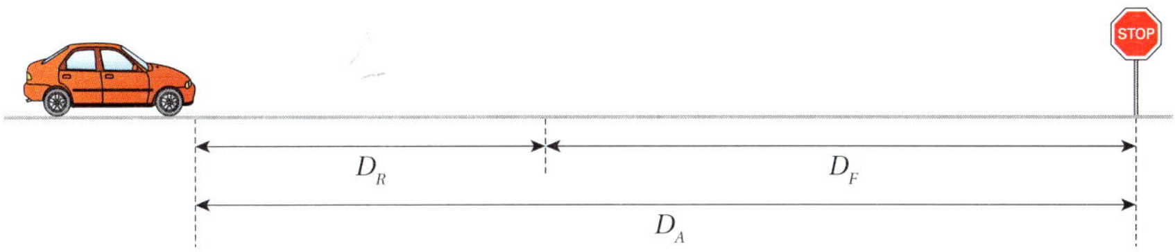

1 On considère que le temps de réaction du conducteur avant le début du freinage est de 1 seconde.

a. Montrer qu'avec une vitesse de 30 km/h, la distance de réaction est d'environ 8,3 m.

b. Exprimer la distance de réaction D_R, en m, en fonction de la vitesse initiale V, en km/h.

c. Cette fonction est-elle affine ? Est-elle linéaire ? Expliquer.

d. Reproduire le tableau suivant et compléter la ligne ② (arrondir à 10^{-1} près).

		Centre ville	Agglomération	Route	Voie rapide	Autoroute
①	**Vitesse initiale,** V (en km/h)	30	50	90	110	130
②	**Distance de réaction,** D_R (en m)	**8,3**				
③	**Distance de freinage,** D_F (en m)					
④	**Distance d'arrêt,** D_A (en m)					

2 En cinématique (étude des mouvements), on montre que la distance de freinage est proportionnelle au carré de la vitesse initiale.
Pour un véhicule en bon état, elle est donnée par la formule : $D_F = \dfrac{V^2}{155}$.

a. Compléter les lignes ③ et ④ du tableau précédent (arrondir à 10^{-1} près).

b. Pour représenter graphiquement les valeurs de la distance d'arrêt, placer des points de coordonnées (V ; D_A) dans un repère orthogonal (unités : 1 cm pour 10 km/h en abscisse et 1 cm pour 10 m en ordonnée), puis relier ces points.

c. Cette fonction est-elle affine ? Est-elle linéaire ? Expliquer.

3 À l'aide du graphique obtenu au **2 b**, répondre aux questions suivantes.

a. Un gendarme fait signe de s'arrêter à un automobiliste quand il passe à sa hauteur : celui-ci se gare sur le bas-côté 100 m plus loin.
À combien le gendarme peut-il estimer la vitesse de l'automobiliste ?

b. Un jour de brouillard, la visibilité était de 50 m.
À quelle vitesse maximale devait-on rouler pour être en sécurité ?

c. Par temps de pluie, la distance de freinage augmente de 40 %.
Justifier le panneau ci-contre, visible sur toutes les autoroutes françaises.

A. Notion de fonction

L'ensemble des nombres que nous utilisons est l'**ensemble des nombres réels**, noté $\mathbb{R}$.

1 Fonctions

DÉFINITION

$\mathcal{D}$ est une partie de l'ensemble des nombres réels $\mathbb{R}$. Définir une **fonction** f sur $\mathcal{D}$, c'est associer à tout nombre réel x de $\mathcal{D}$ un unique nombre réel, noté $f(x)$.

EXEMPLE *Faire la somme du carré et du cube d'un nombre réel quelconque.*

Au nombre 2 correspond le nombre 12 car $2^2+2^3=4+8=12$.

De même, au nombre 3 correspond le nombre 36 car $3^2+3^3=9+27=36$.

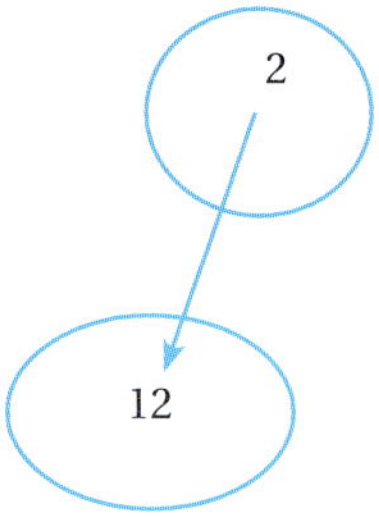

Départ	2	3	−1	−2	1,5	0
	↓	↓	↓	↓	↓	↓
Arrivée	12	36	0	−4	5,625	0

N On note : $f: \mathcal{D} \to \mathbb{R}$
$x \mapsto f(x)$

$\mathcal{D}$ est appelé **ensemble de définition** de la fonction f.

On lit :

« La fonction f, définie pour x appartenant à $\mathcal{D}$, qui à un nombre x associe le nombre $f(x)$. »

EXEMPLE

Pour l'exemple précédent :

- on note : « $f: \mathbb{R} \to \mathbb{R}$
  $x \mapsto x^2+x^3$ »
- on lit : « La fonction f est définie pour x appartenant à $\mathbb{R}$ par $f(x)=x^2+x^3$. »

REMARQUE $f(x)$ désigne un nombre. f désigne la correspondance entre x et $f(x)$.

2 Tableau de valeurs

Le **tableau de valeurs** de la fonction f donne, en première ligne, différentes valeurs de la variable x et, en deuxième ligne, les nombres $f(x)$ qui leur sont associés.

EXEMPLE

Pour la fonction $f: \mathbb{R} \to \mathbb{R}$
$x \mapsto x^2+x^3$

on peut donner le tableau de valeurs suivant :

x	−2	−1	0	1,5	2	3
$f(x)$	−4	0	0	5,625	12	36

3 Image, antécédent

Soit une fonction f et un nombre x appartenant à l'ensemble de définition de f.
L'**image** de x par la fonction f est le nombre $f(x)$.
Le nombre x est un **antécédent** du nombre $f(x)$.

EXEMPLE

Pour la fonction f : $\mathbb{R} \to \mathbb{R}$
$x \mapsto x^2 + x^3$

12 est l'image de 2 par f
car $f(2) = 2^2 + 2^3 = 4 + 8 = 12$.
2 est un antécédent de 12 par f.

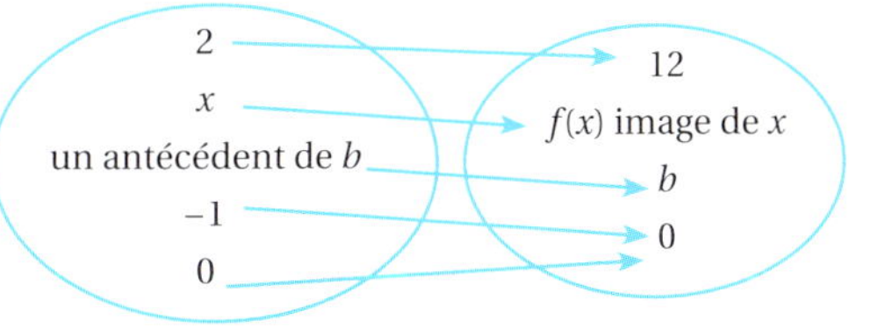

B. Courbe représentative et résolutions graphiques

1 Repère orthonormé

Trois points distincts deux à deux O, I et J du plan forment un **repère**, que l'on peut noter (O, I, J).

L'origine O et les unités OI et OJ permettent de graduer les axes (OI) et (OJ).

Dans le repère ci-contre, le point M a pour coordonnées (2 ; 1,5).

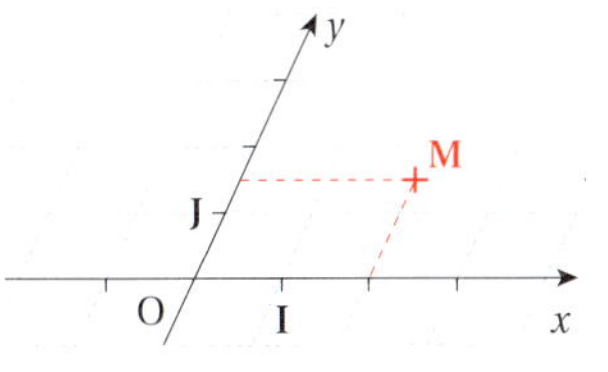

Un repère est **orthonormé** (ou **orthonormal**) lorsque les deux conditions suivantes sont réunies :

- si l'angle $\widehat{OIJ}$ est droit (« *ortho* ...») ;
- si OI = OJ (« ...*normé* »).

Dans le repère orthonormé ci-contre, le point M a pour coordonnées (2 ; 1,5).

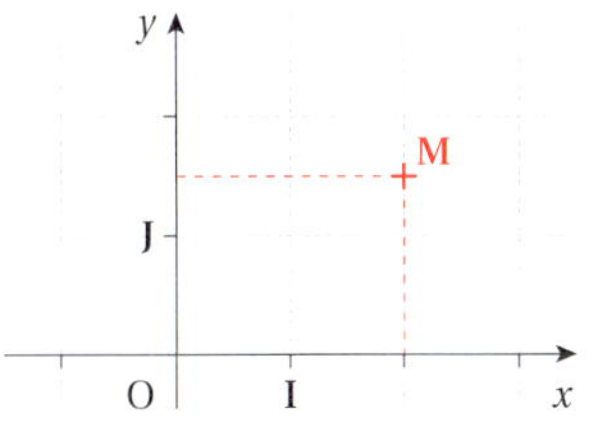

▶ Savoir-faire 1
Calculer une image, p. 48

2 Représentation graphique

Soit une fonction f définie sur $\mathcal{D}$, une partie de $\mathbb{R}$. Dans un repère du plan (O, I, J), on peut représenter les points de coordonnées $M(x\,;f(x))$ pour tout x de $\mathcal{D}$.

La **représentation graphique de f** est l'ensemble de tous ces points.
C'est la **courbe représentative de f**, qui peut être notée C_f.

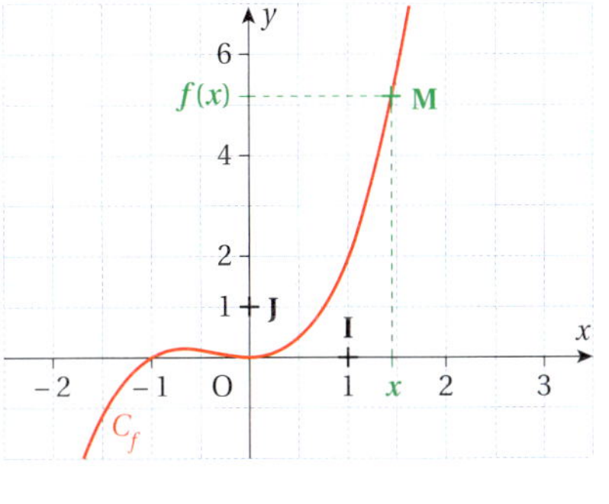

▶ Savoir-faire 2
Lire un graphique, p. 48

▶ Savoir-faire 3
Utiliser la calculatrice pour obtenir un tableau de valeurs et une courbe, p. 49

3 Résolution graphique d'équations et d'inéquations

Soit f une fonction définie sur $\mathscr{D}$ et C_f sa courbe représentative dans un repère (O, I, J).

La droite Δ est la parallèle à l'axe des abscisses et passe par le point $A(0\,;m)$.

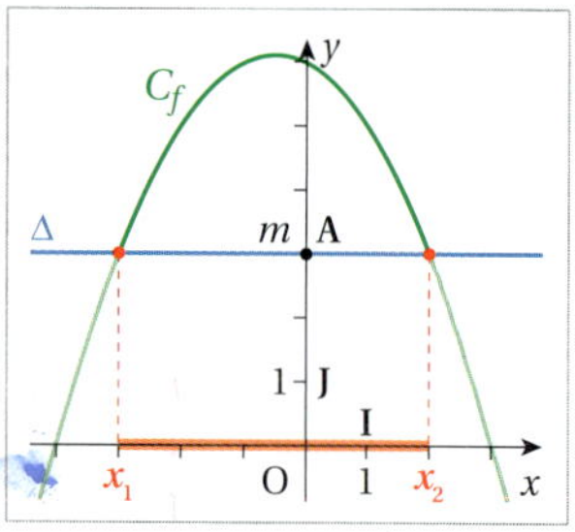

- **Résolution de l'équation $f(x) = m$**

Résoudre sur $\mathscr{D}$ l'équation $f(x) = m$ revient à déterminer les abscisses des points d'intersection de la courbe C_f avec la droite Δ.

Dans l'exemple ci-dessus, on lit graphiquement que l'équation $f(x) = m$ admet pour solutions les deux nombres x_1 et x_2.

- **Résolution de l'inéquation $f(x) \geqslant m$**

Résoudre sur $\mathscr{D}$ l'inéquation $f(x) \geqslant m$ revient à déterminer les abscisses des points de C_f pour lesquels C_f est au-dessus la droite Δ.

Dans l'exemple ci-dessus, on lit graphiquement que l'inéquation $f(x) \geqslant m$ admet pour solutions tous les nombres de l'intervalle $[x_1\,;x_2]$.

▶ Savoir-faire 4
Résoudre graphiquement une équation, p. 50

▶ Savoir-faire 5
Résoudre graphiquement une inéquation, p. 50

▶ Savoir-faire 6
Déterminer graphiquement le signe d'une expression, p. 51

REMARQUES

- Les solutions obtenues par lecture graphique sont des valeurs approchées.
- Si la droite Δ ne coupe pas la courbe C_f, l'équation $f(x) = m$ n'a pas de solution.
- Graphiquement, on ne peut pas être certain que les solutions qui apparaissent sont les seules : il pourrait y en avoir d'autres hors de la fenêtre d'affichage.
- On peut résoudre de manière similaire les inéquations $f(x) \leqslant m$, $f(x) > m$ et $f(x) < m$.

C. Variations d'une fonction

1 Fonction croissante, décroissante, constante

DÉFINITION

Soit f une fonction définie sur un intervalle I.

Dire que f est **croissante** sur I signifie que pour tous réels a et b de I :

si $a < b$ alors $f(a) \leqslant f(b)$.

Une fonction croissante conserve l'ordre.

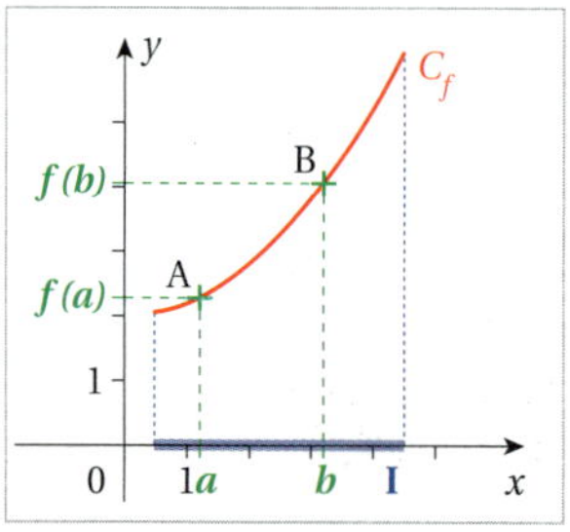

DÉFINITION

Soit f une fonction définie sur un intervalle I.

Dire que f est **décroissante** sur I signifie que pour tous réels a et b de I :

si $a < b$ alors $f(a) \geqslant f(b)$.

Une fonction décroissante inverse l'ordre.

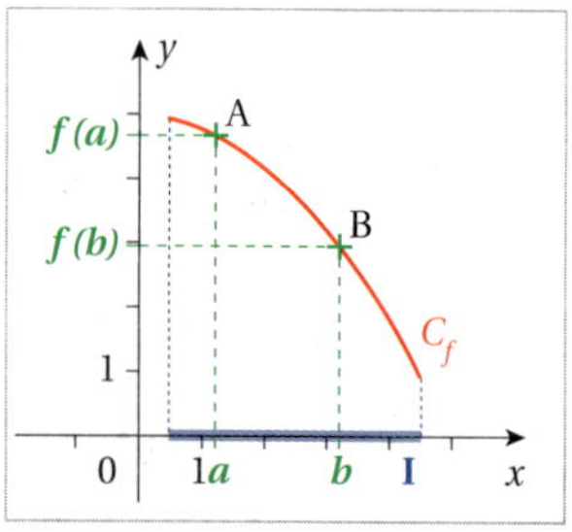

DÉFINITION

Soit f une fonction définie sur un intervalle I.
Dire que f est **constante** sur I signifie que pour tous réels a et b de I : $f(a) = f(b)$.

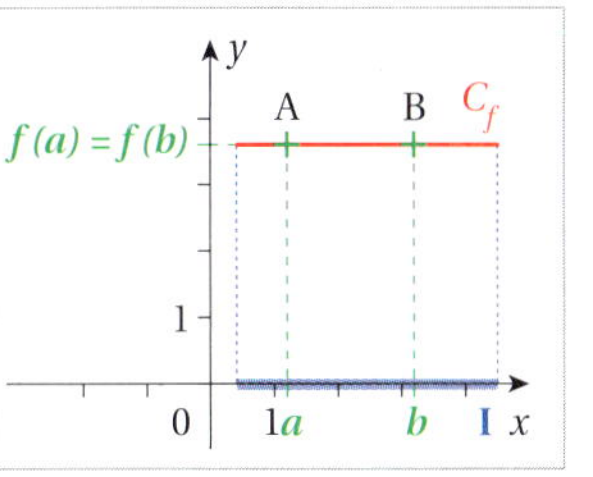

REMARQUE Une fonction constante sur I peut être considérée comme croissante et décroissante sur I (cf. ex. 56 p. 68).

ATTENTION ! R

- Pour définir le sens de variation d'une fonction, il est fondamental de préciser « pour tous réels a et b de I ».
En effet, pour la fonction $f : x \mapsto x^2$ définie sur I = [–2 ; 2], on a : $-1 < 2$ et $f(-1) \leqslant f(2)$.
Donc « il existe a et b tels que $f(a) < f(b)$ ». Mais cette affirmation n'est pas vraie pour tout a et b de I (par exemple $a = -2$ et $b = 0$) car la fonction f n'est pas croissante sur I (**fig. 1**).

fig. 1

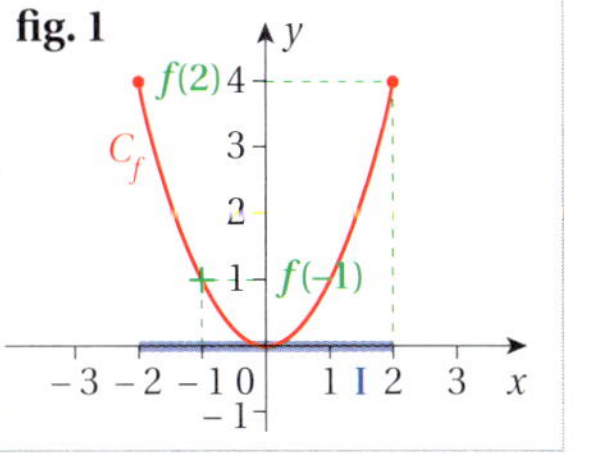

- L'étude de la variation d'une fonction s'effectue toujours sur un **intervalle**.
Soit la fonction $f : x \mapsto \dfrac{1}{x}$ définie sur $\mathscr{D}$ = [–1 ; 0[∪]0 ; 3].
On montre que la fonction f est :
- décroissante sur [–1 ; 0[d'une part ;
- décroissante sur]0 ; 3] d'autre part ;
On ne peut cependant pas dire que f est décroissante sur $\mathscr{D}$ car $-1 < 3$ et $f(-1) < f(3)$ (**fig. 2**).

fig. 2

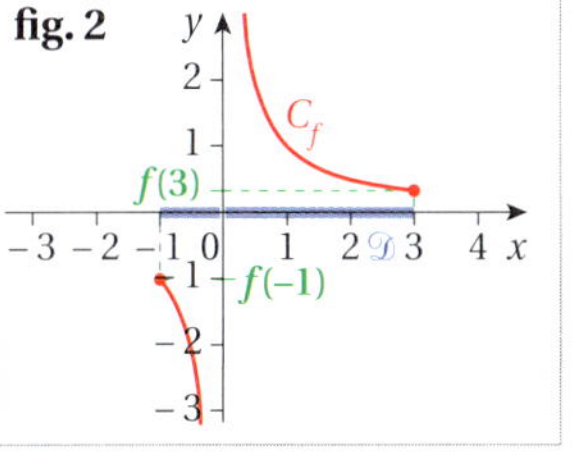

NOTE N
Le symbole ∪ désigne la réunion des deux intervalles, c'est-à-dire l'ensemble des nombres qui appartiennent à [–1 ; 0[ou à]0 ; 3].

2 Tableau de variations

Un **tableau de variations** résume les variations d'une fonction en faisant apparaître les intervalles où elle est **monotone**, c'est-à-dire soit croissante, soit décroissante.

EXEMPLE Pour une fonction f définie sur l'intervalle [–3 ; 3,5], croissante sur [–3 ; –1], décroissante sur [–1 ; 1] puis croissante sur [1 ; 3,5], le tableau de variations est le suivant :

x	–3		–1		1		3,5
$f(x)$	–2,3	↗	1	↘	0,4	↗	6,1

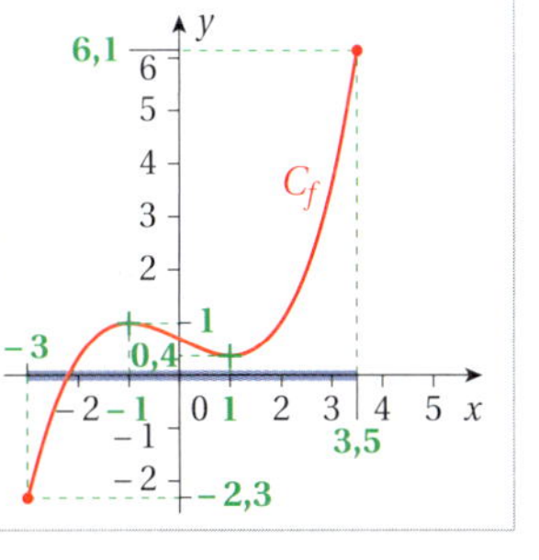

REMARQUE Dans un tel tableau, on écrit les valeurs des images aux extrémités des flèches.

▶ Savoir-faire 7
Proposer une courbe à partir d'un tableau de variations, p. 51

3 Maximum et minimum d'une fonction

DÉFINITIONS

Soit f une fonction définie sur un intervalle I ; a et b deux nombres réels de I.
Dire que f admet un **maximum** M en a sur I signifie que pour tout nombre réel x de l'intervalle I, $f(x) \leqslant f(a)$.
Dire que f admet un **minimum** m en b sur I signifie que pour tout nombre réel x de l'intervalle I, $f(x) \geqslant f(b)$.

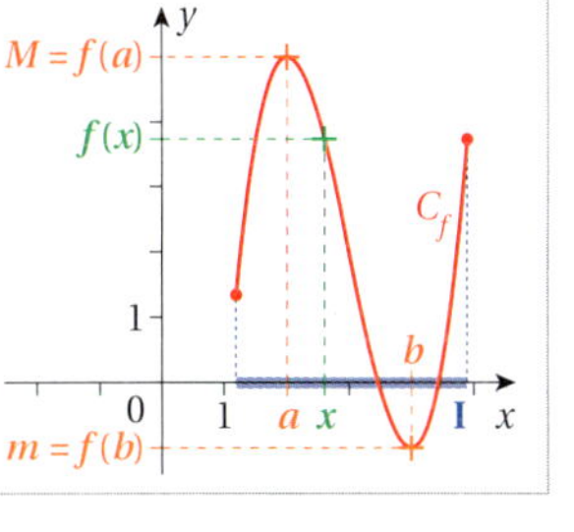

Savoir-faire

Savoir-faire 1 Calculer une image

ÉNONCÉ Soit f la fonction définie sur $\mathbb{R}$ qui à x associe $f(x)=\dfrac{x+1}{x^2+1}$. Calculer $f(3)$ et $f(\sqrt{2})$.

SOLUTION

- $f(3)=\dfrac{3+1}{3^2+1}=\dfrac{4}{10}=0{,}4$

0,4 est l'image de 3 par f.

- $f(\sqrt{2})=\dfrac{\sqrt{2}+1}{\left(\sqrt{2}\right)^2+1}=\dfrac{\sqrt{2}+1}{3}\approx 0{,}8$

$\dfrac{\sqrt{2}+1}{3}$ est l'image de $\sqrt{2}$ par f.

0,8 est une valeur approchée de l'image de $\sqrt{2}$ par f.

MÉTHODE

Pour calculer l'image d'un nombre par une fonction f, on remplace x par ce nombre dans l'expression de $f(x)$.

Savoir-faire 2 Lire un graphique

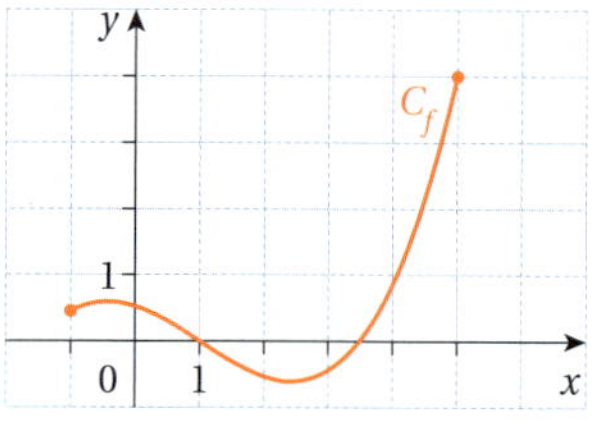

ÉNONCÉ Soit, ci-contre, la courbe C_f d'une fonction f définie sur $[-1\,;5]$.

a. Déterminer graphiquement l'image du nombre 4,5.

b. Combien d'antécédents admet le nombre $-0{,}5$?

SOLUTION

a. Une valeur approchée de l'image par f du nombre 4,5 est 2,1. En effet : $f(4{,}5)\approx 2{,}1$.

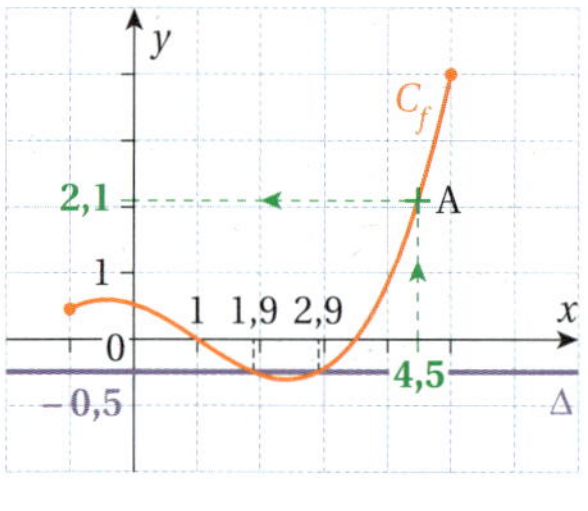

b. Les antécédents du nombre $-0{,}5$ correspondent aux abscisses des points d'intersection de la courbe C_f avec la droite Δ.

Le nombre $-0{,}5$ admet deux antécédents dont des valeurs approchées sont 1,9 et 2,9.

MÉTHODE

a. Pour trouver l'image du nombre 4,5, on trace la parallèle à l'axe des ordonnées passant par le point $(4{,}5\,;0)$; elle coupe C_f en A.
On trace ensuite la parallèle à l'axe des abscisses passant par A ; elle coupe l'axe des ordonnées en $f(4{,}5)$.

b. On trace la droite Δ, parallèle à l'axe des abscisses et passant par le point de coordonnées $(0\,;-0{,}5)$.
Chaque intersection de cette droite Δ avec la courbe C_f permet de déterminer une valeur approchée d'un antécédent de $-0{,}5$.

Savoir-faire 3 Utiliser la calculatrice pour obtenir un tableau de valeurs et une courbe

ÉNONCÉ Soit f la fonction définie sur $[-4\,;\,2]$ qui à x associe $f(x)=\dfrac{2x+2}{x+5}$.

Avec la calculatrice :

a. éditer un tableau de valeurs de f ;

b. tracer la courbe représentative C_f de f.

SOLUTION

a.

- *Calculatrice TI :*

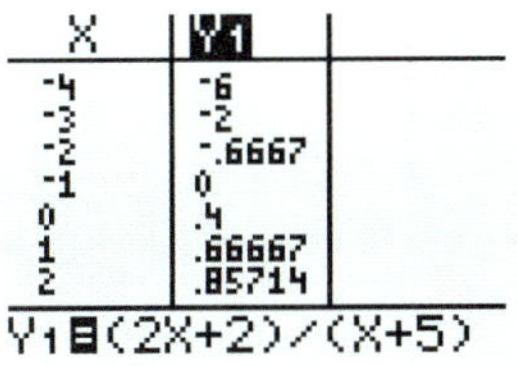

- *Calculatrice Casio :*

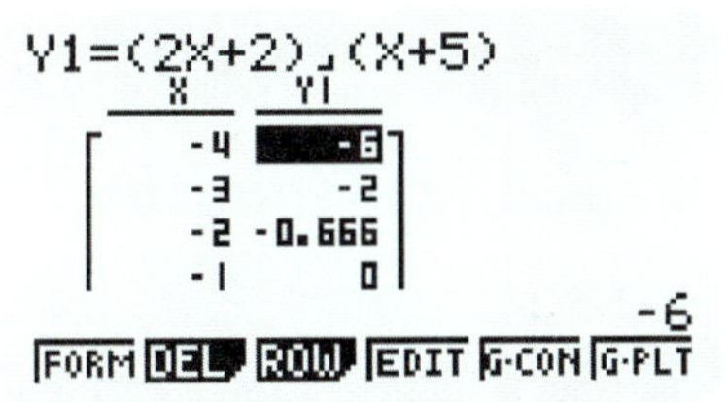

MÉTHODE (Voir aussi p. II.)

a. Après avoir saisi l'expression de la fonction f, il convient de définir les paramètres du tableau.

REMARQUE

Pour établir un tableau de valeurs de f sans calculatrice graphique, on choisit quelques valeurs de l'intervalle et, pour chacune d'elles, on calcule son image.

b.

- *Calculatrice TI :*

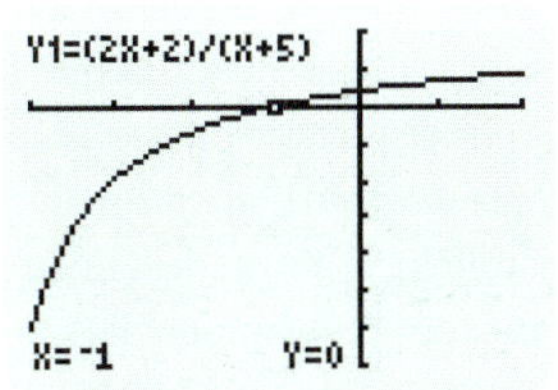

- *Calculatrice Casio :*

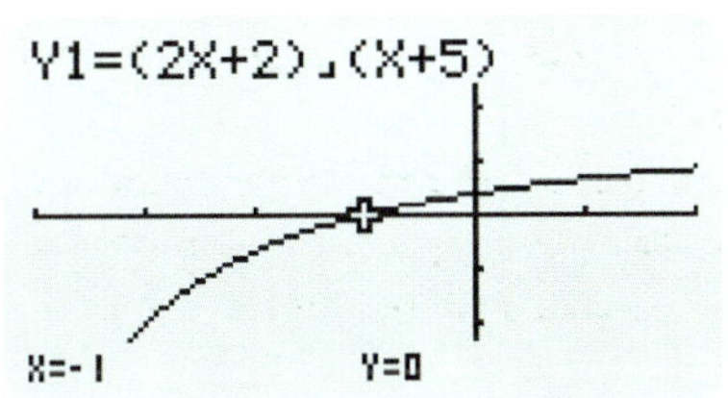

b. Il est indispensable de vérifier les paramètres d'affichage de la fenêtre graphique en fonction des valeurs minimales et maximales prises par x et $f(x)$.

REMARQUE

Pour tracer la courbe représentative C_f de f sans calculatrice graphique :

- on trace un repère en fonction des valeurs minimales et maximales prises par x et $f(x)$;
- on place dans ce repère les points de coordonnées $(x\,;\,f(x))$ du tableau de valeurs.

Savoir-faire 4 *Résoudre graphiquement une équation*

ÉNONCÉ Résoudre graphiquement sur l'intervalle [−6 ; 4] l'équation $0{,}01x^4 + x = 4$.

SOLUTION

Soit la fonction f définie sur [−6 ; 4] par $f(x) = 0{,}01x^4 + x$ et C_f sa courbe représentative. Soit Δ la droite parallèle à l'axe des abscisses passant par le point (0 ; 4).
Les abscisses des points d'intersection de C_f et de Δ sont les solutions de l'équation.

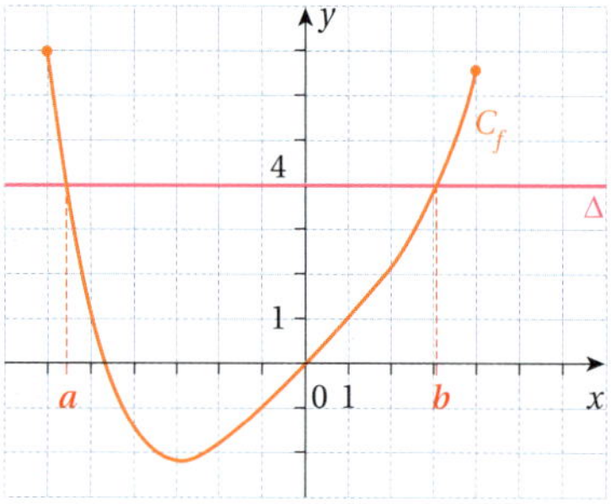

L'équation $0{,}01x^4 + x = 4$ a deux solutions a et b dont des valeurs approchées sont respectivement −5,6 et 3,1.

MÉTHODE

On définit la fonction f telle que la résolution de l'équation revienne à chercher les nombres réels x tels que $f(x) = 4$.
On trace ensuite dans un repère la courbe représentative de f ainsi que la droite parallèle à l'axe des abscisses permettant de rechercher d'éventuels antécédents du nombre 4.

REMARQUE

Avec la calculatrice graphique, on trace dans la fenêtre la courbe C_f et la droite d'équation $y = 4$, puis on utilise le mode « trace » pour déterminer les abscisses des points d'intersection.

Savoir-faire 5 *Résoudre graphiquement une inéquation*

ÉNONCÉ Résoudre graphiquement sur l'intervalle [−6 ; 4] l'inéquation $0{,}01x^4 + x \geqslant 4$.

SOLUTION

Soit la fonction f définie sur [−6 ; 4] par $f(x) = 0{,}01x^4 + x$ et C_f sa courbe représentative. Soit Δ la droite parallèle à l'axe des abscisses passant par le point (0 ; 4).
On recherche les abscisses des points de la courbe C_f qui sont au-dessus de la droite Δ.

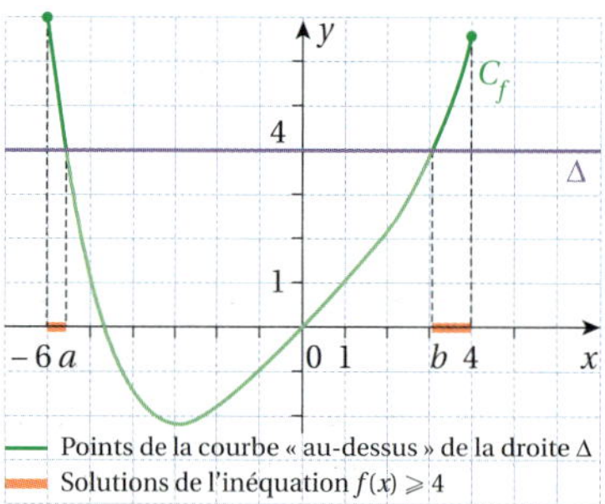

Les solutions de l'inéquation $0{,}01x^4 + x \geqslant 4$ sont les nombres qui appartiennent à la réunion de deux intervalles : $[-6 ; a] \cup [b ; 4]$ avec a et b qui ont respectivement comme valeurs approchées −5,6 et 3,1.

MÉTHODE

On définit la fonction f telle que la résolution de l'inéquation revienne à chercher les nombres réels x tels que $f(x) \geqslant 4$.
On trace ensuite dans un repère la courbe représentative de f ainsi que la droite parallèle à l'axe des abscisses permettant de déterminer le(les) intervalle(s) solution(s) de l'inéquation.

Savoir-faire 6 Déterminer graphiquement le signe d'une expression

ÉNONCÉ Sur l'intervalle $[-6 ; 4]$, déterminer graphiquement, en fonction de x, le signe de l'expression $0{,}01x^4 + x - 4$.

SOLUTION

Soit C_g la courbe représentative de la fonction g définie par $g(x) = 0{,}01x^4 + x - 4$. La courbe C_g coupe l'axe des abscisses en $a \approx -5{,}6$ et $b \approx 3{,}1$.

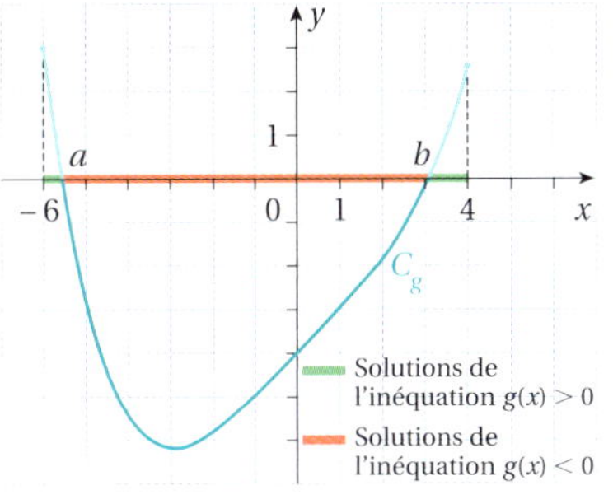

Ainsi :
- $0{,}01x^4 + x - 4 > 0$ pour x appartenant à $[-6 ; a[\cup]b ; 4]$;
- $0{,}01x^4 + x - 4 = 0$ pour $x = a$ ou $x = b$;
- $0{,}01x^4 + x - 4 < 0$ pour x appartenant à $]a ; b[$.

Ce qui peut se résumer par le tableau suivant :

x	-6		a		b		4
Signe de $0{,}01x^4 + x - 4$		+	0	−	0	+	

MÉTHODE

On définit la fonction g telle que déterminer le signe de l'expression revienne à trouver pour quelles valeurs de x, le nombre $g(x)$ est positif, négatif ou nul.
On trace ensuite dans un repère la courbe représentative de g et on regarde sa position par rapport à l'axe des abscisses :
- $g(x) > 0$ lorsque C_g est au-dessus de l'axe des abscisses ;
- $g(x) = 0$ lorsque C_g coupe l'axe des abscisses ;
- $g(x) < 0$ lorsque C_g est en dessous de l'axe des abscisses.

Savoir-faire 7 Proposer une courbe à partir d'un tableau de variations

ÉNONCÉ

Soit f une fonction définie sur $[-3 ; 8]$ dont le tableau de variations est donné ci-contre. Dans un repère, donner l'allure d'une courbe correspondant à cette fonction.

x	-3		2		8
$f(x)$	21	↘	−4	↗	32

SOLUTION

Il y a de nombreuses courbes possibles.
En voici deux :

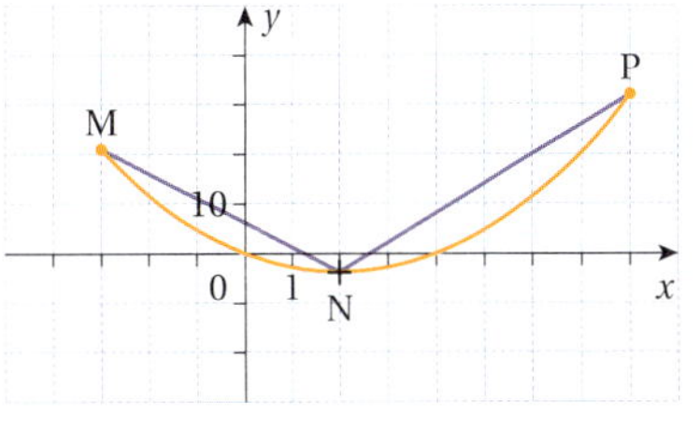

MÉTHODE

Après avoir tracé dans un repère les points dont les coordonnées sont données dans le tableau de variations, M(−3 ; 21), N(2 ; −4) et P(8 ; 32), on relie ces points en respectant les variations proposées.

Travaux pratiques

TP TICE 1 Représenter graphiquement une fonction à la calculatrice

Objectifs :
- Adapter les paramètres de la calculatrice pour afficher la courbe d'une fonction.
- Utiliser un tableau de valeurs pour rechercher des propriétés d'une fonction.

EXERCICE 1

Soit f la fonction définie sur $\mathbb{R}\setminus\left\{\frac{1}{2}\right\}$ par $f(x) = \dfrac{2x^2+1}{3-6x}$.

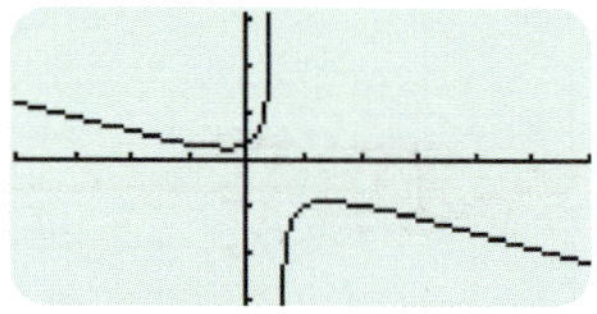

Fenêtre graphique attendue

1 Visualiser sur la calculatrice la courbe représentative de la fonction f en prenant comme paramètres pour la fenêtre d'affichage : $x_{\text{min}} = -4$; $x_{\text{max}} = 6$; $y_{\text{min}} = -3$; $y_{\text{max}} = 4$.

2 On admet que la fonction f possède un maximum sur l'intervalle $\left]\frac{1}{2};6\right]$.

a. Par lecture graphique, donner un encadrement d'amplitude 1 de la valeur de x pour laquelle f atteint son maximum sur l'intervalle $\left]\frac{1}{2};6\right]$.

b. Créer une table de valeurs permettant de compléter le tableau suivant :

x	1	1,1	1,2	1,3	1,4	1,5	1,6	1,7	1,8
$f(x)$									

c. Déduire de la question précédente un encadrement à 0,1 près de la valeur de x pour laquelle f atteint son maximum sur l'intervalle $\left]\frac{1}{2};6\right]$.

3 **a.** Dans la même fenêtre qu'à la question **1**, tracer la courbe représentative de la fonction affine g définie par $g(x) = 2x + 2$.

b. Par lecture graphique, déterminer à 0,1 près les coordonnées des points d'intersection des représentations graphiques de f et de g.

c. En déduire une valeur approchée à 0,1 près de la solution positive de l'équation $f(x) = g(x)$.

EXERCICE 2

À l'aide de la calculatrice, associer à chaque fonction sa représentation graphique.

Fonctions :

$f : x \to \dfrac{-2x+1}{1-x}$ $\qquad g : x \to 1 - \dfrac{1}{x+2} - x$ $\qquad h : x \to 3\sqrt{1-\dfrac{x^2}{2}}$

Représentations graphiques :

a.

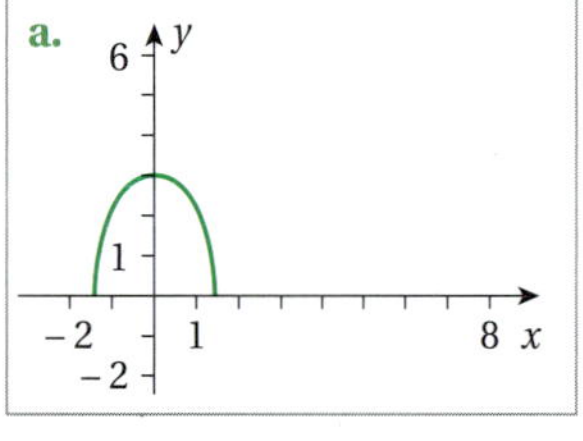

b.

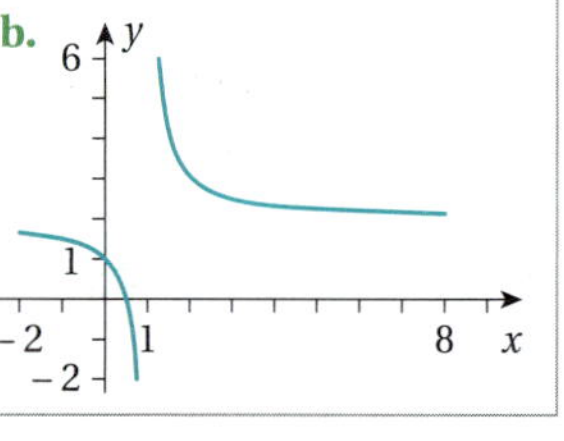

c.

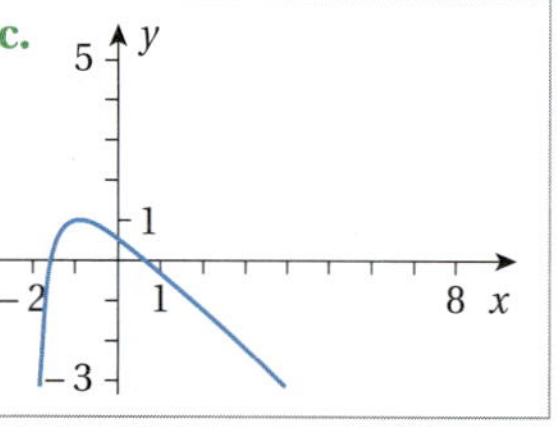

TP

Problème ouvert 1 En cuisine

Voici quelques données rencontrées dans un livre de cuisine :

- « Faire cuire à 180° (thermostat 6) pendant 45 minutes. »
- « Préchauffer à 240° (thermostat 8) pendant 5 minutes. »
- « Maintenir au chaud à 90° (thermostat 3). »

1 Donner l'expression de la température en fonction de la valeur du thermostat.

2 Quelle est la température maximale que peut atteindre un four de cuisson (thermostat 10) ?

TP

Problème ouvert 2 Géométrie ou fonction ?

On a tracé ci-contre un cercle de rayon 1.
Comment choisir les dimensions du rectangle vert pour que la somme des aires des surfaces roses soit égale à l'aire de la surface verte ?

Résoudre ce problème :

1 en utilisant un logiciel de géométrie dynamique ;

2 à la calculatrice, en choisissant un côté du rectangle comme variable et en étudiant l'aire du rectangle en fonction de cette variable.

TP

Problème ouvert 3 À moitié plein !

Un verre à pied peut être assimilé à un cône de révolution dont la base (correspondant au-dessus du verre) est un disque de diamètre AB = 4 cm et la hauteur CH mesure 6 cm.

On verse une boisson dans ce verre.
La figure ci-contre schématise la situation.
On admettra que les droites (AB) et (PQ) sont parallèles.

Étudier les deux interprétations possibles de l'expression :
« Le verre est à moitié plein. »

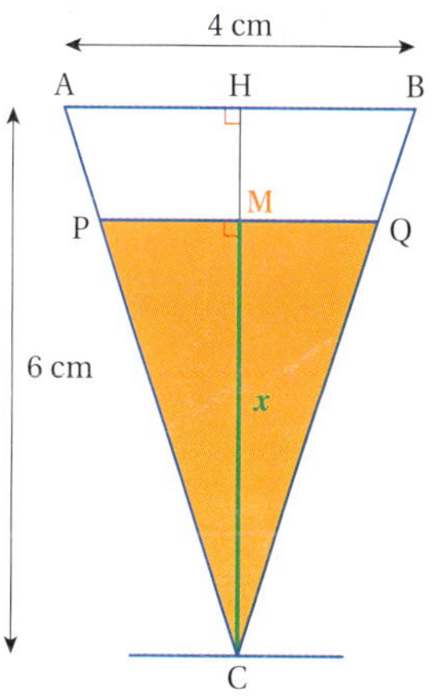

UN PEU D'HISTOIRE

René DESCARTES
(1596 - 1650, France)
Il utilise le repérage pour donner naissance à l'idée de fonction.

Gottfried LEIBNIZ
(1646 - 1716, Allemagne)
Il utilise pour la première fois le terme « fonction ».

Leonhard EULER
(1707 - 1783, Suisse)
Il introduit la notation $f(x)$.

1637 — 1692 — 1734

1600 — 1700 — 1800

Les fonctions au fil du temps

René DESCARTES est l'un des plus célèbres mathématiciens et philosophes français. Il a mis en place les notations modernes que nous connaissons en algèbre comme, par exemple, l'exposant pour les puissances. Grâce à un symbolisme commode, il a développé l'aspect « mécanique » du calcul algébrique.

Représenter une grandeur en fonction d'une autre

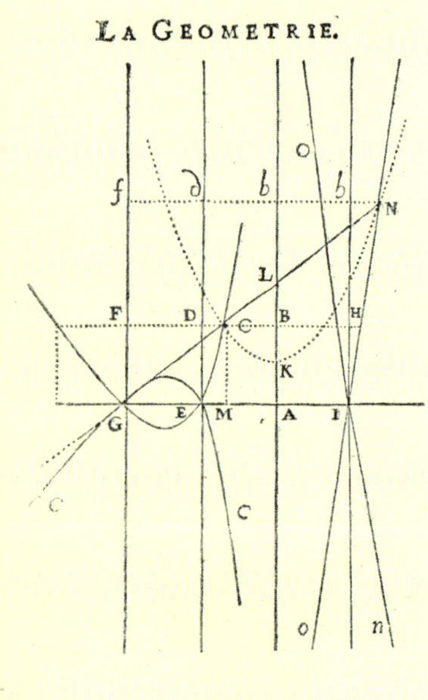

↑ **1.** Gravure extraite de *La Géométrie*.
R. Descartes, 1637 - B.N.F., Paris.

En 1637, dans son traité *La Géométrie* (→ **1**), Descartes conçoit le repérage dans le plan, donnant ainsi naissance à l'idée de fonction : placer des points dans un repère permet de représenter graphiquement une grandeur en fonction d'une autre. Les différentes courbes que l'on trouve aujourd'hui en sont des exemples. On peut ainsi illustrer l'évolution du taux de chômage en fonction du temps ou encore la température en fonction de l'altitude.

Un bouleversement pour les mathématiques

Descartes montre qu'il est possible de transformer les problèmes de géométrie en problèmes numériques. Ainsi, une figure géométrique peut être traduite en équations. On utilise alors des calculs algébriques, ce qui simplifie considérablement certaines démonstrations. De même, une courbe peut s'exprimer par une relation reliant ses coordonnées. Cette relation contient implicitement toutes les propriétés de la courbe.
La droite, par exemple, possède une équation du type $y = ax + b$.
Cette conception nouvelle est un bouleversement pour les mathématiques : l'algèbre devient alors un outil pour la géométrie.

Une notion en évolution

La notion de fonction continuera d'évoluer au XVIIe siècle pour prendre un sens encore plus clair chez Gottfried LEIBNIZ (→ **2**), à qui l'on doit le terme de « fonction », du latin *functio* qui signifie accomplissement, exécution.
De son côté, le physicien et mathématicien anglais Isaac NEWTON (1642-1727) apporte d'autres contributions au concept de fonction.
La notation $f(x)$ est proposée par le mathématicien suisse Leonhard EULER.

→ **2.** Portrait de Gottfried LEIBNIZ sur un timbre allemand.

Exercices d'application

Notion de fonction

1 Soit f la fonction définie sur $\mathbb{R}$ par $f(x) = x^2 - 3x + 1$.
Calculer les images par f des nombres réels 2, – 2, $\sqrt{2}$ et $-\sqrt{2}$.

▸ Savoir-faire 1 p. 48

2 Soit f la fonction donnée par $f(x) = 1 + \frac{-5}{x+2}$.

a. Calculer les images par f des nombres réels 2, 3 et 4.

b. Peut-on calculer l'image de –2 par f ?

▸ Savoir-faire 1 p. 48

3 Soit f la fonction définie sur $\mathbb{R}$ par $f(x) = x^2 - 3$.

a. Déterminer le(s) antécédent(s) de 6 par f.

b. Déterminer le(s) antécédent(s) de –3 par f.

4 Soit f la fonction donnée par $f(x) = \frac{x+1}{x-1}$.

a. Déterminer le(s) antécédent(s) de 0 par f.

b. Déterminer le(s) antécédent(s) de 2 par f.

c. Peut-on déterminer un antécédent de 1 par f ?

5 **Vrai ou faux ?**

Le graphique suivant représente l'évolution de la population française, en millions d'habitants, de 1985 à 2005.

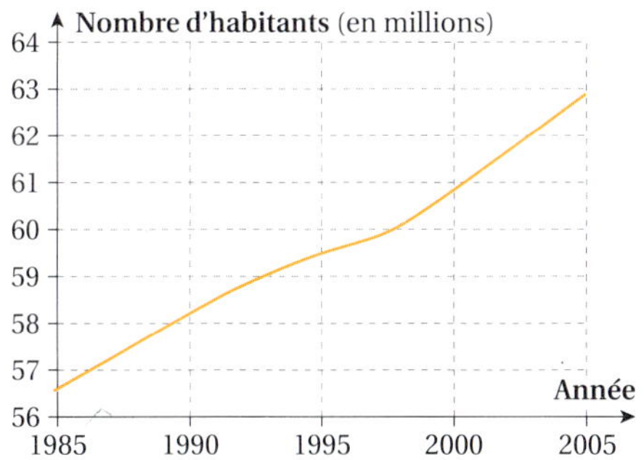

Pour chacune des affirmations suivantes, indiquer si elle est vraie ou fausse.

a. En 1993, la France comptait environ 59 millions d'habitants.

b. En 2000, la population française était inférieure à 60 millions d'habitants.

c. De 1990 à 2005, la population française a augmenté d'environ 4 millions et demi d'habitants.

d. Les 60 millions d'habitants ont été franchis avant 1997.

6 **Vrai ou faux ?**

Un stade de football propose deux tarifs :

- tarif 1 : 8 € l'entrée ;
- tarif 2 : 4 € l'entrée avec la carte demi-tarif qui coûte 40 €.

Pour chacune des affirmations suivantes, indiquer si elle est vraie ou fausse.

a. Avec le tarif 2, 12 entrées au stade coûteraient 48 €.

b. Pour 9 entrées, le tarif 2 est le plus intéressant.

c. Le tarif 2 traduit une situation de proportionnalité.

Pour les questions **d** *et* **e**, *on désigne par x le nombre d'entrées.*

d. La dépense pour le tarif 1 s'exprime, en fonction de x, par $8x$.

e. La dépense pour le tarif 2 s'exprime, en fonction de x, par $40x + 4$.

7 Le graphique suivant décrit les hauteurs de marée, en mètre, aux Sables d'Olonne (Vendée) pendant une journée du mois de mai 2007.

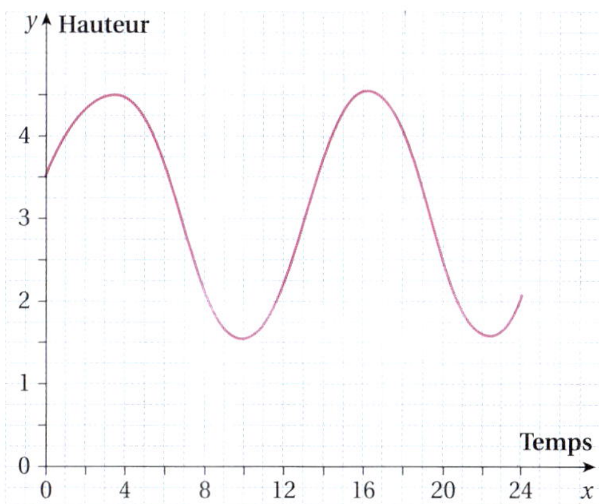

a. Déterminer les unités de chacun des axes (Ox) et (Oy).

b. Déterminer graphiquement les horaires de haute mer et de basse mer pour le jour représenté.

c. Les pêcheurs ne peuvent ramasser certains coquillages que lorsque la hauteur de la mer est inférieure à 2 mètres.
Sur quel(s) créneau(x) horaire(s) ont-ils pu effectuer leur récolte le jour représenté sur le graphique ?

d. Pour rencontrer les meilleures vagues, les surfeurs ne vont à l'eau qu'à marée montante.
Pendant combien de temps ont-ils pu surfer ce jour-là, sachant qu'ils ne surfent pas durant la nuit ?

8 La courbe suivante décrit le poids*, en kilogramme, d'un chat en fonction de son âge.

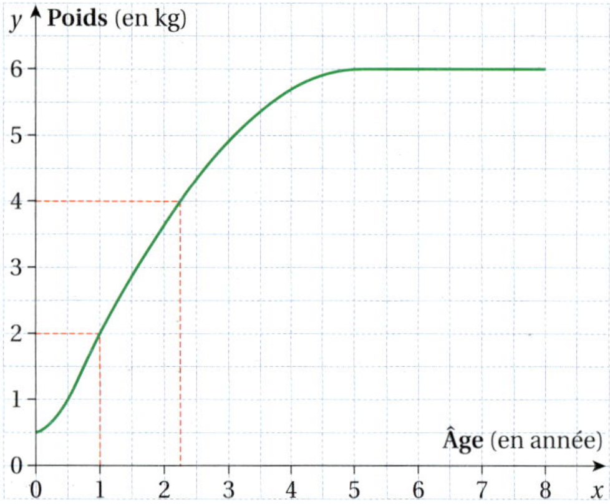

Répondre aux questions suivantes par lecture graphique, puis illustrer la réponse avec une écriture utilisant la fonction f du poids du chat.

Exemple :

Question : Quel est le poids du chat à l'âge de 1 an ?

Réponse : 2 kg, car $f(1) = 2$.

a. Quel est le poids du chat à l'âge de 3 ans ?

b. Quel est son poids de naissance ?

c. À quel âge pèsera-t-il 3 kg ?

d. À quel âge pèsera-t-il entre 4 et 5 kg ?

e. Une fois adulte, le poids du chat se stabilise. À quel âge aura-t-il atteint son poids adulte ?

f. À quel âge aura-t-il atteint la moitié de son poids adulte ?

* Par abus de langage, on utilisera le mot « poids » pour désigner la masse.

9 Parmi les courbes suivantes, lesquelles sont des représentations graphiques d'une fonction ?

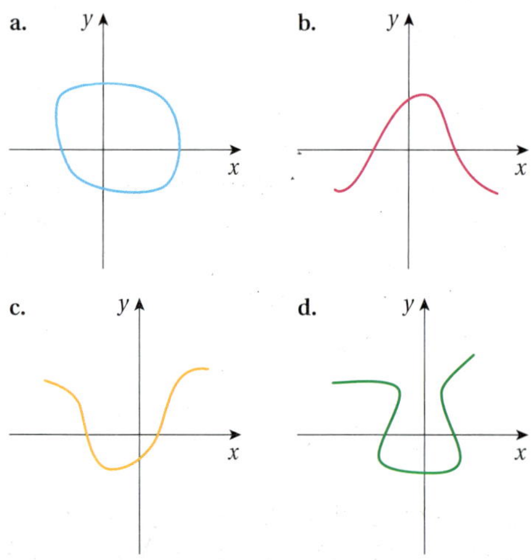

10 Associer à chaque droite d et d' du graphique ci-dessous l'un des tableaux de valeurs suivants, puis compléter ce tableau.

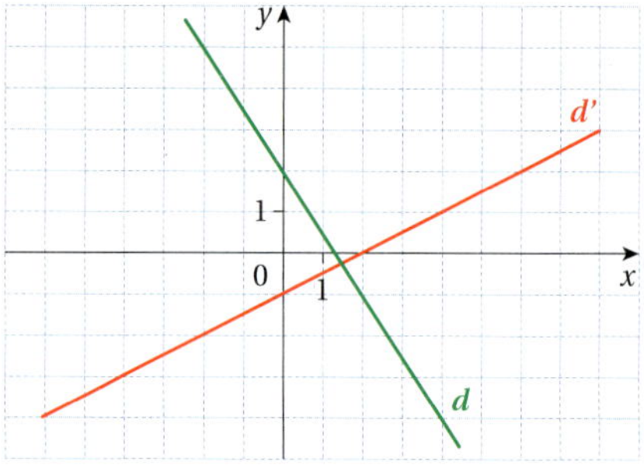

Tableau a.

x	0		6	
$f(x)$	2	−1		−28

Tableau b.

x	−2	0		6
$g(x)$	−2		0	

11 Compléter le tableau de valeurs de la fonction f représentée ci-dessous.

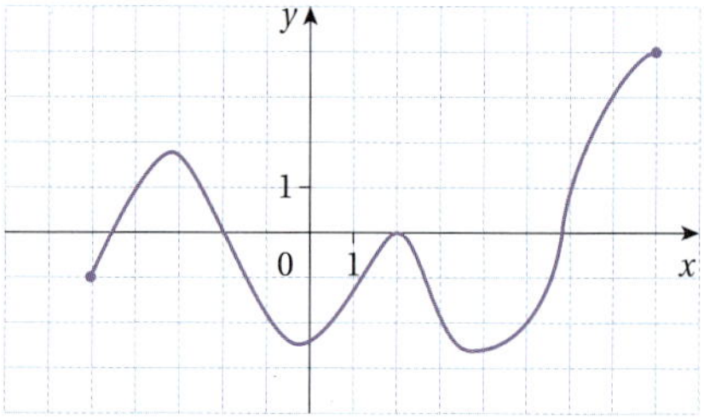

x	−5	−4	−2	2	3	5	6	7	8
$f(x)$									

12 La famille Falaise décide d'acquérir un terrain de forme carrée pour faire construire la maison de ses rêves. Celle-ci sera rectangulaire et de dimensions 10 m sur 9 m.

Pour des raisons financières, la surface du terrain ne devra pas excéder 900 m^2.

1. On suppose, dans cette question, que les côtés du terrain mesurent 25 m. Calculer la surface de pelouse dont disposera la famille Falaise une fois la maison construite.

2. Soit x la longueur des côtés du terrain.

a. Quelles sont les valeurs possibles pour x ?

b. Exprimer en fonction de x, la surface de pelouse $f(x)$ dont disposera la famille Falaise une fois la maison construite.

13 Sur la figure suivante, ABCD est un rectangle et BCE est un triangle rectangle en C tels que : AD = 5, DE = 12 et AB = x.

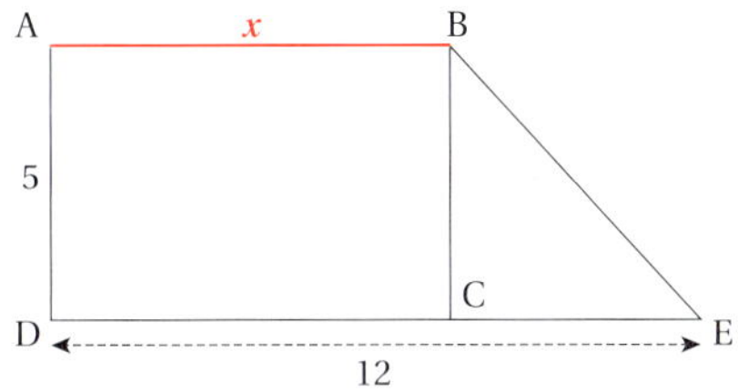

Dans chaque cas, indiquer la (les) bonne(s) réponse(s).

1. x peut prendre la valeur :

a. 12 **b.** 5 **c.** 14

2. Pour $x = 3$, l'aire du trapèze ABED est égale à :

a. environ 30 **b.** 54 **c.** 37,5

3. L'aire $f(x)$ du triangle rectangle BCE s'exprime en fonction de x par :

a. $2{,}5(12 - x)$ **b.** $30 - 2{,}5x$ **c.** $5(12 - x)$

4. L'aire $g(x)$ du trapèze ABED s'exprime en fonction de x par :

a. $30 + 2{,}5x$ **b.** $5(x + 12)$ **c.** $5x + 30$

5. La représentation graphique de la fonction g est un segment de la droite :

a. d **b.** d' **c.** d''

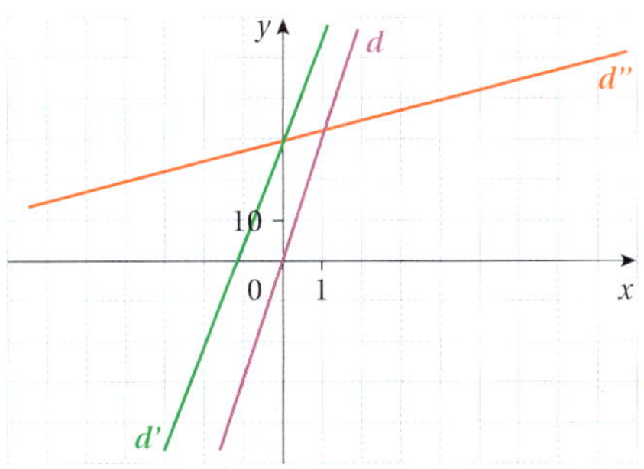

14 Bob, employé reconnu pour son sérieux, se voit récompensé par son patron d'une prime de fin d'année de 1 400 €.

Bob dépense une partie x de cette somme mais, très prévoyant, il décide de placer le reste dans une banque qui propose un taux d'intérêt de 3 % par an.

a. Quelles sont les valeurs que peut prendre x ?

b. Exprimer, en fonction de x, le capital initial placé à la banque.

c. Exprimer, en fonction de x, le capital disponible au bout d'un an.

d. Calculer ce capital disponible dans le cas où Bob choisit de dépenser la moitié de sa prime.

15 **Algorithmique** Soit l'algorithme suivant :

```
Entrée :      Le réel x.
Traitement :  Affecter la valeur x + 1 à y.
              Affecter la valeur y² à y.
              Affecter la valeur y - 1 à y.
              Affecter la valeur y/x à y.
              Affecter la valeur y - 2 à y.
Sortie :      Afficher y.
```

a. Si $x = 2$ en entrée, quelle valeur de y a-t-on en sortie ?

b. Si $x = 5$ en entrée, quelle valeur de y a-t-on en sortie ?

c. Démontrer que, pour tout réel x, la valeur y de sortie est égale à x.

16 À tout nombre réel x, on fait correspondre le double de son carré.

Donner l'expression de la fonction f ainsi définie.

17 À tout nombre réel x, on fait correspondre la racine carrée de sa moitié.

a. Donner l'expression de la fonction g ainsi définie.

b. Pour quelles valeurs de x le calcul de $g(x)$ est-il possible ?

c. Calculer $g(x)$ pour $x = \frac{32}{9}$.

18 À tout nombre réel x, on fait correspondre le quotient de ce nombre par la différence de son double et de 4.

a. Donner l'expression de la fonction h ainsi définie.

b. Pour quelles valeurs de x le calcul de $h(x)$ est-il possible ?

c. Calculer $h(x)$ pour $x = 7$.

19 Soit f la fonction définie pour toute valeur réelle par $f(x) = x^4 - \frac{9}{x^2+1}$.

a. Compléter le tableau de valeurs suivant.

x	−7	−3	−1	0	1	3	7
$f(x)$							

b. Qu'observe-t-on ? Expliquer.

20 **1.** Parmi les expressions proposées, quelle est celle qui correspond à la fonction dont l'écriture est affichée sur l'écran d'une calculatrice reproduit ci-dessous :

Y1=X+1/X+2

a. $x \mapsto \frac{x+1}{x+2}$? **b.** $x \mapsto x + \frac{1}{x} + 2$? **c.** $x \mapsto x + \frac{1}{x+2}$?

2. Écrire, en notation mathématique usuelle, les expressions des fonctions correspondant aux affichages de calculatrice suivants :

a. Y2=(X+3)/2+X **b.** Y3=X^2+3X+5

c. Y4=√X+3/(2+X) **d.** Y5=-X^3/(2X+5)

e. Y6=(√X-8)/2+5 **f.** Y7=√(5-X^2)/2

Courbe représentative et résolutions graphiques

21 Algorithmique

Voici un algorithme programmé sur calculatrice.

```
PROGRAM:FONC
:Prompt X
:1→Y
:For(I,1,4)
:X*Y→Y
:End
:Disp Y
```

a. Si X = 2 en entrée, qu'obtient-on pour Y en sortie ?

b. Déterminer l'expression de Y obtenu en sortie en fonction de X.

c. Écrire un algorithme prenant en entrée un entier n et calculant des images de la fonction définie par $f(x) = x^n$.

22 Algorithmique

Soit la fonction f définie sur $\mathbb{R}$ par $f(x)=\dfrac{x-5}{x-1}$.

1. Calculer $f(3)$ et $f(11)$.

2. Calculer $f(f(3))$ et $f(f(11))$. Que constate-t-on ?

3. Lequel de ces algorithmes programmés sur calculatrice réalise le calcul de $f(f(x))$?

a.
```
PROGRAM:REPETE
:Prompt X
:(X-5)/(X-1)→Y
:Y*Y→Y
:Disp Y
```

b.
```
PROGRAM:REPETE
:Prompt X
:For(I,1,2)
:(X-5)/(X-1)→X
:End
:Disp X
```

c.
```
PROGRAM:REPETE
:Prompt X
:For(I,1,2)
:(X-5)/(X-1)→Y
:End
:Disp Y
```

4. Démontrer que pour tout réel x, $f(f(x)) = x$.

23 Soit f la fonction définie sur l'intervalle $[-2 ; 4]$ par $f(x)=3+x+\dfrac{1}{x-10}$ et C_f sa courbe représentative.

1. Tracer C_f dans un repère orthonormal.

2. Déterminer graphiquement :

a. l'image du nombre 2,5 ;

b. un antécédent de 2.

▸ Savoir-faire 2 p. 48

24 Soit f la fonction définie sur l'intervalle $[-4 ; 4]$ par $f(x)=1+\dfrac{6}{3x^2+1}$ et C_f sa courbe représentative.

a. Établir un tableau de valeurs de f.

b. Tracer C_f dans un repère orthonormal.

▸ Savoir-faire 3 p. 49

25 Soit f la fonction définie sur $\mathbb{R}$ par :

$$f(x)=x+\frac{1}{x^2+1}$$

a. Tracer C_f, courbe représentative de f, dans un repère orthonormal.

b. Les points A(–2 ; –1,8), B($\sqrt{2}$; $\frac{4}{3}$), C(1,2 ; 1,6) et D(–1 ; –1) se trouvent-ils sur C_f ?

26 Soit la représentation graphique de la fonction f définie sur l'intervalle $[-5 ; 8]$.

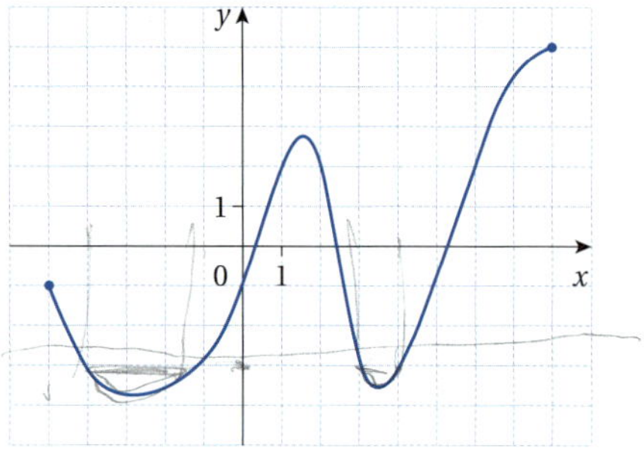

Résoudre graphiquement sur l'intervalle $[-5 ; 8]$:

a. $f(x) = 2$ **b.** $f(x) = -3$ **c.** $f(x) \leqslant -3$

▸ Savoir-faire 4 et 5 p. 50

27 Soit la représentation graphique de la fonction f définie sur l'intervalle $[-5 ; 7]$.

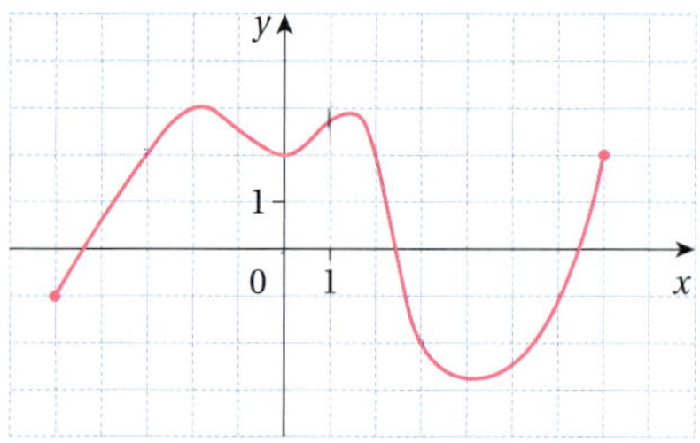

a. Résoudre graphiquement sur $[-5 ; 7]$, $f(x) = 2$.

b. Résoudre graphiquement sur $[3 ; 7]$, $f(x) = -1$.

c. Résoudre graphiquement sur $[1 ; 5]$, $f(x) \geqslant -2$.

▸ Savoir-faire 4 et 5 p. 50

28 R On donne le tableau de signes d'une fonction f définie sur l'intervalle $[-8 ; 7]$:

x	–8		–3		4		7
$f(x)$		+	0	–	0	+	

a. Donner, sur l'intervalle $[-8 ; 7]$, l'ensemble des solutions de l'inéquation $f(x) \geqslant 0$.

b. Cédric affirme que l'équation $f(x) = 1$ admet exactement deux solutions. Élodie lui répond qu'on ne peut pas savoir. Qui a raison ? Justifier.

COUP DE POUCE

On pourra donner un contre-exemple.

29 La courbe suivante représente la fonction f définie sur l'intervalle $[-5 ; 7]$.

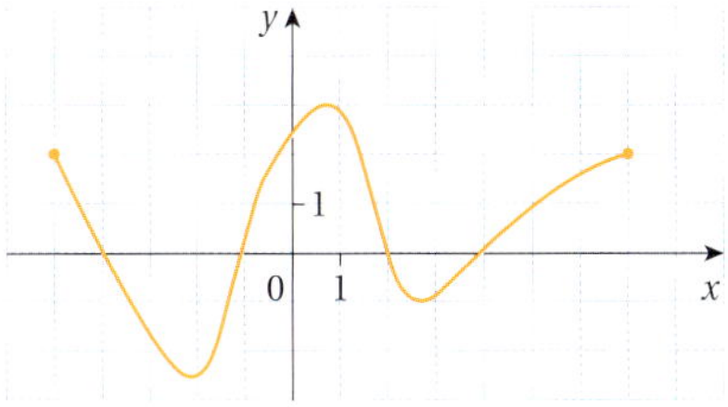

a. Résoudre graphiquement sur l'intervalle $[-5 ; 7]$ l'équation $f(x) = 0$.

b. Reproduire et compléter le tableau de signes de f.

x	-5		…		-1		…	…	7
$f(x)$	…	0	…	0	…	0	…	0	…

30 Soit f la fonction définie sur l'intervalle $[-6 ; 4]$ par $f(x) = -x + 3$.

a. Tracer la courbe représentative de la fonction f.

b. Résoudre graphiquement sur l'intervalle $[-6 ; 4]$ l'équation $f(x) = 0$.

c. Résoudre graphiquement sur l'intervalle $[-6 ; 4]$ l'inéquation $f(x) \leqslant 0$.

31 Soit f la fonction définie sur $\mathbb{R}$ par :

$$f(x) = 0{,}5x^3 - 3x$$

a. Tracer la courbe représentative de la fonction f pour x compris entre -3 et 3.

b. Résoudre graphiquement sur l'intervalle $[-3 ; 3]$ l'équation $f(x) = 0$.

c. Résoudre par le calcul sur l'intervalle $[-3 ; 3]$ l'équation $f(x) = 0$.

32 **a.** Résoudre graphiquement sur l'intervalle $[-1 ; 2]$ l'équation $x^2 + x = 2$.

b. Résoudre graphiquement sur l'intervalle $[-1 ; 2]$ l'inéquation $x^2 + x \geqslant 2$.

COUP DE POUCE

Tracer dans un repère la courbe représentative de la fonction f définie sur l'intervalle $[-1 ; 2]$ par $f(x) = x^2 + x$.

33 **1.** Résoudre graphiquement sur l'intervalle $[-1 ; 3]$ les équations suivantes.

a. $3x^2 - 4x - 2 = 2$ **b.** $3x^2 - 4x - 2 = -2$

COUP DE POUCE

Tracer dans un repère la courbe représentative de la fonction f définie sur l'intervalle $[-1 ; 3]$ par $f(x) = 3x^2 - 4x - 2$.

2. Retrouver le résultat de la question **1b** par le calcul.

34 **1.** Résoudre graphiquement sur l'intervalle $[-5 ; 3]$ l'équation $6x^2 + 12x - 38 = 10$.

COUP DE POUCE

Tracer dans un repère la courbe représentative de la fonction f définie sur l'intervalle $[-5 ; 3]$ par $f(x) = 6x^2 + 12x - 38$.

2. a. Vérifier que $f(x) - 10 = (2x + 8)(3x - 6)$.

b. Retrouver par calcul le résultat de la question **1**.

35 Résoudre graphiquement sur l'intervalle $[-7 ; 5]$:

a. l'équation $\dfrac{x^2-5}{x-10} = -2$;

b. l'inéquation $\dfrac{x^2-5}{x-10} \geqslant -2$.

36 **a.** Tracer dans un repère la courbe représentative de la fonction f définie sur l'intervalle $[-2 ; 5]$ par :

$$f(x) = \frac{x^4}{5} - x^3$$

b. Encadrer par deux entiers consécutifs les solutions de l'équation $f(x) = 3$ sur l'intervalle $[-2 ; 5]$.

37 Soit f la fonction définie sur $\mathbb{R}$ par :

$$f(x) = 0{,}2x^3 - 0{,}7x + 0{,}9$$

a. Tracer la courbe représentative C_f de f pour x compris entre -6 et 6.

b. Étudier, en fonction de x, le signe de $f(x)$.

▸ Savoir-faire 6 p. 51

38 Soit f la fonction définie sur $\mathbb{R}$ par :

$$f(x) = 0{,}2x^3 - 0{,}7x^2 + 0{,}6x + 0{,}9$$

a. Tracer la courbe représentative C_f de f pour x compris entre -2 et 5.

b. Résoudre graphiquement sur l'intervalle $[-2 ; 5]$ l'équation $f(x) = 0$.

c. Résoudre graphiquement sur l'intervalle $[-2 ; 5]$ l'inéquation $f(x) \geqslant 0$.

d. Donner, en fonction de x, le signe de $f(x)$.

▸ Savoir-faire 6 p. 51

39 Soit f la fonction définie sur $\mathbb{R}\setminus\{0\}$ par :

$$f(x) = \frac{x^4 - 1}{10x^2}$$

a. Établir un tableau de valeurs de $f(x)$ pour x entier relatif non nul compris entre -5 et 5.

Que constate-t-on ?

b. Pour x un nombre réel quelconque, calculer $f(-x)$. Interpréter graphiquement le résultat obtenu.

Variations d'une fonction

40 Voici la courbe de poids du petit Sacha de sa naissance jusqu'à l'âge de deux mois.

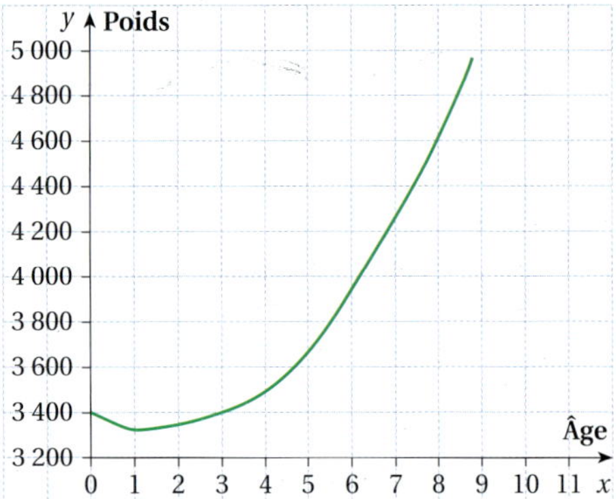

a. Déterminer les unités de chacun des axes.

b. Le pédiatre commente la courbe aux parents légèrement inquiets.

Recopier et compléter ses propos :

« Il est normal qu'après la naissance le poids diminue pendant ………….. .

Votre bébé a retrouvé son poids de naissance au bout de ………., ce qui est tout à fait habituel.

Sa croissance est même désormais de plus en plus rapide, il suffit de regarder : de la 4e à la 5e semaine il n'a pris que ……… environ, alors que de la 7e à la 8e semaine il a pris environ ……… . »

c. Dresser le tableau de variations de cette fonction sur l'intervalle [0 ; 8].

Quel a été le poids minimal de Sacha ?

d. Un bébé peut perdre jusqu'à 10 % de son poids après la naissance.

Y avait-il lieu de s'inquiéter pour le petit Sacha ?

41 Voici la courbe représentative de la fonction f.

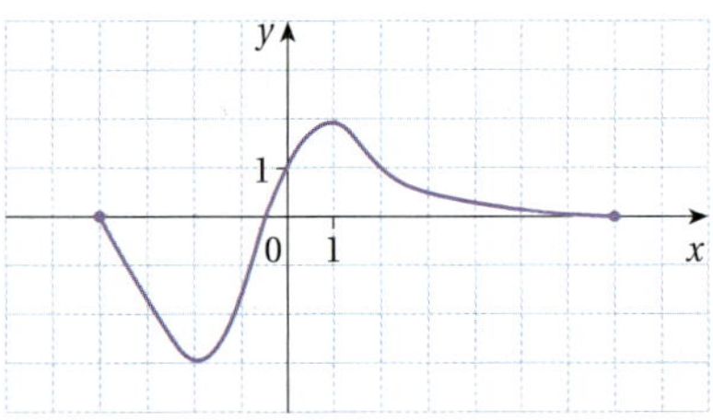

a. Donner l'ensemble de définition $\mathscr{D}$ de la fonction f.

b. Les points A (– 2 ; – 1) et B (2 ; 1) se trouvent-ils sur la courbe ? Expliquer.

c. Donner les variations de la fonction f.

d. Déterminer le minimum et le maximum de la fonction f.

42 Voici la courbe représentative de la fonction f.

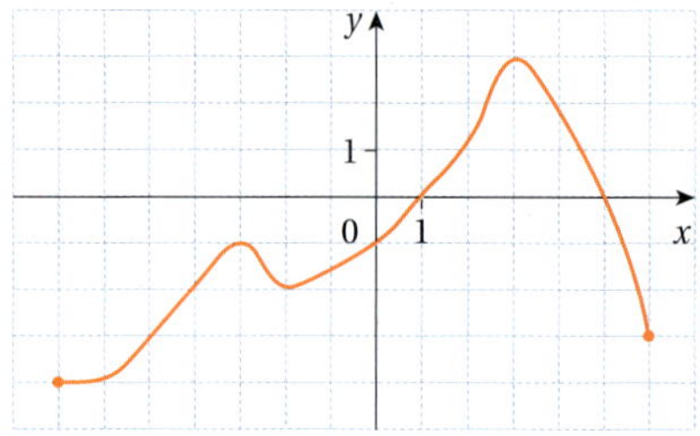

a. Donner l'ensemble de définition $\mathscr{D}$ de la fonction f.

b. Compléter le tableau de valeurs suivant.

x	–7	–3	–2	0	3	6
$f(x)$						

c. Résoudre graphiquement l'équation $f(x) = 0$.

d. Déterminer le maximum et le minimum de la fonction f sur $\mathscr{D}$.

43 Voici la courbe représentative de la fonction f.

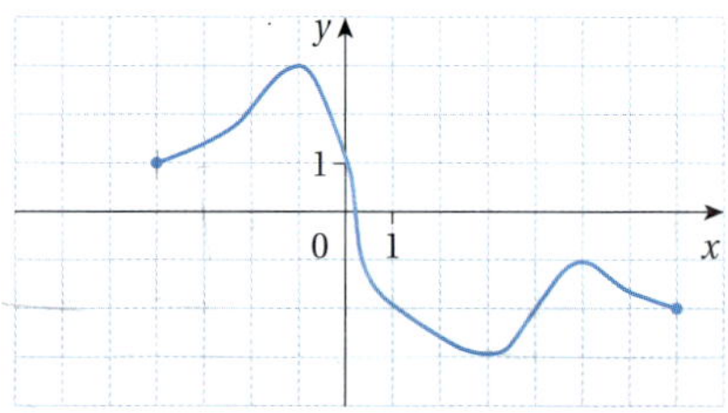

a. Donner l'ensemble de définition $\mathscr{D}$ de la fonction f.

b. Dresser le tableau de variations de la fonction f.

c. Résoudre graphiquement l'équation $f(x) = -2$.

d. Déterminer le maximum de la fonction f sur l'intervalle [3 ; 7].

44 Dans un repère orthogonal (O, I, J), on considère la courbe représentative de la fonction f.

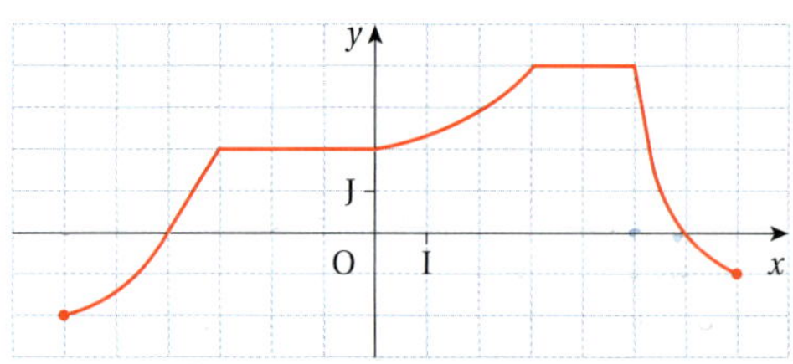

a. Donner l'ensemble de définition $\mathscr{D}$ de la fonction f.

b. Quel est l'antécédent de –2 ?

c. Que peut-on dire des antécédents de 2 ?

d. Dresser le tableau de variations de f.

e. Résoudre graphiquement l'équation $f(x) = 0$ pour x appartenant à l'intervalle [– 6 ; 7].

f. Déterminer le signe de $f(x)$ en fonction de x.

45 Soit la fonction f, définie sur $\mathcal{D} = [-5\,;-2] \cup [1\,;6]$, dont la courbe est représentée ci-dessous.

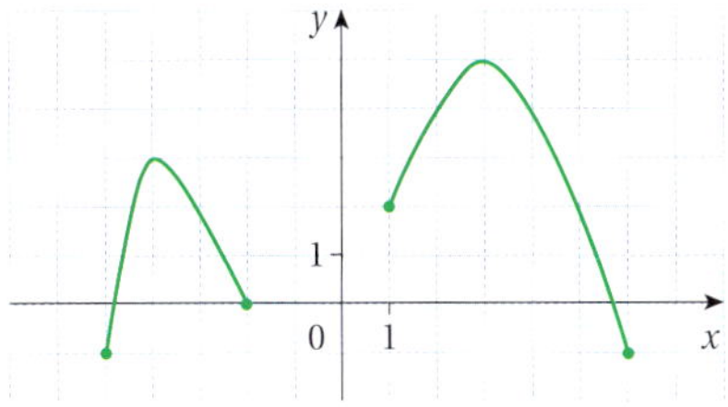

a. Déterminer graphiquement $f(-3)$, $f(2)$ et $f(5)$.
b. Résoudre graphiquement sur $\mathcal{D}$ l'inéquation $f(x) \geqslant 4$.
c. Quels sont les antécédents de -1 ?
d. Déterminer le maximum de la fonction f.

46 Sur le graphique suivant, on a représenté la fonction f définie sur $[-5\,;1[\cup]1\,;7[$.

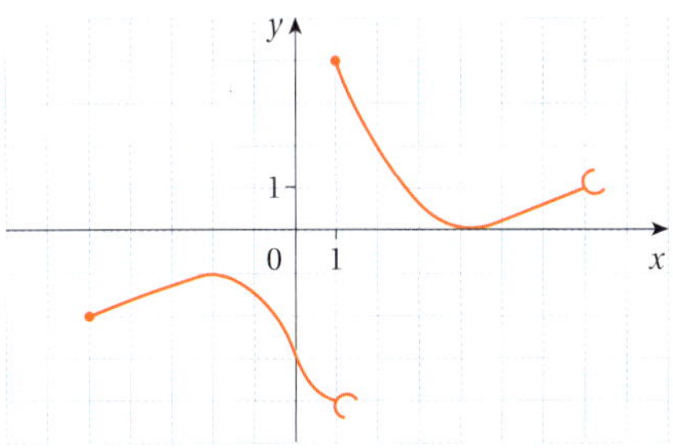

a. Quelles sont les images de -2, 0 et 1 ?
b. Résoudre graphiquement l'équation $f(x) = 2$.
c. Établir les variations de f sur $[-5\,;1[$ et sur $]1\,;7[$.

47 Sur le graphique suivant, on a représenté les courbes C_f et D_g des fonctions respectives f et g.

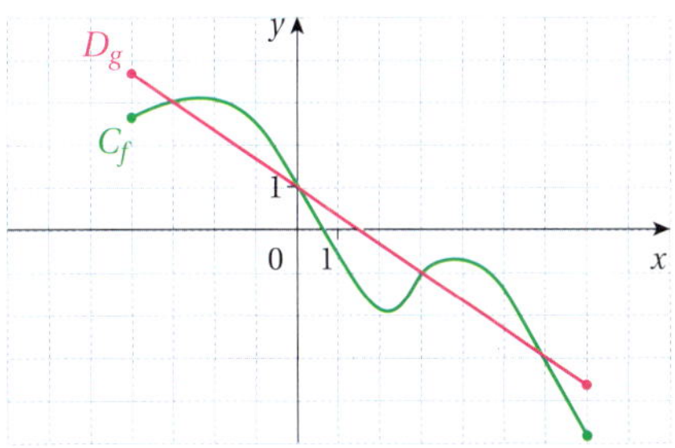

1. Pour chacune des affirmations suivantes, indiquer si elle est vraie ou fausse. Justifier.
a. Les fonctions f et g ont le même ensemble de définition.
b. Une des fonctions est affine mais non linéaire.
c. Les fonctions f et g sont décroissantes.
d. Le minimum de f est inférieur à l'image de 7 par g.

2. La recherche d'antécédent(s) de -1 par f et par g conduit-elle au même résultat ?

3. Résoudre graphiquement l'équation $f(x) = g(x)$ sur l'intervalle $[-4\,;7]$.

48 R **Vrai ou faux ?**

À partir du tableau de variations de la fonction f, indiquer pour chaque affirmation si elle est vraie, fausse ou si on ne peut pas répondre.

x	-4		-1		0		3
$f(x)$	1	↘	-1	↗	1	↘	-4

a. L'image par f de 1 est 0.
b. L'image par f de 1 est -4.
c. L'image par f de -4 est 1.
d. Le nombre 0 n'a pas d'antécédent par f.
e. Le nombre 1 a deux antécédents par f.
f. Le nombre $f(2{,}5)$ est négatif.

49 R Une fonction f est définie sur l'intervalle $[-4\,;4]$. Elle est décroissante sur $[-4\,;1]$ puis croissante sur $[1\,;4]$. On sait de plus que $f(1) = 0$.
Démontrer que, pour tout $x \in [-4\,;4]$, $f(x) \geqslant 0$.

COUP DE POUCE

On fera une démonstration par disjonction des cas.

POUR LES EXERCICES 50 À 54

On donne le tableau de variations d'une fonction f.
Dans un repère, représenter l'allure d'une courbe possible pour cette fonction.

▶ Savoir-faire 7 p. 51

50

x	-3		1		4
$f(x)$	-5	↗	-1	↘	-8

51

x	-6		6		10
$f(x)$	-5	↗	1	↘	0

52

x	-2		1		2		3		8
$f(x)$	0	↘	-4	↗	-1	↘	-4	↗	4

53

x	-2		0		4		9
$f(x)$	3	↘	-2	↗	7	↘	-1

54

x	-1		1		2		4
$f(x)$	0	↗	4	→	4	↘	-3

55 On donne le tableau de variations et le tableau de signes d'une fonction f. Dans un repère, représenter l'allure d'une courbe possible pour cette fonction.

x	-5		0		10
$f(x)$	-3	↗	6	↘	-5

x	-5		-3		5		10
$f(x)$		$-$	0	$+$	0	$-$	

▸ Savoir-faire 7 p. 51

56 À l'aide des définitions du cours, démontrer qu'une fonction constante sur un intervalle I est à la fois croissante et décroissante sur I.

57 Soit une fonction f définie sur l'intervalle $[-2 ; 5]$.
On sait que :
- f est croissante sur l'intervalle $[-2 ; 0]$;
- f est décroissante sur l'intervalle $[0 ; 2]$;
- f est constante sur l'intervalle $[2 ; 5]$;
- l'image par f de 1 est 3 ;
- -2 et 5 sont des antécédents de 2 ;
- le maximum de la fonction f sur $[-2 ; 5]$ est 5.

a. Dresser le tableau de variations de f sur $[-2 ; 5]$.
b. Tracer l'allure d'une courbe correspondant à f.

58 **Vrai ou faux ?**
À partir du tableau de variations suivant, indiquer pour chaque affirmation si elle est vraie, fausse ou si on ne peut pas répondre.

x	-4		-1		0		3
$f(x)$	1	↘	-1	↗	1	↘	-4

a. f est croissante sur l'intervalle $[-1 ; 0]$.
b. Le minimum de f est atteint pour $x = -4$.
c. f possède deux maximums.
d. $f(-3) > f(-2)$
e. $f(0,5) > -1$
f. $f(-0,5) = 0$
g. $f(-0,5) > f(2,5)$

59 R Voici le tableau de variations d'une fonction f.

x	-1		0		1		2
$f(x)$	1	↘	0	↗	1	↘	-2

1. Pour chacune des affirmations suivantes, préciser si elle est vraie ou fausse. Si elle est fausse, donner un contre-exemple.
a. Si $x < 0$ alors $f(x) > 0$.
b. Si $-2 < f(x) < 1$ alors $1 < x < 2$.
c. Si $0 < f(x) < 1$ alors $-1 < x < 1$.
d. Si $f(x) = 0$ alors $x = 0$.
2. Pour chacune des propositions précédentes, écrire sa réciproque. Cette réciproque est-elle vraie ?

60 Les quatre récipients ci-dessous ont la même hauteur et contiennent le même volume lorsqu'ils sont remplis à ras-bord.

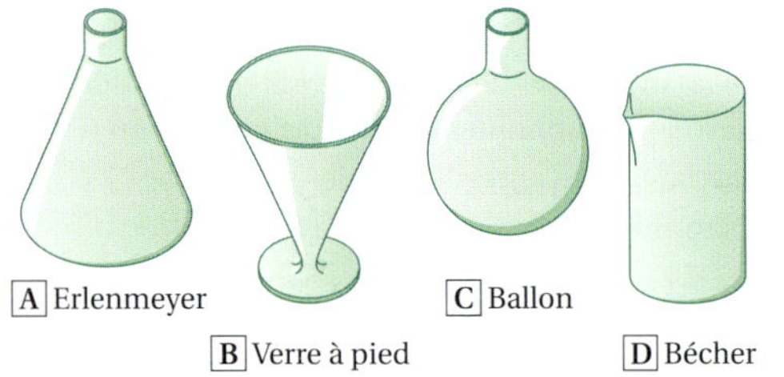

Pour chacun d'eux, on a tracé la courbe représentant le volume de liquide versé en fonction de la hauteur atteinte.

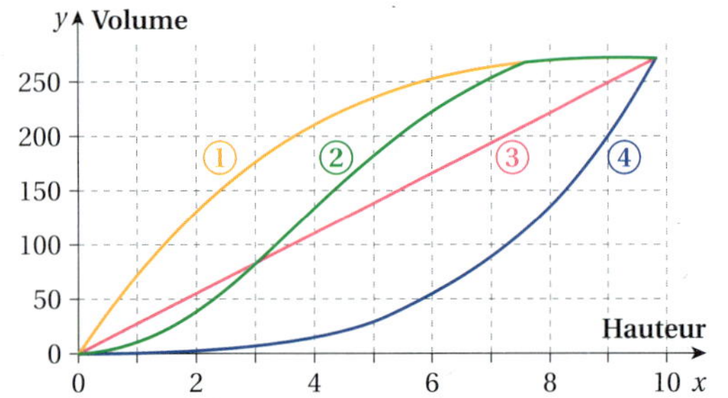

Rendre à chaque récipient le numéro de la courbe qui lui correspond.

D'après *Mathématiques sans frontières*, décembre 1994.

61 ABCD est un carré de côté 4 et de centre O. E est un point parcourant le carré en suivant le chemin D-A-B-C-D.

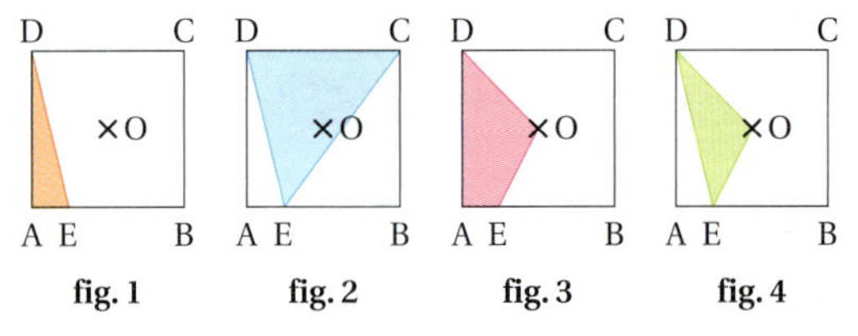

Associer à chaque figure (1 à 4) le graphique (a. à d.) représentant l'aire coloriée située à l'intérieur de ce carré lorsque E décrit le parcours D-A-B-C-D.

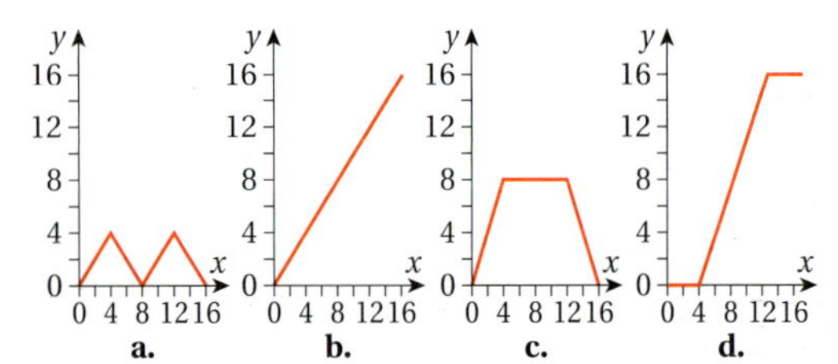

QCM Je me teste sur les fonctions

Pour chaque question, il y a une ou plusieurs bonnes réponses. CORRIGÉ P. 313

Notion de fonction

62 Soit la fonction f définie sur $\mathbb{R}\setminus\{-1\}$ par $f(x)=\dfrac{x^2+3}{x+1}$.

1. L'image de 2 par f est :

A 1 B 5 C $\dfrac{7}{3}$ D 4

2. L'image de $-\dfrac{2}{3}$ par f est :

A $\dfrac{31}{3}$ B $\dfrac{7}{3}$ C 13 D $\dfrac{23}{3}$

3. Un antécédent de 3 par f est :

A 3 B -3 C 0 D 1

63 Il existe une fonction f définie sur $\mathbb{R}$ telle que :

A le nombre 3 admet deux antécédents par f.

B le nombre 3 admet deux images par f.

C le nombre 3 n'admet aucun antécédent par f.

D le nombre 3 n'admet pas d'image par f.

64 La fonction $x \mapsto \dfrac{1}{\sqrt{1-x}}$ peut être définie pour tout x appartenant à l'ensemble :

A $\mathbb{R}\setminus\{1\}$ B $]-\infty\,;1]$ C $]1\,;+\infty[$ D $]-\infty\,;1[$

Courbe représentative et résolutions graphiques

65 Soit la fonction f définie sur $\mathbb{R}$ par $f(x) = x^2 - 3x + 7$. Parmi les points suivants, ceux qui appartiennent à la courbe représentative de f sont :

A A(2 ; 5) B B(5 ; 2) C C(–2 ; 5) D D(–2 ; 9)

66 Parmi les courbes suivantes, celles qui sont des représentations graphiques de fonctions sont :

A
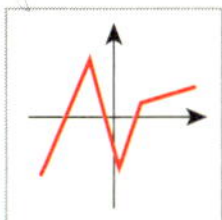

B
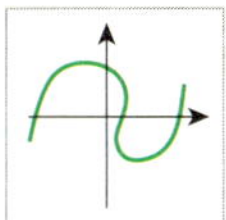

C
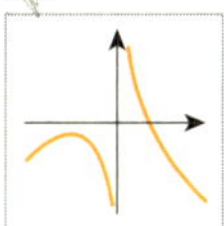

D
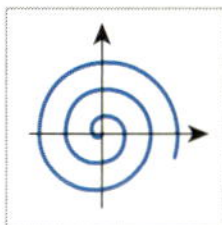

67 La fonction f est donnée par la représentation graphique ci-contre.

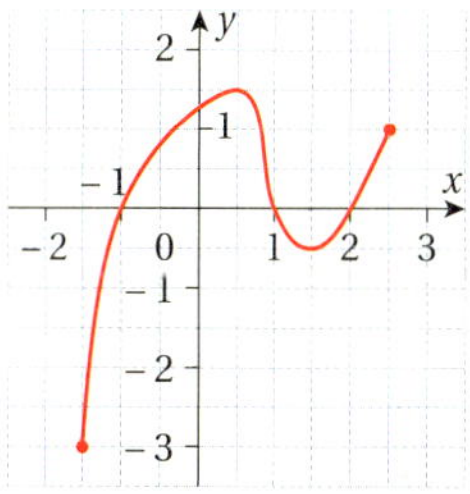

On a alors :

A l'image par f de 1,5 est 0,5.

B la fonction f est définie sur l'intervalle $[-3\,;0]$.

C 2,5 est un antécédent de 1 par f.

D l'équation $f(x) = 0$ admet 3 solutions sur l'intervalle $[-1{,}5\,;2{,}5]$.

Variations d'une fonction

68 Il existe une fonction f dont le tableau de variations est :

A

x	-5		0		5
$f(x)$	3	↗	2	↘	1

B

x	-10		-3		0		2
$f(x)$	3	↗	4	↘	3	↗	5

C

x	-1		-2		3
$f(x)$	-1	↘	-5	↗	0

69 La fonction f dont la représentation graphique se trouve dans l'exercice **67** ci-dessus est :

A croissante sur l'intervalle $[-1{,}5\,;2{,}5]$.

B croissante sur l'intervalle $[1{,}5\,;2{,}5]$.

C croissante sur l'intervalle $[-1\,;0]$.

D croissante sur l'intervalle $[-3\,;1{,}5]$.

70 Une fonction f est décroissante sur l'intervalle $[-1\,;4]$. On peut affirmer que :

A $f(1) \geqslant f(2)$.

B $f(-1) \geqslant 0$ et $f(4) \leqslant 0$.

C si $-1 \leqslant x < 2$ alors $f(x) \geqslant f(2)$.

D f n'admet pas de maximum.

Problèmes

71 Impôt sur le revenu

Le graphique suivant représente l'impôt sur le revenu en fonction du revenu imposable pour une famille avec deux enfants.

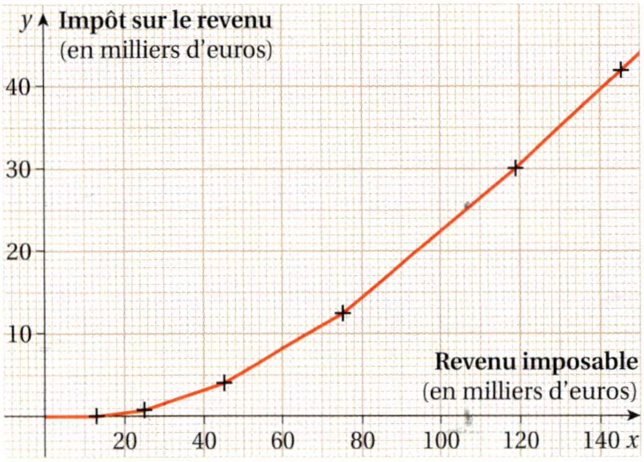

1. Commenter le dialogue suivant.

M. Abé. – Plus ton revenu est important et plus tu dois payer des impôts.

M. Bésset. – Ce qui veut dire que les impôts sont proportionnels au revenu !

2. À l'aide du graphique, répondre aux questions suivantes.

a. Quel est le montant des impôts de M. et Mme Déheux dont le revenu imposable est de 60 000 € ?

b. M. et Mme Géache ont payé 25 000 € d'impôts. Quel était leur revenu imposable ?

3. Dans la suite, on propose « d'approcher » la représentation graphique précédente par la courbe de la fonction f que l'on définit sur l'intervalle $[0 ; 150]$ par :

$$f(x)=\frac{1}{100\,000}(-x^3+400x^2-8\,000x)$$

a. Compléter le tableau de valeurs suivant (on donnera un arrondi au dixième près).

x	0	25	45	75	120	145
$f(x)$						

b. Représenter graphiquement la fonction f.

On prendra 1 cm pour 10 000 € en abscisse et 1 cm pour 5 000 € en ordonnée.

c. Calculer $f(10)$. Ce résultat donne-t-il le montant des impôts à payer pour un revenu imposable de 10 000 € ? Expliquer.

72 Triangles rectangles

Partie A

Sur la figure suivante, M est un point quelconque du segment [BF] de longueur 4 cm.

On a prolongé de part et d'autre ce segment pour construire les points C et D situés respectivement à 1 cm de B et de F.

B est le pied de la hauteur issue de A du triangle ACM rectangle en A.

F est le pied de la hauteur issue de E du triangle EDM rectangle en E.

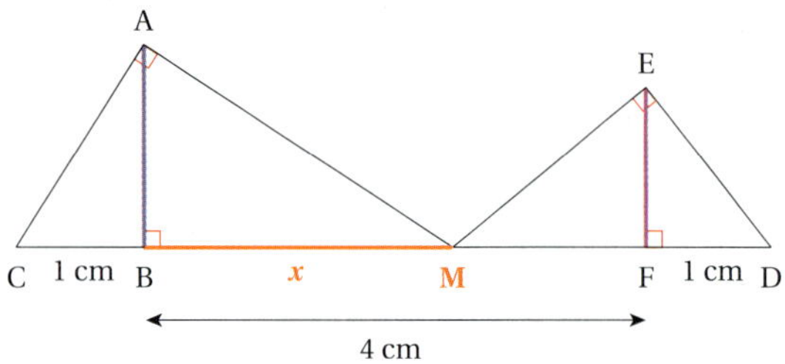

1. En appliquant le théorème de Pythagore dans les triangles ABC et ABM, démontrer que :

$$AC^2 + AM^2 = 2AB^2 + BM^2 + 1$$

2. On pose $BM = x$.

a. Quel est l'ensemble des valeurs possibles pour x ?

b. En appliquant le théorème de Pythagore dans le triangle ACM, démontrer que :

$$AC^2 + AM^2 = x^2 + 2x + 1$$

3. Déduire des questions précédentes que $AB = \sqrt{x}$.

4. Justifier que $EF = \sqrt{4-x}$.

Partie B

On désigne par $f(x)$ la somme des longueurs des segments [AB] et [EF].

Le but de cette partie est de déterminer pour quelle valeur de x cette somme trouve son maximum.

1. Exprimer en fonction de x la somme $f(x)$ des longueurs des segments [AB] et [EF].

2. a. Sur l'écran d'une calculatrice, afficher la représentation graphique de f.

Placer un point mobile sur la courbe.

b. Déterminer graphiquement le maximum de la fonction f. Pour quelle valeur de x est-il atteint ?

73 La piscine de Léon

Léon désire faire construire une piscine rectangulaire sur sa propriété. Il s'impose les contraintes suivantes :

• la piscine devra être entourée d'une zone recouverte de dalles sur une largeur de 2 m ;

• la surface totale (piscine et dalles) sera un rectangle d'aire 300 m^2.

On pose AD = x.

a. Exprimer AB en fonction de x.

b. Démontrer que les valeurs prises par x sont comprises dans l'intervalle [4 ; 75].

c. Démontrer que l'aire $A(x)$ de la piscine est donnée par $A(x) = 316 - 4x - \dfrac{1\,200}{x}$.

d. Tracer la courbe représentative de la fonction A dans un repère orthogonal.

On prendra 1 cm pour 5 m en abscisse et 1 cm pour 10 m^2 en ordonnée.

e. Déterminer graphiquement une approximation de la valeur x_0 pour laquelle l'aire de la piscine est maximale.

Dresser le tableau de variations de la fonction A.

f. Un ami de Léon lui assure que sa piscine aura une aire maximale si elle est de forme carrée.

En admettant cette affirmation, calculer la valeur exacte de x_0 et en déduire que $A(x_0) = 316 - 80\sqrt{3}$.

74 Danger ! Chutes de pierres

Norbert, un garçon de 1,50 m, lance verticalement et vers le haut un gros caillou avec une vitesse initiale de 9,8 m/s. Soit t le temps écoulé, en seconde, à partir de l'instant où Norbert lâche le caillou. En négligeant la résistance de l'air, on admet que la hauteur au sol H du caillou, en mètre, est une fonction définie par :

$$H(t) = -4{,}9t^2 + 9{,}8t + 1{,}5$$

1. Montrer que Norbert lâche le caillou à hauteur de sa tête.

2. Montrer que, pour tout nombre réel t :

$$-4{,}9t^2 + 9{,}8t + 1{,}5 = -\frac{1}{10}(7t - 15)(7t + 1)$$

3. Trouver la solution positive t_0 de l'équation $H(t) = 0$.

Donner une interprétation du résultat.

4. Sur l'intervalle $[0\,;\,t_0]$, tracer dans un repère orthogonal la courbe représentative de la fonction H.

On prendra 5 cm pour 1 s en abscisse et 2 cm pour 1 m en ordonnée.

5. a. Déterminer graphiquement les variations de la fonction H et son maximum.

Dresser le tableau de variations de la fonction H.

b. En déduire le point le plus élevé atteint par le caillou et le temps qu'il a mis pour l'atteindre.

6. Combien de temps après le lancer, Norbert risque-t-il de recevoir le caillou sur la tête ?

Répondre graphiquement à cette question, puis retrouver le résultat par le calcul.

75 En battant le pavé

Dans le parallélépipède rectangle ci-dessous, on donne les longueurs : AB = 4, BC = 3 et AE = 5.

Le point M se situe sur le segment [BF] et on appelle x la longueur BM.

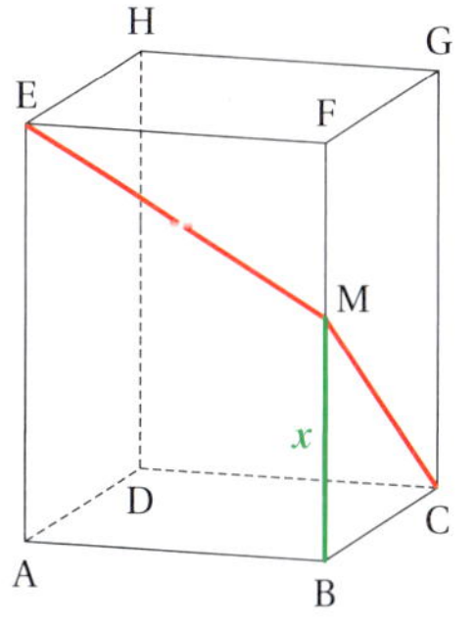

Le but de l'exercice est d'étudier la longueur du trajet L = EM + MC en fonction de la position de M.

1. Déterminer les valeurs exactes ou arrondies à 10^{-1} près de la longueur L :

a. lorsque M se situe en B ;

b. lorsque M se situe en F ;

c. lorsque M se situe au milieu de [BF].

2. a. Préciser quel est l'ensemble des valeurs possibles que peut prendre la variable x.

b. Exprimer la longueur L en fonction de x. On la notera $L(x)$.

3. En s'aidant de la calculatrice graphique, déterminer les valeurs arrondies à 10^{-1} près du minimum de L et de la valeur de x correspondante.

4. À l'aide du patron du parallélépipède, retrouver la valeur exacte du minimum de L ainsi que la valeur de x correspondante.

Comparer aux résultats obtenus à la question **3**.

76 Algo de poche — Algorithmique

À Noël, les parents de Tao souhaitent lui donner davantage d'argent de poche.

Ils lui font la proposition suivante :

« On discutera encore de ce qu'on te donnera en janvier, mais chaque mois suivant nous te donnerons la moitié de ce que nous te donnions le mois précédent plus 10 €. »

Avant d'accepter, Tao veut tester l'algorithme de calcul suivant jusqu'en juin.

Il nomme x l'argent de poche qu'il pourrait avoir au mois de janvier.

```
Entrée :        Le réel positif x.
Traitement :    Répéter 5 fois,
                  affecter à x le nombre
                  1/2 x + 10.
Sortie :        Afficher x.
```

a. Faire fonctionner cet algorithme avec $x = 4$, $x = 16$ et $x = 40$.

b. Montrer que le montant d'argent de poche de Tao pour le mois de juin peut s'exprimer par :

$$f(x) = \frac{1}{32}x + 19{,}375$$

c. En déduire pour quelles valeurs de x l'argent de poche du mois de juin sera supérieur à celui du mois de janvier.

77 Le plus grand parallélogramme

Le parallélogramme MNPQ est inscrit dans le rectangle ABCD, tel que DM = DQ = BN = BP.

On appelle x la longueur DM et on cherche la valeur de x telle que l'aire de MNPQ soit maximale.

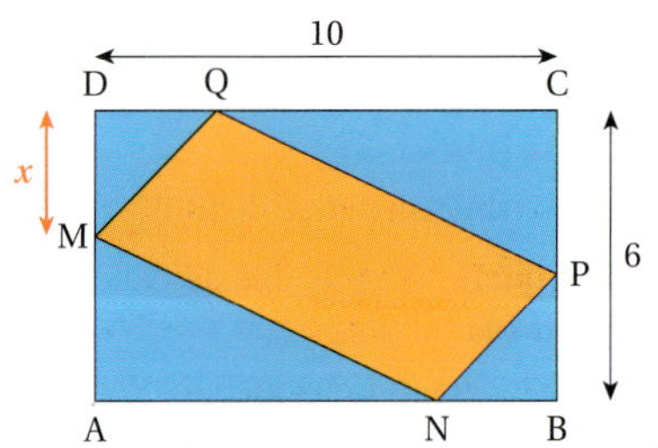

a. Exprimer l'aire $A(x)$ du parallélogramme MNPQ en fonction de x, en précisant pour quelles valeurs de x la figure est réalisable.

b. Montrer que $A(x) = -2(x-4)^2 + 32$.

c. En déduire la valeur de x telle que l'aire de MNPQ soit maximale.

Préciser l'aire correspondante.

78 Avec un tableur — TICE

Lili saisit dans la colonne A d'une feuille de calcul les nombres ci-dessous et les formules suivantes.

	A	B	C	D	E	F
1	-2	-4	-3	9	8	2
2	1					
3	0					
4	1					
5	2					
6	3					
7	4					

- dans B1 : « = 2*A1 »
- dans C1 : « = B1+1 »
- dans D1 : « = C1^2 »
- dans E1 : « = D1–1 »
- dans F1 : « = E1/4 »

1. Reproduire et compléter le tableau en recopiant vers le bas les formules de la ligne 1.

2. On désigne par f la fonction qui au nombre de la cellule A1 fait correspondre le nombre de la cellule F1, et, d'une manière générale, qui à tout nombre de la colonne A fait correspondre le nombre de la colonne F sur la même ligne.

Soit x un nombre quelconque de la colonne A. Exprimer $f(x)$ en fonction de x.

3. Auriane propose un autre tableau. Pour la colonne A, elle reprend les mêmes valeurs que Lili et saisit les formules suivantes :
- dans B1 : « = A1+1 »
- dans C1 : « = A1*B1 »
- les autres colonnes restent vides.

On désigne par g la fonction qui, dans la version d'Auriane, aux nombres de la colonne A fait correspondre les nombres de la colonne C.

a. Construire le tableau proposé par Auriane et constater qu'elle retrouve dans la colonne C les mêmes résultats que Lili dans la colonne F.

b. Démontrer que la fonction g d'Auriane est la même que la fonction f de Lili.

79 Les trois font vingt

Alban, Brice et Mathieu ont une corde de 25 m.

Ils souhaitent tendre leur corde pour former un triangle en se plaçant chacun à l'un des sommets, de telle sorte que leur triangle ait une aire de 20 m^2.

Alban et Brice se placent à 8 m l'un de l'autre.

Le but du problème est d'étudier les différentes positions possibles de Mathieu.

Le problème se ramène à étudier le triangle ABM tel que AB = 8 m, avec une aire de 20 m^2 et un périmètre maximal de 25 m.

a. En appelant H le pied de la hauteur issue de M dans le triangle ABM, déterminer la longueur MH.

b. On peut représenter la situation dans un repère (A, I, J) comme ci-dessous.

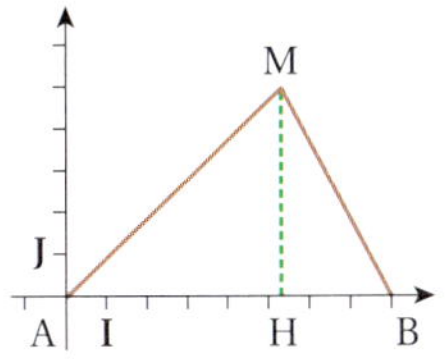

En appelant x l'abscisse du point H, exprimer les longueurs AM et BM en fonction de x.

c. Déterminer en fonction de x l'expression du périmètre $P(x)$ du triangle ABM.

d. À l'aide de la calculatrice graphique, conjecturer les valeurs de x telles que les trois garçons réussissent leur figure avec au plus 25 m de corde.

e. Représenter les triangles réalisés en utilisant toute la longueur de la corde.

f. Déterminer quelle est la longueur minimale de corde nécessaire pour réaliser la figure.
Quelle est alors la nature du triangle ABM ?

80 Pas à pas — Algorithmique

Soit une fonction f définie sur un intervalle $[a ; b]$; on souhaite évaluer les variations de cette fonction. Pour cela, on compare 101 valeurs successives de la fonction f.
On considère l'algorithme suivant :

```
Entrée :      Les réels a et b.
Traitement :  Calculer p = (b − a)/100.
              Affecter la valeur a à x, 0 à n.
              Tant que x < b
                 Si f(x+p) ⩾ f(x)
                    affecter la valeur n+1 à n ;
                    affecter la valeur x+p à x.
Sortie :      Afficher n.
```

a. Que représente p ?

b. Combien de fois l'algorithme va-t-il effectuer un test conditionnel ?

c. Si la fonction f est croissante, que vaudra n à la sortie de l'algorithme ?

d. Si la fonction f est décroissante, que vaudra n à la sortie de l'algorithme ?

e. Indira utilise cet algorithme. Elle trouve $n = 48$.
Que peut-elle en conclure quant aux variations de f ?

f. Laurent essaye à son tour avec une autre fonction définie sur l'intervalle $[0 ; 1]$ et trouve $n = 0$.
Il s'exclame : « Ma fonction est décroissante sur $[0 ; 1]$. »
« Ce n'est pas sûr et certain » rétorque Indira.
Qui a raison ? Justifier.

81 Un triangle équilatéral dans un carré

EBF est un triangle isocèle inscrit dans le carré ABCD de côté 5 cm, avec DE = DF.

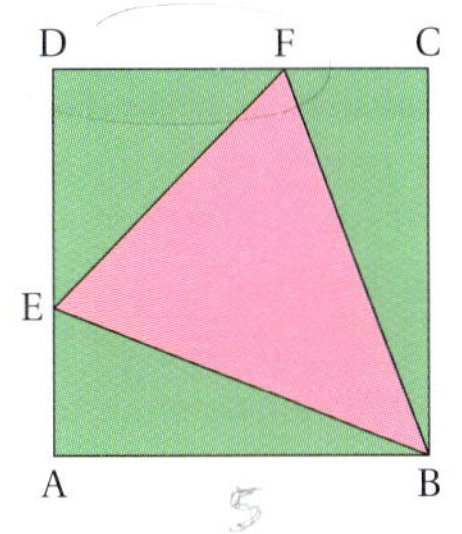

On se propose de trouver la longueur de EF pour que le triangle EBF soit équilatéral, et de construire ce triangle.
On appelle x la longueur DF.

Partie A : *Valeur approchée de EF*

1. Dans quel intervalle I se trouve le nombre réel x ?

2. a. Exprimer la longueur EF en fonction de x ; on la notera $f(x)$.

b. Montrer que la longueur BF, notée $g(x)$, est égale à $g(x)=\sqrt{50-10x+x^2}$.

3. a. Dans un repère orthonormé (unité : 2 cm), représenter les fonctions f et g.

b. Par lecture graphique, donner une valeur approchée de la longueur EF.

Partie B : *Calcul de EF*

a. Montrer, en utilisant les résultats de la partie A, que le problème se ramène à résoudre dans l'intervalle I l'équation $50 - 10x + x^2 = 2x^2$.

b. Montrer que cette équation peut se ramener à $(x + 5)^2 = 75$.

c. Résoudre cette équation dans I, puis déterminer la longueur EF et comparer ce résultat à celui obtenu dans la partie A.

Partie C : *Construction du triangle EBF - Valeur de cos(15°)*

1. Justifier que la droite (BD) est la bissectrice de l'angle $\widehat{EBF}$.
En déduire une construction du triangle équilatéral EBF.

2. a. Lorsque le triangle EBF est équilatéral, quelle est alors la mesure de l'angle $\widehat{CBF}$?

b. Exprimer la longueur BF en fonction de $\cos\widehat{CBF}$.

c. En utilisant les résultats des parties A et B, donner la valeur exacte de $\cos(15°)$.

82 Sur le quai

Paul prend le train et fait ses adieux depuis la fenêtre face à Paulette qui est restée sur le quai. Le train démarre et les deux amoureux restent immobiles.
Après quelques secondes, Paul se met à courir dans le couloir du wagon pour retourner à la hauteur de Paulette et lui faire un dernier geste d'adieu. Mais le train continue d'accélérer et la tâche devient de plus en plus difficile.
La représentation graphique ci-dessous décrit la distance le séparant de Paulette en fonction du temps depuis l'instant où le train a démarré.

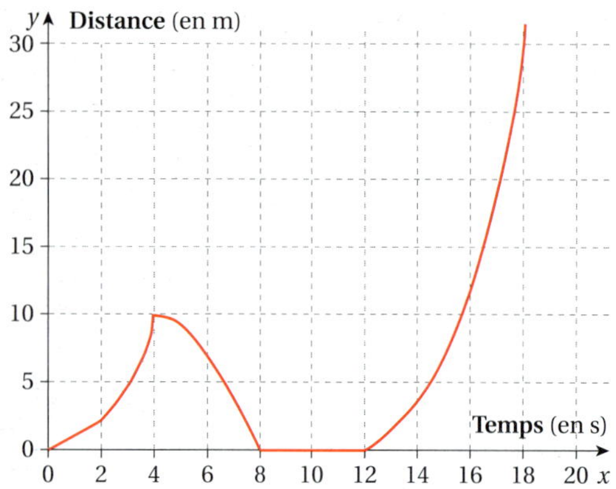

1. Après combien de temps Paul commence-t-il à courir ? À quelle distance de Paulette se trouve-t-il à cet instant ?

2. a. Au bout de combien de temps Paul arrive-t-il à la hauteur de Paulette ?

b. Que fait-il ensuite ? Expliquer.

3. Sachant qu'à plus de 30 m de distance, Paul n'aperçoit plus Paulette, combien de temps après le départ du train les deux amoureux ont-ils pu se voir ?

83 Go forth and multiply — Problème ouvert

For a research project into the reproduction of micro-organisms, Aurelie studies three types of bacteria : types A, B and C.
At the start she has the same number of bacteria of each type. Then she finds :
- the number of bacteria A doubles every 2 hours ;
- the number of bacteria B triples every 3 hours ;
- the number of bacteria C is multiplied by 5 every 5 hours.
Which type of bacteria has the fastest rate of growth of population ? Which has the slowest ?
Explain your answer.

D'après *Mathématiques sans frontières*, février 2008.

84 Entre Munster et Gérardmer

Un automobiliste et un cycliste parcourent, en sens inverse, le trajet rejoignant les villes de Munster et de Gérardmer. Les deux villes sont séparées par un col des Vosges.
Pour chacun d'eux, on a représenté graphiquement la distance d (en km) qui à l'instant t (en min) le sépare de Gérardmer.

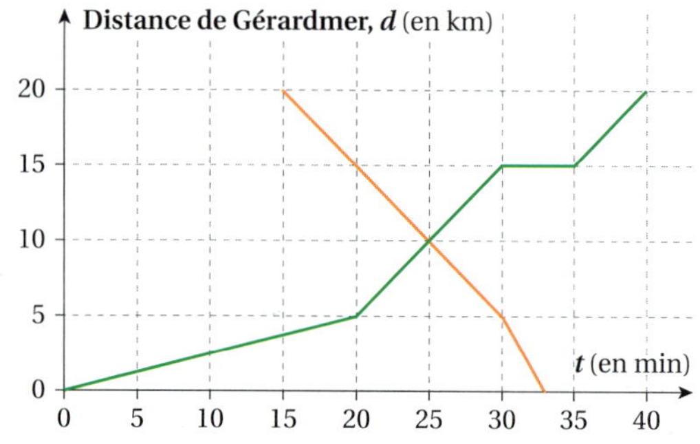

a. Sachant qu'en montée l'automobiliste est plus rapide que le cycliste, dire à qui correspond chacune des courbes en précisant qui part en premier et de quelle ville.

b. Calculer, à l'aide de valeurs lues sur le graphique, la vitesse de chacun en montée et en descente.

c. Le premier part à 8 h.
À quelle heure se rencontreront-ils ?
De quel côté du col ?

d. À quelle distance de Gérardmer se trouve le col ?

e. Décrire les étapes du trajet de celui qui se rend à Munster.

f. Construire la courbe du trajet retour de l'automobiliste, à partir d'un instant $t = 0$, en considérant qu'il ne fait pas de pause et que sa vitesse est de 60 km/h en montée et de 80 km/h en descente.

85 Permis de construire — Problème ouvert

M. La Pioche souhaite construire une petite maison sur son terrain. Les autorités lui imposent un certain nombre de contraintes pour obtenir son permis de construire :

- le tout-à-l'égout se trouve au point O et le raccordement ne doit pas excéder 15 m. M. La Pioche souhaite que cette longueur soit maximale ;
- la maison doit être rectangulaire et longer la limite de propriété en partant du point L.

Le schéma ci-contre résume ces contraintes.

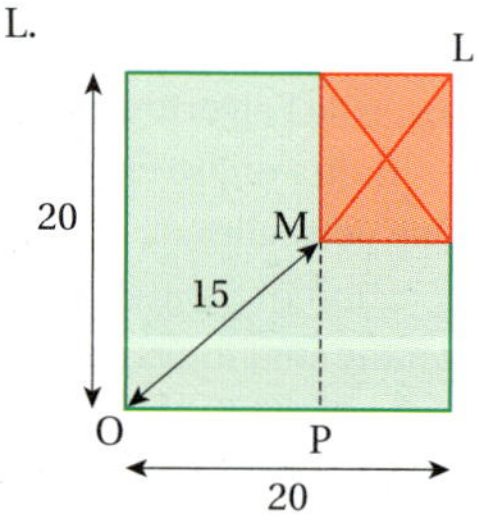

M. La Pioche, vivant seul, souhaite construire la maison de surface minimale.
Déterminer à l'aide de la calculatrice les deux solutions de son problème.

Fonctions de référence

3

Télescope du Pico Veleta, 2 850 m (sud de l'Espagne).

Ce radiotélescope, constitué d'une antenne parabolique unique de 30 m de diamètre, est l'un des plus grands et des plus sensibles instruments d'observation de radio-astronomie millimétrique qui existe actuellement. Grâce notamment à la surface de sa parabole ajustée avec une précision de 55 µm (soit l'épaisseur d'un cheveu humain), il permet l'exploration de galaxies ou de nuages interstellaires. Il a notamment permis de découvrir une vingtaine de molécules interstellaires ainsi que certaines présentes dans les comètes, les planètes et satellites du système solaire.

À quoi sert le trou au milieu de la parabole ?

Le chapitre en bref

Réinvestir

- Fonctions linéaires, fonctions affines
- Généralités sur les fonctions

Découvrir

- Fonction carré : $x \mapsto x^2$
- Fonction inverse : $x \mapsto \dfrac{1}{x}$

UN PEU D'HISTOIRE P. 90

Activités

1 Quelle est la vitesse de ce vélo ?

Réinvestir : • Notion de représentation graphique d'une fonction.
• Montrer les limites d'une représentation graphique.

Deux cyclistes, Bénédicte et Esteban, partent de Nice pour rejoindre Monaco. Toutes les 10 minutes, ils notent la distance qu'ils ont parcourue depuis leur départ. Leurs relevés sont reportés dans le tableau suivant.

Durée depuis le départ (en min)		10	20	30	40	50
Distance parcourue depuis le départ (en km)	**Bénédicte**	4,2	8,4	12,6	16,8	21
	Esteban	6	11	16	19	21

NOTE
On rappelle que pour calculer une vitesse moyenne, il faut diviser la distance parcourue pendant une durée t par cette durée t.

1 Pour Bénédicte :

a. Calculer sa vitesse moyenne :
- durant les 10 premières minutes ;
- entre la 10e et la 20e minute ;
- durant chacun des trois intervalles de 10 minutes qui suivent.

b. Calculer la vitesse moyenne de Bénédicte sur tout le trajet.

c. Reporter sur un graphique la distance parcourue en fonction de la durée.

d. Par quoi la vitesse moyenne est-elle représentée sur le graphique ?

2 Pour Esteban :

a. Reprendre les mêmes questions que celles pour Bénédicte.

b. Peut-on estimer sa vitesse moyenne durant les 5 premières minutes ? Expliquer.

2 Augmentation

Réinvestir : Lien entre pourcentages et fonction linéaire.

Le montant des allocations familiales versées aux familles change habituellement le 1er janvier de chaque année. Le tableau suivant en donne quelques montants.

Date	**Montant mensuel (en €) en fonction du nombre d'enfants à charge**			
	2 enfants à charge	**3 enfants à charge**	**4 enfants à charge**	**Par enfant supplémentaire**
01/01/2008	120,32	274,47	428,61	154,15
01/01/2009	123,92	282,7	441,48	158,78

a. Y a-t-il eu, entre le 1er janvier 2008 et le 1er janvier 2009, une augmentation de 3 % de tous les montants ?

b. Montrer que la fonction f définie par $f(x) = 1{,}03x$ permet de trouver une bonne approximation des montants de 2009 à partir de ceux de 2008.

c. En supposant que l'augmentation est chaque année de 3 %, donner une estimation de chacun des montants au 1er janvier 2011.

3 À quoi sert cette touche ?

Réinvestir : Notion de tableau de valeurs d'une fonction.
Découvrir : Utiliser les touches « mettre au carré », « inverse » et « racine carrée » de la calculatrice.

Votre calculatrice dispose de touches que vous n'avez pas encore – ou peu – utilisées : ces touches correspondent à des fonctions, dont il s'agit ici de tracer les courbes représentatives.

1 Touche « mettre au carré » : [x^2]

a. Pour x nombre réel compris dans l'intervalle $[-3 ; 3]$ avec un pas de 0,5, reproduire et compléter le tableau de valeurs suivant.

x	–3	–2,5	–2										
$f(x)$	9												

b. Placer les points correspondant au tableau de la question **1a** dans un repère orthonormé d'unité 1 cm, puis relier ces points à main levée.

2 Touche « inverse » : [x^{-1}] ou [SHIFT] [)]

a. Établir le tableau de valeurs sur l'intervalle $[-5 ; 5]$ avec un pas de 1.
Que se passe-t-il pour $x = 0$?

b. Placer les points correspondant au tableau de la question **2a** dans un repère orthonormé d'unité 1 cm, puis relier ces points à main levée.

c. Sur l'intervalle $[0{,}1 ; 1]$ avec un pas de 0,1, établir le tableau de valeurs et représenter graphiquement les points.

d. Proposer une méthode pour représenter graphiquement les valeurs que donne la calculatrice sur l'intervalle $[0{,}01 ; 0{,}1]$.

3 Touche « racine carrée » : [2nde] [x^2] ou [SHIFT] [x^2]

a. Établir le tableau de valeurs sur l'intervalle $[0 ; 3]$ avec un pas de 0,5.

b. Placer les points correspondant au tableau de la question **3a** dans un repère orthonormé d'unité 1 cm, puis relier ces points à main levée.

c. Compléter le tableau de valeurs sur l'intervalle $[0 ; 0{,}5]$ avec un pas de 0,1 puis, à l'aide de ces valeurs, affiner le tracé obtenu dans la question précédente.

Cours

A. Fonctions affines

1 Fonctions affines et fonctions linéaires

DÉFINITION

On appelle **fonction affine** une fonction f définie sur $\mathbb{R}$ par $f(x) = ax + b$, où a et b sont deux nombres réels.
Cas particulier : Lorsque $b = 0$, la fonction f définie par $f(x) = ax$ est une **fonction linéaire**.

▸ Savoir-faire 1
Pourcentages et fonction linéaire, p. 82

EXEMPLES

- La fonction g définie sur $\mathbb{R}$ par $g(x) = -2x + 3$ est affine.
- La fonction h définie sur $\mathbb{R}$ par $h(x) = \frac{1}{3}x$ est linéaire.

2 Étude

PROPRIÉTÉ

Soit f une fonction affine définie sur $\mathbb{R}$ par $f(x) = ax + b$.

- Si $a > 0$, alors f est croissante sur $\mathbb{R}$.
- Si $a = 0$, alors f est constante sur $\mathbb{R}$.
- Si $a < 0$, alors f est décroissante sur $\mathbb{R}$.

DÉMONSTRATION

Soit x_1 et x_2 deux nombres réels quelconques tels que $x_1 < x_2$.
$f(x_2) - f(x_1) = (ax_2 + b) - (ax_1 + b) = a(x_2 - x_1)$
Comme par hypothèse $x_2 - x_1$ est positif, le signe de $f(x_2) - f(x_1)$ est le même que celui de a.
On a donc les trois cas suivants :

- Si $a > 0$, alors $f(x_2) - f(x_1) > 0$, ou encore $f(x_1) < f(x_2)$.

Donc f est croissante sur $\mathbb{R}$.

- Si $a = 0$, alors $f(x_2) - f(x_1) = 0$, ou encore $f(x_1) = f(x_2)$.

Donc f est constante sur $\mathbb{R}$.

- Si $a < 0$, alors $f(x_2) - f(x_1) < 0$, ou encore $f(x_1) > f(x_2)$.

Donc f est décroissante sur $\mathbb{R}$. ■

3 Représentation graphique

THÉORÈME (ADMIS)

Dans un repère, la représentation graphique d'une fonction affine est une droite non parallèle à l'axe des ordonnées.
Réciproquement, toute droite non parallèle à l'axe des ordonnées est la représentation graphique d'une fonction affine.

La représentation graphique de la fonction f définie sur $\mathbb{R}$ par $f(x) = ax + b$, où a est le **coefficient directeur** et b l'**ordonnée à l'origine**, est donnée ci-dessous.

Si $a > 0$:

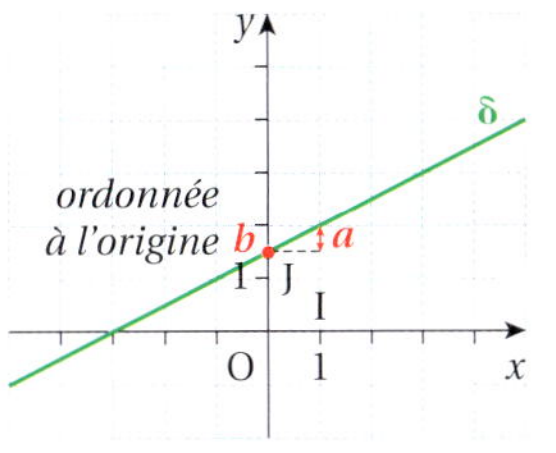

Si $a < 0$:

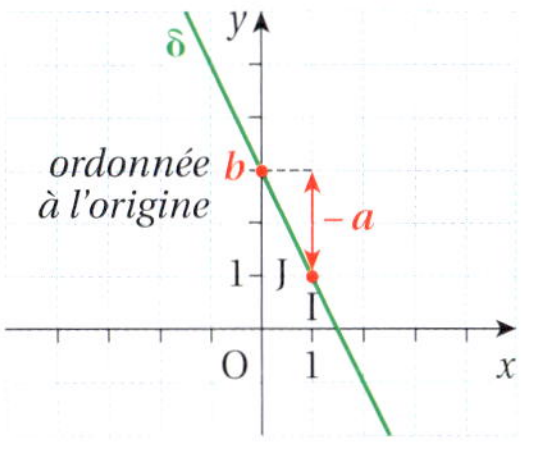

REMARQUES

- Pour tracer la droite δ, on peut calculer les coordonnées de deux points ou bien reporter a et b comme indiqué sur les graphiques ci-dessus.
- La droite représentative d'une fonction affine ne peut être parallèle à l'axe des ordonnées car cela signifierait qu'il existe une abscisse ayant deux images par la fonction, ce qui est impossible.

▶ Savoir-faire 2
Trouver l'expression d'une fonction affine, p. 82

4 Proportionnalité des accroissements

PROPRIÉTÉ

Pour une fonction affine, l'accroissement de la fonction est proportionnel à l'accroissement de la variable.
Cela signifie que pour tous nombres réels x_1 et x_2 distincts, les quantités $f(x_2) - f(x_1)$ et $x_2 - x_1$ sont proportionnelles.

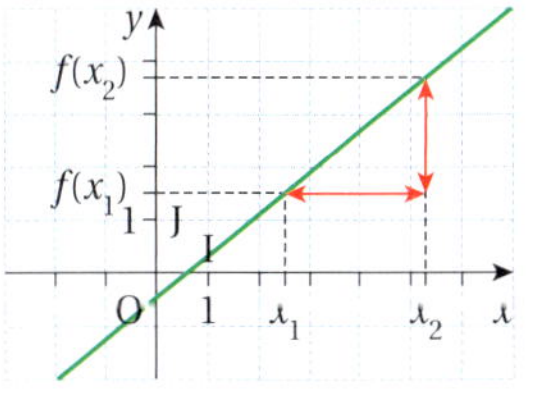

EXEMPLE

Soit f la fonction définie sur $\mathbb{R}$ par $f(x) = 0{,}8x - 0{,}5$.
On a le tableau de valeurs suivant :

x	2	5	7
$f(x)$	1,1	3,5	5,1

On a bien : $\dfrac{f(7)-f(2)}{7-2} = \dfrac{f(5)-f(2)}{5-2} = 0{,}8$.

DÉMONSTRATION

Soit f la fonction affine définie sur $\mathbb{R}$ par $f(x) = ax + b$.
Soit x_1 et x_2 deux nombres réels quelconques.
$f(x_2) - f(x_1) = (ax_2 + b) - (ax_1 + b) = a(x_2 - x_1)$
Cela signifie bien que l'accroissement $f(x_2) - f(x_1)$ est proportionnel à $x_2 - x_1$. ■

▶ Savoir-faire 3
Se servir de la proportionnalité des accroissements d'une fonction affine, p. 83

▶ Savoir-faire 4
Tracer la représentation graphique d'une fonction affine par intervalles, p. 84

REMARQUE

Pour retrouver le coefficient directeur a d'une droite, il suffit de connaître deux points de cette droite car pour $x_1 \neq x_2$, on a : $\dfrac{f(x_2)-f(x_1)}{x_2-x_1} = a$.

B. Étude de la fonction carré

1 Fonction carré

DÉFINITION

La **fonction carré** est la fonction f définie sur $\mathbb{R}$ par $f(x) = x^2$.

2 Variations

PROPRIÉTÉ

La fonction carré f est décroissante sur $]-\infty\,;0]$ et croissante sur $[0\,;+\infty[$.

DÉMONSTRATION

- Montrons que f est croissante sur l'intervalle $[0\,;+\infty[$.

Soit x_1 et x_2 deux nombres réels quelconques positifs tels que $x_1 < x_2$.

On a : $f(x_2) - f(x_1) = {x_2}^2 - {x_1}^2 = (x_2 - x_1)(x_2 + x_1)$

Par hypothèse, $x_2 - x_1 > 0$, $x_1 \geqslant 0$ et $x_2 \geqslant 0$ (d'où $x_2 + x_1 \geqslant 0$) ; donc $f(x_2) - f(x_1) \geqslant 0$ ou encore $f(x_1) \leqslant f(x_2)$. Donc f est croissante sur l'intervalle $[0\,;+\infty[$.

- On montrerait de même que f est décroissante sur l'intervalle $]-\infty\,;0]$. ■

3 Tracé de la courbe : parabole

REMARQUE
Ce tableau de valeurs n'est pas un tableau de proportionnalité ; la fonction carré n'est donc pas une fonction linéaire.

Pour la fonction f définie sur $\mathbb{R}$ par $f(x) = x^2$, on a le tableau de valeurs suivant :

x	−2	−1	0	1	2
$f(x)$	4	1	0	1	4

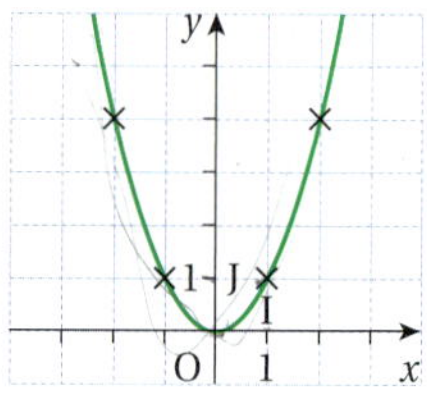

Dans un repère (O, I, J), la courbe de la fonction carré est une **parabole** de **sommet** O, origine du repère.

4 Symétrie de la courbe

PROPRIÉTÉ

Dans un repère orthogonal (O, I, J), la courbe de la fonction carré est symétrique par rapport à l'axe des ordonnées.

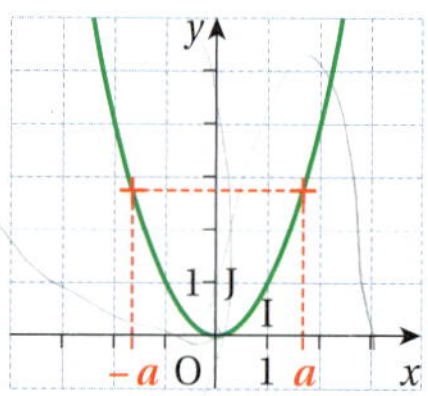

DÉMONSTRATION

Pour tout nombre réel a, montrons que les points de la courbe d'abscisses a et $-a$ sont symétriques par rapport à l'axe des ordonnées.

On a : $f(-a) = (-a)^2 = a^2 = f(a)$.

Les deux points de coordonnées $(-a\,;f(-a))$ et $(a\,;f(a))$ sont donc symétriques par rapport à l'axe des ordonnées. ■

5 Conséquence des variations de la fonction carré

▶ Savoir-faire 5
Utiliser les variations de fonctions, p.84

- Si a et b sont deux nombres réels positifs tels que $a \leqslant b$, alors $a^2 \leqslant b^2$.
- Si a et b sont deux nombres réels négatifs tels que $a \leqslant b$, alors $a^2 \geqslant b^2$.

On peut retenir que **le carré conserve l'ordre de deux nombres positifs et renverse l'ordre de deux nombres négatifs.**

C. Étude de la fonction inverse

1 Fonction inverse

ATTENTION !
La fonction inverse n'est pas définie en 0.

DÉFINITION

La **fonction inverse** est la fonction f définie sur $\mathbb{R}\setminus\{0\}$ par $f(x)=\dfrac{1}{x}$.

2 Variations

ATTENTION !
La variation d'une fonction ne peut s'étudier que sur un intervalle. Il ne faut donc pas évoquer $]-\infty\,;0[\,\cup\,]0\,;+\infty[$ mais conclure de manière séparée que la fonction inverse est décroissante sur $]-\infty\,;0[$ d'une part et décroissante sur $]0\,;+\infty[$ d'autre part.

PROPRIÉTÉ

La fonction inverse est décroissante sur $]-\infty\,;0[$ et décroissante sur $]0\,;+\infty[$.

DÉMONSTRATION

- Montrons que f est décroissante sur l'intervalle $]0\,;+\infty[$.

Soit x_1 et x_2 deux nombres réels quelconques strictement positifs tels que $x_1 < x_2$.

On a : $f(x_2)-f(x_1)=\dfrac{1}{x_2}-\dfrac{1}{x_1}=\dfrac{x_1-x_2}{x_2x_1}$. Par hypothèse, $x_1-x_2<0$, $x_1>0$ et $x_2>0$ (d'où $x_1x_2>0$) ;

donc $f(x_2)-f(x_1)<0$ ou encore $f(x_1)>f(x_2)$. Donc f est décroissante sur l'intervalle $]0\,;+\infty[$.

- On montrerait de même que f est décroissante sur l'intervalle $]-\infty\,;0]$. ■

3 Tracé de la courbe : hyperbole

REMARQUE
Ce tableau de valeurs n'est pas un tableau de proportionnalité ; la fonction inverse n'est donc pas une fonction linéaire.

Pour la fonction f définie sur $\mathbb{R}\setminus\{0\}$ par $f(x)=\dfrac{1}{x}$, on a :

x	-2	-1	0,25	1	2	3
$f(x)$	$-0{,}5$	-1	4	1	0,5	$\dfrac{1}{3}$

Dans un repère (O, I, J), la courbe de la fonction inverse est une **hyperbole** de centre O, origine du repère.

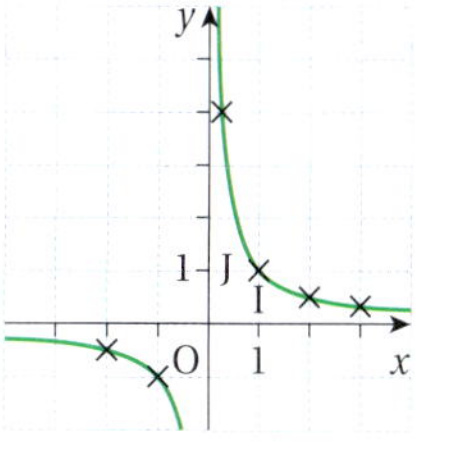

4 Symétrie de la courbe

PROPRIÉTÉ

Dans un repère (O, I, J), la courbe de la fonction inverse est symétrique par rapport à l'origine O du repère.

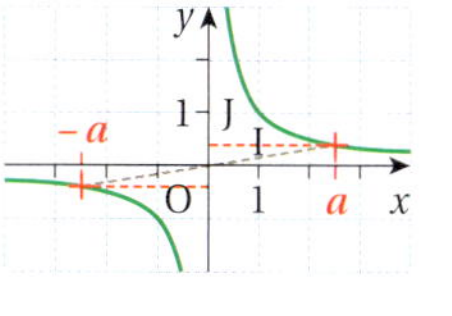

DÉMONSTRATION

Pour tout nombre réel a non nul, montrons que les points de la courbe d'abscisses a et $-a$ sont symétriques par rapport à l'origine O du repère.

On a : $f(-a)=\dfrac{1}{-a}=-f(a)$. Les deux points de coordonnées $(-a\,;f(-a))$ et $(a\,;f(a))$ sont donc symétriques par rapport à O. ■

5 Conséquence des variations de la fonction inverse

▶ Savoir-faire 5
Utiliser les variations de fonctions, p. 84

- Si $0<a\leqslant b$, alors $0<\dfrac{1}{b}\leqslant\dfrac{1}{a}$.
- Si $a\leqslant b<0$, alors $\dfrac{1}{b}\leqslant\dfrac{1}{a}<0$.

On peut retenir que **l'inverse renverse l'ordre de deux nombres non nuls de même signe**.

Savoir-faire

Savoir-faire 1 Pourcentages et fonction linéaire

ÉNONCÉ **a.** Le litre de GPL coûte 0,80 €. Il subit une hausse de 10 %. Quel est son nouveau prix ?

b. Le prix d'un CD est de 15 €. Il est soldé à moins 20 %. Quel est son prix soldé ?

c. Quelle est la nature de la fonction qui à un prix associe son nouveau prix après une hausse de 4 % ?

SOLUTION

a. $0{,}80\times\left(1+\frac{10}{100}\right)=0{,}80\times1{,}10=0{,}88$

Le nouveau prix du litre de GPL est de 0,88 €.

b. $15\times\left(1-\frac{20}{100}\right)=15\times0{,}80=12$

Le prix du CD soldé est de 12 €.

c. Soit x le prix initial en €.

Le prix après la hausse de 4 % est de $x \times 1{,}04$.

La fonction f qui à un prix x associe son nouveau prix après une hausse de 4 % est donc la fonction linéaire f définie par $f(x) = 1{,}04x$.

MÉTHODE

a. Le prix après une hausse de t % se calcule en multipliant le prix initial par le coefficient $1+\frac{t}{100}$.

REMARQUE

On peut aussi calculer le montant de la hausse, puis ajouter ce montant au prix initial pour trouver le nouveau prix.

Ici : $0{,}80\times\frac{10}{100}=0{,}08$ et $0{,}80+0{,}08=0{,}88$.

b. Le prix après une baisse de t % se calcule en multipliant le prix initial par le coefficient $1-\frac{t}{100}$.

Savoir-faire 2 Trouver l'expression d'une fonction affine

ÉNONCÉ Dans un repère, la représentation graphique correspondant à une fonction affine f passe par les points A(–1 ; –3) et B(2 ; 2).

a. Placer les points A et B dans un repère orthonormé.

b. Déterminer par le calcul les valeurs des réels a et b telles que pour tout x réel, $f(x) = ax + b$.

c. Vérifier graphiquement les résultats obtenus.

SOLUTION

a. Comme $x_A \neq x_B$, la droite (AB) est la représentation graphique d'une fonction affine.

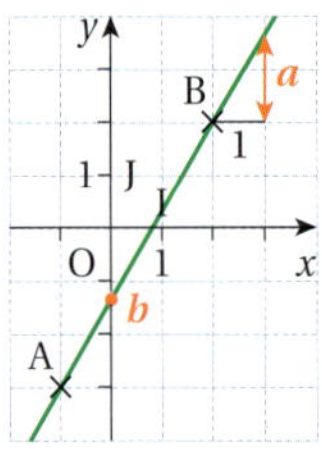

b. L'expression algébrique de f est de la forme $f(x) = ax + b$. Comme $x_A \neq x_B$, on a :

$$a=\frac{f(x_B)-f(x_A)}{x_B-x_A}=\frac{2-(-3)}{2-(-1)}=\frac{5}{3}\approx1{,}67$$

MÉTHODE

a. On veillera au choix des unités du repère pour que les deux points puissent être placés.

b. Si la droite représentative d'une fonction affine passe par les points A(x_A ; y_A) et B(x_B ; y_B), avec $x_A \neq x_B$, on sait que :

$$a=\frac{y_B-y_A}{x_B-x_A}.$$

Pour trouver b, il suffit de remplacer dans l'expression $f(x) = ax + b$, les nombres x et $f(x)$ par les coordonnées d'un des points et a par la valeur déjà trouvée.

Comme $f(2) = 2$ et $f(x) = \frac{5}{3}x + b$, on a :

$$2 = \frac{5}{3} \times 2 + b$$

donc $b = 2 - \frac{10}{3} = -\frac{4}{3} \approx -1{,}33$.

D'où $f(x) = \frac{5}{3}x - \frac{4}{3}$.

c. Le graphique permet de lire des valeurs approchées de a et b :

$$a \approx 1{,}5 \text{ et } b \approx -1{,}4.$$

c. L'ordonnée à l'origine b se lit à l'intersection de la droite avec l'axe des ordonnées. Le coefficient directeur a correspond à la variation de l'ordonnée lorsque l'on passe d'un point de la droite à un autre point de la droite d'abscisse augmentée de 1.

REMARQUE

Cette méthode graphique n'est pas précise mais permet d'avoir un ordre de grandeur des valeurs cherchées.

Savoir-faire 3 Se servir de la proportionnalité des accroissements d'une fonction affine

ÉNONCÉ Soit f une fonction dont on donne le tableau de valeurs :

x	–5	1	9
$f(x)$	6	1	–6

Cette fonction peut-elle être affine ?

SOLUTION

Placés dans un repère, les points A(–5 ; 6), B(1 ; 1) et C(9 ; –6) ne semblent pas être alignés.

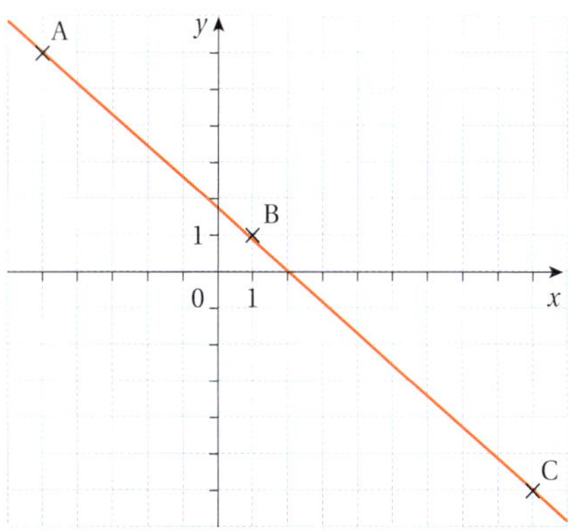

MÉTHODE

Une approche intéressante est de placer les points A(–5 ; 6), B(1 ; 1) et C(9 ; –6) dans un repère et de regarder s'ils semblent être alignés ou non. Néanmoins, un calcul s'impose pour démontrer ce qui est observé.

Trois points A, B et C distincts deux à deux sont alignés si et seulement si les coefficients directeurs des droites (AB) et (BC) sont les mêmes.

Le coefficient directeur de la droite (AB) est donné par la formule $\frac{y_B - y_A}{x_B - x_A}$.

Vérifions cette observation par le calcul :

$$\frac{f(x_B)-f(x_A)}{x_B - x_A} = \frac{y_B - y_A}{x_B - x_A} = \frac{1-6}{1-(-5)} = -\frac{5}{6} \quad \text{et} \quad \frac{f(x_C)-f(x_B)}{x_C - x_B} = \frac{y_C - y_B}{x_C - x_B} = \frac{-6-1}{9-1} = -\frac{7}{8}$$

Ces deux nombres sont différents. Ils correspondent aux coefficients directeurs des droites (AB) et (AC).

Or nous savons que, pour une fonction affine, l'accroissement de la fonction est proportionnel à l'accroissement de la variable. La contraposée* de cette propriété permet d'affirmer que la fonction f n'est pas affine.

* R Voir p. 9

Savoir-faire 4 Tracer la représentation graphique d'une fonction affine par intervalles

ÉNONCÉ

Soit f la fonction définie sur $\mathbb{R}$ par : $\begin{cases} -x-6 & \text{pour } x \leqslant -1 \\ 2x-3 & \text{pour } -1 \leqslant x \leqslant 2 \\ x-1 & \text{pour } x \geqslant 2 \end{cases}$.

Tracer la représentation graphique de f.

SOLUTION

Le tracé qui correspond à la fonction g donnée par $g(x) = 2x - 3$ est une droite. Pour la fonction f, cette droite n'est à considérer que pour $-1 \leqslant x \leqslant 2$, ce qui revient à se placer dans la bande verticale non hachurée. On ne garde donc de la représentation graphique de g que le segment [AB].

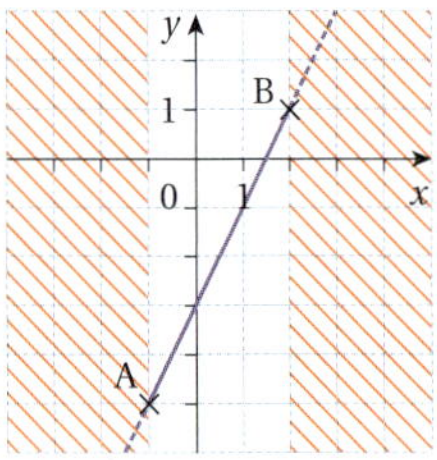

On procède de la même manière pour tracer les deux autres parties de la représentation graphique de f.

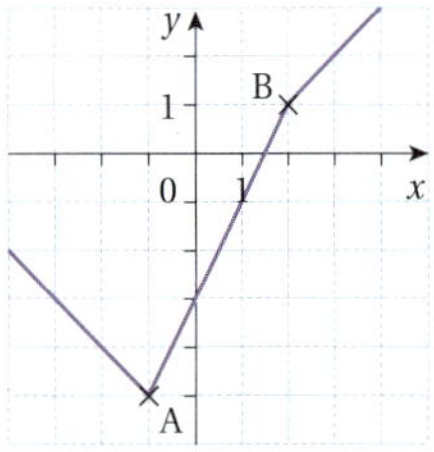

MÉTHODE

Sur chaque intervalle, on étudie la fonction correspondante et on trace sa courbe représentative. On obtient ainsi plusieurs parties de courbes (segment ou demi-droite).

La représentation graphique de f est la réunion de ces parties.

Savoir-faire 5 Utiliser les variations de fonctions connues pour ordonner des nombres réels

ÉNONCÉ Dans chaque cas, classer par ordre croissant les nombres proposés.

a. $3{,}15^2$; $3{,}14^2$ et π^2.

b. $(-3{,}000\,001)^2$; $(-2{,}99)^2$ et $(-3{,}001)^2$.

c. $\dfrac{1}{5\,001}$; $\dfrac{1}{5\,000}$ et $\dfrac{1}{a}$ avec a un nombre réel supérieur à 5 002.

SOLUTION

a. La fonction carré $x \mapsto x^2$ est croissante sur $[0\,;+\infty[$.
Or $3{,}14 \leqslant \pi \leqslant 3{,}15$.
Donc $3{,}14^2 \leqslant \pi^2 \leqslant 3{,}15^2$.

b. La fonction carré $x \mapsto x^2$ est décroissante sur $]-\infty\,;0]$.
Or $-3{,}001 \leqslant -3{,}000\,001 \leqslant -2{,}99$.
Donc $(-2{,}99)^2 \leqslant (-3{,}000\,001)^2 \leqslant (-3{,}001)^2$.

c. La fonction inverse $x \mapsto \dfrac{1}{x}$ est décroissante sur $]0\,;+\infty[$.
Or $5\,000 \leqslant 5\,001 \leqslant a$.
Donc $\dfrac{1}{a} \leqslant \dfrac{1}{5\,001} \leqslant \dfrac{1}{5\,000}$.

MÉTHODE

Les variations de la fonction carré et de la fonction inverse nous indiquent que :
- le carré conserve l'ordre et l'inverse renverse l'ordre de deux nombres positifs ;
- le carré et l'inverse renversent l'ordre de deux nombres négatifs.

ATTENTION !
Cette méthode ne peut pas s'appliquer pour deux nombres de signes différents.

Travaux pratiques

TP TICE 1 Recherche d'un ensemble de points

Objectifs : • À l'aide d'un logiciel de géométrie, découvrir une autre définition de la parabole.
• Traduire dans un repère une égalité de longueurs.

L'ensemble des points équidistants de deux points donnés A et B est la médiatrice du segment [AB]. Cherchons, comme l'a fait le mathématicien grec Pappus d'Alexandrie vers l'an 350, les points équidistants d'un point et d'une droite.

La distance d'un point A à une droite $\mathscr{D}$ est définie de la façon suivante :
- si A est sur $\mathscr{D}$, cette distance vaut 0 ;
- sinon c'est la longueur du segment [AH] perpendiculaire à $\mathscr{D}$ avec H appartenant à $\mathscr{D}$.

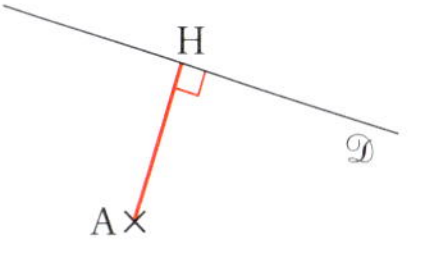

Soit $\mathscr{D}$ une droite et F un point non situé sur $\mathscr{D}$.
Notons $\mathscr{E}$ l'ensemble des points du plan équidistants de $\mathscr{D}$ et F.

1 Construction

À l'aide d'un logiciel de géométrie dynamique, tracer une droite $\mathscr{D}$ et un point F non situé sur $\mathscr{D}$. Placer H un point quelconque de $\mathscr{D}$.
La médiatrice du segment [FH] coupe la perpendiculaire à $\mathscr{D}$ au point H en un point M.

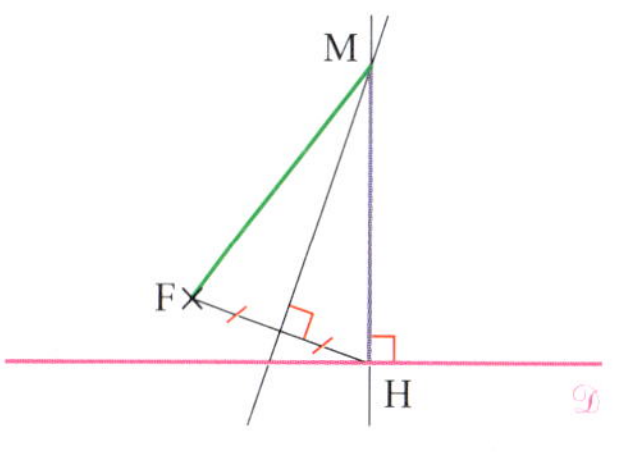

2 Conjecture

a. Justifier que MH est la distance de M à $\mathscr{D}$.
b. Montrer que MH = MF.
c. En déduire que l'ensemble des points M lorsque H décrit $\mathscr{D}$ est $\mathscr{E}$.
d. À l'aide du logiciel, conjecturer la nature de l'ensemble $\mathscr{E}$.

3 Démonstration

Dans cette question, il s'agit de démontrer la conjecture de la question 2 d.

a. Soit Δ_1 la perpendiculaire à $\mathscr{D}$ passant par F. Elle coupe $\mathscr{D}$ en K.
Montrer que le milieu O du segment [FK] appartient à $\mathscr{E}$.

b. Soit H un point quelconque de $\mathscr{D}$. Tracer Δ la perpendiculaire à $\mathscr{D}$ passant par H. Existe-il des points de $\mathscr{E}$ situés sur Δ ?

COUP DE POUCE
On pourra remarquer que l'on recherche un point équidistant de H et de F.

c. On définit le repère orthonormé du plan suivant :
- l'origine est le point O, milieu du segment [KF] ;
- l'axe des abscisses est la parallèle à la droite $\mathscr{D}$ passant par le point O ;
- l'axe des ordonnées est la droite Δ_1 ;
- les coordonnées de F sont $(0 ; \frac{1}{4})$.

Quelles sont les coordonnées du point K ?
Pour un point $M(x ; y)$ quelconque du plan, calculer les longueurs MH et MF en fonction de x et y, puis trouver la relation entre x et y pour que ce point appartienne à $\mathscr{E}$. Conclure.

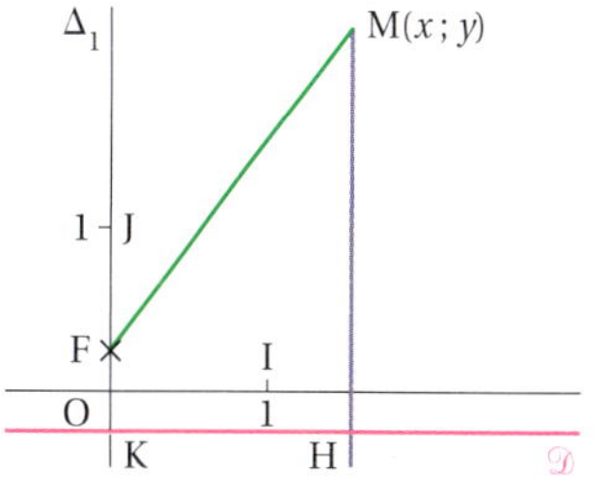

TP TICE 2

Ordre et puissances

Objectifs : • Utiliser la calculatrice pour observer la position relative de courbes.
• Démontrer les propriétés observées.

PARTIE A

Dans les questions suivantes, x est un nombre réel appartenant à l'intervalle $[0 ; 1]$.

1 En s'aidant de la calculatrice, tracer dans un repère orthonormé d'unité 10 cm les représentations graphiques des fonctions suivantes définies sur $[0 ; 1]$.

a. $x \mapsto x$

b. $x \mapsto x^2$

c. $x \mapsto x^3$

d. $x \mapsto \sqrt{x}$

2 Expliquer comment on constate graphiquement que, pour tout nombre réel x appartenant à l'intervalle $[0 ; 1]$:

$$x^3 \leqslant x^2 \leqslant x \leqslant \sqrt{x}$$

3 **a.** Démontrer que $x^2 \leqslant x$ pour tout nombre réel x appartenant à l'intervalle $[0 ; 1]$.

COUP DE POUCE

On pourra partir de l'inégalité $x \leqslant 1$.

b. Démontrer que $x \leqslant \sqrt{x}$ pour tout nombre réel x appartenant à l'intervalle $[0 ; 1]$.

COUP DE POUCE

On pourra d'abord montrer que $\sqrt{x} \leqslant 1$.

c. Démontrer que, pour tout nombre réel x appartenant à l'intervalle $[0 ; 1]$, on a :

$$x^3 \leqslant x^2 \leqslant x \leqslant \sqrt{x}$$

PARTIE B

Dans les questions suivantes, x est un nombre réel appartenant à l'intervalle $[1 ; +\infty[$.

1 En s'aidant de la calculatrice, tracer dans un repère orthonormé d'unité 1 cm les représentations graphiques des fonctions suivantes définies sur $[1 ; +\infty[$.

a. $x \mapsto x$

b. $x \mapsto x^2$

c. $x \mapsto x^3$

d. $x \mapsto \sqrt{x}$

2 Expliquer comment on constate graphiquement que, pour tout nombre réel x appartenant à l'intervalle $[1 ; +\infty[$:

$$\sqrt{x} \leqslant x \leqslant x^2 \leqslant x^3$$

3 **a.** Démontrer que $x \leqslant x^2$ et que $\sqrt{x} \leqslant x$ pour tout nombre réel x appartenant à l'intervalle $[1 ; +\infty[$.

b. Démontrer que, pour tout nombre réel x appartenant à l'intervalle $[1 ; +\infty[$, on a :

$$\sqrt{x} \leqslant x \leqslant x^2 \leqslant x^3$$

TICE 3 Représentation graphique de fonctions à la calculatrice

Objectif : Explorer de nouvelles fonctions puis démontrer les propriétés observées.

Partie A : Fonction racine carrée

La racine carrée d'un nombre réel x **positif** est l'unique nombre réel **positif** dont le carré est égal à x.
Elle se note $\sqrt{x}$.

Exemples : $\sqrt{144}=12$ et $\sqrt{0}=0$.

1 **a.** Soit g la fonction racine carrée, définie sur $[0\,;+\infty[$, qui à x associe $\sqrt{x}$.
À l'aide de la calculatrice, tracer sommairement dans un repère orthonormé (O, I, J) la courbe représentative C_g de la fonction g.
b. Soit la fonction $f : [0\,;+\infty[\to [0\,;+\infty[$
$x \mapsto x^2$
À l'aide de la calculatrice, donner le tableau de variations de f et tracer sa courbe représentative C_f dans un repère orthonormé (O, I, J).
c. Le point A(2 ; 4) se trouve sur C_f.
Le point A'(4 ; 2) se trouve-t-il sur C_g ?
d. Les courbes C_g et C_f se ressemblent…
Comment peut-on décrire mathématiquement cette ressemblance ?

2 **a.** Montrer que si M(x ; y) se trouve sur C_f alors M(y ; x) se trouve sur C_g.
Que peut-on penser de la réciproque ?
b. Tracer la bissectrice de l'angle $\widehat{IOJ}$.
Que représente cette droite pour le segment [AA'] ?
c. En déduire une construction géométrique de C_g à partir de C_f.

COUP DE POUCE

Pour tracer C_g avec soin lorsque x est proche de zéro, on pourra par exemple calculer $\sqrt{0,09}$, $\sqrt{0,25}$ …

Partie B : Fonction valeur absolue

La valeur absolue d'un nombre réel x vaut $\begin{cases} x & \text{si } x \text{ est positif} \\ -x & \text{si } x \text{ est négatif} \end{cases}$.

Elle se note $|x|$.

Exemples : $|7,3|=7,3$ et $|-5|=5$.

1 Soit f la fonction valeur absolue définie sur $\mathbb{R}$.
À l'aide de la calculatrice, tracer sa représentation graphique C_f dans un repère orthonormé (O, I, J).

2 **a.** Démontrer que C_f admet un axe de symétrie.
b. Résoudre graphiquement l'équation $|x|=5$ où x est un nombre réel.
c. Soit a un nombre réel.
Discuter graphiquement du nombre de solutions de l'équation $|x|=a$ d'inconnue x.

VOIR FICHES ALGORITHMIQUE P. 11

TP Algorithmique 1

Calcul approché de l'aire sous une courbe

Objectifs : • Calculer une valeur approchée d'aire quand les formules habituelles ne peuvent pas s'appliquer.
• Se rendre compte qu'un algorithme permet d'affiner rapidement un résultat.

Soit f la fonction carré définie sur $\mathbb{R}$ et $\mathscr{P}$ sa courbe représentative dans un repère orthonormé.

```
VARIABLES
  n EST_DU_TYPE NOMBRE
  e EST_DU_TYPE NOMBRE
  x1 EST_DU_TYPE NOMBRE
  x2 EST_DU_TYPE NOMBRE
  y1 EST_DU_TYPE NOMBRE
  y2 EST_DU_TYPE NOMBRE
DEBUT_ALGORITHME
  LIRE n
  x1 PREND_LA_VALEUR 0
  e PREND_LA_VALEUR 1/n
  y1 PREND_LA_VALEUR pow(x1,2)
  AFFICHER x1
  AFFICHER " "
  AFFICHER y1
  TANT_QUE (x1<1) FAIRE
    DEBUT_TANT_QUE
    x2 PREND_LA_VALEUR x1+e
    y2 PREND_LA_VALEUR pow(x2,2)
    AFFICHER x2
    AFFICHER " "
    AFFICHER y2
    x1 PREND_LA_VALEUR x2
    FIN_TANT_QUE
FIN_ALGORITHME
```

1 On donne l'algorithme ci-contre.

a. Si l'entrée n vaut 4, combien de couples cet algorithme affiche-t-il ?

b. Tracer dans un repère les points qui correspondent aux couples affichés.

2 On considère la figure ci-dessous sur laquelle figurent la courbe $\mathscr{P}$ et les points A, B, C et D d'abscisses respectives 0,25 ; 0,5 ; 0,75 et 1.

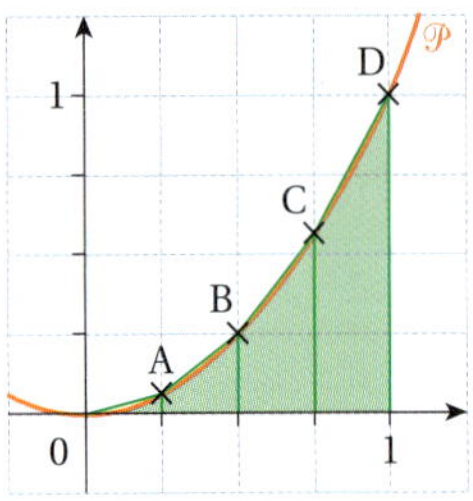

a. Exprimer à l'aide des nombres $0{,}25^2$, $0{,}5^2$, $0{,}75^2$ et 1^2, les aires du triangle et des trois trapèzes verts.

b. Modifier l'algorithme de la question **1** pour qu'il donne l'aire de la partie coloriée du plan, c'est-à-dire la somme des aires du triangle et des trois trapèzes.

COUP DE POUCE

On pourra dans la partie « Traitement » utiliser une variable S, initialisée à 0, qui donnera la somme des aires vertes.

3 **a.** À l'aide de la calculatrice ou d'un autre langage, programmer l'algorithme de la question **2** **b.**

b. En choisissant $n = 100$, donner une valeur approchée de l'aire de la partie du plan située entre l'axe des abscisses, la courbe $\mathscr{P}$ et la droite parallèle à l'axe des ordonnées passant par D.

TP Algorithmique 2

Longueur d'une courbe

Objectif : Approximer la longueur d'un arc de parabole.

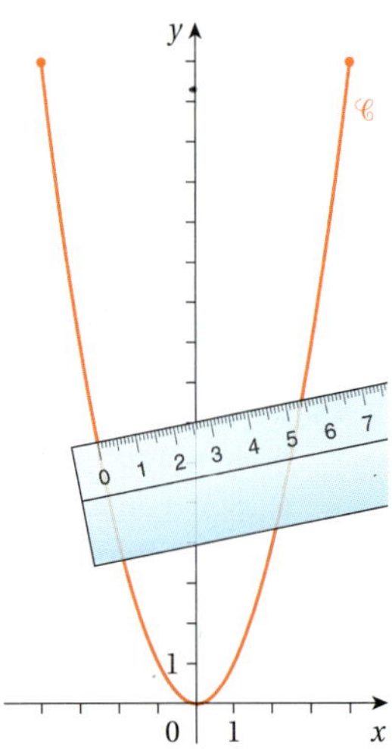

1 **a.** Dans un repère orthonormé d'unité graphique 1 cm, tracer la courbe $\mathscr{C}$ de la fonction f définie sur l'intervalle [–4 ; 4] par $f(x) = x^2$.

b. Placer sur cette courbe $\mathscr{C}$ les points B_4, B_3, B_2, B_1, O, A_1, A_2, A_3 et A_4 d'abscisses respectives –4, –3, –2, –1, 0, 1, 2, 3 et 4.

2 Calculer la somme des longueurs $OA_1 + A_1A_2 + A_2A_3 + A_3A_4$.

3 Écrire un algorithme qui permet d'obtenir une valeur approchée de la longueur de la courbe $\mathscr{C}$.

On pourra augmenter le nombre de points choisis sur $\mathscr{C}$.

TP Problème ouvert 1 Proche… à certains endroits !

Soit f et g les fonctions définies sur $\mathbb{R}$ par :

$$f(x) = x^2 \text{ et } g(x) = 2x - 1.$$

a. Étudier le signe de $\Delta(x) = f(x) - g(x)$.

b. Déterminer un intervalle I de centre 1 tel que, pour tout x de I, l'écart $\Delta(x)$ soit inférieur à 1 % de la valeur de $f(x)$.

TP Problème ouvert 2 Intersection(s)

Dans un repère orthonormé (O, I, J), on considère la parabole $\mathcal{P}$, courbe représentative de la fonction carré, et une droite d parallèle à la première bissectrice.

La première bissectrice est la courbe représentative de la fonction g définie par $g(x) = x$.

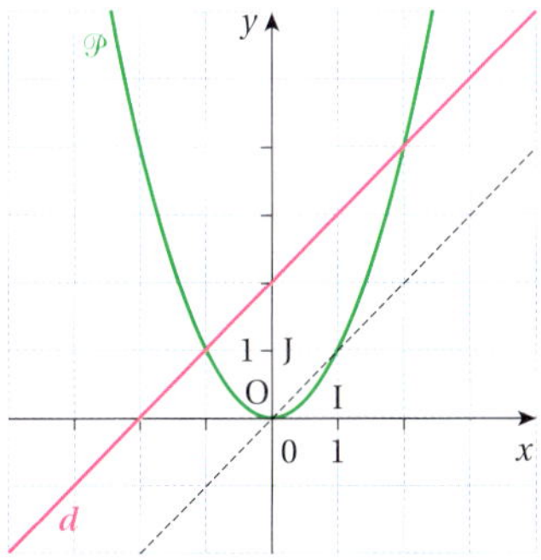

a. Est-il possible qu'il y ait exactement un point d'intersection de la droite d et de la parabole $\mathcal{P}$?

b. Étudier, en fonction de l'ordonnée à l'origine de la droite d, le nombre de points d'intersection entre d et $\mathcal{P}$.

TP Problème ouvert 3 Bordure

L'entreprise *Soleil* 83 propose à M. Genaj une piscine qui a la forme d'un parallélépipède rectangle de longueur 14 m, de largeur 3 m et de profondeur 2 m.

a. M. Genaj souhaite une longueur et une largeur différentes, mais il demande à conserver la profondeur et le volume proposés par l'entreprise.

Est-ce possible ?

b. L'entreprise impose pour la réalisation du pourtour (margelles) que la longueur et la largeur soient des nombres entiers en décimètre.

Combien de possibilités existe-t-il ?

UN PEU D'HISTOIRE

Apollonius de PERGÉ
(~ 262 av. J.-C. - ~ 180 av. J.-C., Grèce)
Il donne des définitions géométriques précises de la parabole et de l'hyperbole.

François VIÈTE
(1540 - 1603, France)
Il peut être considéré comme le créateur du symbolisme mathématique moderne à l'origine de la géométrie analytique.

Gérard DESARGUES
(1593 - 1662, France)
Il associe la perspective géométrique et les sections coniques.

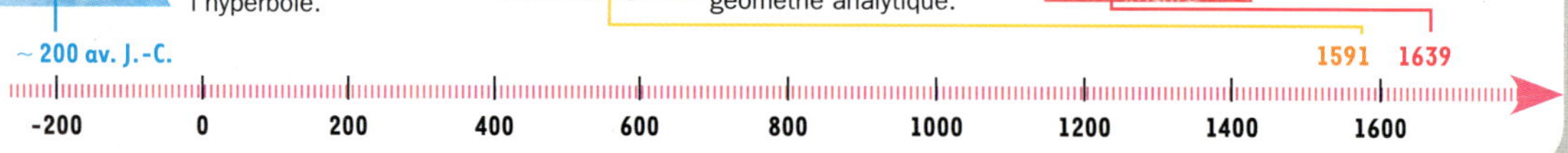

Les coniques : de la géométrie aux équations

Le principe des sections coniques

Dans la pénombre, on incline une lampe à abat-jour face à un mur sur lequel se projette le faisceau de lumière, assimilé à un cône. Sur le mur, assimilé à un plan coupant le faisceau de lumière, le cône de lumière se projette alors en une figure appelée conique dont la nature - ellipse, parabole ou hyperbole - dépend de l'inclinaison de l'abat-jour (→ 1).

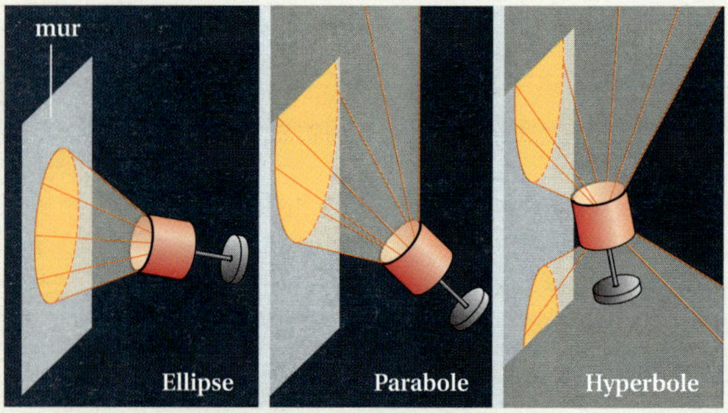

↑ **1.** Projection d'un cône de lumière sur un mur.

Approche géométrique

Les premiers travaux significatifs sur les coniques remontent à EUCLIDE d'Alexandrie (IIIe siècle av. J.-C.) et MÉNECHME (~ 375 av. J.-C. - ~ 325 av. J.-C.) qui étudient les sections de trois sortes différentes de cônes :
- la section d'un cône à angle aigu (ellipse) ;
- la section d'un cône à angle droit (parabole) ;
- la section d'un cône à angle obtus (hyperbole).

Ces travaux sont repris et développés par Apollonius de PERGÉ dans son traité *Les sections coniques*.
Dans cet ouvrage, il donne des définitions précises et les propriétés de base des coniques, introduit les noms d'ellipse, de parabole et d'hyperbole et montre qu'il n'est pas nécessaire d'avoir recours à trois sortes de cônes pour obtenir les coniques (→ 2).

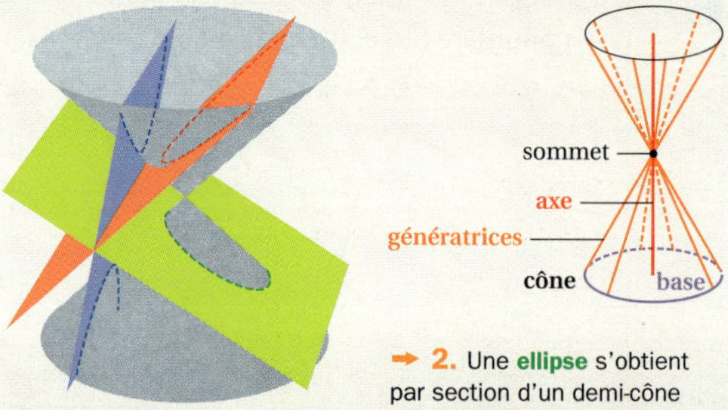

→ **2.** Une **ellipse** s'obtient par section d'un demi-cône par un plan non parallèle à une génératrice.
Une **parabole** s'obtient par section d'un cône par un plan parallèle à une génératrice.
Une **hyperbole** s'obtient par section d'un cône par un plan non parallèle à une génératrice.

Courbes et équations des coniques

À la fin du XVIe siècle, François VIÈTE conçoit l'écriture d'expressions à plusieurs inconnues (voir p. 139). Cette avancée en algèbre permet de parler d'équation d'une courbe.
René DESCARTES (1596 - 1650) est le premier à fournir un principe de classification des courbes, à savoir le degré de l'équation polynomiale définissant cette courbe. Pour les coniques, ce degré est 2.
Par exemple, une parabole peut être obtenue par le tracé de la courbe d'équation $y = x^2$.

Une nouvelle conception

À la même époque, en 1639, est publié le *Brouillon project d'une atteinte aux événements des rencontres du cône avec un plan* de Gérard DESARGUES. Dans la lignée d'Apollonius de Pergé, il y développe la théorie des coniques avec une approche purement géométrique s'inspirant des travaux de la Renaissance sur les perspectives. Il propose ainsi une conception nouvelle des coniques : elles sont le résultat de projections d'un cercle sur des plans.

Fonctions affines

1 Sans calculatrice, tracer dans un même repère les représentations graphiques des fonctions suivantes.

$f(x) = x$ $\quad g(x) = -x + 1$ $\quad h(x) = x + 2$

$i(x) = -x - 2$ $\quad j(x) = x - 1$ $\quad k(x) = 1$

2 Tracer dans un même repère les représentations graphiques des fonctions suivantes.

$f(x) = 5x$ $\quad g(x) = -2x + 1$ $\quad h(x) = \frac{1}{3}x + 1$

$i(x) = \pi$ $\quad j(x) = \sqrt{2}x - \sqrt{3}$ $\quad k(x) = \frac{1-2x}{5}$

3 **1. a.** Déterminer une fonction affine f telle que $f(0) = 5$ et $f(2) = 3$.

b. Tracer dans un repère la représentation graphique de f.

2. Mêmes questions avec $f(-2) = 1$ et $f(3) = 6$.

3. Mêmes questions avec $f(4) = 5$ et $f(8) = -6$.

4. Mêmes questions avec $f(-1\,000) = 3$ et $f(100\,000) = 3$.

▸ Savoir-faire 2 p. 82

4 Déterminer les coefficients directeurs des six droites, représentations graphiques des fonctions suivantes.

a. $f(x) = \frac{1}{3}x + 3$ $\quad$ **b.** $g(x) = \frac{2x-1}{3}$ $\quad$ **c.** $h(x) = 10$

d. $i(x) = 10x$ $\quad$ **e.** $j(x) = 3 - 2x$ $\quad$ **f.** $k(x) = \pi x$

5 f et g sont des fonctions affines.

a. Reproduire et compléter les tableaux de valeurs.

x	1	2	0
$f(x)$	2	4	

x	−1	5	10	
$g(x)$	5	−7		20

b. Tracer dans un repère les représentations graphiques des fonctions f et g.

▸ Savoir-faire 2 p. 82

6 TICE f et g sont des fonctions affines.

a. Reproduire et compléter les tableaux de valeurs.

x	−1	5	10	
$f(x)$	$\frac{1}{3}$	$-\frac{7}{3}$		20

x	12	137	0	
$g(x)$	−280	−10 400		461 900

On pourra utiliser un logiciel de calcul formel.

b. Tracer dans un repère les représentations graphiques des fonctions f et g.

7 Les droites tracées ci-contre sont des représentations graphiques de fonctions affines.

Elles passent par les points O, A, B et C de coordonnées respectives :

O(0 ; 0), A(−4 ; 1), B(−1, −2) et C(0 ; 5).

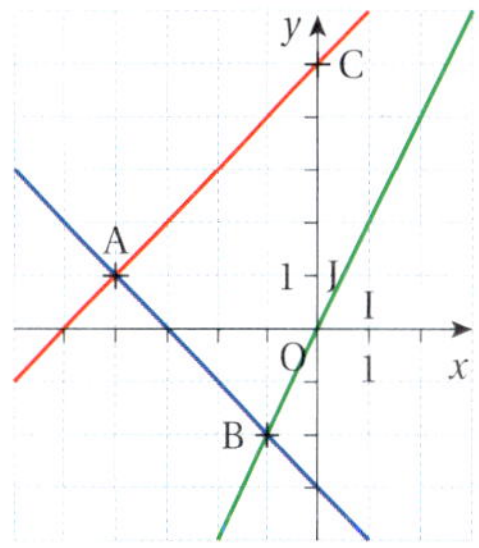

Déterminer l'expression de ces fonctions par lecture graphique.

8 Les droites tracées ci-contre sont des représentations graphiques de fonctions affines.

Elles passent par les points A, B, C et D de coordonnées respectives :

$A(-\frac{5}{9} ; -\frac{13}{9})$; $B(\frac{4}{3} ; \frac{7}{3})$;

$C(-1 ; \frac{7}{2})$ et $D(-1 ; -1)$.

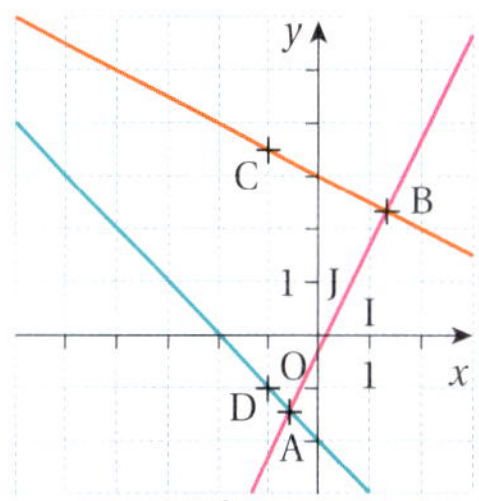

Déterminer l'expression de ces fonctions par le calcul.

9 Les droites tracées ci-contre sont des représentations graphiques de fonctions affines.

Les coordonnées de certains de leurs points d'intersection sont :

A(0 ; −4) ; B(1 ; 1) ;

C(5 ; −1) ; D(0,5 ; −1,5)

et E(6 ; −1,5).

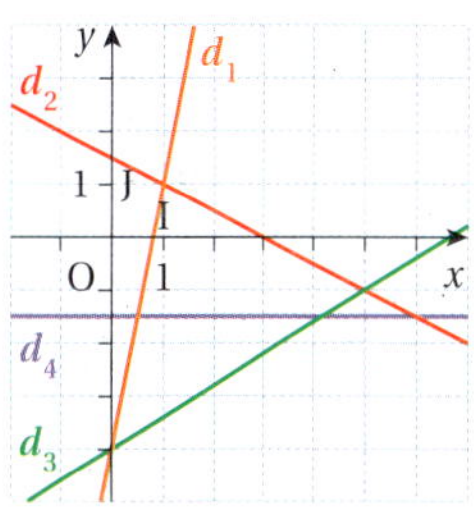

Déterminer l'expression de ces fonctions par le calcul.

10 Soit f la fonction définie sur $\mathbb{R}$ par $f(x) = x^2 - 4x$.

a. Tracer sa courbe représentative dans un repère.

b. Démontrer que f n'est pas une fonction affine.

COUP DE POUCE

On pourra choisir 3 points de la courbe et montrer qu'ils ne sont pas alignés.

▸ Savoir-faire 3 p. 83

11 **1.** Tracer les courbes représentatives des fonctions f_1 et f_2 définies sur $\mathbb{R}$ par :

$f_1(x) = (x-0{,}5)^2 - (x^2 - 0{,}5)$ et $f_2(x) = 2x - 1 + 0{,}000\,01x^2$.

2. Eustache affirme que ces deux fonctions sont affines.

a. En développant l'expression $f_1(x)$, démontrer qu'Eustache a raison pour f_1.

b. Démontrer qu'Eustache a tort pour f_2.

12 Démontrer que la fonction f définie sur $\mathbb{R}$ par :

$$f(x) = (2x-1)^2 - (0{,}5x+1)(8x-7)$$

est une fonction affine.

13 Démontrer que la fonction f définie sur $\mathbb{R}$ par :

$$f(x) = (x-1)^3 - (x+1)(x-1)^2 - (x-1)(1-2x)$$

est une fonction affine.

14 TICE

Dans la feuille de calcul suivante, les formules dans les cellules B1, C1, D1, E1, F1 sont respectivement :

« =A1+1 » « =A1–1 » « =B1^2 » « =C1^2 » « =D1–E1 ».

	A	B	C	D	E	F
1	15	16	14	256	196	60
2						

Ces formules sont à recopier vers le bas.

1. Avec un tableur, réaliser ce tableau et le compléter jusqu'à la ligne 5.

2. a. À tout nombre x qui se trouve dans la colonne A, on fait correspondre le nombre noté $b(x)$ qui se trouve sur la même ligne en colonne B.

La fonction b ainsi définie est-elle affine ?

b. Même question pour chacune des fonctions c, d, e et f correspondant respectivement aux colonnes C, D, E et F.

15 Soit f la fonction définie sur l'intervalle $[-6\ ;\ 4]$ par $f(x) = -x + 3$.

1. Tracer dans un repère la courbe représentative de la fonction f.

2. a. Résoudre graphiquement puis par le calcul, l'équation $f(x) = 0$ sur $[-6\ ;\ 4]$.

b. Résoudre graphiquement puis par le calcul, l'inéquation $f(x) \leqslant 0$ sur $[-6\ ;\ 4]$.

16 Le tableau de valeurs suivant, auquel il manque certaines valeurs, est celui d'une fonction affine $f : x \mapsto ax + b$.

x	0	1	...	4	5	10
$f(x)$	...	...	–3	1	3	...

a. Dans un repère, tracer la courbe représentative de f.

b. Déterminer les deux nombres a et b.

La fonction f est-elle croissante sur $\mathbb{R}$?

c. Compléter le tableau de valeurs.

17 TICE

Les fonctions f, g, h et i qui correspondent aux tableaux de valeurs ci-dessous peuvent-elles être affines ?

On pourra utiliser un logiciel de calcul formel.

x	–1	1,5	2,5
$f(x)$	–1,3	4,4	6,75

x	–1	1,5	2,5
$g(x)$	–12,333	–6,5005	–4,1675

x	–1	1,5	2,5
$h(x)$	–1 000 456	1 499 544	2 499 544

x	–1	1,5	π
$i(x)$	$\frac{\pi-1}{\pi}$	$1+\frac{3}{2\pi}$	2

▸ Savoir-faire 3 p. 83

18 Marie note dans un tableau la fréquentation de son blog depuis sa création.

Voici ce tableau :

Nombre de jours	5	15	25	30
Nombre de visiteurs	0	20	40	50

a. Les accroissements entre deux observations sont-ils proportionnels au nombre de jours qui séparent ces observations ?

b. Même question en prenant en compte l'information suivante : le jour de la création du blog, il n'y a pas eu de visiteur.

19 Dans un carré de côté x, on a tracé le cercle inscrit à ce carré.

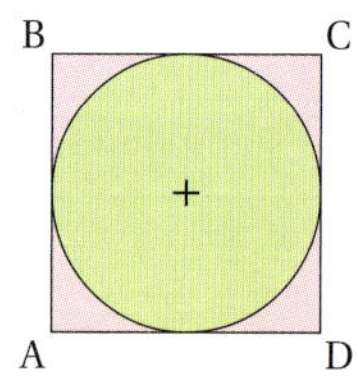

On désigne par $f(x)$ la longueur du périmètre du carré, par $g(x)$ la mesure de son aire, par $h(x)$ la somme des périmètres du carré et du cercle et par $i(x)$ la mesure de l'aire de la partie comprise entre le carré et le cercle.

Parmi les quatre fonctions f, g, h et i :

a. quelles sont celles qui sont linéaires ?

b. quelles sont celles qui sont affines ?

20 Algorithmique Le site de développement de photos www.plustuencommandesmoinstupayes.com affiche les tarifs suivants :

- de 1 à 25 tirages :

0,15 € par photo et 3 € de frais de port ;

- de 26 à 70 tirages :

0,10 € par photo et 4 € de frais de port ;

- au-delà de 70 tirages :

0,05 € par photo et 7 € de frais de port.

1. Calculer le prix payé par un client pour :

a. 10 photos.

b. 40 photos.

c. 100 photos.

2. a. Écrire en langage naturel un algorithme permettant de calculer le prix payé par un client connaissant le nombre x de photos commandées.

b. Programmer cet algorithme à la calculatrice ou dans un langage de programmation.

c. Calculer, en utilisant le programme, le prix payé par un client pour 10, 26, 27, 28, 70, 75 ou 80 photos.

3. On considère la fonction f définie sur $]0\ ;\ +\infty[$ de manière similaire à la tarification de ce site de développement de photos :

- si $0 < x \leqslant 25$ alors $f(x)$ vaut la somme de 3 et du produit de 0,15 par x ;
- si $25 < x \leqslant 70$ alors $f(x)$ vaut la somme de 4 et du produit de 0,10 par x ;
- si $x > 70$ alors $f(x)$ vaut la somme de 7 et du produit de 0,05 par x.

Tracer dans un repère la courbe représentative de la fonction f.

4. Indiquer à un futur client une stratégie pour ses commandes.

COUP DE POUCE

Pour répondre à cette dernière question, on pourra se servir d'un tableur.

▸ Savoir-faire 4 p. 84

21 On désigne par x le prix, en euros, d'un article au 1er janvier 2009 et par $f(x)$ son prix au 1er janvier 2010. Dans chacun des cas suivants, indiquer l'écriture de f correspondante.

a. Il y a eu une augmentation de 7 % entre les deux dates.

b. Il y a eu une augmentation de 7 centimes d'euro entre les deux dates.

c. Il y a eu une diminution de 7 centimes d'euro entre les deux dates.

d. Il y a eu une diminution de 7 % entre les deux dates.

COUP DE POUCE

Choisir, en justifiant, la réponse dans la liste suivante :

$f(x) = x + 0{,}07$; $f(x) = x - 0{,}07$;

$f(x) = 0{,}93x$; $f(x) = 1{,}07x$.

▸ Savoir-faire 1 p. 82

22 **a.** La moyenne d'Aymeric en français est passée de 11 à 13. De quel pourcentage a-t-elle augmenté ?

b. La moyenne de Bernard en français est passée de 13 à 11. De quel pourcentage a-t-elle diminué ?

23 Un vendeur de salons propose systématiquement un rabais de 7 % à tout futur client qui prend place dans un des fauteuils exposés pour l'essayer.

a. Pour un prix affiché de 199 €, quel sera le nouveau prix proposé ?

b. Le vendeur dispose d'une « calculatrice 4 opérations ». Quel est le nombre minimum de touches sur lesquelles il doit appuyer pour calculer le nouveau prix ?

▸ Savoir-faire 1 p. 82

24 **Algorithmique** Une publicité indique que, pendant l'opération « Des prix doublement remisés », pour tout achat d'un montant supérieur à 50 €, le prix à payer sera systématiquement baissé de 10 €. De plus, si le nouveau prix à payer est supérieur à 100 €, il sera baissé une deuxième fois de 10 %.

a. Proposer un algorithme qui donne le prix payé en fonction du montant des achats.

b. Programmer cet algorithme sur la calculatrice.

c. La fonction qui donne le prix payé en fonction du montant des achats est-elle linéaire ? Est-elle affine ?

25 **Algorithmique** Le 1er janvier 2010, le PDG d'une société promet à ses actionnaires une diminution des coûts de production de 5 % par mois.

Pour les convaincre de la soutenir, il met en œuvre l'algorithme suivant :

```
Entrée :            Le nombre C.
                    Le nombre N.

Initialisation :    Affecter à CF la valeur C.

Traitement          Pour i allant de 1 à N
et                  affecter à CF le produit de
Sortie :            CF par 0,95 ;
                    afficher le couple (i ; CF).
                    Fin du pour
```

1. Quelle est la fonctionnalité de cet algorithme ?

2. Modifier cet algorithme :

a. pour qu'il affiche le nombre de mois nécessaires pour diviser par deux les coûts de production ;

b. pour qu'il affiche la date à partir de laquelle les coûts de production auront été divisés par 2.

Le prix d'un article augmente de 5 %, puis diminue de 5 %.

a. Démontrer que, quel que soit le prix initial non nul, le prix final n'est pas égal au prix initial.

b. On suppose que le pourcentage de la hausse reste de 5 %. Quel aurait dû être le pourcentage de la baisse pour que le dernier prix soit égal au prix initial ?

27 Pascale avait placé le 31 décembre 1999 une somme de 500 € à sa banque. On suppose que le taux d'intérêts annuel est de 3 %.

a. De quelle somme disposait-t-elle le 1er janvier 2001 ?

b. De quelle somme disposera-t-elle le 1er janvier 2015 ?

c. Pascale décide de retirer la somme placée dès qu'elle aura doublé. Jusqu'à quelle date devra-t-elle attendre ?

Fonction carré

28 Tracer dans un même repère les représentations graphiques des fonctions suivantes.

$f_1(x) = x^2$ $\quad f_2(x) = 3x^2$ $\quad f_3(x) = -x^2$

$g_1(x) = x^2 - 3$ $\quad g_2(x) = x^2 + 5$ $\quad g_3(x) = 1 - x^2$

29 Soit f la fonction définie sur $[0,95 ; 1,05]$ par $f(x) = x^2$.

a. À l'aide de la calculatrice, tracer dans un repère sa courbe représentative.
On choisira une fenêtre d'affichage adaptée.

b. Démontrer que f n'est pas une fonction affine.

COUP DE POUCE

On pourra choisir 3 points de la courbe et démontrer par l'absurde qu'ils ne sont pas alignés.

30 Calculer les valeurs exactes des images par la fonction carré des nombres suivants.

a. $-\dfrac{5}{6}$ $\quad$ **b.** $\sqrt{2}$ $\quad$ **c.** $3\sqrt{\dfrac{2}{3}}$

d. 10^5 $\quad$ **e.** -10^5 $\quad$ **f.** 10^{-5}

31 Calculer en fonction de a, nombre réel, les valeurs des images par la fonction carré des nombres suivants.

a. $2 + a$ $\quad$ **b.** $\dfrac{1}{a} - a$ $\quad$ **c.** $3a - \dfrac{1}{6}$

On donnera les réponses sous forme développée.

32 On appelle f la fonction définie sur $\mathbb{R}$ par $f(x) = x^2$.

a. Quelles sont les images par f des valeurs suivantes :

3×10^{-5} ; $\quad 0,3$; $\quad \sqrt{3}$; $\quad 3$; $\quad 3\,000$.

b. Les accroissements des images de deux valeurs sont-ils proportionnels aux accroissements de ces valeurs ?

33 On appelle f la fonction définie sur $\mathbb{R}$ par $f(x) = x^2$ et $\mathscr{C}$ sa courbe représentative dans un repère.
Déterminer graphiquement, puis par le calcul, s'ils existent, les antécédents par f des nombres suivants :

0 ; $\quad 1$; $\quad 4$; $\quad 3$; $\quad -4$.

34 **Vrai ou faux ?**

Soit f la fonction carré définie sur $\mathbb{R}$ par $f(x) = x^2$.
Pour chacune des phrases suivantes, indiquer si elle est vraie ou fausse. Justifier la réponse.

a. Tous les nombres réels ont exactement une image par f.

b. Il existe un nombre réel qui n'a pas d'antécédent par f.

c. Tous les nombres réels ont au plus un antécédent par f.

d. Il existe au moins un nombre réel qui a deux antécédents par f.

35 On appelle f la fonction définie sur $\mathbb{R}$ par $f(x) = x^2$ et $\mathscr{C}$ sa courbe représentative dans un repère.

1. Résoudre graphiquement sur $\mathbb{R}$ les équations.

a. $x^2 = 4$ $\quad$ **b.** $x^2 = 5$ $\quad$ **c.** $x^2 = -5$

2. Résoudre graphiquement sur $\mathbb{R}$ les inéquations.

a. $x^2 \leqslant 4$ $\quad$ **b.** $x^2 \geqslant 5$ $\quad$ **c.** $x^2 < 9$

36 Dans chaque cas, comparer sans calcul.

a. $5,1^2$ et $5,05^2$ $\quad$ **b.** $(-10,4)^2$ et $(-20,4)^2$

c. $(\sqrt{5}+1)^2$ et $(\sqrt{5}-1)^2$ $\quad$ **d.** $7,3^2$ et $(-7,2)^2$

▸ Savoir-faire 5 p. 83

37 Montrer sans calcul que :

a. $9 \leqslant 3,14^2 \leqslant \pi^2 \leqslant 3,15^2 \leqslant 16$

b. $(-8,9)^2 \leqslant 81 \leqslant (-9,1)^2$

c. $0,09 \leqslant \dfrac{1}{9} \leqslant 0,16$

38 **a.** Montrer que si un nombre réel x est compris dans l'intervalle $[2 ; 7]$ alors $4 \leqslant x^2 \leqslant 49$.

b. La réciproque est-elle vraie ?

39 **a.** Montrer que si un nombre réel x est compris dans l'intervalle $[-2 ; 3]$ alors $0 \leqslant x^2 \leqslant 9$.

b. La réciproque est-elle vraie ?

40 Soit la fonction $f : x \mapsto x^2$ définie sur $\left[-\dfrac{10}{3} ; 3\right]$.

1. Tracer la représentation graphique de f.

2. Dans les trois situations suivantes, déterminer le minimum et le maximum de f sur I.

a. $\mathrm{I} = \left[\dfrac{1}{3} ; 3\right]$ $\quad$ **b.** $\mathrm{I} = \left[-3 ; -\dfrac{1}{3}\right]$ $\quad$ **c.** $\mathrm{I} = \left[-\dfrac{10}{3} ; \dfrac{1}{3}\right]$

41 Dans chaque cas, à l'aide de la courbe représentative de la fonction $f : x \mapsto x^2$, proposer un nombre réel a tel que $x^2 \geqslant a$ ou un nombre réel b tel que $x^2 \leqslant b$. Justifier.

a. On sait que $x \geqslant 1$.

b. On sait que $x \leqslant -2$.

c. On sait que $0 \leqslant x \leqslant 2$.

d. On sait que $-1,7 \leqslant x \leqslant -0,1$.

42 **Vrai ou faux ?**

Pour chacune des affirmations suivantes, indiquer si elle est vraie ou fausse. Justifier la réponse.

a. Si $3 \leqslant x \leqslant 4$ alors $9 \leqslant x^2 \leqslant 16$.

b. Si $9 \leqslant x^2 \leqslant 16$ alors $3 \leqslant x \leqslant 4$.

c. Si $-3 \leqslant x \leqslant 4$ alors $9 \leqslant x^2 \leqslant 16$.

43 **Algorithmique**

L'algorithme ci-contre, écrit en Python, renvoie une valeur y pour tout couple $(x\,;n)$ où n est un entier naturel.

```
def f(x,n):
    i=n
    y=1
    if i==0:
        return y
    else:
        while i>0:
            y=y*x
            i=i-1
        return y
```

a. Calculer les valeurs renvoyées pour les couples suivants :

$(2\,;0)$; $(5\,;2)$; $(3\,;3)$.

b. Quelle est l'expression de la valeur renvoyée par l'algorithme en fonction de x et de n ? Justifier la réponse.

44 **Algorithmique**

L'algorithme ci-contre, écrit en Python, renvoie une valeur y pour tout n entier naturel.

```
def f(n):
    i=n
    y=0
    if i==0:
        return y
    else:
        while i>0:
            y=y+n
            i=i-1
        return y
```

a. Expliquer pourquoi cet algorithme donne, sans effectuer un produit, le carré de l'entier n.

b. Proposer un algorithme qui calcule le cube d'un entier n, toujours sans effectuer de produit.

45 **Algorithmique**

Lucie est une grande consommatrice de bonbons.
Le marchand propose un tarif dégressif :

- 2 € les 100 g jusqu'à 1 kg ;
- au delà de 1 kg, 1,50 € les 100 g supplémentaires.

1. Montrer que pour l'achat de 1,3 kg de bonbons, Lucie devra payer 24,50 €.

2. Soit x le poids de bonbons en kg et $P(x)$ le prix que Lucie devra payer.

a. Montrer que si $x \leqslant 1$, $P(x) = 20x$ et que si $x > 1$, $P(x) = 15x + 5$.

b. Écrire en langage naturel l'algorithme calculant le prix à payer : x est en entrée et $P(x)$ est en sortie.

3. Le marchand veut inciter sa clientèle à consommer davantage.
Il affiche sur le stand des bonbons : « 15 % de réduction pour tout achat d'un montant supérieur à 30 €. »

a. Modifier l'algorithme proposé à la question **2b** pour tenir compte de cette offre.

b. Programmer cet algorithme et vérifier qu'il est plus avantageux d'acheter 1,9 kg que 1,6 kg de bonbons.

46 Soit f la fonction définie sur $\mathbb{R}$ par $f(x) = x^2$.
On donne n et m deux nombres réels quelconques.
Calculer en fonction de n et m, l'expression suivante :

$$\frac{1}{2}\Big(f(n+m)-\big(f(n)+f(m)\big)\Big)$$

On simplifiera l'expression.

47 Soit f la fonction définie sur $\mathbb{R}$ par $f(x) = x^2$.
On donne a et b deux nombres réels quelconques.

1. Démontrer que, pour tous réels a et b, on a :

$$f\left(\frac{a+b}{2}\right) \leqslant \frac{f(a)+f(b)}{2}$$

COUP DE POUCE

On pourra montrer que :

$$\frac{f(a)+f(b)}{2} - f\left(\frac{a+b}{2}\right) = \frac{1}{4}(a-b)^2$$

2. Soit (O, I, J) un repère du plan.

a. Que représente le point d'abscisse $\frac{a+b}{2}$ par rapport aux points d'abscisses a et b ?

b. On prend maintenant $a = 1$ et $b = 3$. Indiquer comment, à l'aide de la courbe de f, on peut trouver graphiquement $f(a)$, $f(b)$, $f\left(\frac{a+b}{2}\right)$ et $\frac{f(a)+f(b)}{2}$.

48 **Losing the thread**

The famous German astronomer Johannes Kepler discovered a method of drawing a parabola using a ruler, a set square, a thread, a needle and a pencil.
You place the ruler along the straight line AB and stick the pin at F. The length of the thread is the same as the side CD of the set square. You fix one end of the thread at D and the other at F. The point of the pencil keeps the thread stretched out tightly along the side CD set square as shown.
If you slide the side EC of the set square along the line AB, the point P then traces out a parabola.

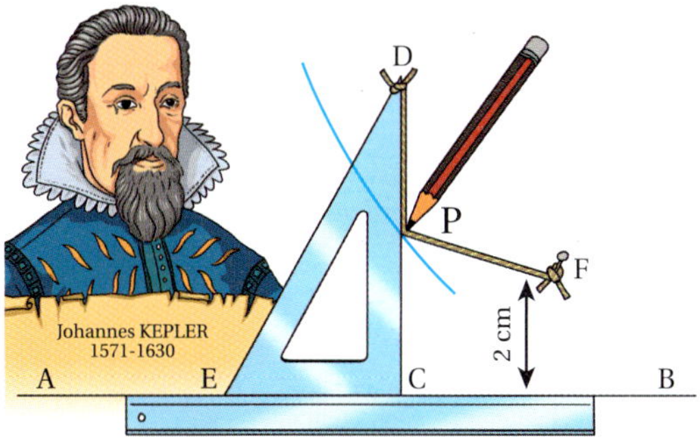

Show that PF = PC.
Draw a parabola by this method by marking enough points. Take CD = 14 cm and the point F 2 cm from AB.

D'après *Mathématiques sans frontières*, mars 2003.

Fonction inverse

49 Associer à chacune des courbes colorées du graphique, une des fonctions suivantes :

$f : x \mapsto \frac{1}{x}$ $g : x \mapsto -\frac{2}{x}$ $h : x \mapsto \frac{1}{3x}$

$i : x \mapsto -\frac{0,5}{x}$ $j : x \mapsto \frac{5}{x}$ $k : x \mapsto -\frac{\pi}{x}$

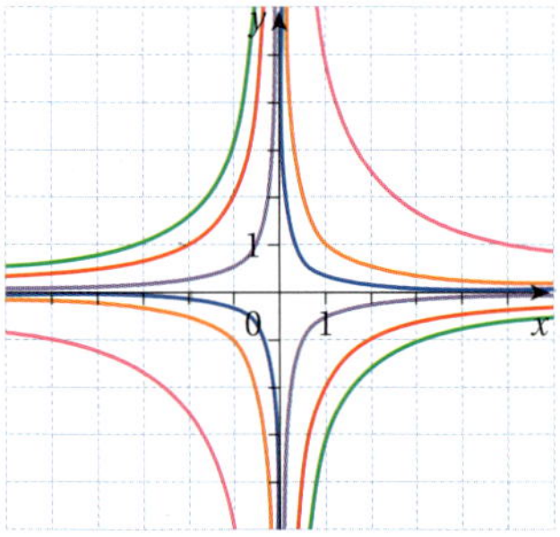

50 Étudier et tracer dans un repère la courbe représentative de la fonction $f : x \mapsto -\frac{1}{x}$.

51 Dans chaque cas, comparer sans calcul.

a. $\frac{1}{15}$ et $\frac{1}{16}$ **b.** $\frac{1}{100\,000}$ et $\frac{1}{100\,001}$

c. $-\frac{1}{0,1}$ et $-\frac{1}{0,2}$ **d.** $\frac{1}{\pi}$ et $\frac{1}{3,14}$

▸ Savoir-faire 5 p. 84

52 On appelle f la fonction définie sur $\mathbb{R}\setminus\{0\}$ par $f(x) = \frac{1}{x}$ et $\mathscr{C}$ sa courbe représentative dans un repère.
Déterminer graphiquement, puis par le calcul, s'ils existent, les antécédents par f des nombres suivants :

$1 ; \quad 4 ; \quad 0 ; \quad -4 ; \quad \frac{1}{13}.$

53 On appelle f la fonction définie sur $\mathbb{R}\setminus\{0\}$ par $f(x) = \frac{1}{x}$ et $\mathscr{C}$ sa courbe représentative dans un repère.

1. Résoudre graphiquement et par le calcul les équations suivantes sur $\mathbb{R}\setminus\{0\}$.

a. $\frac{1}{x} = 4$ **b.** $\frac{1}{x} = \pi$ **c.** $\frac{25}{x} = -5$

2. Résoudre graphiquement sur $\mathbb{R}\setminus\{0\}$ les inéquations suivantes.

a. $\frac{1}{x} \leqslant -2$ **b.** $\frac{1}{x} \geqslant 0,5$ **c.** $\frac{1}{x} < 4$

54 a est un nombre réel. Dans chacun des cas suivants, donner un encadrement de $\frac{1}{a}$.

a. a appartient à l'intervalle $[2 ; 3]$.

b. $-6 \leqslant a \leqslant -1$

c. a appartient à l'intervalle $[-100 ; -0,01]$.

d. $10^{-5} \leqslant a \leqslant 10^{-4}$

55 Vrai ou faux ?

Soit f la fonction inverse définie sur $\mathbb{R}\setminus\{0\}$ par $f(x) = \frac{1}{x}$.

Pour chacune des phrases suivantes, indiquer si elle est vraie ou fausse. Justifier la réponse.

a. Tous les nombres réels ont exactement une image par f.

b. Il existe un nombre réel qui a comme image π^2.

c. Il existe un nombre réel qui a deux antécédents par f.

d. Tous les nombres réels ont au plus un antécédent par f.

56 Soit f la fonction donnée par $f(x) = \frac{1}{x}$ et $\mathscr{H}$ sa courbe représentative dans un repère.

Soit a un nombre réel quelconque et d_a la droite d'équation $y = ax$.

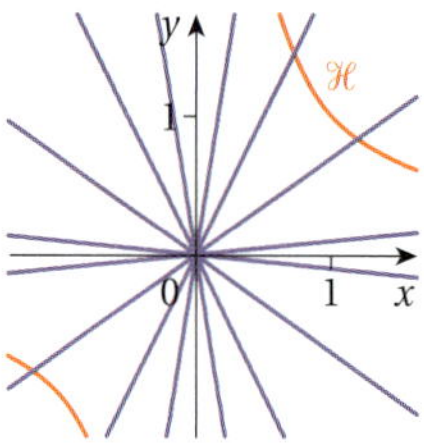

a. Étudier, en fonction de a, le nombre de points d'intersection de $\mathscr{H}$ et de la droite d_a.

b. Expliquer graphiquement les résultats obtenus.

57 TICE

Soit M un point quelconque de l'hyperbole $\mathscr{H}$ d'équation $y = \frac{1}{x}$ tracée dans un repère (O, I, J). On construit le point N tel que M soit le milieu du segment [ON].

Quel est le lieu des points N lorsque M décrit $\mathscr{H}$?

58 Soit f la fonction définie pour tout nombre réel non nul par $x \mapsto -\frac{3}{x}$ et $\mathscr{C}$ sa courbe représentative dans un repère (O, I, J).

1. Tracer $\mathscr{C}$.

2. Soit d_1, d_2, d_3 et d_4 les droites d'équations respectives $y = 0,5$; $y = -0,5$; $y = 12x + 12$ et $y = 12x - 12$.

a. Déterminer les coordonnées des points d'intersection de $\mathscr{C}$ avec ces quatre droites.

b. Ces points forment-ils un carré ?

59 Vrai ou faux ?

Pour chacune des affirmations suivantes, indiquer si elle est vraie ou fausse. Justifier la réponse.

a. Si $3 \leqslant x \leqslant 4$ alors $\frac{1}{3} \leqslant \frac{1}{x} \leqslant \frac{1}{4}$.

b. Si $-2 \leqslant x \leqslant -1$ alors $-1 \leqslant \frac{1}{x} \leqslant -0,5$.

c. Si $1 \leqslant \frac{1}{x} \leqslant 10$ alors $0,1 \leqslant x \leqslant 1$.

QCM Je me teste sur les fonctions de référence

Pour chaque question, il y a une ou plusieurs bonnes réponses.

CORRIGÉ P. 313

Fonctions affines

60 Dans chaque cas, indiquer quelle est la courbe représentative de la fonction f définie sur $\mathbb{R}$.

1. $f(x) = -2$

A
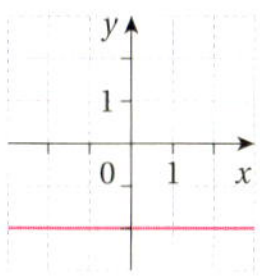

B
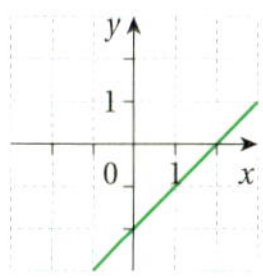

C
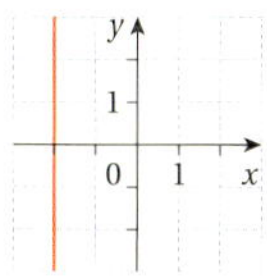

2. $f(x) = -\frac{2}{3}x + \frac{5}{6}$

A
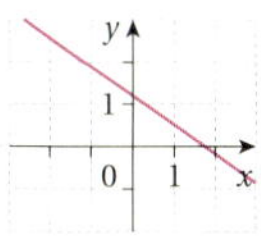

B
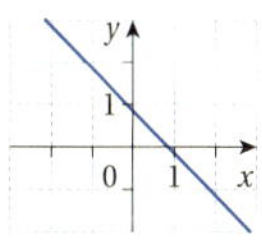

C
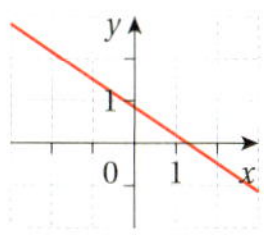

61 Dans un repère, une droite passe par les points A(2 ; 2) et B (6 ; 4).

Elle est la représentation graphique de la fonction :

A $f(x) = -x + 2$ B $f(x) = 6x + 3$

C $f(x) = 0{,}5x + 0{,}5$ D $f(x) = 0{,}5x + 1$

62 Pour calculer un nouveau prix après une augmentation de 5 %, il suffit de multiplier le prix initial par le coefficient :

A 1,05 B 0,15 C 1,15 D 0,85

63 Pour calculer un nouveau prix après une baisse de 1 %, il suffit de multiplier le prix initial par le coefficient :

A 0,1 B 0,9 C 1 D 0,99

Fonction carré

64 La courbe correspondant à la fonction définie par $f(x) = x^2$ est :

A
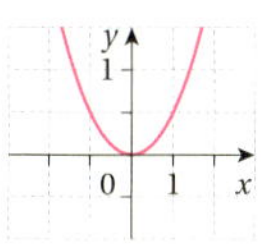

B
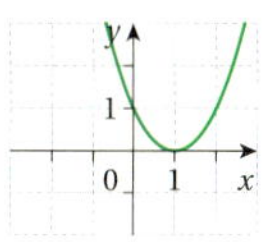

C
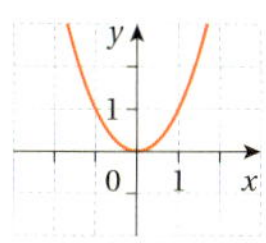

65 Le cours de mathématiques affirme que :

A la fonction $x \mapsto x^2$ est croissante sur $\mathbb{R}$.

B il existe un intervalle sur lequel la fonction $x \mapsto x^2$ est décroissante.

C pour tous nombres réels négatifs a et b, si $a \leqslant b$, alors $a^2 \geqslant b^2$.

D pour tous nombres réels a et b, si $a \leqslant b$, alors $a^2 \leqslant b^2$.

66 Les propriétés de la fonction carré permettent de conclure sans calculatrice que :

A $99^2 \geqslant 100^2$ B $10\,001^2 \leqslant 10\,002^2$

C $(-5{,}345\,67)^2 \geqslant (-5{,}345\,66)^2$ D $-1{,}9^2 \leqslant -2{,}1^2$

Fonction inverse

67 La courbe correspondant à la fonction définie par $f(x) = \frac{1}{x}$ est :

A
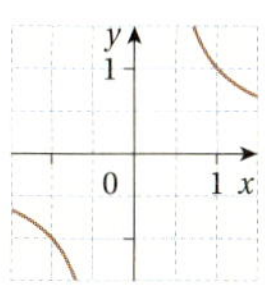

B
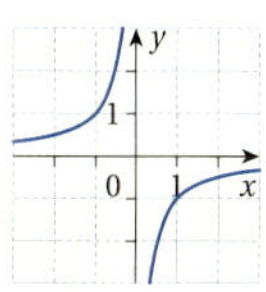

C
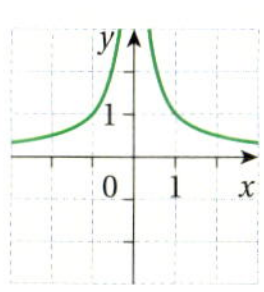

68 Le cours de mathématiques affirme que :

A la fonction $x \mapsto \frac{1}{x}$ est décroissante sur $]0 ; +\infty[$.

B il existe un intervalle sur lequel la fonction $x \mapsto \frac{1}{x}$ est croissante.

C pour tous nombres réels strictement positifs a et b, si $a \leqslant b$, alors $\frac{1}{a} \geqslant \frac{1}{b}$.

D pour tous nombres réels non nuls a et b, si $a \leqslant b$, alors $\frac{1}{a} \geqslant \frac{1}{b}$.

Problèmes

69 Remplir un réservoir

Un réservoir **circulaire** est rempli depuis une vanne d'arrivée d'eau.

La coupe selon un diamètre du réservoir est dessinée ci-dessous.

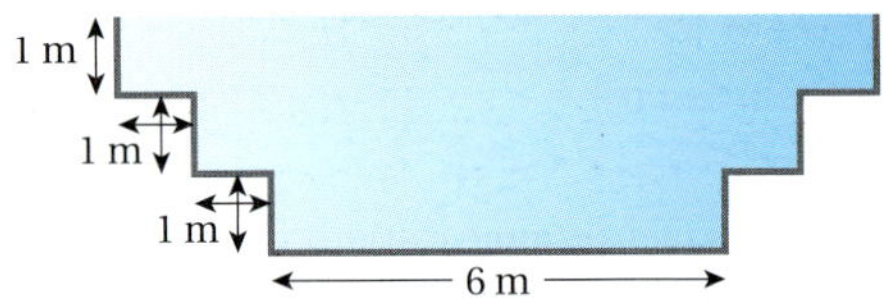

On suppose qu'à partir de l'ouverture de la vanne jusqu'au remplissage complet du réservoir, le débit est constant et vaut 1 m^3 par heure.

1. a. Combien de temps faudra-t-il pour remplir le réservoir jusqu'à une hauteur de 1 m ?

b. Combien de temps faudra-t-il pour remplir le réservoir jusqu'à une hauteur de 2 m ?

c. Combien de temps faudra-t-il pour remplir le réservoir entièrement ?

2. Soit f la fonction qui donne la hauteur d'eau h du réservoir (en mètre) en fonction du temps de remplissage t (en heure).

a. Montrer que $t = 9\pi h$ pour h compris entre 0 et 1.

b. En déduire, pour un temps t compris entre 0 et 9π, l'expression de $f(t)$ en fonction de t.

c. Montrer que $(t - 9\pi) = 16\pi(h - 1)$ pour h compris entre 1 et 2.

d. En déduire, pour un temps t compris entre 9π et 25π, l'expression de $f(t)$ en fonction de t.

3. On admettra que, sur l'intervalle $[25\pi ; 50\pi]$, la fonction f est également affine.

a. Placer dans un repère le point de coordonnées $(50\pi ; 3)$.

b. Tracer dans ce repère la courbe représentative de la fonction f pour t appartenant à l'intervalle $[0 ; 50\pi]$.

70 Bonnes vacances !

Julien décide d'installer sa tente T le long d'un sentier qui relie un parking P à la mer M.

Au bord de ce sentier long de 1 km, se trouvent également une supérette S à une distance de 60 m de la mer, un cybercafé C à une distance de 700 m de la mer et des toilettes W à une distance de 750 m de la mer.

Chaque jour, depuis sa tente, Julien se rend une fois à la mer, une fois à la supérette, une fois au cybercafé, deux fois aux toilettes et une fois au parking.

On suppose que chaque parcours est indépendant des autres.

Julien souhaite connaître l'endroit idéal pour monter sa tente, c'est-à-dire l'endroit qui lui permettra de parcourir le moins de trajet par jour.

1. Représenter sur un axe gradué les différents éléments.

On choisira l'origine du repère à la mer.

2. Soit x l'abscisse de la tente.

Montrer que la distance qui sépare la tente de l'emplacement de la supérette est égale à $|60 - x|$*.

3. Montrer que la distance à parcourir par jour, en mètre, est de :

$$f(x) = 2|x| + 2|60 - x| + 2|700 - x| + 4|750 - x| + 2|1000 - x|.$$

4. a. On fait l'hypothèse que la tente se trouve entre la mer et la supérette.

Montrer que la distance totale à parcourir par jour est $6\,520 - 8x$.

b. On fait l'hypothèse que la tente se trouve entre la supérette et le cybercafé.

Montrer que la distance totale à parcourir par jour est $6\,280 - 4x$.

c. Déterminer les écritures de $f(x)$ dans les autres cas.

5. Représenter graphiquement la courbe correspondant à la fonction f pour x compris entre 0 et 1 000.

6. Indiquer l'endroit idéal pour la tente de Julien, ainsi que la distance qu'il aura à parcourir par jour.

* La « valeur absolue » de a est $|a|$. Elle vaut a lorsque a est positif et elle vaut $-a$ si a est négatif.

71 Grandes ou petites économies ? TICE

Un supermarché propose à ses clients une carte de fidélité qui comptabilise des points en fonction du montant des achats à chaque passage en caisse. On y lit :

À chaque passage en caisse : 1 point par tranche de 3 €.
Bons d'achat de 5 €, 10 €, 20 €, 30 €, 50 €, 75 €
respectivement pour
360 points, 690 points, 1 350 points, 1 990 points,
3 340 points, 4 990 points.

a. La fonction qui à un montant d'achat associe le nombre de points ajoutés à la carte de fidélité est-elle une fonction affine ?
b. Un client qui est certain de faire des courses chaque semaine dans ce magasin pour environ 90 € a-t-il intérêt à attendre un an, deux ans ou trois ans avant de demander son (ses) bon(s) d'achat ?
c. Quel est le taux de réduction maximal que peut espérer un client par ce principe de carte de fidélité ?

72 Elles se ressemblent !

1. a. Dans un repère, tracer les courbes C_f et C_g, représentatives des fonctions définies sur $\mathbb{R}$ par $f(x) = x^2$ et $g(x) = x^2 - 3$.
b. Comment peut-on obtenir, à partir d'un point d'abscisse x de C_f, un point d'abscisse x de C_g ?
Quelle conséquence peut-on en tirer pour l'étude des variations de la fonction g ?
c. Réciproquement, comment peut-on obtenir, à partir d'un point d'abscisse x de C_g, un point d'abscisse x de C_f ?
2. Soit a un nombre réel quelconque.
Établir le tableau de variations de la fonction h définie sur $\mathbb{R}$ par $h(x) = x^2 + a$.
3. Dans le repère précédent tracer la courbe C_i, représentative de la fonction i définie sur $\mathbb{R}$ par $i(x) = -x^2$.
4. Déterminer le tableau de variations de la fonction j définie sur $\mathbb{R}$ par $j(x) = -x^2 - 3$, puis tracer C_j sa courbe représentative.

73 Un poisson TICE

On souhaite tracer le poisson P ci-contre à la calculatrice ou à l'aide d'un logiciel de tracé de courbes.

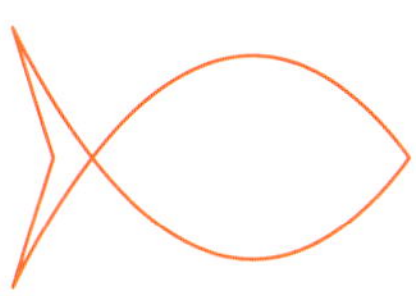

1. a. Tracer sommairement dans un repère les courbes représentatives des fonctions $x \mapsto 4 - x^2$ et $x \mapsto x^2 - 4$.
b. Déterminer les points d'intersection de ces deux courbes.
c. Proposer un intervalle $I = [a ; b]$ tel que les courbes C_f et C_g des fonctions $f : x \mapsto 4 - x^2$ et $g : x \mapsto x^2 - 4$ définies sur I donnent une partie de P.
d. Tracer dans un repère les courbes C_f et C_g.
Les unités sur les deux axes seront à choisir.
2. Pour un des deux segments de P, déterminer les coordonnées de ses extrémités, puis la fonction affine qui passe par ces deux points.
3. Terminer le tracé de P.

74 Hors de prix ?

Un bijou a une forme carrée de côté c. Il comporte un trou carré de côté d et a une épaisseur de 2 mm.
La longueur c vaut entre 26 mm et 28 mm, d entre 13 et 15 mm.

1. Donner un encadrement :
a. de l'aire du grand carré ;
b. de l'aire de la partie vide ;
c. du nombre $-d^2$;
d. du nombre $c^2 - d^2$.
2. Ce bijou est réalisé en alliage. 75 % du volume est de l'or pur. L'or pur a une masse volumique de 19,3 g/cm^3 et vaut 23 000 €/kg.
Quel est le prix pour l'or nécessaire à la fabrication de ce bijou ?

75 Peindre un immense mur carré

Un mur en forme de carré de côté a, comporte une fenêtre carrée de côté b et une porte également carrée de côté c. Le peintre estime très approximativement les dimensions :
- a est compris entre 3,20 m et 3,50 m ;
- b est compris entre 0,60 m et 0,80 m ;
- c est compris entre 1,90 m et 2,10 m.

1. Encadrement du carré d'un nombre
Soit x un nombre réel strictement positif tel que $\alpha \leqslant x \leqslant \beta$. Justifier que $\alpha^2 \leqslant x^2 \leqslant \beta^2$.

2. Aire de la partie à peindre
a. Calculer en fonction de a, b et c l'aire du mur à peindre.
b. Donner un encadrement des nombres a^2, b^2 et c^2.
c. Déterminer un encadrement de l'aire de la partie à peindre.

3. Le peintre dispose d'un pot de peinture sur lequel est inscrit : « Ce pot couvre 8 m^2 en une couche. »
La peinture contenue dans le pot suffira-t-elle pour peindre une seule fois ce mur ?

76 Coupera une deuxième fois ?

1. a. Tracer la parabole $\mathscr{P}$ d'équation $y = x^2$ et les droites d'équations $y = 10x$ et $y = 0{,}05x$.

b. En combien de points chacune de ces droites coupe-t-elle la parabole $\mathscr{P}$?

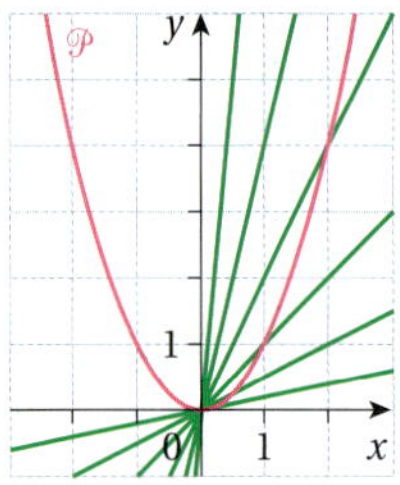

2. On considère les droites d'équations $y = ax$ pour a nombre réel strictement positif quelconque.
Démontrer que chacune de ces droites coupe la parabole en exactement deux points.

77 Multiplication parabolique

Voici la courbe d'équation $y = x^2$ dans un repère orthogonal.

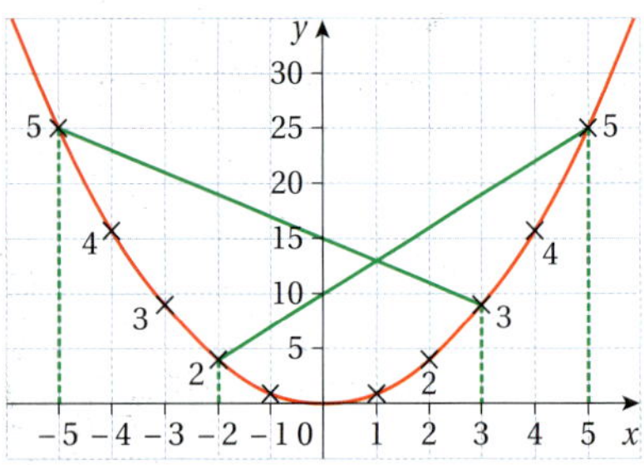

Il a été prouvé que ce tracé permet de trouver le résultat d'une multiplication par simple lecture en reliant des points de la courbe judicieusement choisis.

a. Tracer la courbe d'équation $y = x^2$ pour x variant de -9 à 9, dans un repère orthogonal.
1 cm représentera 1 unité sur l'axe des abscisses et 5 unités sur l'axe des ordonnées.

b. Utiliser ce tracé pour trouver selon cette méthode des valeurs approchées du produit $4{,}5 \times 7{,}5$ et du quotient $52 \div 8{,}5$.

D'après *Mathématiques sans frontières*, février 2009.

78 Touche les axes ?

Soit h la fonction définie sur $\mathbb{R}\setminus\{0\}$ par $h(x) = \dfrac{1}{x}$.

1. Tracer sa courbe représentative $\mathscr{H}$.

2. a. $\mathscr{H}$ coupe-t-elle l'axe des abscisses ? Justifier.

b. Soit A le point de $\mathscr{H}$ d'abscisse 100 et B le point de coordonnées (100 ; 0). Calculer la longueur AB, distance de A à l'axe des abscisses. Déterminer un point de $\mathscr{H}$ situé à une distance inférieure à 0,000 1 de l'axe des abscisses.

3. $\mathscr{H}$ coupe-t-elle l'axe des ordonnées ? Justifier.
Déterminer un point de $\mathscr{H}$ situé à une distance inférieure à 0,000 1 de l'axe des ordonnées.

79 Une droite qui tourne TICE

Soit f la fonction donnée par $f(x) = \dfrac{1}{x}$ et $\mathscr{H}$ sa courbe représentative dans un repère.
Soit A le point de coordonnées (1 ; 1).
Il s'agit d'étudier le nombre de points d'intersection de $\mathscr{H}$ avec une droite quelconque passant par A.

1. Étude graphique

a. Représenter A, $\mathscr{H}$ ainsi que quelques droites passant par A.

b. À l'aide de la calculatrice ou d'un logiciel de tracé de courbes, conjecturer le nombre de points d'intersection cherché.

2. Démonstration des résultats observés

a. Soit a un nombre réel quelconque.
Déterminer la fonction affine dont la représentation graphique passe par A et a pour coefficient directeur a.

b. Montrer que, pour tout nombre réel x différent de 0, l'équation $\dfrac{1}{x} = ax - a + 1$ se ramène à l'équation $(x - 1)(ax + 1) = 0$.

c. Montrer que si a est strictement positif, il existe un point d'intersection situé sur chacune des deux branches de l'hyperbole $\mathscr{H}$.

d. Montrer que si a est strictement négatif, il existe, sauf cas particulier, deux points d'intersection situés sur une des deux branches de l'hyperbole $\mathscr{H}$.

80 Clôturer un pré

Un pré rectangulaire ayant une aire de 9 ares* doit être clôturé. On sait que sa longueur et sa largeur sont toutes les deux supérieures à 20 m.

1. Faire l'hypothèse supplémentaire que le pré est carré. Calculer alors son périmètre.

2. Faire cette fois-ci l'hypothèse supplémentaire que le pré a une des dimensions qui vaut 20 m.
Calculer alors son périmètre.

3. Poser cette fois-ci qu'une des dimensions du pré est le nombre x.

a. Montrer que $20 \leqslant x \leqslant 45$.

b. Déterminer, en fonction de x, l'autre dimension.

c. Montrer que le périmètre vaut $2\left(x + \dfrac{900}{x}\right)$.

d. Tracer dans un repère la courbe représentative de la fonction g définie sur [20 ; 45] par $g(x) = 2\left(x + \dfrac{900}{x}\right)$.

e. Estimer graphiquement les longueurs minimale et maximale de clôture nécessaire pour clore le pré.

* 1 are = 100 m^2

Fonctions du second degré et homographiques

4

Les trajectoires de balles ou d'objets dans l'air et dans le vide ne sont pas identiques. Dans le vide, le physicien prouve que ce sont des arcs de paraboles. Dans l'air, la résistance de l'air empêche la trajectoire d'être une parabole parfaite. De plus, pour une balle, l'« effet » que le joueur lui donne peut encore compliquer la trajectoire. Ce qui ne nous empêche pas de penser que lors d'un feu d'artifice ou lorsqu'une balle de tennis de table rebondit, de nombreuses paraboles apparaissent.

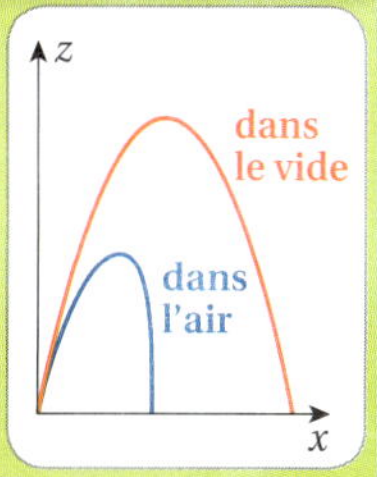

Avant un tir de feu d'artifice, peut-on calculer le périmètre de sécurité ?

Le chapitre en bref

Réinvestir

- Généralités sur les fonctions
- Fonction carré : $x \mapsto x^2$
- Fonction inverse : $x \mapsto \dfrac{1}{x}$

Découvrir

- Fonctions polynômes de degré 2
- Fonctions homographiques

UN PEU D'HISTOIRE P. 116

Activités

1 Let ?

Réinvestir : Notion de variations d'une fonction.
Découvrir : Les fonctions polynômes de degré 2.

Laurent a trouvé sur un site internet qu'une des trajectoires d'une balle de tennis est modélisée par la courbe ci-dessous qui est obtenue comme représentation graphique de la fonction f définie par $f(x) = -0{,}007\,84\,x^2 + 2{,}5$ pour x compris entre 0 et 18.
x est l'abscisse de la position de la balle et $f(x)$ la hauteur de la balle à un instant donné.
Les distances x et $f(x)$ sont exprimées en mètre.

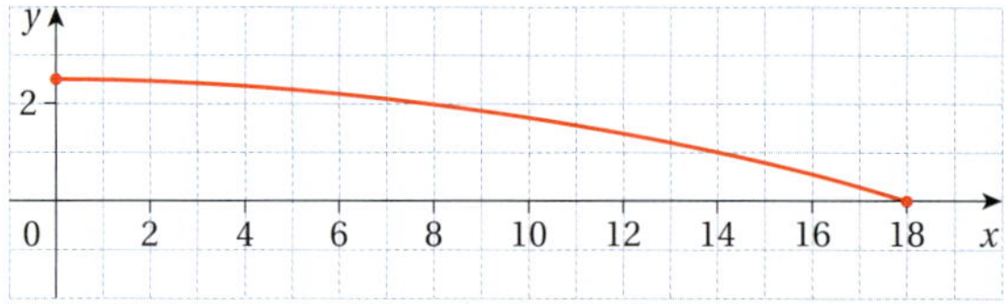

1 **a.** Calculer $f(0)$, $f(2)$, puis $f(x)$ pour x entier pair compris entre 4 et 18.
b. Conjecturer les variations de la fonction f.
c. La valeur de $f(18)$ peut-elle correspondre à la réalité ?

2 Il s'avère que Laurent s'était trompé en recopiant l'écriture de la fonction, qui en réalité est :
$g(x) = -0{,}007\,84x^2 + 0{,}015\,68x + 2{,}5$
a. Reprendre la question **1** avec la fonction g.
b. Tracer la courbe de g sur l'intervalle $[0\ ;\ 1]$, dans un repère orthonormé en prenant 10 cm pour une unité en abscisse, 20 cm pour une unité en ordonnée et en traçant les ordonnées au dessus de 2,4.
c. Donner des contre-exemples qui montrent que g n'est ni croissante ni décroissante sur l'intervalle $[0\ ;\ 18]$.

3 **Pour chercher**
Les dimensions du terrain de tennis sont 23,77 m de long et 8,23 m de large.
En admettant que la hauteur du filet est de 91,4 cm (soit 1 yard), la balle le frôlera-t-elle ?

REMARQUE
Le tennis, sport dérivé du jeu de paume, est d'origine britannique. Ainsi, les dimensions d'un terrain données ci-dessus correspondent à des dimensions initialement en yard (1 yard = 0,914 m) : 26 yards de long par 9 yards de large. Quant au filet, sa hauteur au milieu est fixée à 1 yard (sa hauteur aux extrémités étant de 1,17 yard).

2 Autour de l'interdit

Réinvestir : Notion de représentation graphique d'une fonction.

Découvrir : • Les fonctions homographiques.
• La signification de l'ensemble de définition.

1 Soit f la fonction définie par $f(x)=\dfrac{x+15}{10x+1}$.

Tracer sa courbe représentative à la calculatrice.

Quelle courbe vous rappelle-t-elle ?

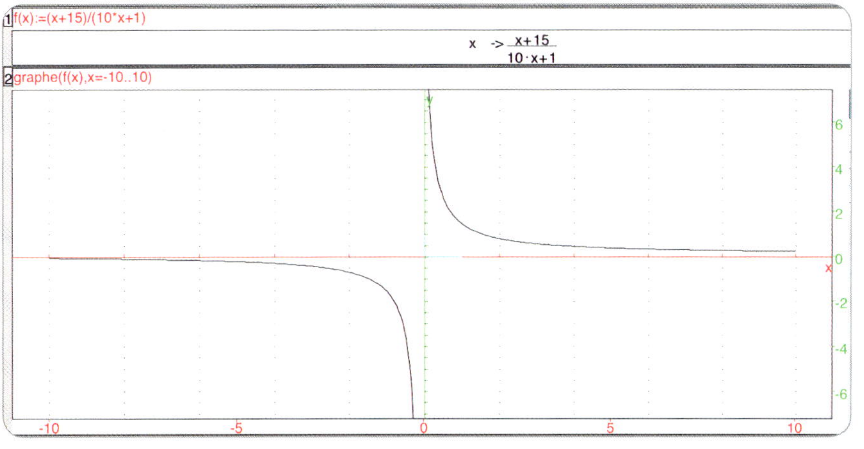

2 Pour préciser la courbe représentative de f, reproduire et compléter le tableau de valeurs suivant.

x	-2	-1	0	1	2	3
$f(x)$						

Une différence fondamentale apparaît pour x qui vaut 0.

Pourquoi zéro est-elle une valeur interdite pour la fonction $x \mapsto \dfrac{1}{x}$?

3 **a.** Résoudre dans $\mathbb{R}$ l'équation $10x+1=0$.

b. Reproduire et compléter le tableau de valeurs suivant.

x	$-0{,}5$	$-0{,}4$	$-0{,}3$	$-0{,}2$	0	$0{,}1$	$0{,}2$
$f(x)$							

c. Placer les points correspondant à ce tableau de valeurs dans un repère. On choisira des unités adaptées.

Pour obtenir la courbe de la fonction f, relier certains des points placés.

Les points d'abscisses $-0{,}2$ et 0 sont-ils reliés ?

Expliquer.

4 **Recherche d'antécédents**

a. Antécédent de 0

Résoudre dans $\mathbb{R}$ l'équation $f(x)=0$.

Comment retrouver ce résultat graphiquement ?

b. Antécédent d'un nombre réel quelconque b

Montrer que l'équation $f(x)=b$ admet une unique solution lorsque $b \neq 0{,}1$.

Comment expliquer graphiquement que l'équation $f(x)=0{,}1$ n'a pas de solution ?

A. Étude des fonctions polynômes de degré 2

1 Fonction polynôme de degré 2

DÉFINITION

Une fonction polynôme de degré 2 est une fonction f définie sur $\mathbb{R}$ par $f(x) = ax^2 + bx + c$ où a, b et c sont des nombres réels donnés avec $a \neq 0$.

EXEMPLES

Les fonctions f_1 et f_2 définies sur $\mathbb{R}$ par $f_1(x) = 0{,}5x^2 - 3x + 5$ et $f_2(x) = -2x^2 - 4x$ sont des fonctions polynômes de degré 2.

2 Variations

PROPRIÉTÉ

Soit f une fonction polynôme de degré 2 définie sur $\mathbb{R}$ par $f(x) = ax^2 + bx + c$.

- Si $a > 0$, f est d'abord décroissante, puis croissante.
- Si $a < 0$, f est d'abord croissante, puis décroissante.

DÉMONSTRATION

Soit f une fonction polynôme de degré 2 définie sur $\mathbb{R}$ par $f(x) = ax^2 + bx + c$, avec $a \neq 0$.

- Supposons que $a > 0$.

Montrons que f est décroissante sur l'intervalle $]-\infty\,;-\frac{b}{2a}]$ et croissante sur l'intervalle $[-\frac{b}{2a}\,;+\infty[$.

Soit x_1 et x_2 deux nombres distincts supérieurs à $-\frac{b}{2a}$ avec $x_2 > x_1$.

Comme $x_1 \geqslant -\frac{b}{2a}$ et $x_2 > -\frac{b}{2a}$, on en déduit que $x_2 + x_1 > -\frac{b}{a}$.

Pour étudier les variations de f, on calcule $f(x_2) - f(x_1)$:

$$\begin{aligned} f(x_2) - f(x_1) &= (ax_2^2 + bx_2 + c) - (ax_1^2 + bx_1 + c) \\ &= a(x_2^2 - x_1^2) + b(x_2 - x_1) \\ &= a(x_2 - x_1)(x_2 + x_1) + b(x_2 - x_1) \\ &= (x_2 - x_1)(a(x_2 + x_1) + b) \\ &= a(x_2 - x_1)(x_2 + x_1 + \frac{b}{a}) \end{aligned}$$

Or $a > 0$, $x_2 - x_1 > 0$ et $x_2 + x_1 + \frac{b}{a} > 0$.

Donc $f(x_2) - f(x_1) \geqslant 0$ ce qui prouve que f est croissante sur l'intervalle $[-\frac{b}{2a}\,;+\infty[$.

On peut montrer de la même manière que f est décroissante sur l'intervalle $]-\infty\,;-\frac{b}{2a}]$.

- Le cas $a < 0$ peut être étudié de manière similaire. ■

3 Représentation graphique

Soit f une fonction polynôme de degré 2 définie sur $\mathbb{R}$ par

$$f(x) = ax^2 + bx + c, \text{ avec } a \neq 0.$$

Dans un repère (O, I, J), la courbe représentative de f est une **parabole** qui admet un axe de symétrie parallèle à l'axe des ordonnées.
On appelle **sommet** le point de la parabole qui correspond au **maximum** ou au **minimum** de la fonction f.

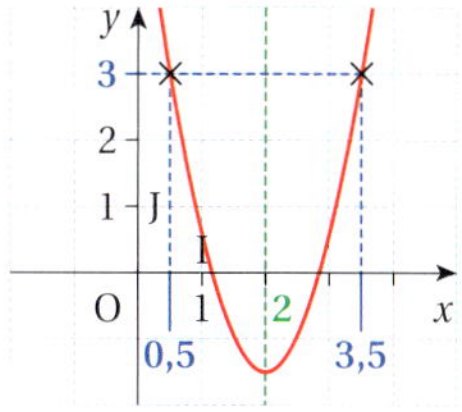

Conséquence de l'axe de symétrie d'une parabole

Lorsque l'on connaît deux points de **même ordonnée** de la courbe représentative d'une fonction polynôme de degré 2, l'abscisse du sommet de cette parabole se trouve au milieu des abscisses de ces deux points.

EXEMPLES

- La courbe représentative de la fonction f_1 définie sur $\mathbb{R}$ par :

$$f_1(x) = 0,5x^2 - 3x + 5$$

est la parabole C_1 de sommet S_1.

- La courbe représentative de la fonction f_2 définie sur $\mathbb{R}$ par :

$$f_2(x) = -2x^2 - 4x$$

est la parabole C_2 de sommet S_2.

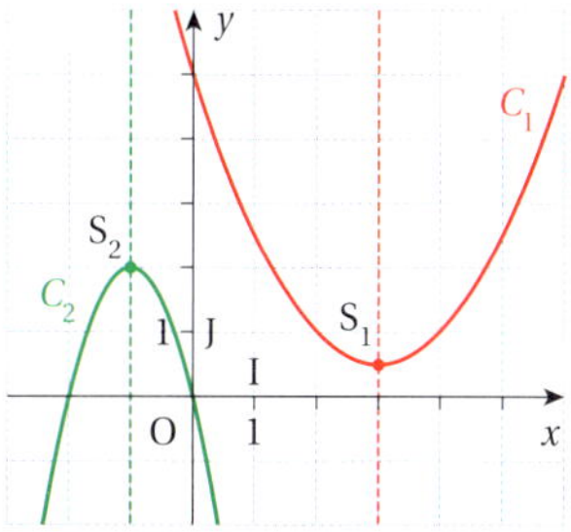

▶ Savoir-faire 1 Déterminer le sommet d'une parabole, p. 107

4 Variations lorsque $f(x)$ est sous une forme particulière

PROPRIÉTÉ

Une fonction polynôme de degré 2 dont l'écriture de $f(x)$ est sous la forme $\alpha(x - \beta)^2 + \gamma$ admet son maximum ou son minimum au point d'abscisse β.

DÉMONSTRATION

- Supposons, par exemple, que $\alpha > 0$.

On a alors pour tout x réel :
$f(x) = \alpha(x - \beta)^2 + \gamma \geqslant \gamma$ car $\alpha(x - \beta)^2$ est un nombre positif.
Or $f(\beta) = \alpha(\beta - \beta)^2 + \gamma = \gamma$
On a donc, pour tout x réel, $f(x) \geqslant f(\beta)$.
f admet donc un minimum en β.

- On montre de la même façon que f admet un maximum en β lorsque $\alpha < 0$. ■

▶ Savoir-faire 2 Déterminer les variations d'une fonction polynôme de degré 2 à partir d'une écriture particulière, p. 108

EXEMPLE

Soit g la fonction définie sur $\mathbb{R}$ par $g(x) = x^2 + 4x + 5$.
On a :
$g(x) = x^2 + 4x + 4 + 1 = (x + 2)^2 + 1 = (x - (-2))^2 + 1$
La courbe représentative de la fonction g admet donc un minimum pour x égal à -2.

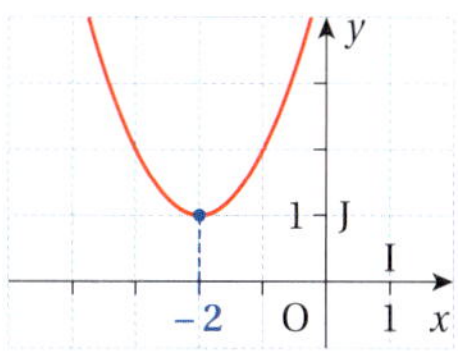

B. Étude des fonctions homographiques

1 Fonction homographique

DÉFINITION

Une fonction homographique est une fonction f définie par $f(x)=\dfrac{ax+b}{cx+d}$ où a, b, c et d sont des nombres réels donnés avec $c \neq 0$.

EXEMPLES

Les fonctions f et g définies par $f(x)=\dfrac{4}{x}$ et $g(x)=\dfrac{-x+3}{2x+7}$ sont des fonctions homographiques.

2 Ensemble de définition

DÉFINITION

L'ensemble de définition d'une fonction f est l'ensemble des nombres réels qui ont une image par f.

PROPRIÉTÉ

Une fonction homographique f telle que $f(x)=\dfrac{ax+b}{cx+d}$ est donc définie lorsque $cx + d \neq 0$ c'est-à-dire lorsque $x \neq -\dfrac{d}{c}$.

N L'ensemble de définition de f s'écrit $]-\infty\,;\,-\dfrac{d}{c}[\cup]-\dfrac{d}{c}\,;\,+\infty[$ ou $\mathbb{R}\setminus\{-\dfrac{d}{c}\}$.

EXEMPLES

▶ Savoir-faire 3
Déterminer l'ensemble de définition d'une fonction homographique, p. 108

- Soit la fonction f telle que $f(x)=\dfrac{4}{x}$.

f est définie lorsque $x \neq 0$. L'ensemble de définition de f est $]-\infty\,;\,0[\cup]0\,;\,+\infty[$ (ou $\mathbb{R}\setminus\{0\}$).

- Soit la fonction g telle que $g(x)=\dfrac{-x+3}{2x+7}$.

g est définie lorsque $2x + 7 \neq 0$, ce qui est équivalent à $x \neq -\dfrac{7}{2}$.

L'ensemble de définition de g est $]-\infty\,;\,-3{,}5[\cup]-3{,}5\,;\,+\infty[$ (ou $\mathbb{R}\setminus\{-3{,}5\}$).

3 Représentation graphique

▶ Savoir-faire 4
Étudier graphiquement une fonction f telle que $f(x)=\dfrac{a}{x+b}$, p. 109

▶ Savoir-faire 5
Justifier les variations d'une fonction f telle que $f(x)=\dfrac{a}{x+b}$, p. 109

L'ensemble de définition d'une fonction homographique est toujours l'ensemble des nombres réels privé de la valeur α qui annule le dénominateur. Il s'écrit sous la forme $]-\infty\,;\,\alpha[\cup]\alpha\,;\,+\infty[$ ou $\mathbb{R}\setminus\{\alpha\}$. Comme α n'a pas d'image par f, la représentation graphique de f dans un repère ne coupe pas la droite verticale d'équation $x = \alpha$.

Les représentations graphiques des fonctions homographiques sont constituées de deux parties distinctes.

EXEMPLE

Soit la fonction f définie sur $]-\infty\,;\,3[\cup]3\,;\,+\infty[$ par :

$$f(x)=\frac{2x+1}{x-3}$$

Sa représentation graphique est donnée ci-contre.

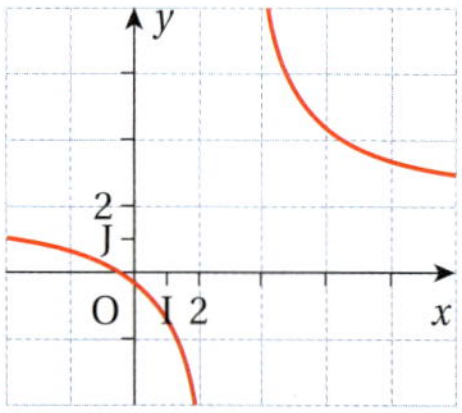

Savoir-faire

Savoir-faire 1 *Déterminer le sommet d'une parabole*

ÉNONCÉ Dans un repère, une parabole $\mathcal{P}$, ayant un axe de symétrie parallèle à l'axe des ordonnées, passe par les points de coordonnées O(0 ; 0), A(1 ; 8) et B(4 ; 8).

a. Déterminer l'abscisse de son sommet S.

b. Déterminer la fonction polynôme de degré 2 qui admet $\mathcal{P}$ comme courbe représentative.

c. En déduire l'ordonnée du sommet S.

SOLUTION

a. On remarque que les points A et B ont la même ordonnée.
Donc l'abscisse du sommet S est $\dfrac{1+4}{2}=2{,}5$.

b. $\mathcal{P}$ est la représentation graphique d'une fonction polynôme de degré 2 : $f(x) = ax^2 + bx + c$, avec $a \neq 0$.
On sait que les points de coordonnées O(0 ; 0), A(1 ; 8) et B(4 ; 8) appartiennent à $\mathcal{P}$.
Donc, pour trouver a, b et c, on résout le système :

$$\begin{cases} f(0)=0 \\ f(1)=8 \\ f(4)=8 \end{cases} \text{ soit } \begin{cases} c=0 \\ a+b+c=8 \\ 16a+4b+c=8 \end{cases}$$

$$\text{d'où } \begin{cases} c=0 \\ a=8-b \\ 16(8-b)+4b=8 \end{cases} \text{ d'où } \begin{cases} c=0 \\ a=8-b \\ 128-12b=8 \end{cases}$$

$$\text{d'où } \begin{cases} c=0 \\ a=8-b \\ b=10 \end{cases} \text{ donc } \begin{cases} c=0 \\ a=-2 \\ b=10 \end{cases}$$

Donc $f(x) = -2x^2 + 10x$.

c. L'ordonnée de S est :
$f(2{,}5) = -2 \times 2{,}5^2 + 10 \times 2{,}5 = 12{,}5$
Les coordonnées de S sont (2,5 ; 12,5).
Vérification avec Xcas :

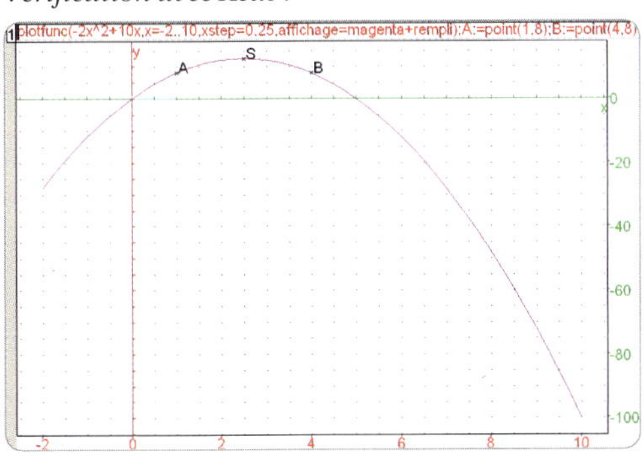

MÉTHODE

a. Le sommet d'une parabole ayant un axe de symétrie parallèle à l'axe des ordonnées se trouve sur cet axe de symétrie.
Son abscisse est la demi-somme des abscisses de deux points symétriques de la parabole, qui ont la même ordonnée.

REMARQUE
Si l'expression de la fonction correspondante $f(x) = ax^2 + bx + c$ est connue, on peut retenir que l'abscisse du sommet de la parabole est alors donnée par la formule $-\dfrac{b}{2a}$ $(a \neq 0)$.

b. L'expression d'une fonction qui a comme courbe représentative une parabole ayant un axe de symétrie parallèle à l'axe des ordonnées est celle d'une fonction polynôme de degré 2 : $f(x) = ax^2 + bx + c$, avec $a \neq 0$.
Pour trouver a, b et c, on résout le système de 3 équations à 3 inconnues obtenu en remplaçant x et $f(x)$ par les coordonnées de trois points connus de la parabole.

c. On calcule l'ordonnée du sommet d'une parabole représentative d'une fonction polynôme de degré 2 en remplaçant x par la valeur de l'abscisse du sommet dans l'expression $f(x)$.

REMARQUE
Avec la calculatrice ou avec un grapheur, on peut vérifier :
- que la fonction f trouvée convient en s'assurant que sa courbe passe par les trois points donnés ;
- les coordonnées du sommet de la parabole.

Savoir-faire 2 Déterminer les variations d'une fonction polynôme de degré 2 à partir d'une écriture particulière

ÉNONCÉ Soit f la fonction définie sur $\mathbb{R}$ par $f(x) = 3x^2 - 12x - 1$.

a. Montrer que pour tout x réel, $f(x) = 3(x-2)^2 - 13$.

b. Déterminer les variations de f, puis tracer sa courbe représentative dans un repère.

SOLUTION

a. $3(x-2)^2 - 13 = 3(x^2 - 4x + 4) - 13 = 3x^2 - 12x - 1 = f(x)$

b. Le cours nous indique que, comme le coefficient du terme du second degré est positif, la fonction f est d'abord décroissante, puis croissante.

$f(x)$ s'écrit $3(x-2)^2 - 13$.

Or $3(x-2)^2 \geqslant 0$.

Donc le minimum de f, atteint pour $x = 2$, vaut -13.

Les variations de f sont résumées dans le tableau suivant :

x	$-\infty$		2		$+\infty$
$f(x)$		↘	-13	↗	

La courbe représentative de f est donnée ci-dessous :

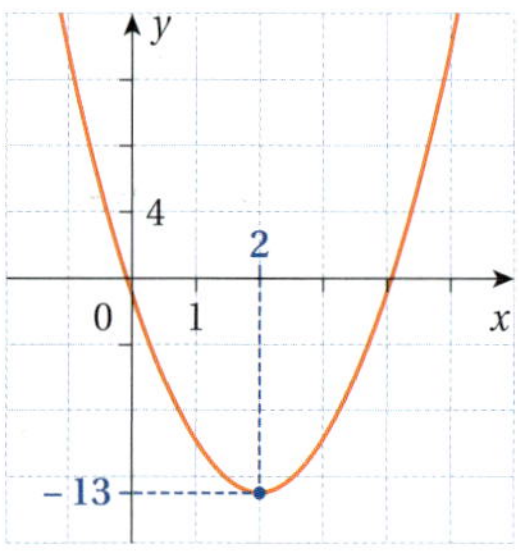

MÉTHODE

a. On transforme une des expressions pour trouver l'autre.

En général, on développe celle dont l'écriture comporte des parenthèses.

REMARQUE

On peut éventuellement utiliser un logiciel de calcul formel.

b. Si l'expression de $f(x)$ est sous la forme $\alpha(x-\beta)^2 + \gamma$, le changement de variation a lieu en $x = \beta$.

Si α est positif, f est d'abord décroissante puis croissante, sinon c'est le contraire.

Savoir-faire 3 Déterminer l'ensemble de définition d'une fonction homographique

ÉNONCÉ Soit la fonction g définie par $g(x) = \dfrac{x}{x+2}$.

Donner l'ensemble de définition de g.

SOLUTION

Le dénominateur de g ne doit pas être nul.

On cherche les valeurs pour lesquelles il s'annule :

$x + 2 = 0$ est équivalent à $x = -2$.

La fonction g n'est donc pas définie pour $x = -2$.

L'ensemble de définition de g est $]-\infty\,;-2[\cup]-2\,;+\infty[$ qui peut aussi s'écrire $\mathbb{R}\backslash\{-2\}$.

MÉTHODE

Pour trouver l'ensemble de définition, il faut retirer de l'ensemble des nombres réels la (les) valeur(s) qui annule(nt) le dénominateur.

Savoir-faire 4 — Étudier graphiquement une fonction f telle que $f(x)=\dfrac{a}{x+b}$

ÉNONCÉ Soit la fonction f définie sur $]-\infty\,;\,1[\cup]1\,;\,+\infty[$ par $f(x)=\dfrac{300}{x-1}$.

a. À l'aide de la calculatrice, donner un tableau de valeurs de la fonction f puis tracer sa courbe représentative dans un repère.

b. Donner, par lecture graphique, les variations de f.

SOLUTION

a.

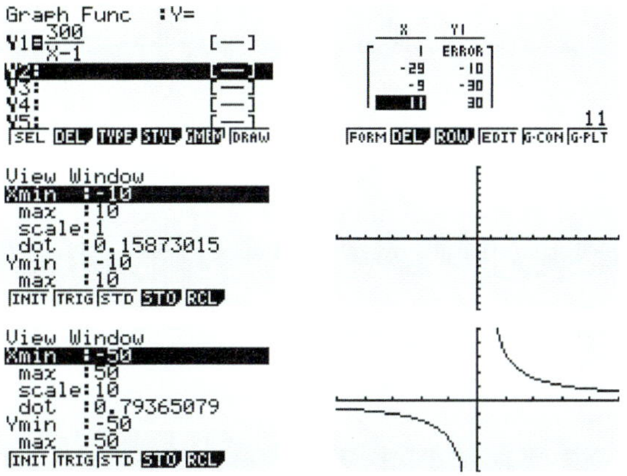

b. On constate que la fonction f est décroissante sur chacun des intervalles $]-\infty\,;\,1[$ et $]1\,;\,+\infty[$.

MÉTHODE

a. Pour la représentation graphique, on peut dans un premier temps être surpris par l'affichage de la calculatrice : aucune courbe n'est affichée si le fenêtrage choisi est « standard ». Le calcul de quelques valeurs permet de se rendre compte que pour x et y compris entre -50 et 50, la courbe s'affiche.

b. Lorsqu'un morceau de la courbe est affiché à l'écran de la calculatrice, les variations de la fonction sont reportées dans un tableau : la fonction est croissante lorsque la courbe « monte », décroissante lorsque la courbe « descend ».

Par un changement de fenêtrage, on s'assurera que les variations constatées dans un premier temps sont confirmées.

Savoir-faire 5 — Justifier les variations d'une fonction f telle que $f(x)=\dfrac{a}{x+b}$

ÉNONCÉ Soit f la fonction définie sur $I=]1\,;\,+\infty[$ par $f(x)=\dfrac{300}{x-1}$.

Montrer que f est décroissante sur I.

SOLUTION

La fonction f est bien définie sur $I=]1\,;\,+\infty[$. En effet, la valeur 1, qui annule le dénominateur, ne se trouve pas dans I.

Pour montrer que f est décroissante sur I, il faut prouver que pour tous nombres x_1 et x_2 de I, si $x_1<x_2$ alors $f(x_1)\geqslant f(x_2)$.

Soit x_1 et x_2 deux nombres de I tels que $1<x_1<x_2$.

x_1 et x_2 vérifient alors $0<x_1-1<x_2-1$.

La fonction $x\mapsto\dfrac{1}{x}$ est décroissante sur $]0\,;\,+\infty[$; l'ordre des inverses des deux nombres positifs x_1-1 et x_2-1 est donc changé.

D'où $\dfrac{1}{x_1-1}\geqslant\dfrac{1}{x_2-1}$.

Donc $\dfrac{300}{x_1-1}\geqslant\dfrac{300}{x_2-1}$, c'est-à-dire $f(x_1)\geqslant f(x_2)$.

La fonction f est donc décroissante sur I.

MÉTHODE

Pour écrire ce qu'il faut démontrer, on part de la définition d'une fonction croissante ou décroissante que l'on adapte à la question posée.

La démonstration s'appuie soit sur un calcul soit sur une déduction directe à partir des fonctions de référence.

REMARQUE

En procédant comme ci-contre, on peut montrer que :

- si $a>0$, la fonction $x\mapsto\dfrac{a}{x+b}$ est décroissante sur $]-b\,;\,+\infty[$;
- si $a<0$, la fonction $x\mapsto\dfrac{a}{x+b}$ est croissante sur $]-b\,;\,+\infty[$.

Travaux pratiques

TP TICE 1 Différentes paraboles

Objectif : À l'aide d'un logiciel ou d'une calculatrice, étudier l'influence d'un paramètre sur l'allure d'une courbe.

Soit une fonction f définie sur $\mathbb{R}$ par $f(x) = a(x^2 + bx + c)$ où a, b et c sont des nombres réels.

1 On fixe b et c.
Prenons par exemple $b = 3$ et $c = -4$. On a donc $f(x) = a(x^2 + 3x - 4)$.
a. À l'aide de la calculatrice, d'un logiciel de tracé de courbes ou d'un logiciel de géométrie dynamique, tracer des courbes représentatives de telles fonctions pour différentes valeurs de a.
b. Conjecturer l'influence de la valeur de a sur l'allure de la courbe.

COUP DE POUCE
Penser à choisir également des valeurs négatives pour a.

2 On fixe a et b.
Prenons par exemple $a = 1$ et $b = 3$. On a donc $f(x) = x^2 + 3x + c$.
a. Comme à la question **1 a**, tracer des courbes représentatives de telles fonctions pour différentes valeurs de c.
b. Conjecturer l'influence de la valeur de c sur l'allure de la courbe.

TP TICE 2 Recherche de la distance de sécurité

Objectifs :
- Dans un problème concret, utiliser un graphique pour conjecturer.
- Étudier différentes fonctions du second degré.

Un projectile est lancé selon une direction d non verticale avec une vitesse v_0. On note P le plan défini par la direction d et la verticale, et on munit ce plan d'un repère (O, I, J) où O est le point de départ du projectile, la droite (OI) est horizontale et la droite (OJ) est verticale.
Dans le repère (O, I, J) du plan P, notons :

- $(x\,;y)$ les coordonnées du projectile à un instant donné, exprimées en mètre ;
- v_0 la vitesse initiale (en m.s^{-1}) du projectile ($v_0 \neq 0$) ;
- α l'angle de tir (en degré), c'est-à-dire l'angle que fait la demi-droite d avec la demi-droite [OI) ; α appartient à l'intervalle $]0\,;90[$;
- g est l'intensité de la pesanteur (en m.s^{-2}). Dans la suite, on prendra $g = 10$ m.s^{-2}.

On suppose ici que le frottement de l'air sur le projectile est négligeable.

En physique, on montre que, dans ces conditions, le projectile reste dans le plan P et que la fonction f qui à l'abscisse x fait correspondre l'ordonnée y est donnée par :

$$f(x) = -\frac{g}{2v_0^2\cos^2\alpha}x^2 + (\tan\alpha)x$$

Partie A : Étude graphique

1 À l'aide d'un logiciel de tracé de courbes ou avec la calculatrice, observer les tracés de la courbe représentative de f pour différentes valeurs de v_0 et de α.
On pourra prendre des valeurs de α comprises entre 0 et 90 et des valeurs de v_0 comprises entre 0 et 50.

2 Observer les coordonnées des points d'intersection de ces courbes avec l'axe des abscisses.
Quelle est leur signification ?

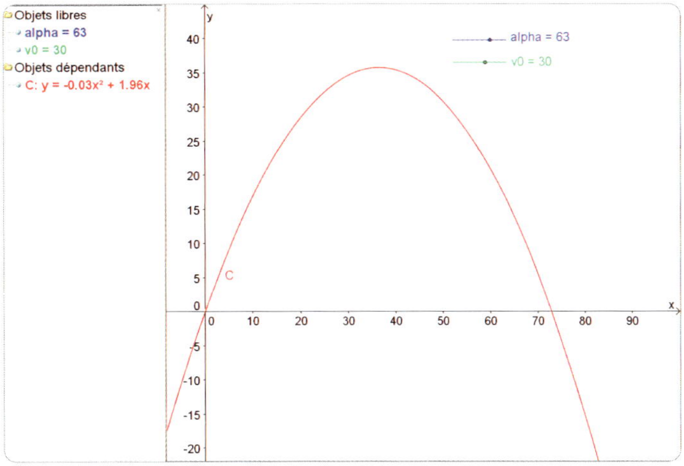

Partie B : Étude théorique dans le cas où $v_0 = 30$ m.s^{-1}

Cette valeur de v_0 peut correspondre à la vitesse d'une balle de tennis lancée par un joueur confirmé.

1 On suppose $\alpha = 45°$.

a. Montrer que $f_1(x) = -\frac{1}{90}x^2 + x$.

b. Déterminer par calcul l'endroit où le projectile touchera le sol.

c. Dresser le tableau de variations de la fonction f_1 sur l'intervalle $[0 ; 90]$.

d. Tracer la courbe C_1 représentative de f_1 dans un repère.

2 On suppose $\alpha = 30°$.

a. Montrer que $f_2(x) = -\frac{1}{135}x^2 + \frac{\sqrt{3}}{3}x$.

b. Calculer à quel endroit le projectile touchera cette fois-ci le sol.

c. Dresser le tableau de variations de la fonction f_2 sur l'intervalle $[0 ; 45\sqrt{3}]$.

d. Tracer la courbe C_2 représentative de f_2 dans le même repère que précédemment.

e. Quelles sont les coordonnées du sommet de l'arc de la parabole tracée ?

3 On suppose $\alpha = 60°$.

a. Montrer que le projectile touche le sol au même endroit que dans le cas de la question **2**.

b. Quelles sont les coordonnées du sommet de l'arc de la parabole dans ce cas ?

4 **Recherche de la distance de sécurité**

a. Montrer que les coordonnées du deuxième point d'intersection de C_f avec l'axe des abscisses sont $(180 \sin\alpha \cos\alpha ; 0)$.

b. Reproduire et compléter le tableau de valeurs suivant.

α	10	20	30	40	50	60	70	80
$D = 180 \sin\alpha \cos\alpha$								

c. À la calculatrice, trouver une valeur approchée du maximum de D lorsque α varie dans l'intervalle $]0 ; 90[$.
Donner une interprétation de cette valeur.

TP TICE 3 Prévoir...

Objectifs : • Approcher un nuage de points par une fonction affine et une fonction polynôme de degré 2.
• Comparer les deux courbes de tendance.

Mois	Nombre d'appels
Janvier	1 500
Février	1 501
Mars	1 502
Avril	1 503
Mai	1 504
Juin	1 506
Juillet	1 508
Août	1 510
Septembre	1 512
Octobre	1 514
Novembre	1 516

Un organisme caritatif compte chaque mois le nombre d'appels téléphoniques à son standard. À partir de ces données, les responsables souhaitent donner une estimation du nombre d'appels les mois suivants.
Ci-contre leur relevé de janvier à novembre 2009.

1 À l'aide d'un tableur

a. Saisir ces données dans une feuille de calcul. On pourra saisir les mois en colonne A, le nombre d'appels en colonne C et ajouter en colonne B le numéro du mois (1 pour janvier, 2 pour février...).

b. Tracer le nuage de points correspondant.

2 Courbe de tendance

a. Le tableur offre la possibilité d'ajouter une « courbe de tendance linéaire » et d'afficher « l'équation de la courbe de tendance ».
Ajouter au nuage de points cette courbe de tendance et demander l'affichage de l'équation.

b. Notons f la fonction dont la courbe est la « courbe de tendance linéaire » affichée par le tableur. Cette fonction fait correspondre à un numéro de mois une approximation du nombre d'appels.
Calculer pour chaque mois x la valeur correspondante $f(x)$.

COUP DE POUCE

On trouvera $y = 1{,}64x + 1\,497{,}09$ ou $y = 1{,}636\,4x + 1\,497{,}1$ ou une équation similaire selon le tableur utilisé.

3 Autre courbe de tendance

À l'aide d'un logiciel de calcul formel, déterminer une fonction polynôme de degré 2 dont la courbe passe par les points correspondant aux mois de février, juin et octobre.
Si vous ne disposez pas de logiciel de calcul formel, montrer que la fonction g définie par
$g(x) = \frac{3}{32}x^2 + \frac{1}{2}x + \frac{11\,997}{8}$ convient.

4 Comparaison des deux courbes de tendance

a. Vérifier que les valeurs indiquées dans l'extrait de feuille de calcul suivant sont exactes.

	A	B	C	D	E	F	G
1	Mois	Numéro du mois	Nombre d'appels	Nombre d'appels théorique donné par la fonction f	Nombre d'appels théorique donné par la fonction g	Ecart entre les colonnes C et D	Ecart entre les colonnes C et E
2	Janvier	1	1500		1500,22		-0,22
3	Février	2	1501		1501,00		0,00
4	Mars	3	1502		1501,97		0,03
5	Avril	4	1503		1503,13		-0,13

b. Compléter dans votre fichier les colonnes D et F pour les mois de janvier à novembre.

c. Comparer la somme des écarts se trouvant en colonne F avec la somme des écarts se trouvant en colonne G. Commenter les résultats obtenus.

5 Prévisions

a. Donner une estimation du nombre d'appels en décembre de l'année actuelle, puis du nombre d'appels en décembre de l'année suivante.

b. Est-il possible que selon la « courbe de tendance » choisie le nombre d'appels estimé passe du simple au double ?

VOIR FICHES ALGORITHMIQUE P. 11

Algorithmique 1 Propriétés d'une courbe

Objectifs : • Décrire les variations d'une fonction polynôme du second degré dans différents cas.
• Énumérer des propriétés de la parabole correspondante.

Soit f la fonction définie sur $\mathbb{R}$ par $f(x) = ax^2 + bx + c$ où a, b et c sont des nombres réels, avec $a \neq 0$.
On note $\mathscr{P}$ sa courbe représentative dans un repère.
On souhaite obtenir, à partir de l'indication des coefficients a, b et c, l'affichage d'un certain nombre d'informations.

1 Écrire la partie traitement manquante de l'algorithme suivant pour qu'il fonctionne correctement.
Cet algorithme pourra être testé à la calculatrice.

```
Entrée :            Le nombre a.
                    Le nombre b.
                    Le nombre c.

Initialisation :    Affecter à P1 la valeur « croissante ».
                    Affecter à P2 la valeur « décroissante ».
                    Affecter à P1affiche la valeur « _ ».
                    Affecter à P2affiche la valeur « _ ».

Traitement :        …

Sortie :            Afficher « La fonction f est d'abord ».
                    Afficher P1affiche.
                    Afficher « La fonction f est ensuite ».
                    Afficher P2affiche.
```

REMARQUE « – » est une chaîne de caractères vide.

2 Proposer des modifications à effectuer dans l'algorithme de la question **1** pour qu'il affiche chacune des informations suivantes.

a. Les coordonnées du point d'intersection A de la parabole avec l'axe des ordonnées.

b. L'abscisse du deuxième point de la parabole $\mathscr{P}$ qui a comme ordonnée la même que celle de A.

c. L'abscisse du sommet de la parabole $\mathscr{P}$.

d. Selon le cas, le maximum ou le minimum de la fonction f sur $\mathbb{R}$.

Algorithmique 2 Recherche d'un maximum et d'un minimum

Objectif : Écrire un algorithme qui donne une valeur approchée du minimum ou du maximum d'une fonction sur un intervalle.

Soit f la fonction $x \mapsto 2x - \sqrt{2}x^2$ définie sur l'intervalle $[0\,;1]$.
Sans étudier la fonction, il s'agit ici de rechercher un maximum de f sur l'intervalle $[0\,;1]$.
On pourra bien sûr se servir d'une représentation graphique pour contrôler les résultats obtenus.

1. Établir le tableau de valeurs de f pour x égal à 0 ; 0,1 ; 0,2 … ; 1.
2. Sur une calculatrice, un algorithme est donné par le programme ci-contre. Qu'effectue cet algorithme ?
3. Modifier le programme ci-contre pour qu'il stocke dans une variable B le minimum des 11 valeurs calculées en question 1.
4. À la calculatrice ou à l'aide d'un logiciel, programmer l'algorithme de la question 3. On pourra l'améliorer pour réduire l'intervalle entre les valeurs calculées.
5. Pourquoi l'algorithme initial ne fonctionne pas avec la fonction $x \mapsto -3 - x^2$?

```
PROGRAM:ETUDE
:0→A
:0→X
:0→Y
:For(K,1,10)
:X+0.1→X
:2X-√(2)X²→Y
:If Y≥A
:Then
:Y→A
:End
:End
:Disp A
```

TP Algorithmique 3 Position relative d'une courbe et d'une droite

Objectif : Étudier les valeurs d'une fonction homographique pour des grandes valeurs de la variable.

Soit f la fonction $x \mapsto \dfrac{5x+50}{2x+10}$ définie sur l'intervalle [0 ; 500] et C sa courbe représentative dans un repère orthogonal du plan.

1. Après avoir déterminé un tableau de valeurs de f, tracer C dans un repère.
On pourra prendre 10 cm pour 500 unités sur l'axe des abscisses et 1 cm pour 1 unité pour l'axe des ordonnées.

2. Soit Δ la droite parallèle à l'axe des abscisses qui passe par le point de coordonnées (0 ; 2,5).
On considère l'algorithme suivant :

```
Entrée :            Le nombre x.

Initialisation :    Affecter à phrase1 la valeur « Le point de C d'abscisse x
                    choisi n'appartient pas à Δ. »
                    Affecter à phrase2 la valeur « Le point de C d'abscisse x
                    choisi appartient à Δ. »

Traitement :        Affecter à y la valeur (5x + 50) ÷ (2x + 10).
et                  Si y-2,5 est supérieur à 0,1 alors
Sortie :               Afficher phrase1.
                    Sinon
                       Afficher phrase2.
```

Quelle est la fonctionnalité de cet algorithme ?
Donne-t-il toujours une réponse « mathématiquement » exacte ?

3. Soit n un entier naturel compris entre 0 et 500. On considère les points M et N d'abscisse n situés respectivement sur C et Δ. En admettant que l'on ne peut pas discerner deux points du plan si la distance qui les sépare est inférieure à 0,05, écrire un algorithme qui donne le premier entier n pour lequel les points M et N ne seront plus discernables.

4. Retrouver la réponse à la question 3 par le calcul.

En physique ou en chimie,

il est souvent utile de pouvoir déterminer le comportement d'une fonction pour des grandes valeurs de la variable. Il est, par exemple, utile de connaître pour des grandes valeurs de la variable temps, la tension aux bornes d'un condensateur dans un circuit électronique, la quantité d'éléments radioactifs présents dans un lieu de stockage ou encore la concentration d'un réactif ou d'un produit lors d'une réaction chimique.

Problème ouvert 1 Passer par trois points

Dans un repère, on considère trois points A, B et C de l'axe des abscisses.

1. Trouver une condition pour qu'il existe une fonction du second degré dont la courbe passe par A, B et C.
2. Si cette condition est vérifiée, la fonction est-elle unique ?

Dans l'industrie.

la modélisation d'une courbe par une fonction est une nécessité. On peut citer les courbes de Bézier, du nom de Pierre Bézier (1910 - 1999), ingénieur chez Renault. Ces modélisations sont par exemple utilisées dans l'industrie automobile pour créer une forme ou encore en informatique pour imprimer des caractères.

Problème ouvert 2 Dessiner un rectangle !

On souhaite dessiner un rectangle dans un triangle équilatéral de côté 10.
Trouver comment tracer ce rectangle pour que son aire soit la plus grande possible.
On pourra se limiter au cas où un des côtés du rectangle est confondu avec un des côtés du triangle.

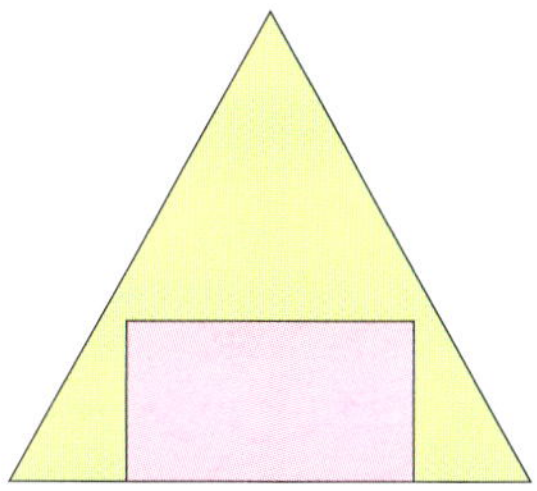

Problème ouvert 3 Superposer

Soit h la fonction homographique définie par $h(x)=\dfrac{1}{x-\alpha}$ pour tout nombre réel différent de α, et $\mathscr{H}$ sa courbe représentative dans un repère orthonormé.
On donne :

- deux nombres réels a et b strictement inférieurs à α ;
- deux nombres réels c et d strictement supérieurs à α.

On considère A, B, C et D les points de $\mathscr{H}$ d'abscisses respectives a, b, c et d.

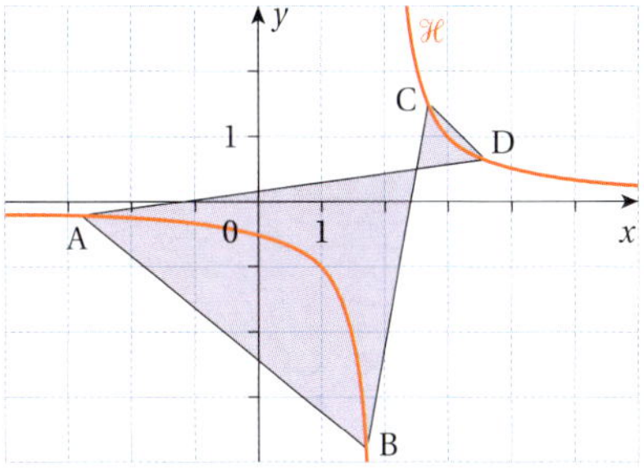

1. Le quadrilatère ABCD peut-il être un parallélogramme ?
2. Le quadrilatère ABCD peut-il être un losange ?

NICOMÈDE d'Alexandrie
(~ 280 av. J.-C. - ~ 210 av. J.-C., Grèce)
Il construit la conchoïde de droite dans le but de résoudre la trisection de l'angle.

Galileo Galilei, dit GALILÉE
(1564 - 1642, Italie)
Il introduit et nomme la cycloïde.

Gilles Personne de ROBERVAL
(1602 - 1675, France)
Il travaille sur les courbes et le tracé de leurs tangentes.

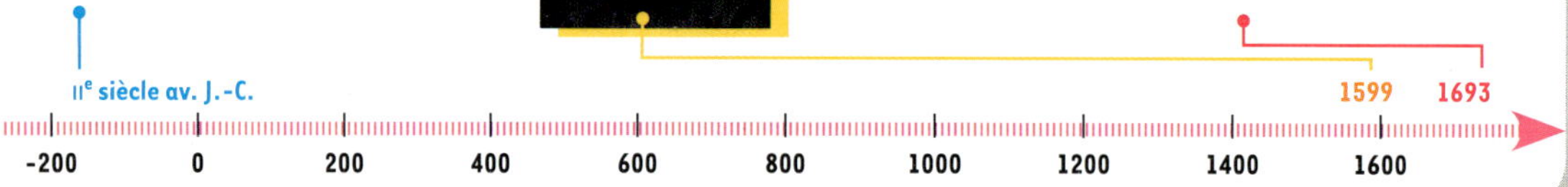

Histoires de courbes

La conchoïde de Nicomède

Le mathématicien grec NICOMÈDE d'Alexandrie s'est rendu célèbre pour avoir construit une courbe qui porte aujourd'hui son nom : la conchoïde de Nicomède (→ 1). Cette courbe est connue pour être la première construction mécanique (ou point par point) par recherche de lieu de points autre que la droite et le cercle. Pour la construire, on se donne un point O, une droite *d* ne passant pas par O et un nombre réel *a* strictement positif. À tout point M de la droite *d*, on associe les points P et Q de la droite (OM) tels que MP = MQ = *a*. Lorsque M décrit la droite *d*, les points P et Q décrivent une conchoïde de Nicomède.

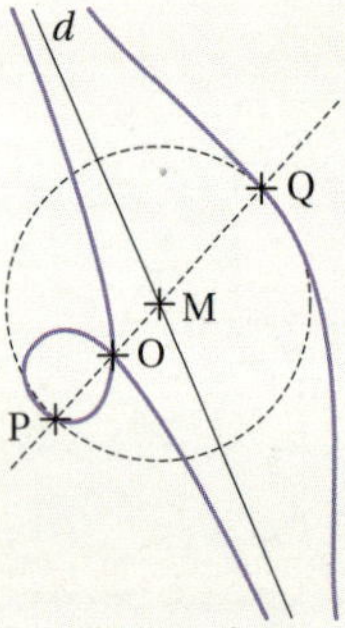

↑ **1.** La conchoïde.

L'hyperbole d'Apollonius

Le mathématicien et astronome grec originaire d'Asie Mineure, Apollonius de PERGÉ (~ 262 av. J.-C. - ~ 180 av. J.-C.) a consacré l'essentiel de ses travaux aux coniques (voir p. 90). Il est le premier à utiliser un double cône pour définir l'hyperbole comme la section de ce double cône par un plan. Il obtient ainsi les deux branches de l'hyperbole dont il étudie les propriétés de base comme celles des tangentes et des asymptotes.

La cycloïde de Galilée

Au XVIIe siècle, GALILÉE introduit et nomme la cycloïde et en fait une étude concise. Pour ses propriétés remarquables et harmonieuses, cette courbe est l'objet de nombreux défis entre les mathématiciens de l'époque. Elle est ainsi surnommée l'« Hélène des géomètres » en référence à l'héroïne de l'*Iliade* d'Homère (VIIIe s. av. J.-C.). Blaise PASCAL (1623 - 1662) l'appelle la roulette et la définit comme « le chemin que fait en l'air un clou d'une roue quand elle roule de son mouvement ordinaire » (→ 2).
Dans son *Traité des indivisibles*, le mathématicien et physicien Gilles Personne de ROBERVAL travaille sur la courbe, le tracé des tangentes et cherche à calculer l'aire du domaine sous l'arche de la cycloïde.

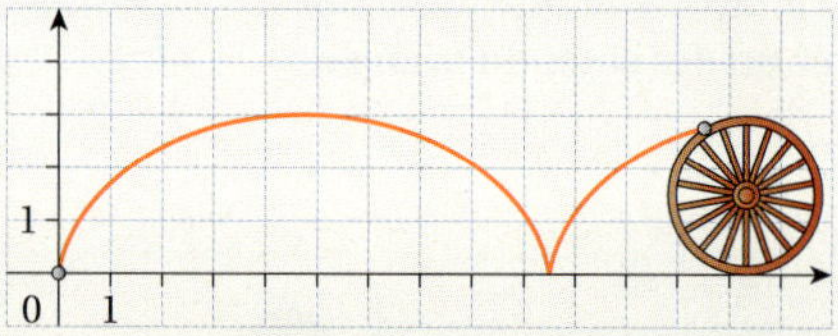

← **2.** La cycloïde.

La ligne courbe dans l'art…

Les éléments géométriques comme les cercles, les angles, les lignes droites et les courbes prennent dans la peinture de Vassily Kandinsky (1866 - 1944) une grande importance. Pour Kandinsky, la ligne horizontale exprime le froid, la ligne verticale exprime le chaud, et la ligne diagonale possède une tonalité plus ou moins chaude ou froide selon son inclinaison. Les lignes courbes constituent quant à elles des variantes des trois lignes droites.

↑ **3.** *Jaune-rouge-bleu*, Vassily Kandinsky, 1925, peinture (Paris, Musée national d'Art moderne - Centre Georges Pompidou).

Exercices d'application

Fonctions polynômes de degré 2

1 Soit f la fonction définie sur $\mathbb{R}$ par $f(x) = x^2 - 3{,}5$.

1. Calculer les images par f des nombres réels suivants :

-3 ; 0 ; 1 ; 2 et 3.

2. Une image par f peut-elle être :

a. négative ?

b. strictement inférieure à $-3{,}5$?

2 Soit f la fonction définie sur $\mathbb{R}$ par $f(x) = x^2 - 3$.

a. Déterminer le(s) antécédent(s) de 6 par f.

b. Déterminer le(s) antécédent(s) de -3 par f.

3 Soit f la fonction définie sur $\mathbb{R}$ par $f(x) = -x^2 + 10$.

a. Calculer les images par f des nombres réels suivants :

-3 ; 0 ; 1 ; 2 et 3.

b. Pour chacun des nombres réels suivants, déterminer le(s) antécédent(s) par f :

1 ; 2 et 10.

4 Soit f la fonction définie sur $\mathbb{R}$ par $f(x) = -2x^2 + x$.

1. a. Calculer $f(0{,}5) - f(0)$, $f(2) - f(-1{,}5)$ et $f(100) - f(-99{,}5)$.

b. Pour a nombre réel quelconque, calculer :

$$f(0{,}25 + a) - f(0{,}25 - a)$$

2. Dans un repère, tracer la courbe $\mathscr{C}$ de la fonction f.

3. Expliquer graphiquement le constat fait aux questions **1a** et **1b**.

5 Soit la fonction f définie sur $\mathbb{R}$ par $f(x) = x^2 - 5$.

a. Démontrer que f est décroissante sur l'intervalle $]-\infty ; 0]$.

b. Donner le tableau de variations de f.

c. Tracer sa courbe représentative dans un repère.

6 Démontrer que la fonction f définie sur l'intervalle $[-1 ; +\infty[$ par $f(x) = x^2 + 2x + 1$ est croissante.

7 Soit la fonction f définie sur $\mathbb{R}$ par $f(x) = -x^2 + x - 4$.

a. Montrer que, pour tout nombre réel x, on a :

$$-x^2 + x - 4 = -(x - 0{,}5)^2 - 3{,}75$$

b. Donner le tableau de variations de f.

▸ Savoir-faire 2 p. 108

8 $\mathscr{P}$ est la parabole, représentation graphique de la fonction f définie sur $\mathbb{R}$ par $f(x) = 0{,}2x^2 + 0{,}4x - 0{,}6$.

a. Montrer que, pour tout nombre réel x, on a :

$$0{,}2x^2 + 0{,}4x - 0{,}6 = 0{,}2(x + 1)^2 - 0{,}8$$

b. Déterminer le sommet de $\mathscr{P}$.

9 **a.** Montrer que la courbe représentative de la fonction f définie sur $\mathbb{R}$ par $f(x) = x^2 - 2x + 5$ passe par les points A(0 ; 5) et B(2 ; 5).

b. Montrer que les courbes représentatives des fonctions g et h définies sur $\mathbb{R}$ par $g(x) = 10(x^2 - 2x) + 5$ et $h(x) = -10(x^2 - 2x) + 5$ passent également par les points A(0 ; 5) et B(2 ; 5).

c. Existe-t-il encore d'autres fonctions polynômes de degré 2 dont la courbe passe également par les points A et B ? Expliquer.

10 Soit f la fonction définie sur $\mathbb{R}$ par $f(x) = -0{,}5x^2 + 3x$.

1. Tracer dans un repère la courbe représentative $\mathscr{C}$ de f.

2. a. Résoudre graphiquement sur l'intervalle $[-3 ; 3]$ l'équation $f(x) = 0$.

b. Résoudre cette équation par le calcul.

3. Démontrer que, pour tout nombre réel x, on a $f(x) \leqslant 4{,}5$.

11 **1.** Tracer dans un repère les représentations graphiques des fonctions suivantes définies sur $\mathbb{R}$.

a. $f(x) = x^2 + 5x + 4$

b. $g(x) = -x^2 + 5x - 4$

c. $h(x) = x^2 - x + 2$

d. $i(x) = -x^2 - x - 2$

2. Pour chacune des fonctions ci-dessus, déterminer deux points différents qui ont la même ordonnée.

En déduire le tableau de variations de chaque fonction.

▸ Savoir-faire 1 p. 107

12 **a.** Tracer dans un repère la représentation graphique de la fonction définie sur $\mathbb{R}$ par $f(x) = -2x^2 + 3x$.

b. Résoudre graphiquement les équations d'inconnue x suivantes : $f(x) = 0$ et $f(x) = -3$.

c. Résoudre graphiquement les inéquations d'inconnue x suivantes : $f(x) \geqslant 0$ et $f(x) < -3$.

13 Les fonctions f et g, définies sur $\mathbb{R}$ par $f(x) = x^2 - 10$ et $g(x) = -x^2 + 8$, ont comme représentations graphiques respectives dans un repère les paraboles $\mathscr{P}_f$ et $\mathscr{P}_g$.

a. Déterminer graphiquement les points d'intersection de $\mathscr{P}_f$ et de $\mathscr{P}_g$.

b. Factoriser l'expression $f(x) - g(x)$.

En déduire par le calcul les points d'intersection de $\mathscr{P}_f$ et de $\mathscr{P}_g$.

c. Déterminer, graphiquement et par le calcul, sur quel(s) intervalle(s) $\mathscr{P}_f$ se trouve en dessous de $\mathscr{P}_g$.

14 Les fonctions f et g, définies sur $\mathbb{R}$ par $f(x) = 2x^2 + 4x - 7$ et $g(x) = -x^2 + x + 11$, ont comme représentations graphiques dans un repère les paraboles $\mathcal{P}_f$ et $\mathcal{P}_g$.

a. Déterminer graphiquement les points d'intersection de $\mathcal{P}_f$ et de $\mathcal{P}_g$.

b. Montrer que, pour tout x réel :

$$f(x) - g(x) = 3(x-2)(x+3)$$

En déduire par le calcul les points d'intersection de $\mathcal{P}_f$ et de $\mathcal{P}_g$.

c. Déterminer, graphiquement et par le calcul, sur quel(s) intervalle(s) $\mathcal{P}_f$ se trouve en dessous de $\mathcal{P}_g$.

15 **a.** Tracer dans un repère les représentations graphiques des fonctions définies sur $\mathbb{R}$ par :

$$f(x) = 5x^2 + x + 2 \text{ et } g(x) = x^2 + 5x + 1.$$

b. Résoudre graphiquement puis par le calcul l'inéquation $5x^2 + x + 2 > x^2 + 5x + 1$.

16 **1.** Tracer dans un repère les représentations graphiques des fonctions suivantes définies sur $\mathbb{R}$.

$f(x) = -x^2 + 5$ $\quad g(x) = x^2 + 4x + 5$

$h(x) = 0{,}25x^2 - x + 2$ $\quad i(x) = -0{,}1x^2 + 2$

2. **a.** Résoudre graphiquement les équations d'inconnue x suivantes :

$$f(x) = g(x) \text{ et } f(x)(h(x) - i(x)) = 0$$

b. Résoudre graphiquement les inéquations d'inconnue x suivantes :

$$f(x) \leqslant g(x) \text{ et } g(x)(h(x) - i(x)) \geqslant 0$$

3. Reprendre la question **2** par le calcul.

17 **a.** On considère la fonction f définie sur $\mathbb{R}$ par $f(x) = 2x^2 - 2x + 10$.

Montrer que la courbe représentative de f passe par les points A(0 ; 10) et B(1 ; 10).

b. Existe-t-il une autre fonction polynôme de degré 2 dont la courbe passe également par les points A et B ? Expliquer.

18 **Problème ouvert**

Trouver une fonction du second degré dont la courbe passe par les points C(0 ; 8) et B(1 ; 10).

Expliquer en détail la méthode choisie pour la recherche, même si celle-ci n'a pas abouti.

19 Soit la fonction f définie sur $\mathbb{R}$ par $f(x) = x^2$.

Soit la fonction g définie sur $\mathbb{R}$ par $g(x) = x^2 + ax + 1$, où a est un nombre réel quelconque.

a. Démontrer qu'il existe une unique valeur de a pour laquelle les paraboles C_f et C_g n'ont pas de point d'intersection.

b. Démontrer que, pour toutes les autres valeurs de a, les paraboles C_f et C_g ont un unique point d'intersection.

20 Dans un repère (O, I, J), soit $\mathcal{P}$ une parabole passant par les points O et A(1 ; 1).

$\mathcal{P}$ est la courbe représentative de la fonction f, polynôme de degré 2, telle que $f(x) = ax^2 + bx + c$ où a, b et c sont des nombres réels, $a \neq 0$.

a. Montrer que la parabole $\mathcal{P}$ passe par les points A et O si et seulement si les réels a, b et c sont solutions du système $\begin{cases} c = 0 \\ a + b + c = 1 \end{cases}$.

b. Montrer que, pour tout x, $f(x) = ax^2 + (1 - a)x$.

c. $\mathcal{P}$ coupe l'axe des abscisses en O.

Donner, en fonction de a, l'abscisse du deuxième point d'intersection de $\mathcal{P}$ avec cet axe.

d. Quelle est, en fonction de a, l'abscisse du sommet de la parabole $\mathcal{P}$?

e. Montrer que le sommet de $\mathcal{P}$ ne se trouve jamais sur la droite d'équation $x = 0{,}5$.

21 **Problème ouvert** Soit MAB un triangle de base AB égale à 8 cm. Les points A et B sont fixes. Le sommet M se déplace sur une droite d parallèle à la droite (AB). La distance entre les droites d et (AB) est égale à 6 cm.

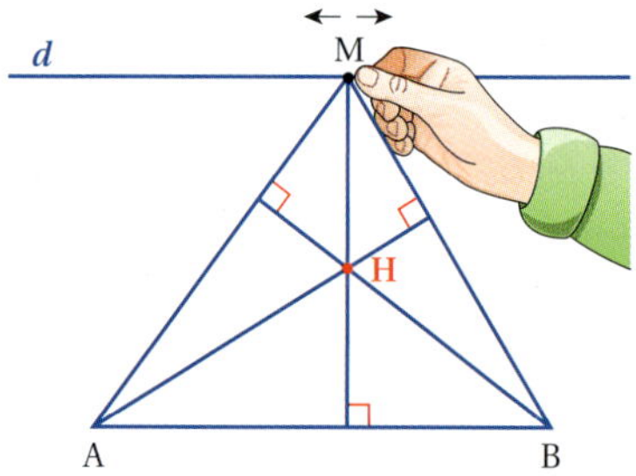

Tracer point par point la courbe sur laquelle se déplace l'orthocentre H du triangle MAB lorsque M se déplace sur la droite d.

D'après *Mathématiques sans frontières*, décembre 2005.

Fonctions homographiques

22 **a.** La fonction f telle que $f(x) = \dfrac{x+4}{x-5}$ est-elle définie en $x = 5$? Expliquer.

b. Déterminer une fonction homographique définie sur $]-\infty\,;4[\cup]4\,;+\infty[$.

▸ Savoir-faire 3 p. 108

23 Soit la fonction f définie sur $\mathbb{R}\setminus\{6\}$ par $f(x) = \dfrac{1}{2x-12}$.

a. Reproduire et compléter le tableau de valeurs suivant.

x	0	4	5	5,5	6,5	7	8
$f(x)$							

b. Tracer la courbe représentative de f dans un repère.

▸ Savoir-faire 4 p. 109

24 Soit la fonction f définie sur $\mathbb{R}\setminus\{-5\}$ par $f(x)=\dfrac{x}{x+5}$.

a. Donner un tableau de valeurs pour f.

b. Tracer la courbe représentative de f dans un repère.

25 Soit f la fonction définie sur l'intervalle $\left]\dfrac{4}{3}\,;+\infty\right[$ par $f(x)=\dfrac{1}{3x-4}$.

Démontrer que f est décroissante sur $\left]\dfrac{4}{3}\,;+\infty\right[$.

▸ Savoir-faire 5 p. 109

26 Soit f la fonction telle que $f(x)=\dfrac{x+1}{x-1}$.

1. Quel est l'ensemble de définition de f ?

2. a. Déterminer le(s) antécédent(s) de 0 par f.

b. Déterminer le(s) antécédent(s) de 2 par f.

c. Peut-on déterminer un antécédent de 1 par f ?

3. Tracer, à l'aide de la calculatrice, la courbe représentative de f. Expliquer comment interpréter graphiquement les résultats de la question **2**.

▸ Savoir-faire 3 p. 108

27 Soit f la fonction définie sur $\mathbb{R}\setminus\{-1\}$ par $f(x)=\dfrac{-2}{x+1}$ et $\mathscr{H}$ sa courbe représentative dans un repère (O, I, J).

a. Tracer $\mathscr{H}$.

b. Soit d_1, d_2 et d_3 les droites d'équation $y=1$, $y=-1$ et $y=3x-2$.

Déterminer, graphiquement puis par le calcul, les coordonnées des points d'intersection de $\mathscr{H}$ avec d_1, d_2 et d_3.

28 Soit la fonction f définie sur $\mathbb{R}\setminus\{1\}$ par $f(x)=\dfrac{1}{x-1}$ et la fonction g définie sur $\mathbb{R}\setminus\{-1\}$ par $g(x)=\dfrac{1}{x+1}$.

1. Tracer dans un repère les hyperboles, courbes représentatives de f et g.

2. Démontrer que la fonction f est décroissante sur $]1\,;+\infty[$.

3. On admettra que f est décroissante sur $]-\infty\,;1[$, et que g est décroissante sur $]-\infty\,;-1[$ et décroissante sur $]-1\,;+\infty[$.

Dresser les tableaux de variations de f et de g.

4. Soit h la fonction telle que $h(x)=\dfrac{1}{x-1}+\dfrac{1}{x+1}$.

a. Quel est l'ensemble de définition de la fonction h ?

b. Tracer dans un repère la courbe représentative de h.

c. Démontrer, à l'aide de la question **3**, que la fonction h est décroissante sur l'intervalle $]-\infty\,;-1[$.

29 TICE

1. Dans un repère orthonormé (O, I, J), tracer la courbe $\mathscr{C}$, représentation graphique de la fonction f définie sur $\mathbb{R}$ par $f(x)=(x-4)(x-9)$.

2. Résolution graphique

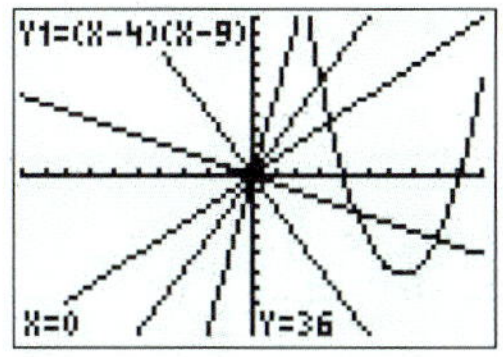

Soit d une droite quelconque passant par l'origine O.

À l'aide d'un logiciel ou de la calculatrice, conjecturer, selon le coefficient directeur de d, le nombre de points d'intersection de la droite d et de la courbe $\mathscr{C}$.

3. Résolution par le calcul et interprétation graphique

a. Résoudre dans $\mathbb{R}$ l'équation $(x-4)(x-9)=-25x$.

b. Tracer la droite Δ_1 d'équation $y=-25x$.

c. Interpréter graphiquement la solution trouvée à la question **3a**.

4. Résolution à l'aide d'un logiciel de calcul formel et interprétation graphique

a. À l'aide d'un logiciel de calcul formel, résoudre dans $\mathbb{R}$ l'équation $(x-4)(x-9)=kx$, d'inconnue x, où k est un nombre réel.

b. Tracer la droite Δ_2 d'équation $y=-2x$.

c. Étudier le nombre de points d'intersection entre la droite Δ_2 et la courbe $\mathscr{C}$.

d. Y a-t-il une contradiction entre la solution trouvée à la question **4a** et la réponse donnée à la question **4c** ?

e. Prouver, que pour tout nombre réel k, on a :

$$k^2+26k+25=(k+25)(k+1)$$

f. Étudier, en fonction des valeurs du réel k, le signe de l'expression $g(k)=k^2+26k+25$.

g. Après avoir calculé $g(-2)$, préciser la réponse à la question **4d**.

30 Algorithmique

Une entreprise produit des appareils électroménagers. Le coût de production de x appareils est donné en euros par $C(x)=x^2+50x+100$ pour $5\leqslant x\leqslant 40$.

1. L'entreprise vend chaque appareil 100 euros.
Quel est le prix de vente de x appareils ?

2. Le bénéfice est égal à la différence entre le prix de vente et le coût de production.

a. Montrer que le bénéfice réalisé par la fabrication et la vente de x objets est égal à $B(x)=-x^2+50x-100$ pour x appartenant à l'intervalle $[5\,;40]$.

b. Calculer le bénéfice réalisé par la fabrication et la vente de 10 objets, puis de 40 objets.

c. À l'aide de la calculatrice, dresser le tableau de variations de la fonction B.

d. Quel est le nombre d'appareils à produire pour que le bénéfice de l'entreprise soit maximal ?

3. Proposer un algorithme pour répondre à la question **2d** sans utiliser les questions **2b** et **2c**.

QCM Je me teste sur les fonctions du second degré et homographiques

Pour chaque question, il y a une ou plusieurs bonnes réponses.

CORRIGÉ P. 313

Fonctions polynômes de degré 2

31 La fonction f est définie sur $\mathbb{R}$ par $f(x) = x^2 - 4x + 1$.
La calculatrice peut afficher la courbe :

A 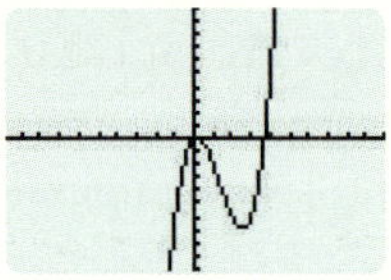

B 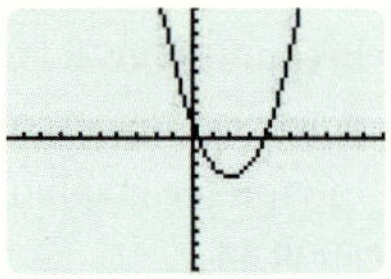

C 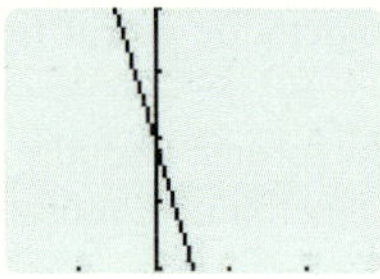

D 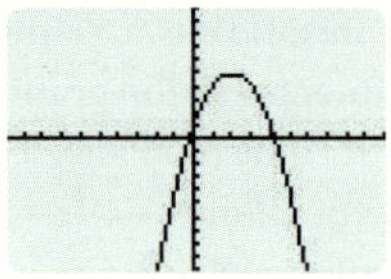

32 La fonction f est définie sur $\mathbb{R}$ par $f(x) = -3x^2 - x + 1$.
On peut affirmer que :

A f est croissante sur $\mathbb{R}$.

B f est d'abord décroissante sur un intervalle $]-\infty\,;\,e]$ puis croissante sur l'intervalle $[e\,;+\infty[$.

C f est d'abord croissante sur un intervalle $]-\infty\,;\,e]$ puis décroissante sur l'intervalle $[e\,;+\infty[$.

D on ne peut pas connaître les variations de f.

33 La fonction f est définie sur $\mathbb{R}$ par $f(x) = 4x^2 - 12x + 8$.
On peut affirmer que, pour tout x réel, $f(x)$ est égale à :

A $4(x-2)(x-1)$

B $4x^2 - 4$

C $(2x-3)^2 - 1$

D 0

34 La fonction f est définie sur $\mathbb{R}$ par $f(x) = (x+3)^2 - 7$.
Elle admet :

A un maximum en $x = -3$ qui vaut -7.

B un minimum en $x = -7$ qui vaut -3.

C un minimum en $x = -3$ qui vaut -7.

D un minimum en $x = 3$ qui vaut 7.

35 Dans un repère, la courbe $\mathscr{C}$ d'une fonction f du second degré passe par les points de coordonnées $(2\,;3)$, $(5\,;8)$ et $(10\,;3)$.
On peut affirmer que :

A son sommet a comme abscisse 6.

B son sommet a comme ordonnée 2.

C son sommet a comme abscisse 13.

D les coordonnées de son sommet sont $(5\,;8)$.

Fonctions homographiques

36 La fonction f est donnée par $f(x) = \dfrac{2}{3x-1}$.
Son ensemble de définition est :

A $]-\infty\,;\dfrac{1}{3}[\cup]\dfrac{1}{3}\,;+\infty[$

B $\mathbb{R}\setminus\{\dfrac{1}{3}\}$

C L'ensemble de tous les nombres réels sauf 0.

D L'ensemble de tous les nombres réels sauf 0,333 33.

37 La fonction f est définie sur $\mathbb{R}\setminus\{-2\}$ par $f(x) = \dfrac{2x-1}{x+2}$.
On peut affirmer que :

A il existe un nombre réel x tel que $f(x) = 0$.

B il existe un nombre réel x tel que $f(x) = 0{,}5$.

C pour tout nombre réel x, le nombre $f(x)$ est négatif.

D pour tout nombre réel x supérieur à 0, le nombre $f(x)$ est positif.

38 La fonction f est définie sur $\mathbb{R}$ par $f(x) = \dfrac{-8}{x-10}$.
Elle admet le tableau de variations suivant :

A

x	$-\infty$	10	$+\infty$
$f(x)$	↘	‖	↘

B

x	$-\infty$	8	$+\infty$
$f(x)$	↗	‖	↗

C

x	$-\infty$	10	$+\infty$
$f(x)$	↗	‖	↘

D

x	$-\infty$	10	$+\infty$
$f(x)$	↗	‖	↗

Problèmes

39 Où est la courbe ? TICE

Soit la fonction f définie sur $\mathbb{R}\setminus\{-100\}$ par :

$$f(x)=\frac{99x+10\,000}{x+100}$$

Une calculatrice donne les affichages suivants.

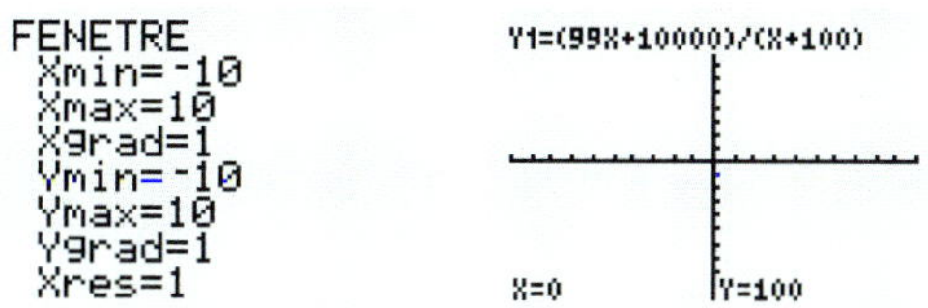

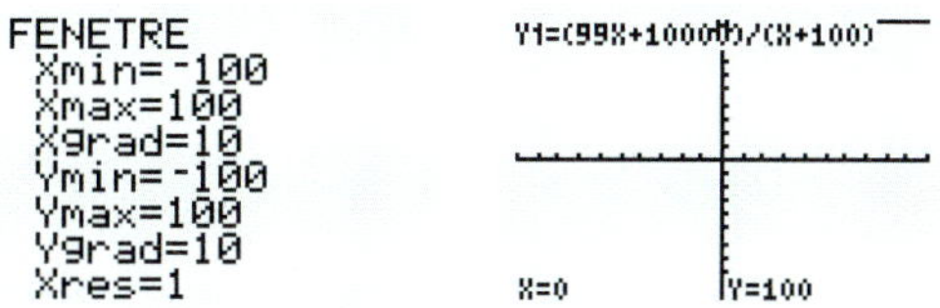

1. a. Donner un tableau de valeurs de f pour des valeurs entières de x choisies autour de la valeur -100 (-105 à -97 par exemple).

b. Quelles valeurs ($x_{\min}$, $x_{\max}$, $y_{\min}$, $y_{\max}$) faut-il choisir pour la fenêtre d'affichage pour voir sur le graphique les points donnés par ce tableau de valeurs ?

c. Reproduire la courbe obtenue à la calculatrice avec cet affichage.

2. a. Montrer que 99 n'a pas d'antécédent par f.

b. Montrer que l'antécédent de 99,1 par f est 900.

c. Calculer le(s) antécédent(s) de 99,5 par f.

d. Quelles valeurs ($x_{\min}$, $x_{\max}$, $y_{\min}$, $y_{\max}$) faut-il choisir pour la fenêtre d'affichage pour voir sur le graphique les valeurs calculées dans les questions **2b** et **2c** ?

e. Reproduire la courbe obtenue à la calculatrice avec ce nouvel affichage.

3. a. Choisir cette fois-ci les valeurs suivantes :

$$x_{\min}=-500,\ x_{\max}=500,\ y_{\min}=-500,\ y_{\max}=500$$

et des unités adaptées.

b. Reproduire la courbe obtenue à la calculatrice avec ce dernier affichage.

40 Intersection de paraboles

Soit f et g les fonctions définies sur $\mathbb{R}$ par :

$$f(x)=(x-4)(x-3) \quad \text{et} \quad g(x)=0{,}5x(x-4).$$

1. a. Résoudre dans $\mathbb{R}$ les équations $f(x)=0$ et $g(x)=0$.

2. a. Tracer dans un repère les courbes C_f et C_g des fonctions f et g.

b. Déterminer graphiquement leur point d'intersection.

3. Retrouver les résultats précédents par le calcul.

41 Décompte TICE Algorithmique

Soit f la fonction définie sur l'intervalle $[2\ ;\ 9]$ par $f(x)=-0{,}25(x-2)(x-16)$ et $\mathscr{P}$ sa courbe représentative dans un repère du plan.

1. a. Déterminer les points d'intersection de $\mathscr{P}$ avec l'axe des abscisses.

b. Calculer les coordonnées du sommet de l'arc de parabole $\mathscr{P}$.

c. Dresser le tableau de variations de la fonction f.

d. Tracer $\mathscr{P}$.

2. Soit $\mathscr{E}$ la partie du plan située entre l'axe des abscisses, l'arc $\mathscr{P}$ et la droite d'équation $x=9$.

a. Placer les points A, B, C et D ayant comme coordonnées respectives $(3\ ;0)$, $(3\ ;1)$, $(4\ ;1)$ et $(4\ ;0)$.

b. Montrer que le carré ABCD se trouve dans la partie $\mathscr{E}$.

3. Recherchons maintenant le nombre de carrés de côté 1, de sommets à coordonnées entières, que l'on peut tracer dans $\mathscr{E}$. Soit EFGH un tel carré. Notons $(a\ ;b)$ les coordonnées de E, avec a et b deux entiers naturels. Par conséquent $(a\ ;b+1)$, $(a+1\ ;b+1)$ et $(a+1\ ;b)$ sont les coordonnées respectives des points F, G et H.

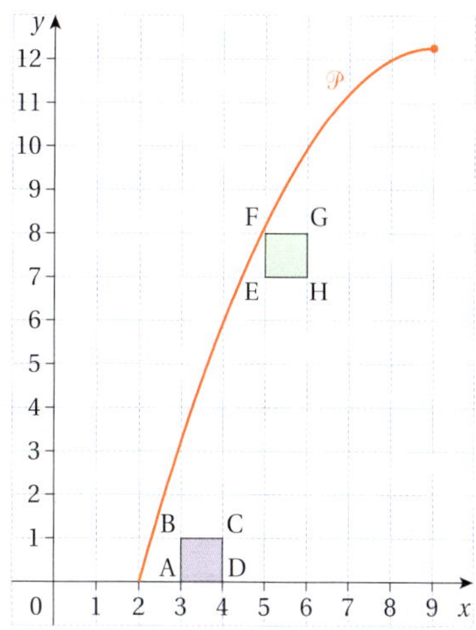

a. Quelles sont les conditions sur les nombres entiers a et b pour que le carré soit situé dans $\mathscr{E}$?

b. Proposer un algorithme qui compte le nombre de tels carrés situés dans $\mathscr{E}$.

c. Mettre en œuvre cet algorithme, soit en le déroulant « à la main » soit avec un langage de programmation.

COUP DE POUCE

La réponse est 50 ; cela se vérifie sur le graphique.

d. Modifier l'algorithme pour améliorer l'approximation qu'il donne de l'aire de $\mathscr{E}$.

42 L'aire varie-t-elle ? TICE

Soit [AB] un segment de longueur 10 et M un point de ce segment.
On construit les deux carrés AMFE et MBHG.

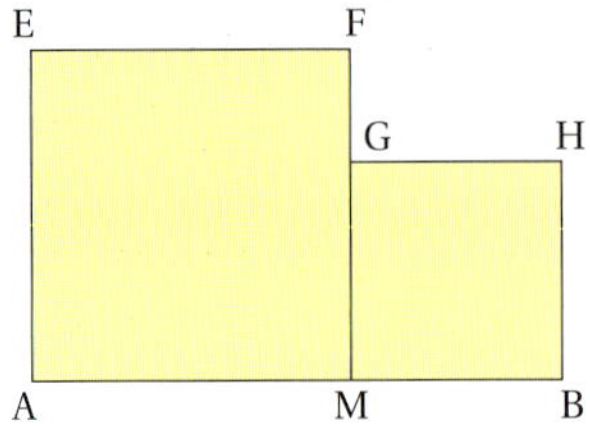

Il s'agit d'étudier la somme $\mathscr{A}$ des deux aires de ces carrés : est-elle constante ? Sinon, dans quel intervalle varie-t-elle ?

1. a. Réaliser la figure à l'aide d'un logiciel de géométrie dynamique.

b. Conjecturer des réponses aux questions posées ci-dessus.

2. a. On pose x la longueur du segment [AM].
Quelles sont les valeurs possibles pour x ?

b. Montrer que la somme $\mathscr{A}$ des deux aires en fonction de x vaut $50 + 2(x - 5)^2$.

c. Déterminer le minimum et le maximum de l'aire $\mathscr{A}$.

3. Pour aller plus loin
A, B et M étant définis comme ci-dessus, étudier :

a. la somme des aires des deux disques ci-contre ;

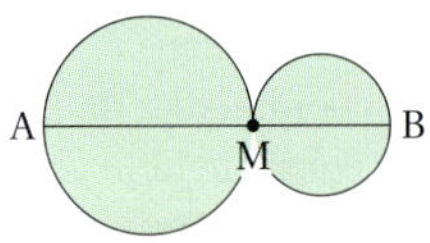

b. la somme des aires des deux triangles équilatéraux ci-contre.

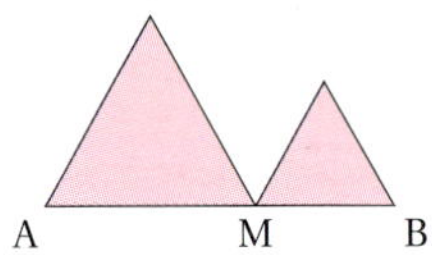

43 Des coefficients inhabituels TICE

Un logiciel de calcul formel permet de répondre très rapidement à certaines questions de cet exercice qui peut également être fait sans un tel outil.

Soit la fonction f définie sur $\mathbb{R}$ par :

$$f(x) = 0{,}000\,1x^2 - 0{,}000\,2x - 0{,}000\,3$$

1. Tracer, à la calculatrice, la courbe $\mathscr{C}$ de f.
Vous ne la verrez peut-être pas… et c'est normal !

2. a. Montrer que $f(x) = 0{,}000\,1(x + 1)(x - 3)$. En déduire les points d'intersection de $\mathscr{C}$ et de l'axe des abscisses.

b. Quelle est l'abscisse du minimum de f sur $\mathbb{R}$?

c. Donner le tableau de variations de f sur l'intervalle $[-2 ; 5]$.

3. a. Soit a un nombre réel quelconque.
Montrer que $f(1 + a) = f(1 - a)$.
En déduire que les points de la courbe $\mathscr{C}$ d'abscisses $(1 - a)$ et $(1 + a)$ sont symétriques par rapport à la droite d'équation $x = 1$.

b. Tracer la courbe $\mathscr{C}$ dans un repère judicieusement choisi.

44 Variations d'une aire TICE

On considère un rectangle ABCD et les points E, F, G et H situés respectivement sur les segments [AB], [BC], [CD], [DA] tels que AE = BF = CG = DH.

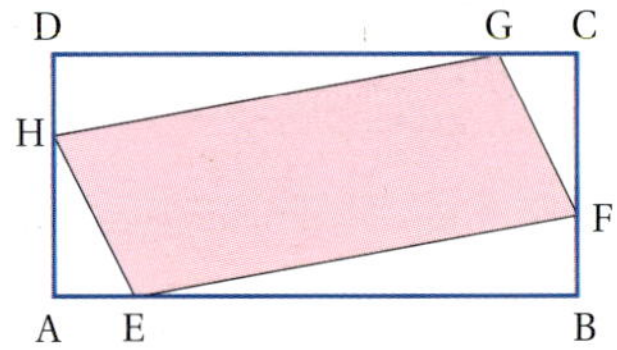

Partie A

Démontrer que le quadrilatère EFGH est un parallélogramme.

Partie B

On s'intéresse maintenant à l'aire du parallélogramme EFGH.

1. a. À l'aide d'un logiciel de géométrie dynamique, construire la figure.

b. L'aire de EFGH semble-t-elle constante lorsque la longueur AE varie ?

c. La fonction qui, à la longueur AE, associe l'aire de EFGH semble-t-elle décroissante ?

Dans les questions **2** et **3**, on étudie deux situations.

2. Premier cas : AB = 10 et BC = 2.
On pose AE = x.

a. Montrer qu'il faut que $0 \leqslant x \leqslant 2$.

b. Montrer que la somme des aires des triangles EBF et GDH vaut $10x - x^2$.

c. Montrer que la somme des aires des triangles HAE et FCG vaut $2x - x^2$.

d. Montrer que l'aire du parallélogramme EFGH vaut :

$$2x^2 - 12x + 20$$

e. À l'aide de la calculatrice, trouver le tableau de variations de la fonction f définie sur $\mathbb{R}$ par :

$$f(x) = 2x^2 - 12x + 20$$

f. Après avoir prouvé que $2x^2 - 12x + 20 = 2(x - 3)^2 + 2$, démontrer que f est décroissante sur l'intervalle $[0 ; 2]$.

3. Deuxième cas : AB = 8 et BC = 4.
On pose AE = x.

a. Montrer qu'il faut que $0 \leqslant x \leqslant 4$.

b. Montrer que l'aire du parallélogramme EFGH vaut :

$$2x^2 - 12x + 32$$

c. À l'aide de la calculatrice, trouver le tableau de variations de la fonction g définie sur $\mathbb{R}$ par :

$$g(x) = 2x^2 - 12x + 32$$

d. Après avoir prouvé que $2x^2 - 12x + 32 = 2(x - 3)^2 + 14$, démontrer que g est décroissante sur l'intervalle $[0 ; 3]$ et croissante sur l'intervalle $[3 ; 4]$.

45 Flipper

Problème ouvert

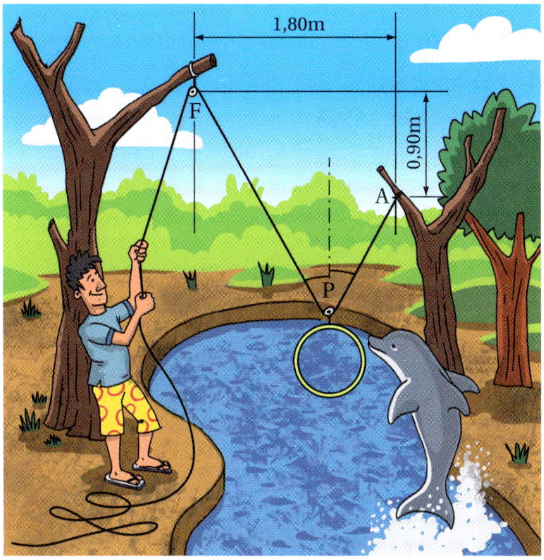

Robert bewegt den Reifen mit Hilfe der abgebildeten Anordnung. Er zieht dazu an einem Seil, das im Punkt A befestigt ist und über die feste Rolle F sowie die bewegliche, lose Rolle P läuft.
Der Reifen hängt an der Rolle P, wodurch sein Gewicht stets so auf die beiden Seilstücke PA und PF aufgeteilt ist, daß die Winkelhalbierende des Winkels APF vertikal verläuft. Die Abmessungen der Anordnung können der Zeichnung entnommen werden.
Gesucht ist die Bahn, auf welcher sich P bewegt, wenn Robert am Seil zieht. P und F können als punktförmig angenommen werden.
Zeichne im Maßstab 1/10 mehrere aufeinanderfolgende Positionen von P ein. Verbinde diese Punkte so, daß die Bahn von P gut veranschaulicht wird.

D'après *Mathématiques sans frontières*, mars 2004.

REMARQUE

Il s'agit ici de construire point par point un arc d'une hyperbole. (Voir p. 116 des exemples de courbes caractérisées par des conditions géométriques.)

46 Gasper

TICE

Le dessin de Gasper ci-contre est réalisé à partir d'arcs de paraboles.

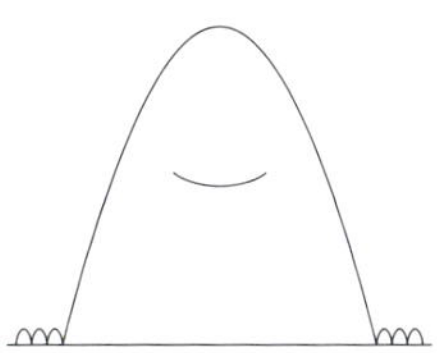

1. Proposer un repère pour cette figure.

2. Déterminer des fonctions polynômes de degré 2, définies chacune sur un intervalle, dont les courbes représentatives donnent le dessin proposé.

COUP DE POUCE

- Il est conseillé de choisir le **repère** de telle manière à ce que le haut de la tête de Gasper soit la représentation graphique de la fonction $x \mapsto -x^2 + 4$ sur l'intervalle $[-2 ; 2]$.
- **Pour obtenir un des doigts de Gasper**

Soit f la fonction $x \mapsto -k(x-a)(x-b)$.
Calculer $f(a)$ et $f(b)$.
Donner le tableau de variations de la fonction f.
Montrer que $f\left(\frac{a+b}{2}\right) = \frac{k(b-a)^2}{4}$.

47 Points à coordonnées entières ?

Algorithmique

$\mathcal{H}$ est l'hyperbole qui est la courbe représentative de la fonction définie sur $\mathbb{R}\setminus\{4\}$ par $f(x) = \frac{1}{x-4}$.

Partie A

Tracer $\mathcal{H}$ dans un repère.

Partie B

Le but de cette partie est de prouver par **disjonction des cas** qu'il n'existe aucun point de $\mathcal{H}$ qui a ses deux coordonnées entières.

1. Premier cas : soit x un nombre réel strictement supérieur à 8.

a. Montrer que si $x > 8$ alors $x - 4 > 0$.
En déduire que $f(x)$ est strictement positif.

b. Montrer que si $x > 8$ alors $x - 4 > 4$.
En déduire que $f(x) < 0{,}25$.

c. Montrer que si x est supérieur à 8, aucun des points de $\mathcal{H}$ ne peut avoir une ordonnée entière.

2. Deuxième cas : soit x un nombre réel strictement négatif.

a. Montrer que si $x < 0$ alors $x - 4 < 0$.
En déduire que $f(x)$ est strictement négatif.

b. Montrer que si $x < 0$ alors $x - 4 < -4$.
En déduire que $f(x) > -0{,}25$.

c. Montrer que si x est strictement négatif, aucun des points de $\mathcal{H}$ ne peut avoir une ordonnée entière.

3. Troisième cas : soit x un nombre réel appartenant à l'intervalle $[0 ; 8]$.

a. Montrer que si x n'est pas un entier, le point de $\mathcal{H}$ d'abscisse x ne peut pas avoir ses deux coordonnées entières.

b. Pour x entier appartenant à $\{0 ; 1 ; \dots ; 7 ; 8\}$ proposer un algorithme pour prouver que l'ordonnée $f(x)$ n'est pas un entier.

4. Conclure.

48 Fonctionnement de l'œil TICE

Le schéma suivant explique le fonctionnement de l'œil.

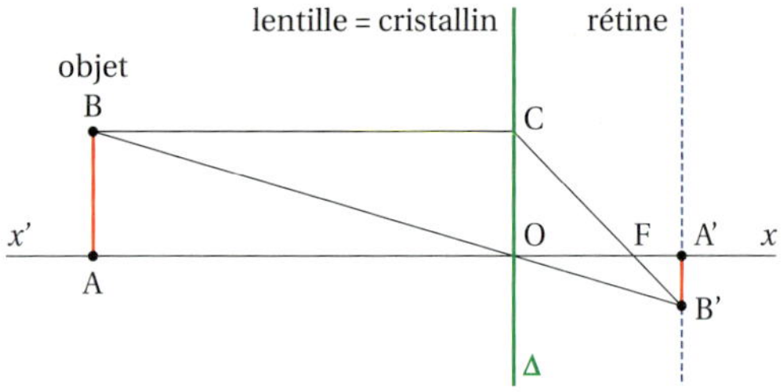

AB représente un objet. Cet objet est vu par une personne car son image se projette au fond de l'œil sur la rétine. Le segment vert représente le cristallin.

Pour construire géométriquement l'image de AB, on considère deux rayons lumineux particuliers qui partent du point B : celui qui passe par le centre de la lentille, qui n'est pas dévié, et celui qui est parallèle à l'axe, qui passe ensuite par un point donné F (foyer de la lentille).

Les 3 parties du problème sont indépendantes.

Partie A

1. Reproduire la figure précédente en suivant le plan de construction imposé par le fonctionnement de l'œil :

- tracer une droite xx' (appelée axe focal) ;
- placer trois points sur cet axe : A, O et F ;
- tracer une droite Δ perpendiculaire à xx' passant par O (elle représente le cristallin) ;
- tracer un segment AB perpendiculaire à xx' (il représente l'objet vu par la personne) ;
- tracer la parallèle à xx' passant par B qui coupe Δ en C et la droite (CF) qui coupe (BO) en B' ;
- tracer la perpendiculaire à xx' passant par B' qui coupe xx' en A'.

2. a. En considérant les triangles COB et A'B'O, montrer que $\frac{OA'}{BC}=\frac{A'B'}{CO}$.

b. En considérant les triangles OFC et A'FB', montrer que $\frac{A'B'}{CO}=\frac{FA'}{OF}$.

c. En déduire que $\frac{OA'}{OA}=\frac{FA'}{OF}$.

d. On admet que dans cette construction FA' = OA' – OF.
Montrer que $\frac{1}{OA}=\frac{1}{OF}-\frac{1}{OA'}$.

e. Pour la suite, notons OA = x et posons OF = 8.
Montrer que $OA'=\frac{8x}{x-8}$.

Partie B

En notant OA = x et en imposant OF = 8, on a $OA'=\frac{8x}{x-8}$.

Soit f la fonction telle que $f(x)=\frac{8x}{x-8}$.

1. Quel est son ensemble de définition, sachant que le point A se trouve sur la demi-droite [Ox') ?

2. Montrer que pour tout x appartenant à $[0\,;8[\cup]8\,;+\infty[$, $f(x)=8+\frac{64}{x-8}$.

3. Tracer la courbe représentative de f dans un repère.

4. Dresser le tableau de variations de f.

5. Pour quelles valeurs de x pourra-t-on être certain que $f(x)$ est compris entre 8,5 et 10 ?
Pour répondre à cette question, on pourra utiliser la calculatrice ou un logiciel de calcul formel.

Partie C

1. À l'aide d'un logiciel de géométrie dynamique, refaire la construction initiale.

2. Les droites (CF) et (BO) sont-elles toujours sécantes ?

3. Conjecturer l'endroit où se trouvera le point B' en fonction de la position du point A sur [Ox').

49 Triangulation hyperbolique TICE

Dans un repère (O, I, J), on donne les points A(0 ; – 1) et B(2 ; 1). On recherche l'ensemble $\mathscr{E}$ des points M du plan tels que la différence entre les longueurs AM et BM soit exactement égale à 2 ou à –2.

1. Placer les points A et B dans un repère (O, I, J).

2. Montrer que si les coordonnées de M sont $(x\,;y)$, on a :

$$MA=\sqrt{x^2+(y+1)^2}\quad\text{et}\quad MB=\sqrt{(x-2)^2+(y-1)^2}.$$

3. Montrer que les points N_1 et N_2 de coordonnées respectives (2 ; 0,5) et (0 ; –0,5) appartiennent à $\mathscr{E}$.

4. Soit f la fonction définie sur $\mathbb{R}\setminus\{1\}$ par $f(x)=\frac{1}{2x-2}$.

a. Établir le tableau de variations de f.

b. Tracer sa courbe représentative C.

c. Montrer que les point N_1 et N_2 se trouvent sur C dans le repère (O, I, J).

d. À l'aide d'un logiciel de géométrie dynamique permettant de placer un point sur une courbe, vérifier que pour tout point M de la courbe, MA – MB vaut 2 ou –2.

e. À l'aide d'un logiciel de calcul formel, démontrer que tous les points de C se trouvent sur $\mathscr{E}$.

5. Réciproquement, montrons que tout point de $\mathscr{E}$ se trouve sur C.

a. Démontrer qu'un point M(x ; y) appartient à $\mathscr{E}$ si et seulement si ses coordonnées vérifient :

$$\sqrt{x^2+(y+1)^2}=\sqrt{(x-2)^2+(y-1)^2}-2 \qquad (1)$$

ou

$$\sqrt{x^2+(y+1)^2}=\sqrt{(x-2)^2+(y-1)^2}+2 \qquad (2)$$

b. Montrer que l'égalité (1) implique l'égalité :

$$x^2+(y+1)^2=\left(\sqrt{(x-2)^2+(y-1)^2}-2\right)^2 \qquad (3)$$

Développer les deux membres de l'égalité (3), isoler la racine carrée, mettre au carré les deux membres, simplifier et conclure.

Équations et inéquations

5

Tablette économique (Mésopotamie, IIIe siècle av. J.-C.).

L'algèbre est née avec les besoins de la vie courante : arpentages des terres, échanges commerciaux, calculs de salaire, partages d'héritage…
Dans son *Livre complet en algèbre,* Abu Kamil (~ 850 - ~ 930), mathématicien égyptien, propose le problème suivant :
« Un ouvrier gagne 6 dirhams par jour travaillé et doit rendre 4 dirhams pour chaque jour où il ne travaille pas. À la fin du mois, son salaire et sa dette s'équilibrent. Combien de jours a-t-il travaillés ? »
Ce problème revient aujourd'hui à résoudre l'équation $6x = 4(30 - x)$, où x est le nombre de jours travaillés.

Sauriez-vous trouver la solution à ce problème ?

Le chapitre en bref

Réinvestir

- Calculs numériques usuels
- Développements et factorisations
- Équations et inéquations du 1er degré

Découvrir

- Utilisation de différentes écritures d'une expression
- Résolution d'une équation en se ramenant au 1er degré
- Étude du signe d'une expression pour résoudre une inéquation
- Utilisation du calcul algébrique pour résoudre des problèmes

UN PEU D'HISTOIRE P. 139

Activités

1 Notion d'équation et d'inéquation

Réinvestir : • Vérifier qu'un nombre est solution d'une équation.
• Vérifier qu'un nombre est solution d'une inéquation.

1 Reproduire et compléter le tableau en calculant les expressions pour les différentes valeurs de x proposées.

x	-1	1	7
$5x-7$			
$-5x-17$			
x^2-3x			
$\frac{-x+1}{3}$			

2 À partir des résultats du tableau précédent, dire si -1 ; 1 et 7 sont des solutions des équations et inéquations suivantes :

a. $5x-7=-5x-17$

b. $x^2-3x=5x-7$

c. $x^2-3x \leqslant \frac{-x+1}{3}$

d. $-5x-17 \leqslant \frac{-x+1}{3}$

2 Traduire une situation par une équation

Réinvestir : Modéliser une situation et choisir l'inconnue de façon pertinente.

Pour chacune des phrases suivantes, désigner une inconnue puis traduire la situation par une équation.

a. « Un poulet à 6,50 € et quatre dindes coûtent au total 54,50 €. »

b. « Le double d'un nombre est égal au carré de ce nombre. »

c. « La somme de deux entiers consécutifs est égale à 67. »

d. « Le périmètre d'un carré est égal à son aire. »

e. « Si on augmente une dimension d'un rectangle de 5 alors son aire augmente de 20. »

f. « Mon père a 20 ans de plus que moi. La somme de nos âges est égale à 52 ans. »

g. « La fortune du défunt roi Baobab III, qui s'élève à 1 500 pièces d'or, sera partagée entre ses deux frères : l'aîné recevra les deux tiers de ce que recevra le cadet. »

h. « Les six derniers mois, mon argent de poche mensuel a doublé d'un mois à l'autre. Je reçois aujourd'hui 32 € par mois ! »

3 Signe de $ax + b$ par lecture graphique

Découvrir : Établir le tableau de signes d'une fonction affine.

Partie A

1 Considérons la fonction affine $f : x \mapsto 2x - 5$.
Dans un repère (O, I, J), tracer la représentation graphique d de la fonction f.
Quelle est la nature de d ?

2 Quelles sont les coordonnées $(x_A\ ;\ y_A)$ du point d'intersection A de d avec l'axe des abscisses ?

3 **a.** Soit M un point quelconque de d dont l'abscisse est strictement supérieure à celle de A. Que peut-on dire de l'ordonnée de M ?

b. Soit N un point quelconque de d dont l'abscisse est strictement inférieure à celle de A. Que peut-on dire de l'ordonnée de N ?

c. À l'aide des résultats précédents, reproduire et compléter le tableau suivant avec les signes + et − :

x	$-\infty$		x_A		$+\infty$
Signe de $2x - 5$		…	0	…	

d. Recopier et compléter les phrases suivantes.
« L'expression $2x - 5$ est … pour tout x inférieur à … . »
« L'expression $2x - 5$ est … pour tout x supérieur à … . »

Partie B

Reprendre les étapes de la **partie A** pour établir le tableau de signes de la fonction g définie sur $\mathbb{R}$ par $g(x) = -3x + 4$.

4 Résoudre une inéquation

Découvrir : Résoudre une inéquation en se ramenant à l'étude du signe d'expressions de la forme $ax + b$.

1 Établir le tableau de signes de l'expression $2x - 4$.

2 Établir le tableau de signes de l'expression $-7x - 21$.

3 Reproduire et compléter le tableau de signes suivant à l'aide des résultats des questions **1** et **2** :

x	$-\infty$		…		…		$+\infty$
$2x - 4$		…		…	0	…	
$-7x - 21$		…	0	…		…	

4 **a.** En appliquant la règle des signes, donner l'ensemble des valeurs de x pour lesquelles l'expression $(2x - 4)(-7x - 21)$ est positive.

b. En déduire les solutions de l'inéquation $(2x - 4)(-7x - 21) \geqslant 0$.

A. Résolution d'équations

1 Équation-produit

DÉFINITION

Toute équation du type $P(x) \times Q(x) = 0$, où $P(x)$ et $Q(x)$ sont des expressions algébriques, est appelée équation-produit.

Nous rencontrerons plus particulièrement des équations-produits de la forme :

$$(ax + b)(cx + d) = 0.$$

PROPRIÉTÉ

Dire qu'un produit de facteurs est nul, équivaut à dire que l'un au moins des facteurs est nul.

Le cas particulier de l'équation-produit $(ax + b)(cx + d) = 0$ équivaut à $ax + b = 0$ ou $cx + d = 0$.

▸ Savoir-faire 1 Résoudre une équation en se ramenant à une équation-produit, p. 131

EXEMPLE *Résoudre dans* $\mathbb{R}$ *l'équation* $(4x + 6)(3 - 7x) = 0$.

$(4x + 6)(3 - 7x) = 0$ équivaut à $4x + 6 = 0$ ou $3 - 7x = 0$

soit $4x = -6$ ou $3 = 7x$

d'où $x = \dfrac{-6}{4} = -\dfrac{3}{2}$ ou $x = \dfrac{3}{7}$

Les solutions de l'équation sont $-\dfrac{3}{2}$ et $\dfrac{3}{7}$.

2 Équation de la forme $x^2 = a$

Les solutions de l'équation $x^2 = a$ dépendent du signe de a.

- **Si $a < 0$**, alors l'équation n'a pas de solution car un carré est positif.
- **Si $a = 0$**, alors l'équation possède une unique solution qui est 0.
- **Si $a > 0$**, alors résoudre l'équation $x^2 = a$ équivaut à résoudre l'équation $x^2 - a = 0$,

c'est-à-dire $\left(x-\sqrt{a}\right)\left(x+\sqrt{a}\right)=0$

d'où $x-\sqrt{a}=0$ ou $x+\sqrt{a}=0$

soit $x=\sqrt{a}$ ou $x=-\sqrt{a}$

EXEMPLES

- *Résoudre* dans $\mathbb{R}$ *l'équation* $x^2 = 5$.

5 est positif donc l'équation $x^2 = 5$ admet deux solutions : $\sqrt{5}$ et $-\sqrt{5}$.

- *Résoudre* dans $\mathbb{R}$ *l'équation* $x^2 = -2$.

-2 est négatif donc l'équation $x^2 = -2$ n'a pas de solution dans $\mathbb{R}$.

3 Équation-quotient

DÉFINITION

Toute équation du type $\dfrac{P(x)}{Q(x)}=0$, où $P(x)$ et $Q(x)$ sont des expressions algébriques (avec $Q(x) \neq 0$), est appelée équation-quotient.

PROPRIÉTÉ

Pour tout x n'annulant pas l'expression $Q(x)$, l'équation $\dfrac{P(x)}{Q(x)}=0$ équivaut à $P(x)=0$.

▶ Savoir-faire 2
Résoudre une équation en se ramenant à une équation-quotient, p. 131

EXEMPLE

L'équation $\dfrac{x-5}{x^2}=0$, définie pour $x \neq 0$, a pour solution $x=5$.

B. Résolution d'inéquations

1 Déterminer le signe de *ax* + *b*

REMARQUE
Voir chapitre 3, *Fonctions de référence*, p. 78.

Soit a et b deux nombres fixés, a étant différent de 0, et x un nombre réel.
Étudions le signe de $ax+b$ en fonction des valeurs de x.
Considérons la fonction affine $f : x \mapsto ax+b$.
Sa représentation graphique C_f dans un repère (O, I, J) est une droite qui coupe l'axe des abscisses au point d'abscisse x vérifiant $f(x)=0$, soit $x=-\dfrac{b}{a}$.

- **Si $a > 0$:**

La fonction f est croissante sur $\mathbb{R}$:

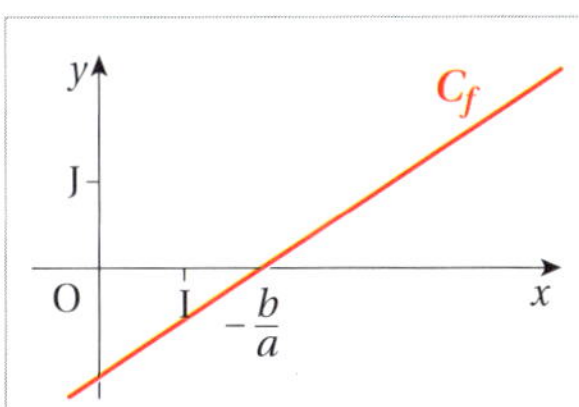

Le signe de $ax+b$ peut être résumé par le tableau suivant :

x	$-\infty$		$-\dfrac{b}{a}$		$+\infty$
Signe de $ax+b$		$-$	0	$+$	

- **Si $a < 0$:**

La fonction f est décroissante sur $\mathbb{R}$:

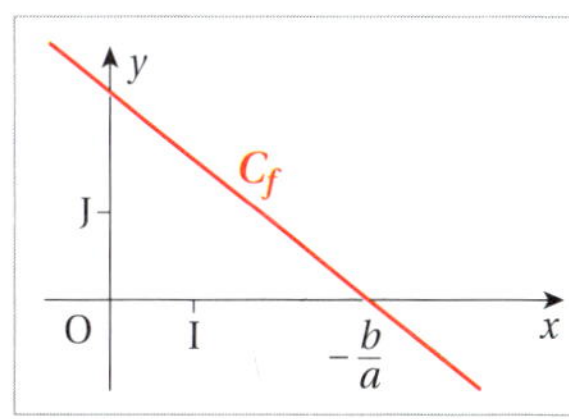

Le signe de $ax+b$ peut être résumé par le tableau suivant :

x	$-\infty$		$-\dfrac{b}{a}$		$+\infty$
Signe de $ax+b$		$+$	0	$-$	

EXEMPLE *Déterminer le signe de l'expression $-4x+8$, où x est un nombre réel.*

$-4x+8=0$ équivaut à $-4x=-8$, soit $x=\dfrac{-8}{-4}$, d'où $x=2$.
Or $-4<0$, donc :

x	$-\infty$		2		$+\infty$
Signe de $-4x+8$		$+$	0	$-$	

Ainsi : $-4x+8 \geqslant 0$ pour tout $x \in]-\infty\,;2]$; $-4x+8 \leqslant 0$ pour tout $x \in [2\,;+\infty[$.

2 Déterminer le signe d'un produit

Pour étudier le signe d'un produit, on étudie le signe de chaque terme de ce produit, puis on applique la règle des signes.

EXEMPLE

On souhaite étudier le signe de $A(x) = (2x-8)(15+3x)$ en fonction des valeurs de x.

Le signe de $A(x)$ dépend du signe de chaque facteur : $2x-8$ et $15+3x$.

$2x-8=0$ équivaut à $2x=8$, soit $x=\frac{8}{2}$, d'où $x=4$.

$15+3x=0$ équivaut à $3x=-15$, soit $x=\frac{-15}{3}$, d'où $x=-5$.

Résumons dans un même tableau de signes les résultats pour les deux facteurs.

En appliquant la règle des signes, on en déduit le signe du produit $A(x)$:

x	$-\infty$		-5		4		$+\infty$
$2x-8$		$-$			$-$	0	$+$	
$15+3x$		$-$	0	$+$			$+$	
$A(x)$		$+$	0	$-$	0	$+$	

Ainsi : $A(x) > 0$, pour $x \in]-\infty\,;-5[\cup]4\,;+\infty[$;

$A(x) < 0$, pour $x \in]-5\,;4[$;

$A(x) = 0$, pour $x=-5$ ou $x=4$.

▶ Savoir-faire 3
Résoudre une inéquation en étudiant le signe d'un produit, p. 132

3 Déterminer le signe d'un quotient

Pour étudier le signe d'un quotient, on étudie le signe du numérateur et du dénominateur, puis on applique la règle des signes.

EXEMPLE

On souhaite étudier le signe de $B(x)=\frac{x-4}{-x+6}$ en fonction des valeurs de x.

Le signe de $B(x)$ dépend du signe des expressions $x-4$ et $-x+6$.

$x-4=0$ équivaut à $x=4$.

$-x+6=0$ équivaut à $-x=-6$, soit $x=6$.

Résumons dans un même tableau de signes les résultats pour les deux expressions.

$B(x)$ n'est pas défini pour $-x+6=0$, c'est-à-dire pour $x=6$; pour le signifier, on marquera une double barre verticale dans le tableau de signes.

En appliquant la règle des signes, on en déduit le signe de $B(x)$:

x	$-\infty$		4		6		$+\infty$
$x-4$		$-$	0	$+$			$+$	
$-x+6$		$+$			$+$	0	$-$	
$B(x)$		$-$	0	$+$	||	$-$	

Ainsi : $B(x) > 0$, pour $x \in]4\,;6[$;

$B(x) < 0$, pour $x \in]-\infty\,;4[\cup]6\,;+\infty[$;

$B(x) = 0$, pour $x=4$.

▶ Savoir-faire 4
Résoudre une inéquation en étudiant le signe d'un quotient, p. 132

Savoir-faire

Savoir-faire 1 Résoudre une équation en se ramenant à une équation-produit

ÉNONCÉ Résoudre dans $\mathbb{R}$ l'équation $(5x+10)(1-6x)-(3x+7)(5x+10)=0$.

SOLUTION

- $(5x+10)(1-6x)-(3x+7)(5x+10)=0$

équivaut à $(5x+10)[(1-6x)-(3x+7)]=0$

$(5x+10)(1-6x-3x-7)=0$

$(5x+10)(-9x-6)=0$

- Soit : $5x+10=0$ ou $-9x-6=0$

$5x=-10$ ou $-9x=6$

$x=\frac{-10}{5}=-2$ ou $x=\frac{6}{-9}=-\frac{2}{3}$

Les solutions de l'équation sont -2 et $-\frac{2}{3}$.

MÉTHODE

- On factorise l'expression pour se ramener à une équation-produit.
Ici, le facteur commun est $(5x+10)$.

- Pour chacun des facteurs de l'expression, on cherche la valeur de x pour laquelle il s'annule.

Savoir-faire 2 Résoudre une équation en se ramenant à une équation-quotient

ÉNONCÉ Résoudre dans $\mathbb{R}$ l'équation $\frac{2x-1}{x}=2-\frac{3}{2x-1}$.

SOLUTION

- L'équation n'est pas définie pour $x=0$ et $2x-1=0$,

soit $x=0$ et $x=\frac{1}{2}$.

- Pour $x\neq 0$ et $x\neq\frac{1}{2}$,

$\frac{2x-1}{x}=2-\frac{3}{2x-1}$ équivaut à : $\frac{2x-1}{x}-2+\frac{3}{2x-1}=0$

$$\frac{(2x-1)^2}{x(2x-1)}-\frac{2x(2x-1)}{x(2x-1)}+\frac{3x}{x(2x-1)}=0$$

$$\frac{(2x-1)^2-2x(2x-1)+3x}{x(2x-1)}=0$$

$$\frac{4x^2-4x+1-4x^2+2x+3x}{x(2x-1)}=0$$

$$\frac{x+1}{x(2x-1)}=0$$

- Ce qui équivaut à $x+1=0$ avec $x(2x-1)\neq 0$,

d'où $x=-1$.

La solution de l'équation est -1.

MÉTHODE

- On précise les valeurs de x pour lesquelles l'équation n'est pas définie.

- On réduit au même dénominateur pour se ramener à une équation-quotient.
On développe le numérateur, puis on le réduit.

- On cherche la valeur de x pour laquelle le numérateur s'annule, le dénominateur ne pouvant être nul.

Savoir-faire 3 Résoudre une inéquation en étudiant le signe d'un produit

ÉNONCÉ Résoudre dans $\mathbb{R}$ l'inéquation $x(4-2x) \leqslant (3x-1)(2-x)$.

SOLUTION

- $x(4-2x) \leqslant (3x-1)(2-x)$

équivaut à : $x(4-2x)-(3x-1)(2-x) \leqslant 0$

$2x(2-x)-(3x-1)(2-x) \leqslant 0$

$(2-x)[2x-(3x-1)] \leqslant 0$

$(2-x)(-x+1) \leqslant 0$

- Le signe de $(2-x)(-x+1)$ dépend du signe de chacun des facteurs : $2-x$ et $-x+1$.

$2-x=0$ équivaut à $x=2$ et $-x+1=0$ équivaut à $x=1$.

Résumons les résultats dans un tableau de signes :

x	$-\infty$		1		2		$+\infty$
$2-x$		+	|	+	0	−	
$-x+1$		+	0	−	|	−	
$(2-x)(-x+1)$		+	0	−	0	+	

- On en déduit que $(2-x)(-x+1) \leqslant 0$ pour $x \in [1\,;2]$.

L'ensemble des solutions de l'inéquation $x(4-2x) \leqslant (3x-1)(2-x)$ est l'intervalle $[1\,;2]$.

MÉTHODE

- On factorise l'expression pour se ramener à une inéquation sous la forme d'un produit.
Ici, le facteur commun est $(2-x)$.
- On étudie le signe de chacun des facteurs.
- On applique la règle des signes.

Savoir-faire 4 Résoudre une inéquation en étudiant le signe d'un quotient

ÉNONCÉ Résoudre dans $\mathbb{R}$ l'inéquation $2-\dfrac{8}{x-2} \geqslant 0$.

SOLUTION

- L'inéquation n'est pas définie pour $x-2=0$, soit $x=2$.
- Pour $x \neq 2$, $2-\dfrac{8}{x-2} \geqslant 0$ équivaut à : $\dfrac{2(x-2)}{x-2}-\dfrac{8}{x-2} \geqslant 0$

soit $\dfrac{2x-4-8}{x-2} \geqslant 0$, d'où $\dfrac{2x-12}{x-2} \geqslant 0$.

On dresse le tableau de signes :

x	$-\infty$		2		6		$+\infty$
$2x-12$		−	|	−	0	+	
$x-2$		−	0	+	|	+	
$\dfrac{2x-12}{x-2}$		+	||	−	0	+	

- On en déduit que $\dfrac{2x-12}{x-2} \geqslant 0$ pour $x \in \,]-\infty\,;2[\,\cup\,[6\,;+\infty[$.

L'ensemble des solutions de l'inéquation est $]-\infty\,;2[\,\cup\,[6\,;+\infty[$.

MÉTHODE

- On précise les valeurs de x pour lesquelles l'inéquation n'est pas définie.
- On réduit au même dénominateur dans le but de se ramener à une inéquation sous la forme d'un quotient.
On développe le numérateur puis on le réduit.
- On étudie le signe du numérateur et du dénominateur.

Travaux pratiques

TICE 1 Recherche triangles rectangles !

Objectif : Avec un logiciel de géométrie dynamique, rechercher la(les) position(s) d'un point définissant un triangle rectangle à l'intérieur d'un rectangle.

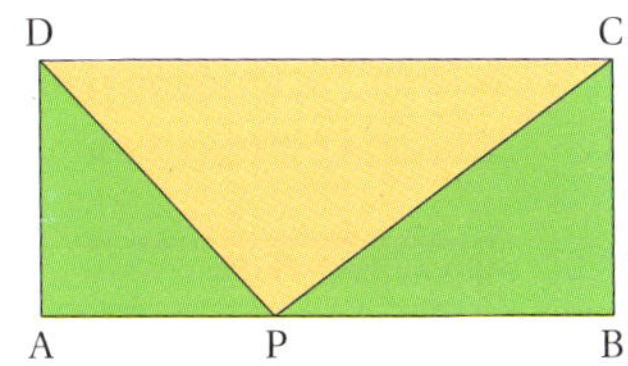

1 Construction

On considère un rectangle ABCD tel que AB = 15 et BC = 6.

Soit P un point quelconque du segment [AB].

Réaliser la figure à l'aide d'un logiciel de géométrie dynamique.

2 Conjecture

Déterminer la(les) position(s) du point P pour lesquelles le triangle CDP est rectangle en P. Pour établir la conjecture, on pourra manipuler à la souris le point P.

COUP DE POUCE

Déterminer la(les) position(s) du point P revient à déterminer la longueur AP.
Les solutions du problème sont les points d'intersection du cercle de diamètre [DC] avec le segment [AB].

3 Démonstration

On se propose de démontrer la conjecture établie à la question 2.

a. Si on pose $AP = x$, exprimer les longueurs DP^2 et CP^2 en fonction de x.

b. Démontrer que le problème peut se ramener à résoudre l'équation $x^2 - 15x + 36 = 0$.

c. Prouver que $(x-3)(x-12) = x^2 - 15x + 36$ et conclure.

TICE 2 Décomposition d'une fonction

Objectifs :
- Décomposer une expression complexe.
- Utiliser un tableur pour construire un tableau de valeurs et résoudre une équation.

1 Soit f la fonction définie par $f(x) = (4x+2)^2 - 1$ avec $x \in \mathbb{R}$.

a. Prolonger le programme de calcul ci-dessous en faisant apparaître les différentes étapes du calcul conduisant de x à $f(x)$. Chaque étape ne fera appliquer qu'une seule opération à la fois parmi somme, différence, produit et carré.

$x \to 4 \times x \to \ldots\ldots$

	A	B	C	D	E
1	x	4x	4x+2	$(4x+2)^2$	$(4x+2)^2$-1
2	-20				
3	-19				
4	-18				
5	-17				
6	-16				
⋮					⋮
38	16				
39	17				
40	18				
41	19				

b. Calculer les images par f des nombres entiers compris entre −20 et 19 en utilisant les colonnes successives (A à E) d'une feuille de calcul.
Que constate-t-on ?

2 Soit g la fonction définie par $g(x) = \dfrac{1}{9 - x^2}$ avec x réel différent de −3 et 3.

a. Écrire un programme de calcul correspondant à la fonction g.

b. Comme à la question 1, utiliser un tableur pour calculer les images par g des nombres entiers compris entre −10 et 10. Que constate-t-on ?

c. À l'aide du tableur, trouver deux solutions de l'équation $g(x) = -\dfrac{1}{7}$.

TP TICE 3 Résoudre une équation avec un logiciel

Objectif : Utiliser un logiciel pour trouver des valeurs approchées des solutions d'une équation.

1 On souhaite déterminer une valeur approchée des solutions d'une équation dont la résolution par les méthodes classiques n'est pas possible en classe de seconde. Pour cela, on se propose d'utiliser le logiciel Xcas.

Soit l'équation (E) : $x(2x^2 - 1) = 3(2x + 1)$.

a. Démontrer que l'équation (E) peut s'écrire : $2x^3 - 7x - 3 = 0$.

b. Soit f la fonction définie sur $\mathbb{R}$ par $f(x) = 2x^3 - 7x - 3$.

Tracer la représentation graphique de la fonction f à l'aide du logiciel Xcas.

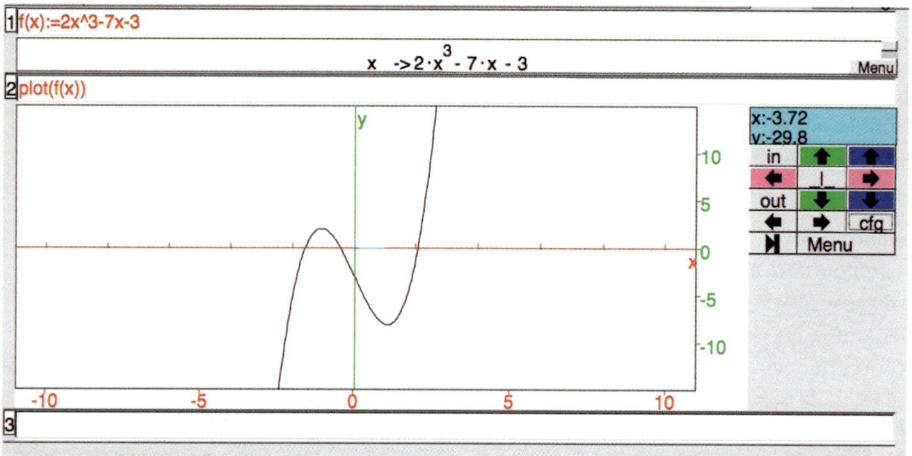

c. À l'aide de la commande *Résoudre*, trouver trois solutions approchées à 10^{-2} près de l'équation (E).

2 Pour chacune des équations suivantes :

- reprendre la méthode détaillée à la question **1** pour déterminer le nombre de solutions ;
- déterminer, pour chacune de ces solutions, une valeur approchée à 10^{-3} près par défaut.

a. $5x - x^3 = 4$

b. $x(x - 1) = 4x - 3$

3 Discuter, suivant les valeurs du réel a, le nombre de solutions de l'équation :

$$x^2 - 8x + 7 = -2x + a$$

COUP DE POUCE

Écrire l'équation sous la forme $E(x) = a$ puis résoudre graphiquement le problème.

4 **Pour aller plus loin**

Discuter, suivant les valeurs du réel b, le nombre de solutions de l'équation :

$$x^2 - 2x - 1 = bx - 5$$

VOIR FICHES ALGORITHMIQUE P. 11

Algorithmique 1 Vérifier les solutions d'une équation

Objectif : Comprendre les différents éléments (entrées-traitement-sorties) nécessaires au fonctionnement d'un algorithme.

On veut pouvoir vérifier automatiquement si des valeurs données sont solutions d'une équation quelconque de la forme $A(x) = B(x)$, où $A(x)$ et $B(x)$ sont des expressions algébriques.

1 Effectuer cette vérification avec $A(x) = 2x^2 - x - 13$ et $B(x) = x - \frac{3}{x}$ pour :

a. $a = 2$ **b.** $a = 3$

2 On veut créer un algorithme permettant de tester si une valeur est solution d'une équation quelconque de la forme $A(x) = B(x)$.

a. Quelles sont les trois entrées nécessaires ?

b. Quels sont les traitements possibles parmi :
- effectuer des calculs numériques ;
- effectuer une boucle pour réitérer une action ;
- effectuer un test ;
- donner une instruction conditionnelle.

c. Quelles sont les sorties possibles ?

3 Écrire cet algorithme en langage naturel.

Algorithmique 2 Résoudre un problème à répétition

Objectifs :
- Appliquer une boucle itérative pas à pas.
- Construire une boucle avec un test d'arrêt.

Au début du XVIIIe siècle, un marchand veut remonter de Sète jusqu'à Toulouse pour vendre sa farine. Pour cela, il emprunte le canal du Midi qui relie la mer Méditerranée et la Garonne. Ce canal est parsemé de 63 écluses. À chacune d'elles, le marchand doit laisser 1 % de son chargement en péage royal, puis échanger 5 sacs de farine contre de la nourriture.

L'objectif est de déterminer la quantité de farine qu'il lui reste à vendre à son arrivée à Toulouse.

L'algorithme ci-contre, écrit en Python, calcule le nombre de sacs restants à Toulouse en fonction du nombre a de sacs que le marchand avait au départ de Sète. On a ensuite effectué quelques tests pour différentes valeurs de a.

```
>>> def nbsacs(a):
        i=63
        while i>0:
                a=a*0.99-5
                i=i-1
        return a

>>> nbsacs(7000)
3481.7915721633512
>>> nbsacs(10000)
5074.5082010286887
>>> nbsacs(5000)
2419.9804862531241
>>> |
```

1 Expliquer la ligne « $a=a$*0.99–5 ».

2 Que représente i ?

3 Pour a = 10 000, compléter le tableau suivant des premières étapes de l'algorithme.

	Départ	1re écluse	2e écluse	3e écluse	4e écluse	5e écluse
a	10 000	9 895				
i	63	62				

4 Estimer le nombre d'opérations (soustractions, multiplications) réalisées lorsque s'exécute la fonction nbsacs.

5 **Pour aller plus loin**

Pour être rentable, le marchand souhaite arriver avec au moins la moitié de son chargement de départ. On cherche la valeur minimale de a qu'il faut choisir pour cela.

a. Donner un encadrement de cette valeur minimale à l'aide de la fenêtre de programme précédente.

b. En admettant que ce minimum soit supérieur à 7 000, écrire le programme déterminant cette valeur minimale de a en s'inspirant de l'algorithme suivant :

```
Initialiser a à 7 000, b à 0.
Tant que le nombre b de sacs à l'arrivée est
inférieur à la moitié de celui au départ,
      augmenter a de 1.
Afficher a.
```

COUP DE POUCE

- On pourra insérer la fonction nbsacs dans l'algorithme.
- $\frac{a}{2}$ étant arrondi par défaut à l'entier qui lui est inférieur, le test $b < \frac{a}{2}$ peut être faussé ; il est donc préférable de tester l'inégalité $2b < a$ plutôt que l'inégalité $b < \frac{a}{2}$.
- La commande *return* permet d'affecter le résultat du calcul d'une fonction. Ici, on peut définir b par l'instruction : b = nbsacs(a).

TP Algorithmique 3 Vitesse de convergence de l'algorithme de Héron

Objectifs :
- Utiliser une boucle itérative.
- Évaluer le nombre d'itérations.

L'algorithme de Héron permet de déterminer des valeurs approchées de racines carrées d'entiers. Son procédé a été détaillé dans le TICE 2 p. 29 (chapitre 1).

Il s'agit ici d'évaluer sa rapidité de convergence, c'est-à-dire d'estimer le nombre de termes qu'il est nécessaire de calculer pour obtenir la précision souhaitée.

1 Voici l'algorithme permettant de calculer $\sqrt{n}$ avec la précision p :

```
Entrée :          Les réels n et p.
Initialisation :  u = n, i = 0
Traitement :      Tant que (u − √n) > p
                      affecter à u la valeur 1/2 (u + n/u) ;
                      affecter à i la valeur i + 1.
Sortie :          Afficher u et i.
```

a. On exécute cet algorithme avec $n = 3$ et $p = 0{,}01$.

Compléter par des valeurs approchées le tableau suivant.

u	3	2			
i	0				
Valeur approchée de $u-\sqrt{3}$	1,268				

b. À quel moment le processus s'arrête-t-il ?

c. Que représente i dans cet algorithme ?

d. Programmer cet algorithme dans le langage de votre choix.

2 Pour une précision donnée, l'algorithme converge moins rapidement vers $\sqrt{n}$ lorsque n augmente.

a. En choisissant $p = 0{,}01$, trouver, en testant différentes valeurs, la plus petite valeur de n telle que $i = 7$.

b. Concevoir un algorithme permettant de retrouver ce résultat.

Algorithmique 4 Étudier le signe d'un produit

Objectifs :
- Utiliser une instruction conditionnelle.
- Étudier le domaine de validité d'un algorithme.

On souhaite concevoir un algorithme déterminant le signe des produits du type :

$$(ax + b)(cx + d), \text{ avec } a, b, c \text{ et } d \text{ réels, } a \neq 0 \text{ et } c \neq 0.$$

1 Déterminer l'expression de m, valeur qui annule $ax + b$, puis celle de n, valeur qui annule $cx + d$.

2 Lors de l'étude du signe d'un produit de deux termes, seules deux conclusions sont envisageables :

- le signe de l'expression $(ax + b)(cx + d)$ lorsque x décrit $\mathbb{R}$, est successivement négatif, puis positif, puis négatif ;
- le signe de l'expression $(ax + b)(cx + d)$ lorsque x décrit $\mathbb{R}$, est successivement positif, puis négatif, puis positif.

Ce que l'on peut résumer ainsi :

$(ax+b)(cx+d)$	$-$	$+$	$-$

ou

$(ax+b)(cx+d)$	$+$	$-$	$+$

Les changements de signe ont lieu en m et n.

Montrer que l'on se trouve dans le premier cas **si et seulement si** a et c sont de signes contraires.

COUP DE POUCE R

Il s'agit de montrer que si l'on se trouve dans le premier cas, alors a et c sont de signes contraires et que réciproquement, si a et c sont de signes contraires, alors on se trouve dans le premier cas.

3 Voici un algorithme réalisant l'étude du signe de $(ax + b)(cx + d)$.

```
Entrée :        Les réels a, b, c et d.
Traitement      Calculer m et n.
et Sortie :     Si ac < 0
                     afficher « positif entre » m et n.
                Sinon
                     afficher « négatif entre » m et n.
```

a. Pour quelles valeurs en entrée, le calcul de m et n se révèle-t-il impossible ?

b. Tester l'algorithme pour étudier le signe de $(2x - 12)(-x + 4)$.

c. Expliquer pourquoi la condition $ac < 0$ correspond bien à celle étudiée à la question **2**.

d. Que se passe-t-il lors de l'étude du signe de $(2x - 1)(-4x + 2)$? Expliquer.

4 **Pour aller plus loin**

Dans l'exemple du **3b**, l'algorithme renvoie : « positif entre 6 et 4 ».

On souhaiterait modifier l'algorithme pour que les valeurs soient toujours affichées dans l'ordre croissant (« positif entre 4 et 6 »).

Programmer cet algorithme.

TP

Problème ouvert 1 Cercles tangents

Soit ABCD un carré de côté 8 cm. O est le milieu de [AB]. $\mathscr{C}$ est le cercle de centre O passant par A et B. Soit P un point quelconque de [BC]. $\mathscr{C}'$ est le cercle de centre P passant par C.

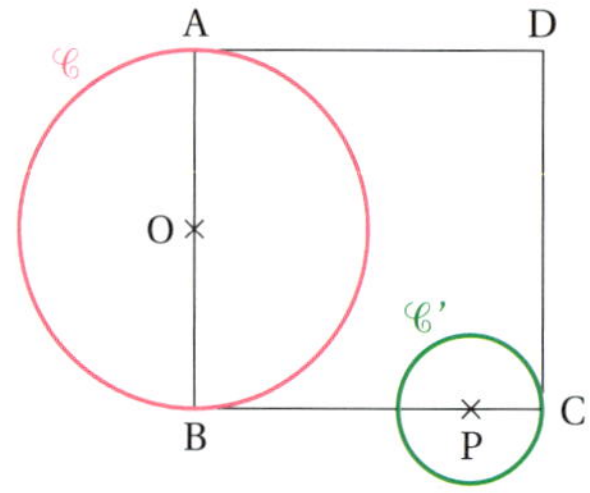

1 À l'aide d'un logiciel de géométrie dynamique, trouver la(les) position(s) de P pour que les cercles $\mathscr{C}$ et $\mathscr{C}'$ soient tangents.

COUP DE POUCE

On pourra trouver une condition sur OP.

2 Démontrer ce résultat.

TP

Problème ouvert 2 Problème de longueur

Soit ABCD un carré de côté 6 cm. M est un point quelconque à l'intérieur du segment [BC]. La droite (AM) coupe la droite (DC) en P.

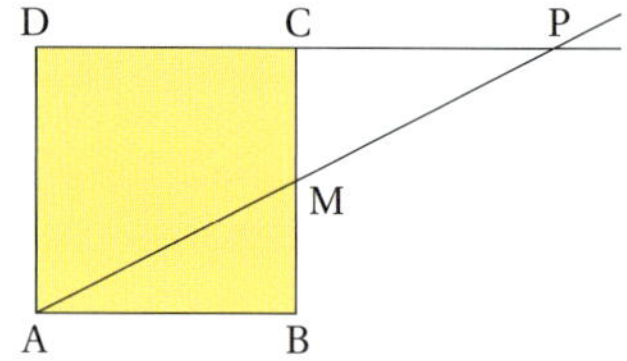

1 À l'aide d'un logiciel de géométrie dynamique, trouver l'ensemble des positions de M pour que $CP < 3$.

2 Démontrer ce résultat.

TP

Problème ouvert 3 La ville carrée

« Une ville carrée de dimension inconnue comprend une porte au milieu de chaque côté. À l'extérieur de la ville, vingt pas après la sortie nord, se trouve un arbre.
Si tu quittes la ville par la porte sud, marche quatorze pas vers le sud puis mille sept cent soixante-quinze pas vers l'ouest et tu commenceras tout juste à apercevoir l'arbre.
On cherche les dimensions de la ville. »

D'après le « Jiuzhang suanshu » ou « Les neuf chapitres sur l'art du calcul », ouvrage chinois, ~ 200 av. J.-C.

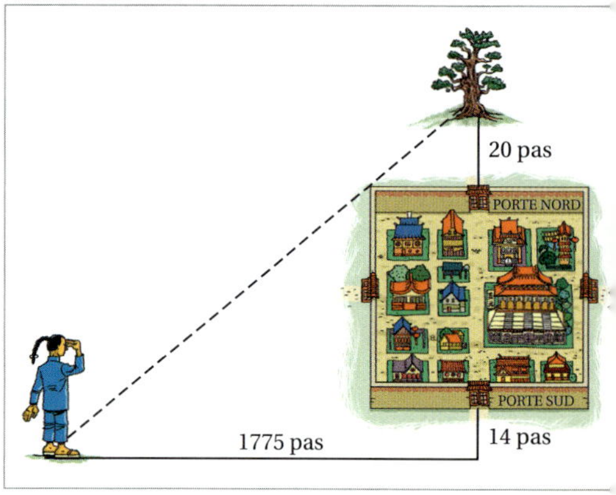

Pour résoudre ce problème, on pourra s'aider d'un outil informatique tel une calculatrice graphique ou un logiciel de calcul formel.

TP

Problème ouvert 4 Les nombres consécutifs

Considérons quatre entiers naturels consécutifs. À la somme des carrés du premier et du dernier, soustraire la somme des carrés des deux autres.

À l'aide d'un outil informatique, effectuer le programme de calcul avec différentes valeurs prises par les quatre entiers naturels.
Établir une conjecture, puis démontrer celle-ci.

DIOPHANTE D'ALEXANDRIE
(~ 200 - ~ 284, Grèce)
Il amorce le symbolisme en algèbre.

AL KHWARIZMI
(~ 780 - ~ 850, Perse)
Il pose les bases des méthodes algébriques de résolution des équations.

François VIÈTE
(1540 - 1603, France)
Il commence à mettre en place une théorie sur la résolution des équations indépendante de toute considération géométrique.

Le symbolisme algébrique

L'histoire des notations en mathématiques fut très tumultueuse. De nos jours, nous ne sommes plus étonnés de trouver la lettre x comme inconnue dans une équation telle que $x^2 + 2x - 80 = 0$. Pourtant le chemin fut long pour en arriver là !

Avant le symbolisme

Deux mille ans av. J.-C., Babyloniens et Égyptiens savent résoudre de façon narrative des problèmes concrets en utilisant implicitement des propriétés sur les opérations sans aucune notation symbolique.
Notre équation pourrait ainsi se ramener à un problème d'arpentage (→ 1) comme le suivant : « Quelle est la longueur des côtés d'un champ carré sachant que si on l'agrandit en prolongeant un de ses côtés de 2, la surface de l'ensemble sera égale à 80 ? »

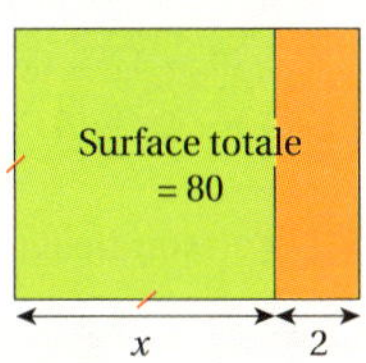

↑ 1.

Les initiateurs de l'algèbre

L'amorce du symbolisme en algèbre voit le jour dans *Les arithmétiques* (→ 2) de DIOPHANTE D'ALEXANDRIE.
La notation qu'il y utilise est dite « syncopée », ce qui signifie que les mots sont remplacés par des abréviations. Diophante n'hésite pas à introduire un « nombre indéterminé », qu'il appelle l'*arithme*, notée ζ, et que l'on peut assimiler aujourd'hui à l'inconnue utilisée en algèbre. Δ^Y est utilisé pour x^2 et K^Y pour x^3.
Diophante aurait écrit notre équation de la manière suivante :

$$\Delta^Y \ \bar{\alpha}\zeta \ \bar{\beta} \ \varepsilon\sigma\tau\iota \ \bar{\pi}.$$

Ce qui se traduit par : « Une inconnue au carré et deux inconnues sont 80. »
Dans la numération grecque alphabétique, 1 s'écrit α, 2 s'écrit β et 80 s'écrit π.

La naissance de l'algèbre

Dans son traité *Kitâb al-jabr wa al-muqâbala*, qui sera traduit en latin au XIIe SIÈCLE avec pour titre *Algebra*, le mathématicien perse AL KHWARIZMI présente sa méthode de résolution des équations.
En 1591, François VIÈTE publie un ouvrage de 18 pages, *In artem analyticam isagoge*, qui représente une avancée considérable pour l'algèbre. Il y officialise les symboles d'opérations +, –, une barre horizontale pour ÷ et *in* pour le symbole de multiplication ×. La notion d'équation y est longuement développée et une théorie sérieuse commence à apparaître.
Pour Viète, notre équation s'écrirait :

A Quadratum + 2 in A aequari 80.

Ce qui se traduit par : « A au carré + 2 × A = 80. »

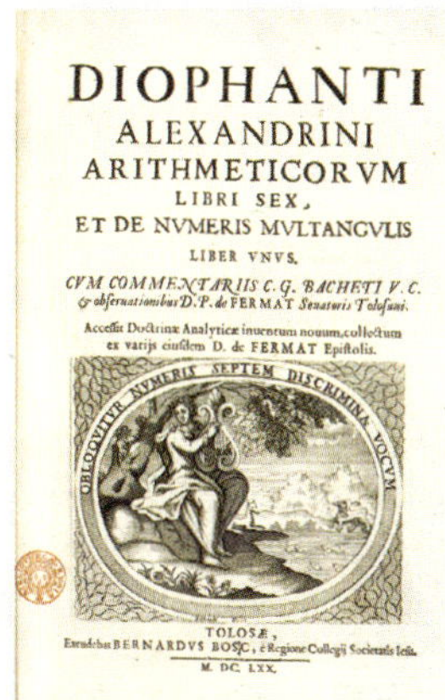
DIOPHANTI
ALEXANDRINI
ARITHMETICORVM
LIBRI SEX,
ET DE NVMERIS MVLTANGVLIS
LIBER VNVS.
CVM COMMENTARIIS C. G. BACHETI V. C.
& obseruationibus D. P. de FERMAT Senatoris Tolosani.
Accessit Doctrinæ Analyticæ inuentum nouum, collectum ex varijs eiusdem D. de FERMAT Epistolis.
TOLOSÆ,
Excudebat BERNARDVS BOSC, è Regione Collegij Societatis Iesu.
M. DC. LXX.

↑ 2. Page de couverture de l'exemplaire des *Arithmétiques* de Diophante annoté par Pierre de Fermat (1601 - 1665).

La mise en place des notations modernes

René DESCARTES (1596 - 1650) met en place les notations modernes que nous connaissons en algèbre, comme par exemple l'exposant pour les puissances. Il conserve cependant la notation xx pour x^2 et n'utilise pas encore notre symbole =, introduit en 1557 par l'anglais Robert RECORDE (1510 - 1558).
Selon Descartes, notre équation s'écrirait :

$$xx + 2x \propto 80.$$

Au fait, sauriez-vous résoudre cette équation ? … ou plutôt, sauriez-vous trouver la longueur des côtés du champ ?

Exercices d'application

Résolution d'équations

1 De quelle(s) équation(s) $x = 7$ est-il solution ? Justifier.

a. $2x - 3 = 15$

b. $5x + 3 = 38$

c. $(x-7)(4x-1) - (7-2x)(x-7) = 0$

d. $x^2 + 49 = 0$

e. $(x-1)^2 - 36 = 0$

f. $\dfrac{1}{x-7} = 0$

2 Parmi les nombres -9 ; -5 ; 1 ; 5 et 40, lesquels sont solutions de l'équation $(x-1)(5+x) = 40$?

3 Parmi les nombres -6 ; -2 ; 2 ; 4 et 7, lesquels sont solutions de l'équation $\dfrac{x^2-4}{(x-7)(6+x)} = 0$?

4 Dans quels cas l'égalité $4y - 10x = 2$ est-elle vérifiée ?

a. $x = 1$ et $y = 2$ **b.** $x = -1$ et $y = -2$

c. $x = 3$ et $y = 8$ **d.** $x = -5$ et $y = 1$

e. $x = 7$ et $y = 18$ **f.** $x = -3$ et $y = -7$

5 Résoudre dans $\mathbb{R}$ les équations suivantes.

a. $4x + 7 = -6x - 4 - 2x$ **b.** $10x - 10 - 6x = 6 - 5x$

c. $\dfrac{9}{7}x = -\dfrac{21}{4}$ **d.** $4x - 8x + 2 = -7 - 6x + 12$

6 Résoudre dans $\mathbb{R}$ les équations suivantes.

a. $3(2-7x) = 4 - (2x+1)$ **b.** $3(2x-1) - (x+7) = 0$

c. $4 + \dfrac{2x+1}{2} = \dfrac{x}{4} - \dfrac{1}{2}$ **d.** $9 - \dfrac{2x+7}{3} = \dfrac{4x}{6} - \dfrac{1}{3}$

7 Résoudre dans $\mathbb{R}$ les équations suivantes.

a. $5x - 2 = 4 - 2x - 7x$ **b.** $4(x-3) - (5x+6) = 0$

c. $(3x-1)(2+3x) = (3x-5)^2$ **d.** $\dfrac{x}{6} + \dfrac{1}{4} = \dfrac{7}{12}x - 1$

e. $-3(5x-2) - (2x+1) = 0$ **f.** $4 - \dfrac{x+6}{5} = \dfrac{3x}{10} - \dfrac{1}{5}$

8 Résoudre dans $\mathbb{R}$ les équations suivantes.

a. $\dfrac{3x+1}{2} + \dfrac{3}{4} = \dfrac{5}{3}x - 1 + 2x$

b. $4x - \dfrac{5x+6}{6} = \dfrac{3x-2}{18} - \dfrac{x}{3}$

c. $\dfrac{5x+3}{3} + 1 = \dfrac{2x}{15} - \dfrac{2}{5}$

9 Résoudre dans $\mathbb{R}$ les équations suivantes.

a. $(8x+10)(10x+9) = 0$ **b.** $(5-3x)(2x-5) = 0$

c. $(3-8x)(8x-8) = 0$ **d.** $(2x+5)(6x-1) = 0$

e. $3(6x-8)(7x+9) = 0$ **f.** $6(2x-4)(4x-7) = 0$

▶ Savoir-faire 1 p. 131

10 Résoudre dans $\mathbb{R}$ les équations suivantes.

a. $(5x-1)(9x+3) = 0$ **b.** $8(3-8x)(4x+9) = 0$

c. $-8(-9x-4)(10x-2) = 0$ **d.** $(4-2x)(9x+4) = 0$

e. $x(-10x-8)(6-10x) = 0$ **f.** $(3-7x)(4x+4)(6x+10) = 0$

11 Résoudre dans $\mathbb{R}$ l'équation $6x^2 - 4x = 0$.

12 Résoudre dans $\mathbb{R}$ les équations suivantes.

a. $4x^2 - 4x + 1 = 0$ **b.** $9x^2 - 25 = 0$

c. $16x^2 - 80x + 100 = 0$ **d.** $100x^2 - 36 = 0$

e. $16x^2 - 48x + 36 = 0$ **f.** $16x^2 + 24x + 9 = 0$

13 Résoudre dans $\mathbb{R}$ les équations suivantes.

a. $x^2 = 36$ **b.** $x^2 = 8$

c. $x^2 = -81$ **d.** $x^2 - 87 = -5$

e. $(x+10)^2 = 9$ **f.** $(x-8)^2 - 18 = -2$

14 Résoudre dans $\mathbb{R}$ les équations suivantes.

a. $x^2 = 59$ **b.** $(x-4)^2 = 64$

c. $25x^2 + 90x + 81 = 0$ **d.** $36x^2 - 64 = 0$

e. $4x^2 - 8x + 4 = 0$ **f.** $(3x+7)^2 = (7x-10)^2$

g. $(7x+1)^2 = (4-8x)^2$ **h.** $x^2 - 2\sqrt{2} = -2$

15 Résoudre dans $\mathbb{R}$ les équations suivantes.

a. $(1+4x)^2 - (5x-2)(1+4x) = 0$

b. $(9x+1)^2 = (x+5)^2$

c. $9 - 4x^2 - (5-x)(3-2x) = 0$

16 Résoudre dans $\mathbb{R}$ les équations suivantes.

a. $\dfrac{2x-1}{4x+1} = 0$ **b.** $\dfrac{12x-6}{8x-3} = 0$

c. $\dfrac{5+5x}{x^2+1} = 0$ **d.** $\dfrac{-3x+9}{7x+6} = 0$

e. $\dfrac{(x-1)(5+x)}{2x+9} = 0$ **f.** $\dfrac{(x-6)(-x-7)}{x^2-1} = 0$

▶ Savoir-faire 2 p. 131

17 Résoudre dans $\mathbb{R}$ les équations suivantes.

a. $\dfrac{x^2-1}{8x+6} = 0$ **b.** $\dfrac{x^2-2x+1}{x-7} = 0$

c. $\dfrac{(x+2)(3x-9)}{x^2-4} = 0$ **d.** $\dfrac{(x-1)(7+x)}{2-2x} = 0$

18 Résoudre dans $\mathbb{R}$ les équations suivantes.

a. $\dfrac{x-1}{x+6} - 3 = 0$ **b.** $\dfrac{4-x}{7x-7} = 1$

c. $\dfrac{5}{2-5x} = \dfrac{4}{1-x}$ **d.** $\dfrac{x}{2-x} + x + 3 = 0$

19 Résoudre dans $\mathbb{R}$ les équations suivantes.

a. $\dfrac{1}{x+1}-\dfrac{3}{x}=\dfrac{3x-4}{x(x+1)}$ **b.** $\dfrac{1}{x-2}+\dfrac{3}{x+2}=\dfrac{5x}{x^2-4}$

c. $1-\dfrac{1}{x}=\dfrac{4(x^2-2)}{x(4x+8)}$ **d.** $1+\dfrac{2}{x}+\dfrac{1}{x^2}=0$

20 Soit $A(x) = (3 + 5x)^2 - (4x - 7)(3 + 5x)$ avec $x \in \mathbb{R}$.

1. Développer, réduire et ordonner $A(x)$.

2. Factoriser $A(x)$.

3. Choisir la forme de $A(x)$ la plus adaptée pour résoudre dans $\mathbb{R}$ les équations suivantes.

a. $A(x) = 0$ **b.** $A(x) = 30$ **c.** $A(x) = (3 + 5x)^2$

21 Soit $A(x) = 1 - 4x^2 - (1 - 2x)(2 + x)$ avec $x \in \mathbb{R}$.

1. Développer, réduire et ordonner $A(x)$.

2. Factoriser $A(x)$.

3. Choisir la forme de $A(x)$ la plus adaptée pour résoudre dans $\mathbb{R}$ les équations suivantes.

a. $A(x) = 0$ **b.** $A(x) = -1$ **c.** $A(x) = 3x - 1$

4. Calculer $A(0)$ et $A(\sqrt{3})$.

22 Soit $A(x) = (5 - x)^2 - (2x - 2)^2$ avec $x \in \mathbb{R}$.

1. Développer, réduire et ordonner $A(x)$.

2. Factoriser $A(x)$.

3. Résoudre dans $\mathbb{R}$ les équations suivantes.

a. $A(x) = 0$ **b.** $A(x) = -2x$

4. Calculer $A(0)$ et $A\left(\dfrac{1}{\sqrt{3}}\right)$.

23 Voici une résolution d'équation vue dans une copie :

$x(x-1) = x(-2x+8)$
$\not{x}(x-1) = \not{x}(-2x+8)$
$x-1 = -2x+8$
$x+2x = 1+8$
$3x = 9$
$x = 3$

L'objectif de cet exercice est de vérifier graphiquement que la résolution proposée dans cette copie est fausse.
Soit les fonctions f et g définies sur $\mathbb{R}$ par :

$$f(x) = x(x - 1) \text{ et } g(x) = x(-2x + 8).$$

1. a. Tracer, dans un même repère, les courbes représentatives de f et g pour x compris entre -3 et 4.

b. Résoudre graphiquement sur $[-3 ; 4]$ l'équation $f(x) = g(x)$ et conclure.

2. Retrouver par calcul les solutions de l'équation $f(x) = g(x)$.

Résolution d'inéquations

24 Reproduire et compléter le tableau de signes suivant.

x	$-\infty$		2		$+\infty$
$-2x+4$		...	0	...	

25 Reproduire et compléter le tableau de signes suivant.

x	$-\infty$		-5		-2		$+\infty$
$3x+6$		...		...	0	...	
$-x-5$		...	0	...		...	
$(3x+6)(-x-5)$		...	0	...	0	...	

26 Dresser les tableaux de signes des fonctions affines dont les droites sont représentées ci-dessous.

a.

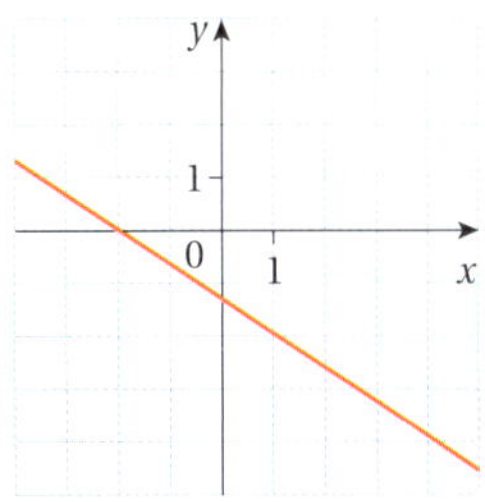

b.

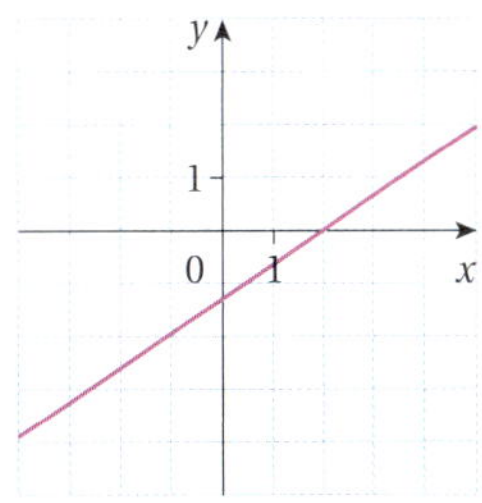

Pour les exercices 27 à 30

Dresser le tableau de signes de chacune des expressions proposées où $x \in \mathbb{R}$.

27 **a.** $f(x) = x - 6$ **b.** $g(x) = -3x + 9$ **c.** $h(x) = 4x - 12$

28 **a.** $f(x) = 9x - 5$ **b.** $g(x) = -4x + 6$ **c.** $h(x) = 2 - 3x$

29 **a.** $f(x) = (x - 3)(2x - 4)$
b. $g(x) = -x(3x + 4)$
c. $h(x) = (-3x - 1)(5x - 10)$
d. $i(x) = (6x - 3)(x - 3)(4 - x)$

30 **a.** $f(x)=\dfrac{7x+21}{5-x}$ **b.** $g(x)=\dfrac{(-9x-9)(2x-1)}{5x+20}$

31 Reproduire et compléter le tableau de signes suivant, sachant que f est une fonction affine.

x	$-\infty$		-3		...		$+\infty$
$f(x) = 3x + ...$		...		...		...	
$6x-4$		...		...		...	
$\dfrac{f(x)}{6x-4}$				...			

32 Reproduire et compléter les tableaux de signes suivants par des expressions pouvant convenir.

a.

x	$-\infty$		-8		4		$+\infty$
...		$-$		$-$	0	$+$	
...		$-$	0	$+$		$+$	
...		$+$	0	$-$	0	$+$	

b.

x	$-\infty$		-3		$\frac{1}{2}$		$+\infty$
...		$-$		$-$	0	$+$	
...		$+$	0	$-$		$-$	
...		$-$	0	$+$	‖	$-$	

c.

x	$-\infty$		$-\frac{4}{3}$		$\frac{5}{4}$		$+\infty$
...		$+$	0	$-$		$-$	
...		$-$		$-$	0	$+$	
...		$-$	‖	$+$	0	$-$	

33 Afficher sur la calculatrice les courbes représentatives des fonctions ci-dessous et en déduire leur tableau de signes.

a. $f(x) = x^2 - 4$ avec $x \in \mathbb{R}$. **b.** $g(x) = \sqrt{x} - 4$ avec $x \geqslant 0$.

34 Pour quelles inéquations $x = -2$ est-il une solution ?

a. $3x - 4 < 5$ **b.** $(x + 2)(4x - 1) \geqslant 0$ **c.** $\dfrac{1}{-3x+1} < 0$

35 Parmi les nombres -5 ; -1 ; 0 ; 5 et 6, lesquels sont solutions de l'inéquation $\dfrac{(-x-1)(5+x)}{x-5} \leqslant 0$?

36 Résoudre dans $\mathbb{R}$ les inéquations suivantes et représenter les solutions sur une droite graduée.

a. $5x - 5 < 0$ **b.** $8x - 4 \geqslant 0$
c. $4 - 8x - 5 > 0$ **d.** $2x - 10 < 7x + 5$
e. $5x - 5 > -9x - 2 + 5$ **f.** $10x + 7 - 9x \leqslant -5x - 1$

37 Résoudre dans $\mathbb{R}$ les inéquations suivantes et donner les solutions sous forme d'intervalle.

a. $3x - 8 \leqslant 0$ **b.** $6 - 8x - 1 \geqslant 0$
c. $6 - 7x - 1 - 5x \geqslant 4 - 4x$ **d.** $2 - 7x + 7 - 9x < -10x - 8$

38 Résoudre dans $\mathbb{R}$ les inéquations suivantes et donner les solutions sous forme d'intervalle.

a. $8 - 4x - 9 \leqslant 7 - 5x$ **b.** $3x + 3 > -2x$
c. $5x + 1 \leqslant 8x + \dfrac{x+7}{3}$ **d.** $\dfrac{4x}{3} - 7 - 8x < 5x - 1$

39 **1.** Étudier le signe du produit $(2x - 10)(x - 7)$ suivant les valeurs de x.

2. En déduire l'ensemble des solutions dans $\mathbb{R}$ de l'inéquation $(2x - 10)(x - 7) > 0$.

▶ Savoir-faire 3 p. 132

Pour les exercices 40 à 42

Résoudre dans $\mathbb{R}$, à l'aide d'un tableau de signes, les inéquations proposées.

40 **a.** $(5x - 9)(5x - 8) \geqslant 0$ **b.** $\dfrac{9-10x}{-9x-5} > 0$
c. $\dfrac{2x+6}{2-4x} > 0$ **d.** $(-3x - 9)(7x - 8) < 0$

▶ Savoir-faire 3 et 4 p. 132

41 **a.** $(x - 5)(6x - 10) \leqslant 0$ **b.** $(2 - 10x)(4x - 1) \geqslant 0$
c. $\dfrac{4x+9}{6-10x} \leqslant 0$ **d.** $\dfrac{-3x-6}{3-x} < 1$
e. $\dfrac{9-8x}{-8x-10} > 5$ **f.** $\dfrac{7x+7}{10-7x} < \dfrac{10x+3}{10-7x}$

42 **a.** $(x - 1)(7x - 4) > 0$ **b.** $\dfrac{7-4x}{2-7x} < 5$
c. $\dfrac{5-4x}{9x+6} > \dfrac{4x+9}{9x+6}$ **d.** $5x(3x + 4)(4x + 10) \leqslant 0$
e. $\dfrac{7x+9}{8x-10} < -1$ **f.** $(5 - 7x)(8 - 6x)(5 - 3x) > 0$

43 Soit $A(x) = (2 + x)^2 - (8x - 1)(2 + x)$ avec $x \in \mathbb{R}$.

1. Développer, réduire et ordonner $A(x)$.

2. Factoriser $A(x)$.

3. Choisir la forme de $A(x)$ la plus adaptée pour résoudre dans $\mathbb{R}$ les inéquations suivantes.

a. $A(x) \leqslant 0$ **b.** $A(x) > 6$

44 Soit $A(x) = (2 - x)^2 - (4x - 3)^2$ avec $x \in \mathbb{R}$.

1. Développer, réduire et ordonner $A(x)$.

2. Factoriser $A(x)$.

3. Résoudre dans $\mathbb{R}$ les inéquations suivantes.

a. $A(x) < 0$ **b.** $A(x) \leqslant 20x$

45 **1. a.** Factoriser $16 - x^2$.

b. Factoriser $16 - x^2 - (4 - x)(8 - 3x)$.

2. Résoudre dans $\mathbb{R}$ l'inéquation :

$$16 - x^2 - (4 - x)(8 - 3x) \geqslant 0$$

46 Résoudre dans $\mathbb{R}$ les inéquations suivantes.

a. $(5 + x)^2 - (3x - 4)(5 + x) \leqslant 0$ **b.** $(3x + 2)^2 < (x + 1)^2$

47 Résoudre dans $\mathbb{R}$ les inéquations suivantes.

a. $\dfrac{x-2}{x+7} - 3 \leqslant 0$ **b.** $\dfrac{2-x}{6x-4} < 3$
c. $\dfrac{3}{8x+4} > -3$ **d.** $\dfrac{1}{x^2-1} \leqslant \dfrac{2}{x+1}$

48 Résoudre dans $\mathbb{R}$ les inéquations suivantes.

a. $\dfrac{2}{x} + \dfrac{1}{x+1} > \dfrac{5x-2}{x(x+1)}$ **b.** $\dfrac{3}{3-x} + \dfrac{1}{x+3} \leqslant \dfrac{4x}{9-x^2}$

QCM Je me teste sur les équations et inéquations

Pour chaque question, il y a une ou plusieurs bonnes réponses.

CORRIGÉ P. 313

www.

Résolution d'équations

49 $(2x-1)(17x-7)-(5-12x)(1-2x)$ s'annule pour :

A $x=2$ B $x=\dfrac{1}{2}$

C $x=\dfrac{7}{17}$ D $x=\dfrac{8}{19}$

50 Parmi les expressions suivantes de $A(x)$, laquelle est la plus adaptée pour résoudre dans ℝ l'équation $A(x)=0$?

A $A(x)=(3x+4)(-2x-5)-(3x+4)(x-5)$

B $A(x)=-3x(3x+4)$

C $A(x)=-9x^2-12x$

51 Dans ℝ, l'équation $\dfrac{1}{x+1}=\dfrac{1}{2x}$ admet pour ensemble de solutions :

A $\{-1\,;0\}$ B $\varnothing$ C $\{1\}$

52 Dans ℝ, l'équation $x^2=x$ admet :

A au moins une solution.

B $x=0$ comme unique solution.

C une infinité de solutions.

53 Dans ℝ, l'équation $\dfrac{5-5x^2}{x-1}=0$ admet pour solution(s) :

A $x=-1$ et $x=1$

B $x=-1$

C $x=1$

54 Dans ℝ, l'équation $\dfrac{4x-5}{5-7x}=4$ admet pour solution(s) :

A $x=\dfrac{5}{4}$ B $x=\dfrac{25}{32}$ C $x=0{,}78$

Résolution d'inéquations

55 Dans ℝ, l'inéquation $x^2+2>0$ admet :

A aucune solution.

B tout x réel comme solution.

C une infinité de solutions.

56 À quelle(s) expression(s) le tableau de signes suivant pourrait-il convenir ?

x	$-\infty$		-3		$\frac{6}{5}$		$+\infty$
		+	0	−	|	−	
		−	|	−	0	+	
$P(x)$		−	0	+	|	−	

A $P(x)=(-x-3)(5x-6)$ B $P(x)=\dfrac{x+3}{5x-6}$

C $P(x)=\dfrac{-3-x}{5x-6}$ D $P(x)=\dfrac{-6-2x}{3(5x-6)}$

57 Dans ℝ, l'inéquation $\dfrac{-4}{x(2x+6)}>0$ admet pour solution :

A $x=-1$ B $x=-3$

C l'ensemble $]-\infty\,;0[$ D l'ensemble $]-3\,;+\infty[$

58 Dans ℝ, l'inéquation $\dfrac{2}{x-3}\leqslant 1$ admet l'ensemble de solutions :

A $]-\infty\,;3[$ B $]3\,;+\infty[$

C $]3\,;5]$ D $]-\infty\,;3[\cup[5\,;+\infty[$

59 Dans ℝ, l'inéquation $\dfrac{1}{3x}>\dfrac{9}{x-4}$ admet pour solutions les nombres vérifiant :

A $\dfrac{-2}{13}<x<4$ B $0<x<4$ ou $x<\dfrac{-2}{13}$

C $x>\dfrac{-2}{13}$ D $x<4$

Problèmes

60 Programme de calcul — Algorithmique

On donne le programme de calcul suivant :

```
Choisir un nombre.
Multiplier par 2.
Ajouter 3.
Prendre l'inverse du résultat précédent.
Multiplier le résultat précédent par 3.
Écrire le résultat.
```

1. Traduire le programme de calcul par une expression telle que x est le nombre choisi au départ.

2. Quel nombre peut-on choisir pour que le résultat obtenu soit 5 ?

61 Faites le bon choix !

Soit les fonctions f et g définies sur $\mathbb{R}$ par :

$$f(x) = (x-3)(2x+1) - (x-3)^2 \text{ et } g(x) = (x-1)^2 - 4.$$

1. Développer et factoriser $f(x)$ et $g(x)$.

2. Choisir l'expression la plus adaptée de $f(x)$ ou $g(x)$ pour répondre aux questions suivantes.

a. Déterminer les images par f et par g des nombres suivants : 3 ; $\sqrt{2}$; $\sqrt{3}+3$.

b. Déterminer les antécédents de 0 par f et par g.

c. Résoudre dans $\mathbb{R}$ les équations :

$$f(x) = 3g(x) \text{ et } g(x) - f(x) = 7.$$

d. Résoudre dans $\mathbb{R}$ les inéquations :

$$f(x) + 12 \leqslant g(x) + 3 \text{ et } \frac{f(x)}{g(x)} > 0.$$

62 Factorisations rebelles !

Soit f la fonction définie sur $\mathbb{R}$ par $f(x) = 4x^2 - 12x + 12$.

1. Tracer la courbe représentative C_f de f pour x compris entre -1 et 4.

2. a. Conjecturer, à l'aide du graphique, les solutions de l'inéquation $f(x) < 0$.

b. Prouver que $f(x) = (2x-3)^2 + 3$ et en déduire une démonstration du résultat donné à la question **2a**.

3. Expliquer pourquoi $f(x)$ ne peut pas être factorisée en produit de deux facteurs du premier degré.

4. Donner, sous leur forme développée, l'expression de plusieurs fonctions du second degré qui ne peuvent pas être factorisées en produits de deux facteurs du premier degré.

63 Jeu concours

À l'issue d'un jeu concours, les trois gagnants ont 1 250 € à se partager.

Le deuxième reçoit 400 € de moins que le premier mais 200 € de plus que le troisième.

Quelle somme reçoit chaque gagnant ?

64 Les sacs de sucre

Lisa et Mona ramènent quelques courses à leur vieux père Léo.

Dans son grand panier, Lisa porte 5 kg de fruits et deux sacs de sucre. Mona porte sur son dos 3 kg de légumes et six sacs de sucre.

Pendant tout le chemin, Lisa se plaint que son panier est trop lourd. Pourtant les deux jeunes filles portent la même charge !

Quelle est la masse d'un sac de sucre ?

65 La note d'Amandine

Le professeur de mathématiques a une étrange façon d'annoncer leurs notes à ses élèves :

« Le triple de la somme de la note d'Amandine et de 2 est égal à la différence du quadruple de sa note et de 10. »

Calculer la note d'Amandine.

66 Le drapeau norvégien

On cherche à déterminer une valeur approchée de la largeur x que doit avoir la croix bleue et blanche pour que son aire soit égale à celle de la surface rouge.

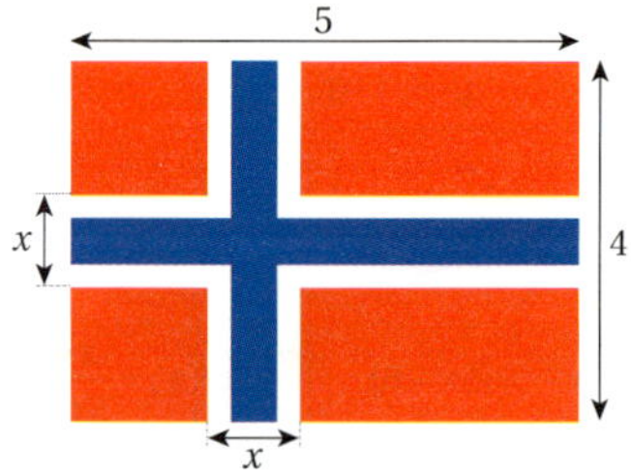

1. Prouver que le problème peut se ramener à trouver les solutions de l'équation $x^2 - 9x + 10 = 0$.

2. Trouver une valeur approchée des solutions de l'équation à l'aide d'une calculatrice graphique et conclure.

67 Norbert le poissonnier

C'est la fin du marché, Norbert le poissonnier brade sa marchandise à la criée :
« Ils sont beaux, mes poissons! Une daurade pour le prix de deux soles… Un filet de 4 belles soles et de 2 daurades pour 28 €. »
Calculer le prix d'une sole.

68 Les deux champs

Deux agriculteurs possèdent des champs schématisés ci-dessous ayant un côté commun de longueur inconnue. L'un est de forme carré, l'autre a la forme d'un triangle rectangle de base 100 m.

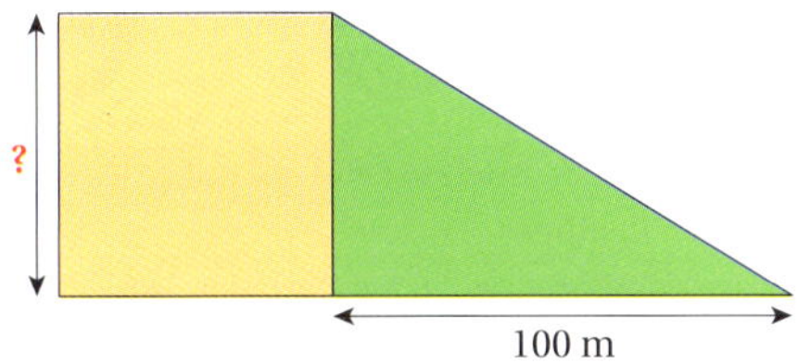

Sachant que les deux champs sont de surface égale, calculer leurs dimensions.

69 Triangle rectangle

Je suis un triangle rectangle dont l'hypoténuse est supérieure de 2 cm à l'un des côtés de l'angle droit ; l'autre côté de l'angle droit mesure 5 cm.
Quelle est la longueur de mon hypoténuse ?

70 La borne

Sur la borne kilométrique suivante, x est le rayon du demi-disque.
Pour quelle valeur de x, l'aire du rectangle est-elle le double de l'aire du demi-disque ?
Donner la valeur exacte et une valeur approchée arrondie au mm.

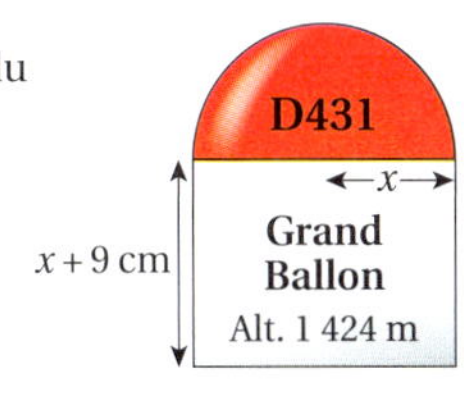

71 Problème d'aires

Pour quelles valeurs de x, l'aire du rectangle est-elle inférieure à celle du triangle ?

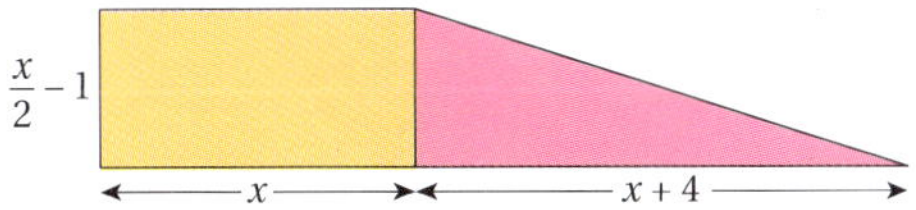

72 Existenzfrage

Für welche Werte von x kann man das abgebildete Dreieck konstruieren ?

D'après *Mathématiques sans frontières*, décembre 2006.

73 Contrats

Un commercial propose à ses vendeurs de choisir leur mode de rémunération entre deux contrats.

En optant pour le contrat « Initial », le vendeur recevra une part fixe de 800 € par mois à laquelle s'ajoutera une part variable correspondant à 2 % de ses ventes.

En choisissant le contrat « Offensive », le vendeur percevra une part fixe de 350 € par mois à laquelle s'ajoutera une part variable correspondant à 5 % de ses ventes.

Quel devra être le montant des ventes pour que le contrat « Offensive » apporte une rémunération supérieure à celle du contrat « Initial » ?

74 Le jus de planète

Zeus désire se désaltérer avec un jus de planète pressée. La planète qu'il va choisir dans le système solaire doit suffire à remplir à ras bord ses deux verres de forme conique. Le premier verre a un rayon de base de 6 000 kilomètres pour une hauteur égale au rayon de la planète. Le deuxième verre a un rayon de base égal à celui de la planète pour une hauteur de 20 000 kilomètres.

Le but de l'exercice est de trouver quelle planète sera sacrifiée.

1. Montrer que le problème peut se ramener à résoudre l'équation $x^3 = 5x^2 + 9x$, où x est le rayon de la planète en milliers de kilomètres.

2. Résoudre l'équation à l'aide d'une calculatrice graphique et conclure.

75 Bénéfice

Un artisan fabrique un modèle de ceinture en cuir.

Le coût de fabrication dépend du nombre x de ceintures vendues.

Ce coût mensuel s'exprime par la fonction C définie sur $[0\,;100]$ par $C(x)=30x-\dfrac{x^2}{5}$.

1. Sachant qu'une ceinture est vendue 20 €, exprimer la recette mensuelle $R(x)$ en fonction de x.

2. Prouver que le bénéfice mensuel peut s'exprimer par la fonction B telle que $B(x)=\dfrac{x}{5}(x-50)$.

3. En déduire le nombre de ceintures minimum que l'artisan doit vendre pour faire un bénéfice.

76 Chat

FLORIE. – As-tu consulté les stats du mois dernier ?
FLEUR. – Oui, je t'ai à nouveau battue !
FLORIE. – De combien ?
FLEUR. – J'ai chatté 12 heures de plus que toi !
FLORIE. – Et ça fait combien chacune ?
FLEUR. – Une fois et demie de plus que toi !
FLORIE. – Oui, mais ça fait combien ?

Sauriez-vous répondre à Florie ?

77 Sommes de carrés — Problème ouvert

Sur le site internet www.archimedes-lab.org, on trouve deux puzzles réalisables avec des pièces découpées dans cinq carrés. Les mesures des côtés de ces carrés sont des nombres entiers consécutifs.

Les trois premiers carrés d'une part et les deux derniers carrés d'autre part permettent de reconstituer deux carrés de même aire.

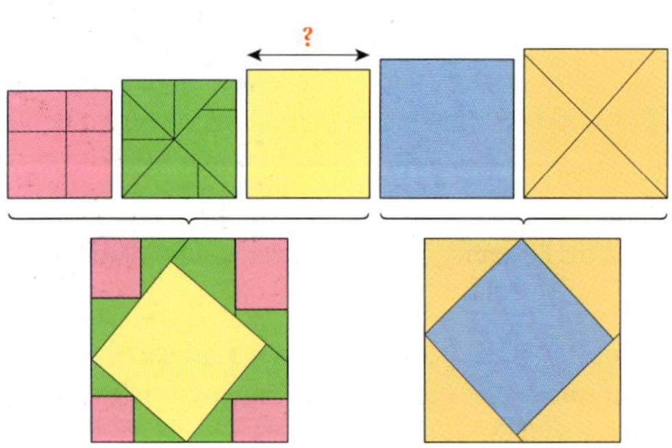

Sans reproduire les puzzles, calculer la mesure du côté du troisième des cinq carrés initiaux.

D'après *Mathématiques sans frontières*, décembre 2006.

78 C'est pas bouclé — Problème ouvert

Benjamin, Claire et Dounia portent des chaussures identiques, de la même pointure, mais leurs lacets ne sont pas enfilés de la même manière dans les œillets.

Sur chaque chaussure, les 16 œillets sont disposés régulièrement sur les deux côtés de longueur 7 cm d'un rectangle de largeur a cm, comme indiqué sur la figure.

Les extrémités libres des lacets ont la même longueur mais les trois lacets n'ont pas des longueurs égales.

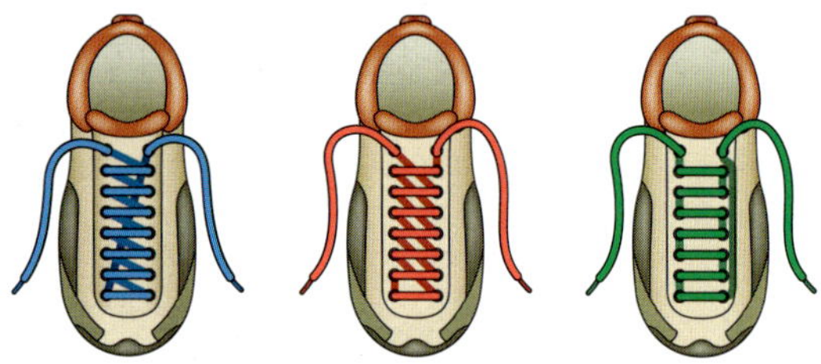

De ces trois laçages, quel est celui qui utilise les lacets les plus courts ? Justifier.

On pourra comparer ces laçages brin par brin.

D'après *Mathématiques sans frontières*, décembre 2008.

79 Aires égales (1) — Problème ouvert

Trouver la longueur MB pour que l'aire du triangle AMP soit égale à celle du rectangle MBNP.

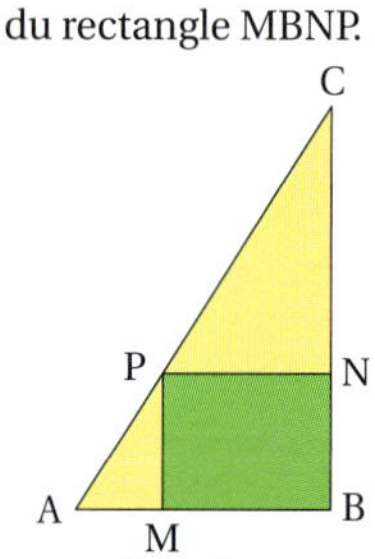

AB = 6 cm

80 Aires égales (2) — Problème ouvert

Trouver le rayon du cercle de diamètre [AM] pour que l'aire de la surface bleue et celle de la surface orange soient égales.

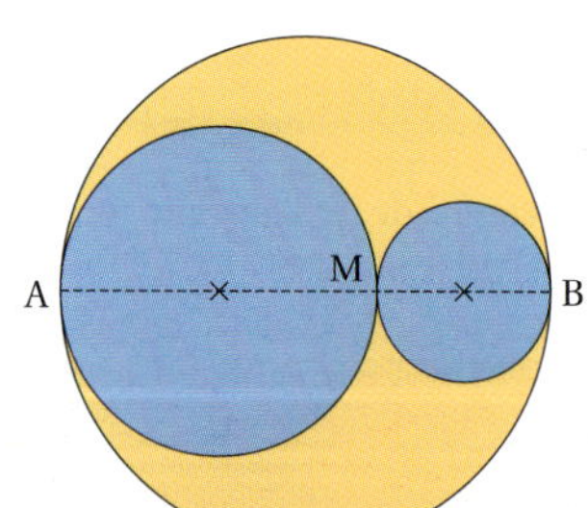

AB = 8 cm

Résonance multicolore (1928), peinture de Vassily Kandinsky (1866-1944), (Paris, Musée national d'Art moderne - Centre Georges Pompidou).

QCM Je teste mes acquis sur la géométrie

CORRIGÉ P. 313

Pour chaque question, il y a une ou plusieurs bonnes réponses.

Repères, systèmes d'équations

Pour les exercices 1 à 3, on considère les points A, B et C dans le repère ci-contre.

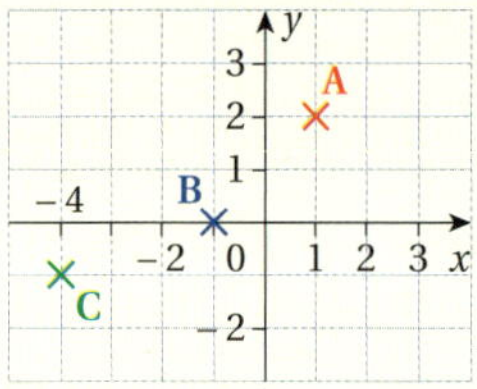

1 L'abscisse du point A est :

A 2 B 1 C 0

2 L'ordonnée du point B est :

A –1 B 0 C 1

3 Les coordonnées du point C sont :

A (–4 ; –1) B (–1 ; –4)
C (–1 ; 4) D (4 ; –1)
E (4 ; 1) F (–4 ; 1)

4 La solution du système $\begin{cases} 3x + 2y = 10 \\ -x + 3y = -7 \end{cases}$ est :

A (–1 ; 4) B (4 ; –1) C (1 ; –4)

D la même que celle du système $\begin{cases} 2x - 6y = 14 \\ \frac{2}{3}x + y = 5 \end{cases}$.

Géométrie dans le plan

Pour les exercices 5 à 8, on considère la figure ci-dessous.

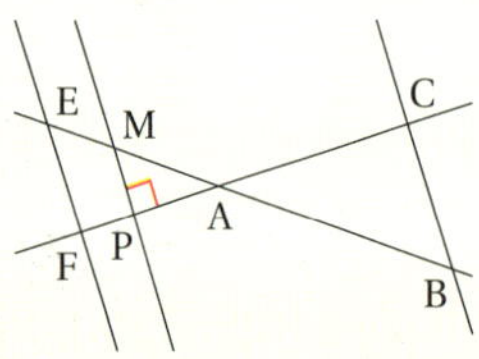

5 Si MA = 6 cm et MP = 3 cm alors :

A PA = 3 cm B PA = $\sqrt{45}$ cm
C PA = $\sqrt{27}$ cm D PA = $3\sqrt{3}$ cm

6 Si MA = 5 cm et AP = 2,5 cm alors :

A $\widehat{MAP} = 60°$ B $\widehat{AMP} = 30°$
C $\sin \widehat{MAP} = 0{,}5$ D $\cos \widehat{MAP} = 0{,}5$

7 Si les droites (MP) et (EF) sont parallèles alors :

A $\frac{AM}{AP} = \frac{AE}{AF}$ B $\frac{AM}{AE} = \frac{AP}{AF}$ C $\frac{AP}{AF} = \frac{EF}{MP}$ D $\frac{EF}{MP} = \frac{AF}{AP}$

8 Si $\frac{AE}{AB} = \frac{AF}{AC}$ alors :

A les droites (BC) et (MP) sont parallèles.
B les droites (BC) et (EF) sont parallèles.
C les droites (MP) et (EF) sont parallèles.

9 Si une figure $\mathcal{F}'$ est un agrandissement d'une figure $\mathcal{F}$ tel que l'aire de $\mathcal{F}'$ est égale au produit de l'aire de $\mathcal{F}$ par 4 alors :

A le coefficient d'agrandissement est égal à 4.
B le coefficient d'agrandissement est égal à 2.
C le coefficient d'agrandissement est égal à $\frac{1}{4}$.
D $\mathcal{F}$ est une réduction de $\mathcal{F}'$.

Géométrie dans l'espace

10 Le volume d'une boule de rayon 6 cm est égal à :

A 48π cm^3 B 864π cm^3
C 904 cm^3 D 288π cm^3

11 La section d'une sphère par un plan est :

A un disque.
B un cercle.
C une ellipse.
D un segment de longueur le diamètre de la sphère.

12 La section d'une pyramide à base triangulaire par un plan parallèle à la base est :

A une pyramide réduite. B un triangle réduit.
C un rectangle. D un polygone quelconque.

13 La section d'un cône de révolution de rayon 4 cm et de hauteur 6 cm par un plan parallèle à la base situé à 2 cm du sommet est un cercle de rayon :

A $\frac{2}{3}$ cm B $\frac{3}{2}$ cm C $\frac{4}{5}$ cm D $\frac{3}{4}$ cm

Vecteurs et repères

6

Cette image satellite, prise le 19 octobre 2004, montre le cyclone Tokage touchant la côte ouest du Japon. Avant d'atteindre le Japon, Tokage a produit des vents dont la vitesse dépassait les 225 km/h ; il a ainsi été classé cyclone de catégorie 4 sur l'échelle de Saffir Simpson qui compte 5 niveaux. En météorologie, le suivi des cyclones passe par un repérage en coordonnées géographiques (latitude, longitude).

Sur l'image ci-dessus, quelles sont les coordonnées géographiques de l'œil du cyclone Tokage ?

Le chapitre en bref

Réinvestir

- Coordonnées et repérage dans le plan

Découvrir

- Notion de translation
- Vecteurs du plan
- Coordonnées d'un vecteur
- Colinéarité

UN PEU D'HISTOIRE P. 170

Activités

1 Attention, ça glisse !

Découvrir : • Notion de translation par glissement.
• Le vecteur comme élément caractéristique de la translation.

1 a. Reproduire les patineurs ci-contre en respectant le quadrillage.
b. Dessiner le patineur 1 après son glissement jusqu'en B.
c. Dessiner le patineur 2 après un glissement de même direction, même sens et même longueur que celui du patineur précédent.

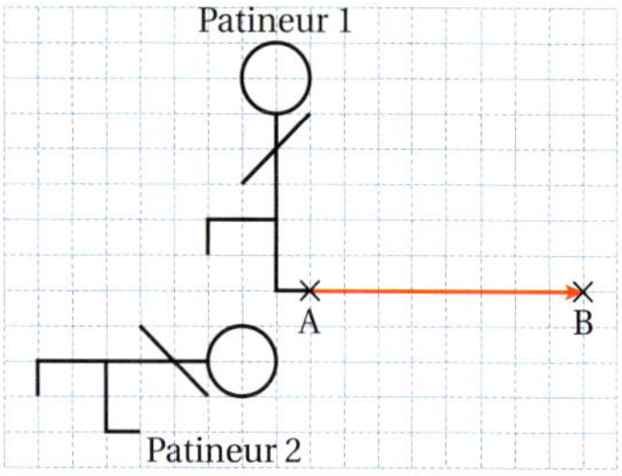

*Le glissement ainsi défini s'appelle la **translation qui envoie A en B**.*

2 Regrouper les patineurs ci-dessous par paires de façon que l'on passe de l'un à l'autre par une translation.

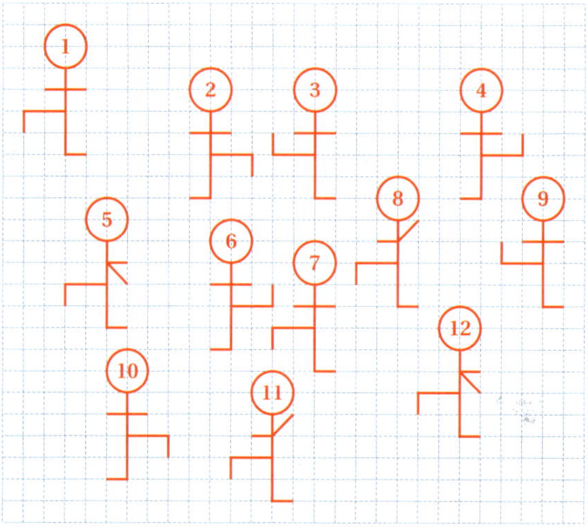

3 a. Reproduire la figure ci-contre en respectant le quadrillage.
b. Les points M et N définissent la translation qui envoie M en N. Construire l'image A'B'C'D' du quadrilatère ABCD par cette translation.
c. Tracer en rouge les 4 « *segments fléchés* » de A à A', de B à B', de C à C' et de D à D'.
Qu'ont-ils en commun ?

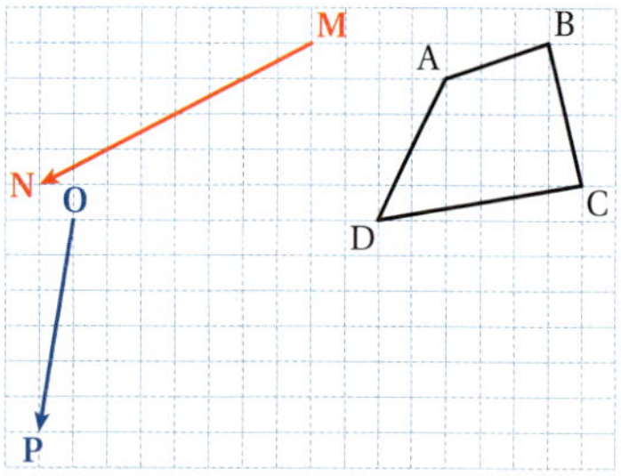

*Ces « segments fléchés » représentent tous le même **vecteur** défini par sa direction, son sens et sa longueur. Celui-ci caractérise la translation précédemment définie.*
Il peut se noter $\overrightarrow{MN}$, $\overrightarrow{AA'}$, $\overrightarrow{BB'}$, … ou plus simplement $\vec{u}$.

d. Tracer l'image du quadrilatère ABCD par la translation de vecteur $\overrightarrow{OP}$.

2 Somme de vecteurs

Découvrir : • Démontrer que la composée de deux translations est une translation.
• Définir la somme de deux vecteurs.

1 a. Reproduire la figure en respectant le quadrillage.
b. Construire le point N, image de M par la translation de vecteur $\overrightarrow{AB}$. Construire le point P, image de N par la translation de vecteur $\overrightarrow{BC}$.

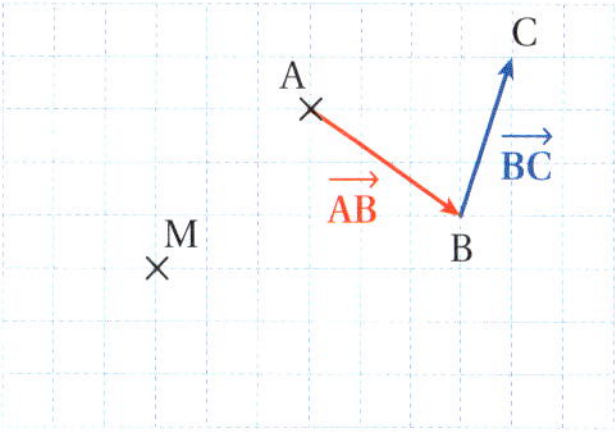

2 a. Démontrer que ABNM est un parallélogramme. En déduire que $\overrightarrow{AM} = \overrightarrow{BN}$.
b. Démontrer que $\overrightarrow{BN} = \overrightarrow{CP}$.
c. Démontrer que AMPC est un parallélogramme.
En déduire que P est l'image de M par la translation de vecteur $\overrightarrow{AC}$.

3 Coordonnées de vecteurs

Découvrir : Notion de coordonnées d'un vecteur.

Soit (O, I, J) un repère orthonormé du plan.
On pose $\vec{i} = \overrightarrow{OI}$ et $\vec{j} = \overrightarrow{OJ}$.

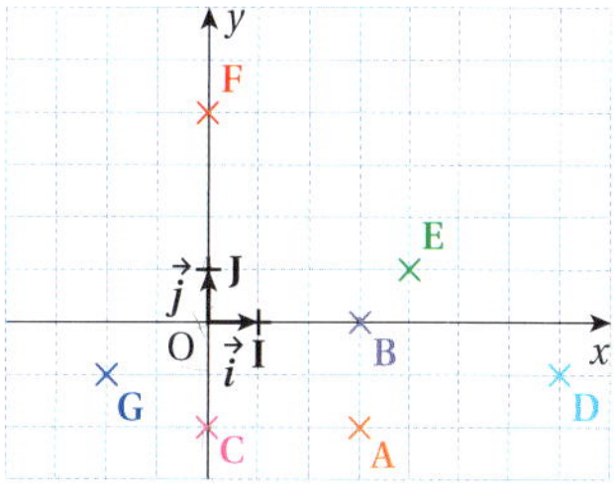

1 a. Compléter : $\overrightarrow{OB} = \ldots \overrightarrow{OI}$ et $\overrightarrow{OC} = \ldots \overrightarrow{OJ}$.
Exprimer $\overrightarrow{OB}$ et $\overrightarrow{OC}$ en fonction de $\vec{i}$ et $\vec{j}$.
b. Exprimer $\overrightarrow{OA}$ en fonction de $\vec{i}$ et $\vec{j}$.
Comparer avec les coordonnées du point A.
c. Reproduire et compléter le tableau suivant.

Nom du point	Décomposition vectorielle	Coordonnées du point
A	$\overrightarrow{OA} = \ldots \vec{i} + \ldots \vec{j}$	(… ; …)
B		
C		
D		
E		
F		
G		

d. Reproduire le repère (O, I, J) et placer les points M, N et P tels que :
$\overrightarrow{OM} = 5\vec{i} + 3\vec{j}$ $\overrightarrow{ON} = -\vec{i} + 5\vec{j}$ $\overrightarrow{OP} = -4\vec{i}$

2 a. Exprimer $\overrightarrow{AD}$ en fonction de $\vec{i}$ et $\vec{j}$.
b. Compléter : $\overrightarrow{AD} = \overrightarrow{O\ldots}$. En déduire les coordonnées du vecteur $\overrightarrow{AD}$.
c. Reproduire et compléter le tableau suivant.

Nom du vecteur	Décomposition vectorielle	Coordonnées du vecteur
$\overrightarrow{AD}$	$\overrightarrow{AD} = \ldots \vec{i} + \ldots \vec{j}$	(… ; …)
$\overrightarrow{BF}$		
$\overrightarrow{EG}$		
$\overrightarrow{FC}$		

A. Notion de vecteur

1 Vecteur et translation

DÉFINITION

Soit A et A' deux points distincts du plan.
On appelle **translation** qui envoie A sur A' la transformation par laquelle l'image $\mathcal{F}'$ d'une figure $\mathcal{F}$ est obtenue en faisant glisser la figure $\mathcal{F}$:
- selon la direction de la droite (AA') ;
- dans le sens de A vers A' ;
- d'une longueur égale à AA'.

Les couples de points (A ; A'), (B ; B'), (C ; C')... définissent un **vecteur** caractérisé par cette direction, ce sens et cette longueur.

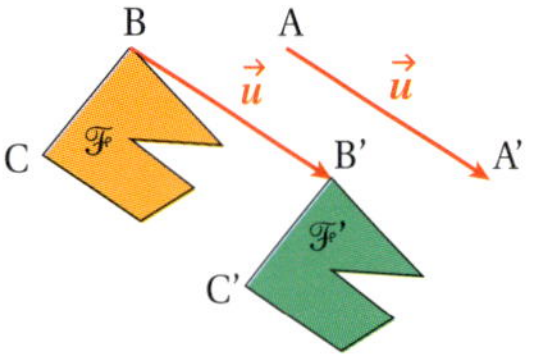

On note $\vec{u}$ ce vecteur associé à la translation et on écrit : $\vec{u} = \overrightarrow{AA'}$.
On dit que $\overrightarrow{AA'}$ est un représentant de $\vec{u}$.
$\overrightarrow{BB'}$, $\overrightarrow{CC'}$ ... sont également des représentants de $\vec{u}$.
On écrit : $\overrightarrow{BB'} = \overrightarrow{CC'} = \ldots = \vec{u}$.

ATTENTION ! V

- Il ne faut pas confondre sens et direction.

Une droite définit une direction : ici, la direction de la droite (AB).
Une direction possède deux sens : ici, de A vers B d'une part, de B vers A d'autre part.

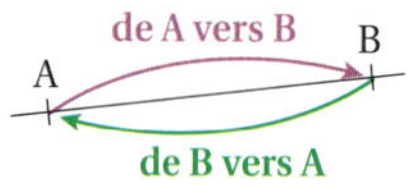

- La longueur d'un vecteur est aussi appelée la **norme** du vecteur.

2 Vecteurs égaux

DÉFINITION

Les vecteurs $\overrightarrow{AB}$ et $\overrightarrow{CD}$ sont égaux lorsqu'ils ont même direction, même sens et même longueur.

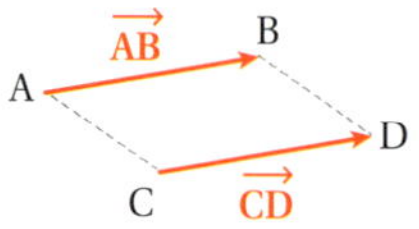

N On note : $\overrightarrow{AB} = \overrightarrow{CD}$.

PROPRIÉTÉ

Soit A, B, C et D quatre points deux à deux distincts. Les vecteurs $\overrightarrow{AB}$ et $\overrightarrow{CD}$ sont égaux si et seulement si le quadrilatère ABDC est un parallélogramme, éventuellement aplati.

REMARQUE

Cette propriété peut aussi être énoncée de la façon suivante :
les vecteurs $\overrightarrow{AB}$ et $\overrightarrow{CD}$ sont égaux si et seulement si les segments [AD] et [BC] ont le même milieu.

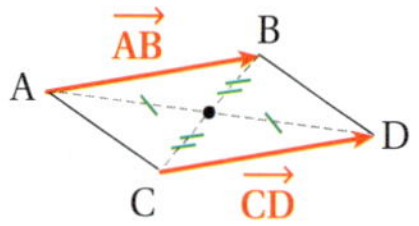

DÉMONSTRATION

Si $\overrightarrow{AB} = \overrightarrow{CD}$, la translation de vecteur $\overrightarrow{AB}$ transforme le point C en D. Les segments [AB] et [CD] ont donc même longueur et même direction. Le quadrilatère non croisé ABDC est donc un parallélogramme (éventuellement aplati).
Réciproquement, les vecteurs $\overrightarrow{AB}$ et $\overrightarrow{CD}$, définis à l'aide des segments [AB] et [CD] d'un parallélogramme ABDC, sont égaux car les côtés opposés d'un parallélogramme sont parallèles et de même longueur. ■

REMARQUES

- I est le milieu de [AB] si et seulement si $\overrightarrow{AI} = \overrightarrow{IB}$.
- Si $\overrightarrow{AB} = \overrightarrow{CD}$ alors on a les égalités : $\overrightarrow{BA} = \overrightarrow{DC}$, $\overrightarrow{BD} = \overrightarrow{AC}$ et $\overrightarrow{DB} = \overrightarrow{CA}$.

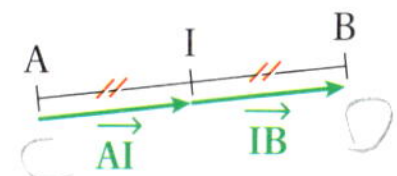

3 Vecteur nul

DÉFINITION

Un vecteur $\overrightarrow{AB}$ est **nul** lorsque les points A et B sont confondus.

N On le note $\overrightarrow{AB} = \vec{0}$.

4 Vecteurs opposés

DÉFINITION

Deux vecteurs sont **opposés** lorsqu'ils ont la même direction, la même longueur et qu'ils sont de sens contraire.

$\overrightarrow{AB}$ et $\overrightarrow{BA}$ sont des vecteurs opposés.

N On note : $\overrightarrow{BA} = -\overrightarrow{AB}$.

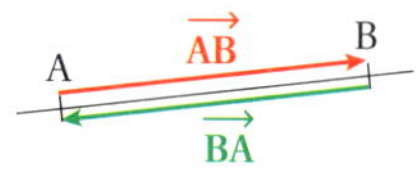

B. Somme de deux vecteurs

1 Définition

Soit t_1 la translation de vecteur $\vec{u}$ et t_2 la translation de vecteur $\vec{v}$.
Appliquer la translation t_1 puis la translation t_2 :

$$M \overset{t_1}{\mapsto} M_1 \overset{t_2}{\mapsto} M_2$$

revient à appliquer **la translation t de vecteur $\vec{w} = \vec{u} + \vec{v}$**,

$$M \overset{t}{\mapsto} M_2$$

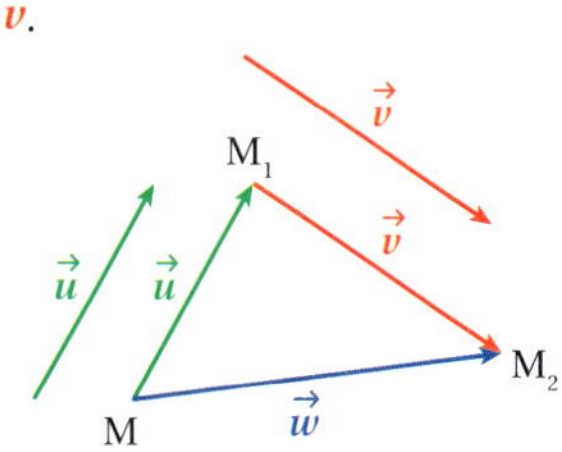

PROPRIÉTÉ

L'enchaînement (ou la composée) de deux translations est une translation.

DÉFINITION

▶ Savoir-faire 1 Représenter graphiquement un vecteur, p. 158

Soit $\vec{u}$ et $\vec{v}$ deux vecteurs quelconques.
On appelle **somme** des vecteurs $\vec{u}$ et $\vec{v}$, notée $\vec{u} + \vec{v}$, le vecteur $\vec{w}$ associé à la translation résultant de l'enchaînement des translations de vecteur $\vec{u}$ et de vecteur $\vec{v}$.

2 Une relation fondamentale

RELATION DE CHASLES

Pour tous points A, B et C du plan, on a :

$$\overrightarrow{AC} = \overrightarrow{AB} + \overrightarrow{BC}.$$

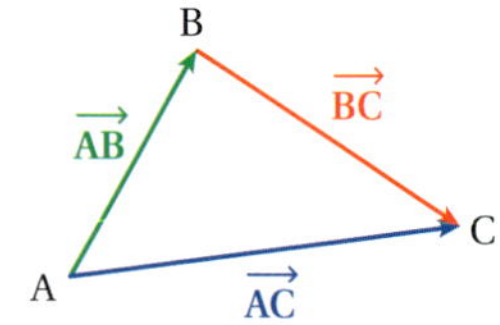

REMARQUE

Dans le triangle ABC, on a également les relations :
$\overrightarrow{AB} = \overrightarrow{AC} + \overrightarrow{CB}$ et $\overrightarrow{BC} = \overrightarrow{BA} + \overrightarrow{AC}$.

PROPRIÉTÉ

Soit A, B et C trois points du plan.
Le quadrilatère ABDC est un parallélogramme si et seulement si $\overrightarrow{AD} = \overrightarrow{AB} + \overrightarrow{AC}$.

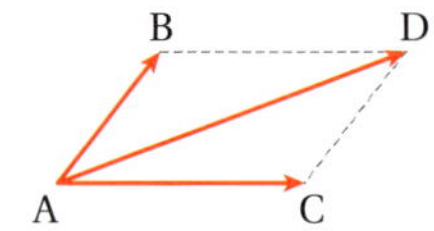

DÉMONSTRATION

D'après la relation de Chasles, $\overrightarrow{AD} = \overrightarrow{AB} + \overrightarrow{AC}$ équivaut à $\overrightarrow{AC} + \overrightarrow{CD} = \overrightarrow{AB} + \overrightarrow{AC}$, c'est-à-dire à $\overrightarrow{CD} = \overrightarrow{AB}$ et par conséquent à ABDC est un parallélogramme. ■

3 Cas particulier : différence de deux vecteurs

▶ Savoir-faire 2
Construire un point vérifiant une égalité vectorielle, p. 159

DÉFINITION

Soit $\vec{u}$ et $\vec{v}$ deux vecteurs quelconques.
On appelle **différence** du vecteur $\vec{u}$ avec le vecteur $\vec{v}$, le vecteur noté $\vec{u} - \vec{v}$ tel que :

$$\vec{u} - \vec{v} = \vec{u} + (-\vec{v}).$$

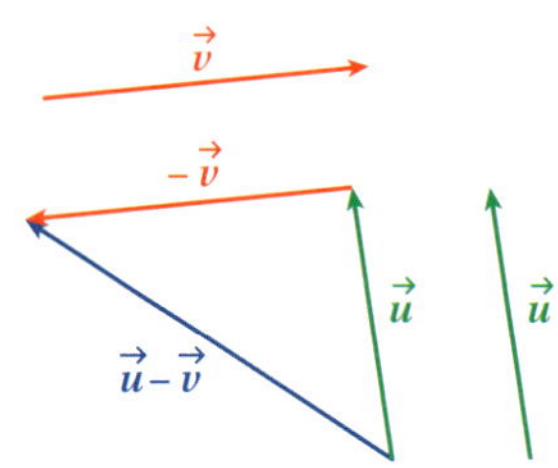

C. Produit d'un vecteur par un réel et colinéarité

1 Produit d'un vecteur par un réel

DÉFINITION

$\vec{u}$ est un vecteur quelconque différent de $\vec{0}$ et k un nombre réel non nul.
On appelle **produit** du vecteur $\vec{u}$ par le réel k, le vecteur noté $k\vec{u}$:

- de même direction que $\vec{u}$;
- de même sens que $\vec{u}$ si $k > 0$, et de sens contraire si $k < 0$;
- de norme égale à $\begin{cases} k \text{ fois la norme de } \vec{u} \text{ si } k > 0 \,; \\ -k \text{ fois la norme de } \vec{u} \text{ si } k < 0. \end{cases}$

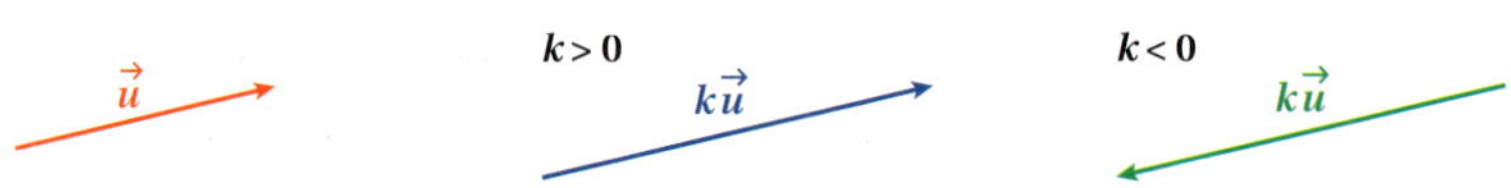

REMARQUE

Si $\vec{u} = \vec{0}$ ou $k = 0$ alors $k\vec{u} = \vec{0}$.

2 Colinéarité de deux vecteurs

DÉFINITION

Deux vecteurs non nuls $\vec{u}$ et $\vec{v}$ sont colinéaires signifie qu'ils ont même direction, c'est-à-dire qu'il existe un nombre réel k tel que $\vec{u} = k\vec{v}$.

REMARQUE Nous conviendrons que le vecteur nul est colinéaire à tout vecteur du plan.

EXEMPLE

Soit deux vecteurs $\vec{u}$ et $\vec{v}$ du plan tels que $\vec{v} = -3\vec{u}$.
On déduit de cette expression que les vecteurs $\vec{u}$ et $\vec{v}$ sont colinéaires.

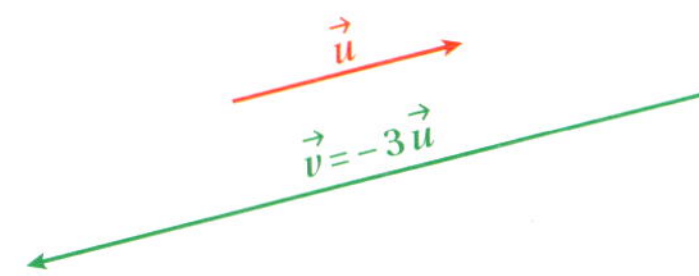

PROPRIÉTÉS

1) A, B, C et D étant quatre points deux à deux distincts du plan, dire que les droites (AB) et (CD) sont parallèles équivaut à dire que les vecteurs $\overrightarrow{AB}$ et $\overrightarrow{CD}$ sont colinéaires.

2) Dire que les points distincts A, B et C sont alignés équivaut à dire que les vecteurs $\overrightarrow{AB}$ et $\overrightarrow{AC}$ sont colinéaires.

D. Repères du plan, coordonnées et vecteurs

1 Repères du plan

Soit (O, I, J) un repère du plan. Si on pose $\vec{i} = \overrightarrow{OI}$ et $\vec{j} = \overrightarrow{OJ}$, alors ce repère se note également $(O, \vec{i}, \vec{j})$.

DÉFINITIONS

- On appelle repère du plan tout triplet $(O, \vec{i}, \vec{j})$ où O est un point et $\vec{i}$ et $\vec{j}$ sont deux vecteurs non colinéaires.
- Un repère est dit **orthogonal** si $\vec{i}$ et $\vec{j}$ ont des directions perpendiculaires.
- Un repère est dit **orthonormé** s'il est orthogonal et si $\vec{i}$ et $\vec{j}$ sont de même norme.

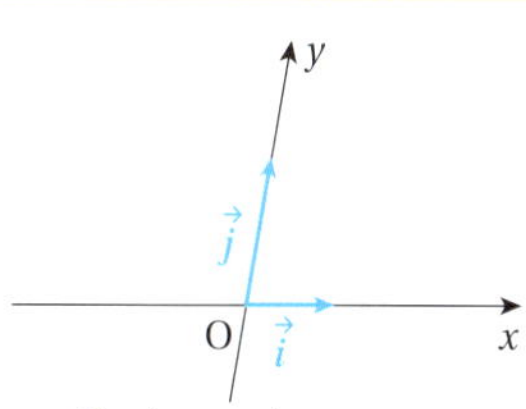

Repère quelconque

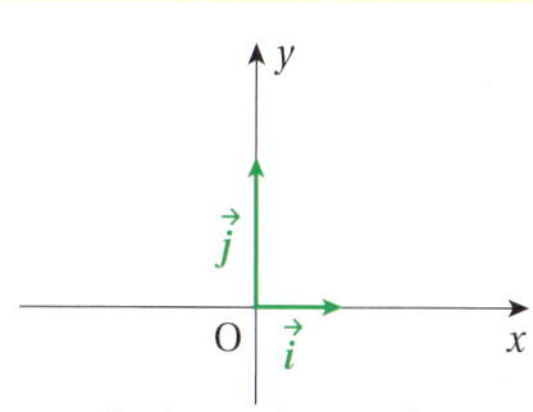

Repère orthogonal

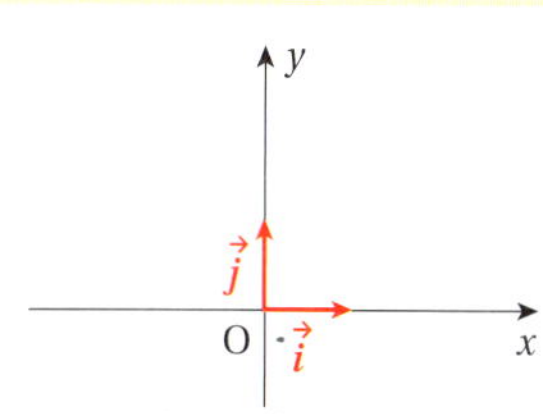

Repère orthonormé

2 Coordonnées d'un vecteur

▶ Savoir-faire 3 Lire graphiquement les coordonnées d'un vecteur, p. 159

DÉFINITION

Soit $(O, \vec{i}, \vec{j})$ un repère du plan. On admet que, pour tout vecteur $\vec{u}$, il existe un point M tel que $\vec{u} = \overrightarrow{OM}$. Les coordonnées du vecteur $\vec{u}$ dans le repère $(O, \vec{i}, \vec{j})$ sont celles du point M dans ce repère.

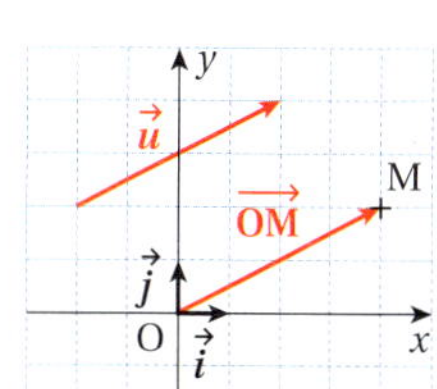

N On note : $\vec{u}(x\,;y)$ ou $\vec{u}\begin{pmatrix} x \\ y \end{pmatrix}$.

PROPRIÉTÉS

Soit $\vec{u}$ et $\vec{v}$ deux vecteurs de coordonnées respectives $(x\,;y)$ et $(x'\,;y')$ dans un repère $(O, \vec{i}, \vec{j})$.

1) $\vec{u} = \vec{v}$ équivaut à $x = x'$ et $y = y'$.

2) Le vecteur $\vec{u} + \vec{v}$ a pour coordonnées $(x + x'\,; y + y')$.

3) Le vecteur $k\vec{u}$ a pour coordonnées $(kx\,; ky)$.

REMARQUE

Si $\vec{u}$ a pour coordonnées $(x\,;y)$ alors $-\vec{u}$ a pour coordonnées $(-x\,;-y)$.

PROPRIÉTÉ

Soit A et B deux points de coordonnées respectives $(x_A\,;y_A)$ et $(x_B\,;y_B)$ dans un repère $(O, \vec{i}, \vec{j})$.
Le vecteur $\overrightarrow{AB}$ a pour coordonnées $(x_B - x_A\,; y_B - y_A)$.

DÉMONSTRATION

$\overrightarrow{AB} = \overrightarrow{AO} + \overrightarrow{OB} = -\overrightarrow{OA} + \overrightarrow{OB}$

Comme $-\overrightarrow{OA}$ et $\overrightarrow{OB}$ ont respectivement pour coordonnées $(-x_A\,;-y_A)$ et $(x_B\,;y_B)$, alors $\overrightarrow{AB}$ a pour coordonnées $(x_B - x_A\,; y_B - y_A)$. ■

▶ Savoir-faire 4
Calculer les coordonnées d'un point défini par une égalité vectorielle, p. 160

EXEMPLE

Soit A(3 ; 7) et B(–1 ; 4) dans un repère $(O, \vec{i}, \vec{j})$.

$x_B - x_A = -1 - 3 = -4$ et $y_B - y_A = 4 - 7 = -3$.

Le vecteur $\overrightarrow{AB}$ a donc pour coordonnées (–4 ; –3).

3 Critère de colinéarité

PROPRIÉTÉ

Soit $\vec{u}$ et $\vec{v}$ deux vecteurs de coordonnées respectives $(x\,;y)$ et $(x'\,;y')$ dans un repère $(O, \vec{i}, \vec{j})$.
$\vec{u}$ et $\vec{v}$ sont colinéaires équivaut à dire que les coordonnées des deux vecteurs sont proportionnelles soit : $xy' - yx' = 0$.

NOTE R

Il s'agit ici d'établir une condition nécessaire et suffisante de colinéarité.

DÉMONSTRATION

- Si l'un des deux vecteurs est nul, la condition est clairement vérifiée.
- Supposons maintenant que les vecteurs $\vec{u}$ et $\vec{v}$ soient non nuls.

S'ils sont colinéaires, il existe un réel k tel que $\vec{u} = k\vec{v}$.

On a alors $x = kx'$ et $y = ky'$, d'où finalement $xy' - x'y = kx'y' - x'ky' = 0$.

Réciproquement, supposons que les coordonnées vérifient la relation $xy' - yx' = 0$ et montrons que les vecteurs sont alors colinéaires.

Le vecteur $\vec{v}$ est non nul, l'une de ses coordonnées est donc non nulle, supposons qu'il s'agisse de x'. Posons alors $k = \frac{x}{x'}$. La relation $xy' - yx' = 0$ permet d'écrire $y = \frac{xy'}{x'} = ky'$, et on a alors bien établi que $\vec{u} = k\vec{v}$, c'est-à-dire que les vecteurs $\vec{u}$ et $\vec{v}$ sont colinéaires. ■

▶ Savoir-faire 5
Démontrer un parallélisme en utilisant la colinéarité, p. 160

▶ Savoir-faire 6
Démontrer un alignement en utilisant la colinéarité, p. 161

EXEMPLES

- Soit les vecteurs $\vec{u}(5\,;-3)$ et $\vec{v}(-15\,;9)$ dans un repère $(O, \vec{i}, \vec{j})$.

$5 \times 9 - (-3) \times (-15) = 45 - 45 = 0$. Les vecteurs $\vec{u}$ et $\vec{v}$ sont donc colinéaires.

REMARQUE On peut également observer directement que les coordonnées des vecteurs $\vec{u}$ et $\vec{v}$ sont proportionnelles : $\vec{v} = -3\vec{u}$.

- Soit les vecteurs $\vec{a}(4\,;-2)$ et $\vec{b}(-7\,;3)$ dans un repère $(O, \vec{i}, \vec{j})$.

$4 \times 3 - (-2) \times (-7) = 12 - 14 = -2 \neq 0$. Les vecteurs $\vec{a}$ et $\vec{b}$ ne sont donc pas colinéaires.

4 Coordonnées du milieu d'un segment

PROPRIÉTÉ

Soit A et B deux points de coordonnées respectives $(x_A ; y_A)$ et $(x_B ; y_B)$ dans un repère $(O, \vec{i}, \vec{j})$.
Le milieu M du segment [AB] a pour coordonnées :

$$\left(\frac{1}{2}(x_A + x_B) ; \frac{1}{2}(y_A + y_B)\right).$$

DÉMONSTRATION

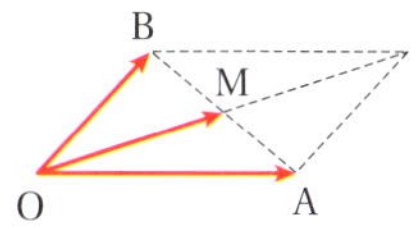

$\overrightarrow{OA} + \overrightarrow{OB}$ est un vecteur dont un représentant peut être la diagonale du parallélogramme construit à partir de O, A et B et qui a pour centre M.

Donc $\overrightarrow{OM} = \frac{1}{2}(\overrightarrow{OA} + \overrightarrow{OB})$.

$\overrightarrow{OM}$ (ou M) a donc les mêmes coordonnées que celles du vecteur $\frac{1}{2}(\overrightarrow{OA} + \overrightarrow{OB})$ soit $\left(\frac{1}{2}(x_A + x_B) ; \frac{1}{2}(y_A + y_B)\right)$. ■

REMARQUE

La relation vectorielle $\overrightarrow{OM} = \frac{1}{2}(\overrightarrow{OA} + \overrightarrow{OB})$ utilisée dans la démonstration précédente caractérise le milieu M du segment [AB].

EXEMPLE

▶ Savoir-faire 7
Démontrer en utilisant les coordonnées, p. 161

Soit A(2 ; 3) et B(−2 ; −1) dans un repère $(O, \vec{i}, \vec{j})$.
Les coordonnées du milieu M de [AB] sont :

$$\begin{cases} x_M = \frac{1}{2}(x_A + x_B) = \frac{1}{2}(2-2) = 0 \\ y_M = \frac{1}{2}(y_A + y_B) = \frac{1}{2}(3-1) = 1 \end{cases}.$$

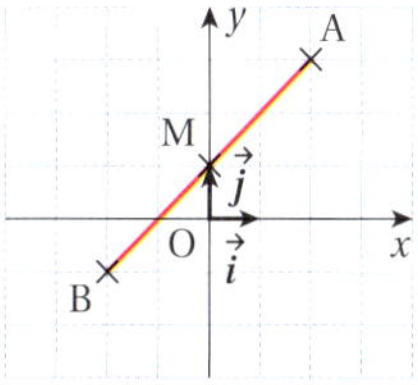

5 Distance dans un repère orthonormé

PROPRIÉTÉ

Soit A et B deux points de coordonnées respectives $(x_A ; y_A)$ et $(x_B ; y_B)$ dans un repère orthonormé $(O, \vec{i}, \vec{j})$.
La distance AB est donnée par :

$$AB = \sqrt{(x_B - x_A)^2 + (y_B - y_A)^2}.$$

REMARQUE

Cette propriété est une conséquence du théorème de Pythagore.

EXEMPLE

▶ Savoir-faire 7
Démontrer en utilisant les coordonnées, p. 161

Soit A(3 ; 2) et B(2 ; −2) dans un repère $(O, \vec{i}, \vec{j})$.
La distance AB, ou norme du vecteur $\overrightarrow{AB}$, est :

$$AB = \sqrt{(2-3)^2 + (-2-2)^2} = \sqrt{1+16} = \sqrt{17}.$$

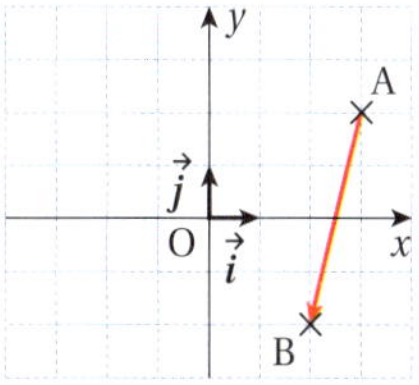

Savoir-faire

Savoir-faire 1 Représenter graphiquement un vecteur

ÉNONCÉ

1. Soit deux vecteurs $\vec{u}$ et $\vec{v}$.

Reproduire la figure suivante en respectant le quadrillage puis représenter les vecteurs :

a. $3\vec{u}$ **b.** $-\vec{v}$ **c.** $3\vec{u}-\vec{v}$

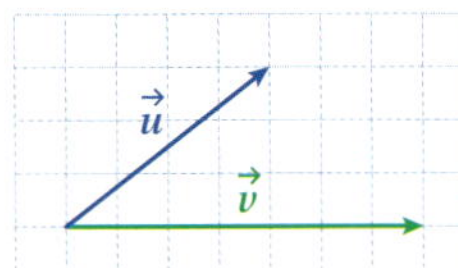

2. Soit trois points A, B et C.

Reproduire la figure suivante en respectant le quadrillage puis représenter le vecteur $2\overrightarrow{BC}-3\overrightarrow{AC}$.

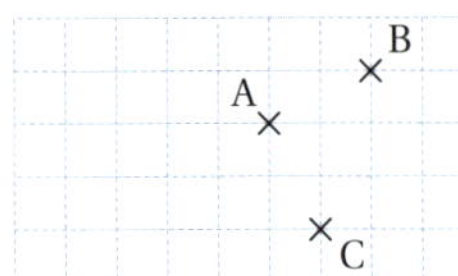

SOLUTION

1. a., b. et c.

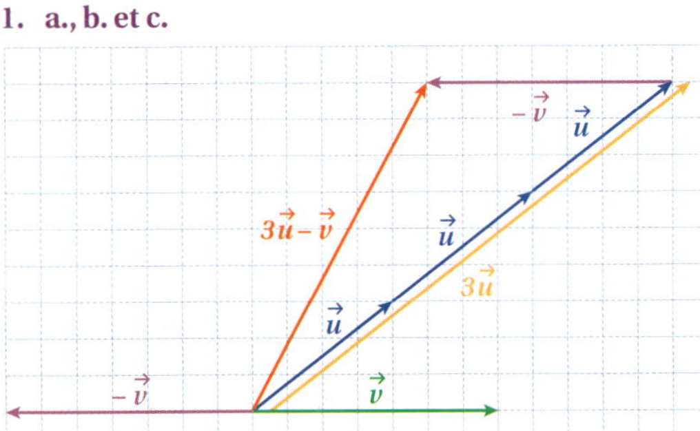

2.

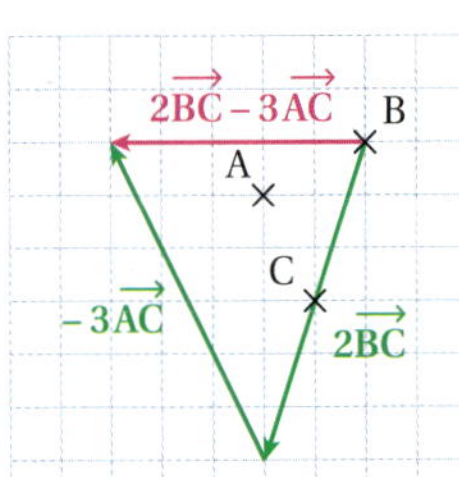

MÉTHODE

1. a. Pour représenter le vecteur $3\vec{u}$, on place bout à bout trois vecteurs $\vec{u}$.

b. Pour représenter le vecteur $-\vec{v}$, on représente un vecteur de même direction et même longueur que $\vec{v}$ mais de sens opposé.

c. Pour représenter le vecteur $3\vec{u}-\vec{v}$ ou $3\vec{u}+(-\vec{v})$, on place bout à bout les vecteurs $3\vec{u}$ et $-\vec{v}$.

REMARQUE

Dans « *le chemin* » de vecteurs ainsi construit, le vecteur $3\vec{u}-\vec{v}$ a pour origine celle du vecteur $3\vec{u}$ et pour extrémité celle du vecteur $-\vec{v}$.

On obtiendrait le même résultat en commençant par placer le vecteur $-\vec{v}$ et ensuite le vecteur $3\vec{u}$.

2. Pour représenter le vecteur $2\overrightarrow{BC}-3\overrightarrow{AC}$ ou $2\overrightarrow{BC}+(-3\overrightarrow{AC})$, on place bout à bout les vecteurs $2\overrightarrow{BC}$ et $-3\overrightarrow{AC}$.

Savoir-faire 2 Construire un point vérifiant une égalité vectorielle

ÉNONCÉ

Soit trois points A, B et C du plan.
Reproduire la figure ci-contre en respectant le quadrillage puis construire le point M tel que $\overrightarrow{AM} = \overrightarrow{AB} + 2\overrightarrow{AC}$.

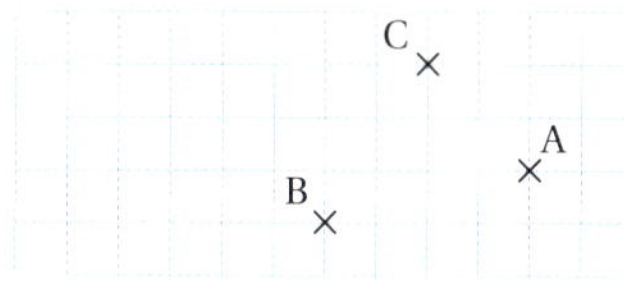

SOLUTION

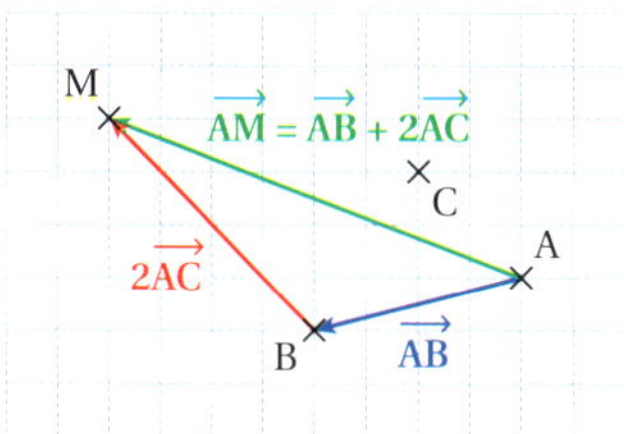

MÉTHODE

Pour représenter le vecteur $\overrightarrow{AM} = \overrightarrow{AB} + 2\overrightarrow{AC}$, on place bout à bout à partir de A les vecteurs $\overrightarrow{AB}$ et $2\overrightarrow{AC}$.
Le point M se trouve à l'extrémité du vecteur $2\overrightarrow{AC}$ dans « *le chemin* » de vecteurs ainsi construit.

Savoir-faire 3 Lire graphiquement les coordonnées d'un vecteur

ÉNONCÉ On considère $(O, \vec{i}, \vec{j})$ un repère du plan.

a. Lire graphiquement les coordonnées des vecteurs $\vec{u}$ et $\vec{v}$.

b. Représenter le vecteur $\vec{w}(-2\,;4)$.

c. Placer le point B tel que le vecteur $\overrightarrow{AB}$ ait pour coordonnées $(4\,;-3)$.

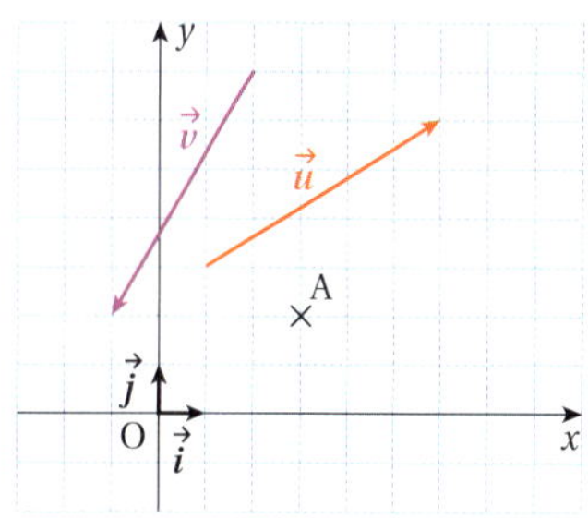

SOLUTION

a. Les coordonnées de $\vec{u}$ sont $(5\,;3)$.
Les coordonnées de $\vec{v}$ sont $(-3\,;-5)$.

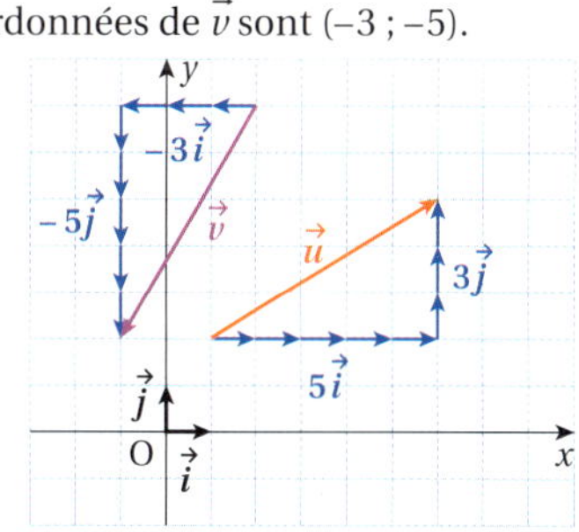

b. et **c.**

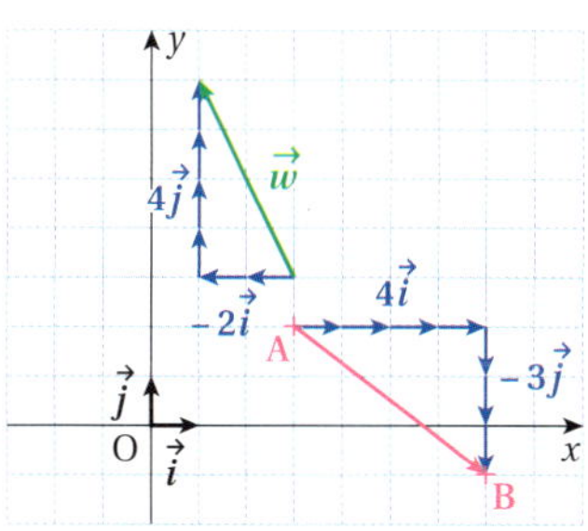

MÉTHODE

a. On trace un « *chemin* » de vecteurs $\vec{i}$ et $\vec{j}$ mis bout à bout reliant l'origine et l'extrémité du vecteur dont on cherche les coordonnées.

b. On exprime les coordonnées du vecteur $\vec{w}$ en fonction des vecteurs $\vec{i}$ et $\vec{j}$ (ici, $\vec{w} = -2\vec{i} + 4\vec{j}$).
À l'aide de cette expression, on construit, à partir de n'importe quel point du repère, le vecteur $\vec{w}$ connaissant les vecteurs $\vec{i}$ et $\vec{j}$ *(voir savoir-faire 1)*.

c. On exprime les coordonnées du vecteur $\overrightarrow{AB}$ en fonction des vecteurs $\vec{i}$ et $\vec{j}$ (ici, $\overrightarrow{AB} = 4\vec{i} - 3\vec{j}$).
À l'aide de cette expression, on construit, à partir du point A, le vecteur $\overrightarrow{AB}$ connaissant les vecteurs $\vec{i}$ et $\vec{j}$ *(voir savoir-faire 1)*.

Savoir-faire 4 Calculer les coordonnées d'un point défini par une égalité vectorielle

ÉNONCÉ

On considère $(O, \vec{i}, \vec{j})$ un repère du plan.
Soit les points A(–1 ; 3), B(3 ; 1) et C(6 ; 2).
Calculer les coordonnées du point D tel que ABCD soit un parallélogramme.

SOLUTION

Le quadrilatère ABCD est un parallélogramme si et seulement si on a l'égalité : $\overrightarrow{AD} = \overrightarrow{BC}$.
Cette égalité se traduit à l'aide des coordonnées :

$$\begin{cases} x_D - x_A = x_C - x_B \\ y_D - y_A = y_C - y_B \end{cases} \text{ soit } \begin{cases} x_D + 1 = 3 \\ y_D - 3 = 1 \end{cases}$$

$$\text{d'où } \begin{cases} x_D = 2 \\ y_D = 4 \end{cases}.$$

Les coordonnées du point D sont donc (2 ; 4).

MÉTHODE

Certaines propriétés géométriques se traduisent par des relations vectorielles.
Ici, on traduit la nature du quadrilatère par une égalité vectorielle qui permet de calculer des coordonnées de points.

REMARQUE

Quand les coordonnées sont entières, il est possible de vérifier le résultat en construisant la figure dans un repère.

Savoir-faire 5 Démontrer un parallélisme en utilisant la colinéarité

ÉNONCÉ

On considère $(O, \vec{i}, \vec{j})$ un repère du plan.
Soit les points A(–1 ; 1), B(3 ; 2), C(–2 ; –3) et D(6 ; –1).
Démontrer que les droites (AB) et (CD) sont parallèles.

SOLUTION

Les coordonnées du vecteur $\overrightarrow{AB}$ sont :

$$\begin{pmatrix} 3-(-1) \\ 2-1 \end{pmatrix} \text{ soit } \begin{pmatrix} 4 \\ 1 \end{pmatrix}.$$

Les coordonnées du vecteur $\overrightarrow{CD}$ sont :

$$\begin{pmatrix} 6-(-2) \\ -1-(-3) \end{pmatrix} \text{ soit } \begin{pmatrix} 8 \\ 2 \end{pmatrix}.$$

Les coordonnées de $\overrightarrow{AB}$ et $\overrightarrow{CD}$ vérifient le critère de colinéarité des vecteurs :

$$4 \times 2 - 1 \times 8 = 0.$$

On en déduit que les vecteurs $\overrightarrow{AB}$ et $\overrightarrow{CD}$ sont colinéaires.
Les droites (AB) et (CD) sont donc parallèles.

MÉTHODE

Pour démontrer que deux droites sont parallèles, il suffit de démontrer que des vecteurs de chacune de ces droites sont colinéaires.
Ici, il suffit par exemple de démontrer que les vecteurs $\overrightarrow{AB}$ et $\overrightarrow{CD}$ sont colinéaires.
On calcule donc les coordonnées de ces vecteurs.
Puis on applique le critère de colinéarité.

REMARQUE

On peut aussi observer directement que les coordonnées des deux vecteurs sont proportionnelles (*ici*, $\overrightarrow{CD} = 2\overrightarrow{AB}$).

Savoir-faire 6 Démontrer un alignement en utilisant la colinéarité

ÉNONCÉ On considère $(O, \vec{i}, \vec{j})$ un repère du plan.
Soit les points B(3 ; 2), D(6 ; –1) et E(5 ; 0).
Démontrer que les points E, B et D sont alignés.

SOLUTION

Les coordonnées du vecteur $\overrightarrow{EB}$ sont :

$\begin{pmatrix} 3-5 \\ 2-0 \end{pmatrix}$ soit $\begin{pmatrix} -2 \\ 2 \end{pmatrix}$.

Les coordonnées du vecteur $\overrightarrow{ED}$ sont :

$\begin{pmatrix} 6-5 \\ -1-0 \end{pmatrix}$ soit $\begin{pmatrix} 1 \\ -1 \end{pmatrix}$.

Les coordonnées de $\overrightarrow{EB}$ et $\overrightarrow{ED}$ vérifient le critère de colinéarité des vecteurs :

$$-2 \times (-1) - 2 \times 1 = 0.$$

On en déduit que les vecteurs $\overrightarrow{EB}$ et $\overrightarrow{ED}$ sont colinéaires.
Les points E, B et D sont donc alignés.

MÉTHODE

Pour démontrer que trois points sont alignés, il suffit de démontrer que deux vecteurs distincts formés par ces points sont colinéaires.
Ici, il suffit par exemple de démontrer que les vecteurs $\overrightarrow{EB}$ et $\overrightarrow{ED}$ sont colinéaires.
On calcule donc les coordonnées de ces vecteurs.
Puis on applique le critère de colinéarité.

REMARQUE

On peut aussi observer directement que les coordonnées des deux vecteurs sont proportionnelles (*ici*, $\overrightarrow{EB} = -2\overrightarrow{ED}$).

Savoir-faire 7 Démontrer en utilisant les coordonnées

ÉNONCÉ On considère les points A(2 ; 1), B(6 ; –1) et C(4 ; 3) du plan muni du repère $(O, \vec{i}, \vec{j})$.

a. Démontrer que le triangle ABC est isocèle en B.

b. Démontrer que le milieu I du segment [AB] appartient à l'axe des abscisses.

SOLUTION

a. Le triangle ABC est isocèle en B si AB = BC.
Calculons les longueurs AB et BC :

$AB = \sqrt{(6-2)^2 + (-1-1)^2}$ $\quad$ $BC = \sqrt{(4-6)^2 + (3-(-1))^2}$

$AB = \sqrt{4^2 + (-2)^2}$ $\quad$ $BC = \sqrt{(-2)^2 + 4^2}$

$AB = \sqrt{16+4}$ $\quad$ $BC = \sqrt{4+16}$

$AB = \sqrt{20}$ $\quad$ $BC = \sqrt{20}$

AB = BC donc le triangle ABC est isocèle en B.

b. Calculons les coordonnées du milieu I de [AB] :

$x_I = \frac{1}{2}(6+2) = 4$ et $y_I = \frac{1}{2}(-1+1) = 0$.

L'ordonnée du point I est nulle donc le point I appartient à l'axe des abscisses.

MÉTHODE

a. On applique la formule permettant de calculer la distance entre deux points A et B de coordonnées respectives $(x_A ; y_A)$ et $(x_B ; y_B)$:

$$AB = \sqrt{(x_B - x_A)^2 + (y_B - y_A)^2}.$$

b. On applique la formule permettant de calculer les coordonnées du milieu $I(x_I ; y_I)$ de deux points A et B de coordonnées respectives $(x_A ; y_A)$ et $(x_B ; y_B)$:

$$x_I = \frac{1}{2}(x_A + x_B) \quad \text{et} \quad y_I = \frac{1}{2}(y_A + y_B).$$

Travaux pratiques

TP TICE 1 Lire des coordonnées dans différents repères

Objectif : Avec un logiciel de géométrie dynamique, s'entraîner à lire des coordonnées dans des repères non orthonormés.

1 Dans le repère $(A, \overrightarrow{AB}, \overrightarrow{AD})$, donner les coordonnées de tous les points de la figure ci-contre formée de quatre parallélogrammes ABED, BCFE, EFIH et DEHG.

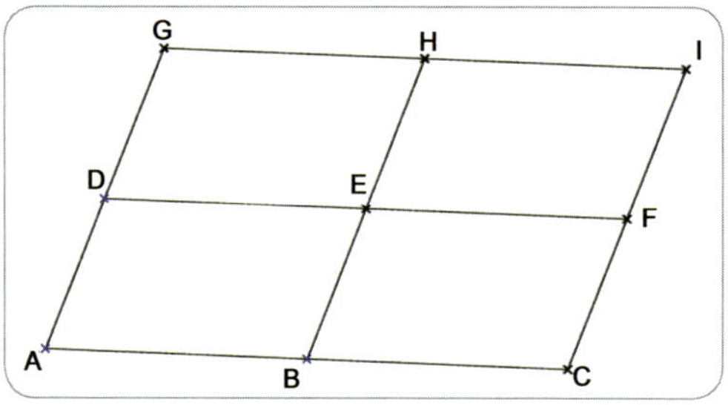

2 **a.** À l'aide d'un logiciel de géométrie dynamique, reproduire la figure ci-contre.
On commencera par placer trois points A, B et D libres.

b. Afficher les axes et déplacer les points A, B et D de façon à ce que le repère $(A, \overrightarrow{AB}, \overrightarrow{AD})$ se superpose avec le repère du logiciel.

c. La lecture des coordonnées des points de la figure peut maintenant se faire à l'aide du logiciel.
Effectuer une autocorrection de la question **1**.

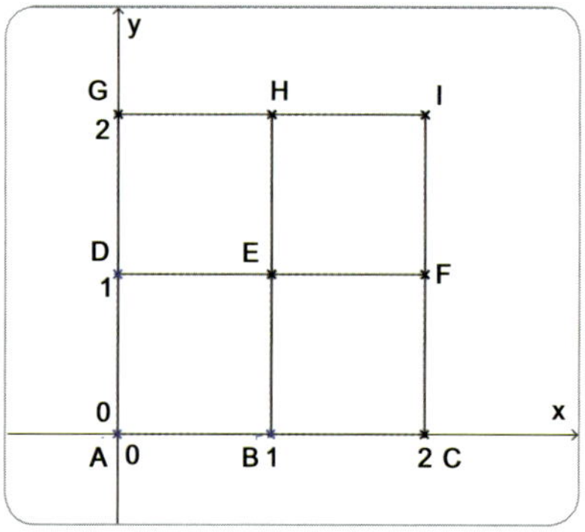

3 **a.** Supprimer les axes et ramener la figure à sa position initiale.
b. Dans le repère $(D, \overrightarrow{DF}, \overrightarrow{DG})$, donner les coordonnées de tous les points de la figure.
c. Afficher à nouveau les axes et déplacer les points A, B et D de façon à ce que le repère $(D, \overrightarrow{DF}, \overrightarrow{DG})$ se superpose avec le repère du logiciel.
d. Effectuer une autocorrection de la question **3 b**.

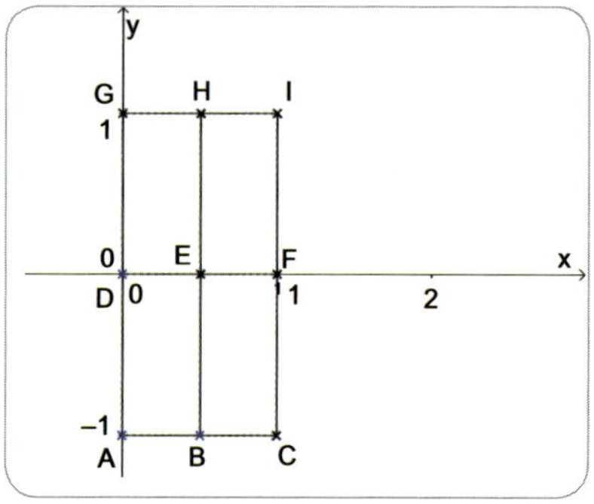

4 Reprendre les questions **3 a** à **3 d** avec les repères suivants :
a. $(E, \overrightarrow{EF}, \overrightarrow{EH})$
b. $(B, \overrightarrow{BA}, \overrightarrow{BE})$
c. $(C, \overrightarrow{CB}, \overrightarrow{CI})$

En géographie et en astronomie,

on utilise d'autres types de repères que ceux présentés ici.

- Pour repérer des lieux sur la planète, les géographes utilisent des coordonnées géographiques : latitude et longitude (→ ex. 93 et 94 p. 179).
- Pour repérer les astres et constellations sur la sphère céleste, les astronomes utilisent quant à eux différents systèmes de coordonnées (→ ex. 109 p. 182).

TICE 2 Démontrer avec les vecteurs

Objectif : Résoudre un problème d'alignement à l'aide d'un logiciel de géométrie dynamique.

1 Construction

a. On considère un parallélogramme ABCD de centre O et un point M situé à l'extérieur de ce parallélogramme.
Réaliser la figure à l'aide d'un logiciel de géométrie dynamique.

b. Construire les points N et P tels que les quadrilatères AMDN et AMPB soient des parallélogrammes.

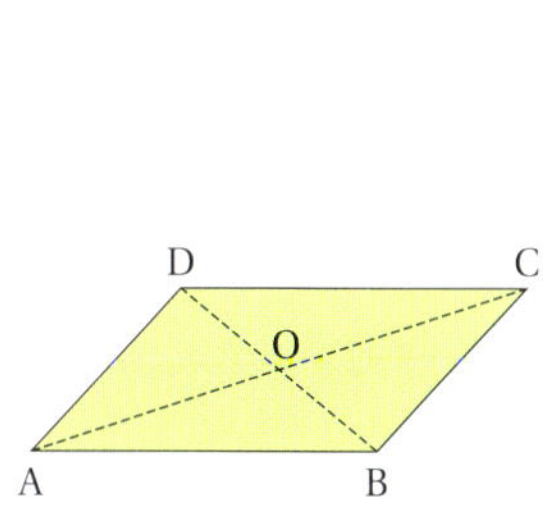

2 Conjectures

Pour établir les conjectures demandées, on pourra manipuler le point M *à la souris.*

a. Que peut-on dire des vecteurs $\overrightarrow{MA}$, $\overrightarrow{DN}$ et $\overrightarrow{PB}$?

b. Que peut-on dire de la position des points N, O et P ?

3 Démonstrations

a. Démontrer la conjecture établie au 2 a.

b. Démontrer la conjecture établie au 2 b.

TICE 3 Somme nulle

Objectif : Trouver la position d'un point défini par une égalité vectorielle à l'aide d'un logiciel de géométrie dynamique.

1 Construction

a. Avec un logiciel de géométrie dynamique, construire un triangle ABC et un point M à l'intérieur du triangle ABC.

b. Marquer les vecteurs $\overrightarrow{MA}$, $\overrightarrow{MB}$ et $\overrightarrow{MC}$.

c. Construire la somme de vecteurs $\overrightarrow{MA} + \overrightarrow{MB} + \overrightarrow{MC}$.

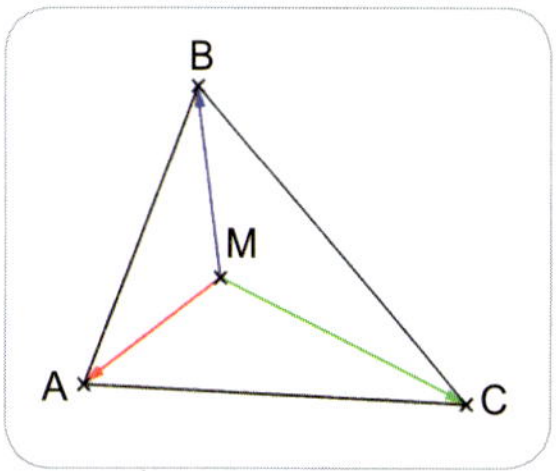

2 Conjecture

Pour établir la conjecture, on pourra manipuler le point M *à la souris dans différentes situations de* A, B *et* C.

Conjecturer la position du point M pour laquelle on a :
$\overrightarrow{MA} + \overrightarrow{MB} + \overrightarrow{MC} = \vec{0}$.

COUP DE POUCE

On pourra construire les demi-droites [AM), [BM) et [CM).

3 Démonstration

On se propose de démontrer la conjecture établie à la question 2.

a. Soit I le milieu de [BC]. Démontrer que $\overrightarrow{MB} + \overrightarrow{MC} = 2\overrightarrow{MI}$.
En déduire que les points A, M et I sont alignés.

b. Soit J le milieu de [AC]. Démontrer que les points B, M et J sont alignés.

c. Conclure.

TP TICE 4 Longueurs égales dans un parallélogramme

Objectif : Trouver la position de points à l'aide d'un logiciel de géométrie dynamique.

1 Construction

Soit un parallélogramme ABCD.
I est le milieu de [AB]. J est le milieu de [CD].
La droite (AJ) coupe [BD] en M et la droite (CI) coupe [BD] en N.
Réaliser la figure à l'aide d'un logiciel de géométrie dynamique.

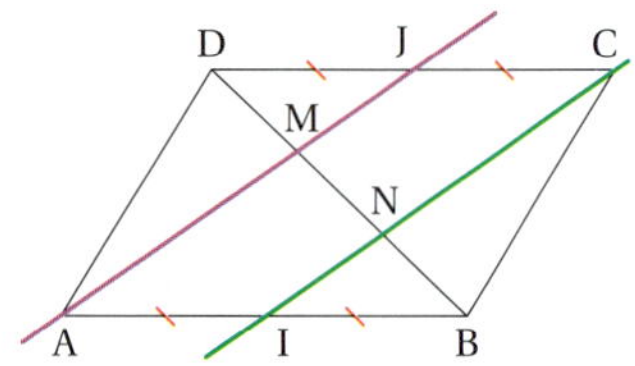

2 Conjecture

Pour établir la conjecture, on pourra manipuler des sommets du parallélogramme ABCD *à la souris.*
Quelle conjecture peut-on faire sur la position des points M et N sur le segment [BD] ?

3 Démonstration

On se propose de démontrer la conjecture établie à la question **2**.

a. Prouver que $\overrightarrow{AI} = \overrightarrow{JC}$.
En déduire que les droites (AJ) et (IC) sont parallèles.

b. Prouver que DM = MN.

c. Prouver de même que BN = MN.

d. Conclure.

TP TICE 5 Que de milieux !

Objectifs : • Conjecturer un problème d'alignement à l'aide d'un logiciel de géométrie dynamique.
• Démontrer analytiquement la conjecture.

1 Construction

a. Avec un logiciel de géométrie dynamique, construire un triangle quelconque ABC.

b. Construire successivement les milieux suivants :

- I milieu de [AB] ;
- J milieu de [AC] ;
- D milieu de [IJ] ;
- E milieu de [BC] ;
- F milieu de [BJ] ;
- G milieu de [CI] ;
- H milieu de [FG].

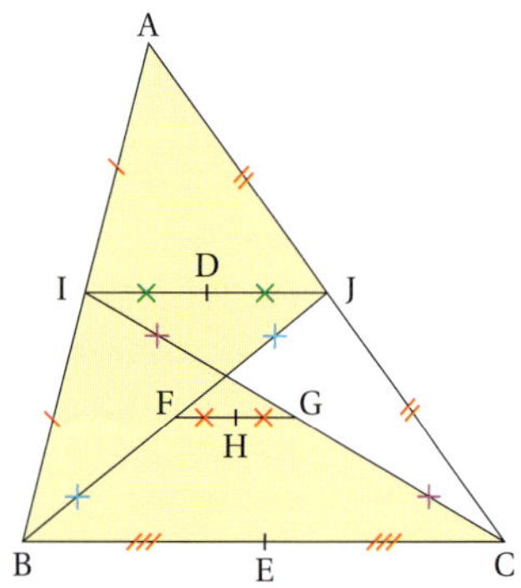

2 Conjecture

Pour établir la conjecture, on pourra manipuler les points A, B *et* C *à la souris.*
Quelle conjecture peut-on faire sur les points D, H et E ?

3 Démonstration

On se propose de démontrer la conjecture établie à la question **2**.

a. Dans le repère $(B, \overrightarrow{BC}, \overrightarrow{BI})$, donner successivement les coordonnées des points A, B, C, I, J, D, E, F, G et H.

b. Conclure.

VOIR FICHES ALGORITHMIQUE P. 11

Algorithmique 1 Construction du quatrième sommet d'un parallélogramme

Objectif : Lire et interpréter un algorithme écrit dans un langage de programmation.

Voici une séquence de construction avec le logiciel Xcas.
En rouge, les commandes qui ont été entrées, en bleu les réponses du programme.

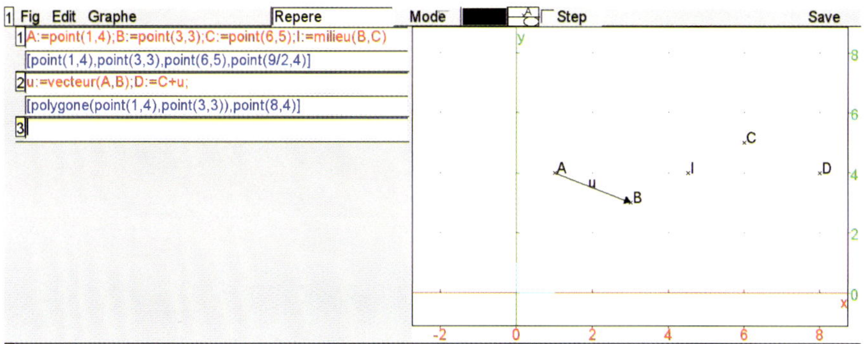

1 Vérifier les coordonnées du point I.

2 **a.** Comment peut-on interpréter géométriquement la commande « D:=(C+u) » ?

b. Quelle est la nature du quadrilatère ABDC ?

c. Vérifier les coordonnées du point D.

3 Écrire une ligne de commande remplaçant la ligne 2 et permettant de construire le point D à partir du point I.

Algorithmique 2 Coordonnées et norme d'un vecteur

Objectif : Identifier les variables et améliorer un algorithme.

Vanessa a programmé sur sa calculatrice le calcul des coordonnées $(x\,;y)$ d'un vecteur $\overrightarrow{AB}$ à partir de deux points repérés $A(m\,;n)$ et $B(p\,;q)$.

```
PROGRAM:COORDVEC
:Prompt M,N,P,Q
:P-M→X
:Q-N→Y
:Disp X,Y
```

Cynthia lui fait remarquer qu'avec une ligne en plus, elle obtiendrait aussi la norme du vecteur $\overrightarrow{AB}$.

Modifier le programme de Vanessa comme le suggère Cynthia.

TP

Algorithmique 3 Colinéarité, alignement

Objectif : Détecter une erreur dans un algorithme et l'adapter à une situation particulière.

Voici un algorithme programmé en Python qui teste la colinéarité de deux vecteurs.
Malheureusement, une erreur s'est glissée dans le programme.

```
def colinearite():
    xa=input ('abscisse de A');
    ya=input ('ordonnee de A');
    xb=input ('abscisse de B');
    yb=input ('ordonnee de B');
    xc=input ('abscisse de C');
    yc=input ('ordonnee de C');
    xd=input ('abscisse de D');
    yd=input ('ordonnee de D');
    m=xb-xa;
    n=yb-ya;
    p=xd-xc;
    q=yd-yc;
    if m*p-n*q==0:
        print 'les vecteurs sont colineaires'
    else:
        print 'les vecteurs ne sont pas colineaires'
```

1. Retrouver et corriger l'erreur.
2. Adapter ce programme pour tester l'alignement de trois points.

TP

Algorithmique 4 Triangles isocèles

Objectif : Tester un algorithme et identifier le rôle des variables.

Pour tester si un triangle ABC est isocèle à partir de ses sommets repérés, on construit l'algorithme suivant :

```
Entrée :       xa et ya les coordonnées de A.
               xb et yb les coordonnées de B.
               xc et yc les coordonnées de C.

Traitement     a=(xb-xc)²+(yb-yc)²
et sortie :    b=(xa-xc)²+(ya-yc)²
               si a=b
                   alors afficher « Le triangle ABC est isocèle en C.»
               sinon
                   c=(xa-xb)²+(ya-yb)²
                   si a=c
                       afficher « Le triangle ABC est isocèle en B.»
                   sinon
                       si b=c
                           afficher « Le triangle ABC est isocèle en A.»
                       sinon
                           afficher « Le triangle ABC n'est pas isocèle.»
```

1. Tester l'algorithme avec les points A(–1 ; –1), B(7 ; 3) et C(2 ; 3).
2. **a.** Que représentent les variables a, b et c ?
   b. Pourquoi le calcul de c n'est-il pas réalisé en même temps que celui de a et b ?
3. Modifier l'algorithme afin qu'il affiche plutôt « Le triangle ABC est équilatéral. » lorsque c'est le cas.

Algorithmique 5 Construction de figures par itération

Objectifs : • Construire une figure décrite dans un algorithme.
• Construire un algorithme décrivant une figure.

Dans cet exercice, on utilise la syntaxe du module tortue de Python.
Les fonctions et commandes de ce module sont expliquées p. 16.

1 La fonction **truc** est définie par les instructions ci-contre.

a. Construire à la règle graduée et au rapporteur la figure **truc(60, 50, 80)**, l'unité graphique étant le millimètre.

b. Justifier la nature de l'objet **truc(a, l, L)**.

```
>>> def truc(a,l,L):
        forward(l)
        left(a)
        forward(L)
        left(180-a)
        forward(l)
        left(a)
        forward(L)
```

2 La fonction **multitruc** est définie par les instructions ci-contre.

a. Si $n = 4$, quelle est la nature des figures qui composent **multitruc(4)** ?

b. Construire à la règle graduée et au rapporteur la figure **multitruc(6)**.

```
>>>def multitruc(n):
        a=360/n
        for i in range(n):
                truc(a,50,80)
                left(180)
```

c. La figure **multitruc(13)** a un défaut : elle ne se ferme pas. Expliquer cette erreur, en précisant le nombre de degrés manquant pour que la figure se referme.

multitruc(13)

3 Définir la fonction **eolienne**, qui construit une figure constituée d'une répétition de n parallélogrammes de dimensions 50 et 80, n étant variable. Une **eolienne** est un **multitruc** dont seul un parallélogramme sur deux est dessiné.

eolienne(9)

4 Définir la fonction **etoile**, qui construit une figure constituée d'une répétition de n paires de parallélogrammes symétriques de dimensions 50 et 80, n étant variable.

etoile(6)

TP Problème ouvert 1 Cercle et parallélogrammes

Soit un segment [AB] et un point C de ce segment.

1. Tracer le cercle de diamètre [AC] et placer un point P sur ce cercle.
Construire le point M tel que le quadrilatère APMB soit un parallélogramme.
Construire le point N tel que le quadrilatère APBN soit un parallélogramme.

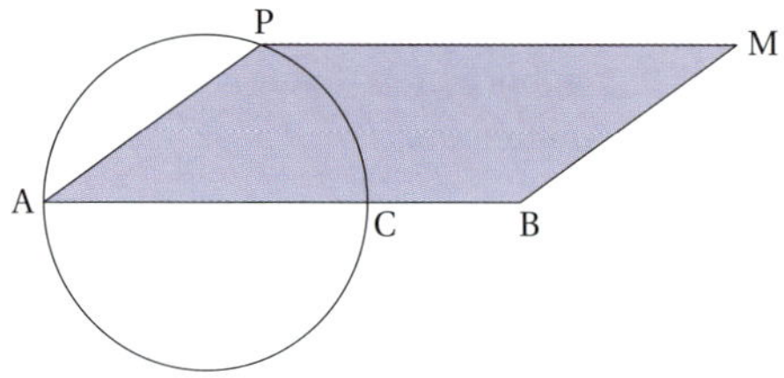

2. À l'aide d'un logiciel de géométrie dynamique, conjecturer la position des points M, B et N.

3. Démontrer ce résultat.

TP Problème ouvert 2 Dans un parallélogramme

Soit un parallélogramme ABCD.
E est le milieu du segment [BC].
A' est le symétrique de A par rapport à B.

1. À l'aide d'un logiciel de géométrie dynamique, que peut-on conjecturer sur les points A', E et D ?

2. Démontrer ce résultat.

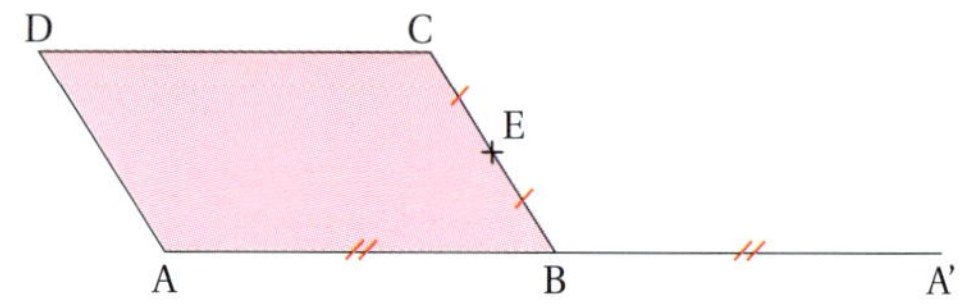

TP Problème ouvert 3 Dans un trapèze

Soit ABCD un trapèze tel que (AB) et (CD) sont parallèles.
On note I, J, K et L les milieux respectifs des segments [AD], [AC], [BD] et [BC].

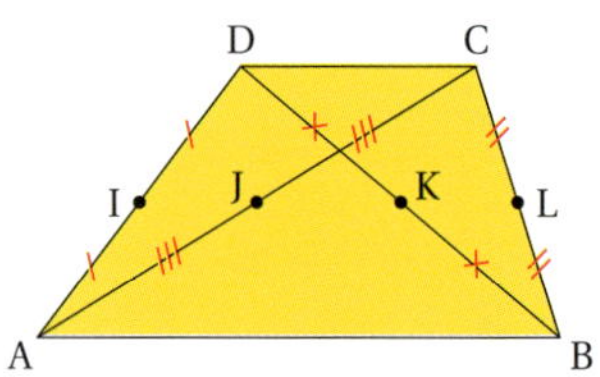

1. À l'aide d'un logiciel de géométrie dynamique, que peut-on conjecturer sur les segments [IL] et [JK] ?

2. Démontrer ce résultat.

Problème ouvert 4 Droites parallèles (1)

Soit un triangle ABC.
I est le milieu du segment [BC].
Soit P un point quelconque de [AC].
La parallèle à (BC) passant par P coupe le segment [AB] en E.
La parallèle à (AB) passant par P coupe le segment [BC] en F.

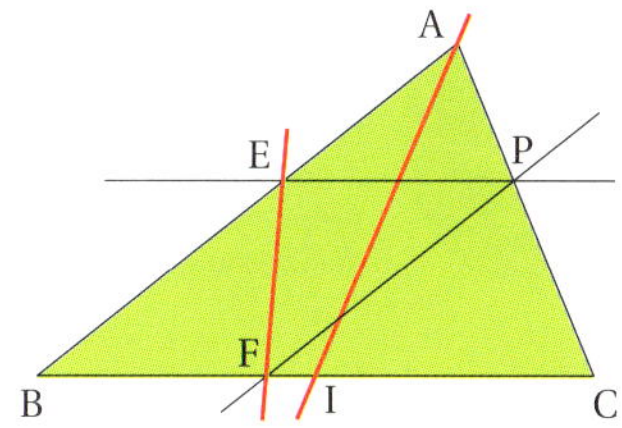

1 À l'aide d'un logiciel de géométrie dynamique, conjecturer la position du point P pour laquelle les droites (AI) et (EF) sont parallèles.

2 Démontrer ce résultat.

COUP DE POUCE

On pourra se placer dans le repère $(B, \overrightarrow{BC}, \overrightarrow{BA})$.

Problème ouvert 5 Droites parallèles (2)

Soit ABCD un parallélogramme.
P est un point quelconque se trouvant à l'intérieur du parallélogramme ABCD.
La parallèle à (BC) passant par P coupe le segment [AB] en M et le segment [DC] en N.
La parallèle à (AB) passant par P coupe le segment [AD] en R et le segment [BC] en S.

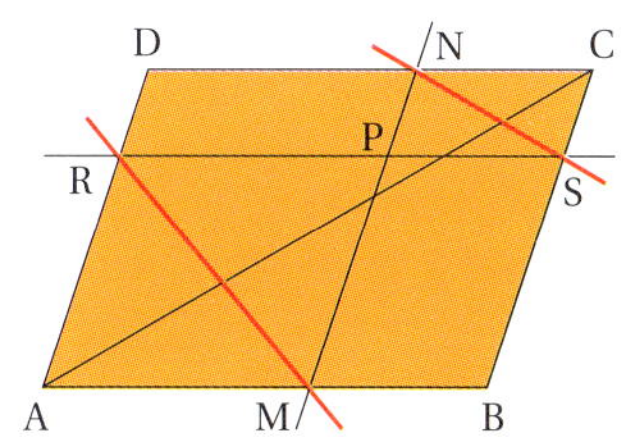

1 À l'aide d'un logiciel de géométrie dynamique, conjecturer les positions du point P pour lesquelles les droites (MR) et (NS) sont parallèles.

2 Démontrer ce résultat.

COUP DE POUCE

On pourra se placer dans le repère $(A, \overrightarrow{AB}, \overrightarrow{AD})$.

Problème ouvert 6 Milieu cherche son segment

Soit d et d' deux droites sécantes en A.
B est un point qui n'appartient à aucune des droites d et d'.

Construire le segment [PQ] tel que :
- P appartient à d ;
- Q appartient à d' ;
- B est le milieu de [PQ].

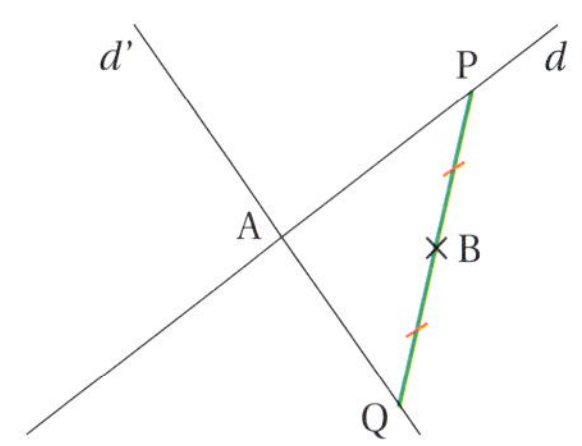

THALÈS de MILET
(~ 624 av. J.-C. - ~ 547 av. J.-C., Grèce)
Il énonce des propositions de géométrie plane.

Luca PACIOLI
(~ 1445 - 1517, Italie)
Il vulgarise les travaux de la géométrie euclidienne.

Hermann GRASSMANN
(1809 - 1877, Allemagne)
Il pose les bases de la notion de vecteur et du calcul vectoriel.

La géométrie, un don du Nil

Les origines en Égypte

Pour l'historien grec HÉRODOTE (~ 484 av. J.-C. - ~ 425 av. J.-C.), à qui l'on doit la célèbre phrase « *l'Égypte est un don du Nil* », la **géométrie** trouve ses origines 2000 ans avant notre ère dans les crues répétées du Nil :
« *[...] ce même roi fit le partage des terres, assignant à chaque Égyptien une portion égale de terre, et carrée, [...].*
Si le fleuve enlevait à quelqu'un une partie de sa portion, il allait trouver le roi [...]. Ce prince envoyait sur les lieux des arpenteurs pour voir de combien l'héritage était diminué [...]. Voilà, je crois, l'origine de la géométrie [...] »
Pour reconstituer les limites des terrains et construire des angles droits, les arpenteurs égyptiens utilisaient la corde à treize nœuds (ou corde égyptienne) (→ 1).

↑ **1.** La corde à 13 noeuds (de longueur 12) forme un angle droit lorsque le triangle a pour dimensions 3, 4, 5.

La géométrie euclidienne

Les premiers pas de la géométrie grecque se font avec THALÈS de MILET, connu notamment pour avoir calculé la hauteur de la pyramide de Khéops.
Trois siècles plus tard, EUCLIDE écrit *Les Éléments* (~ 300 av. J.-C.), ouvrage en 13 livres dont 9 sur la géométrie. Cette oeuvre constituera les fondements de la géométrie durant près de 2000 ans.

Ainsi, avec les savants grecs de l'Antiquité, la géométrie gagne en rigueur : les formules sont appliquées pour donner des valeurs exactes, les propriétés sont démontrées dans le cas général.

Art et géométrie projective

À la Renaissance, les besoins en dessin et en peinture font naître en Europe la perspective. En s'appuyant sur les tableaux d'un maître de l'époque, Piero della Francesca (~ 1416 - 1492) (→ 2), le mathématicien italien Luca PACIOLI traite, entre autres, de l'usage de la perspective dans les œuvres picturales.
Les règles, précises et rigoureuses, de la perspective sont clairement explicitées et constituent des préceptes de la **géométrie projective**.

Géométrie analytique et calcul vectoriel

Au XVIIe siècle, René DESCARTES (1596 - 1650) propose de se placer dans un repère pour traiter tout problème de géométrie avec les outils algébriques (cf. chapitre 2 p. 60) : la **géométrie analytique** est née.
Au XIXe siècle, le mathématicien et physicien allemand Hermann GRASSMANN pose les bases des opérations sur les segments orientés, aujourd'hui appelés vecteurs, pour les besoins de la mécanique : addition de forces, de vitesses... Le **calcul vectoriel** prend alors réellement son essor.

↑ **2.** *La cité idéale*, tableau attribué à Piero della Francesca, vers 1470.

Exercices d'application

Notion de vecteur

1 Retrouver les translations qui permettent de passer d'une figure à l'autre en précisant dans chaque cas le vecteur de la translation.

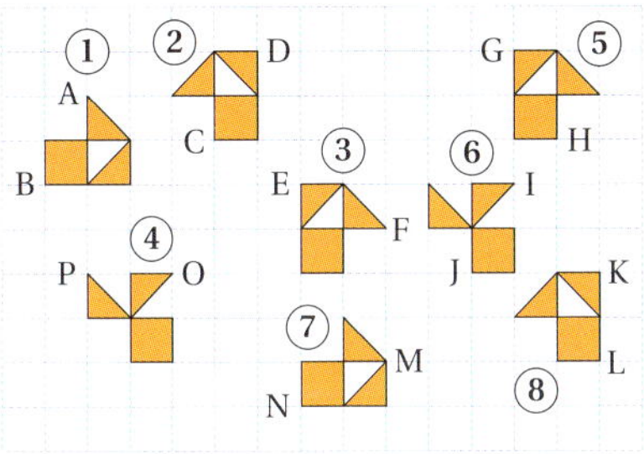

2 Observer la figure ci-dessous, puis reproduire et compléter le tableau suivant.

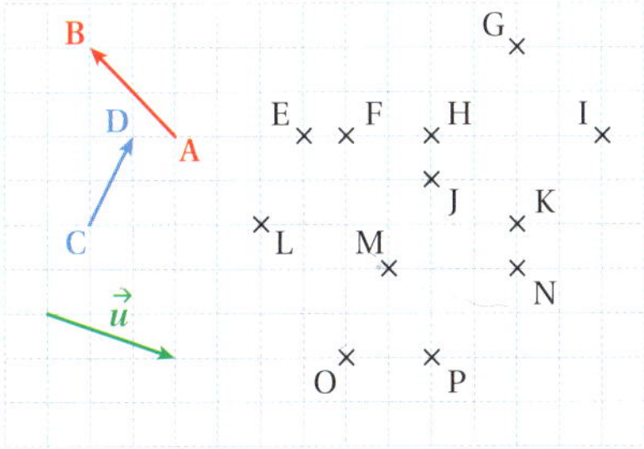

L'image du point …	par la translation de vecteur …	est le point ….
N	$\overrightarrow{AB}$	…
L	$\overrightarrow{CD}$	…
…	$\vec{u}$	M
I	…	G
M	…	J
…	$\vec{u}$	J
O	$\overrightarrow{CD}$	…
…	$\overrightarrow{AB}$	H

3 **a.** Reproduire sur un quadrillage le quadrilatère ABCD ci-contre.
b. Construire l'image de ABCD par la translation de vecteur $\overrightarrow{AB}$ puis par la translation de vecteur $\overrightarrow{AC}$.

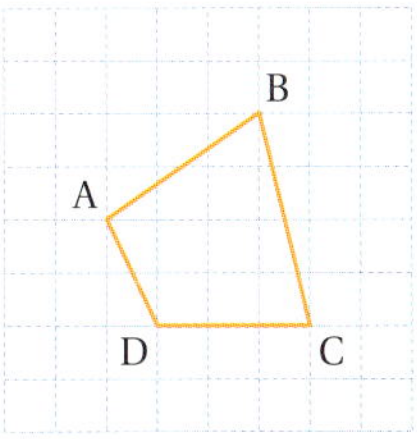

4 Reproduire une figure comme ci-contre et tracer son image par la translation de vecteur $\vec{u}$.

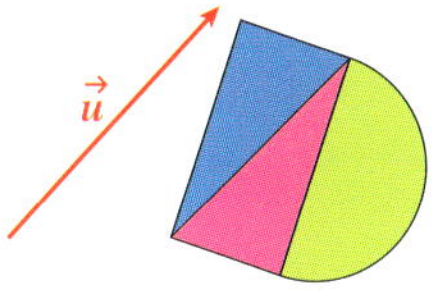

5

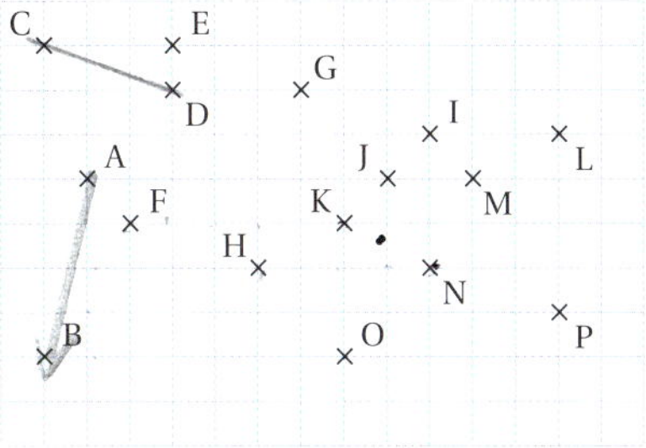

a. Citer tous les vecteurs égaux au vecteur $\overrightarrow{AB}$.
b. Même question pour $\overrightarrow{CD}$.
c. Même question pour $\overrightarrow{DC}$.

6 **Vrai ou faux ?**
On considère la figure ci-dessous.

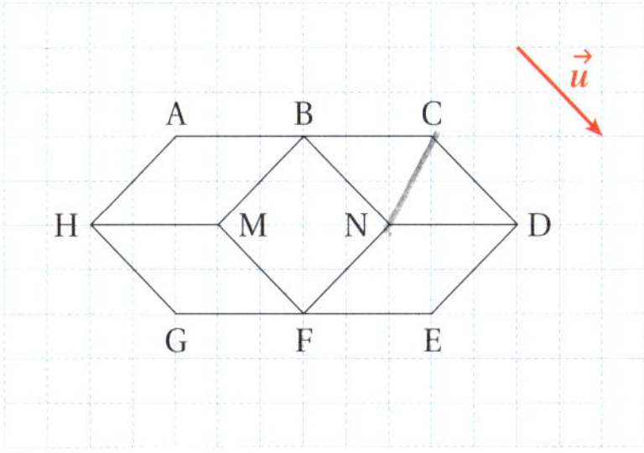

Pour chacune des égalités suivantes, indiquer si elle est vraie ou fausse.
a. BM = MF
b. $\overrightarrow{BM} = \overrightarrow{MF}$
c. $\overrightarrow{AB} = \overrightarrow{BC}$
d. $\overrightarrow{HG} = \overrightarrow{MF} = \overrightarrow{BN} = \overrightarrow{CD} = \vec{u}$
e. $\overrightarrow{FG} = \overrightarrow{FE}$
f. $\overrightarrow{CN} = \overrightarrow{BM}$
g. $\overrightarrow{DE} = \overrightarrow{AH}$

7 Soit cinq points A, B, C, D et E tels que :
$\overrightarrow{AB} = \overrightarrow{CD}$ et CD = DE.
Recopier et compléter les égalités suivantes.
a. $\overrightarrow{B...} = \overrightarrow{...C}$
b. E… = B…
c. $\overrightarrow{...B} = \overrightarrow{...A}$
d. $\overrightarrow{BB} = \overrightarrow{E...}$
e. $\overrightarrow{A...} = -\overrightarrow{D...}$
f. $-\overrightarrow{A...} = -\overrightarrow{...D}$

8 **1.** Construire un triangle MNP.

2. a. Placer le point A tel que $\overrightarrow{MP} = \overrightarrow{NA}$.

b. Placer le point B tel que $\overrightarrow{MP} = -\overrightarrow{NB}$.

c. Placer le point C tel que $-\overrightarrow{CP} = \overrightarrow{NA}$.

3. Que peut-on en déduire sur la position de N et de P ? Justifier.

9 **1.** Placer trois points A, B et C tels que $\overrightarrow{AB} = \overrightarrow{BC}$.

2. a. Placer un point D tel que $\overrightarrow{BD} = \overrightarrow{DC}$.

b. Placer le point E tel que $\overrightarrow{DC} = \overrightarrow{CE}$.

c. Placer le point F tel que $\overrightarrow{FB} = \overrightarrow{BD}$.

3. Prouver que D est le milieu de [EF].

10 Soit trois vecteurs $\vec{u}$, $\vec{v}$ et $\vec{w}$. Représenter les vecteurs suivants :
$2\vec{u}$; $-3\vec{v}$; $-\vec{w}$; $2\vec{u} - 3\vec{v} - \vec{w}$.

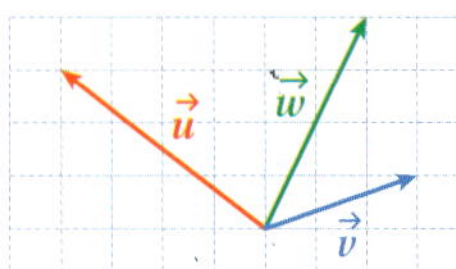

▶ Savoir-faire 1 p. 158

11 Soit trois vecteurs $\vec{u}$, $\vec{v}$ et $\vec{w}$. Représenter les vecteurs suivants :

$-\vec{u}$; $-2\vec{v}$; $\frac{1}{2}\vec{w}$;

$-\vec{u} - 2\vec{v} + \frac{1}{2}\vec{w}$.

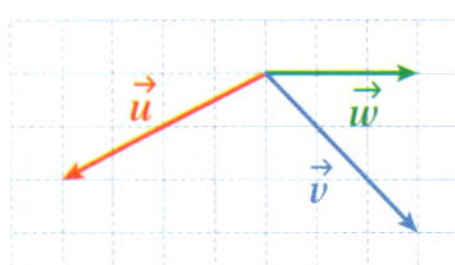

12 **a.** Reproduire sur un quadrillage les trois points A, B et C.

b. Représenter les vecteurs $\vec{a}$ et $\vec{b}$ tels que :

$\vec{a} = \overrightarrow{BC} + 2\overrightarrow{AC}$ et $\vec{b} = 3\overrightarrow{AB} - 2\overrightarrow{CB}$.

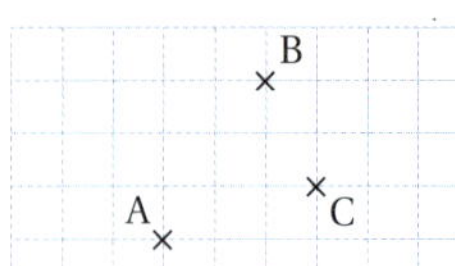

▶ Savoir-faire 1 p. 158

13 Soit deux vecteurs $\vec{u}$ et $\vec{v}$ et O un point du plan. Reproduire la figure sur un quadrillage et construire les points A, B et C tels que :

$\overrightarrow{OA} = 3\vec{u} - \vec{v}$; $\overrightarrow{OB} = -2\vec{u} + 2\vec{v}$ et $\overrightarrow{OC} = \overrightarrow{OA} - \overrightarrow{OB}$.

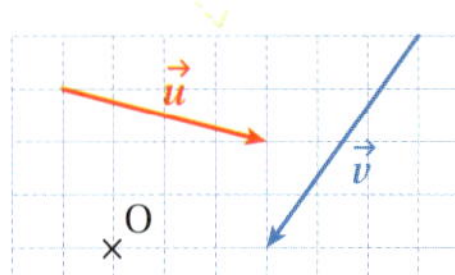

▶ Savoir-faire 2 p. 159

14 **a.** Reproduire sur un quadrillage les trois points A, B et C.

b. Construire les points M et N tels que :

$\overrightarrow{AM} = 3\overrightarrow{BC} - \overrightarrow{AC}$

et $\overrightarrow{AN} = -2\overrightarrow{AB} - \frac{3}{2}\overrightarrow{BC}$.

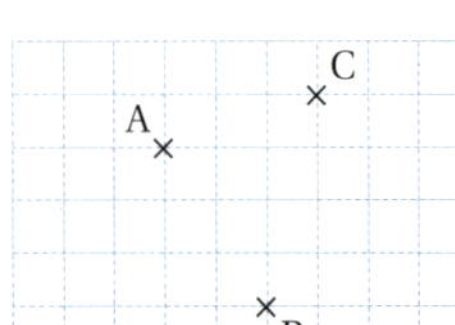

15 **a.** Reproduire sur un quadrillage les quatre points A, B, C et D.

b. Construire le point M tel que :

$\overrightarrow{MA} = 2\overrightarrow{BC} + \overrightarrow{BD} - 2\overrightarrow{AC}$.

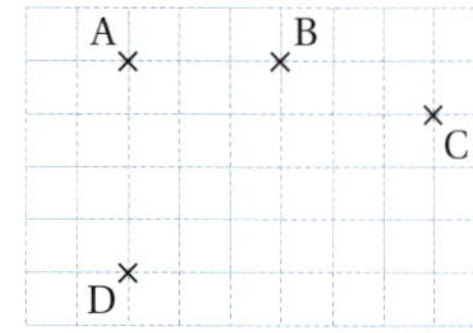

16 Dans chaque cas, exprimer le vecteur $\vec{u}$ en fonction des vecteurs $\vec{a}$ et $\vec{b}$.

a.

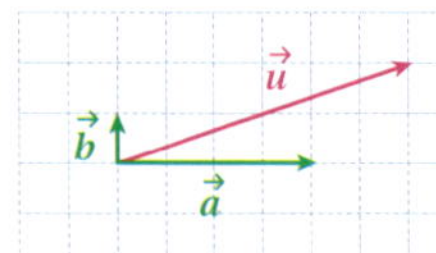

b.

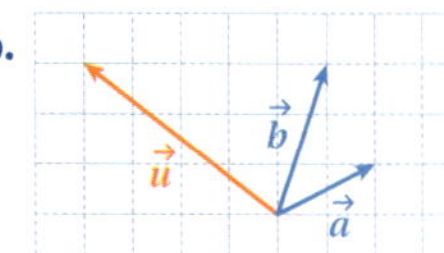

17 Exprimer le vecteur $\vec{u}$ et le vecteur $\vec{v}$ en fonction des vecteurs $\vec{a}$ et $\vec{b}$.

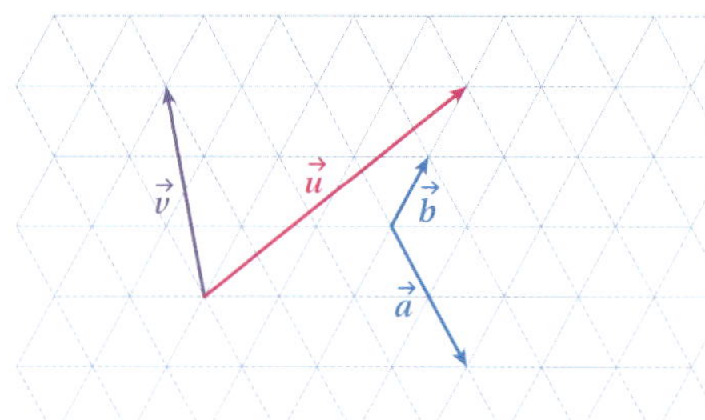

Somme de deux vecteurs

18 Dans chaque cas, exprimer le plus simplement possible le vecteur $\vec{u}$ en fonction du vecteur $\vec{a}$.

a. $\vec{u} = 3\vec{a} + 4\vec{a} - 6\vec{a}$

b. $\vec{u} = -\frac{3}{2}\vec{a} + \frac{3}{4}\vec{a} - \frac{1}{8}\vec{a}$

c. $\vec{u} = 4(3\vec{a} - \vec{a}) + 5(2\vec{a} - 7\vec{a})$

d. $\vec{u} = -2(-\vec{a} - \vec{a}) + 5(3\vec{a}) - 9\vec{a}$

19 Dans chaque cas, exprimer le plus simplement possible le vecteur $\vec{u}$ en fonction des vecteurs $\vec{a}$ et $\vec{b}$.

a. $\vec{u} = 5\vec{a} + 4\vec{b} - 3\vec{a} + 4\vec{b}$

b. $\vec{u} = \frac{5}{3}\vec{a} - \frac{1}{6}\vec{b} - \frac{5}{12}\vec{b} + \frac{2}{3}\vec{a}$

c. $\vec{u} = -2(\vec{a} - 4\vec{b}) + 3(-\vec{a} - 3\vec{b})$

20 Soit A, B, C et D quatre points du plan. Démontrer les égalités suivantes.

a. $\overrightarrow{CB} + \overrightarrow{AC} + \overrightarrow{BA} = \vec{0}$ **b.** $\overrightarrow{BC} + \overrightarrow{DA} - \overrightarrow{DC} = \overrightarrow{BA}$

c. $\overrightarrow{AC} + \overrightarrow{DB} = \overrightarrow{AB} + \overrightarrow{DC}$

21 Soit A, B, C et D quatre points du plan. Démontrer que $\overrightarrow{BD} - \overrightarrow{AC} + \overrightarrow{CB} = \overrightarrow{CA} - \overrightarrow{DC}$.

22 Soit A, B et C trois points du plan et I le milieu de [AB].
Démontrer que $\overrightarrow{CA} + \overrightarrow{CB} = 2\overrightarrow{CI}$.

23 Soit A, B et C trois points du plan, I le milieu de [AB] et J le milieu de [AC].
a. Démontrer que $\overrightarrow{BC} = 2\overrightarrow{IJ}$.
b. Quel théorème du collège vient d'être démontré ?

24 Soit ABCD un parallélogramme de centre I.
a. Démontrer que $\overrightarrow{IC} + \overrightarrow{ID} = \overrightarrow{AD}$.
b. Démontrer que $\overrightarrow{AB} + \overrightarrow{AD} = 2\overrightarrow{IC}$.

25 Soit un triangle ABC.
a. Construire les points E et F tels que :
$$\overrightarrow{AE} = 2\overrightarrow{AF} = \overrightarrow{AB} + \overrightarrow{AC}.$$
b. Démontrer que F est le milieu de [BC].

26 Soit ABC un triangle rectangle en A.
a. Construire le point D tel que $\overrightarrow{AD} = \overrightarrow{BA}$.
b. Construire le point E tel que $\overrightarrow{CE} = \overrightarrow{CB} + \overrightarrow{CD}$.
c. Quelle est la nature du quadrilatère BCDE ? Justifier.

27 Soit un parallélogramme ABCD.
a. Construire les points M et N tels que :
$$\overrightarrow{MA} = \overrightarrow{AB} \text{ et } \overrightarrow{NC} = \overrightarrow{CB}.$$
b. Démontrer que D est le milieu de [MN].

Produit d'un vecteur par un réel et colinéarité

28 Trouver tous les couples de vecteurs colinéaires.

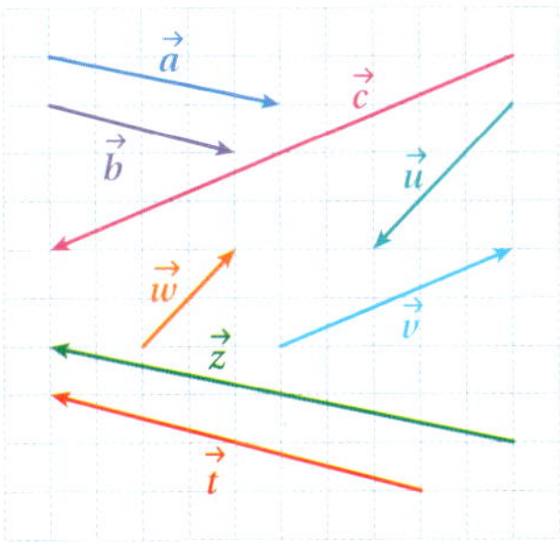

29 Soit deux vecteurs $\vec{u}$ et $\vec{v}$ du plan.

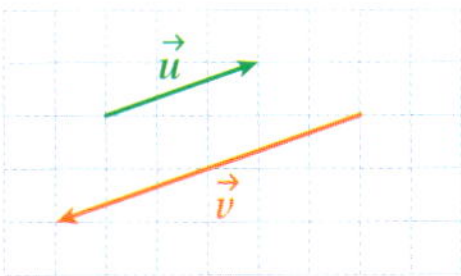

a. Trouver un réel k tel que $\vec{u} = k\vec{v}$.
b. Que peut-on en déduire pour les vecteurs $\vec{u}$ et $\vec{v}$?

30 Soit deux vecteurs $\vec{u}$ et $\vec{v}$ du plan.

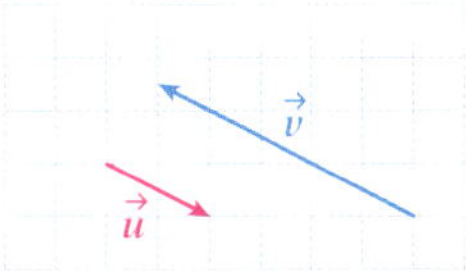

a. Trouver un réel k tel que $\vec{u} = k\vec{v}$.
b. Que peut-on en déduire pour les vecteurs $\vec{u}$ et $\vec{v}$?

31 **1.** Représenter un vecteur quelconque $\vec{u}$ du plan.
a. Construire un vecteur $\vec{v}$ tel que $\vec{v} = -4\vec{u}$.
b. Construire un vecteur $\vec{w}$ tel que $\vec{u} = 3\vec{w}$.
2. Que peut-on dire des vecteurs $\vec{v}$ et $\vec{w}$? Justifier.

32 Dans chaque cas, dire si les droites (AB) et (CD) sont parallèles.
a. $\overrightarrow{AB} = 3\overrightarrow{CD}$ **b.** $\overrightarrow{BA} = -\overrightarrow{DC}$
c. $\overrightarrow{AC} = 2\overrightarrow{BD}$ **d.** $2\overrightarrow{BA} = -5\overrightarrow{CD}$

33 Soit ABC un triangle.
I est le milieu de [AB] et J est le milieu de [AC].
Que peut-on dire des vecteurs $\overrightarrow{IJ}$ et $\overrightarrow{BC}$?
Expliquer.

34 Dans quel(s) cas, peut-on affirmer que les points A, B et C sont alignés ?
a. $\overrightarrow{AB} = 4\overrightarrow{AC}$ **b.** $\overrightarrow{BA} = -3\overrightarrow{AB}$
c. $-\overrightarrow{BC} = 6\overrightarrow{BA}$ **d.** $2\overrightarrow{BA} = -5\overrightarrow{CA}$

35 Soit A, B, C et D quatre points du plan tels que :
- $\overrightarrow{AB}$ et $\overrightarrow{AC}$ sont colinéaires ;
- $\overrightarrow{BC}$ et $\overrightarrow{CD}$ sont colinéaires.

Prouver que les quatre points A, B, C et D sont alignés.

Repères du plan, coordonnées et vecteurs

36 **1.** On considère $(O, \vec{i}, \vec{j})$ un repère orthonormé du plan. Donner les coordonnées des points A, B, C et D dans ce repère.

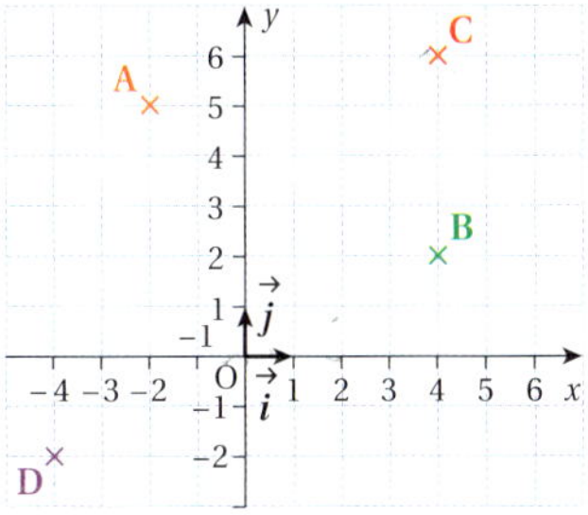

2. Même question dans les repères suivants :
a. $(O, \vec{j}, \vec{i})$ **b.** $(O, \vec{i}, 2\vec{j})$ **c.** $(O, -\vec{i}, -\vec{j})$

37 **Vrai ou faux ?**

Pour chacune des affirmations suivantes, indiquer si elle est vraie ou fausse.

a. Si ABC est un triangle rectangle en A alors le repère $(A, \overrightarrow{AB}, \overrightarrow{AC})$ est orthogonal.

b. Si ABC est un triangle isocèle en A alors le repère $(A, \overrightarrow{AB}, \overrightarrow{AC})$ est orthonormé.

c. Si A, B et C sont alignés alors le triplet $(A, \overrightarrow{AB}, \overrightarrow{AC})$ n'est pas un repère du plan.

d. Si ABCD est un rectangle alors le repère $(B, \overrightarrow{BA}, \overrightarrow{BC})$ est orthonormé.

38 Soit un parallélogramme ABCD. Donner les coordonnées des points A et C dans chacun des repères suivants :

a. $(A, \overrightarrow{AB}, \overrightarrow{AD})$

b. $(D, \overrightarrow{DA}, \overrightarrow{DC})$

c. $(A, \overrightarrow{AC}, \overrightarrow{AB})$

39 Soit un triangle ABC isocèle en A et I le milieu de [BC].

1. Déterminer un repère du plan dans lequel A et B ont pour coordonnées respectives (0 ; 1) et (1 ; 0).

2. a. Déterminer un repère orthogonal dans lequel A et C ont pour coordonnées respectives (0 ; 1) et (1 ; 0).

b. Dans ce repère, quelles sont les coordonnées des points I et B ?

40 Soit un losange ABCD de centre I.

1. Donner les coordonnées des points I et C dans le repère $(D, \overrightarrow{DA}, \overrightarrow{DB})$.

2. a. Déterminer un repère orthogonal dans lequel A et D ont pour coordonnées respectives (0 ; –1) et (–1 ; 0).

b. Dans ce repère, quelles sont les coordonnées des points I et C ?

41 On considère $(O, \vec{i}, \vec{j})$ un repère du plan.

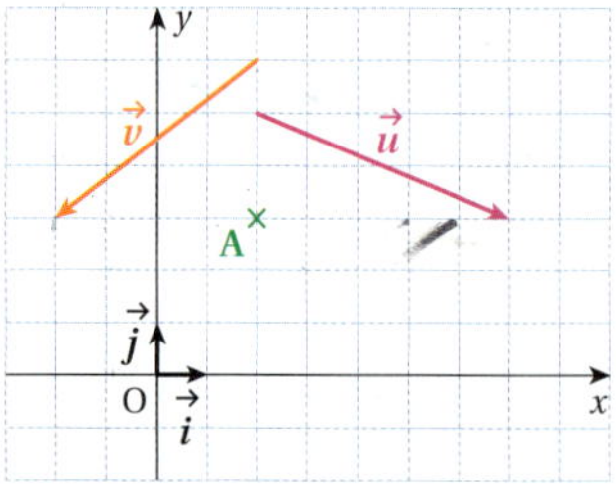

a. Lire les coordonnées des vecteurs $\vec{u}$ et $\vec{v}$.

b. Représenter le vecteur $\vec{w}(-1 ; 2)$.

c. Placer le point B tel que le vecteur $\overrightarrow{AB}$ ait pour coordonnées (2 ; –1).

▸ Savoir-faire 3 p. 159

42 On considère $(O, \vec{i}, \vec{j})$ un repère du plan.

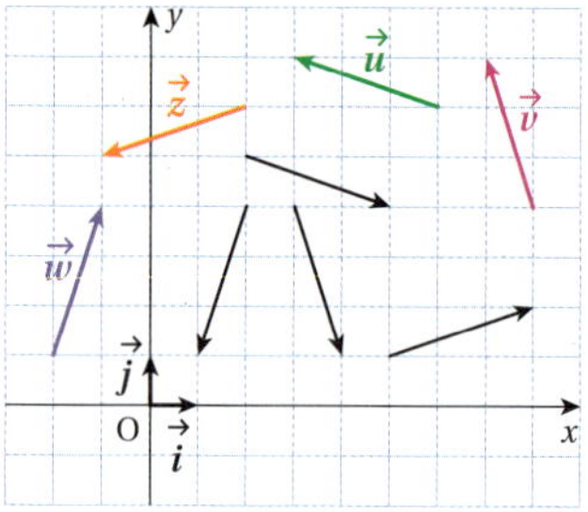

a. Repérer sur la figure les vecteurs $-\vec{u}$, $-\vec{v}$, $-\vec{w}$ et $-\vec{z}$.

b. Associer à chacun des huit vecteurs de la figure ses coordonnées parmi celles de la liste suivante :

(–1 ; 3) ; (–3 ; –1) ; (1 ; 3) ; (1 ; –3) ;
(3 ; –1) ; (3 ; 1) ; (–1 ; –3) ; (–3 ; 1).

43 On considère $(O, \vec{i}, \vec{j})$ un repère du plan.

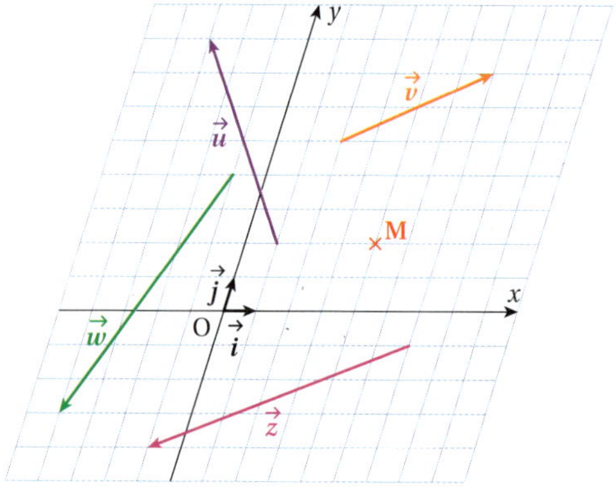

1. Lire les coordonnées des vecteurs $\vec{u}$, $\vec{v}$, $\vec{w}$ et $\vec{z}$.

2. a. Donner les coordonnées du point A tel que le vecteur $\overrightarrow{MA}$ ait pour coordonnées (5 ; –3).

b. Donner les coordonnées du point B tel que le vecteur $\overrightarrow{BM}$ ait pour coordonnées (2 ; –4).

44 Soit $(O, \vec{i}, \vec{j})$ un repère orthonormé du plan.

1. Représenter les vecteurs suivants :

$\vec{u}(2 ; 3)$; $-\vec{u}$; $\vec{v}(-2 ; 1)$; $2\vec{v}$; $\vec{w}(-3 ; 0)$; $-\frac{1}{3}\vec{w}$.

2. a. Construire dans le même repère les vecteurs :

$$\vec{a} = -\vec{u} + 2\vec{v} \text{ et } \vec{b} = \vec{u} - \frac{1}{3}\vec{w}.$$

b. Lire graphiquement les coordonnées des vecteurs $\vec{a}$ et $\vec{b}$.

45 Soit A(6 ; 1), B(10 ; –1), C(7 ; –3) et D(3 ; –1) quatre points dans un repère du plan.

a. Calculer les coordonnées des vecteurs $\overrightarrow{AB}$ et $\overrightarrow{DC}$.

b. Que peut-on en déduire sur la nature du quadrilatère ABCD ?

46 Soit A(–3 ; 4), B(–3 ; –1) et C(5 ; –2) trois points dans un repère du plan.

Calculer les coordonnées des vecteurs $\overrightarrow{AB}$, $\overrightarrow{AC}$ et $\overrightarrow{BC}$.

47 On considère $(O, \vec{i}, \vec{j})$ un repère du plan.

Soit deux vecteurs $\vec{u}\,(2\,;-3)$ et $\vec{v}\,(-1\,;-4)$.

Calculer les coordonnées des vecteurs suivants :

$$2\vec{u}\,;\quad 5\vec{v}\,;\quad 2\vec{u}+5\vec{v}\,;\quad 2\vec{u}-5\vec{v}.$$

48 On considère $(O, \vec{i}, \vec{j})$ un repère du plan.

Soit les vecteurs $\vec{u}\,(-2\,;4)$, $\vec{v}\,(2\,;-5)$ et $\vec{w}(0\,;-2)$.

Calculer les coordonnées des vecteurs suivants :

$$-3\vec{u}\,;\quad 4\vec{v}\,;\quad -5\vec{w}\,;\quad -3\vec{u}+4\vec{v}-5\vec{w}.$$

49 On considère $(O, \vec{i}, \vec{j})$ un repère du plan.

Soit les points M(–3 ; –2), N(–1 ; 3) et R(4 ; 2).

a. Calculer les coordonnées du point S tel que MNRS soit un parallélogramme.

b. Le résultat serait-il le même dans le cas où MNSR est un parallélogramme ? Expliquer.

▸ Savoir-faire 4 p. 160

50 On considère $(O, \vec{i}, \vec{j})$ un repère du plan.

Soit les points A(5 ; –2) et B(–3 ; –4).

Calculer les coordonnées du point C tel que ABOC soit un parallélogramme.

51 Soit A(–4 ; 1) et B(2 ; 0) deux points dans un repère $(O, \vec{i}, \vec{j})$ du plan.

Calculer les coordonnées des points M et N tels que :

a. $3\overrightarrow{AM}+2\overrightarrow{BM}=\vec{0}$

b. $-3\overrightarrow{BN}+2\overrightarrow{AB}=2\overrightarrow{NA}$

52 On considère $(O, \vec{i}, \vec{j})$ un repère du plan.

1. Exprimer les vecteurs $\vec{u}(1\,;-2)$ et $\vec{v}(-3\,;-1)$ en fonction des vecteurs $\vec{i}$ et $\vec{j}$.

2. Calculer les coordonnées des vecteurs suivants :

a. $\vec{a}=2\vec{i}-3\vec{j}$

b. $\vec{b}=3(\vec{i}+2\vec{j})+2(-\vec{i}-\vec{j})$

c. $\vec{c}=5(2\vec{i}-5\vec{j})-4(3\vec{i}-4\vec{j})$

53 Soit A(2 ; –1) et B(3 ; 1) deux points dans un repère $(O, \vec{i}, \vec{j})$ du plan.

1. Calculer les coordonnées du vecteur $\overrightarrow{AB}$.

2. Calculer les coordonnées des points M, N et P tels que :

a. $\overrightarrow{AM}=2\overrightarrow{AB}$

b. $\overrightarrow{NB}=-2\overrightarrow{AB}$

c. $\overrightarrow{PA}=3\overrightarrow{PB}$

54 On considère $(O, \vec{i}, \vec{j})$ un repère du plan.

Dans chacun des cas, vérifier si les vecteurs $\vec{u}$ et $\vec{v}$ sont colinéaires.

a. $\vec{u}\,(3\,;-4)$ et $\vec{v}\,(-9\,;12)$

b. $\vec{u}\,(-16\,;24)$ et $\vec{v}\,(10\,;-15)$

c. $\vec{u}\,(7\,;5)$ et $\vec{v}\,(-9\,;-6)$

55 On considère $(O, \vec{i}, \vec{j})$ un repère du plan.

Dans chacun des cas, vérifier si les vecteurs $\vec{u}$ et $\vec{v}$ sont colinéaires.

a. $\vec{u}\left(\dfrac{2}{3};-5\right)$ et $\vec{v}\left(\dfrac{1}{6};-20\right)$ **b.** $\vec{u}\left(-1;\dfrac{3}{8}\right)$ et $\vec{v}\left(4;\dfrac{3}{2}\right)$

c. $\vec{u}\left(\sqrt{3}\,;1+\sqrt{2}\right)$ et $\vec{v}\left(3;\sqrt{3}-6\right)$

56 Soit A(1 ; –3), B(–2 ; –1), C(3 ; 3) et D(1 ; 8) quatre points dans un repère du plan.

Démontrer que les vecteurs $\overrightarrow{AC}$ et $\overrightarrow{BD}$ sont colinéaires.

57 On considère $(O, \vec{i}, \vec{j})$ un repère du plan.

Dans chaque cas, expliquer sans calcul pourquoi les vecteurs $\vec{u}$ et $\vec{v}$ ne sont pas colinéaires.

a. $\vec{u}\,(3\,;3)$ et $\vec{v}\,(5\,;6)$

b. $\vec{u}\,(31\,;-42)$ et $\vec{v}\,(35\,;16)$

c. $\vec{u}\,(16\,;53)$ et $\vec{v}\,(34\,;2)$

58 Dans un repère, on considère les points A(–5 ; 2) et B(–3 ; 4).

Calculer les coordonnées du milieu I de [AB].

59 Dans un repère, on considère les points $M\left(\dfrac{5}{3};\dfrac{-3}{5}\right)$ et $N\left(\dfrac{-2}{3};\dfrac{-4}{15}\right)$.

Calculer les coordonnées du milieu P de [MN].

60 Dans un repère orthonormé, on considère les points A(5 ; –3) et B(–5 ; 8).

Calculer la valeur exacte de la longueur AB.

61 Dans un repère orthonormé, on considère les points C(–7 ; 4) et D(–1 ; 6).

Calculer la valeur exacte de la longueur CD.

62 Dans cet exercice, l'unité de longueur est le centimètre. Soit (O, I, J) un repère orthonormé.

1. Placer les points suivants :

A(–4 ; –3) ; B(–2 ; 5) et C(3 ; –1).

2. a. Calculer la valeur exacte de la longueur BC, puis donner une valeur arrondie au centième.

b. Calculer les coordonnées du milieu M du segment [AC].

Démontrer avec les vecteurs

63 On considère $(O, \vec{i}, \vec{j})$ un repère du plan.
Dans chaque cas, calculer la (les) valeur(s) du nombre réel n tel que les vecteurs $\vec{u}$ et $\vec{v}$ soient colinéaires.
a. $\vec{u}\,(2\,;n)$ et $\vec{v}\,(-8\,;5)$
b. $\vec{u}\,(3\,;-n)$ et $\vec{v}\,(n\,;-3)$
c. $\vec{u}\,(n\,;3n)$ et $\vec{v}\,(5\,;n+1)$

64 On considère $(O, \vec{i}, \vec{j})$ un repère du plan.
Soit les points A(–1 ; –2), B(9 ; –3), C(1 ; 2), D(7 ; 1) et E(4 ; –5).
a. Les droites (AB) et (CD) sont-elles parallèles ? Justifier.
b. Les droites (AC) et (DE) sont-elles parallèles ? Justifier.

▸ Savoir-faire 5 p. 160

65 **a.** Soit A(–2 ; –3), B(8 ; 1) et C(3 ; –1) trois points dans un repère du plan.
Démontrer que les points A, B et C sont alignés.
b. Même question avec A(–2 ; 1), B(4 ; –2) et C(8 ; –4).

▸ Savoir-faire 6 p. 161

66 **a.** Soit A(–1 ; –2), B(5 ; 1) et C(2 ; –1) trois points dans un repère du plan.
Les points A, B et C sont-ils alignés ? Justifier.
b. Même question avec les points A(–1 ; –4), B(5 ; –3) et C(11 ; –2).

67 On considère $(O, \vec{i}, \vec{j})$ un repère du plan.
Soit les points A(2 ; 3), B(8 ; 2), C(3 ; –1), D(–3 ; 0) et E(19 ; 4).
a. Démontrer que les droites (AB) et (CD) sont parallèles.
b. Démontrer que les points E, B et D sont alignés.

▸ Savoir-faire 5 et 6 p. 160 et 161

68 On considère $(O, \vec{i}, \vec{j})$ un repère du plan.
Soit les points A(–4 ; 4), B(14 ; 12), C(6 ; 0) et D(–3 ; –4).
Démontrer que ABCD est un trapèze.

69 On considère $(O, \vec{i}, \vec{j})$ un repère orthogonal du plan.
1. Placer dans ce repère :
a. les points M(0 ; 4), N(5 ; 0), B(0 ; 7), C(12 ; 0) ;
b. le point P tel que OMPN soit un rectangle.
2. Le point P appartient-t-il au segment [BC] ? Justifier.

70 Soit A, B et C trois points non alignés du plan.
Soit D le point de coordonnées (1 ; 1) dans le repère $(B, \overrightarrow{BC}, \overrightarrow{BA})$.
1. Démontrer que ABCD est un parallélogramme.
2. Soit trois points E(0 ; –2), F(1 ; –1) et G(–1 ; 3).
a. Démontrer que les droites (BD) et (EF) sont parallèles.
b. Démontrer que les points F, A et G sont alignés.

71 On considère $(O, \vec{i}, \vec{j})$ un repère du plan.
Soit les points A(–1 ; 1), B(5 ; 2), C(4 ; –2) et D(–2 ; –3).
a. Calculer les coordonnées des milieux respectifs I et J de [AC] et [BD].
b. En déduire la nature du quadrilatère ABCD.

▸ Savoir-faire 7 p. 161

72 On considère $(O, \vec{i}, \vec{j})$ un repère du plan.
a. Placer les points A(2 ; 4), B(6 ; 2) et C(0 ; –4).
b. Calculer les coordonnées du milieu D de [AC].
c. Soit E le point d'intersection de la droite parallèle à [AB] passant par D avec [BC].
Calculer les coordonnées de E.

73 On considère $(O, \vec{i}, \vec{j})$ un repère orthonormé du plan.
Soit les points E(–3 ; –1), F(2 ; –1), G(5 ; 3) et H(0 ; 3).
a. Calculer les longueurs des côtés du quadrilatère EFGH.
b. En déduire la nature de EFGH.

▸ Savoir-faire 7 p. 161

74 On considère $(O, \vec{i}, \vec{j})$ un repère orthonormé du plan.
Soit les points A(–3 ; –2), B(–2 ; 3) et C(3 ; 2).
Quelle est la nature du triangle ABC ?
Justifier.

75 On considère $(O, \vec{i}, \vec{j})$ un repère orthonormé du plan.
Soit les points A(3 ; –2), B(7 ; 2) et M(4 ; m) avec $m \in \mathbb{R}$.
Déterminer les valeurs de m pour lesquelles le triangle ABM est rectangle.

76 On considère $(O, \vec{i}, \vec{j})$ un repère orthonormé du plan.
Calculer les coordonnées des points d'abscisse –1 qui appartiennent au cercle de centre O et de rayon 4.

QCM Je me teste sur les vecteurs et repères

Pour chaque question, il y a une ou plusieurs bonnes réponses.

CORRIGÉ P. 313

Notion de vecteur, somme de vecteurs, colinéarité

77 Si MNRS est un parallélogramme alors :

A $\overrightarrow{MN} = \overrightarrow{RS}$ B $\overrightarrow{MN} = \overrightarrow{SR}$

C $\overrightarrow{MS} = \overrightarrow{NR}$ D $\overrightarrow{MR} = \overrightarrow{NS}$

78 DEFG est un parallélogramme de centre O.
On a alors $\overrightarrow{OE} + \overrightarrow{OF} = \dots$:

A $\overrightarrow{DE}$ B $\overrightarrow{EF}$ C $\overrightarrow{DO} + \overrightarrow{GO}$ D $\overrightarrow{FG}$

79 A, B, C et D sont quatre points du plan tels que $2\overrightarrow{BC} = 3\overrightarrow{AC}$. On a alors :

A $\overrightarrow{AC} = 2\overrightarrow{BA}$ B $\overrightarrow{AB} = \overrightarrow{CD} + \overrightarrow{BD} - 2\overrightarrow{AD}$

C $2\overrightarrow{BD} = 3\overrightarrow{AC}$ D A, B et C sont alignés.

80 Dans quel(s) cas peut-on affirmer que les vecteurs $\overrightarrow{AB}$ et $\overrightarrow{CD}$ sont colinéaires ?

A $\overrightarrow{AB} = -4\overrightarrow{CD}$ B $\overrightarrow{AC} = 2\overrightarrow{BD}$ C $\overrightarrow{AB} = 6\overrightarrow{BA}$

81 Soit $\vec{u}$ et $\vec{v}$ deux vecteurs du plan tels que :

$$2\vec{u} - \vec{v} = \vec{u} + 2\vec{v}.$$

On a alors :

A $\vec{u} = \vec{v}$

B $\vec{u}$ et $\vec{v}$ sont colinéaires.

C $\vec{v} - \frac{1}{3}\vec{u} = \vec{0}$

D $\vec{u}$ et $\vec{v}$ sont de même sens.

Repères du plan, coordonnées et vecteurs

82 ABCD est un rectangle de centre O.
Les coordonnées de O sont :

A $\left(-\frac{1}{2}; \frac{1}{2}\right)$ dans le repère (B, $\overrightarrow{BA}$, $\overrightarrow{BC}$).

B $\left(\frac{1}{2}; \frac{1}{2}\right)$ dans le repère (B, $\overrightarrow{BA}$, $\overrightarrow{BC}$).

C (1 ; 0) dans le repère (C, $\overrightarrow{CD}$, $\overrightarrow{CO}$).

D (0 ; 1) dans le repère (C, $\overrightarrow{CD}$, $\overrightarrow{CO}$).

83 On considère (O, $\vec{i}$, $\vec{j}$) un repère du plan.
Dans quels cas le vecteur $\overrightarrow{AB}$ a-t-il pour coordonnées (–2 ; 4) ?

A A(3 ; –1) et B(5 ; –5)

B $\overrightarrow{AB} = -\frac{3}{2}\vec{u}$ avec $\vec{u}\left(\frac{4}{3}; -\frac{8}{3}\right)$

C

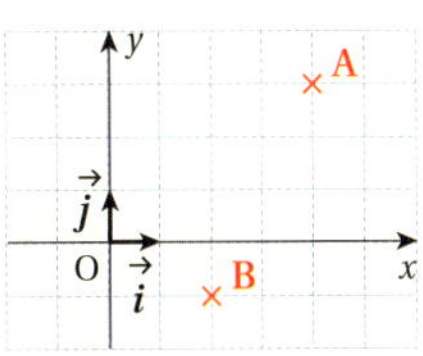

D $\overrightarrow{AB} = -2\vec{i} + 4\vec{j}$

84 On considère (O, $\vec{i}$, $\vec{j}$) un repère du plan.
Dans quels cas les vecteurs $\vec{u}$ et $\vec{v}$ sont-ils colinéaires ?

A $\vec{u}(-16 ; 20)$ et $\vec{v}(12 ; -15)$

B $\vec{u}(a ; b)$ et $\vec{v}(a^2 ; b^2)$ avec $a \in \mathbb{R}$ et $b \in \mathbb{R}$

C $\vec{u}(2k ; -1)$ et $\vec{v}(-6 ; 3k)$ avec $k \in \mathbb{R}$

D

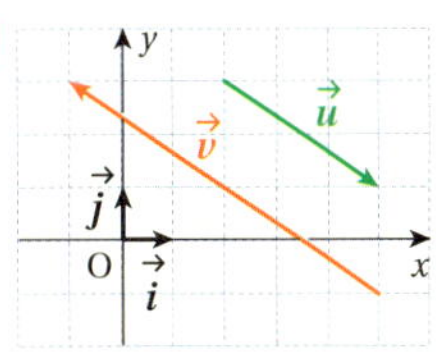

85 On considère (O, $\vec{i}$, $\vec{j}$) un repère du plan.
Dans quels cas le point M est-il le milieu de [AB] ?

A A(4 ; –3), B(–1 ; –3) et M$\left(\frac{3}{2}; -\frac{3}{2}\right)$

B $\overrightarrow{OM} = \frac{1}{2}(\overrightarrow{OA} + \overrightarrow{OB})$

C $\overrightarrow{AM}(-9 ; 6)$ et $\overrightarrow{AB}\left(-\frac{9}{2}; 3\right)$

D Les vecteurs $\overrightarrow{AM}$ et $\overrightarrow{MB}$ sont colinéaires.

86 Si dans un repère orthonormé, on considère les points A(1 ; –3) et B(9 ; 3), alors :

A AB = 8 B AB = 10 C AB = 0

87 Pavage de dromadaires

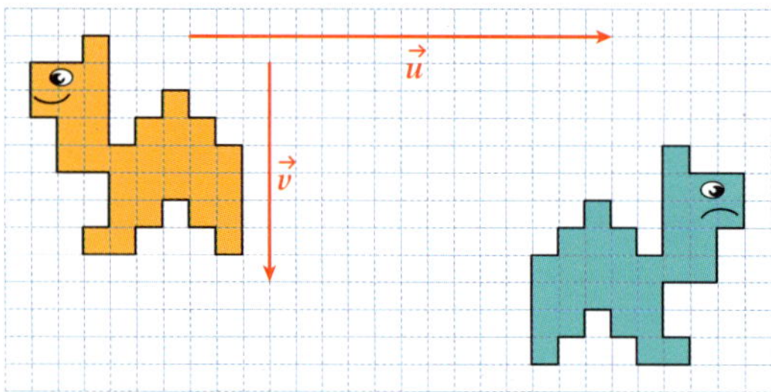

1. Reproduire sur un quadrillage les deux dromadaires en respectant la position de l'un par rapport à l'autre.

2. Déplacer le dromadaire heureux selon les translations de vecteurs :

$$\vec{u}\ ;\ \vec{v}\ ;\ \frac{3}{2}\vec{u} \text{ et } \vec{u}+\vec{v}.$$

3. Déplacer le dromadaire triste selon les translations de vecteurs :

$$-\vec{u}\ ;\ -\frac{1}{2}\vec{u}\ ;\ -\frac{1}{2}\vec{u}+\vec{v} \text{ et } \vec{v}-\vec{u}.$$

88 Téléski

La skieuse représentée ci-dessous subit des forces modélisées par des vecteurs :

- $\vec{P}$ est la force d'attraction terrestre qui dépend de la masse de la skieuse ;
- $\vec{R}$ est la force de réaction exercée par le sol sur la skieuse ;
- $\vec{F}$ est la force exercée par la perche du téléski sur la skieuse à l'arrêt.

On considère que les forces de frottement de la neige sur les skis sont nulles.

1. Dans la situation représentée, le téléski ne fonctionne pas ; la skieuse est immobile.
Que peut-on dire de la somme des forces (vecteurs) exercées sur la skieuse ? Faire une figure.

2. Lorsque le téléski fonctionne, la force $\vec{F}'$ exercée sur la skieuse est telle que $\vec{F}' = 5\vec{F}$.
Représenter la somme des forces exercées sur la skieuse.

89 Levier

« Donnez-moi un point d'appui et je soulèverai le monde. »
ARCHIMÈDE

Le principe du levier, découvert par Archimède (287 - 212 av. J.-C.), peut être schématisé par une tige [AB] posée sur un support faisant pivot au point O. On a posé en A un objet de masse m et en B un objet de masse m'.
Le levier est en équilibre si l'égalité suivante est vérifiée :

$$m \times OA = m' \times OB$$

Cette condition se traduit par l'égalité vectorielle :

$$m\overrightarrow{OA} + m'\overrightarrow{OB} = \vec{0}$$

1. Dans chacun des cas suivants, réaliser une figure pour obtenir l'équilibre.

a. $m = m'$

b. $m = 5$ kg et $m' = 2$ kg

c. $m = 2m'$

2. a. Si $m = 2$ kg et $m' = 3$ kg, démontrer que :

$$\overrightarrow{OA} = -\frac{3}{5}\overrightarrow{AB}$$

b. Si $m = 6$ kg et $m' = 5$ kg, démontrer que :

$$\overrightarrow{OB} = \frac{6}{11}\overrightarrow{AB}$$

3. Expliquer la citation d'Archimède.

90 Symétriques

Soit un parallélogramme ABCD de centre O.
I, J, K et L sont les symétriques respectifs de A, B, C et D par rapport à B, C, D et A.

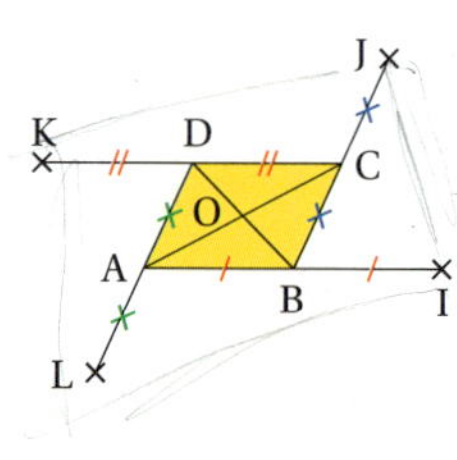

a. Démontrer que $\overrightarrow{BI} = \overrightarrow{KD}$.
En déduire que O est le milieu de [IK].

b. Démontrer de même que O est le milieu de [LJ].

c. En déduire la nature du quadrilatère IJKL.

91 Deux en un !

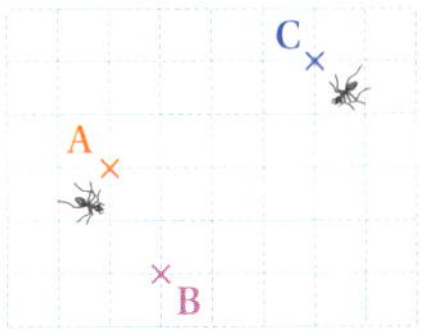

Deux fourmis se promènent sur le quadrillage ci-contre.
La première, partant de A, se retrouve en M en ayant suivi un chemin défini par la somme de vecteurs :

$$5\overrightarrow{AB} + \overrightarrow{CA}$$

La deuxième, partant de C, arrivera en N après avoir suivi le chemin défini par la somme de vecteurs :

$$2\overrightarrow{AB} + \overrightarrow{AC} - 3\overrightarrow{BC}$$

Démontrer que les deux fourmis se retrouveront au même point.

92 Médianes

Construire un parallélogramme MNPQ de centre O.
Placer les points A, B et C tels que :

$$\overrightarrow{NA} = \overrightarrow{MO}\ ;\ \overrightarrow{PB} = \overrightarrow{MN} + \overrightarrow{MO} \text{ et } \overrightarrow{PC} = \overrightarrow{OP}.$$

1. a. Démontrer que $\overrightarrow{AB} = \overrightarrow{MP}$.

b. Démontrer que $\overrightarrow{OC} = \overrightarrow{MP}$.

c. En déduire la nature du quadrilatère OABC.

2. Démontrer que les droites (PB) et (CA) sont des médianes du triangle OBC.

3. Ces deux droites se coupent en G.
Démontrer que (OG) coupe [BC] en son milieu.

93 Coordonnées géographiques (1)

Sur la Terre, on utilise des coordonnées géographiques pour se repérer. Celles-ci s'expriment en degrés par la longitude et la latitude.

1. a. Quelle est la latitude d'un lieu se trouvant sur l'Équateur ?

b. Quelle est la latitude du pôle Nord ? du pôle Sud ?

c. Quels pays d'Europe sont traversés par le méridien de Greenwich (méridien d'origine) ?

2. a. Donner un ordre de grandeur de la plus petite latitude en France métropolitaine.

b. Donner un ordre de grandeur de la longitude de l'Alsace.

3. a. Quelles sont les coordonnées géographiques de l'antipode du Caire en Égypte (30°N ; 31°E) ?

b. Même question pour Santiago du Chili (33°S ; 70°O).

94 Coordonnées géographiques (2)

1. Les villes de Siaya au Kenya et de Macapa au Brésil sont situées pratiquement sur l'Équateur.
La longitude de Siaya est de 34°E.
Celle de Macapa est de 51°O.
Calculer la distance la plus courte séparant ces deux villes.
On prendra 6 370 km pour rayon de la Terre.

2. Deux villes se trouvent sur un même méridien mais dans des hémisphères différents. La somme de leurs latitudes est égale à 100°.
Calculer la distance la plus courte séparant ces deux villes.

95 Ausblick — Problème ouvert

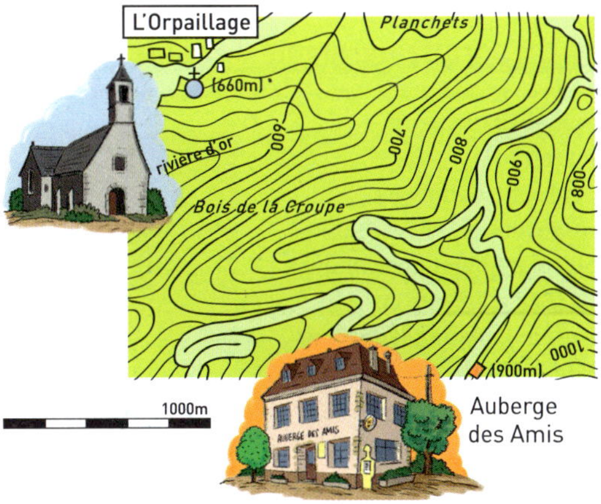

Kann man bei gutem Vogesenwetter von der Türschwelle der *Auberge des Amis* (900 m ü. NN) den Glockenturm der Kapelle von L'Orpaillage (660 m ü. NN) sehen?
Verwende für die Lösung den abgebildeten Kartenausschnitt und begründe deine Antwort.

D'après *Mathématiques sans frontières*, décembre 2006.

96 Le puzzle de Lewis Carroll*

Dans un carré de côté 8, on a découpé deux triangles rectangles et deux trapèzes (**fig. 1**).
À l'aide des quatre pièces ainsi obtenues, on reconstitue un rectangle (**fig. 2**).

fig. 1

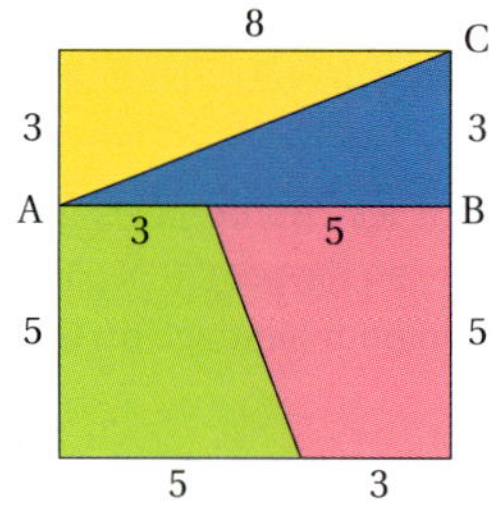

fig. 2

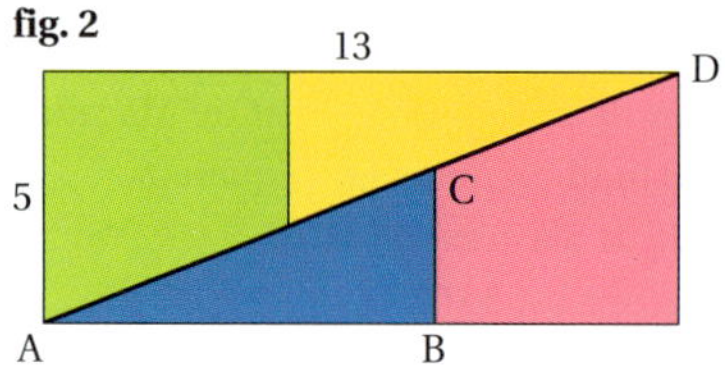

1. Calculer l'aire du carré
Calculer l'aire du rectangle.
Que constate-t-on ?

2. a. Démontrer que les vecteurs $\overrightarrow{AC}$ et $\overrightarrow{AD}$ ne sont pas colinéaires.

b. Expliquer alors les résultats obtenus à la question **1**.

* Charles Lutwidge Dodgson, alias Lewis Carrol, (1832-1898), logicien, s'est rendu célèbre grâce à son ouvrage *Alice au pays des merveilles*. Il est l'auteur de nombreuses énigmes mathématiques.

97 Un parallélogramme dans un carré

Soit ABCD un carré de centre O.
I et J sont les milieux respectifs de [AB] et [CD].
Soit K un point quelconque de [BD] autre que O.
L est le symétrique de K par rapport à O.

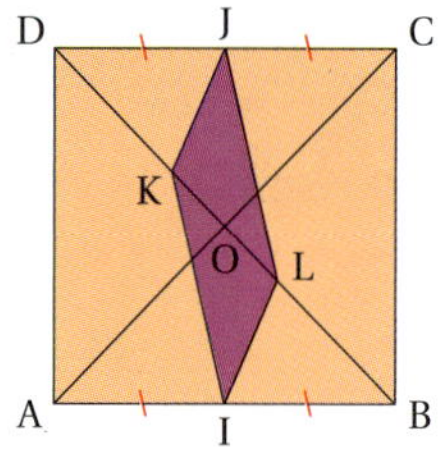

Le but de l'exercice est de démontrer que le quadrilatère ILJK est un parallélogramme.

1. Dans le repère $(A, \overrightarrow{AB}, \overrightarrow{AD})$, donner les coordonnées des points I, J, K et L.

COUP DE POUCE

On pourra nommer $(x\,;\,y)$ les coordonnées du point K.

2. a. Calculer les coordonnées des vecteurs $\overrightarrow{JK}$ et $\overrightarrow{LI}$.

b. Conclure.

98 Cercles circonscrits

Dans un repère (O, I, J), on considère les points $A(1\,;\,\sqrt{2})$, $B(0\,;\,\sqrt{2}-4)$ et $C(4\,;\,\sqrt{2}-5)$.

1. Démontrer que le triangle ABC est rectangle et isocèle en B.

2. a. Calculer les coordonnées du centre M du cercle circonscrit au triangle ABC.

b. Calculer les coordonnées des centres respectifs P et Q des cercles circonscrits aux triangles MAB et MBC.

99 Tangente à un cercle

Dans un repère (O, I, J), on considère les points $A(-1\,;\,2)$, $B(0\,;\,-2)$ et $C(3\,;\,3)$.

1. Calculer les coordonnées du milieu I de [BC].

2. a. Calculer les coordonnées du symétrique A' du point A par rapport à I.

b. Quelle est la nature du quadrilatère ABA'C ?

c. Justifier que le cercle $\mathscr{C}$ circonscrit au triangle ABC a pour centre le point I.

3. Démontrer que la droite passant par B et $T(-5\,;\,1)$ est tangente au cercle $\mathscr{C}$.

100 Nature d'un triangle

Dans un repère (O, I, J), on considère les points $M(a\,;\,b)$ et $N(-b\,;\,a)$ où a et b sont deux nombres réels non nuls.

1. Réaliser une figure.

2. a. Quelle semble être la nature du triangle OMN ?

b. Démontrer ce résultat.

101 Choisir le bon repère

Soit un parallélogramme ABCD.

1. Construire les points M et N tels que :

$$\overrightarrow{CM} = \frac{1}{4}\overrightarrow{CB} \text{ et } \overrightarrow{AN} = \frac{4}{3}\overrightarrow{AM}.$$

2. L'objectif de cette question est de démontrer que C, D et N sont alignés.

a. Parmi les repères suivants, choisir celui qui permettra de simplifier le calcul des coordonnées des points construits :

- un repère orthonormé d'origine A ;
- un repère orthogonal d'origine A ;
- le repère $(N, \overrightarrow{NC}, \overrightarrow{NM})$;
- le repère $(A, \overrightarrow{AB}, \overrightarrow{AD})$.

b. Dans le repère choisi, calculer les coordonnées des points D, C et N.

c. Conclure.

102 Parallélogramme de Varignon

On considère $(O, \vec{i}, \vec{j})$ un repère du plan.

1. Placer les points A(3 ; 2), B(5 ; −1), C(8 ; 3) et D(10 ; −2).

2. a. Placer les milieux respectifs I, J, K et L des côtés [AB], [BC], [CD] et [AD].

b. Conjecturer la nature du quadrilatère IJKL.

3. a. Calculer les coordonnées des points I, J, K et L.

b. Démontrer la conjecture du **2b**.

REMARQUE

Ce résultat est un cas particulier du théorème de Varignon selon lequel les milieux des côtés d'un quadrilatère quelconque sont les sommets d'un parallélogramme.

103 Avec les parallélogrammes

1. a. Construire un parallélogramme ABCD de centre O. Nommer I le milieu de [OC].

b. Construire A', symétrique de A par rapport à D, et O', symétrique de O par rapport à B.

2. a. Démontrer que $\overrightarrow{A'C} = \overrightarrow{DB}$.

b. Démontrer que $\overrightarrow{DB} = \overrightarrow{OO'}$.

c. En déduire que I est le milieu de [A'O'].

104 Points alignés

Sur la figure suivante, ABCD est un carré.

ABE et BCF sont deux triangles équilatéraux.

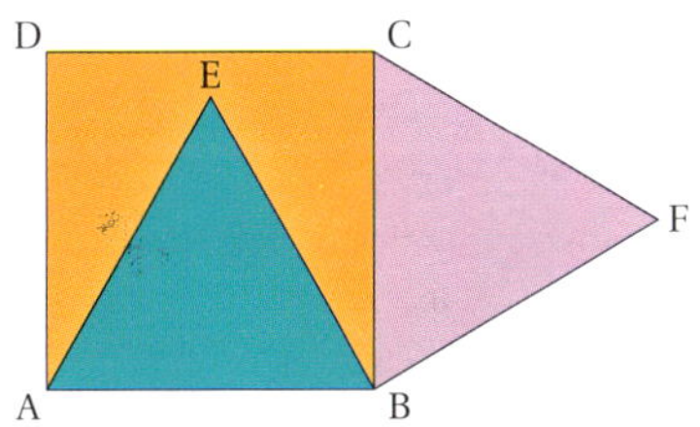

On se place dans le repère orthonormé $(A, \overrightarrow{AB}, \overrightarrow{AD})$.

1. a. Démontrer que la hauteur des triangles équilatéraux est égale à $\dfrac{\sqrt{3}}{2}$.

b. En déduire les coordonnées des points E et F.

2. Démontrer que les points D, E et F sont alignés.

105 Dans un carré

Problème ouvert

Soit MNPQ un carré de centre O.

I et J sont les milieux respectifs de [MN] et [OP].

Démontrer que le triangle IJQ est isocèle et rectangle.

106 Dans un triangle

Problème ouvert

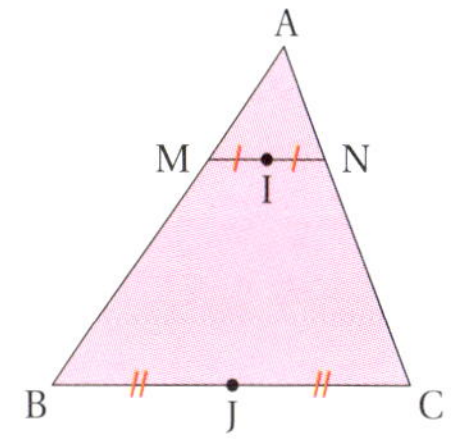

Soit un triangle ABC.
Soit les points M et N tels que :

$\overrightarrow{AM} = \dfrac{1}{3}\overrightarrow{AB}$ et $\overrightarrow{AN} = \dfrac{1}{3}\overrightarrow{AC}$.

I est le milieu du segment [MN] et J est le milieu du segment [BC].

Que peut-on dire des points A, I et J ?
Démontrer ce résultat.

107 Paires et milieux

Problème ouvert

Dans un repère orthonormé du plan, Claude place des points à coordonnées entières en s'imposant la règle suivante :

« Aucun milieu de 2 points placés ne doit avoir ses 2 coordonnées entières. »

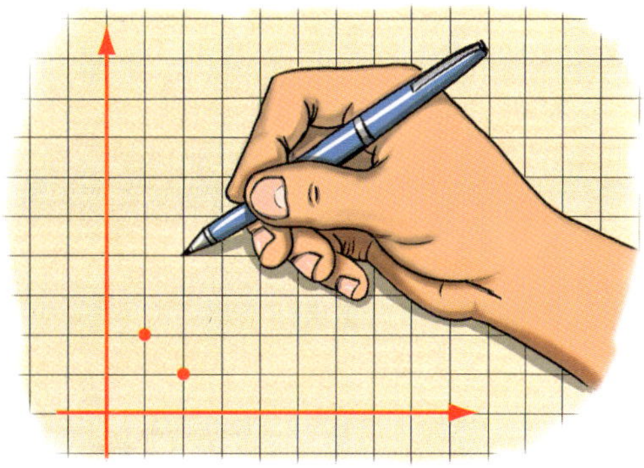

Quel est le nombre maximal de points que Claude pourra placer en respectant cette règle ?
Expliquer.

D'après *Mathématiques sans frontières*, février 2006.

108 Problème d'alignement

Problème ouvert

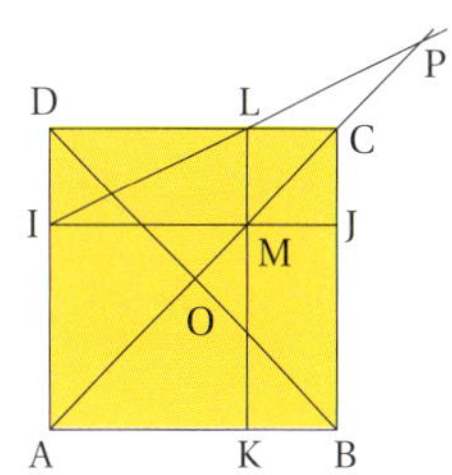

ABCD est un carré de centre O.
M est un point de la diagonale [AC] différent du point O.
La parallèle à (AB) passant par M coupe [AD] en I et [BC] en J.
La parallèle à (AD) passant par M coupe [AB] en K et [DC] en L.
Les droites (IL) et (AC) se coupent en P.

Démontrer que les points K, J et P sont alignés.

109 Carte du ciel

La carte suivante représente une portion de ciel visible pour un observateur se trouvant sur Terre.
Le système de repérage s'appelle un *repère équatorial*.
Les coordonnées se composent de l'*ascension droite* (en heure et minute) et de la *déclinaison* (en degré).

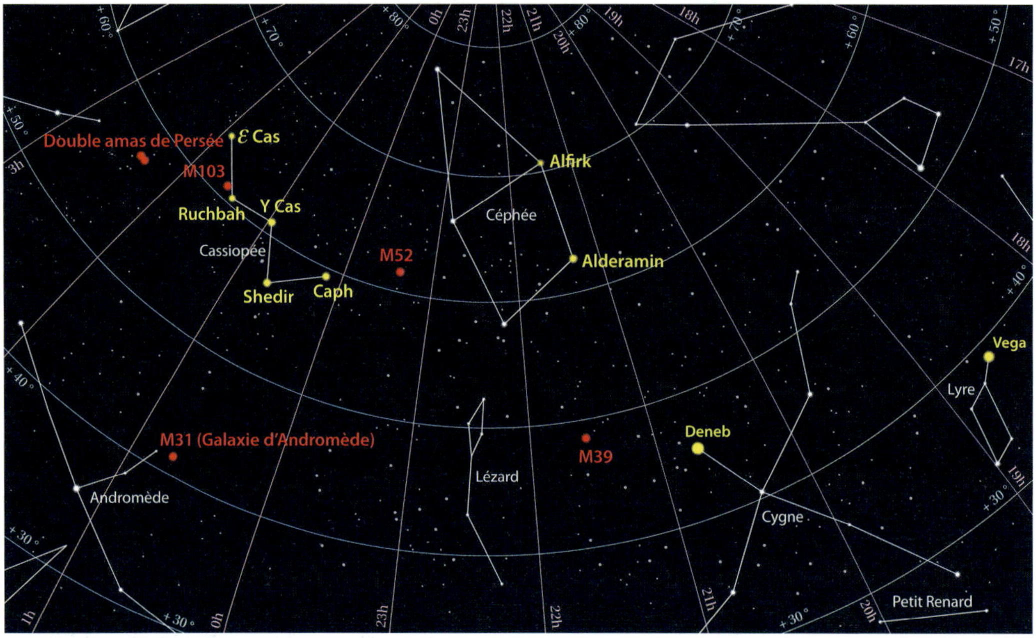

1. Dans la constellation de Cassiopée

a. Quelle est la déclinaison de l'amas d'étoiles M103 ?

b. Quelle est la déclinaison de l'amas d'étoiles M52 ?

c. On a représenté ci-dessous la constellation de Cassiopée, composée de 5 étoiles.

La retrouver sur la carte et donner le nom de l'étoile qui possède la plus grande déclinaison.

2. Dans la constellation de Céphée

a. Quelle est l'ascension droite de l'étoile Alderamin ?

b. Quelle est l'ascension droite de l'étoile Alfirk ?

3. Dans la constellation du Cygne

Quelles sont les coordonnées de l'amas d'étoile M39 ?

4. Retrouver le nom des astres dont les coordonnées équatoriales sont :

(0 h 42 min ; 41°) ; (20 h 41 min ; 45°)
et (2 h 20 min ; 57°).

Équations de droites et systèmes

7

fig. 1

fig. 2

La Port Tower de Kobé, au Japon, est délimitée par une structure de forme hyperboloïde (**fig. 1**).
Géométriquement, un hyperboloïde s'obtient par rotation d'une droite oblique autour d'un axe. Il est possible de faire une projection dans le plan pour réaliser de façon similaire un faisceau de droites dont l'enveloppe est une hyperbole (**fig. 2**).

Quelle est la forme générale d'une équation de droite ?

Le chapitre en bref

Réinvestir

- Coordonnées et repérage dans le plan
- Fonctions affines et droites
- Systèmes d'équations

Découvrir

- Équations de droites
- Position relative de deux droites
- Droites et systèmes d'équations

UN PEU D'HISTOIRE P. 200

Activités

1 Équations de droites

Réinvestir : À l'aide d'un logiciel de géométrie dynamique (ici, GeoGebra), conjecturer :
- la caractérisation analytique d'une droite ;
- une condition de parallélisme de deux droites.

1 Construction

a. Tracer deux droites (AB) et (CD).

b. Afficher les axes du repère : dans le menu *Affichage*, cocher « Axes ».

c. Afficher la fenêtre d'algèbre : dans le menu *Affichage*, cocher « Fenêtre algèbre ».

d. Modifier l'écriture des équations de droites : dans la fenêtre d'algèbre, faire un clic droit sur chacune des équations et cocher « Équation y = ax + b ».

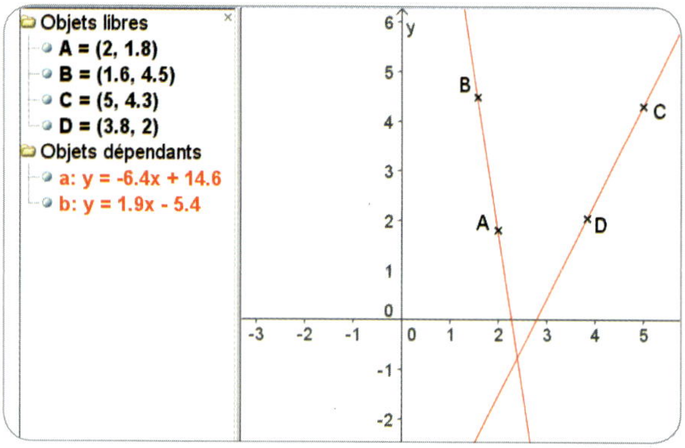

2 Conjectures

Pour établir les conjectures qui suivent, on manipulera à la souris les deux droites affichées.

a. Quelle est la forme générale d'une équation de droite :
- qui n'est pas parallèle à l'axe des ordonnées ?
- qui est parallèle à l'axe des abscisses ?
- qui est parallèle à l'axe des ordonnées ?

b. Discuter de l'allure de la droite suivant le signe de son coefficient directeur.

c. Pour deux droites non parallèles à l'axe des ordonnées, à quelle condition, portant sur les coefficients directeurs, les droites sont-elles parallèles entre elles ?

2 Droites et systèmes d'équations

Découvrir : Donner une approche géométrique de la résolution de systèmes en passant par les droites associées.

1 Soit (S_1) le système de deux équations et d'inconnues x et y tel que $\begin{cases} x-2y=6 \\ 2x+y=7 \end{cases}$.

a. Dans chacune des équations du système (S_1), isoler l'inconnue y.

b. Dans un repère $(O, \vec{i}, \vec{j})$, tracer les droites δ et δ' dont les équations respectives sont celles du système (S_1).

c. Lire graphiquement les coordonnées du point vérifiant simultanément les équations de δ et de δ'. En déduire la solution du système (S_1).

d. Vérifier ce résultat par le calcul.

2 Soit (S_2) le système de deux équations et d'inconnues x et y tel que $\begin{cases} \frac{3}{2}x - y = -12 \\ -3x + 2y = -14 \end{cases}$.

a. Reprendre la méthode de la question **1** pour lire graphiquement les solutions du système (S_2).
Que constate-t-on ?

b. Que peut-on conclure pour les solutions du système (S_2) ?

3 Soit (S_3) le système de deux équations et d'inconnues x et y tel que $\begin{cases} 3x - 4y = -12 \\ -x + \frac{4}{3}y = 4 \end{cases}$.

a. Dans chacune des équations du système (S_3), isoler l'inconnue y.
Que constate-t-on ?

b. Que peut-on conclure pour les solutions du système (S_3) ?

3 Mise en équation

Réinvestir :
- Résoudre graphiquement un problème conduisant à un système d'équations.
- Vérifier par le calcul le résultat obtenu.

Khwariz, le célèbre marchand de Bagdad, souhaite engager un vendeur qui maîtrise l'art de l'arithmétique. À chacun des candidats qui se présentent à lui, il propose le défi suivant :

« Deux lampes et un plateau coûtent ensemble 4 dirhams ; par ailleurs, cinq lampes coûtent 1 dirham de plus que deux plateaux. Si tu trouves le prix de chaque objet, je t'engage sur-le-champ ! »

1 **a.** On désigne par x le prix d'une lampe et y le prix d'un plateau.
Traduire les données du problème par un système de deux équations à deux inconnues.

b. Pour chacune des équations, exprimer y en fonction de x.

c. Représenter dans un même repère, les droites dont les équations ont été établies dans la question précédente.

d. Déterminer graphiquement le couple (x ; y) vérifiant les deux équations.

2 Vérifier les résultats par le calcul.

3 Conclure pour répondre au marchand.

A. Équations de droites

1 Caractérisation analytique d'une droite

NOTE

Dans un repère, toute droite non parallèle à l'axe des ordonnées est la représentation graphique d'une fonction affine. (cf. chapitre 3 p. 78)

PROPRIÉTÉ

Soit $(O, \vec{i}, \vec{j})$ un repère du plan et une droite δ dans ce repère.

- Si δ est parallèle à l'axe des ordonnées alors δ admet une équation de la forme $x = c$ où c est un nombre réel (**fig. 1**).

- Si δ n'est pas parallèle à l'axe des ordonnées alors δ admet une équation de la forme $y = ax + b$ où a et b sont deux nombres réels (**fig. 2**).
a est appelé le coefficient directeur de la droite δ.
b est appelé l'ordonnée à l'origine de la droite δ.

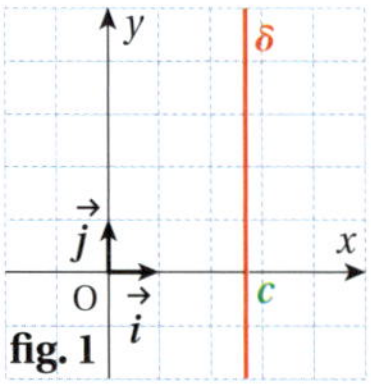

fig. 1

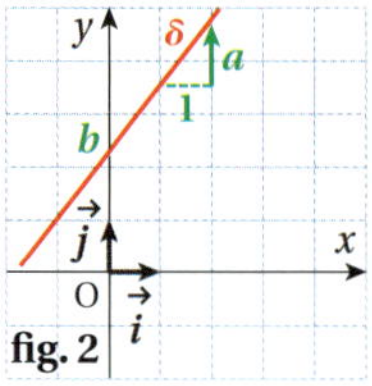

fig. 2

NOTE R

On fait ici une démonstration par disjonction des cas.

DÉMONSTRATION

Soit $(O, \vec{i}, \vec{j})$ un repère du plan.

Soit $A(x_A ; y_A)$ et $B(x_B ; y_B)$ deux points distincts d'une droite δ de ce repère.

Dire qu'un point M de coordonnées $(x ; y)$ appartient à la droite δ revient à dire que les vecteurs $\overrightarrow{AM}\begin{pmatrix} x - x_A \\ y - y_A \end{pmatrix}$ et $\overrightarrow{AB}\begin{pmatrix} x_B - x_A \\ y_B - y_A \end{pmatrix}$ sont colinéaires.

D'après le critère de colinéarité, cela revient à dire que les coordonnées de M vérifient l'équation (E) :

$$(x - x_A)(y_B - y_A) - (x_B - x_A)(y - y_A) = 0 \qquad \text{(E)}$$

- **1er cas : δ est parallèle à l'axe des ordonnées.**

Dans ce cas, $x_A = x_B$.

L'équation (E) peut alors s'écrire : $x = x_A$

$$(x - x_A)(y_B - y_A) = 0$$

Ce qui équivaut à $x = x_A$ car $y_A \neq y_B$, les points A et B étant distincts.

δ admet donc une équation de la forme $x = c$ avec $c = x_A$.

- **2e cas : δ n'est pas parallèle à l'axe des ordonnées.**

Dans ce cas, $x_A \neq x_B$.

L'équation (E) peut s'écrire :

$$y - y_A = \frac{y_B - y_A}{x_B - x_A}(x - x_A)$$

$$\text{Soit : } \quad y = \frac{y_B - y_A}{x_B - x_A}x + y_A - \left(\frac{y_B - y_A}{x_B - x_A}\right)x_A .$$

δ admet donc une équation de la forme $y = ax + b$ avec $a = \dfrac{y_B - y_A}{x_B - x_A}$ et $b = y_A - \left(\dfrac{y_B - y_A}{x_B - x_A}\right)x_A$. ■

▶ Savoir-faire 1
Représenter graphiquement une droite d'équation donnée, p. 190

▶ Savoir-faire 2
Vérifier si un point appartient à une droite d'équation donnée, p. 191

▶ Savoir-faire 3
Déterminer une équation de droite dont on connaît deux points, p. 191

PROPRIÉTÉ

Si $A(x_A\,;y_A)$ et $B(x_B\,;y_B)$ sont deux points distincts d'une droite δ tels que $x_A \neq x_B$ alors la droite δ a pour coefficient directeur $a = \dfrac{y_B - y_A}{x_B - x_A}$.

REMARQUE

Cette propriété est une conséquence de celle démontrée précédemment.

EXEMPLE

Soit $(O, \vec{i}, \vec{j})$ un repère orthonormé du plan.
La droite δ a pour équation $x = -3$
La droite δ' a pour équation $y = -2x + 3$. Son ordonnée à l'origine est 3 et son coefficient directeur est -2.

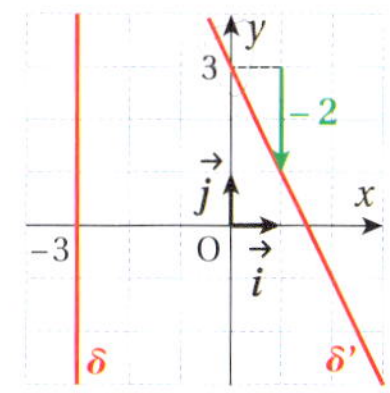

Réciproquement, nous admettrons que :

PROPRIÉTÉ

Soit $(O, \vec{i}, \vec{j})$ un repère du plan et a, b, c trois nombres réels, a non nul.
L'ensemble des points M du plan dont les coordonnées $(x\,;y)$ vérifient une équation de la forme $y = ax + b$ ou $x = c$ est une droite.

2 Vecteur directeur d'une droite

DÉFINITION

Soit δ une droite du plan.
On appelle vecteur directeur de δ tout vecteur non nul $\vec{u}$ de même direction que celle de la droite δ.

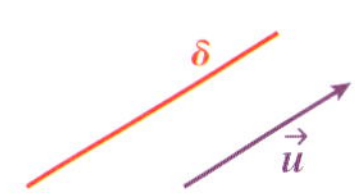

PROPRIÉTÉ

Soit $(O, \vec{i}, \vec{j})$ un repère du plan et une droite δ dans ce repère.
- Si δ est parallèle à l'axe des ordonnées alors $\vec{j}$ est un vecteur directeur de δ.
- Si δ n'est pas parallèle à l'axe des ordonnées alors $y = ax + b$ est une équation de la droite δ et le vecteur $\vec{u}(1\,;a)$ est un vecteur directeur de δ.

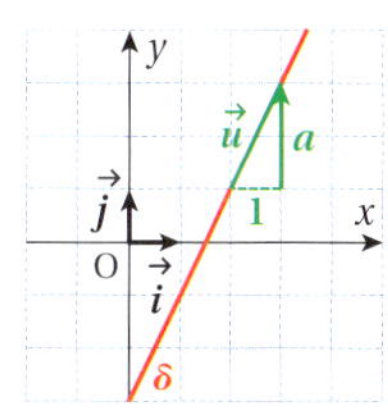

DÉMONSTRATION

Soit $(O, \vec{i}, \vec{j})$ un repère du plan.
La droite δ d'équation $y = ax + b$ passe par les points $A(0\,;b)$ et $B(1\,;a+b)$.
Les points A et B étant distincts, le vecteur $\overrightarrow{AB}$ de coordonnées $\begin{pmatrix}1-0\\a+b-b\end{pmatrix}$ soit $\begin{pmatrix}1\\a\end{pmatrix}$ est un vecteur directeur de la droite δ. ■

▶ Savoir-faire 4
Déterminer une équation de droite dont on connaît un point et un vecteur directeur, p. 192

EXEMPLE

Soit $(O, \vec{i}, \vec{j})$ un repère du plan.
La droite δ d'équation $y = 7x + 4$ admet le vecteur $\vec{u}(1\,;7)$ pour vecteur directeur.
Le vecteur $\vec{v}(2\,;14)$ est également un vecteur directeur de δ car $\vec{u}$ et $\vec{v}$ sont colinéaires.

B. Position relative de deux droites

1 Droites parallèles

PROPRIÉTÉ

Soit $(O, \vec{i}, \vec{j})$ un repère du plan.
Soit δ et δ' deux droites non parallèles à l'axe des ordonnées.
Dire que δ et δ' sont parallèles équivaut à dire qu'elles ont le même coefficient directeur.

DÉMONSTRATION

La droite δ admet une équation du type $y = ax + b$.
La droite δ' admet une équation du type $y = a'x + b'$.
Dire que les droites δ et δ' sont parallèles équivaut à dire que leurs vecteurs directeurs respectifs $\vec{u}(1\ ;\ a)$ et $\vec{u}'(1\ ;\ a')$ sont colinéaires, c'est-à-dire $a = a'$. ■

2 Droites parallèles, droites sécantes

Équation de δ	$x = c$	$y = ax + b$	$y = ax + b$	
Équation de δ'	$x = c'$	$x = c'$	$y = a'x + b'$	
Position relative de δ et δ'	δ et δ' sont parallèles	δ et δ' sont sécantes	$a = a'$ δ et δ' sont parallèles	$a \neq a'$ δ et δ' sont sécantes
Représentation	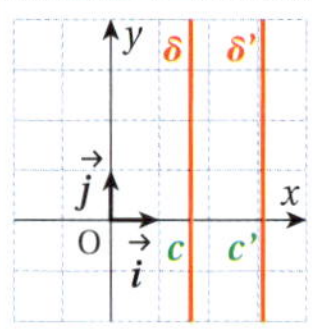	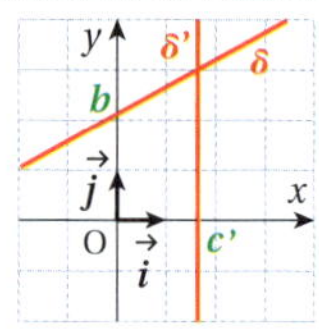	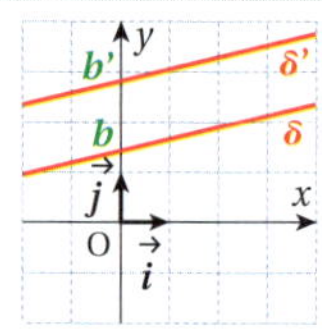	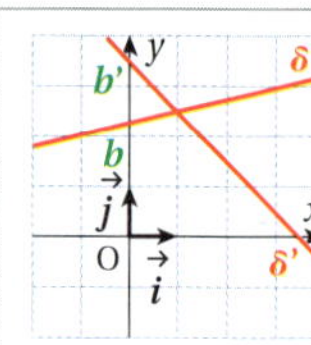

EXEMPLE

Dans un repère du plan, δ_1, δ_2 et δ_3 admettent pour équations :
$\delta_1 : y = -5x + 2\ ;\quad \delta_2 : y = -5x + 3\ ;\quad \delta_3 : x = 8.$
Les droites δ_1 et δ_2 sont parallèles car elles ont même coefficient directeur (–5).
Les droites δ_1 et δ_3 sont sécantes.

C. Droites et systèmes d'équations linéaires

1 Système linéaire

DÉFINITION

Soit (S) le système d'équations $\begin{cases} ax + by = c \\ a'x + b'y = c' \end{cases}$
où a, b, c, a', b' et c' sont des nombres réels donnés et x et y sont deux nombres réels.
Résoudre le système (S) consiste à trouver tous les couples de réels $(x\ ;\ y)$ vérifiant simultanément les deux équations du système.

2 Systèmes et droites sécantes

▶ Savoir-faire 5
Résoudre un système d'équations par la méthode de substitution, p. 192

▶ Savoir-faire 6
Résoudre un système d'équations par la méthode des combinaisons linéaires, p. 193

Soit (S) le système d'équations : $\begin{cases} ax+by=c \\ a'x+b'y=c' \end{cases}$

où a, b, c, a', b' et c' sont des nombres réels donnés avec $b \neq 0$ et $b' \neq 0$.

Le système (S) équivaut à $\begin{cases} by=-ax+c \\ b'y=-a'x+c' \end{cases}$ soit $\begin{cases} y=-\dfrac{a}{b}x+\dfrac{c}{b} \\ y=-\dfrac{a'}{b'}x+\dfrac{c'}{b'} \end{cases}$.

Les droites associées à ces deux équations possèdent un unique point d'intersection si leurs coefficients directeurs sont différents, soit $-\dfrac{a}{b} \neq -\dfrac{a'}{b'}$, ou encore $ab' \neq a'b$.

Si M est le point d'intersection des deux droites, le couple de ses coordonnées $(x_M ; y_M)$ est solution du système.

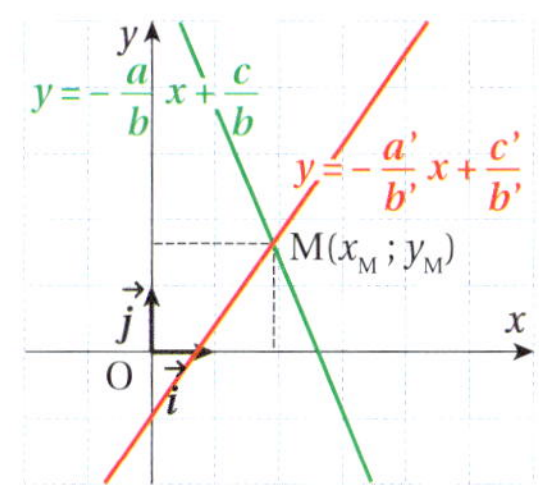

3 Systèmes et droites parallèles

Certains systèmes n'admettent pas un unique couple solution.

EXEMPLE 1 **Système n'admettant pas de solution**

Soit (S) le système $\begin{cases} -2x+y=0 \\ 4x-2y=4 \end{cases}$.

- *Résolution du système*

En isolant y dans la première équation, on obtient $y = 2x$. En remplaçant y dans la deuxième équation, on obtient $4x - 2 \times 2x = 4$, soit $4x - 4x = 4$, soit encore $0 = 4$. On aboutit à une contradiction.

Les deux équations du système (S) ne peuvent pas être vérifiées simultanément par un couple de nombres réels $(x ; y)$.

- *Interprétation géométrique*

Le système (S) équivaut à $\begin{cases} y=2x \\ -2y=-4x+4 \end{cases}$.

Soit : $\begin{cases} y=2x \\ y=2x-2 \end{cases}$

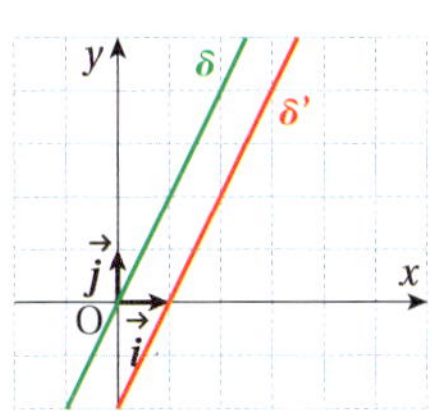

On désigne par δ et δ' les droites d'équations respectives $y = 2x$ et $y = 2x - 2$.

δ et δ' possèdent des coefficients directeurs égaux ; elles sont donc strictement parallèles. Il n'existe pas de couple de nombres réels $(x ; y)$ vérifiant simultanément les équations de δ et δ'.

- *Conclusion*

Le système (S) ne possède pas de solution.

EXEMPLE 2 **Système admettant une infinité de solutions**

Soit (S) le système $\begin{cases} 4x-2y=2 \\ -2x+y=-1 \end{cases}$.

- *Résolution du système*

Le système (S) équivaut à $\begin{cases} -2y=-4x+2 \\ y=2x-1 \end{cases}$.

Soit : $\begin{cases} y=\dfrac{-4}{-2}x+\dfrac{2}{-2} \\ y=2x-1 \end{cases}$

Soit encore : $\begin{cases} y=2x-1 \\ y=2x-1 \end{cases}$

- *Interprétation géométrique*

Les droites δ et δ' associées à ces deux équations sont confondues.

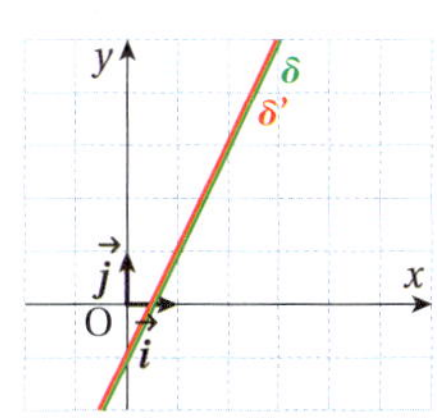

- *Conclusion*

Tous les couples de nombres réels $(x ; y)$ vérifiant l'équation $y = 2x - 1$ sont solutions du système (S).

Par exemple, pour $x = 4$, on a $y = 2 \times 4 - 1 = 7$; le couple $(4 ; 7)$ est donc une solution de (S).

Savoir-faire

Savoir-faire 1 Représenter graphiquement une droite d'équation donnée

ÉNONCÉ Dans un repère $(O, \vec{i}, \vec{j})$ du plan, tracer les droites suivantes.

a. $\delta_1 : y = -3x + 4$ **b.** $\delta_2 : y = -2$ **c.** $\delta_3 : x = 3$

SOLUTION

a. La droite δ_1 d'équation $y = -3x + 4$ a pour ordonnée à l'origine 4.
Donc le point A de coordonnées (0 ; 4) appartient à la droite δ_1.

Soit B le point d'abscisse 2 appartenant à la droite δ_1.

Les coordonnées de B vérifient l'équation de δ_1, donc $y_B = -3 \times 2 + 4 = -2$.

Le point B de coordonnées (2 ; –2) appartient à la droite δ_1.

On peut ainsi tracer la droite δ_1 passant par A et B.

MÉTHODE

a. Lorsque l'équation est de la forme $y = ax + b$, on cherche deux points dont les coordonnées vérifient l'équation de la droite.
Un point simple de la droite d'équation $y = ax + b$ est le point de coordonnées $(0 ; b)$.

b. La droite δ_2 d'équation $y = -2$ est l'ensemble des points dont l'ordonnée est égale à –2.
La droite δ_2 est donc la droite parallèle à l'axe des abscisses coupant l'axe des ordonnées au point de coordonnées (0 ; –2).

b. Lorsque l'équation est de la forme $y = b$, la droite est l'ensemble des points dont l'ordonnée est égale à b ; c'est donc la droite parallèle à l'axe des abscisses coupant l'axe des ordonnées au point de coordonnées $(0 ; b)$.

c. La droite δ_3 d'équation $x = 3$ est l'ensemble des points dont l'abscisse est égale à 3.
La droite δ_3 est donc la droite parallèle à l'axe des ordonnées coupant l'axe des abscisses au point de coordonnées (3 ; 0).

c. Lorsque l'équation est de la forme $x = c$, la droite est l'ensemble des points dont l'abscisse est égale à c ; c'est donc la droite parallèle à l'axe des ordonnées coupant l'axe des abscisses au point de coordonnées $(c ; 0)$.

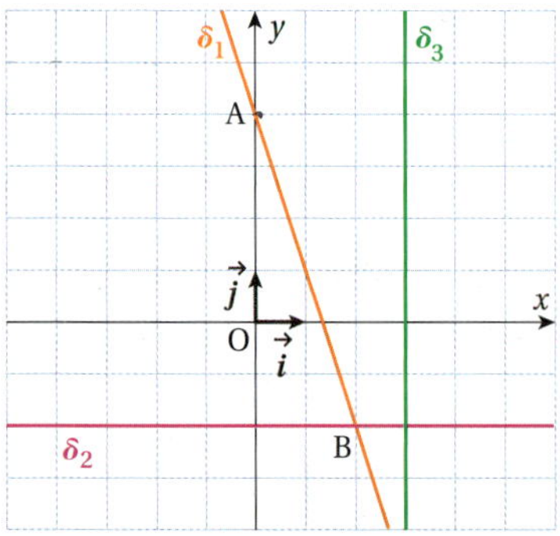

Savoir-faire 2 Vérifier si un point appartient à une droite d'équation donnée

ÉNONCÉ On considère $(O, \vec{i}, \vec{j})$ un repère du plan.
Soit δ la droite d'équation $y = 5x - 9$.
Les points A(5,8 ; 21) et B(235 ; 1 166) appartiennent-ils à la droite δ ?

SOLUTION

- Dire que le point A(5,8 ; 21) appartient à la droite δ d'équation $y = 5x - 9$ équivaut à dire que les coordonnées de A vérifient l'équation de la droite δ.
Or $5 \times 5{,}8 - 9 = 20 \neq 21$.
Donc le point A n'appartient pas à la droite δ.
- Les coordonnées du point B(235 ; 1 166) vérifient l'équation de la droite δ : $5 \times 235 - 9 = 1\,166$.
Donc le point B appartient à la droite δ.

MÉTHODE

Un point se trouve sur une droite si et seulement si ses coordonnées vérifient l'équation de cette droite.

Savoir-faire 3 Déterminer une équation de droite dont on connaît deux points

ÉNONCÉ On considère $(O, \vec{i}, \vec{j})$ un repère du plan.
Soit A(2 ; –6) et B(–4 ; 6) deux points d'une droite δ.
Déterminer une équation de la droite δ.

SOLUTION

- Les points A et B sont d'abscisses différentes donc la droite δ n'est pas parallèle à l'axe des ordonnées.
L'équation de la droite δ est donc de la forme $y = ax + b$, où a et b sont deux nombres réels.
- Le coefficient directeur de δ est :

$$a = \frac{y_B - y_A}{x_B - x_A} = \frac{6-(-6)}{-4-2} = \frac{12}{-6} = -2\,.$$

L'équation de la droite δ est donc de la forme $y = -2x + b$.

Comme A(2 ; –6) appartient à la droite δ, ses coordonnées vérifient l'équation de δ, soit :

$$-6 = -2 \times 2 + b$$

D'où $b = -6 + 2 \times 2 = -2$.

Une équation de δ est donc $y = -2x - 2$.

MÉTHODE

- Lorsque la droite n'est pas parallèle à l'axe des ordonnées, il s'agit de déterminer les réels a et b pour lesquels les points vérifient la relation $y = ax + b$.
- Pour calculer a, coefficient directeur de δ, on utilise la relation $a = \frac{y_B - y_A}{x_B - x_A}$.
Puis, a étant connu, on calcule b en résolvant l'équation $y = ax + b$ où x et y sont les coordonnées de n'importe quel point de δ (*ici, le point* A).

REMARQUE

Une autre méthode consiste à résoudre le système d'équations linéaires :

$$\begin{cases} y_A = ax_A + b \\ y_B = ax_B + b \end{cases}$$

Savoir-faire 4 Déterminer une équation de droite dont on connaît un point et un vecteur directeur

ÉNONCÉ

On considère $(O, \vec{i}, \vec{j})$ un repère du plan.
Soit $A(2\,;-5)$ un point d'une droite δ admettant $\vec{u}(5\,;-3)$ comme vecteur directeur.
Déterminer une équation de la droite δ.

SOLUTION

Soit $M(x\,;y)$ un point du plan.
Le point M est sur la droite δ si et seulement si les vecteurs $\overrightarrow{AM}\begin{pmatrix}x-2\\y+5\end{pmatrix}$ et $\vec{u}\begin{pmatrix}5\\-3\end{pmatrix}$ sont colinéaires.
D'après le critère de colinéarité, on a :

$$-3(x-2)-5(y+5)=0$$

Soit : $-3x+6-5y-25=0$

Soit encore : $-5y=3x+19$

Une équation de δ est donc $y=-\frac{3}{5}x-\frac{19}{5}$.

MÉTHODE

Un point M appartient à la droite définie par un point A et un vecteur $\vec{u}$ si et seulement si les vecteurs $\overrightarrow{AM}$ et $\vec{u}$ sont colinéaires.
On calcule donc les coordonnées de $\overrightarrow{AM}$, puis on applique le critère de colinéarité.

Savoir-faire 5 Résoudre un système d'équations par la méthode de substitution

ÉNONCÉ

Soit (S) le système $\begin{cases}3x-y=-10\\x+6y=22\end{cases}$.

a. Le système (S) admet-il des solutions ?
b. Résoudre le système (S).

SOLUTION

a. Le système (S) est équivalent à $\begin{cases}y=3x+10\\y=-\frac{1}{6}x+\frac{11}{3}\end{cases}$.

Dans un repère orthonormé $(O, \vec{i}, \vec{j})$, les droites associées aux équations du système sont sécantes car elles possèdent des coefficients directeurs différents. Le système possède donc un unique couple solution.

b.

• $\begin{cases}3x-y=-10 & (1)\\x+6y=22 & (2)\end{cases}$

$\begin{cases}3x-y=-10 & (1)\\x=22-6y & (2)\end{cases}$

MÉTHODE

a. On isole l'inconnue y dans chacune des équations du système, puis on étudie la position relative des deux droites associées aux équations du système.

b.

• On isole une inconnue dans une équation.
Ici, on exprime x en fonction de y dans l'équation (2).

REMARQUE

Ici, la méthode de substitution se prête bien à la résolution du système car une équation contient une inconnue facile à isoler.

- $\begin{cases} 3(22-6y)-y=-10 & (1) \\ x=22-6y & (2) \end{cases}$

  $\begin{cases} 66-18y-y=-10 & (1) \\ x=22-6y & (2) \end{cases}$

- $\begin{cases} -19y=-76 & (1) \\ x=22-6y & (2) \end{cases}$

- $\begin{cases} y=4 & (1) \\ x=22-6\times 4 & (2) \end{cases}$

  $\begin{cases} y=4 & (1) \\ x=-2 & (2) \end{cases}$

La solution du système (S) est le couple (–2 ; 4).

- On substitue l'inconnue isolée dans l'autre équation.
Ici, on remplace x dans l'équation (1) par son expression en fonction de y.
- On résout cette équation pour trouver la valeur d'une inconnue.
Ici, on résout l'équation (1) pour trouver y.
- On substitue dans l'autre équation la valeur ainsi trouvée pour calculer la valeur de la deuxième inconnue.
Ici, on substitue la valeur y = 4 dans l'équation (2).

Savoir-faire 6 Résoudre un système d'équations par la méthode des combinaisons linéaires

ÉNONCÉ

Résoudre le système $\begin{cases} 2x-5y=7 \\ 3x+4y=-1 \end{cases}$.

SOLUTION

- $\begin{matrix} \times 3 \\ \times 2 \end{matrix} \begin{cases} 2x-5y=7 & (1) \\ 3x+4y=-1 & (2) \end{cases}$

  $\begin{cases} 6x-15y=21 & (1) \\ 6x+8y=-2 & (2) \end{cases}$

- D'où, en faisant la différence des deux équations :

$$6x-15y-6x-8y=21-(-2)$$
$$-23y=23$$
$$y=-1$$

- On substitue la valeur de y dans l'équation (2) :

$$6x+8\times(-1)=-2$$
$$6x-8=-2$$
$$6x=6$$
$$x=1$$

La solution du système est le couple (1 ; –1).

MÉTHODE

- On cherche à éliminer une des deux inconnues par soustraction ou addition membre à membre des deux équations.
Ici, on multiplie l'équation (1) par 3 et l'équation (2) par 2, puis on élimine l'inconnue x en soustrayant l'équation (2) à l'équation (1).
- On résout l'équation obtenue pour trouver une inconnue.
Ici, on trouve y.
- On substitue dans une des équations du système la valeur ainsi trouvée pour calculer la valeur de la deuxième inconnue.
Ici, on remplace y dans (2) pour trouver x.

REMARQUE

Ici, la méthode de substitution ne se prête pas à la résolution du système car en isolant une inconnue, on obtient des équations avec des coefficients rationnels, ce qui complique considérablement les calculs.

Travaux pratiques

TP TICE 1 Un réseau de droites

Objectif : Utiliser un logiciel de géométrie dynamique (ici, GeoGebra) pour étudier une famille de droites.

Soit la famille de droites D_k d'équations $y = \dfrac{2k+3}{4}x - 3k - 1$ où $k \in \mathbb{R}$.

1 Construction

a. Afficher les axes et la grille du repère : dans le menu *Affichage*, cocher « Axes » et « Grille ».

b. Créer un curseur de nom k pour k compris entre -5 et 5 avec incrément de 0,1.

c. Dans le champ de saisie, entrer l'équation de la droite D_k.

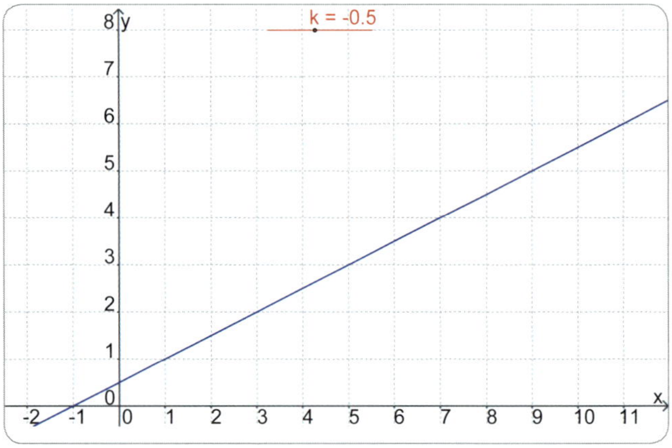

2 Conjectures

Pour établir les conjectures demandées, on pourra manipuler le curseur à la souris.

a. Trouver la valeur de k pour que :

- D_k soit parallèle à l'axe des abscisses ;
- D_k passe par le point de coordonnées (0 ; 8) ;
- D_k ait pour coefficient directeur 0,5.

b. Existe-t-il un point du plan qui semble appartenir à D_k quelle que soit la valeur de k ?
Si oui, donner ses coordonnées.

COUP DE POUCE

On pourra activer la trace de la droite : faire un clic droit sur la droite et cocher « Trace activée ».

3 Démonstrations

Démontrer les conjectures établies à la question **2**.

TP TICE 2 Un repère pour démontrer

Objectifs :
- Utiliser un logiciel de géométrie dynamique (ici, GeoGebra) pour étudier la position de deux droites.
- Démontrer une conjecture.

1 Construction

a. Soit le repère $(A, \overrightarrow{AB}, \overrightarrow{AD})$ comme représenté ci-contre. On considère le rectangle ABCD. Réaliser la figure avec un logiciel de géométrie.

b. Placer un point P sur la droite (AC).
Construire le symétrique B' de B par rapport à P. La parallèle à l'axe des abscisses passant par B' coupe l'axe des ordonnées en M.
Tracer les droites (DB) et (MP).

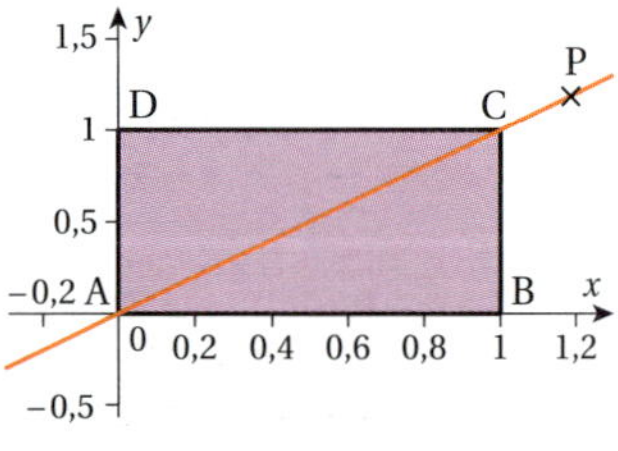

c. Afficher la fenêtre d'algèbre : dans le menu *Affichage*, cocher « Fenêtre algèbre ».

Modifier l'écriture des équations de droites : dans la fenêtre d'algèbre, faire un clic droit sur chaque équation et cocher « Équation y = ax + b ».

2 Conjecture

Pour établir la conjecture demandée, on pourra manipuler à la souris le point P.

En observant dans la fenêtre d'algèbre les équations des droites (DB) et (MP), conjecturer un résultat sur la position relative de ces deux droites.

3 Démonstration

On se propose de démontrer la conjecture établie à la question **2**.

a. Donner une équation de la droite (DB). Justifier.

b. On note p l'abscisse de P ; déduire son ordonnée en fonction de p.

c. Calculer les coordonnées de M en fonction de p.

d. En déduire une équation de la droite (MP) en fonction de p.

e. Conclure.

TICE 3 Système d'équations et calculatrice graphique

Objectif : Utiliser la calculatrice pour déterminer la solution en valeurs approchées de systèmes dont la résolution par les méthodes classiques est fastidieuse.

EXERCICE 1

Soit le système (S) : $\begin{cases} 29x - 86y = -23 & (1) \\ -79x + 36y = 37 & (2) \end{cases}$.

1 a. Montrer que l'équation (1) du système (S) peut s'écrire : $y = \frac{29}{86}x + \frac{23}{86}$.

b. Exprimer de même y en fonction de x pour l'équation (2) du système (S).

2 a. Soit f la fonction affine associée à la droite d'équation $y = \frac{29}{86}x + \frac{23}{86}$.

Saisir sur la calculatrice l'expression de la fonction f afin d'afficher dans un repère sa droite représentative.

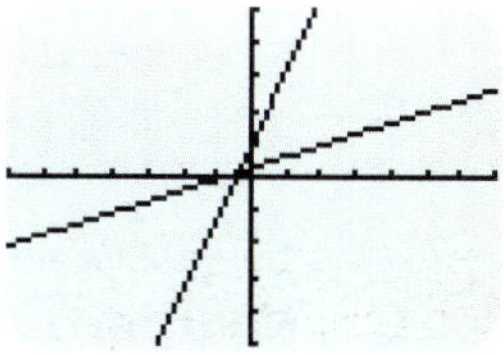

b. Soit g la fonction affine associée à la droite dont l'équation a été établie dans la question **1** b.

Dans la même fenêtre graphique, afficher la droite représentative de la fonction g.

3 À l'aide de la commande *Intersection*, déterminer le couple $(x\,;\,y)$ solution du système (S). On donnera des valeurs approchées à 10^{-2} près par défaut.

EXERCICE 2

Soit le système (S') : $\begin{cases} 17x - 27y = 37 & (1) \\ 27x - 47y = -57 & (2) \end{cases}$.

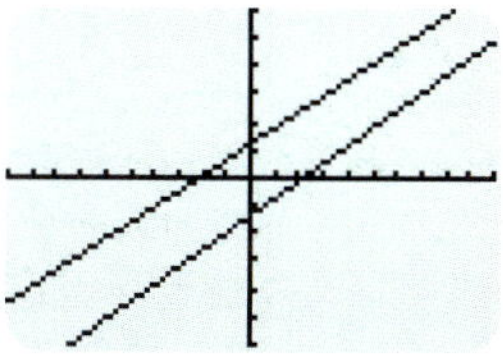

Reprendre la méthode de l'exercice 1 pour déterminer le couple $(x\,;\,y)$ solution du système (S'). On donnera des valeurs approchées à 10^{-3} près par excès.

COUP DE POUCE

Il se peut que le point d'intersection des deux droites se situe en dehors du domaine choisi. Il faudra dans ce cas redéfinir les limites de la fenêtre d'affichage.

TP TICE 4

Système d'équations et tableur

Objectif : Utiliser un tableur pour déterminer la solution de problèmes dont la résolution se ramène à un système non linéaire.

EXERCICE 1

Voici un problème :

« Étant le plus âgé, la différence du carré de nos âges est égale à 840. La somme de ton âge et du double de mon âge est égale à 97.
Quels sont nos âges respectifs ? »

a. Traduire les données du problème par un système de deux équations à deux inconnues.

b. Prouver que mon âge est inférieur à 49 ans.

c. À partir des équations établies, trouver des formules à saisir dans les cellules B2 et C2.

d. Pour trouver la solution au problème, copier vers le bas les cellules de la ligne 2.

	A	B	C
1	Mon âge	Ton âge	Différence du carré de nos âges
2	1		
3			
4			
5			
6			
7			
8			
9			

EXERCICE 2

Voici un problème :

« Comment dois-je partager, avec mon frère, l'héritage de 5 000 $ que nous a légué notre oncle d'Amérique ?
Son testament fait mention d'une curieuse relation d'arithmétique :
"Sachant que l'aîné touchera plus que le cadet, le quotient du carré de la part de l'aîné par la différence des parts des deux frères est égal à 1 565 001." »

Traduire les données du problème par un système de deux équations à deux inconnues, puis trouver la solution au problème à l'aide d'un tableur.

	A	B	C
1	Part de l'aîné	Part du cadet	Quotient
2			
3			
4			
5			
6			
7			
8			
9			

VOIR FICHES ALGORITHMIQUE P. 11

Algorithmique 1 Rechercher une équation de droite

Objectifs : • Lire et faire fonctionner un algorithme.
• Étudier le domaine de validité d'un algorithme.

Jessica a programmé en Python un algorithme qui permet de déterminer l'équation d'une droite passant par deux points donnés.

```
>>> def droite(xa,ya,xb,yb):
        a=(yb-ya)/(xb-xa)
        b=yb-a*xb
        print 'y=',a,'x+',b

>>> droite(2,5,4,9)
y= 2 x+ 1
```

1 La fenêtre ci-contre montre ce programme ainsi que l'essai qu'elle a ensuite effectué.

a. Avec quels points A et B a-t-elle testé son programme ?

b. Vérifier le résultat proposé par le programme.

2 Jessica prête son programme à Azim qui cherche une équation de droite. Il saisit "droite(4,5,4,7)" mais le programme lui retourne une erreur. Expliquer ce phénomène.

3 Modifier le programme de Jessica afin qu'il tienne compte de la situation rencontrée par Azim.

Algorithmique 2 Résoudre un système

Objectifs : • Lire et faire fonctionner un algorithme avec une instruction conditionnelle.
• Améliorer un algorithme pour traiter des cas non envisagés.

On souhaite résoudre le système $\begin{cases}(L_1) & a_1x+b_1y=c_1\\(L_2) & a_2x+b_2y=c_2\end{cases}$

avec a_1, b_1, c_1, a_2, b_2 et c_2 des réels quelconques. L'algorithme ci-contre, écrit en Scilab, propose une résolution du système.

```
a1=input("a1?");
b1=input("b1?");
c1=input("c1?");
a2=input("a2?");
b2=input("b2?");
c2=input("c2?");
if (b1*a2-b2*a1==0) then
  disp("il n existe pas une solution unique"):
else
  y=(c1*a2-c2*a1)/(b1*a2-b2*a1);
  x=(c1-b1*y)/a1;
end;
disp("l unique solution est le couple :");
disp(x,y);
```

1 Tester cet algorithme avec les systèmes suivants, puis vérifier le résultat en résolvant ces systèmes.

a. $\begin{cases}3x+2y=4\\6x+4y=5\end{cases}$ **b.** $\begin{cases}2x+5y=12\\3x-y=1\end{cases}$

2 Tester l'algorithme avec le système $\begin{cases}4y=7\\5x-2y=9\end{cases}$.

Expliquer quelle situation n'a pas été envisagée.

3 **Pour aller plus loin**

Proposer une modification du programme lui permettant de résoudre aussi le système rencontré dans la question **2**.

REMARQUE

La syntaxe pour tester si deux nombres sont différents s'écrit « != » dans la plupart des langages de programmation. En Scilab, on écrit « <> », syntaxe plus proche du Basic, langage utilisé entre autres par les calculatrices et les tableurs.

TP

Algorithmique 3 Déterminer l'intersection de deux droites

Objectifs : • Construire un algorithme avec une instruction conditionnelle.
• Programmer un algorithme.

On souhaite trouver, s'il existe, le point d'intersection des deux droites d'équations $y = ax + b$ et $y = mx + p$, avec a, b, m et p des réels donnés.

1 En supposant que ces deux droites sont sécantes, donner la formule permettant de calculer x en fonction de a, b, m et p.

2 Tester la séquence ci-contre, écrite en Python, pour les droites d'équations $y = x + 2$ et $y = 3x + 4$.

```
>>> def inter(a,b,m,p):
        x=(p-b)/(a-m)
        y=a*x+b
        print 'il y a un couple solution: (',x,';',y,')'
```

3 Le programme précédent n'envisage que le cas où il existe un unique point d'intersection.
a. À quelle condition les deux droites sont-elles parallèles ?
b. À quelle condition les deux droites sont-elles confondues ?
c. Écrire en langage naturel l'algorithme permettant de traiter les trois cas envisageables.

4 Programmer en Python l'algorithme de la question **3c**.

TP

Algorithmique 4 Déterminer l'alignement de trois points

Objectif : Comprendre et programmer un algorithme avec une instruction conditionnelle.

On donne trois points $A(x_A ; y_A)$, $B(x_B ; y_B)$ et $C(x_C ; y_C)$ d'abscisses deux à deux différentes.

1 Pour déterminer si les trois points A, B et C sont alignés, on souhaite comparer les coefficients directeurs respectifs a et a' des droites (AB) et (BC).
a. Exprimer a et a' en fonction de x_A, y_A, x_B, y_B, x_C et y_C.
b. À quelle condition sur a et a' les points A, B et C sont-ils alignés ?
c. Montrer que si $a = a'$ alors $(y_B - y_A)(x_C - x_B) = (y_C - y_B)(x_B - x_A)$.

2 Voici un algorithme écrit en langage naturel testant l'alignement des trois points A, B et C :

```
Entrée :          Les réels xA, yA, xB, yB, xC et yC.
Traitement        Si (yB - yA)(xC - xB) = (yC - yB)(xB - xA)
et sortie :            afficher "Les points A, B et C sont alignés."
                  Sinon
                       afficher "Les points A, B et C ne sont pas alignés."
```

a. Tester cet algorithme avec A(–2 ; –1), B(4 ; 8) et C(0 ; 2), puis placer ces points dans un repère pour vérifier le résultat.
b. Yvan prétend que l'algorithme précédent fonctionne même lorsque les coefficients directeurs n'existent pas (lorsque l'on a au moins une droite verticale). Il propose de tester cet algorithme dans deux cas et de placer les points dans un repère pour vérifier le résultat.
- Tester l'algorithme pour A(4 ; 1), B(4 ; 5) et C(5 ; 8), puis pour A(4 ; 1), B(4 ; 5) et C(4 ; 8).
- Yvan a-t-il toujours raison ?

3 Programmer l'algorithme de la question **2** sur calculatrice.

Problème ouvert 1 Tangente à un cercle

On considère $(O, \vec{i}, \vec{j})$ un repère du plan. Soit la droite δ d'équation $y = 2x - \frac{7}{2}$. Soit $A(3\,;\,\frac{5}{2})$ et $B(\frac{13}{2}\,;\,\frac{5}{2})$.

a. À l'aide d'un logiciel de géométrie dynamique, déterminer des valeurs approchées des coordonnées du point O, centre du cercle passant par B et tangent à la droite δ en A.

b. Calculer les coordonnées du point O et vérifier avec la lecture précédente.

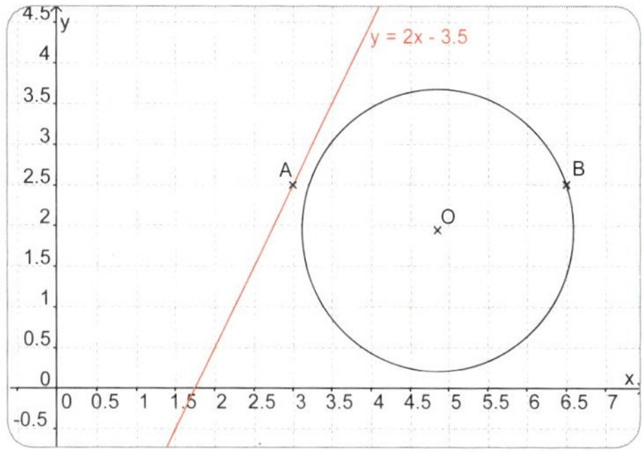

Problème ouvert 2 Planches de surf

Une petite entreprise artisanale fabrique deux types de planches de surf. Le modèle *shortboard* nécessite 6,5 heures de fabrication. Quant au modèle *longboard*, il demande 8 heures de fabrication. L'entreprise peut assumer un maximum de 49 heures de main d'œuvre par jour.

Le chef d'entreprise souhaite fabriquer le maximum de planches possible. Combien de planches de chaque type doit-il produire par jour ?

Problème ouvert 3 Le plus grand nombre de solutions

Trouver les nombres $a > 0$ tels que l'équation $ax + y = 5$ possède le plus grand nombre de couples solutions $(x\,;\,y)$ avec x et y entiers compris entre 0 et 10.

Problème ouvert 4 Système d'équations et géométrie

Les deux solides suivants ont le même volume et la somme des aires de leur base est égale à 1 000.

Quelles sont les dimensions de ces solides ?

Prisme à base carrée de côté x et de hauteur y — Pyramide à base carrée de côté y et de hauteur x

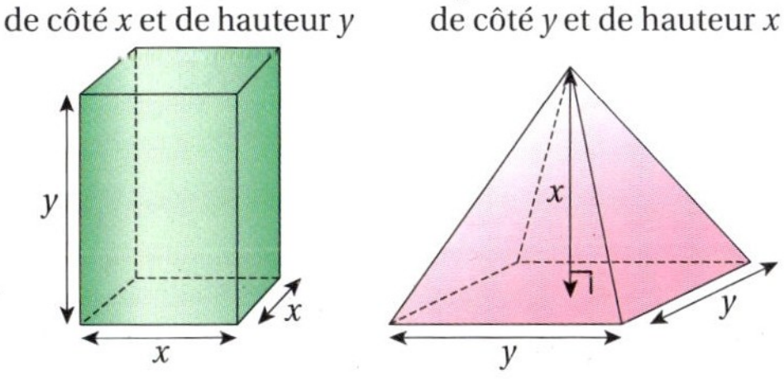

COUP DE POUCE

On pourra traduire les données du problème par un système de deux équations à deux inconnues puis trouver la solution au problème à l'aide d'un tableur.

Nicole Oresme
(~ 1320 - 1382, France)
Il donne une première approche du repérage pour des points et des droites.

René Descartes
(1596 - 1650, France)
Il a recourt à l'algèbre pour résoudre des problèmes de géométrie.

Colin Maclaurin
(1698 - 1746, Écosse)
Il étudie l'intersection de courbes.

XIVe siècle — 1637 — 1729

1300 — 1400 — 1500 — 1600 — 1700 — 1800

De la droite à la résolution des systèmes d'équations

La droite, une figure parfaite

1. Détail de *L'École d'Athènes*, fresque de Raphaël, 1511. Euclide y est représenté tenant un compas.

Pour les Anciens, la droite et le cercle sont les plus parfaites des figures : celles qui permettent de générer toutes les autres.
Dans *Les Éléments*, ouvrage de 13 livres, EUCLIDE (→ 1) s'intéresse aux méthodes de constructions à la règle (la droite) et au compas (le cercle).
Il considère la ligne comme *« une longueur sans largeur »* et définit la droite comme *« une ligne droite qui est également placée entre ses points »*. Ce qui signifie que la distance minimale entre deux points de la droite est égale à la distance parcourue par la ligne droite qui les sépare.

De la géométrie à la géométrie analytique

Au XIVe siècle, Nicole ORESME rompt avec l'approche purement géométrique en donnant une équation de la ligne droite.
Dans *La Géométrie* (1637), René DESCARTES poursuit cette approche en considérant la droite comme un ensemble de points dont les coordonnées sont liées par une formule algébrique et ramène l'étude de l'intersection de deux courbes à la résolution d'un système d'équations.

L'étude des sytèmes d'équations

Dès la fin du XVIIe siècle, l'étude des systèmes d'équations linéaires révèle de nombreuses méthodes de résolutions algébriques.
Gottfried LEIBNIZ (1646 - 1716) s'attache à la résolution des systèmes de trois équations à trois inconnues (ou systèmes d'ordre 3) en éliminant successivement deux inconnues.
En 1729, l'Écossais Colin MACLAURIN établit des formules de résolution explicites pour des systèmes d'ordre 2, 3 et 4. Le suisse Gabriel CRAMER (1704 - 1752) énoncera plus tard ces résultats avec des notations plus claires et l'histoire retiendra le nom de « système de Cramer ».
Peu à peu, avec le développement de l'algèbre, les techniques de résolution traitent des cas généraux.
Par ailleurs, l'approche algorithmique de la résolution et l'usage de l'informatique permettent de traiter les cas les plus complexes possédant un grand nombre d'inconnues.

> **4. Une ligne droite eſt celle qui étant menée d'un point à un autre ne ſe détourne ni à droite, ni à gauche, & qui eſt la plus courte que l'on puiſſe mener entre ces deux points, comme AB**
> **A ——————— B**

2. Au XVIIIe siècle, certains mathématiciens posent encore des définitions géométriques étonnantes et peu précises ; ici, traduction d'une définition de la droite des *Éléments de géométrie* de Thomas SIMPSON (1710 - 1761), 1747.

Exercices d'application

Équations de droites

Pour les exercices 1 et 2

Dans chaque cas, on considère un repère $(O, \vec{i}, \vec{j})$.
Reproduire et compléter le tableau suivant.

Droite	Coefficient directeur	Ordonnée à l'origine	Équation
d_1			
d_2			
d_3			
d_4			
d_5			
d_6			

1

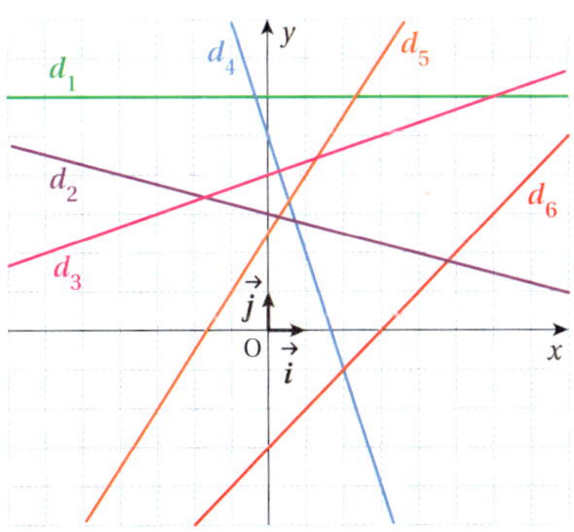

2

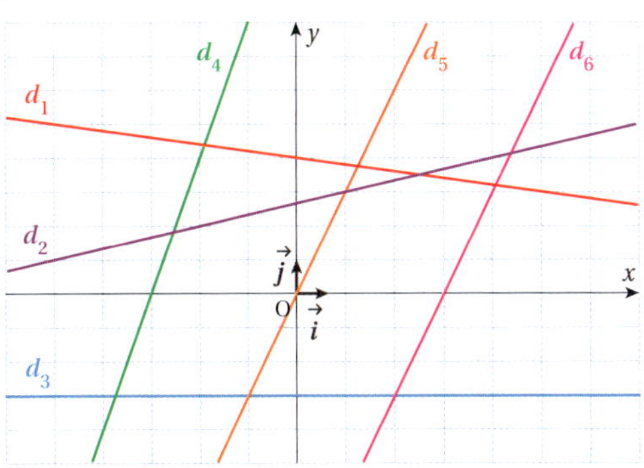

3 **Vrai ou faux ?**

Pour chacune des affirmations suivantes, indiquer si elle est vraie ou fausse.

a. Le coefficient directeur d'une droite parallèle à l'axe des abscisses est égal à 0.

b. Le coefficient directeur d'une droite d'équation de la forme $x = a$ ($a \in \mathbb{R}$) est a.

c. Dans un repère orthonormé, la droite d'équation $y = -x$ est une bissectrice des axes du repère.

d. Deux droites dont les équations possèdent des coefficients directeurs de même signe n'ont pas de point commun.

e. Une droite dont l'équation possède un coefficient directeur positif et une ordonnée à l'origine négative croise l'axe des abscisses en un point d'abscisse positive.

4 On considère $(O, \vec{i}, \vec{j})$ un repère orthonormé du plan. Malheureusement, une tache d'encre en a masqué les vecteurs $\vec{i}$ et $\vec{j}$.

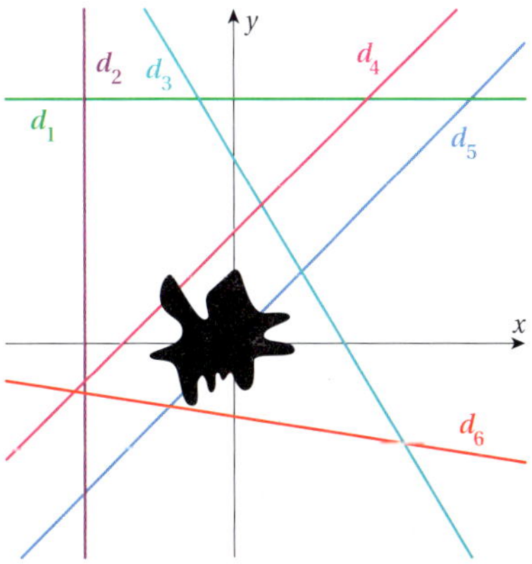

Associer à chacune des droites de ce repère l'équation qui lui correspond dans la liste suivante.

a. $y = -\dfrac{2}{15}x - \dfrac{9}{4}$ **b.** $y = \dfrac{8}{9}x + \sqrt{10}$

c. $x = -\dfrac{17}{4}$ **d.** $y = \dfrac{13}{2}$

e. $y = -\dfrac{20}{11}x + \sqrt{24}$ **f.** $y = \dfrac{7}{8}x$

5 Dans un même repère $(O, \vec{i}, \vec{j})$, représenter les droites suivantes :

$d_1 : y = 3x + 2$ $d_2 : y = -x + 6$ $d_3 : y = -1$

▶ Savoir-faire 1 p. 190

6 Dans un même repère $(O, \vec{i}, \vec{j})$, représenter les droites suivantes :

$d_1 : y = -2x - 4$ $d_2 : y = -5x$ $d_3 : x = 3$

7 Dans un même repère $(O, \vec{i}, \vec{j})$, représenter les droites suivantes :

$d_1 : y = \dfrac{1}{2}x + 4$ $d_2 : y = -\dfrac{2}{3}x$

$d_3 : y = -\dfrac{4}{5}x + \dfrac{1}{2}$ $d_4 : y = -\dfrac{3}{4}x - 5$

8 On considère $(O, \vec{i}, \vec{j})$ un repère du plan.
Exprimer les équations des droites suivantes sous la forme $y = ax + b$ puis représenter ces droites.

$d_1 : y = \frac{-x+8}{4}$ $d_2 : 3x + y = 5$ $d_3 : x - 2y = 12$

9 On considère $(O, \vec{i}, \vec{j})$ un repère du plan.
Exprimer, si possible, les équations des droites suivantes sous la forme $y = ax + b$.

$d_1 : y(x-3) = 4x$ $d_2 : 3(2x-4) = 5y$

$d_3 : y(2x-3) = 2x(y+5)$ $d_4 : \frac{7x-2}{4} = \frac{1}{y}$

10 Dans un repère orthonormé $(O, \vec{i}, \vec{j})$, représenter les droites d_1, d_2 et d_3 telles que :
a. d_1 est parallèle à l'axe des abscisses ;
b. l'ordonnée à l'origine de d_1 est égale au coefficient directeur de d_2 ;
c. d_1 et d_3 se coupent au point de coordonnées $(2 ; -3)$;
d. d_2 représente une fonction linéaire ;
e. d_3 coupe l'axe des ordonnées au point d'ordonnée 1.

11 On considère $(O, \vec{i}, \vec{j})$ un repère du plan.
Soit d la droite d'équation $y = -3x + 7$.
Les points A(2,6 ; –1) et B(479 ; –1 430) appartiennent-ils à la droite d ? Justifier.

▸ Savoir-faire 2 p. 191

12 On considère $(O, \vec{i}, \vec{j})$ un repère du plan.

Soit d la droite d'équation $y = -\frac{1}{3}x + 4$.

Les points $A\left(5 ; \frac{7}{3}\right)$ et $B\left(-50 ; \frac{41}{2}\right)$ appartiennent-ils à la droite d ? Justifier.

13 On considère $(O, \vec{i}, \vec{j})$ un repère du plan.
Soit d la droite d'équation $y = -7x + 9$ et d' la droite passant par les points E(22 ; –145) et F(23 ; –152).
Démontrer que les droites d et d' sont confondues.

14 On considère $(O, \vec{i}, \vec{j})$ un repère du plan.
Soit d la droite d'équation $y = -5x + 7$.
a. Déterminer l'ordonnée du point A de d d'abscisse 5.
b. Déterminer l'abscisse du point B de d d'ordonnée –3.

15 On considère $(O, \vec{i}, \vec{j})$ un repère du plan.

Soit d la droite d'équation $y = -\frac{2}{5}x + 2$.

a. Déterminer l'ordonnée du point A de d d'abscisse $\frac{10}{7}$.

b. Déterminer l'abscisse du point B de d d'ordonnée $\frac{3}{2}$.

16 On considère $(O, \vec{i}, \vec{j})$ un repère du plan.
Soit d la droite d'équation $y = ax + 5$ où a est un nombre réel. Déterminer la (les) valeur(s) de a dans chacun des cas suivants.
a. Le point de coordonnées (–3 ; 4) appartient à la droite d.
b. Le point de coordonnées $(2k ; k + 5)$, $k \in \mathbb{R}$, appartient à la droite d.

17 On considère $(O, \vec{i}, \vec{j})$ un repère du plan.
Soit A un point d'une droite d de coefficient directeur a.
Dans chaque cas, déterminer une équation de la droite d.
a. A(1 ; 2) et $a = 3$
b. A(–1 ; 5) et $a = -2$
c. A(–6 ; 5) et $a = 1$

18 On considère $(O, \vec{i}, \vec{j})$ un repère du plan.
Soit A et B deux points d'une droite d.
Dans chaque cas, déterminer une équation de la droite d.
a. A(3 ; –2) et B(–1 ; 4)
b. A(6 ; 1) et B(–2 ; –3)
c. A(4 ; –3) et B(7 ; 1)

▸ Savoir-faire 3 p. 191

19 On considère $(O, \vec{i}, \vec{j})$ un repère du plan.
Soit trois points A(6 ; –1), B(3 ; –1) et C(6 ; –2).
Déterminer des équations des droites (AB), (AC) et (BC).

20 On considère $(O, \vec{i}, \vec{j})$ un repère du plan.
Soit trois points M(–1 ; 4), N(3 ; –4) et P(2 ; –2).
a. Déterminer une équation de la droite (MN).
b. Les points M, N et P sont-ils alignés ? Justifier.

21 On considère $(O, \vec{i}, \vec{j})$ un repère du plan.

Soit trois points $A\left(5 ; -\frac{16}{7}\right)$, L(21 ; 0) et $I\left(9 ; -\frac{13}{8}\right)$.

Les points A, L et I sont-ils alignés ? Justifier.

22 On considère $(O, \vec{i}, \vec{j})$ un repère du plan.
Soit d la droite d'équation $y = -3x - 4$.
Soit la droite d' passant par le point P(3 ; –5) et coupant la droite d sur l'axe des ordonnées.
a. Faire une figure.
b. Déterminer une équation de la droite d'.

23 On considère $(O, \vec{i}, \vec{j})$ un repère du plan.
Soit A un point d'une droite d admettant $\vec{u}$ comme vecteur directeur.
Dans chaque cas, déterminer une équation de la droite d.
a. A(4 ; –2) et $\vec{u}(2 ; -7)$
b. A(3 ; –1) et $\vec{u}(-3 ; -9)$
c. A(3 ; 2) et $\vec{u}(5 ; -1)$

▸ Savoir-faire 4 p. 192

24 On considère $(O, \vec{i}, \vec{j})$ un repère du plan.

Soit A un point d'une droite d admettant $\vec{u}$ comme vecteur directeur.

Dans chaque cas, déterminer une équation de la droite d.

a. $A(-5\,;-3)$ et $\vec{u}(6\,;0{,}5)$.

b. $A\left(\frac{3}{4};-2\right)$ et $\vec{u}\left(-\frac{3}{2};1\right)$

c. $A\left(\frac{2}{3};\frac{-1}{3}\right)$ et $\vec{u}(4\,;1)$

25 On considère $(O, \vec{i}, \vec{j})$, un repère du plan.

Associer à chaque droite de la liste I, définie par son équation, le (les) vecteur(s) de la liste II qui la dirige(nt).

Liste I :

$d_1 : y = -2x - 4$ $\quad$ $d_2 : y = 3x + 5$

$d_3 : y = 9$ $\quad$ $d_4 : y = -x + 7$

Liste II :

$\vec{u}(-2\,;-6)$ $\quad$ $\vec{v}(1\,;-1)$ $\quad$ $\vec{w}(1\,;-2)$

$\vec{a}(-1\,;1)$ $\quad$ $\vec{b}(-3\,;6)$ $\quad$ $\vec{c}(7\,;0)$

26 On considère $(O, \vec{i}, \vec{j})$ un repère du plan.

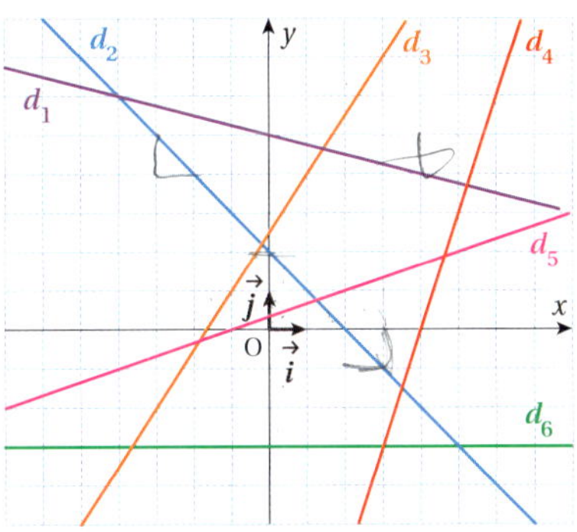

Reproduire et compléter le tableau suivant.

Droite	Vecteur directeur
...	$\vec{a}(9\,;3)$
...	$\vec{b}(-4\,;-6)$
...	$\vec{c}(-2\,;-6)$
d_1	$\vec{u}(\ldots\,;2)$
d_6	$\vec{v}(\ldots\,;\ldots)$
d_2	$\vec{w}(-5\,;\ldots)$

27 On considère $(O, \vec{i}, \vec{j})$ un repère du plan.

a. Déterminer une équation de la droite d passant par le point $A(5\,;-3)$ et parallèle à la droite d'équation $y = -5x + 3$.

b. Déterminer une équation de la droite d' passant par le point $B(-7\,;-1)$ et parallèle à la droite d.

Position relative de deux droites

28 Dans un repère $(O, \vec{i}, \vec{j})$, on considère les droites suivantes :

$d_1 :\ y = \frac{1}{2}x + 4$ $\quad$ $d_2 :\ y = -\frac{1}{2}x + 4$

$d_3 :\ y = -\frac{1}{2}x$ $\quad$ $d_4 :\ x = \frac{1}{2}$

$d_5 :\ y = \frac{1}{2}x + \frac{1}{2}$ $\quad$ $d_6 :\ y = \frac{1}{2}$

$d_7 :\ x = -\frac{1}{2}$ $\quad$ $d_8 :\ y = -\frac{1}{2}$

Reproduire et compléter le tableau en cochant les cases désignant deux droites parallèles.

	d_1	d_2	d_3	d_4	d_5	d_6	d_7	d_8
d_1								
d_2								
d_3								
d_4								
d_5								
d_6								
d_7								
d_8								

29 On considère $(O, \vec{i}, \vec{j})$ un repère du plan.

1. Soit trois points $A(-1\,;2)$, $B(5\,;-1)$ et $C(3\,;2)$.

a. Déterminer une équation de la droite (AB).

b. Déterminer une équation de la droite parallèle à (AB) et passant par le point C.

2. Même question avec $A(-1\,;-3)$, $B(4\,;2)$ et $C(-1\,;2)$.

30 On considère $(O, \vec{i}, \vec{j})$ un repère du plan.

Soit la droite d passant par les points $A(4\,;3)$ et $B(3\,;-2)$.

a. Déterminer un vecteur directeur de la droite d.

b. Donner une équation de la droite d' parallèle à d et passant par l'origine du repère.

c. Le point C de coordonnées $(-1\,;-5)$ appartient-il à la droite d' ? Justifier.

31 On considère $(O, \vec{i}, \vec{j})$ un repère du plan.

1. Tracer la droite d d'équation $y = -2x - 1$.

2. Justifier que le point $A(-1\,;2)$ n'appartient pas à la droite d.

3. a. Tracer la droite d' parallèle à d et passant par A.

b. Donner une équation de la droite d'.

4. a. La droite Δ d'ordonnée à l'origine 3 et de vecteur directeur $\vec{u}(3\,;-6)$ est-elle parallèle aux droites d et d' ? Justifier.

b. Déterminer une équation de Δ et tracer cette droite.

32 On considère (O, $\vec{i}, \vec{j}$) un repère du plan.
d est la droite d'équation $y = -3x + 1$.

1. a. Tracer la droite d.

b. Donner un vecteur directeur $\vec{u}$ de d.

2. a. Déterminer l'équation de la droite d' parallèle à la droite d et dont l'ordonnée à l'origine est -4.

b. Tracer la droite d'.

c. Donner un vecteur directeur $\vec{v}$ de d'.
Justifier que $\vec{u}$ et $\vec{v}$ sont colinéaires.

3. Soit Δ la droite d'équation $y = \frac{1}{2}x + \frac{3}{2}$.

a. Tracer la droite Δ.

b. Donner un vecteur directeur $\vec{w}$ de Δ.

c. Justifier que $\vec{u}$ et $\vec{w}$ ne sont pas colinéaires.

Droites et systèmes d'équations linéaires

33 Soit (S) le système :

$$\begin{cases} 3x - 4y = 9 \\ -2x + y = -1 \end{cases}$$

Parmi les couples de nombres suivants, lequel est solution du système (S) ?

$(-1 ; 3)$; $(1 ; -3)$; $(-1 ; -3)$; $(1 ; 3)$; $(-3 ; -1)$.

34 Le couple de nombres $\left(\frac{2}{3} ; -\frac{7}{3}\right)$ est-il solution du système (S) :

$$\begin{cases} 4x - \frac{1}{7}y = 3 \\ -\frac{3}{2}x + 2y = -\frac{17}{3} \end{cases} \text{ ?}$$

Justifier.

35 Associer à chaque système sa solution lorsqu'elle existe.

Systèmes :

(S_1) : $\begin{cases} x - 2y = 6 \\ -x + y = -4 \end{cases}$

(S_2) : $\begin{cases} -4y = 8 \\ 2x + 3y = -8 \end{cases}$

(S_3) : $\begin{cases} x - y = 2 \\ -3x + 2y = -5 \end{cases}$

(S_4) : $\begin{cases} 4x - \frac{1}{2}y = 9 \\ -8x + y = -1 \end{cases}$

Solutions éventuelles :

a. Pas de solution

b. $(1 ; -1)$

c. $(2 ; -2)$

d. $(-1 ; -2)$

Pour les exercices 36 à 39

1. Pour chaque système, discuter de l'existence de solutions.

2. Résoudre les systèmes admettant une unique solution.

36 **a.** $\begin{cases} 2x - 3y = 15 \\ 3x + y = 6 \end{cases}$ **b.** $\begin{cases} 2x - 8y = 4 \\ -3x + 12y = -6 \end{cases}$

c. $\begin{cases} 6x + 9y = 4 \\ -8x - 12y = 8 \end{cases}$ **d.** $\begin{cases} 3x - y = 1 \\ x + 5y = -3 \end{cases}$

▶ Savoir-faire 5 et 6 p. 192 et 193

37 **a.** $\begin{cases} 6x - 5y = 38 \\ 3x - y = 13 \end{cases}$ **b.** $\begin{cases} 2x - 3y = -2 \\ 2x - 5y = -7 \end{cases}$

c. $\begin{cases} 4x + 9y = 35 \\ 6x - 5y = -77 \end{cases}$ **d.** $\begin{cases} 8y - 6x = 8 \\ -4x + 3y = -1 \end{cases}$

38 **a.** $\begin{cases} x - 6y = 13 \\ 6x - 7y = 20 \end{cases}$ **b.** $\begin{cases} -3x - 9y = 6 \\ 2x - 7y = 5 \end{cases}$

c. $\begin{cases} 9x - 6y = 1 \\ -8x + 6y = -3 \end{cases}$ **d.** $\begin{cases} -10x + 9y = 10 \\ 10x + 3y = -8 \end{cases}$

39 **a.** $\begin{cases} 7x + 8y = -27 \\ y - 10x = 6 \end{cases}$ **b.** $\begin{cases} -7y = 7 \\ 4x + y = -1 \end{cases}$

40 **a.** Résoudre le système (S) : $\begin{cases} 2X - Y = 2 \\ -3X + 2Y = 2 \end{cases}$.

b. Déduire de la question précédente la solution du système (S') : $\begin{cases} \frac{2}{x} - \frac{1}{y} = 2 \\ -\frac{3}{x} + \frac{2}{y} = 2 \end{cases}$.

41 En s'inspirant de la méthode de l'exercice **40**, résoudre les systèmes suivants.

a. $\begin{cases} 2x^2 + y^2 = 17 \\ 3x^2 - 2y^2 = -6 \end{cases}$ **b.** $\begin{cases} 2\sqrt{x} + \sqrt{y} = 17 \\ 3\sqrt{x} - 2\sqrt{y} = -6 \end{cases}$

42 Résoudre le système de 3 équations à 3 inconnues :

$$\begin{cases} x - 3y = 8 \\ 4x + 2y = -10 \\ 2x - 6y + 4z = 24 \end{cases}$$

COUP DE POUCE

On pourra commencer par résoudre le système défini par les deux premières équations.

43 Résoudre le système de 3 équations à 3 inconnues :

$$\begin{cases} 2x+3y+4z=8 \\ -x+3y-5z=-22 \\ -2x-y+z=3 \end{cases}$$

COUP DE POUCE

On pourra commencer par exprimer z en fonction de x et y dans la 3e équation puis substituer z dans les deux premières équations afin de retrouver un cas semblable à celui de l'exercice 42.

44 Dans chaque cas, dire si le système composé des équations des deux droites admet une solution.

a. d_1 et d_2

b. d_2 et d_3

c. d_1 et d_3

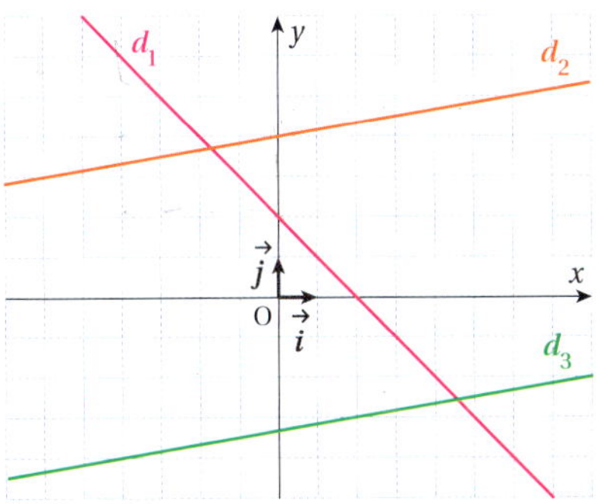

45 **1.** Écrire des systèmes d'équations permettant de trouver les coordonnées de chacun des points d'intersection entre les droites d_1, d_2 et d_3.

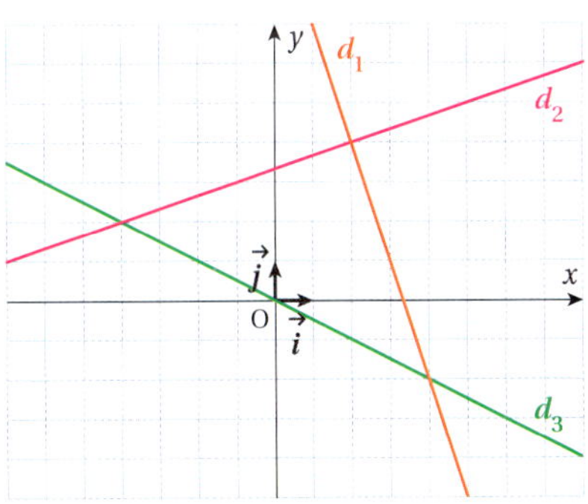

COUP DE POUCE

On pourra commencer par déterminer une équation de chacune des droites.

2. a. Calculer les coordonnées de chacun de ces points d'intersection.

b. Vérifier le résutat par lecture graphique.

46 Quelles sont les coordonnées du point d'intersection des droites (AB) et (CD) ? Justifier.

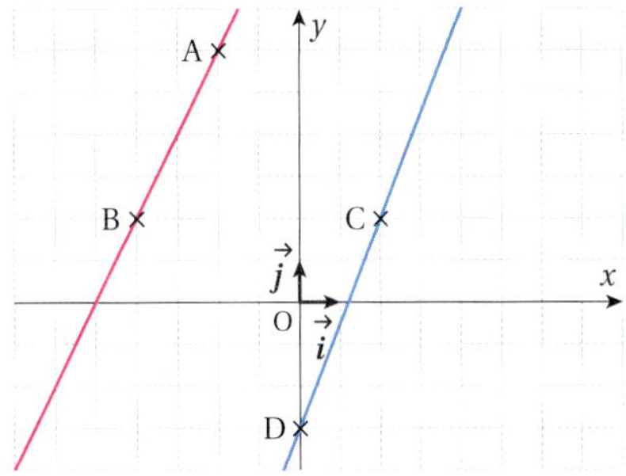

POUR LES EXERCICES 47 À 49

Pour chacun des systèmes proposés :

1. représenter dans un repère les droites associées aux deux équations du système ;

2. par lecture graphique, déterminer la solution du système ;

3. vérifier le résultat par le calcul.

47 **a.** $\begin{cases} x-y=-2 \\ 2x+y=-1 \end{cases}$ **b.** $\begin{cases} 2x=1 \\ x-y=6 \end{cases}$

48 **a.** $\begin{cases} 3x-2y=7 \\ -x-y=1 \end{cases}$ **b.** $\begin{cases} 3x-y=8 \\ 5x-2y=13 \end{cases}$

49 **a.** $\begin{cases} 3x+5y=9 \\ 3x-2y=-33 \end{cases}$ **b.** $\begin{cases} 3x-2y=-6 \\ x-3y=-16 \end{cases}$

50 **a.** Afficher sur une calculatrice les droites associées aux deux équations du système (S) suivant :

$$\begin{cases} 2x-25y=-2 \\ x-2y=-11 \end{cases}$$

COUP DE POUCE

On pourra écrire l'équation des droites sous la forme $y = ax + b$.

b. Par lecture graphique, déterminer la solution de (S).

c. Vérifier par calcul que la lecture graphique a donné une solution en valeurs approchées.

d. Résoudre le système afin de trouver la solution exacte.

51 **a.** Afficher sur une calculatrice les droites associées aux équations du système (S) suivant :

$$\begin{cases} 3x-4y=-5 \\ -2x-5y=-12 \\ 2x+y=6 \end{cases}$$

b. Expliquer pourquoi ce système ne possède pas de solution.

QCM Je me teste sur les équations de droites et systèmes

Pour chaque question, il y a une ou plusieurs bonnes réponses.

CORRIGÉ P. 313

Équations de droites et position relative de deux droites

52 On considère le repère $(O, \vec{i}, \vec{j})$.

Soit d la droite d'équation $y=-\frac{1}{5}x+2$.

Un vecteur directeur de d est :

A $\vec{u}(-1\,;5)$

B $\vec{u}(-\frac{1}{5}\,;1)$

C $\vec{u}(-5\,;1)$

D $\vec{u}(1\,;-5)$

53 On considère $(O, \vec{i}, \vec{j})$ un repère du plan.
La droite d a pour équation $y=-4x+5$ si :

A les points A(2 ; –3) et B(4 ; –11) appartiennent à d.

B la droite d passe par le point A(0 ; 5) et est parallèle à la droite d'équation $y=4x-5$.

C la droite rouge est une représentation de d.

D la droite d possède un vecteur directeur $\vec{u}(2\,;-8)$ et passe par le point A(–1 ; 9).

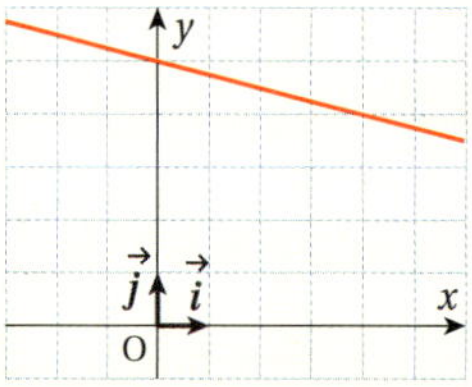

54 On considère $(O, \vec{i}, \vec{j})$ un repère du plan.

Soit $\vec{u}(-3\,;6)$ un vecteur directeur d'une droite d.

On peut alors affirmer que :

A $\vec{v}(1\,;-2)$ est également un vecteur directeur de d.

B d a pour équation $y=-2x+1$.

C d passe par le point de coordonnées (–3 ; 6).

D d est parallèle à la droite d'équation $y=-2x-7$.

55 On considère $(O, \vec{i}, \vec{j})$ un repère du plan.

Parmi les droites suivantes, quelles sont celles qui sont parallèles à la droite d'équation $y=-7x+3$?

A La droite d'équation $x=-7$.

B La droite d'équation $y=-7$.

C La droite de vecteur directeur $\vec{u}(1\,;-7)$.

D La droite passant par les points A(3 ; –2) et B(5 ; –16).

Droites et systèmes d'équations linéaires

56 Soit (S) le système $\begin{cases}2x-5y=-1\\-7x+4y=17\end{cases}$.

Le système (S) admet pour solution le couple :

A (–1 ; –3)

B (–3 ; –1)

C $(-\frac{1}{2}\,;0)$

D D (0 ; 0)

57 La représentation graphique suivante permet de lire les solutions du système :

A $\begin{cases}2x-3y=5\\3x+2y=1\end{cases}$

B $\begin{cases}-2x+3y=-5\\5x+2y=3\end{cases}$

C $\begin{cases}2x-3y=5\\-4x+6y=-10\end{cases}$

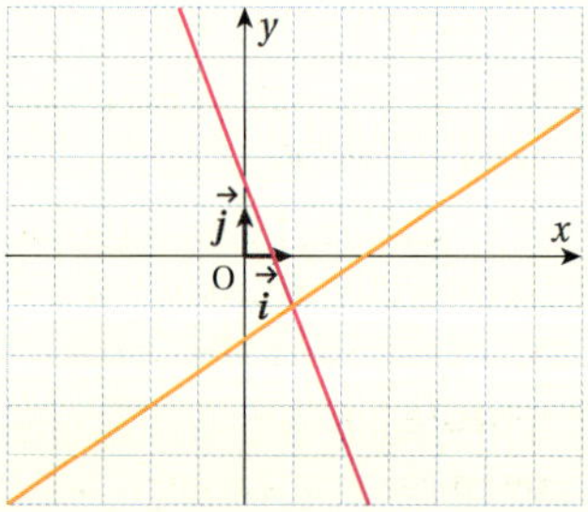

58 Le système $\begin{cases}6x+9y=-3\\-8x-12y=4\end{cases}$ admet :

A le couple (–2 ; 1) pour solution.

B une unique solution.

C une infinité de solutions.

59 Le système $\begin{cases}9x-3y=12\\-x+2y=5\end{cases}$ admet les mêmes solutions que le système :

A $\begin{cases}3x-y=4\\x-2y=-5\end{cases}$

B $\begin{cases}-x+2y=5\\3x-3y=12\end{cases}$

C $\begin{cases}9x-3y=12\\3x-y=4\end{cases}$

D $\begin{cases}y=\frac{x}{2}+2{,}5\\y=3x-4\end{cases}$

Problèmes

60 Punti al traguardo

Sul grafico riportato, ogni crocetta rappresenta una nazione partecipante a “Matematica senza frontiere”: l’ascissa del centro della crocetta rappresenta la superficie della nazione e l’ordinata rappresenta la popolazione.

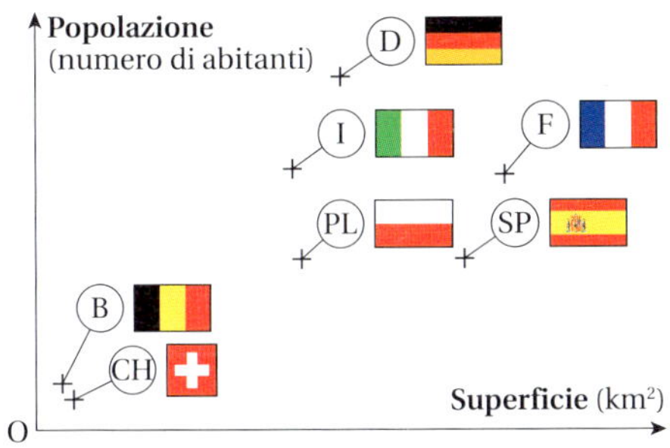

Con l’aiuto di questo grafico classificare in ordine crescente le diverse densità di popolazione (numero di abitanti per km^2). Illustrare la procedura seguita.

D’après *Mathématiques sans frontières*, mars 1995.

61 L'oiseau

À partir du tableau suivant, tracer dans un repère le polygone à treize côtés ABCDEFGHIJKLM.

Segment	Équation de la droite associée	Restriction pour x ou y
[AB]	$y = 0{,}5x + 4{,}5$	$x \in [-2 ; -1]$
[BC]	$y = 2x + 6$	$x \in [-1 ; -0{,}5]$
[CD]	$y = 5$	$x \in [-0{,}5 ; 0{,}5]$
[DE]	$y = -2x + 6$	$x \in [0{,}5 ; 4]$
[EF]	$y = -x + 2$	$x \in [4 ; 6]$
[FG]	$y = -0{,}5x - 1$	$x \in [2 ; 6]$
[GH]	$x = 2$	$y \in [-4{,}5 ; -2]$
[HI]	$y = -5x + 5{,}5$	$x \in [1{,}5 ; 2]$
[IJ]	$y = -\frac{2}{3}x - 1$	$x \in [0 ; 1{,}5]$
[JK]	$y = -4x - 1$	$x \in [-0{,}5 ; 0]$
[KL]	$y = 4x + 3$	$x \in [-0{,}5 ; 0]$
[LM]	$y = -0{,}5x + 3$	$x \in [-1 ; 0]$
[MA]	$y = 3{,}5$	$x \in [-2 ; -1]$

REMARQUE

Un polygone à treize côtés porte le nom étonnant de *triskaidecagone* ou plus simplement *tridécagone*.

62 Le cœur

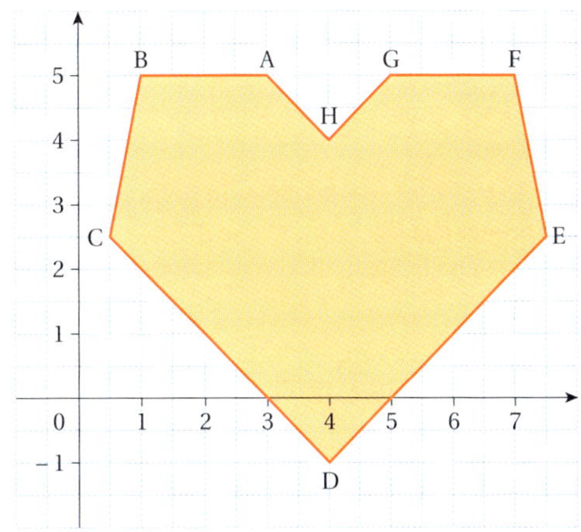

À partir de la figure ci-dessus, compléter le tableau suivant.

Segment	Équation de la droite associée	Restriction pour x
[AB]	$y = 5$	$x \in [1 ; 3]$
[BC]		
[CD]		
[DE]		
[EF]		
[FG]		
[GH]		
[HA]		

63 Un air de déjà vu !

Dans un repère $(O, \vec{i}, \vec{j})$, on considère les points A(3 ; 4), B(1 ; −1) et C(6 ; −2).

1. Placer ces points.

2. Tracer la droite d parallèle au segment [BC] passant par le milieu I de [AB].

3. a. Calculer les coordonnées du point d’intersection de d avec le segment [AC].

b. Calculer les coordonnées du milieu J de [AC].

Que constate-t-on ?

Ce résultat était-il prévisible ? Expliquer.

64 Cercle circonscrit

Dans un repère $(O, \vec{i}, \vec{j})$, on considère les points $A(-2\,;-2)$, $B(4\,;-2)$ et $C(3\,;5)$.

1. Donner une équation de la médiatrice d de [AB].

2. a. Calculer les coordonnées du milieu I de [AC].

b. Prouver que le point $M(-3\,;\,4)$ est équidistant de A et C.

c. En déduire une équation de la droite d', médiatrice du segment [AC].

3. a. Calculer les coordonnées du point d'intersection P des droites d et d'.

b. En déduire le rayon du cercle circonscrit au triangle ABC.

65 Drôles d'équations

On a saisi sur un logiciel une équation de la droite d et on a obtenu l'affichage suivant.

1. Justifier la représentation graphique obtenue.

2. Quelle sera la position de la droite obtenue si l'on saisit l'équation $\frac{y}{2}+x=\frac{2x-1}{2}$?

3. Prouver que la droite d'équation $\frac{x+y}{2}+1=0$ a pour coefficient directeur -1.

66 Discutons de droites !

On considère $(O, \vec{i}, \vec{j})$ un repère du plan.

1. Soit d la droite d'équation $2x+y-3=a(y-x)$, où a est un nombre réel. Représenter la droite d quand :

a. $a=-2$ **b.** $a=1$ **c.** $a=2$

2. Soit d' la droite d'équation $5x+3y-4=b(x-y)$, où b est un nombre réel.

a. Discuter suivant les valeurs de b la position de d' par rapport aux axes du repère.

b. Représenter la droite d' dans le cas où le coefficient directeur est égal à 2.

67 Alignement

Soit un parallélogramme ABCD et les points M, N, R et S tels que :

$\overrightarrow{AM}=\frac{1}{2}\overrightarrow{AB}$, $\overrightarrow{BN}=\frac{3}{4}\overrightarrow{BC}$,

$\overrightarrow{AR}=\frac{3}{5}\overrightarrow{AD}$ et $\overrightarrow{DS}=\frac{2}{3}\overrightarrow{DC}$.

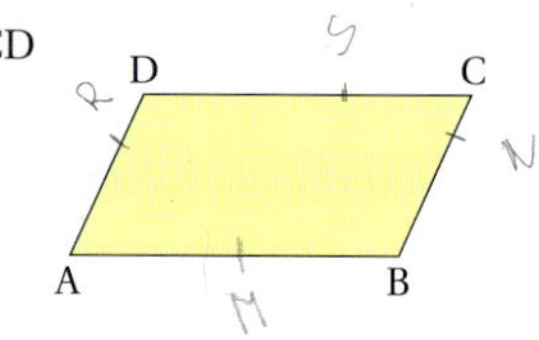

1. Dans le repère $(A, \overrightarrow{AB}, \overrightarrow{AD})$, exprimer les coordonnées des points M, N, R et S.

2. a. Donner une équation des droites (MN) et (AC).

b. Calculer les coordonnées du point d'intersection de (MN) et (AC).

3. a. Donner une équation de la droite (RS).

b. Démontrer que les droites (MN), (RS) et (AC) sont concourantes.

68 Longueurs égales

Soit EFGH un parallélogramme de centre O.
I et J sont les milieux respectifs de [EF] et [FG].
Les droites (HI) et (HJ) coupent respectivement [EG] en M et N.

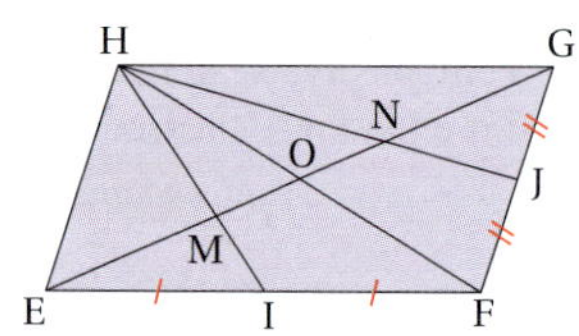

L'objectif est de démontrer que EM = MN = NG.

1. Dans le repère $(E, \overrightarrow{EF}, \overrightarrow{EH})$, exprimer les coordonnées des points E, F, G, H, I et J.

2. a. Déterminer une équation de la droite (HI).

b. Quelle est l'abscisse du point M ? Justifier.

c. En déduire les coordonnées du point M.

3. Déterminer de même les coordonnées du point N.

4. Conclure.

REMARQUE Voir aussi le TP TICE 4 du chapitre 6, p. 164.

69 Concours des médianes

Soit un triangle ABC.
I, J et K sont les milieux respectifs de [BC], [AC] et [AB].
L'objectif est de démontrer que les médianes (AI), (BJ) *et* (CK) *sont concourantes.*

1. a. Construire la figure.

b. Dans un repère bien choisi, exprimer les coordonnées des points construits.

2. Déterminer les équations des droites (AI), (BJ) et (CK).

3. a. Calculer les coordonnées du point d'intersection de (AI) et (BJ).

b. Même question avec (BJ) et (CK).

c. Conclure.

70 Théorème de Pappus*

Sur la figure suivante, on a :

$$OA = AB = \frac{2}{3}BC \text{ et } OA' = A'B' = \frac{1}{2}B'C'.$$

M est le point d'intersection des droites (AB') et (A'B).

N est le point d'intersection des droites (AC') et (A'C).

P est le point d'intersection des droites (BC') et (B'C).

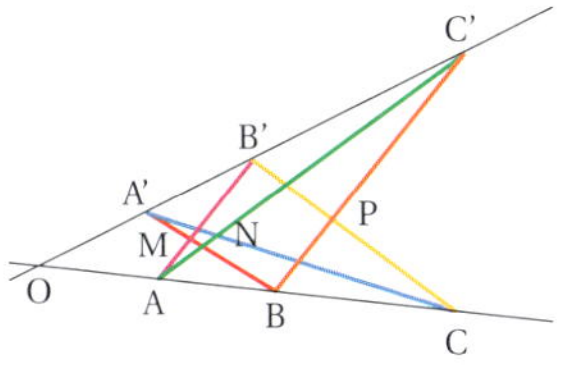

On se propose de démontrer que les points M, N *et* P *sont alignés.*

1. Dans le repère $(O, \overrightarrow{OA}, \overrightarrow{OA'})$, exprimer les coordonnées des points A, B, C, A', B' et C'.

2. a. Déterminer des équations des droites (AB') et (A'B).

b. En déduire les coordonnées de M.

3. Calculer de même les coordonnées des points N et P.

4. En déduire que les points M, N et P sont alignés.

*Pappus d'Alexandrie, IVe siècle après J.-C.

71 Deux en un

1. Factoriser l'expression $(x+y)^2 - 9(x-y)^2$.

2. On considère $(O, \vec{i}, \vec{j})$ un repère du plan.

Démontrer que l'ensemble des points dont les coordonnées $(x\,;y)$ sont telles que $(x+y)^2 = 9(x-y)^2$ est la réunion de deux droites dont on donnera les équations.

72 BDVD

L'année dernière, le foyer du lycée avait acheté 32 bandes dessinées et 7 DVD pour un coût total de 347 €.

Cette année, 16 bandes dessinées et 5 DVD ont coûté au foyer 202,60 €.

Le budget pour l'année prochaine ne pourra dépasser 250 €.

Le foyer pourra-t-il commander 9 documents de chaque sorte ?

73 Dimensions d'un rectangle

Trouver les dimensions du rectangle dont le périmètre est égal à 52 cm et la largeur est égale au cinq huitièmes de sa longueur.

74 Tarifs

L'artiste comique Jean Pleurderire propose deux types de tarifs pour son dernier spectacle : le tarif *Adulte* à 17 € la place et le tarif *Enfant* à 13 € la place.

Lors de la dernière représentation, la salle de 5 450 places était comble. La caisse fait connaître le montant de la recette, soit 87 874 €.

Calculer combien de places de chaque type ont été vendues.

75 Bouquets

Une fleuriste vend des bouquets composés de roses, d'hortensias et de tournesols.

Une rose coûte 0,70 €, un hortensia coûte le double et les tournesols sont au prix de 1,80 € pièce. Les feuilles d'eucalyptus entourant le bouquet sont offertes.

Roméo souhaite offrir un bouquet à Juliette. Il commande un bouquet de 13 fleurs dont 3 tournesols. Il lui en coûtera 14,50 €.

Quelle est la composition du bouquet de Roméo ?

76 Championnat de France

Au championnat de France de football, une équipe qui gagne un match empoche 3 points au classement, un match nul rapporte 1 point alors qu'un match perdu ne rapporte rien.

Après la 16e journée de championnat, le Racing Club de Strasbourg, qui a deux fois plus de victoires que de défaites, possède 28 points.

Combien de matchs le Racing Club de Strasbourg a-t-il perdus ?

77 Généreux oncle Picsou

Très généreusement, l'oncle Picsou prête de l'argent à ses neveux Riri et Fifi. Bien sûr, cela a un prix !
À Riri, il réclame un taux d'intérêt de 8 %.
À Fifi, qui met toujours plus de temps à rembourser, il demande un taux de 15 %.
L'oncle Picsou fait ses comptes et s'exclame : « En prêtant à mes neveux au total 530 louis d'or, je vais gagner 55 louis d'or d'intérêts. »
Quel montant a emprunté chacun des neveux Riri et Fifi ?

78 Papouttes et pitounes au chocolat

Pour faire 10 papouttes au chocolat, il faut 250 g de chocolat et compter en moyenne 45 minutes de confection. Avec 400 g de chocolat, on peut fabriquer 20 pitounes au chocolat en 20 minutes. Evelyne dispose de sa journée (9 heures) pour fabriquer ces petits gâteaux et a prévu 5,6 kg d'un chocolat de qualité.
Combien pourra-t-elle fabriquer de papouttes et de pitounes en travaillant toute la journée ?

79 Calculs de longueurs

Sur la figure ci-contre, les droites (AE), (BF) et (CD) sont perpendiculaires à (AC).

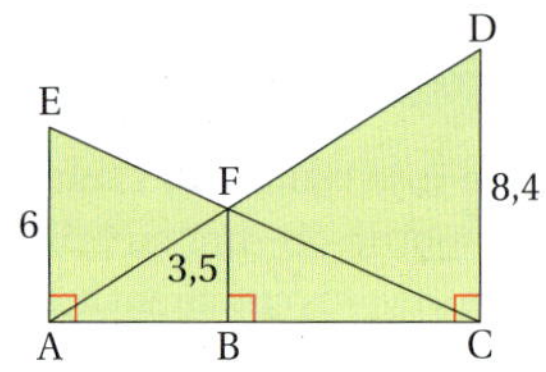

a. Exprimer AB en fonction de BC.
b. On donne AC = 12. Calculer AB et BC.

80 La piscine

La figure ci-dessous schématise une piscine formée à partir de deux disques tangents de rayon *R*.
La piscine est entourée d'une surface rectangulaire revêtue de dalles dont les bords sont situés à une distance minimum *d* des bords de la piscine.

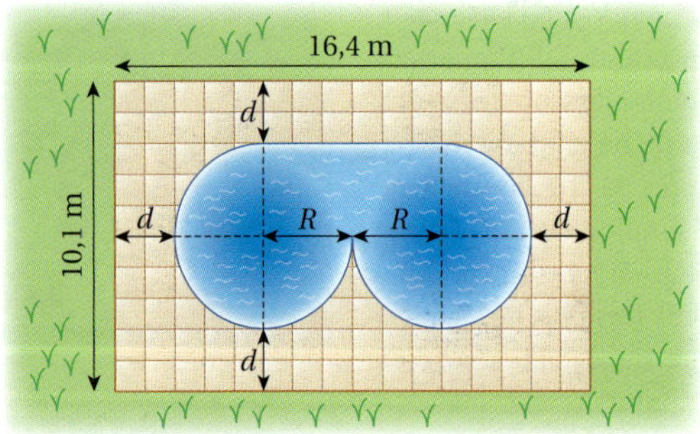

Calculer *d* et *R* puis réaliser une figure à l'échelle $\frac{1}{100}$.

81 Moyennes

Le tableau suivant résume les notes en mathématiques de Pierrot et Margot pour le premier trimestre.

Contrôle	n°1	n°2	n°3	Moyenne
Coefficient	x	y	5	
Notes de Pierrot	13	11	15	13,6
Notes de Margot	15	17	14	14,9

Calculer les coefficients des contrôles n°1 et n°2.

82 Mystère Problème ouvert Algorithmique

On donne une droite d'équation $y = ax + b$.
À quoi sert la fonction *mystere* définie dans le programme en Python ci-dessous ?

```
>>> def mystere(a,b):
        x=0
        y=b
        for i in range(10):
                print '(',x,';',y,')'
                x=x+1
                y=y+a
```

83 Vide – carré Problème ouvert

On découpe un carré selon deux droites perpendiculaires en quatre pièces identiques.
Ces quatre pièces peuvent être disposées pour former un carré plus grand laissant un carré libre au milieu.

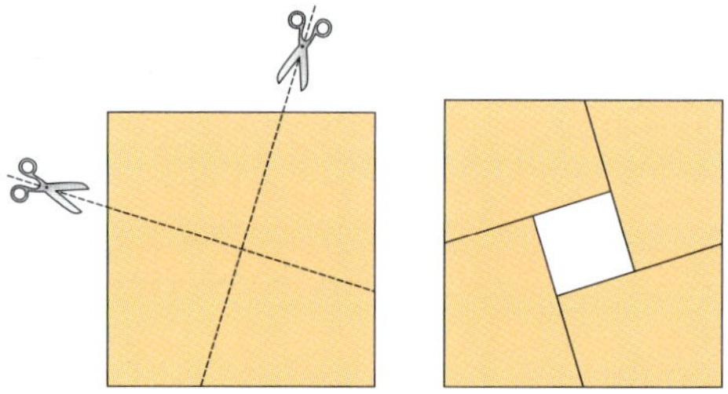

À partir d'un carré de 8 cm de côté, réaliser un tel découpage de façon que les cinq régions du grand carré soient de même aire. Justifier la démarche.

D'après *Mathématiques sans frontières*, février 2009.

84 Disque troué Problème ouvert

La figure ci-contre est composée de deux cercles tels que le rayon du grand cercle mesure 5 cm de plus que le rayon du petit cercle.
L'aire de la surface colorée est égale à 100π cm^2.

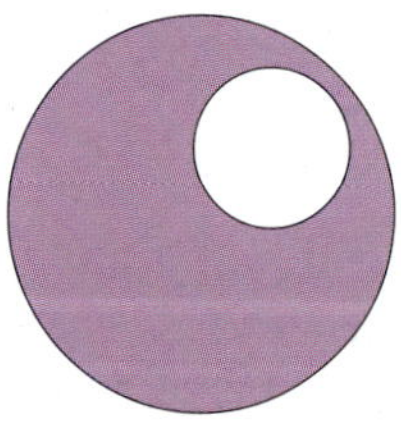

Calculer le rayon de chaque cercle.

Trigonométrie

8

De tout temps, l'Homme a eu besoin de connaître sa position sur la Terre (en mer par exemple) ou de déterminer la position de lieux (évaluer des altitudes, calculer des distances entre étoiles...). Bien longtemps, la trigonométrie a été un des outils pour ces calculs. Depuis le début des années 1970, le GPS (Global Positioning System) permet à tout instant à un utilisateur de se situer sur la surface de la Terre avec une précision de l'ordre de 5 à 20 m à partir de mesures provenant d'une constellation de satellites.

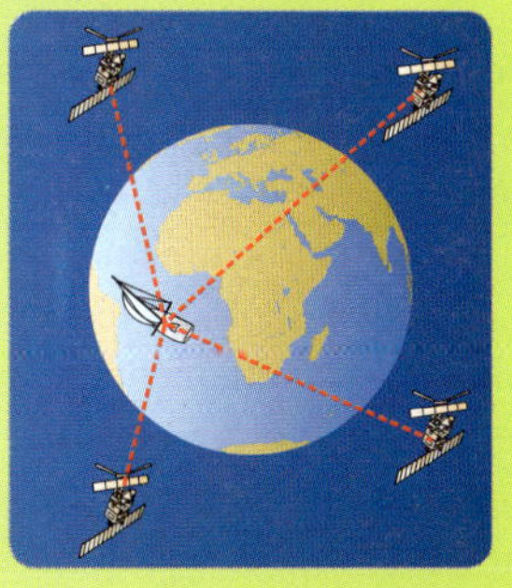

Combien, au minimum, de satellites sont nécessaires à un récepteur GPS pour qu'il calcule la position et l'altitude de l'endroit où l'on se trouve ?

Le chapitre en bref

Réinvestir

- Relations trigonométriques dans le triangle rectangle

Decouvrir

- Sinus et cosinus d'un nombre réel

UN PEU D'HISTOIRE P. 223

1 Sinus dans un triangle rectangle

Réinvestir : Trigonométrie dans le triangle rectangle.

Dans le triangle rectangle en A ci-contre, on note $\widehat{B}$ et $\widehat{C}$ les mesures des angles $\widehat{ABC}$ et $\widehat{ACB}$.

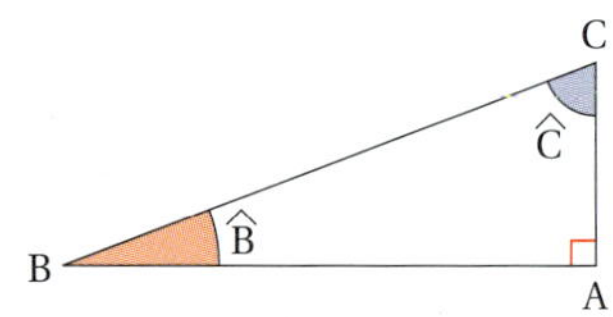

1 L'hypoténuse et un côté sont connus.
On sait que AC = 4 cm et BC = 8 cm.

a. Tracer le triangle ABC.

b. Calculer le sinus de l'angle $\widehat{B}$.

c. En déduire une mesure de l'angle $\widehat{B}$.

2 Un angle et l'hypoténuse sont connus. On sait que BC = 18 cm et $\widehat{B}$ = 17°.

a. Tracer le triangle ABC.

b. Calculer la longueur AC, puis la longueur AB.

3 Un angle et son côté opposé sont connus. On sait que AC = 5 cm et $\widehat{B}$ = 25°.

a. Tracer le triangle ABC.

b. Calculer la longueur BC, puis la longueur AB.

4 Un angle et son côté adjacent sont connus. On sait que AB = 10 cm et $\widehat{B}$ = 25°.

a. Tracer le triangle ABC.

b. Calculer une mesure de l'angle $\widehat{C}$, puis la longueur BC.

2 C'est parti pour l'entraînement !

Découvrir : Enroulement de la droite numérique sur le cercle trigonométrique.

Jessica veut améliorer son classement en triathlon lors des prochains jeux Olympiques. À défaut de piste olympique, elle s'entraîne à la course à pied sur une piste circulaire de rayon 100 m.

1 **a.** Calculer le trajet parcouru par Jessica à chaque tour ; on arrondira au décimètre.

b. Le parcours olympique mesure 10 km. Combien de tours Jessica doit-elle faire à l'entraînement pour être proche des conditions réelles ?

c. Jessica part toujours du point A.
Où faut-il mettre la marque qui indique que les 10 km sont atteints ?

2 L'entraîneur arrive une demi-heure après le début de l'entraînement de Jessica et la voit au point A. Quelles sont les distances possibles qu'elle a pu parcourir ?

A. Le cercle trigonométrique

DÉFINITION

Dans le plan muni d'un repère orthonormé (O, A, B) et orienté positivement, le **cercle trigonométrique** est le cercle de centre O et de rayon 1.

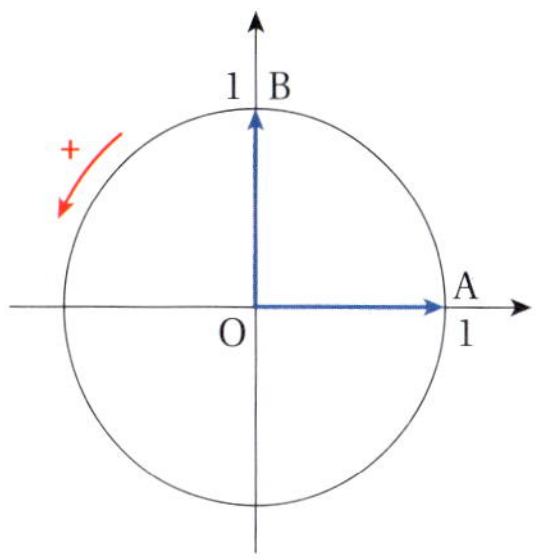

REMARQUE

Par convention, le sens positif est le sens inverse de celui des aiguilles d'une montre ; il est appelé sens trigonométrique.

B. Enroulement de la droite

Dans le plan muni d'un repère orthonormé (O, A, B), on considère le cercle trigonométrique $\mathscr{C}$. Soit C le point tel que $\overrightarrow{AC} = \overrightarrow{OB}$ et d la droite orientée, perpendiculaire à l'axe des abscisses, qui passe par A, munie du repère (A, C).

En « enroulant » cette droite d autour du cercle $\mathscr{C}$, on obtient une correspondance entre un point N de la droite et un unique point M du cercle.

EXEMPLE

Sur le schéma ci-contre, le point N d'abscisse 3 sur la droite orientée d, se retrouve, après « enroulement » de d sur $\mathscr{C}$, en M tel que la longueur de l'arc $\overset{\frown}{AM}$ est égale à la longueur AN.

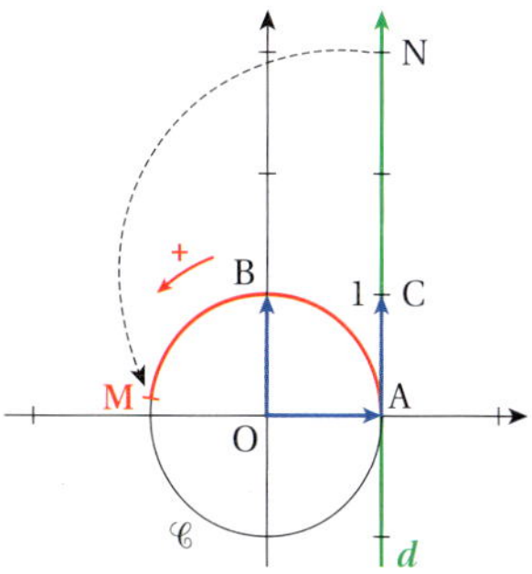

REMARQUES

- Comme le cercle trigonométrique est de rayon 1, son périmètre a comme longueur 2π.
- Le point de d d'abscisse 2π dans le repère (A, C) se retrouve ainsi en A. Cela correspond à un tour complet.

On obtient les correspondances suivantes :

Abscisse du point N de *d* dans le repère (A, C)	$-\frac{\pi}{2}$	0	$\frac{\pi}{2}$	π	2π
Mesure de l'angle $\widehat{AOM}$	−90°	0°	90°	180°	360°

Savoir-faire 1 Enroulement de la droite des réels sur le cercle trigonométrique, p. 216

Savoir-faire 2 Calculer la longueur d'un arc connaissant l'angle au centre, p. 216

REMARQUE

Plusieurs points de la droite d correspondent à un même point du cercle $\mathscr{C}$ car la droite peut s'enrouler plusieurs fois.

Par exemple :

- les points de d d'abscisses $-\frac{3\pi}{2}$ et $\frac{\pi}{2}$ correspondent tous les deux au point B de $\mathscr{C}$ (quart de tour dans le sens positif en partant de A) ;
- les points de d d'abscisses $-\frac{\pi}{2}$ et $\frac{3\pi}{2}$ correspondent tous les deux au point D de $\mathscr{C}$ (quart de tour dans le sens négatif en partant de A).

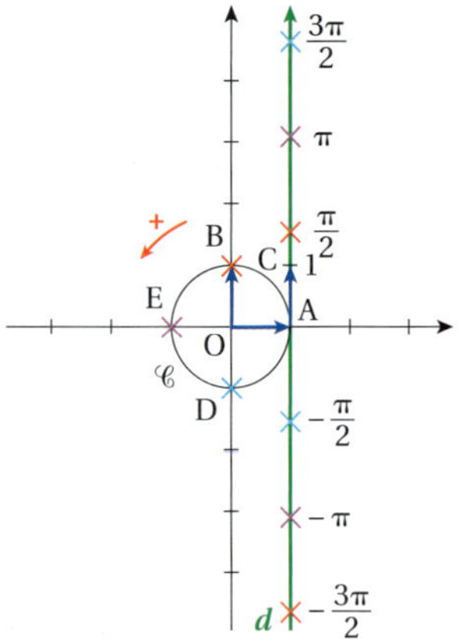

C. Cosinus et sinus d'un nombre réel

DÉFINITIONS

Pour tout nombre réel x, considérons le point N de la droite d d'abscisse x dans le repère (A, C). À ce point correspond un point M sur le cercle trigonométrique. L'abscisse et l'ordonnée de M dans le repère (O, A, B) sont données par les points H et K, projetés orthogonaux de M respectivement sur les axes (OA) et (OB).

Le **cosinus du nombre réel** x est l'abscisse du point M ; cette valeur se note $\cos x$.

Le **sinus du nombre réel** x est l'ordonnée du point M ; cette valeur se note $\sin x$.

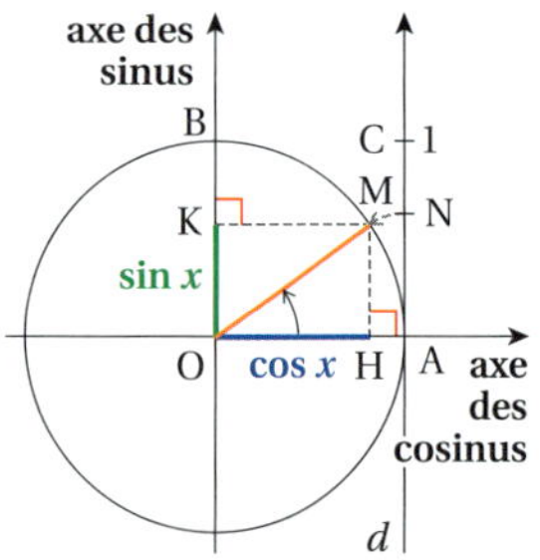

NOTE

$\sin^2 x$ est une notation pour $(\sin x)^2$.

PROPRIÉTÉS

Pour tout nombre réel x, on a :

- $\sin^2 x + \cos^2 x = 1$
- $-1 \leqslant \sin x \leqslant 1$ et $-1 \leqslant \cos x \leqslant 1$
- $\sin(-x) = -\sin x$ et $\cos(-x) = \cos x$

Savoir-faire 3 Résoudre une équation trigonométrique, p. 217

Savoir-faire 4 Calculer un cosinus connaissant le sinus, p. 217

DÉMONSTRATIONS

- Dans le triangle OHM, rectangle en H, le théorème de Pythagore donne :

$$\sin^2 x + \cos^2 x = OM^2 = 1.$$

- Le cercle trigonométrique est de rayon 1 ; on en déduit donc que :

$$-1 \leqslant \sin x \leqslant 1 \text{ et } -1 \leqslant \cos x \leqslant 1.$$

- Les angles qui correspondent aux réels x et $-x$ sont symétriques par rapport à l'axe des abscisses ; on en déduit que :

$$\sin(-x) = -\sin x \text{ et } \cos(-x) = \cos x.$$

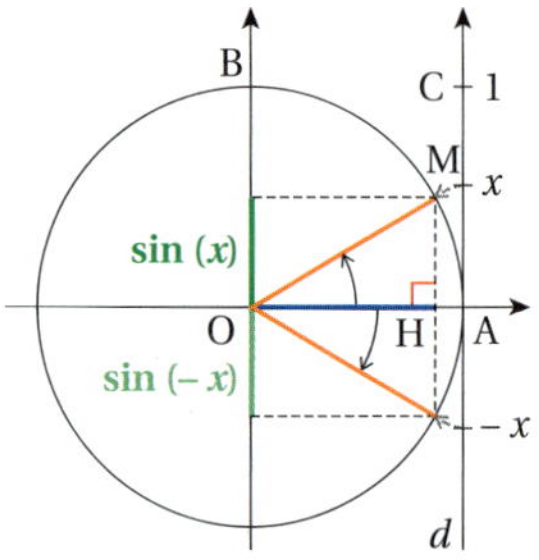

D. Lien avec le cosinus et le sinus dans un triangle rectangle

1 Rappels

Dans un triangle rectangle :
- le cosinus d'un angle est égal au rapport de la longueur du côté adjacent par la longueur de l'hypoténuse ;
- le sinus d'un angle est égal au rapport de la longueur du côté opposé par la longueur de l'hypoténuse.

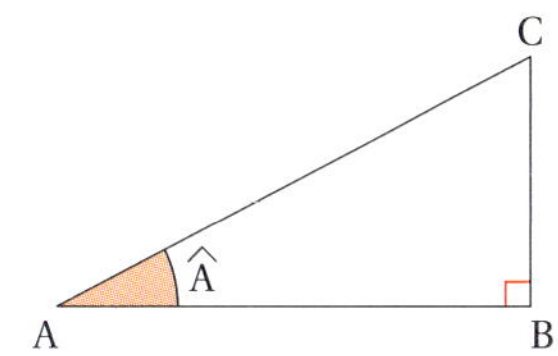

$\cos \widehat{A} = \frac{AB}{AC}$ $\sin \widehat{A} = \frac{BC}{AC}$

2 Cercle trigonométrique et triangle rectangle

Soit un point N de d d'abscisse x dans le repère (A, C), avec x compris entre 0 et $\frac{\pi}{2}$. À ce point N correspond un point M sur le cercle trigonométrique ; comme x est compris entre 0 et $\frac{\pi}{2}$, l'angle $\widehat{HOM}$ a une mesure comprise entre 0° et 90°, et le point M se trouve sur le premier quadrant du cercle.

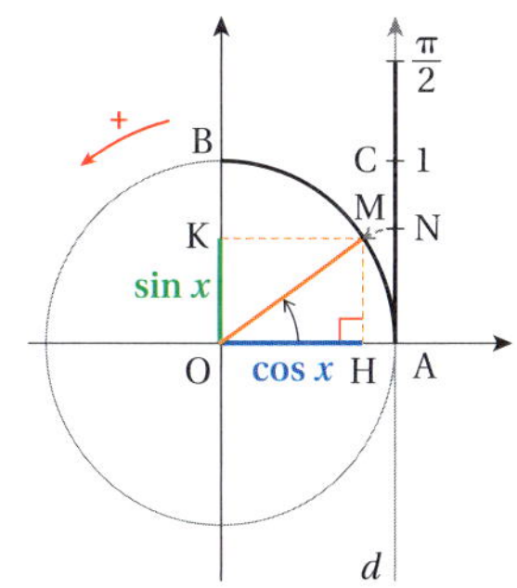

Considérons le triangle OHM rectangle en H.

Comme OM = 1, on a :

$$\cos\widehat{HOM} = \frac{OH}{OM} = OH = \cos x \quad \text{et} \quad \sin\widehat{HOM} = \frac{MH}{OM} = MH = OK = \sin x .$$

▶ Savoir-faire 5 Dans un triangle rectangle, trouver un angle dont on connaît le sinus, p. 218

PROPRIÉTÉ

Pour x compris entre 0 et $\frac{\pi}{2}$, les définitions données pour le cosinus et le sinus d'un nombre réel (paragraphe C) donnent les mêmes valeurs que les définitions du cosinus et du sinus dans un triangle rectangle.

3 Valeurs particulières

Il est utile de connaître ou de savoir retrouver rapidement les valeurs des cosinus et sinus des angles suivants.

α	0°	30°	45°	60°	90°
$\cos\alpha$	1	$\frac{\sqrt{3}}{2}$	$\frac{\sqrt{2}}{2}$	$\frac{1}{2}$	0
$\sin\alpha$	0	$\frac{1}{2}$	$\frac{\sqrt{2}}{2}$	$\frac{\sqrt{3}}{2}$	1

En appliquant le théorème de Pythagore aux deux configurations ci-contre, on détermine les longueurs des côtés en fonction de a et on en déduit les cosinus et sinus de 30°, 45° et 60°.

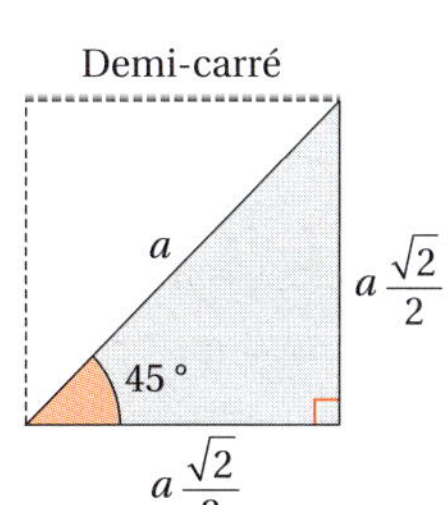

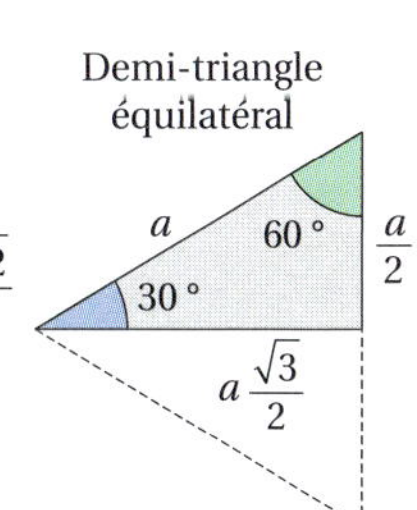

▶ Savoir-faire 6 Retrouver rapidement certaines valeurs des cosinus et sinus, p. 218

Savoir-faire

Savoir-faire 1 Enroulement de la droite des réels sur le cercle trigonométrique

ÉNONCÉ On enroule la droite des réels sur le cercle trigonométrique.

a. Déterminer le point M du cercle associé au réel $\frac{17\pi}{4}$ dans cet enroulement.

b. Déterminer les valeurs de $\cos\frac{17\pi}{4}$ et $\sin\frac{17\pi}{4}$.

SOLUTION

a. Le rayon du cercle trigonométrique est égal à 1 ; son périmètre est égal à 2π.

Or $\frac{17\pi}{4} = \frac{16\pi}{4} + \frac{\pi}{4} = 4\pi + \frac{\pi}{4} = 2\times 2\pi + \frac{\pi}{4}$.

On effectue deux tours complets suivis d'un huitième de tour.

Le point M est donc situé dans le premier quadrant et repéré par l'angle $\widehat{AOM} = 45°$.

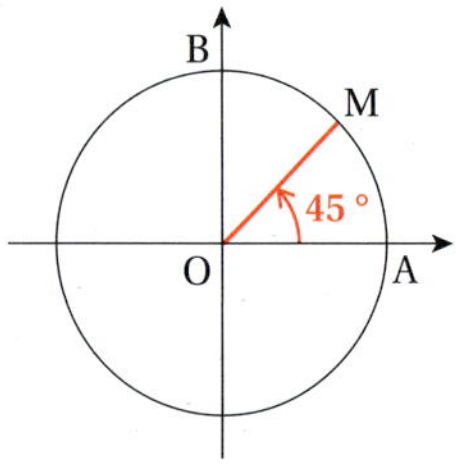

b. On en déduit alors que :

$\cos\frac{17\pi}{4} = \cos 45° = \frac{\sqrt{2}}{2}$

et $\sin\frac{17\pi}{4} = \sin 45° = \frac{\sqrt{2}}{2}$.

MÉTHODE

a. On détermine d'abord le nombre entier de tours effectués dans l'enroulement.
Le point à placer sur le cercle s'obtient en déterminant la proportion de tour restant à effectuer.

b. Le cosinus et le sinus du réel sont les coordonnées du point obtenu sur le cercle.

Savoir-faire 2 Calculer la longueur d'un arc connaissant l'angle au centre

ÉNONCÉ A et B sont deux points situés sur un cercle de centre O et de rayon $R = 5$ cm tels que l'angle au centre $\widehat{AOB}$ mesure 135°.
Calculer la longueur de l'arc $\overset{\frown}{AB}$.

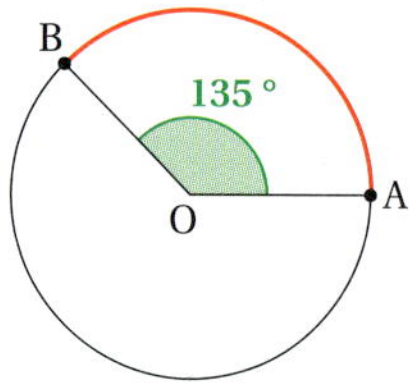

SOLUTION

La longueur du périmètre du cercle vaut :

$5 \times 2\pi = 10\pi$ cm.

La longueur de l'arc $\overset{\frown}{AB}$ est donc :

$10\pi \times \frac{135}{360} = \frac{15}{4}\pi \approx 11{,}8$ cm.

MÉTHODE

On utilise la proportionnalité entre la longueur d'un arc de cercle et la mesure de l'angle au centre correspondant.
La longueur du périmètre d'un cercle vaut $2\pi R$. Ce périmètre correspond à un angle au centre de 360°.

Savoir-faire 3 Résoudre une équation trigonométrique

ÉNONCÉ Résoudre l'équation $\cos x = 0{,}5$ sachant que x, en degré, est compris entre 0 et 180.

SOLUTION

On sait que $\cos 60° = 0{,}5$.

La figure suivante permet de voir que deux points du cercle trigonométrique correspondent à $\cos x = 0{,}5$:

- le point correspondant à un angle de 60° ;
- le point correspondant à un angle de –60°.

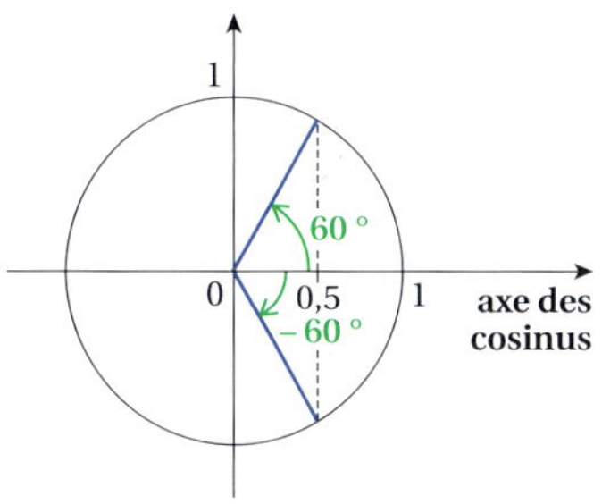

D'après l'énoncé, $0° \leqslant x \leqslant 180°$.

Donc un seul de ces points convient et l'équation n'a qu'une solution : $x = 60°$.

MÉTHODE

On trace le cercle trigonométrique.

- Pour une équation de la forme $\cos x = a$, on trace la parallèle à l'axe des ordonnées passant par le point d'abscisse a.

Les intersections de cette droite avec le cercle trigonométrique donnent les points du cercle qui correspondent aux angles tels que $\cos x = a$. On vérifie alors si une donnée de l'énoncé permet de choisir entre ces angles. La mesure de l'angle avec le rapporteur donne une valeur approchée de la solution de l'équation.

La solution exacte peut être donnée si la valeur du cosinus (ou du sinus) correspond à celle d'une valeur particulière (cf. paragraphe D3 p. 215).

- Pour une équation de la forme $\sin x = b$, on trace la parallèle à l'axe des abscisses passant par le point d'ordonnée b. On procède ensuite comme ci-dessus pour déterminer la solution de l'équation.

Savoir-faire 4 Calculer un cosinus connaissant le sinus

ÉNONCÉ Soit a un nombre réel. Calculer $\cos a$ sachant que $\sin a = \frac{2}{5}$.

SOLUTION

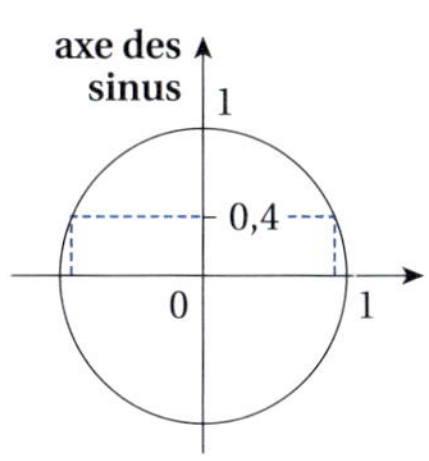

On constate que deux points du cercle trigonométrique correspondant à des valeurs de cosinus différentes sont associés à l'ordonnée $\frac{2}{5} = 0{,}4$.

Il y a donc deux valeurs possibles pour $\cos a$.

Comme $\sin^2 a + \cos^2 a = 1$, on a :

$$\cos^2 a = 1 - \sin^2 a = 1 - \left(\frac{2}{5}\right)^2 = 1 - \frac{4}{25} = \frac{21}{25}$$

Ainsi :

$$\cos a = \frac{\sqrt{21}}{5} \approx 0{,}92 \quad \text{ou} \quad \cos a = -\frac{\sqrt{21}}{5} \approx -0{,}92$$

MÉTHODE

On utilise la formule $\sin^2 a + \cos^2 a = 1$.

Cette formule permet de calculer un cosinus connaissant le sinus (en écrivant $\cos^2 a = 1 - \sin^2 a$) ou de calculer un sinus connaissant le cosinus (en écrivant $\sin^2 a = 1 - \cos^2 a$).

REMARQUE

Il est recommandé de faire au préalable une figure. Celle-ci permettra de vérifier le nombre de valeurs recherchées ainsi que l'ordre de grandeur de ces valeurs.

Savoir-faire 5 Dans un triangle rectangle, trouver un angle dont on connaît le sinus

ÉNONCÉ Dans un triangle ABC rectangle en A, on connaît la longueur des deux côtés de l'angle droit : AB = 25 m et AC = 60 m.
Calculer les mesures des angles $\widehat{ABC}$ et $\widehat{ACB}$.

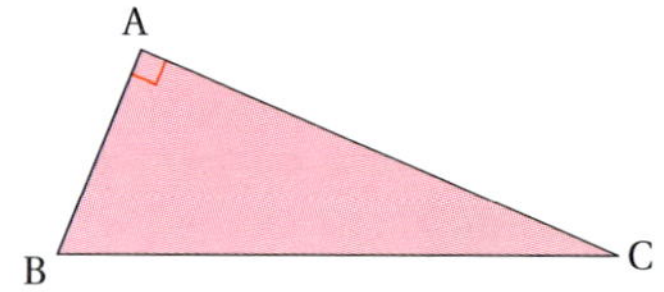

SOLUTION

En appliquant le théorème de Pythagore au triangle ABC, on obtient :

$$BC = \sqrt{25^2 + 60^2} = \sqrt{4225} = 65$$

D'où : $\sin \widehat{ABC} = \dfrac{AC}{BC} = \dfrac{60}{65} = \dfrac{12}{13}$

À la calculatrice, on trouve que la mesure de l'angle $\widehat{ABC}$ vaut environ 67,4°.
On en déduit que l'angle $\widehat{ACB}$ vaut environ $90 - 67{,}4 = 22{,}6°$.

MÉTHODE

On calcule le sinus (ou le cosinus) de l'angle cherché à l'aide des données de l'énoncé.
Les fonctions *Arcsin* (ou *Asn*) et *Arccos* (ou *Acs*) de la calculatrice permettent, en mode degré, de déterminer ensuite la mesure de l'angle.

REMARQUE
Un tracé de la figure à l'échelle permettra de vérifier le résultat obtenu.

Savoir-faire 6 Retrouver rapidement certaines valeurs des cosinus et sinus

ÉNONCÉ Reproduire le tableau ci-contre et le compléter sans utiliser la calculatrice.

α	0°	30°	45°	60°	90°	120°	−150°
cos α							
sin α							

SOLUTION

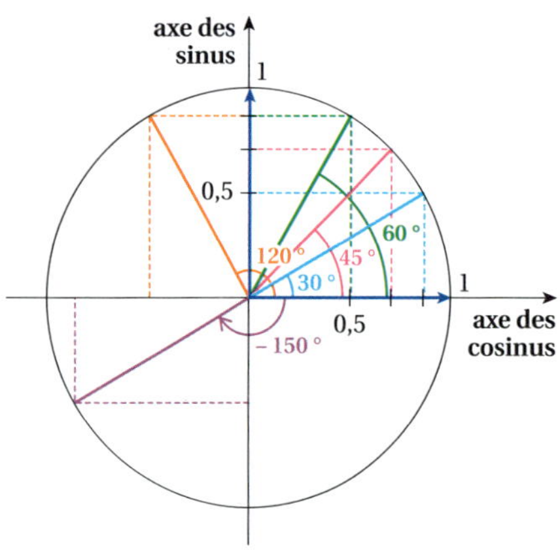

α	0°	30°	45°	60°	90°	120°	−150°
cos α	1	$\frac{\sqrt{3}}{2}$	$\frac{\sqrt{2}}{2}$	$\frac{1}{2}$	0	$-\frac{1}{2}$	$-\frac{\sqrt{3}}{2}$
sin α	0	$\frac{1}{2}$	$\frac{\sqrt{2}}{2}$	$\frac{\sqrt{3}}{2}$	1	$\frac{\sqrt{3}}{2}$	$-\frac{1}{2}$

MÉTHODE

Il peut être utile de retenir les valeurs de ces cosinus et sinus. Mais le plus important est de savoir les retrouver à l'aide du cercle trigonométrique.
Pour cela, on reporte sur le cercle les points correspondant à chacun de ces angles.

- Pour les angles de 0° et 90°, la lecture des valeurs des cosinus et sinus est immédiate.
- Pour les angles de 30°, 45° et 60°, on trace les projetés orthogonaux des points sur les axes des cosinus et des sinus pour repérer les valeurs approchées des cosinus et sinus correspondants.

La connaissance des valeurs approchées 0,707 et 0,866 des valeurs particulières $\frac{\sqrt{2}}{2}$ et $\frac{\sqrt{3}}{2}$ est alors utile pour déduire de la figure la valeur exacte des cosinus et sinus recherchés.

- Par symétrie par rapport à l'origine ou par rapport à l'un des axes, on peut trouver les valeurs des cosinus et sinus d'autres angles (*ici,* 120° et −150°).

Travaux pratiques

TICE 1 sinus et cosinus

Objectif : À l'aide d'un logiciel de géométrie, observer l'évolution des nombres sin$x$ et cos$x$ lorsque x varie.

Partie A : Construction

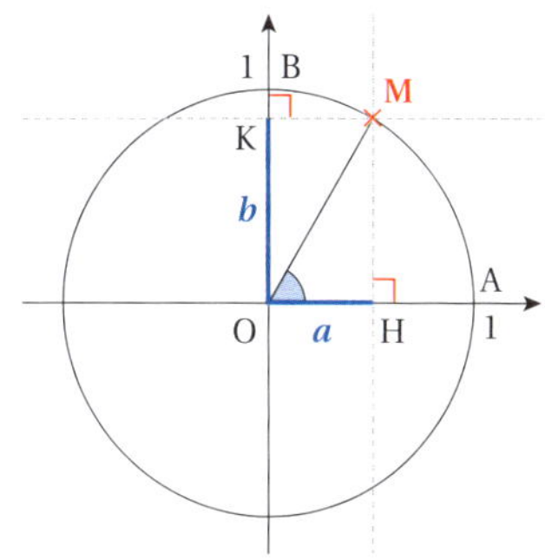

1 **a.** À l'aide d'un logiciel de géométrie, placer les points O, A et B de coordonnées respectives (0 ; 0) ; (1 ; 0) et (0 ; 1).

b. Construire le cercle trigonométrique, c'est-à-dire le cercle de centre O et de rayon OA.

c. Choisir un point quelconque M de ce cercle.
Placer le point H, intersection de (OA) et de la perpendiculaire à (OA) passant par M et le point K, intersection de (OB) et de la perpendiculaire à (OB) passant par M.

d. Dans le repère (O, A, B), faire apparaître :
- la valeur a de l'abscisse de H ;
- la valeur b de l'ordonnée de K ;
- la mesure de l'angle $\widehat{AOM}$.

2 Quel est le lien entre les nombres a et b, et l'angle $\widehat{AOM}$?

Partie B : Observations

1 **Variations de la valeur a**

a. Lorsque la mesure de l'angle $\widehat{AOM}$ se trouve dans l'intervalle [0 ; 90], décrire la variation de la fonction qui, à cette mesure, associe le nombre a.
Décrire ces variations pour chacun des trois autres quarts de cercle.

b. Reproduire le tableau suivant et le compléter en donnant la valeur de a pour les différentes valeurs de l'angle $\widehat{AOM}$.

Angle $\widehat{AOM}$	0°	30°	60°	90°	120°	150°	180°	210°	240°	270°	300°	330°	360°
a													

c. Placer dans un repère les points correspondant à ce tableau. (On reportera les mesures de l'angle $\widehat{AOM}$ sur l'axe des abscisses et les valeurs de a sur l'axe des ordonnées.)

d. Peut-on utiliser ce graphique pour obtenir une valeur approchée de cos(400°) et cos(–100°) ?

2 **Variations de la valeur b**

Reprendre les questions **1 a** à **1 c** de la **partie B** pour la valeur b.

TP TICE 2

Variation d'aire

Objectif : À l'aide d'un logiciel de géométrie, étudier les variations d'une aire.

1 Construction

Soit un quart de disque OAB de rayon 10.
N est un point du segment [OA] et M est le point de l'arc de cercle $\overset{\frown}{AB}$ tel que OMN soit un triangle rectangle en N.
Réaliser la figure à l'aide d'un logiciel de géométrie dynamique.

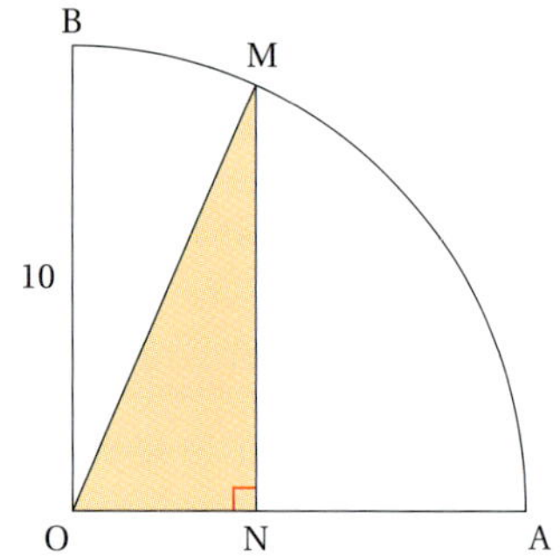

2 Conjectures

On s'intéresse à l'aire du triangle OMN lorsque le point N parcourt le segment [OA].

a. Lorsque le point N parcourt le segment [OA], un des triangles OMN semble-t-il avoir une aire plus grande que les autres ?

b. Certains des triangles OMN semblent-ils avoir une aire plus petite que les autres ?

c. Pour un triangle OM_1N_1 fixé, semble-t-il exister un autre triangle OM_2N_2 de même aire que OM_1N_1 ?

3 Tracé d'une courbe

Soit (O, I, J) un repère du plan tel que les points A et B aient comme coordonnées (1 ; 0) et (0 ; 1). On note x la mesure de l'angle $\widehat{NOM}$.

a. Quelles sont les valeurs possibles pour x ?

b. Calculer l'aire du triangle OMN en fonction de x.

c. Dans un repère (différent du précédent), à l'aide de la calculatrice, tracer la courbe représentative de la fonction f qui, à un nombre réel x, associe l'aire du triangle OMN.

d. Répondre aux questions **2a**, **2b** et **2c** en utilisant cette représentation graphique.

TP TICE 3

Triangles calés

Objectifs :
- Conjecturer avec un logiciel de géométrie dynamique.
- Réinvestir les propriétés de la géométrie plane.

ABC est un triangle équilatéral de côté 8 cm.
On place trois points A', B' et C', respectivement sur [AB], [BC] et [CA], de sorte que AA' = BB' = CC'.
L'objectif du problème est de déterminer la distance AA' telle que les triangles AA'C', BB'A' et CC'B' soient rectangles, respectivement en A', B', C'.

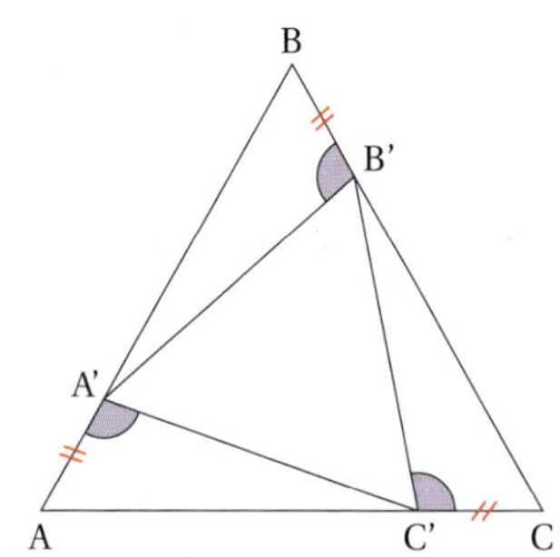

1 Réaliser la figure à l'aide d'un logiciel de géométrie dynamique.
On pourra s'aider d'un curseur pour placer les trois points A', B' et C'.

2 Conjecturer les positions des points A', B' et C' qui répondent au problème posé.

3 Démontrer la conjecture établie à la question **2**.

D'après *Mathématiques sans frontières*, décembre 2002.

VOIR FICHES ALGORITHMIQUE P. 11

Algorithmique

1 Le pentagone

Objectifs : • Déterminer les coordonnées des sommets d'un pentagone régulier.
• Généraliser à un polygone régulier.

PARTIE A

Dans un repère orthonormal (O, I, J), on considère le point A de coordonnées (10 ; 0) et les points B, C, D et E tels que ABCDE soit un pentagone régulier de centre O orienté positivement.

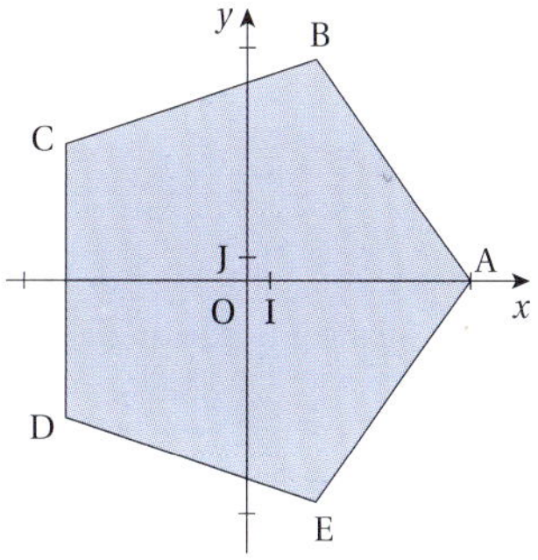

1 Déterminer une mesure des angles $\widehat{AOB}$ et $\widehat{AOC}$.

2 Montrer que les coordonnées du point B sont (10 cos 72° ; 10 sin 72°).
Donner une valeur arrondie à 10^{-1} de ces coordonnées.

3 Soit $\mathscr{C}$ le cercle trigonométrique de centre O.

a. Placer le point C', point d'intersection de $\mathscr{C}$ et de la demi-droite [OC).

b. Donner les valeurs exactes des coordonnées du point C'.

c. Montrer que $\overrightarrow{OC} = 10\,\overrightarrow{OC'}$.

d. Montrer que les coordonnées exactes du point C sont (10 cos 144° ; 10 sin 144°).

4 Montrer que les coordonnées exactes des sommets du pentagone sont :
$\left(10\cos\left(\frac{72k\pi}{180}\right) ; 10\sin\left(\frac{72k\pi}{180}\right)\right)$ où k est un entier qui prend les valeurs 0, 1, 2, 3 et 4.

PARTIE B

1 Quelle est la fonctionnalité de l'algorithme ci-dessous ?

```
Code de l'algorithme
▼ VARIABLES
  ├ k EST_DU_TYPE NOMBRE
  ├ x EST_DU_TYPE NOMBRE
  └ y EST_DU_TYPE NOMBRE
▼ DEBUT_ALGORITHME
  ▼ POUR k ALLANT_DE 0 A 4
    ├ DEBUT_POUR
    ├ x PREND_LA_VALEUR 10*cos(72*k*Math.PI/180)
    ├ y PREND_LA_VALEUR 10*sin(72*k*Math.PI/180)
    ├ TRACER_POINT (x,y)
    └ FIN_POUR
└ FIN_ALGORITHME
```

REMARQUE « Math.PI » désigne le nombre π dans la syntaxe du logiciel AlgoBox.

2 **a.** Modifier cet algorithme pour qu'il trace un polygone régulier à n côtés, avec n un paramètre indiqué en « entrée ».

b. À l'aide d'un langage de programmation pouvant tracer des points, programmer cet algorithme.

3 Modifier le programme pour qu'il trace, en plus, les côtés du polygone.

Bon à savoir

La construction d'un polygone régulier n'est pas toujours aisée à la règle et au compas et, dans bien des cas, cette construction n'est pas possible. Par contre, le calcul des coordonnées des sommets dans un repère permet toujours de tracer le polygone.

TP

Problème ouvert 1 Chapeau !

Pour une pièce de théâtre, Karine souhaite confectionner un chapeau chinois.
La figure suivante présente une coupe de ce chapeau.

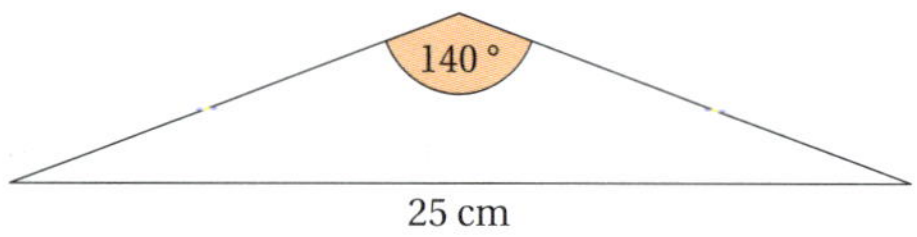

Réaliser le patron de ce chapeau à l'échelle $\frac{1}{2}$.

TP

Problème ouvert 2 Costaud ? www.

Un objet d'une masse de 5 kg est accroché en A (coin mur/plafond) à l'aide d'une corde, inextensible et de masse négligeable, de longueur 1,20 m formée par les segments [AC] et [CB] tels que AC = CB = 60 cm.
Cette corde est tirée horizontalement en M par Lili à l'aide d'une autre corde formée par le segment [CM].
Le point C est soumis à trois forces :

- le poids, vertical et orienté vers le bas, ayant comme valeur 50 N et schématisé par le vecteur $\overrightarrow{CE}$;
- la force horizontale exercée par Lili orientée vers la droite et schématisée par le vecteur $\overrightarrow{CF}$.

Cette force a comme valeur maximale 200 N, seuil de rupture de la corde ;

- la tension de la corde faisant un angle α avec le plafond, orientée vers A, ayant une valeur maximale de 200 N et schématisée par le vecteur $\overrightarrow{CG}$.

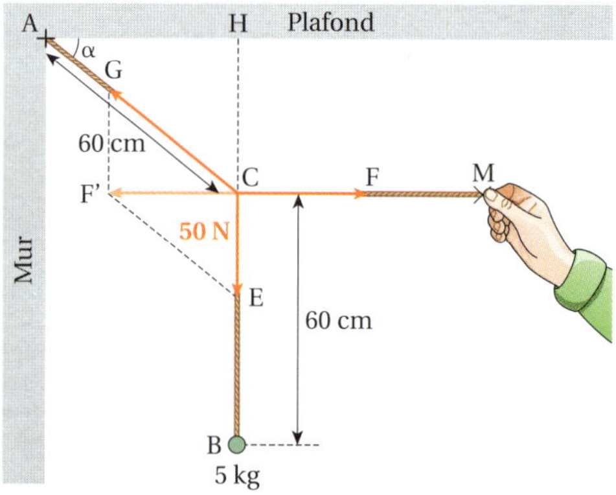

Selon les lois de la physique, le point C étant en équilibre, la somme des forces qui s'exercent en ce point est nulle.
On a donc $\overrightarrow{CE} + \overrightarrow{CF} + \overrightarrow{CG} = \vec{0}$.
Sur la figure ci-contre, on a par ailleurs tracé le point F' tel que CGF'E soit un parallélogramme ; ainsi, C est le milieu du segment [F'F].

a. On note x la valeur de la force schématisée par le vecteur $\overrightarrow{CF}$. Exprimer sin α en fonction de x.

b. On note h la distance CH. Exprimer h en fonction de x. En déduire la distance BH séparant l'objet B du plafond lorsque Lili tire sur la corde au maximum.

En physique,
des calculs de répartition de forces permettent de trouver des points d'équilibre ou, plus concrètement, de calculer les diamètres de filins d'attache ou les sections des poutres d'une charpente.

HIPPARQUE de NICÉE
(~190 av. J.-C. - ~120 av. J.-C., Grèce)
Il est le fondateur de la trigonométrie.

ARYABHATA l'Ancien
(476 - 550, Inde)
Il initie la trigonométrie hors du cercle.

Johann MÜLLER, dit REGIOMONTANUS
(1436 - 1476, Allemagne)
Il fait de la trigonométrie une branche des mathématiques indépendante de l'astronomie.

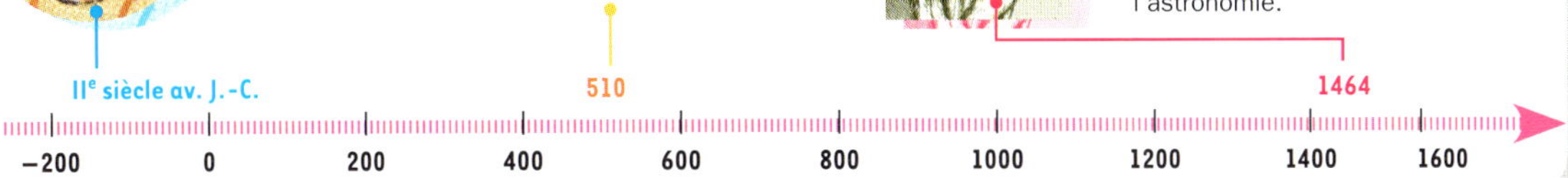

La trigonométrie : du cercle aux fonctions

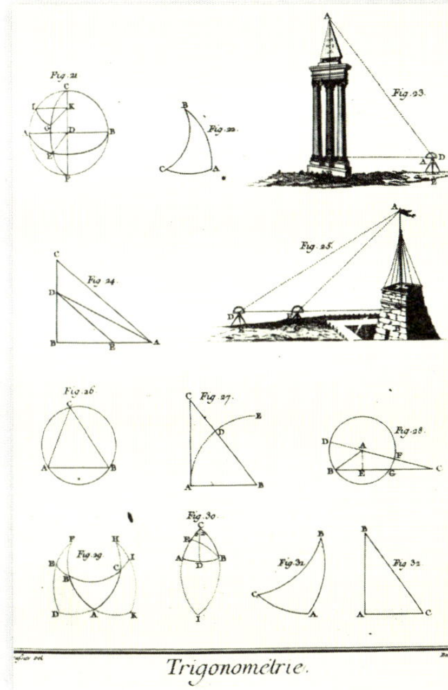

4. Extrait d'une planche de l'*Encyclopédie* de Diderot et d'Alembert.

Un outil pour l'astronomie

L'héritage de la géométrie babylonienne appliquée à l'étude du monde et de l'Univers conduit les savants grecs de l'Antiquité à effectuer des mesures de plus en plus complexes pour les besoins de l'astronomie.

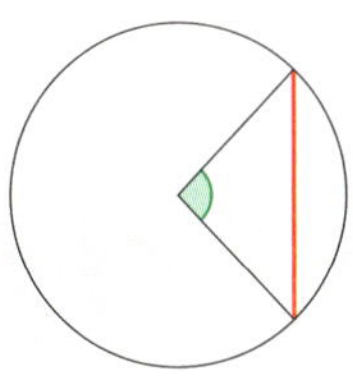

1.

2. Extrait d'une table trigonométrique de l'*Almageste*.

Les premières tables trigonométriques, que l'on attribue à l'astronome HIPPARQUE DE NICÉE, permettent de faciliter ces mesures. Elles font correspondre l'**angle au centre** et la **longueur de la corde** interceptée dans le cercle (→ 1).

L'astronome et mathématicien grec Claude PTOLÉMÉE (~90 - ~168) poursuit les travaux d'Hipparque de Nicée avec une meilleure précision dans un ouvrage célèbre intitulé l'*Almageste* (~ 140) (→ 2).

Hors du cercle

Les astronomes indiens sont les premiers à voir la trigonométrie hors du cercle. En considérant la demi-corde (→ 3), ARYABHATA L'ANCIEN établit dans son *Aryabhatiya* une table des sinus sous la forme d'un long poème écrit en vers.

Au XVe siècle, l'astronome et mathématicien REGIOMONTANUS définit le sinus d'un angle dans le triangle rectangle comme le rapport du côté opposé avec l'hypoténuse.

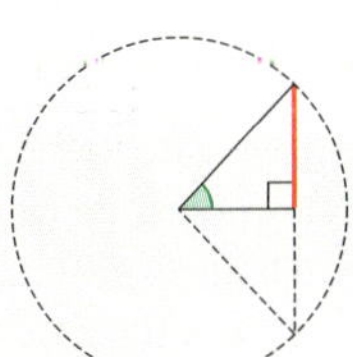

3. Pour un cercle de rayon 1, la longueur de la demi-corde est le sinus de l'angle.

La trigonométrie devient alors peu à peu une branche des mathématiques indépendante de l'astronomie et proche de celle que nous connaissons aujourd'hui : un outil de calcul de longueurs et de mesures d'angles dans le triangle rectangle.

Dans l'*Encyclopédie* (1751) (→ 4), Jean LE ROND D'ALEMBERT (1717 - 1783) définira d'ailleurs la trigonométrie comme « l'art de trouver les parties inconnues d'un triangle par le moyen de celles qu'on connaît ».

Vers les fonctions

Au XVIIe siècle, les mathématiciens Gilles Personne de ROBERVAL (1602 - 1675) puis Gottfried LEIBNIZ (1646 - 1716) considèrent la fonction sinus dont ils étudient la représentation graphique.

À la fin des années 1970, les élèves se munissaient encore de tables trigonométriques pour déterminer par exemple le cosinus ou le sinus d'un angle ; aujourd'hui, la calculatrice permet d'appliquer les fonctions trigonométriques. De nos jours, la trigonométrie trouve des applications très diverses dans de nombreux domaines scientifiques, tels l'optique ou la propagation des ondes.

Exercices d'application

Enroulement de la droite

Pour les exercices 1 à 4

On considère la figure ci-contre où $\mathscr{C}$ est le cercle trigonométrique et la droite d, tangente à $\mathscr{C}$ en A, est munie du repère (A, I).

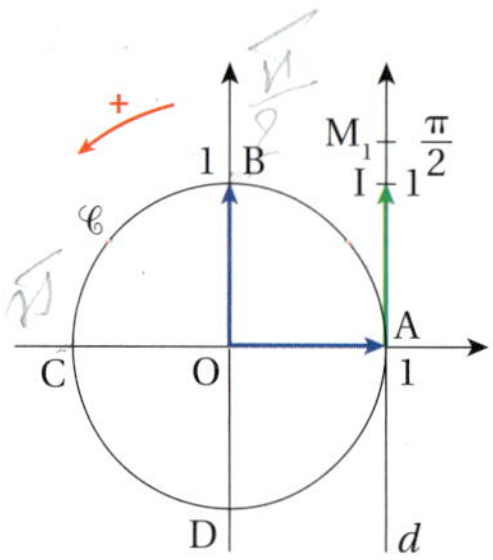

1 Reproduire la figure puis indiquer en quels points du cercle $\mathscr{C}$ se retrouvent, après enroulement, les points de la droite d suivants :

$M_1(\frac{\pi}{2})$; $M_2(\frac{3\pi}{2})$; $M_3(-\frac{\pi}{2})$; $M_4(5\pi)$.

▸ Savoir-faire 1 p. 216

2 Reproduire la figure puis indiquer en quels points du cercle $\mathscr{C}$ se retrouvent, après enroulement, les points de la droite d suivants :

$M_5(-\frac{3\pi}{2})$; $M_6(\frac{5\pi}{2})$; $M_7(-\frac{13\pi}{2})$; $M_8(\frac{2010\pi}{2})$.

3 Indiquer sur quel quart d'arc de cercle se trouvent, après enroulement, chacun des points de la droite d suivants :

$M_9(1)$; $M_{10}(4)$; $M_{11}(6)$; $M_{12}(63)$.

4 **a.** Le point de coordonnées $\frac{\pi}{4}$ de la droite d se trouve, après enroulement, en un point N du cercle $\mathscr{C}$. Reproduire la figure et placer le point N.

b. Donner les coordonnées de six autres points de la droite d qui se retrouvent au même point que N après enroulement.

5 Un secteur circulaire de rayon 12 cm a un angle au centre $\widehat{BAC}$ qui mesure 70°. Calculer le périmètre et l'aire de ce secteur circulaire.

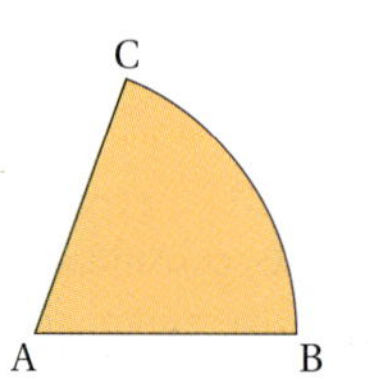

▸ Savoir-faire 2 p. 216

6 Soit un cercle $\mathscr{C}$ de centre O et de rayon 5 cm, et un point A de ce cercle.

a. Faire une figure.

b. Soit B un point du cercle $\mathscr{C}$ tel que la longueur de l'arc $\overset{\frown}{AB}$ soit 20 cm. Calculer une mesure de l'angle $\widehat{AOB}$.

c. Placer le point B sur le cercle $\mathscr{C}$, ainsi qu'un point C tel que l'arc $\overset{\frown}{AC}$ mesure 10 cm.

d. Calculer la longueur de l'arc $\overset{\frown}{BC}$.

Y a-t-il plusieurs réponses possibles ?

7 Sur un cercle de centre O et de rayon 1 cm, tracer cinq arcs $\overset{\frown}{A_iB_i}$ dont les longueurs sont les suivantes :

i	1	2	3	4	5
Longueur (en cm)	π	$\frac{4\pi}{3}$	2π	3π	5π

Cosinus et sinus d'un nombre réel

8 R **Vrai ou faux ?**

Pour chacune des affirmations suivantes, indiquer si elle est vraie ou fausse ; justifier.

a. Il existe un nombre réel x tel que $\sin(-x) = \sin x$.

b. Pour tout nombre réel x, on a $\sin(-x) = \sin x$.

c. Il existe un nombre réel x tel que $\sin 2x = \sin x$.

d. Pour tout nombre réel x, on a $\sin 2x = \sin x$.

e. Il existe un nombre réel x tel que $\cos x = \sin x$.

f. Pour tout nombre réel x, on a $\cos x \neq \sin x$.

9 **a.** Représenter le cercle trigonométrique, puis les points de ce cercle qui correspondent aux mesures d'angles suivantes :

$x_1 = 0°$; $x_2 = 30°$; $x_3 = 45°$; $x_4 = 90°$;
$x_5 = 120°$; $x_6 = 135°$; $x_7 = 150°$; $x_8 = 180°$.

b. Donner les valeurs des sinus et cosinus qui correspondent à chacun de ces points.

COUP DE POUCE

Les mesures se reportent à partir de l'axe des abscisses.

10 **a.** Représenter le cercle trigonométrique, puis les points de ce cercle qui correspondent aux mesures d'angles suivantes :

$x_1 = -90°$; $x_2 = 270°$; $x_3 = 360°$;
$x_4 = 330°$; $x_5 = 720°$; $x_6 = -270°$.

b. Donner les valeurs des sinus et cosinus qui correspondent à chacun de ces points.

11 **a.** Représenter le cercle trigonométrique, puis les points de ce cercle qui correspondent aux mesures d'angles suivantes :

$x_1 = 100°$; $x_2 = 200°$; $x_3 = 340°$; $x_4 = 730°$.

b. Donner des valeurs approchées des sinus et cosinus qui correspondent à chacun de ces points.

12 Résoudre les équations suivantes où a est compris entre 0° et 90°.

a. $\sin a = 0$ **b.** $\sin a = \frac{1}{2}$ **c.** $\sin a = \frac{\sqrt{3}}{2}$ **d.** $\sin a = \frac{\sqrt{2}}{2}$

▸ Savoir-faire 3 p. 217

13 Résoudre les équations suivantes où a est compris entre 0° et 90°.

a. $\cos a = 0$ **b.** $\cos a = \frac{\sqrt{2}}{2}$ **c.** $\cos a = -\frac{1}{2}$ **d.** $\cos a = 1$

14 Algorithmique

Sur la figure ci-contre, x est une mesure, en degré, de l'angle $\widehat{AOM}$ comprise entre 0° et 360°.

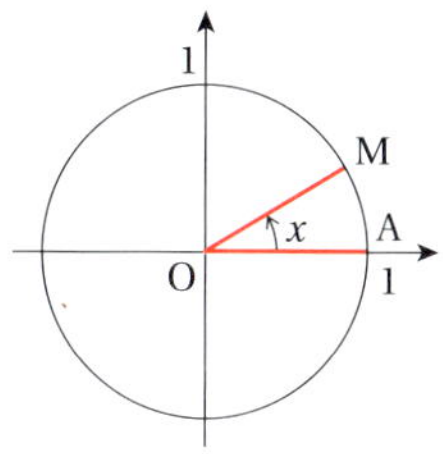

Soit b un nombre réel quelconque et (E) l'équation $\sin x = b$, d'inconnue x.

a. L'équation (E) a-t-elle des solutions pour $b = 2$?

b. Écrire un algorithme qui, en entrée, demande la valeur du nombre réel b, et qui, en sortie, donne le nombre de solutions de l'équation (E).

c. Programmer cet algorithme sur la calculatrice.

d. En utilisant la fonction « Arcsin » de la calculatrice, compléter le programme pour qu'il donne les solutions de l'équation (E).

15 **a.** Soit a un nombre réel compris entre 0° et 90° tel que $\cos a = \frac{2}{3}$. Calculer $\sin a$.

b. Soit b un nombre réel compris entre 0° et 90° tel que $\sin b = \frac{\sqrt{3}}{2}$. Calculer $\cos b$.

▸ Savoir-faire 4 p. 217

16 Soit ABCDEF un hexagone régulier dont les points se trouvent sur le cercle trigonométrique. Déterminer les valeurs exactes des coordonnées de chacun de ses sommets.

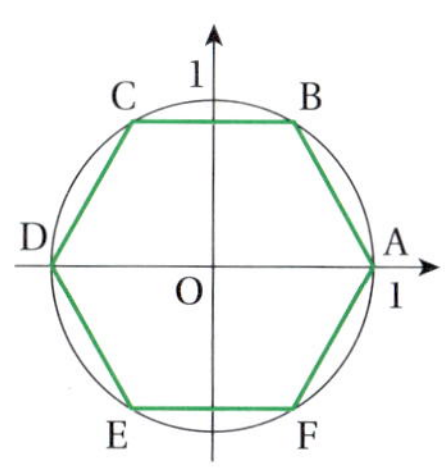

17 Soit AGHIJKL un heptagone régulier dont les points se trouvent sur le cercle trigonométrique.

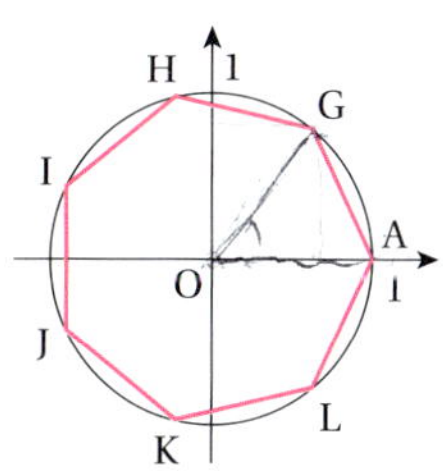

1. a. Calculer a, mesure en degré de l'angle $\widehat{AOG}$.

b. Donner, en fonction de $\sin a$ et $\cos a$, les coordonnées du point G.

2. Donner des valeurs approchées à 10^{-2} près des coordonnées de chacun des sommets de l'heptagone.

18 Algorithmique

On souhaite dessiner la figure ci-contre à l'aide d'un algorithme programmé dans un « langage tortue ».

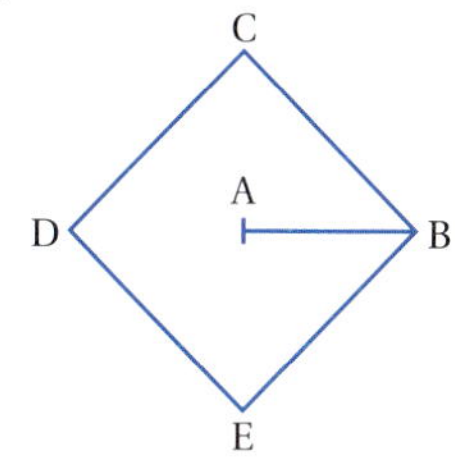

Le point de départ est A.

Alex propose l'algorithme suivant, écrit en Python :

```
#importer les fonctions dessin depuis le module "tortue"
#"SQRT", la racine  carrée, est également importée
from turtle import *

#  initialisation du module tortue
reset()

# aller au premier sommet
forward(50*sqrt(2))

# tourner à gauche de 135 degrés
left(135)

# tracer les 4 arêtes
for i in range(0,4):
    forward (100)
    left (90)
```

Boris, Chloé et Dorian testent chacun, en la modifiant un peu, la proposition d'Alex et obtiennent les figures suivantes :

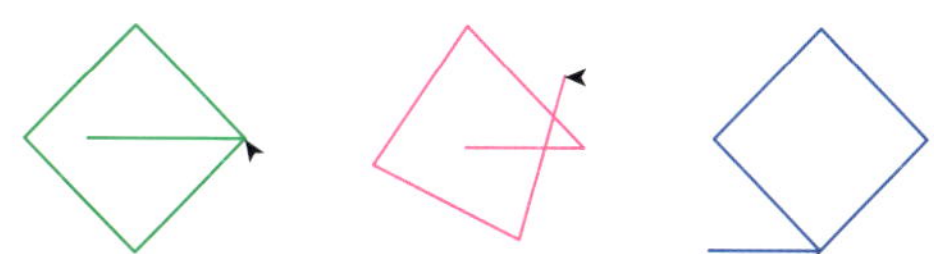

Boris Chloé Dorian

a. Expliquer les modifications faites par chacun d'eux.

b. Modifier l'algorithme d'Alex pour qu'il trace un pentagone.

Lien avec le cosinus et le sinus dans un triangle rectangle

19 Soit un triangle EFG rectangle en E. Dans chaque cas, calculer les mesures des angles de EFG.

a. EF = 43 et FG = 50.

b. FG = 60 et EG = 22.

c. EF = 34 et EG = 55.

▸ Savoir-faire 5 p. 218

20 **1.** Tracer un parallélogramme ABCD tel que AB = 12 cm et AD = 5 cm.

2. On note α la mesure de l'angle $\widehat{BAD}$.

a. Calculer l'aire de ABCD en fonction de α.

b. Cette aire peut-elle être égale à 70 cm² ? à 60 cm² ? à 50 cm² ?

Expliquer et, si possible, tracer le(s) parallélogramme(s) correspondant(s).

21 LMN et LKN sont deux triangles rectangles respectivement en M et en K tels que LN = 8, KL = 4 et NM = 2, comme sur la figure suivante.

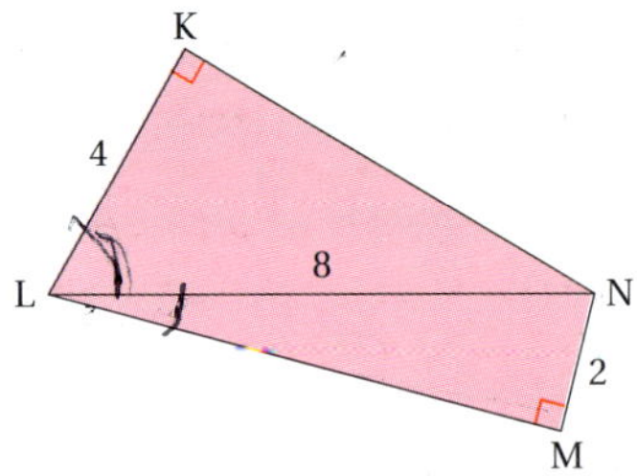

1. a. Déterminer une valeur approchée à 10^{-1} près de la mesure de l'angle $\widehat{MLN}$.

b. En déduire une valeur approchée à 10^{-1} près de la mesure de l'angle $\widehat{KLM}$.

2. Un élève, qui a eu la consigne de cet exercice par messagerie sans la figure, prétend que l'angle $\widehat{KLM}$ mesure 45,5°.

Peut-il avoir raison ?

22 Dans la documentation d'une entreprise qui loue des échelles, figure le passage suivant :

> **Donner un angle suffisant par rapport au sol** (recommandations de l'*Organisme Professionnel de Prévention du Bâtiment et des Travaux Publics* : entre 70,5° et 75,5°).
>
> **Ne pas dresser une échelle trop verticalement, afin d'éviter son basculement en arrière.**

Ce texte est accompagné du schéma ci-dessous.

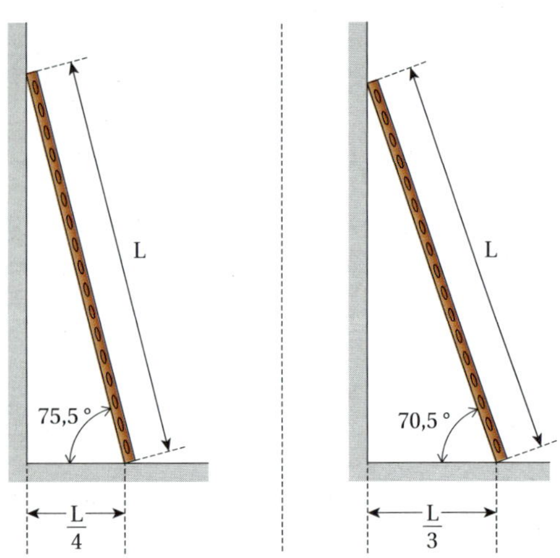

Les angles indiqués sont-ils en accord avec les longueurs L, $\frac{L}{3}$ et $\frac{L}{4}$ qui y figurent ?

23 Un charpentier doit réaliser la structure ci-dessous avec des poutres à section carrée de 20 cm par 20 cm. L'angle $\widehat{DEJ}$ est droit.

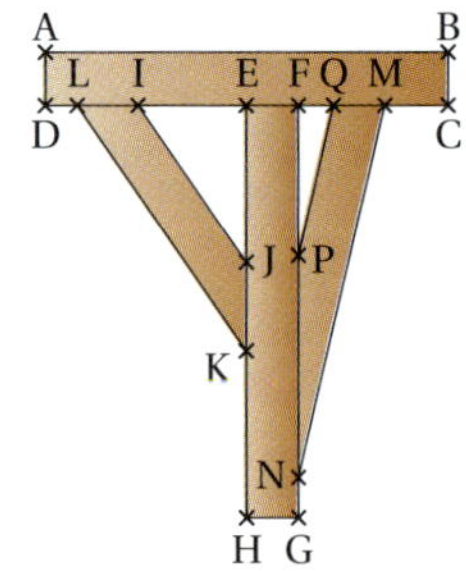

Les angles $\widehat{IJE}$ et $\widehat{FPQ}$ sont respectivement égaux à 36° et 13,5°.

AB = 160 cm ; EH = 160 cm ; EJ = FP = 60 cm.

a. Calculer les longueurs IJ et PQ.

b. Calculer les longueurs LI et JK.

c. Calculer la longueur LK.

Les réponses seront données au mm près.

24 Gaëtan veut donner une estimation de la hauteur d'un chêne qu'il a remarqué dans un parc. Il prend du recul, se place au point A et mesure l'angle $\widehat{SAH} = \alpha$ sous lequel il voit l'arbre ; il trouve $\alpha = 42°$.

Il s'éloigne de 35 m du point A, se place au point B et mesure l'angle $\widehat{SBH} = \beta$ sous lequel il voit l'arbre ; il trouve $\beta = 24°$.

Sur la figure suivante, H est le pied du chêne et S son sommet. On suppose que les points A, B et H sont alignés et que les droites (BH) et (SH) sont perpendiculaires.

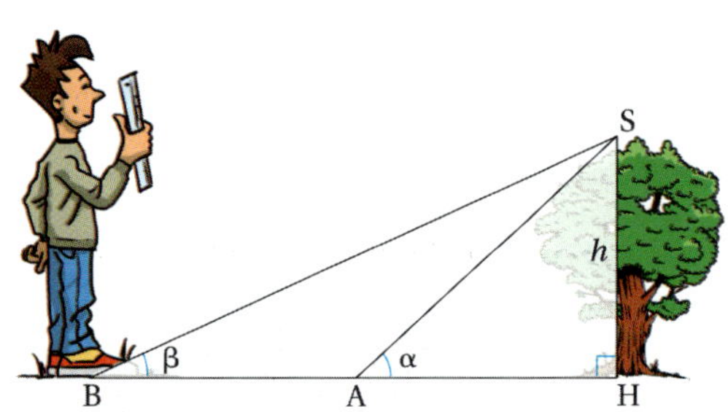

a. Faire une figure à l'échelle.

b. Montrer que, dans le triangle rectangle AHS, on a :

$$\frac{SH}{AH} = \frac{\sin\alpha}{\cos\alpha}$$

c. Montrer que :

$$\frac{SH}{BH} = \frac{\sin\beta}{\cos\beta}$$

d. Calculer la hauteur du chêne.

Donner une valeur approchée au demi-mètre près de cette hauteur.

25 On construit un début de « spirale » ABCDEFGO en partant d'un triangle OAB rectangle en B et dont l'angle en O vaut $\alpha = 30°$. Les triangles OBC, OCD, ODE, OEF et OFG sont construits de façon similaire, c'est-à-dire rectangles avec l'angle en O étant toujours égal à 30°.

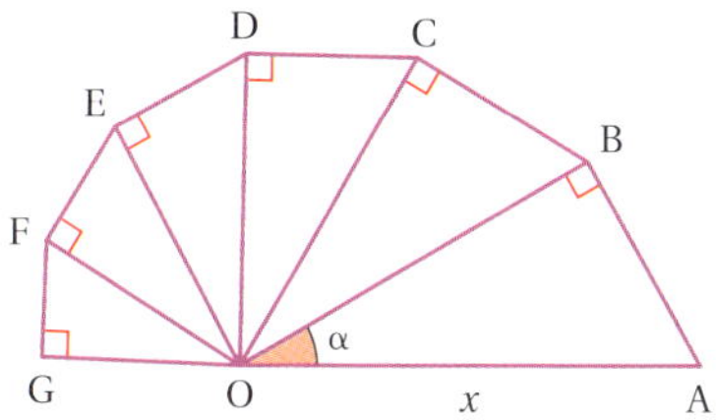

a. On pose x la longueur OA.
Calculer, en fonction de x, les longueurs AB et OB.

b. Calculer, en fonction de x, la longueur du périmètre du polygone ABCDEFGO.

26 L'acuité visuelle est la capacité d'un œil à discerner les objets. Lorsqu'elle est de 10/10, cela signifie que l'œil O peut différencier deux objets E et F tels que l'angle $\widehat{EOF}$ soit de $\frac{1}{60}^{e}$ de degré.

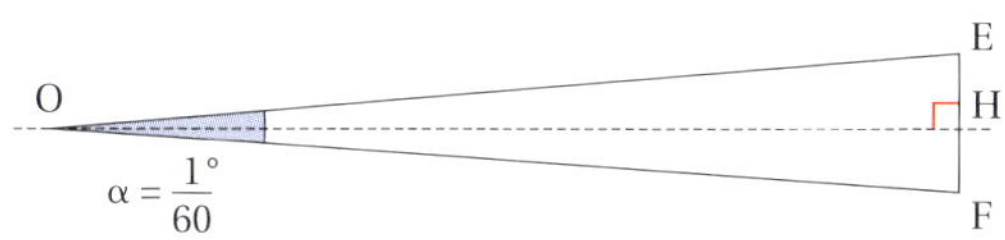

On cherche à calculer la distance minimale entre deux objets qu'une personne ayant une acuité visuelle de 10/10 peut distinguer dans deux situations.

a. Dans une salle de classe : pour une distance OE = 6 m, calculer EF en mm.

b. Dans le ciel : pour une distance OE = 4,22 al, calculer EF en km.

1 année-lumière (al) = 9 461 milliards de km.

27 Grand angle

La planète Vénus, aussi appelée étoile du Berger, est souvent visible au petit matin ou après le coucher du Soleil.

Comme la Terre, Vénus tourne autour du Soleil sur une orbite quasi circulaire, mais à une vitesse différente.
Les orbites de la Terre et de Vénus sont à peu près coplanaires.

Les astronomes ont ainsi observé que l'angle $\widehat{STV}$ varie au cours du temps, mais que sa valeur ne dépasse jamais une certaine valeur maximale.

a. Représenter l'orbite de la Terre par un cercle de 5 cm de rayon et de centre S. Placer la Terre en un point T de son orbite. Construire l'orbite de Vénus sachant que la valeur maximale de l'angle $\widehat{STV}$ est égale à 46°.

b. Calculer le rayon de l'orbite de Vénus sachant que $ST \approx 150 \times 10^6$ km.

D'après *Mathématiques sans frontières*, mars 1999.

28 Algorithmique

Dans un triangle rectangle ABC, la donnée des longueurs de deux de ses côtés permet de calculer la longueur du troisième côté ainsi que la mesure de chacun de ses angles.

1. Premier cas : on sait que les segments [AB] et [AC] sont les côtés de l'angle droit et on donne AB = 15 cm et AC = 10 cm.

a. Faire une figure.

b. Calculer la longueur BC.

c. Calculer des valeurs approchées des mesures des angles $\widehat{B}$ et $\widehat{C}$.

2. Deuxième cas : on sait que l'hypoténuse est connue et on donne AB = 15 cm et AC = 10 cm.

a. Faire une figure.

b. Calculer la longueur BC.

c. Calculer des valeurs approchées des mesures des angles $\widehat{A}$ et $\widehat{B}$.

3. Étude d'un algorithme

Pour automatiser cette tâche, on propose l'algorithme ci-contre.

```
PROGRAM:TRIRECT
:Input "HYP CONN
UE : 0 OU 1",H
:Input "AB",X
:Input "AC",Y
:If H=0
:Then
:√(X^2+Y^2)→Z
:Else
:√(X^2-Y^2)→Z
:End
:Disp "BC",Z
```

a. Dérouler cet algorithme dans les deux cas vus précédemment.

b. Que donne cet algorithme si, en entrée, on annonce que l'hypoténuse est connue et que AB = 10 cm et AC = 15 cm ?

c. Modifier l'algorithme pour qu'il soit fonctionnel dans toutes les situations.

d. Programmer cet algorithme à la calculatrice ou à l'aide d'un logiciel.

e. Compléter l'algorithme pour qu'il donne en sortie également les mesures des angles du triangle ABC.

QCM Je me teste sur la trigonométrie

Pour chaque question, il y a une ou plusieurs bonnes réponses. CORRIGÉ P. 313

Enroulement de la droite

Pour les exercices **29** à **31**, on considère un point M (non placé sur la figure ci-contre) d'abscisse a dans le repère (A, I) sur la droite d et on enroule d autour du cercle trigonométrique.

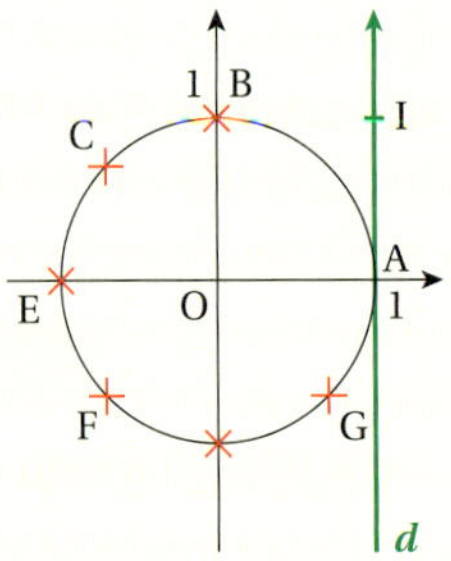

29 Si $a = \frac{\pi}{2}$ alors, après enroulement, M se trouvera en :

A B — B C — C F — D A

30 Si $a = \frac{5\pi}{4}$ alors, après enroulement, M se trouvera en :

A B — B C — C F — D G

31 Le point E, obtenu après enroulement, peut provenir d'un point de d d'abscisse :

A -1 — B π — C 2π — D 3π

Cosinus et sinus d'un nombre réel

32 On peut affirmer que :

A $\cos 0° = 0$ — B $\sin 0° = 0$

C $\cos 30° = \frac{1}{2}$ — D $\sin 60° = \frac{1}{2}$

33 On peut affirmer que :

A $\cos 120° = 0$ — B $\sin 90° = 0$

C $\cos 150° = \frac{1}{2}$ — D $\sin 150° = \frac{1}{2}$

34 On peut affirmer que :

A $\cos 40° = \cos 0°$ — B $\cos 90° = \sin 0°$

C $\cos 45° = \sin 45°$ — D $\sin 10° = \cos 80°$

35 Le cosinus du réel $\frac{2\pi}{3}$ est égal à :

A $\frac{1}{2}$ — B $-\frac{1}{2}$

C 1 — D $\frac{2}{3}$

36 Le sinus du réel $\frac{11\pi}{3}$ est égal à :

A $-\frac{\sqrt{3}}{2}$ — B $-\frac{1}{2}$

C $\frac{1}{2}$ — D $\frac{\sqrt{3}}{2}$

Lien avec le cosinus et le sinus dans un triangle rectangle

37 Dans un triangle ABC, rectangle en A, on peut affirmer que :

A l'égalité $\cos\widehat{B} = \cos\widehat{C}$ est toujours fausse.

B l'égalité $\sin\widehat{B} = \cos\widehat{C}$ est toujours vraie.

C il existe une situation dans laquelle l'égalité $\cos\widehat{B} = \cos\widehat{C}$ est vraie.

D l'égalité $\sin\widehat{B} + \cos\widehat{C} = 1$ est toujours vraie.

38 Les indications données sur la figure ci-contre permettent de calculer les grandeurs suivantes :

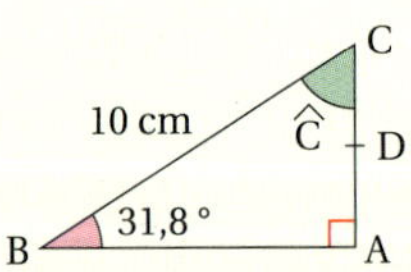

A AB — B CA — C CD — D $\widehat{C}$

Pour les exercices **39** et **40**, on considère le triangle rectangle ci-contre.

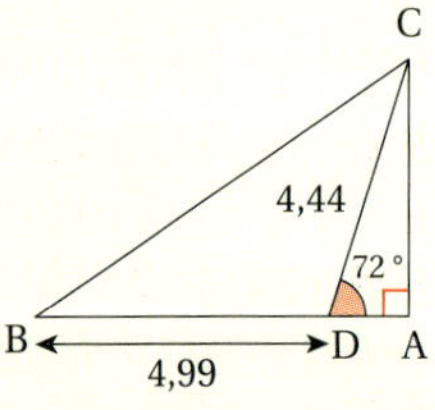

39 La longueur du segment [AC] vaut, à 10^{-2} près :

A 4,22 — B 5,55

C 1,37 — D 4,12

40 L'angle $\widehat{ABC}$ mesure, à 10^{-1} près :

A 30,5° — B 33,5°

C 36,5° — D 39,5°

Problèmes

41 Presque la même aire ? Problème ouvert

Un terrain ABCD a la forme d'une partie d'un secteur circulaire, limitée par deux arcs de cercles concentriques. Ses dimensions, en mètre, sont 51, 40, 74, 40.

Est-il plus grand qu'un terrain A'B'C'D' de forme carrée, d'aire 2 500 m^2 ?

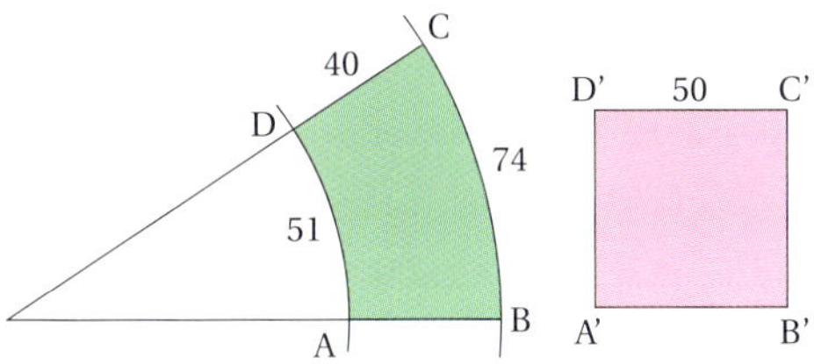

42 Le cône

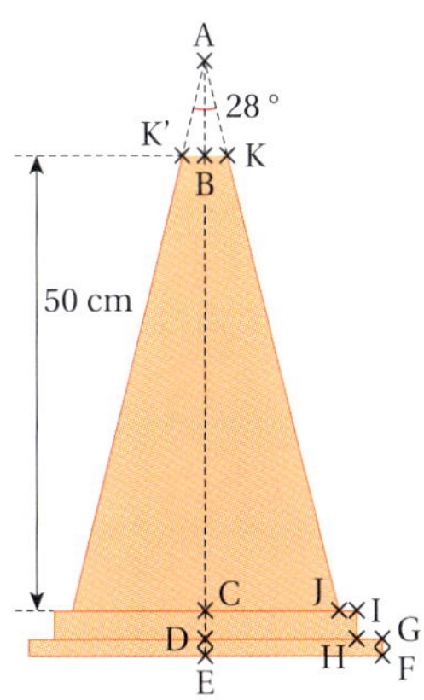

La coupe d'un cône de signalisation peut être schématisée par le dessin ci-contre.

La base est une plaque carrée de côté 40 cm et de hauteur 2 cm (EF = 20 cm ; GF = 2 cm).

Elle est surmontée d'un cylindre de rayon 17 cm et de hauteur 3 cm (DH = 17 cm ; HI = 3 cm).

Le tronc de cône a une hauteur de 50 cm et sa base un rayon de 15 cm (CJ = 15 cm).

L'angle $\widehat{K'AK}$ vaut 28°.

a. Quel est le volume de tout le solide ?

b. Quelle est l'aire latérale du tronc de cône ?

43 Que reste-t-il ?

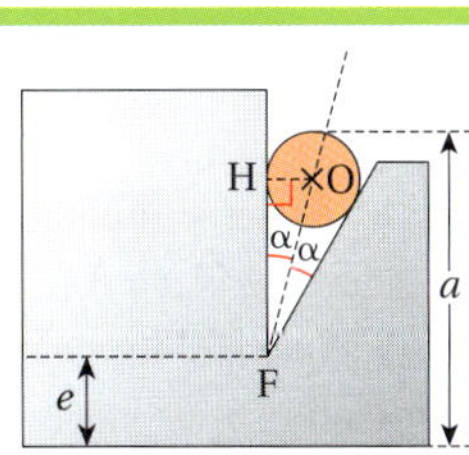

La coupe d'une pièce de métal est représentée ci-contre. Une entaille d'angle $2\alpha = 30°$ y a été faite. On y place une sphère de rayon 5,4 cm.

La cote a mesure 35,4 cm.

On admet que toutes les arêtes de la pièce de métal sont parallèles ou perpendiculaires entre elles, sauf l'arête oblique de l'entaille. Calculer l'épaisseur e restante à partir du fond de l'entaille.

44 Pige

La coupe d'une pièce de métal qui comporte une entaille est représentée ci-dessous.

Pour mesurer l'angle 2α de cette entaille, on y place une première bille en métal, appelée pige, de rayon $r = 1{,}5$ cm et on mesure la cote h qui vaut 7,66 cm (**fig. 1**).

Avec une autre bille de rayon $R = 2$ cm, la cote H est cette fois de 9,61 cm (**fig. 2**).

On suppose que la bissectrice de l'angle de l'entaille est perpendiculaire aux faces supérieures et inférieures, et parallèle aux faces latérales.

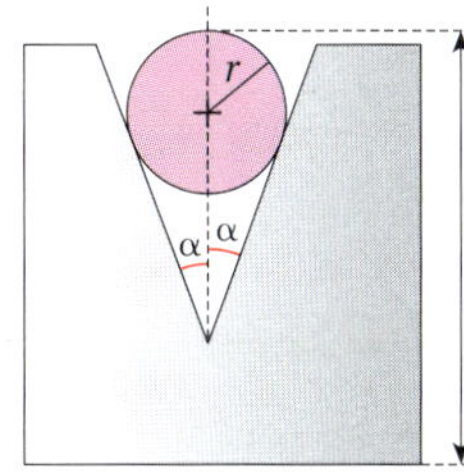

fig. 1

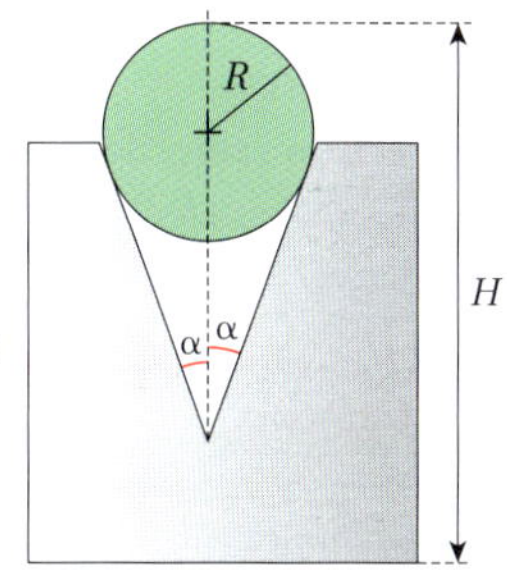

fig. 2

a. Montrer que $\sin\alpha = \dfrac{R-r}{H+r-h-R}$.

b. Calculer une valeur approchée en degré, à 10^{-1} près, de l'angle 2α.

45 L'estomac dans les talons Problème ouvert

Un escargot se trouve sur la margelle d'un puits en un point A. Une feuille de salade est au point B.

Cette margelle a la forme d'une couronne circulaire de centre O, de grand rayon 75 cm et de petit rayon 45 cm.

Les points A, O et B sont alignés.

Calculer, au cm près, la longueur du plus court chemin que pourrait emprunter l'escargot pour aller manger la salade.

D'après *Mathématiques sans frontières*, décembre 2005.

46 Équilibre — Problème ouvert

1. a. Tracer un triangle ABC tel que AB = 4, AC = 5 et BC = 6.

b. On note H le pied de la hauteur issue de A, h la longueur AH et x la longueur BH.

Montrer que x et h sont solutions du système suivant :

$$\begin{cases} x^2 + h^2 = 4^2 \\ h^2 + (6 - x)^2 = 5^2 \end{cases}$$

En déduire x et h.

2. Un système, composé de deux poulies et trois poids, est en équilibre lorsque la somme des vecteurs $\vec{u}$ et $\vec{v}$ est égale au vecteur $-\vec{w}$.

Les valeurs (ou normes) des vecteurs $\vec{u}$, $\vec{v}$ et $\vec{w}$ sont respectivement égales à 4, 5 et 6.

Calculer les mesures des angles α et β que font les vecteurs $\vec{u}$ et $\vec{v}$ avec la verticale.

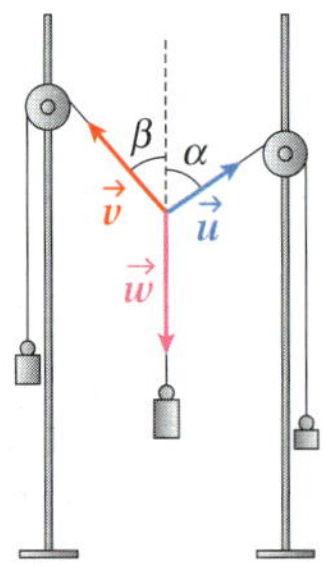

47 Wyoming

The borders of our countries are normally defined by natural features or become fixed by the events of our history.

The state of Wyoming in the USA has borders that are much simpler, at least on the map.

Wyoming is bounded :

- to the west by the line of longitude 111° west ;
- to the east by the line of longitude 104° west ;
- to the north by the line of latitude 45° north ;
- to the south by the line of latitude 41° north.

Assuming that the earth is a sphere and that the equator is 40 000 km long, calculate the perimeter of the state of Wyoming.

D'après *Mathématiques sans frontières*, décembre 2004.

48 L'angle H-C-H est de 109°28" ! — TICE

Un modèle de la molécule de méthane (CH_4) est un tétraèdre régulier de sommets H_1, H_2, H_3 et H_4, et de centre C.

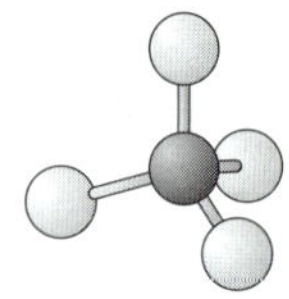

Sur Internet on trouve l'information suivante :

« L'angle H-C-H est de 109°28". »

Le but de ce problème est de vérifier cette affirmation.

1. Dessiner un tétraèdre $H_1H_2H_3H_4$.

2. Soit I le milieu du segment H_1H_3.

a. Dessiner dans le plan de la feuille une des faces du tétraèdre.

b. Dessiner dans le plan de la feuille le triangle H_4IH_2.

3. On note a la longueur d'une arête du tétraèdre.

Calculer les longueurs des segments $[H_4I]$ et $[H_2I]$ en fonction de a.

4. Soit M et N les pieds des deux hauteurs issues de H_4 et H_2 dans le triangle H_4IH_2.

On admettra que ces deux hauteurs H_4M et H_2N dans le triangle H_4IH_2 se coupent en C.

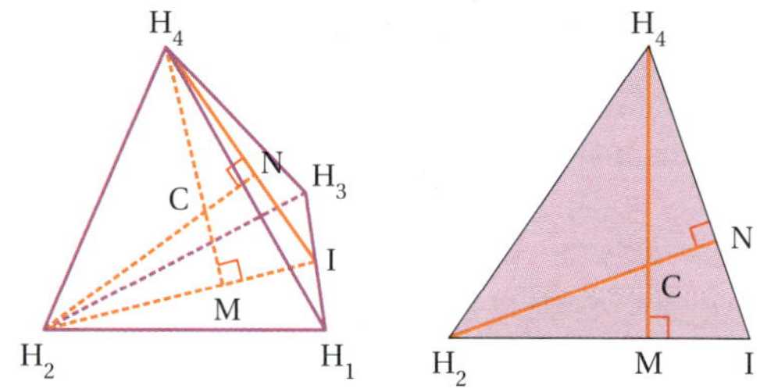

a. En posant $H_2M = x$ et $H_4M = h$, montrer que x et h vérifient le système suivant :

$$\begin{cases} x^2 + h^2 = a^2 \\ \left(\dfrac{a\sqrt{3}}{2} - x\right)^2 + h^2 = \left(\dfrac{a\sqrt{3}}{2}\right)^2 \end{cases}$$

b. Calculer x en fonction de a.

On pourra se servir d'un logiciel de calcul formel.

c. Calculer le sinus de l'angle $\widehat{H_2H_4M}$.

En déduire une valeur approchée de la mesure de l'angle $\widehat{H_2H_4M}$.

5. Démontrer que le triangle H_2CH_4 est isocèle.

6. En déduire une mesure de l'angle $\widehat{H_2CH_4}$.

Trouve-t-on 109°28" ?

Géométrie dans l'espace

9

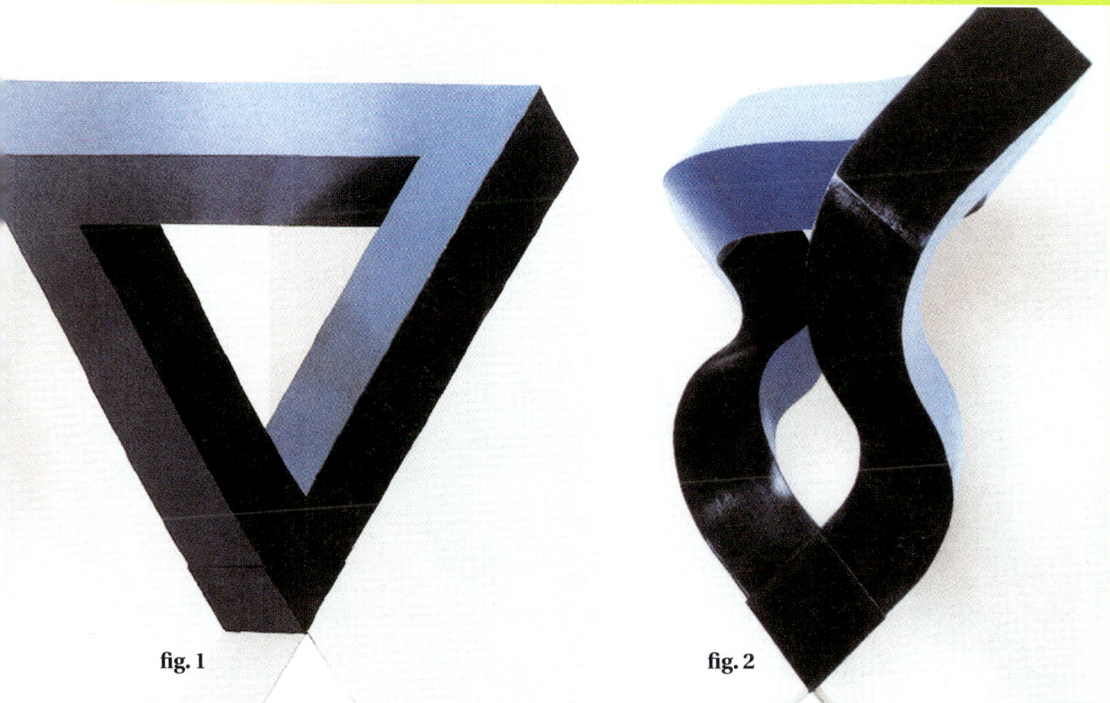

fig. 1 fig. 2

Mathieu Hamaekers, *Impossible Possibility*, sculpture, 1984.

En 1934, l'artiste Oscar Reutersvärd dessina une figure (**fig. 3**) désormais célèbre, connue sous le nom de triangle (ou tripoutre ou tribarre) de Penrose, du nom du mathématicien Roger Penrose, qui l'a publiée en 1958.
Le tripoutre est composé de trois poutres à section carrée, chaque poutre étant perpendiculaire aux deux autres.
Cet objet, qui ne peut pourtant pas exister en trois dimensions, a été réalisé en sculpture par l'artiste belge Mathieu Hamaekers (**fig. 1**).
Il s'agit en fait d'une illusion : on ne peut « voir » le tripoutre que d'un seul point de vue car, en réalité, chaque poutre est déformée, comme on peut le voir d'un autre point de vue (**fig. 2**).

Combien de modifications faut-il faire sur le dessin du tripoutre ci-contre pour rendre la figure possible ?

fig. 3

Le chapitre en bref

Réinvestir

- Représentations en perspective cavalière
- Solides usuels et calculs de volumes
- Sections planes de solides

Découvrir

- Positions relatives de droites et de plans
- Parallélisme dans l'espace

UN PEU D'HISTOIRE P. 250

Activités

1 Calculer dans l'espace

Réinvestir : • Appliquer les théorèmes de géométrie plane sur une figure extraite du solide.
• Calculer des longueurs et des volumes.

ABCDEF est un prisme droit.
Sa base est le triangle ABE rectangle isocèle en A.
On sait de plus que AB = 5 et BC = 8.

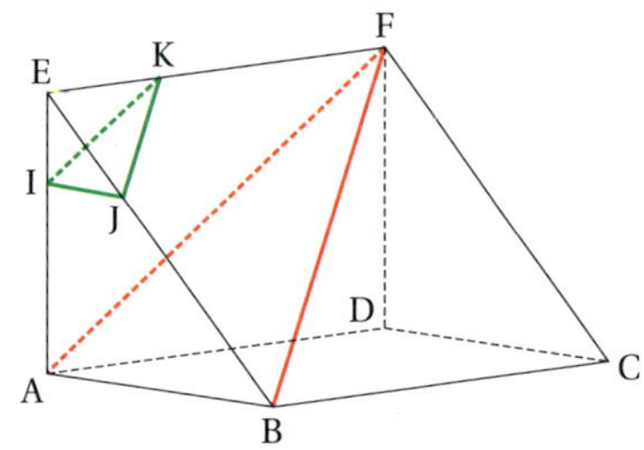

1 a. Calculer les longueurs AF et BF.
b. Le triangle ABF est-il isocèle ? Est-il rectangle ?

2 Calculer le volume du tétraèdre EABF.

3 I et J sont deux points respectivement placés sur les arêtes [AE] et [BE] tels que $EI = \frac{1}{3}EA$ et $EJ = \frac{1}{3}EB$.
K est un point de [EF] tel que (KJ) est parallèle à (BF).
Montrer que $EK = \frac{1}{3}EF$.

4 a. Quel coefficient de réduction permet de passer du tétraèdre EABF au tétraèdre EIJK ?
b. En déduire le volume du tétraèdre EIJK.

2 Solide, patron et perspective

Réinvestir / Découvrir : Construire et manipuler un solide pour mieux comprendre sa représentation en perspective.

Sur le prisme droit ABCDEFGH, les faces EFGH et DCGH sont des carrés de côté 3 cm et les faces ADHE et BCGF sont des trapèzes rectangles tels que BC = AD = 6 cm.

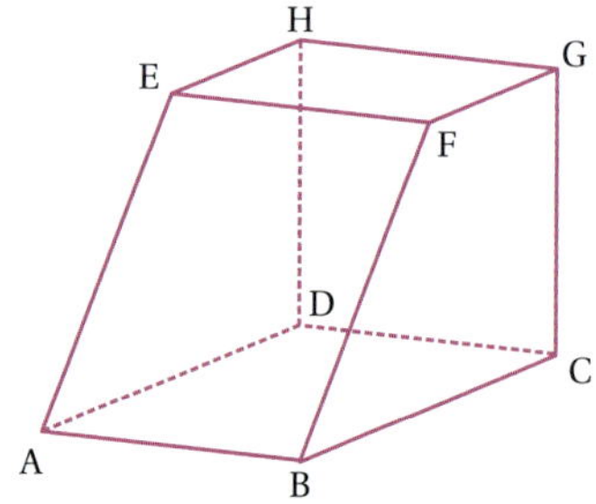

1 Construire à l'aide d'un patron en vraie grandeur le prisme ABCDEFGH.

2 À l'aide du solide construit et de sa représentation en perspective, préciser dans chacun des cas suivants si les droites proposées sont parallèles, sécantes, ou ni parallèles ni sécantes.

a. (HD) et (GC) b. (HD) et (AE) c. (HD) et (FB) d. (DC) et (FB)
e. (FG) et (AD) f. (EG) et (AC) g. (EC) et (FD) h. (AH) et (BG)

3 Pour chacune des affirmations suivantes, indiquer si elle est vraie ou fausse et illustrer la réponse à l'aide d'une des propositions étudiées à la question **2**.
a. Deux droites sécantes dans l'espace sont représentées par deux droites sécantes.
b. Deux droites parallèles dans l'espace sont représentées par deux droites parallèles.
c. Deux droites sécantes sur la représentation en perspective sont sécantes dans l'espace.
d. Deux droites parallèles sur la représentation en perspective sont parallèles dans l'espace.

3 Que voit-on réellement sur une figure en perspective ?

Réinvestir : Comprendre les informations que l'on peut déduire et celles que l'on ne peut pas déduire d'une représentation de l'espace.

Une situation de l'espace est représentée par la figure en perspective cavalière ci-contre.
SABCD est une pyramide à base rectangle.
I et J sont les milieux respectifs des segments [SA] et [SB].
L et K sont deux points de l'espace.

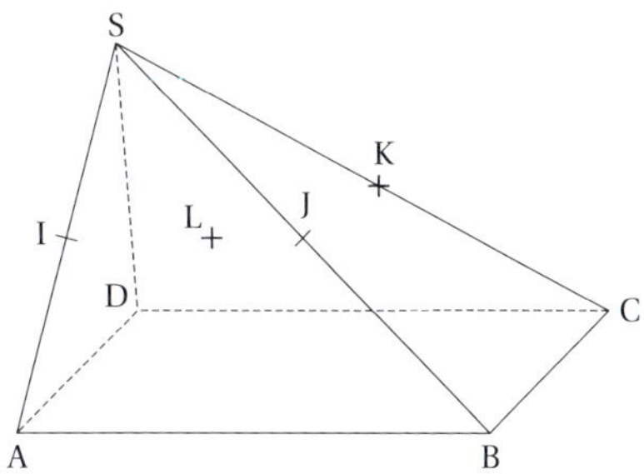

Partie A

Reproduire les tableaux suivants et, pour chacune des affirmations, indiquer si elle est vraie ou fausse avec certitude ou si on ne peut pas savoir (« peut-être »).

1 Avec des points de l'espace

	Vrai	Faux	Peut-être
a. Le point K appartient à l'arête [SC].			
b. Le point I appartient au plan (SAB).			
c. Les points L, I et J sont alignés.			
d. Le point L appartient au plan (SAB).			
e. Le point L appartient à la face ABCD.			
f. Le point L appartient au plan (ABC).			
g. Les points I, J, K et B sont coplanaires.			

2 Avec des droites de l'espace

	Vrai	Faux	Peut-être
a. Les droites (IJ) et (AB) sont parallèles.			
b. Les droites (JK) et (BC) sont parallèles.			
c. Les droites (AJ) et (CJ) sont sécantes.			
d. Les droites (LB) et (AC) sont coplanaires.			
e. Les droites (IJ) et (DC) sont coplanaires.			

Partie B

Les réponses « peut-être » à la question de la **partie A** signifient que la figure et l'énoncé ne donnent pas assez d'informations pour conclure.
On **ajoute** les données suivantes à l'énoncé :

- L est un point de la droite (AD) ;
- K est un point de la droite (AJ).

À l'aide de ces informations supplémentaires, reprendre, corriger et compléter les réponses des tableaux précédents.

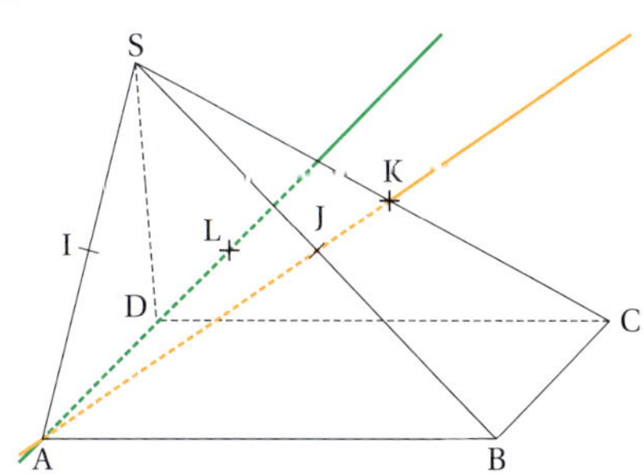

A. Représentation en perspective cavalière et règles de base dans l'espace

1 Représentation en perspective cavalière de solides

RÈGLES DE REPRÉSENTATION

La représentation plane d'un solide en perspective cavalière doit respecter les règles suivantes :

- une droite de l'espace est représentée par une droite (et donc trois points alignés dans l'espace sont représentés par trois points alignés) ;
- deux droites parallèles dans l'espace sont représentées par deux droites parallèles ;
- le milieu d'un segment de l'espace est représenté au milieu du segment dessiné et, plus généralement, la représentation conserve sur un segment les proportions de longueur ;
- les éléments visibles d'un solide sont dessinés en traits pleins, les éléments cachés en pointillés ;
- dans un plan vu de face, la figure représentée est en vraie grandeur (mêmes longueurs et même forme).

EXEMPLE

Soit ABCDEFGH un pavé droit. I est le milieu de [EH].
On a représenté ce solide en perspective cavalière.

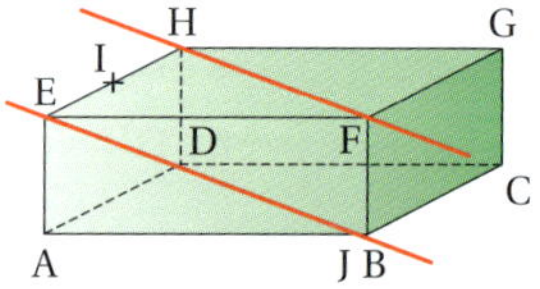

On peut faire les observations suivantes.

Dans l'espace	Sur la représentation en perspective cavalière
La face ABFE est un rectangle.	La face ABFE, vue de face, est représentée par un rectangle conservant les mêmes dimensions.
La face FBCG est un rectangle.	La face FBCG est représentée par un parallélogramme.
Les droites (EH) et (BC) sont parallèles.	Les droites (EH) et (BC) sont parallèles.
I est le milieu de [EH].	I est le milieu de [EH].
[AD] est caché par la face ABFE.	[AD] est représenté en pointillés.

ATTENTION ! R

Les propriétés ci-dessus sont des implications. Leur réciproque n'est pas nécessairement vraie. Par exemple, on a vu que si deux droites sont parallèles dans l'espace, leurs représentations sont aussi parallèles. Par contre si deux droites sont parallèles sur une représentation, on ne peut pas conclure quant à leur position dans l'espace (voir les droites (HF) et (EJ) dans l'exemple ci-dessus où J est un point de [AB]).

▶ Savoir-faire 1
Voir sur une représentation en perspective, p. 239

▶ Savoir-faire 2
Extraire une figure plane, p. 239

REMARQUE

Un plan est illimité ; il n'a pas de côtés. Pour le représenter, il a fallu instaurer des conventions de représentation.
Comme les faces d'un pavé sont représentées en perspective cavalière par des parallélogrammes, il a été convenu de représenter un plan par un parallélogramme.

2 Règles de base

RÈGLES (ADMISES)

- Par trois points non alignés de l'espace passe un unique plan.
- Si deux points A et B appartiennent à un plan, alors ce plan contient tous les points de la droite (AB).
- Dans chaque plan de l'espace, on peut appliquer tous les théorèmes de la géométrie plane (théorèmes de Thalès, Pythagore…).

B. Les solides usuels

1 Les solides droits

Pavé droit (ou parallélépipède rectangle)	**Prisme**	**Cylindre**
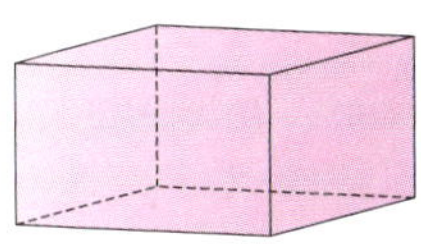 La base est un rectangle.	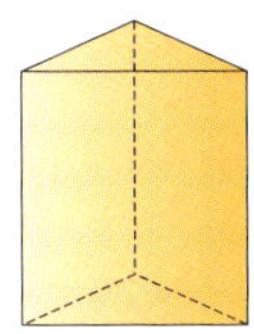 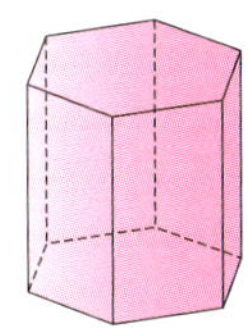 La base est un polygone.	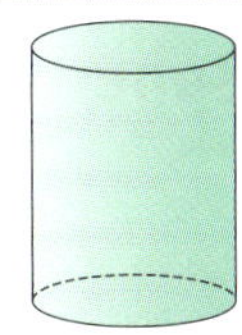 La base est un disque.

Les faces latérales des pavés droits et des prismes sont des rectangles.
Sur le patron du cylindre, la face latérale est un rectangle.
Le volume des solides droits est donné par la formule :

$$\mathcal{V} = \mathcal{B} \times h$$

où $\mathcal{B}$ est l'aire de la base et h la hauteur du solide.

REMARQUE Le cube est un pavé droit particulier.

2 Les pyramides et cônes

Pyramide	**Cône**
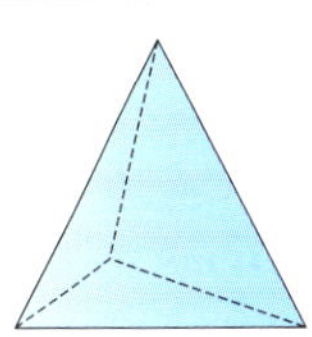 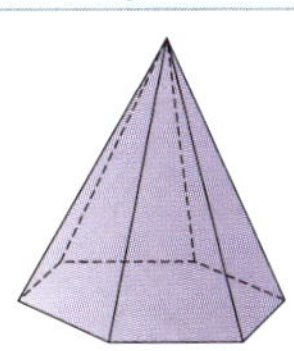 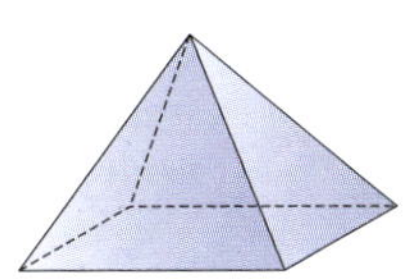 La base est un polygone.	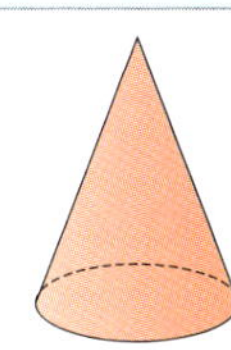 La base est un disque.

Les faces latérales des pyramides sont des triangles.
Le volume des pyramides et cônes est donné par la formule :

$$\mathcal{V} = \frac{1}{3}\mathcal{B} \times h$$

où $\mathcal{B}$ est l'aire de la base et h la hauteur du solide.

REMARQUE Le tétraèdre est une pyramide à base triangulaire.

DÉFINITION

On appelle pyramide régulière, une pyramide dont la base est un polygone régulier et dont les arêtes issues du sommet ont même longueur. Ses faces latérales sont des triangles isocèles.

EXEMPLES

Les pyramides les plus couramment rencontrées sont :

- le tétraèdre régulier, dont les quatre faces sont des triangles équilatéraux ;
- la pyramide régulière, dont la base est un carré.

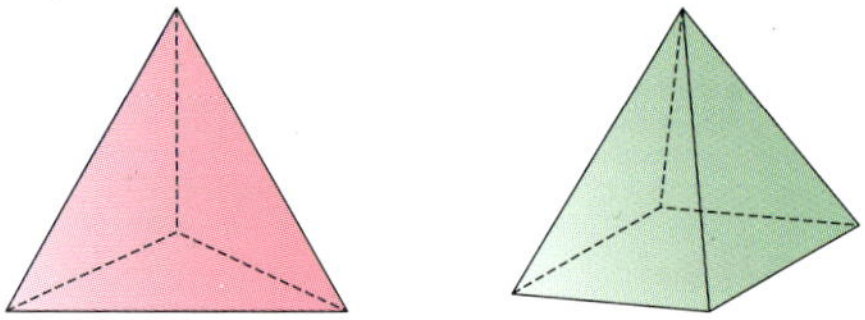

Tétraèdre régulier — Pyramide régulière

3 La sphère

La sphère est le seul solide usuel non « développable », c'est-à-dire qu'on ne peut pas en réaliser de patron.
Le volume d'une sphère de rayon R est donné par la formule :

$$\mathcal{V} = \frac{4}{3}\pi R^3.$$

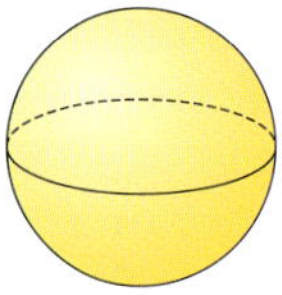

C. Plan de l'espace

CARACTÉRISATION

Par trois points non alignés de l'espace passe un unique plan.

NOTE N
L'unique plan contenant trois points A, B et C non alignés pourra être noté (ABC).

Un plan peut donc être défini :

- soit par trois points non alignés :

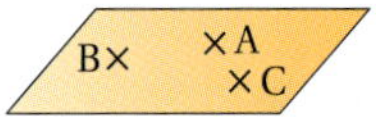

- soit par une droite et un point n'appartenant pas à cette droite :

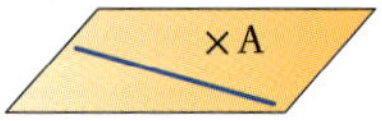

- soit par deux droites sécantes :

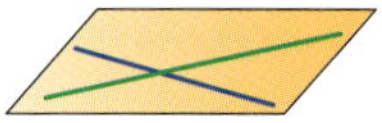

- soit par deux droites strictement parallèles :

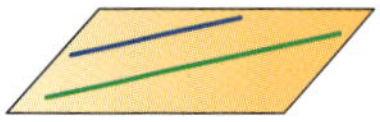

DÉFINITIONS

- **Quatre points** de l'espace sont **coplanaires** s'ils appartiennent à un même plan.
- **Deux droites** de l'espace sont **coplanaires** si elles sont incluses dans un même plan.

▶ Savoir-faire 3 Caractériser un plan, p. 240

D. Positions relatives dans l'espace

1 Positions relatives de deux droites

PROPRIÉTÉ

Les positions relatives possibles de deux droites d_1 et d_2 sont les suivantes :

<table>
<tr><th colspan="3">d_1 et d_2 sont coplanaires.</th><th rowspan="2">d_1 et d_2 sont non coplanaires.</th></tr>
<tr><th>d_1 et d_2 sont sécantes.</th><th colspan="2">d_1 et d_2 sont parallèles.</th></tr>
<tr>
<td>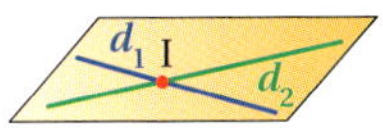
d_1 et d_2 sont sécantes en un point I.</td>
<td>
d_1 et d_2 sont strictement parallèles.</td>
<td>
d_1 et d_2 sont confondues.</td>
<td>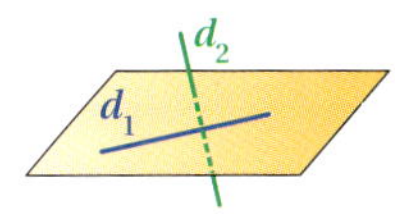</td>
</tr>
</table>

▶ Savoir-faire 4
Montrer que deux droites de l'espace sont sécantes, p. 241

▶ Savoir-faire 5
Montrer que deux droites de l'espace ne sont pas coplanaires, p. 241

EXEMPLE

ABCDEFGH est un cube.

- Les droites (EG) et (GC) sont sécantes en G.
- Les droites (AD) et (FG) sont parallèles.
- Les droites (EH) et (GC) sont non coplanaires.

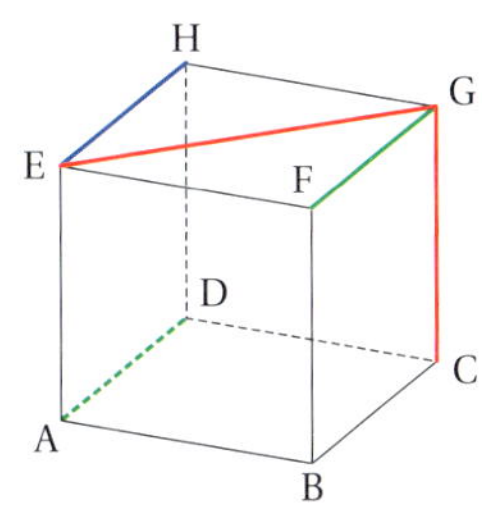

2 Positions relatives de deux plans

PROPRIÉTÉ

Deux plans $\mathscr{P}_1$ et $\mathscr{P}_2$ de l'espace sont soit sécants, soit parallèles.

<table>
<tr><th>$\mathscr{P}_1$ et $\mathscr{P}_2$ sont sécants.</th><th colspan="2">$\mathscr{P}_1$ et $\mathscr{P}_2$ sont parallèles.</th></tr>
<tr>
<td>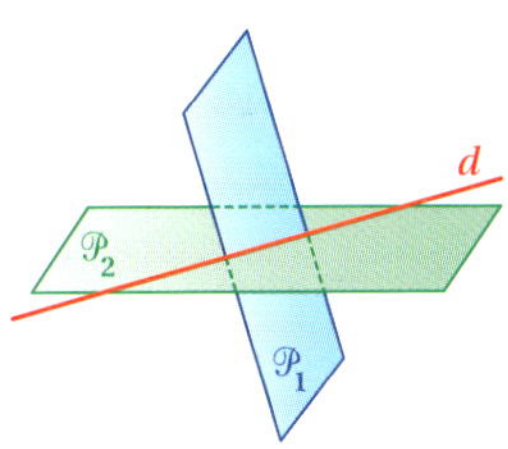
$\mathscr{P}_1$ et $\mathscr{P}_2$ sont sécants suivant une droite d.</td>
<td>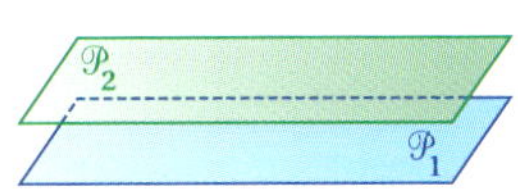
$\mathscr{P}_1$ et $\mathscr{P}_2$ sont strictement parallèles.</td>
<td>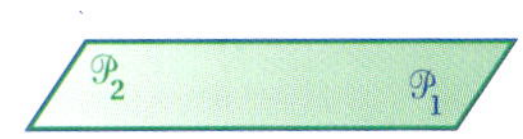
$\mathscr{P}_1$ et $\mathscr{P}_2$ sont confondus.</td>
</tr>
</table>

EXEMPLE

ABCDEFGH est un cube

- Les plans (EFG) et (FBC) sont sécants suivant la droite (FG).
- Les plans (EFG) et (ABH) sont sécants suivant la droite (GH).
- Les plans (EFG) et (ADC) sont parallèles.
- Les plans (EFC) et (CDE) sont confondus.

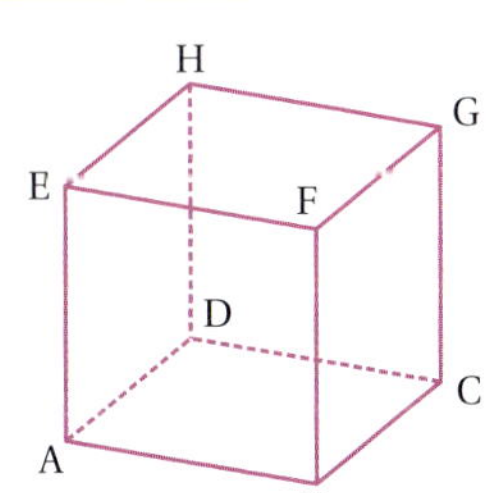

3 Positions relatives d'une droite et d'un plan

PROPRIÉTÉ

Une droite d et un plan $\mathcal{P}$ de l'espace sont soit sécants, soit parallèles.

d et $\mathcal{P}$ sont **sécants**.	d et $\mathcal{P}$ sont **parallèles**.	
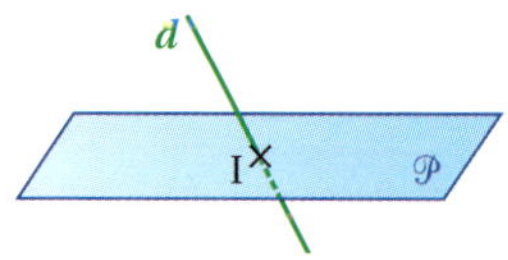	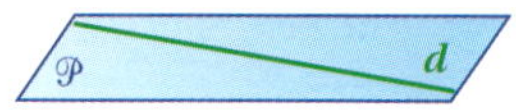	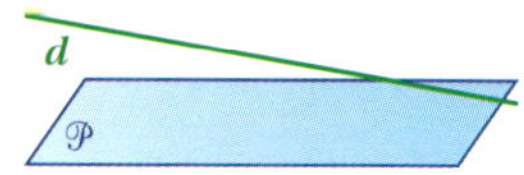
d et $\mathcal{P}$ sont **sécants** en un point I.	d est **incluse dans** $\mathcal{P}$.	d et $\mathcal{P}$ sont **strictement parallèles**.

E. Parallélisme dans l'espace

1 Droites parallèles à un plan

PROPRIÉTÉ

Si une droite d est parallèle à une droite d' contenue dans un plan $\mathcal{P}$, alors d est parallèle au plan $\mathcal{P}$.

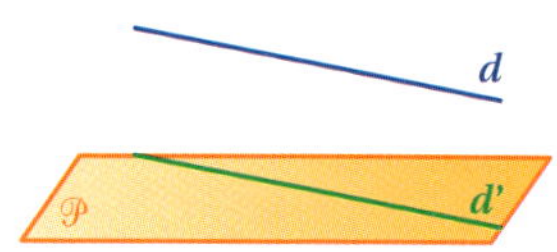

▶ Savoir-faire 6 Montrer qu'une droite est parallèle à un plan, p. 242

▶ Savoir-faire 7 Construire l'intersection de deux plans, p. 242

THÉORÈME DU « TOIT »

Si on a :
- deux droites parallèles d_1 et d_2 ;
- un plan $\mathcal{P}_1$ contenant d_1 ;
- un plan $\mathcal{P}_2$ contenant d_2 ;
- et $\mathcal{P}_1$ et $\mathcal{P}_2$ sécants suivant une droite δ ;

alors l'intersection δ des deux plans $\mathcal{P}_1$ et $\mathcal{P}_2$ est parallèle aux droites d_1 et d_2.

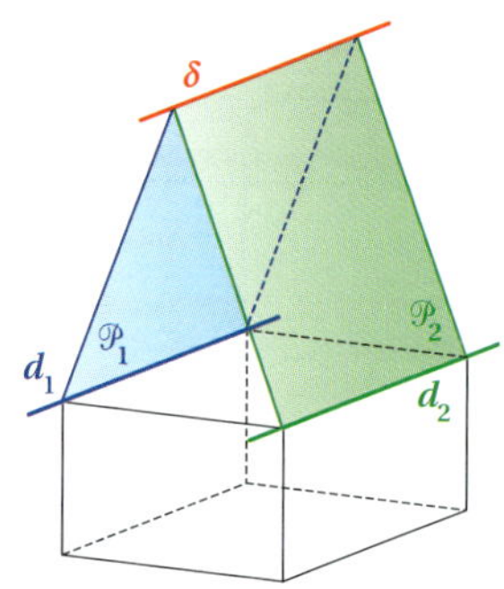

2 Plans parallèles

▶ Savoir-faire 8 Montrer que deux plans sont parallèles, p. 243

▶ Savoir-faire 9 Construire la section d'un solide par un plan, p. 243

PROPRIÉTÉ

Si un plan $\mathcal{P}$ contient deux droites sécantes et parallèles à un plan $\mathcal{P}'$, alors les plans $\mathcal{P}$ et $\mathcal{P}'$ sont parallèles.

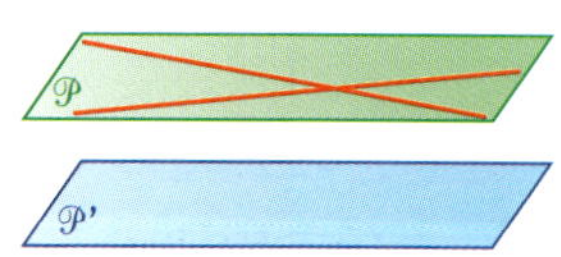

PROPRIÉTÉ

Si deux plans sont parallèles, tout plan sécant à l'un, est sécant à l'autre, et leurs intersections sont deux droites parallèles.

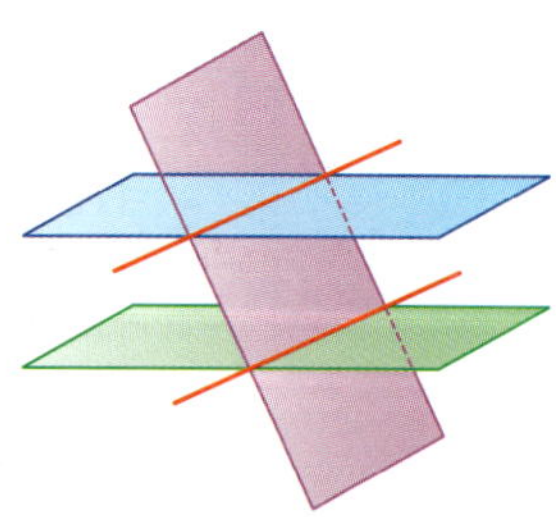

Savoir-faire

Savoir-faire 1 Voir sur une représentation en perspective

ÉNONCÉ

Dans les deux situations représentées ci-contre, ABCDEFGH est un pavé droit.

a. Déterminer, dans chacun des cas, quelle est la face avant du pavé (située dans le plan vu de face).

b. Déterminer, dans chacun des cas, quelle est la face du dessous du pavé (située dans le plan vu de dessous).

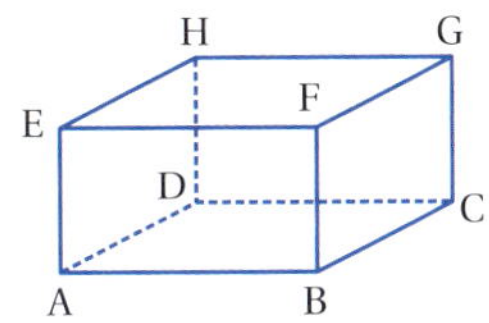

Fig. 1

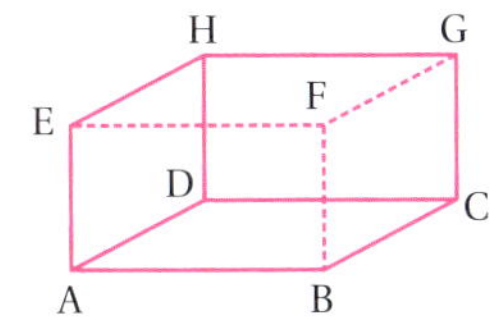

Fig. 2

SOLUTION

a. Sur la figure 1, la face avant du pavé est la face ABFE.
Sur la figure 2, la face avant du pavé est la face DCGH.

b. Sur les figures 1 et 2 , la face du dessous est la face ABCD.

MÉTHODE

a. Un plan vu de face n'est pas caché : il est en traits pleins.
De plus, les faces d'un pavé droit sont des rectangles. Or, dans un plan vu de face, la représentation d'une face conserve sa forme.
On cherche donc un rectangle en traits pleins.

b. Le plan vu de dessous a une arête commune avec le plan vu de face ; on identifie cette arête, la plus « basse » sur la représentation et on en déduit la face du dessous connaissant la face avant.
Ici : - sur la figure 1, la face avant du pavé et la face de dessous ont en commun l'arête [AB] *;*
- sur la figure 2, la face avant du pavé et la face de dessous ont en commun l'arête [DC].

Savoir-faire 2 Extraire une figure plane

ÉNONCÉ

ABCDEFGH est un cube de côté 5 cm.
I est le milieu de [HB].

a. Donner la longueur de la diagonale d'une face du cube.

b. Dessiner en vraie grandeur le quadrilatère BCHE et le triangle ACH.

c. Le point I appartient-il aux plans de ces deux polygones ? Justifier.

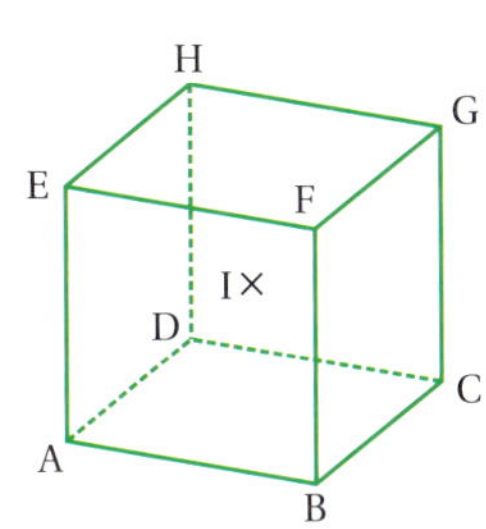

SOLUTION

a. La diagonale d'une face du cube de côté 5 mesure $5\sqrt{2}$ cm car la face est un carré.

MÉTHODE

a. Chaque face est un carré, donc les diagonales mesurent $\sqrt{2}$ fois la longueur du côté (ce résultat se retrouve en appliquant le théorème de Pythagore).

b. On admet que le quadrilatère BCHE est un rectangle de dimensions 5 cm et $5\sqrt{2}$ cm.
Le triangle ACH est équilatéral de côté $5\sqrt{2}$ cm.

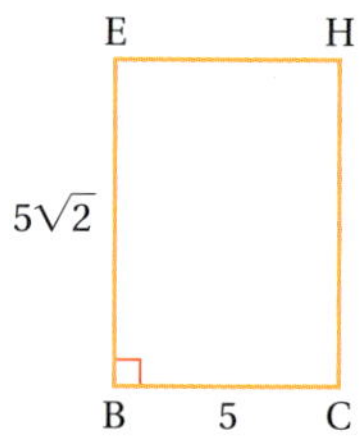

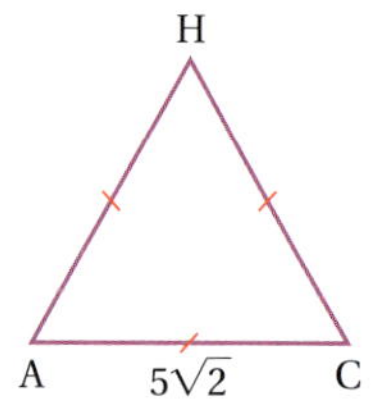

b. On admet que si l'arête [BC] est perpendiculaire à la face ABFE, alors elle est perpendiculaire à la droite (BE).

c. Le point I est le milieu de [HB], donc il est dans le même plan que le rectangle BCHE.
En revanche, si I était dans le plan du triangle ACH, alors toute la droite (HI) serait dans ce plan et donc le point B aussi car $B \in [HI]$. Or A, B et C sont dans la face du dessous mais pas H, donc ces points ne peuvent être dans un même plan.
On a donc une contradiction. On en déduit que le point I n'est pas dans un même plan que le triangle ACH.

c. Pour montrer qu'un point appartient à un plan, on peut montrer qu'il appartient à une droite de ce plan.
Pour montrer qu'un point n'appartient pas à un plan, on peut raisonner par l'absurde*.

* R Voir p. 10.

Savoir-faire 3 *Caractériser un plan*

ÉNONCÉ

ABCDEFGH est un pavé droit

a. Les droites (AB) et (HG) définissent-elles un plan ?

b. Quelles sont les droites *d* contenant une arête du pavé telles que F et *d* définissent un plan ?

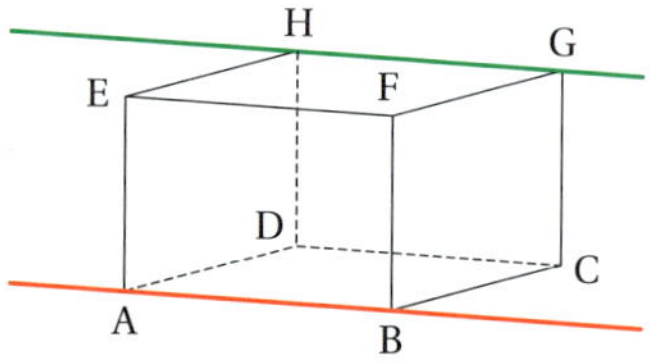

SOLUTION

a. Sur la face rectangle EFGH, les droites (EF) et (GH) sont parallèles.
Sur la face rectangle EFBA, les droites (EF) et (AB) sont parallèles.
On en déduit que les droites (GH) et (AB) sont parallèles ; elles définissent donc un plan.

b. Les droites qui conviennent sont les droites ne passant pas par F : (EH), (HG), (EA), (HD), (GC), (AB), (AD), (DC) et (BC).

MÉTHODE

a. Pour montrer que deux droites sont parallèles, et donc qu'elles définissent un plan, on peut montrer que ces deux droites sont parallèles à une même troisième.

b. Un point et une droite définissent un plan si le point n'appartient pas à la droite.

Savoir-faire 4 Montrer que deux droites de l'espace sont sécantes

ÉNONCÉ

SABCD est une pyramide.
I est le milieu de [SB] et J est un point de [SC] tel que $SJ = \frac{1}{3}SC$.
Les droites (IJ) et (BC) sont-elles sécantes ?

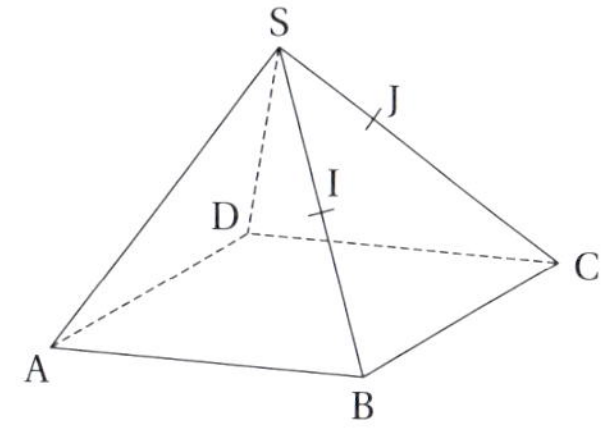

SOLUTION

Les points I, J, B et C appartiennent à la face SBC de la pyramide ; ils sont donc coplanaires.
Les droites (IJ) et (BC) sont alors elles aussi coplanaires ; elles sont donc soit parallèles, soit sécantes.
D'après le théorème des milieux, si (IJ) et (BC) étaient parallèles, comme I est le milieu de [SB], alors J serait le milieu de [SC]. Or J n'est pas le milieu de [SC] car $SJ = \frac{1}{3}SC$.

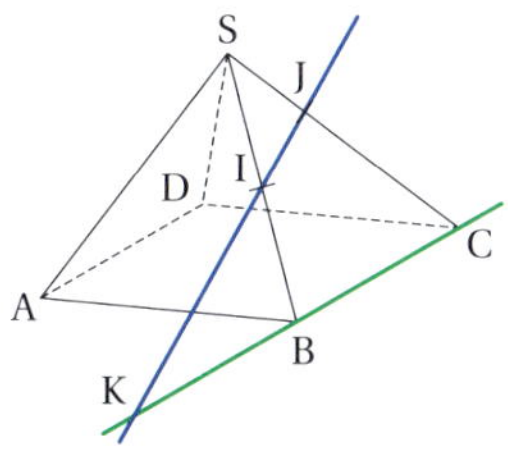

Par conséquent, les droites (IJ) et (BC) ne sont pas parallèles ; elles sont donc sécantes.

MÉTHODE

Pour montrer que deux droites sont sécantes, on montre tout d'abord qu'elles sont coplanaires, puis on se place dans le plan qui les contient. On utilise alors des propriétés de la géométrie plane pour montrer qu'elles sont sécantes.

Savoir-faire 5 Montrer que deux droites de l'espace ne sont pas coplanaires

ÉNONCÉ

ABCD est un tétraèdre.
Les droites (AB) et (CD) sont-elles sécantes ?

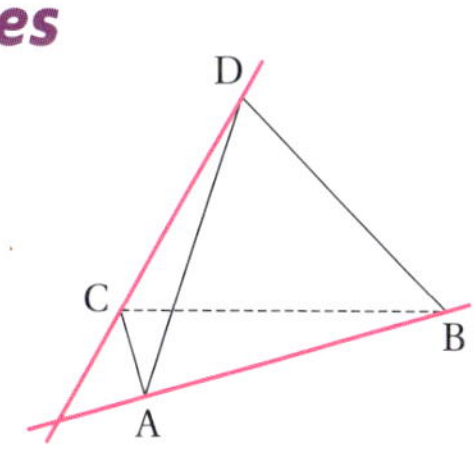

SOLUTION

Les points A, B, C et D ne sont pas coplanaires (sinon le tétraèdre ne serait pas un solide de l'espace), donc les droites (AB) et (CD) ne sont pas non plus coplanaires.
Deux droites non coplanaires ne peuvent être sécantes, donc les droites (AB) et (CD) ne sont pas sécantes.

MÉTHODE

Il est plus facile de montrer que quatre points ne sont pas coplanaires que de montrer que deux droites ne sont pas coplanaires.
On peut alors considérer le plan formé par trois des quatre points et montrer que le quatrième point n'appartient pas à ce plan.
Ici, le point D *n'appartient pas au plan* (ABC).

Savoir-faire 6 Montrer qu'une droite est parallèle à un plan

ÉNONCÉ

SABCD est une pyramide.
I est le milieu de [SA] et J est le milieu de [SC].
Montrer que la droite (IJ) est parallèle au plan (ABC).

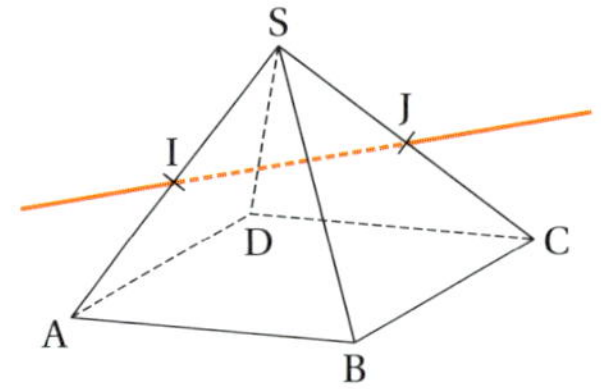

SOLUTION

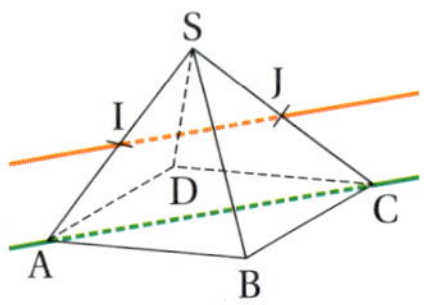

Les points S, I, J, A et C sont coplanaires car ils appartiennent au plan (SAC).
Dans le triangle SAC, on peut appliquer le théorème des milieux car I est le milieu de [SA] et J est le milieu de [SC]. On en déduit que les droites (IJ) et (AC) sont parallèles.
Comme (AC) est une droite du plan (ABC) et (IJ) est parallèle à (AC) alors la droite (IJ) est parallèle au plan (ABC).

MÉTHODE

Pour montrer qu'une droite est parallèle à un plan, il suffit de montrer qu'elle est parallèle à une droite de ce plan. On recherche donc une droite du plan (ABC) parallèle à la droite (IJ).

Savoir-faire 7 Construire l'intersection de deux plans

ÉNONCÉ

ABCDEFGH est un pavé droit.
M est un point de la face BCGF.
Soit $\mathcal{P}$ le plan formé par le point M et la droite (AD).
Construire l'intersection du plan $\mathcal{P}$ et de la face BCGF.

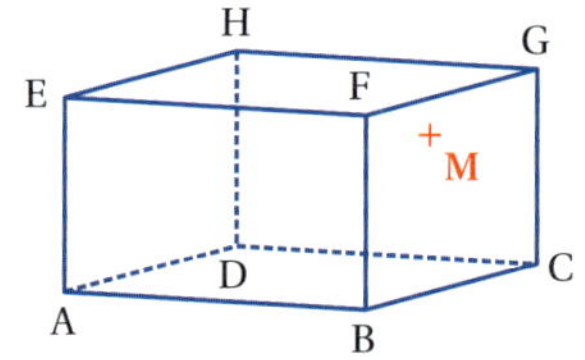

SOLUTION

On sait que :
- le plan $\mathcal{P}$ contient la droite (AD) ;
- le plan (BCG) contient la droite (BC) ;
- les droites (AD) et (BC) sont parallèles (la face ABCD est un rectangle).

D'après le théorème du toit, les plans $\mathcal{P}$ et (BCG) se coupent suivant une droite d parallèle à (AD) et (BC).

On sait de plus que M appartient à $\mathcal{P}$ et (BCG), donc pour tracer l'intersection de $\mathcal{P}$ et de la face BCGF, il suffit de tracer la parallèle à (AD) passant par M et de limiter le tracé de la droite d à la face BCGF (l'intersection est alors un segment).

MÉTHODE

On recherche ici une configuration du théorème du toit.
On peut ensuite appliquer les règles de la perspective : « Si deux droites sont parallèles dans l'espace, elles sont parallèles sur la représentation. »

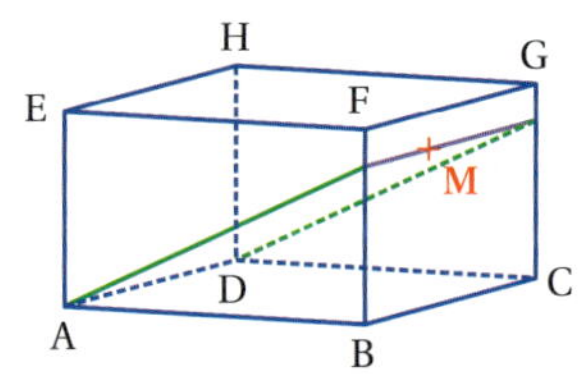

Savoir-faire 8 Montrer que deux plans sont parallèles

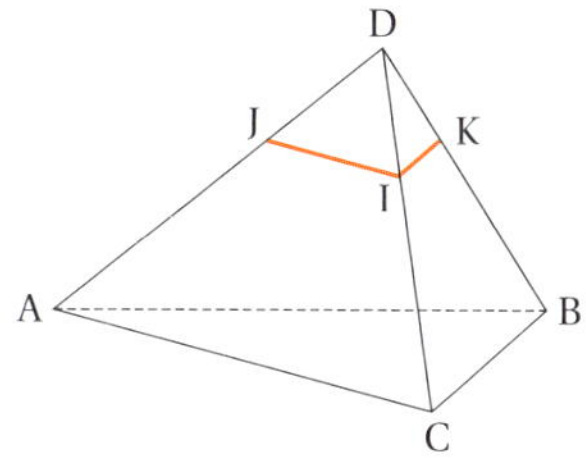

ÉNONCÉ

ABCD est un tétraèdre.
I est un point de l'arête [DC], J un point de l'arête [AD] et K un point de l'arête [BD] tels que (IJ) // (AC) et (IK) // (BC).
Montrer que les plans (IJK) et (ABC) sont parallèles.

SOLUTION

(IJ) // (AC) et (IK) // (BC) donc les droites (IJ) et (IK) sont parallèles au plan (ABC).
Les droites (IJ) et (IK) sont deux droites du plan (IJK), sécantes en I et parallèles au plan (ABC), donc le plan (IJK) est parallèle au plan (ABC).

MÉTHODE

Pour montrer que les plans (IJK) et (ABC) sont parallèles, on peut rechercher deux droites sécantes du plan (IJK) et montrer que chacune d'elles est parallèle au plan (ABC).
Pour montrer qu'une droite est parallèle à un plan, il suffit de montrer qu'elle est parallèle à une droite de ce plan.

Savoir-faire 9 Construire la section d'un solide par un plan

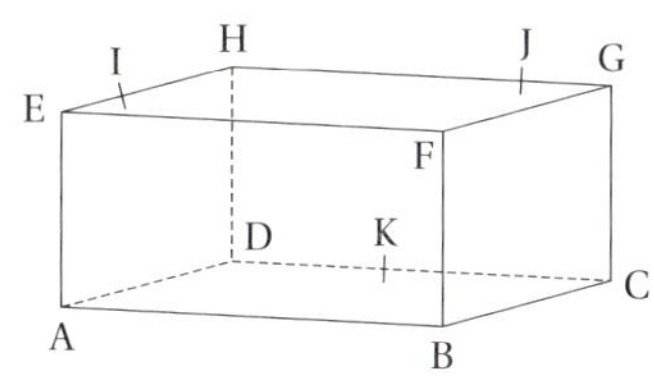

ÉNONCÉ

ABCDEFGH est un pavé droit.
I est un point de l'arête [EH], J un point de l'arête [HG] et K un point de l'arête [DC].
Construire l'intersection du plan (IJK) avec chaque face du pavé ABCDEFGH.

SOLUTION

I et J appartiennent à la face EFGH, donc la droite (IJ) est située dans le plan (EFG). La trace de cette droite sur la face EFGH est le segment [IJ].
On peut tracer de même le segment [JK] sur la face DCGH.
Les plans (ABC) et (EFG) sont parallèles donc le plan (IJK) coupe ces deux plans suivant deux droites parallèles, la droite (IJ) et la droite *d* parallèle à (IJ) passant par K.
On trace la restriction de *d* à la face ABCD et on nomme L le point d'intersection de *d* et de (AD).
On termine la section par le segment [LI], trace du plan (IJK) sur la face ADHE.

MÉTHODE

Dès que l'on a deux points sur une même face, on peut tracer la droite passant par ces deux points, en se limitant au segment appartenant à la face. Sinon, il faut s'appuyer sur les intersections ou le parallélisme de certains plans. Ici, on utilise la propriété de l'intersection de deux plans parallèles par un plan.

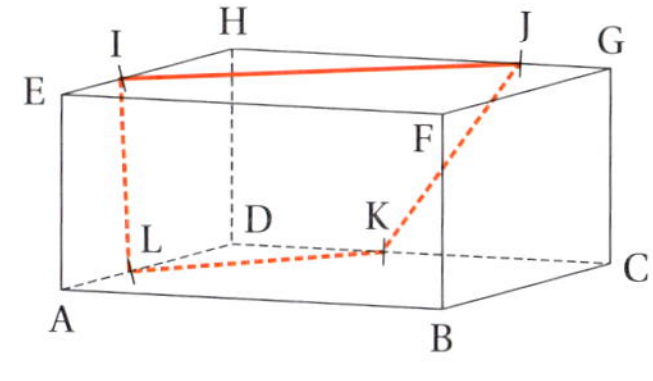

Travaux pratiques

TP TICE 1 Construire un solide de dimensions variables

Objectifs : • Utiliser les formules d'aire et de volume d'un logiciel.
• Conjecturer les variations de volumes.

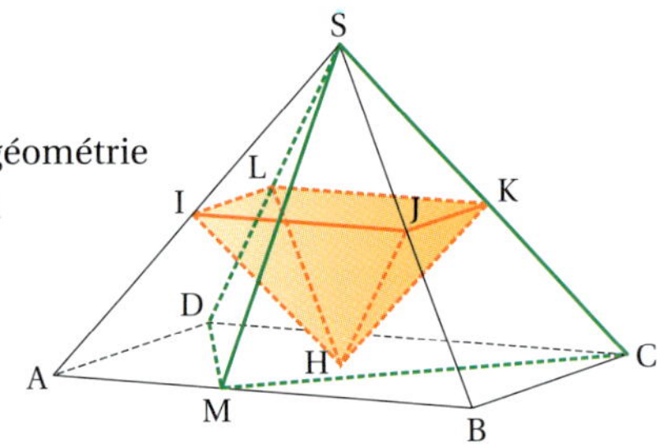

SABCD est une pyramide régulière à base carrée. Selon le logiciel de géométrie dans l'espace utilisé, on pourra charger une figure pré-existante ou la construire à l'aide d'un outil pour tracer les polyèdres réguliers.

1 Solide 1

M est un point mobile sur le segment [AB].

a. Construire le tétraèdre SMDC.

b. Afficher son volume puis, en déplaçant le point M sur le segment [AB], conjecturer les variations de ce volume.

c. En affichant le plan (ABC) de face, justifier que l'aire du triangle DMC reste constante quand le point M se déplace sur le segment [AB].

d. Conclure quant au résultat conjecturé à la question **1b.**

2 Solide 2

I est un point mobile sur le segment [SA]. $\mathcal{P}$ est le plan parallèle à (ABC) passant par I. H est le centre du carré ABCD.

a. Construire les points J, K et L, intersections du plan $\mathcal{P}$ avec les segments respectifs [SB], [SC] et [SD].

b. Construire la pyramide HIJKL et afficher son volume.

c. En déplaçant I sur le segment [SA], déterminer la position du point I sur [SA] telle que le volume de la pyramide HIJKL soit maximal.

d. Vérifier qu'alors, le centre du carré IJKL est aussi le centre de gravité du triangle SAC.

TP TICE 2 Construire un patron, voir et calculer

Objectifs : • Observer un solide, calculer des longueurs, des volumes.
• Étudier les liens entre le patron et le solide.

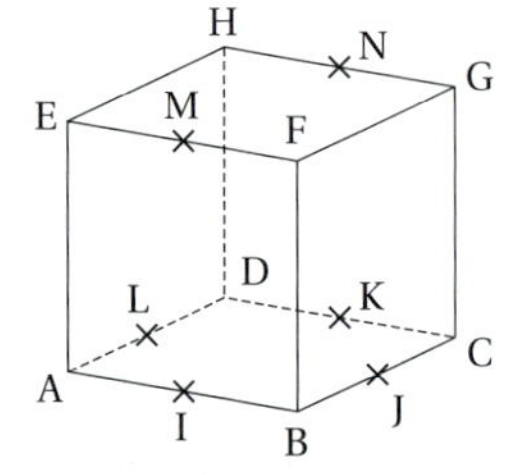

ABCDEFGH est un cube de côté 6 cm. Les points I, J, K, L, M et N sont les milieux respectifs des segments [AB], [BC], [CD], [DA], [EF] et [HG].

1 Construire la figure à l'aide d'un logiciel de géométrie dans l'espace.

2 Construire le polyèdre IJKLMN. On nomme « *Choc* » ce polyèdre.

3 Combien *Choc* a-t-il de faces ? d'arêtes ? de sommets ?

4 Calculer la longueur de chacune des arêtes de *Choc* (on admettra que le triangle MIJ est rectangle en I).

5 **a.** À l'aide du logiciel de géométrie dans l'espace, créer un patron de *Choc*.

BOÎTE À OUTILS

Les outils des logiciels pour créer un patron

Avec Geoplan-Geospace

(1) Pour créer le patron avec le coefficient d'ouverture 1, dans le menu *Créer*, sélectionner « Solide » puis « Patron de polyèdre ».

(2) Pour observer la figure dans le plan du patron, utiliser l'icone plan isolé.

Avec Cabri 3D

(1) Pour créer le patron, sélectionner l'icone « Ouverture de polyèdre » puis ouvrir le patron avec le clic droit de la souris.

(2) Pour observer la figure dans le plan du patron, dans le menu *Document*, sélectionner « Nouvelle page patron ».

b. À l'aide des observations sur le patron, construire à l'échelle et sans le moindre calcul le patron de *Choc*.

6 Calculer le volume de *Choc* (on pourra le considérer comme la somme des volumes de deux pyramides).

TICE 3 Construire la section d'un cube par un plan

Objectif : Découvrir la notion de section plane de solide.

PARTIE A

ABCDEFGH est un cube. I, J et K sont des points mobiles différents de D sur les demi-droites respectives [DA), [DC) et [DH).

1 À l'aide d'un logiciel de géométrie dans l'espace, construire le tétraèdre DIJK.

2 On définit la trace de la section du cube ABCDEFGH par le plan (IJK) comme étant la partie du triangle IJK se trouvant à l'intérieur du cube.
En plaçant les points I, J et K sur les arêtes du cube, afin que le tétraèdre DIJK soit à l'intérieur du cube, la trace de la section du cube par le plan (IJK) est le triangle IJK (**fig. 1**).
Lorsque I, J et K sont à l'extérieur des segments [AD], [DC] et [DH], la trace du plan (IJK) sur le cube est un polygone contenu dans le triangle IJK (**fig. 2**).
Tracer ce polygone avec l'outil de section du logiciel.

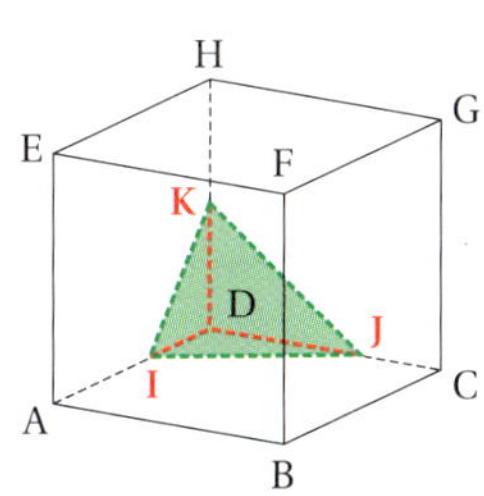

fig. 1

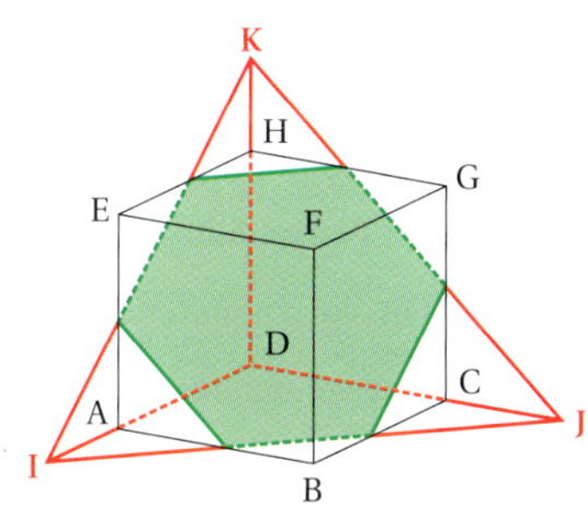

fig. 2

BOÎTE À OUTILS

Les outils des logiciels pour créer une section

Avec Geoplan-Geospace

Dans le menu *Créer*, sélectionner « Ligne » puis « Polygone convexe » et « Section d'un polyèdre par un plan ».

Avec Cabri 3D

Sélectionner l'icone « Découpe de polyèdre ».

3 Placer le point I sur le segment [DA], le point K sur le segment [DH] et le point J hors du segment [DC]. Quelle est la nature de la trace de la section du cube par le plan (IJK) ? Justifier.

4 **a.** Placer les points I, J et K de telle sorte que la trace de la section du cube par le plan (IJK) soit un parallélogramme. Justifier ce résultat.

b. Placer les points I, J et K de telle sorte que la trace de la section du cube par le plan (IJK) soit un pentagone. Peut-on obtenir un pentagone régulier ? Justifier.

c. Placer les points I, J et K de telle sorte que la trace de la section du cube par le plan (IJK) soit un hexagone régulier. Justifier ce résultat.

5 Peut-on placer les points I, J et K de telle sorte que la trace de la section du cube par le plan (IJK) soit un heptagone (7 côtés) ? Justifier.

Partie B

1 Construction pas à pas sur un exemple

Les points I, J et K sont placés sur les arêtes [AD], [EH] et [AB] avec $HJ = \frac{1}{3}HE$, $AI = \frac{1}{3}AD$ et $AK = \frac{1}{3}AB$ **(fig. 3)**.

On se propose de construire la trace de la section du cube ABCDEFGH par le plan (IJK) de deux manières différentes.

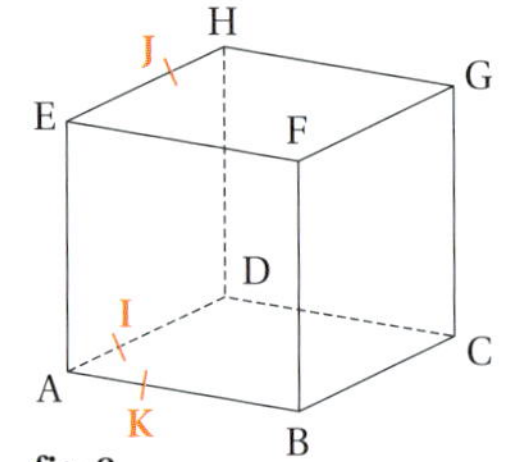

fig. 3

a. Méthode 1

(1) Construire le point d'intersection M des droites (IJ) et (AE).
Justifier l'existence de M.

(2) Construire la droite (MK) et son point d'intersection L avec la droite (EF).

(3) Justifier que la droite (MK) appartient au plan (ABF).

(4) Terminer la trace en reliant les points du plan (IJK) qui sont sur une même face.

(5) Contrôler le résultat obtenu avec l'outil de création de section du logiciel.

b. Méthode 2

(1) Construire la droite d parallèle à (IK) passant par J.
Justifier que cette droite est à la fois dans les plans (IJK) et (EFG).

(2) Construire le point d'intersection L de d et (EF).

(3) Terminer la trace en reliant les points du plan (IJK) qui sont sur une même face.

(5) Contrôler le résultat obtenu en comparant avec la construction de la **méthode 1**.

REMARQUE La plupart des constructions nécessiteront d'utiliser l'une ou l'autre de ces deux méthodes.

2 On place maintenant le point J sur le segment [GC] tel que $GJ = \frac{1}{3}GC$ **(fig. 4)**.

En recherchant les points d'intersection de la droite (IK) avec les droites (DC) et (BC), construire la trace de la section du cube ABCDEFGH par le plan (IJK).
Contrôler le résultat avec l'outil de création de section du logiciel et construire cette section en vraie grandeur.

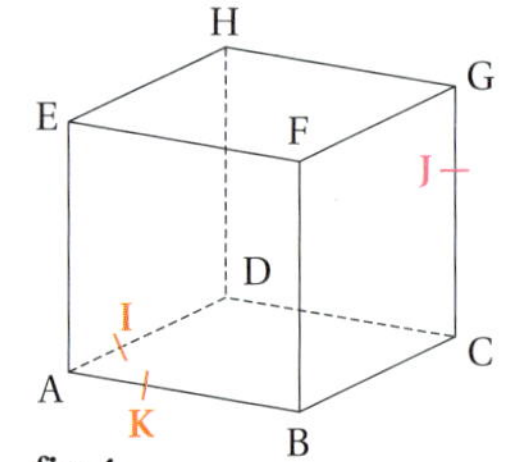

fig. 4

3 On place maintenant le point J sur le segment [GF] tel que $GJ = \frac{1}{3}GF$ **(fig. 5)**.

À l'aide des méthodes rencontrées dans les questions précédentes, construire la trace de la section du cube ABCDEFGH par le plan (IJK).
Contrôler le résultat avec l'outil de création de section du logiciel et construire cette section en vraie grandeur.

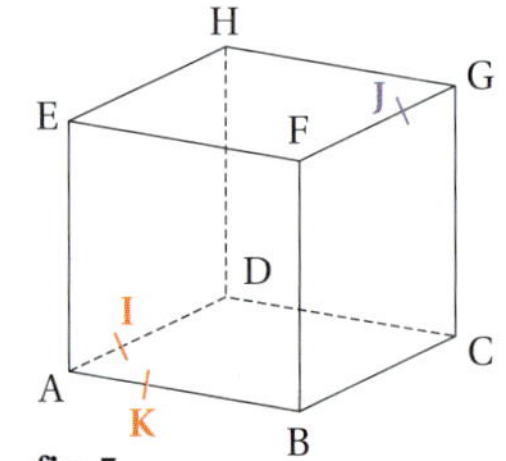

fig. 5

VOIR FICHES ALGORITHMIQUE P. 11

Algorithmique 1 Calcul du nombre d'arêtes d'un solide convexe

Objectifs : • Écrire un algorithme simple.
• Utiliser une propriété des solides pour en dénombrer les arêtes.

Euler a établi que tous les solides convexes* vérifiaient la formule suivante :

$$S + F = A + 2$$

où A est le nombre d'arêtes,
S est le nombre de sommets,
F est le nombre de faces.

On souhaite programmer un algorithme qui calcule le nombre d'arêtes d'un solide convexe à l'aide de cette formule.

1 **a.** Quelles sont les données nécessaires à fournir en entrée ?
b. Quel calcul doit effectuer l'algorithme ?

2 Écrire l'algorithme en langage naturel, en précisant les étapes « Entrée – Traitement – Sortie ».

3 À l'aide de l'algorithme, calculer le nombre d'arêtes des solides convexes suivants, puis vérifier les résultats sur les figures.

a.

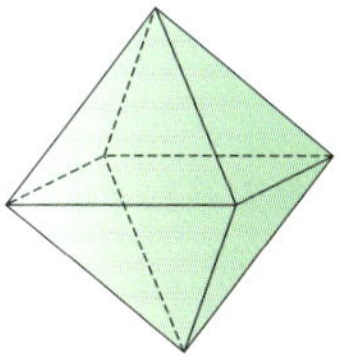

b.

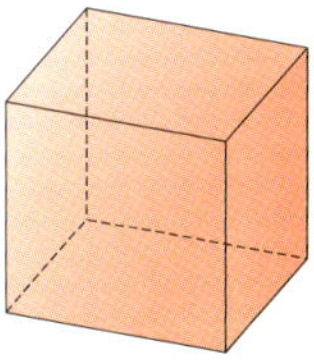

c.

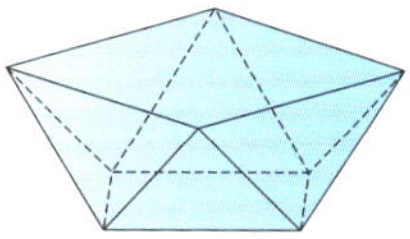

4 Le ballon de football n'est pas rond : il est composé de 12 pentagones et 20 hexagones réguliers. Il possède 60 sommets.
Pour coudre à la main ce ballon, un ouvrier a besoin d'une minute par couture (c'est-à-dire par côté). Combien de temps est nécessaire pour coudre ce ballon ?

* On appelle **solide convexe** un solide tel que tout segment reliant deux points intérieurs au solide reste entièrement à l'intérieur du solide.

Algorithmique 2 À dos de chameau

Objectif : Lire et comprendre un algorithme avec une boucle.

La pyramide de Khéops est construite avec des pavés pesant 2,5 tonnes chacun. On veut déterminer la masse de cette pyramide.

La pyramide est à base carrée. On dénombre 212 pavés sur le côté du premier étage, 211 pavés sur le côté du deuxième étage, et ainsi de suite, à chaque nouvel étage, un pavé de moins par côté qu'à l'étage précédent.

1 **a.** Déterminer la masse du premier étage de la pyramide.
b. Déterminer la masse des trois premiers étages réunis.

2 Voici un algorithme de calcul de la masse, en tonne, de la pyramide.

```
Initialisation : N = 212    S = 0
Traitement :     Tant que N > 0
                     S prend la valeur S + N²
                     N prend la valeur N - 1
                 M = 2,5 × S
Sortie :         Afficher M.
```

a. Reproduire et compléter le tableau suivant des premières étapes de l'algorithme :

S	0					
N	212					

b. Que représentent les valeurs de S et de M ?

3 Programmer cet algorithme sur calculatrice et déterminer la masse de la pyramide.

REMARQUE

En réalité, la pyramide de Khéops a une masse estimée à 5 000 000 de tonnes car il faut tenir compte de ses zones creuses. De plus, la pyramide est érigée sur une petite butte qui a permis d'économiser bon nombre de blocs de pierre.

TP Algorithmique 3 Calcul des volumes des solides de révolution

Objectif : Lire et comprendre un algorithme avec des instructions conditionnelles.

Voici un algorithme en langage naturel permettant de calculer les volumes des solides de révolution.

```
Entrée :         Afficher "Quel type de solide ? cône = 1, sphère = 2, cylindre = 3".
                 Affecter la réponse au réel positif S.
Traitement :     Si S = 1
                     demander r et h
                     calculer V = 1/3 × π × r² × h
                 Sinon
                     Si S = 2
                         demander r
                         calculer V = 4/3 × π × r³
                     Sinon
                         demander r et h
                         calculer V = π × r² × h
Sortie :         Afficher V.
```

Aymeric a programmé cet algorithme. Il propose à Sabrina de tester son programme. Sabrina, qui veut s'amuser, propose le nombre 4 en entrée. Elle annonce : « Ton programme ne fonctionne pas : il calcule un volume même quand il ne connaît pas le solide ! ».

1 Expliquer ce qu'a fait le programme.

2 Proposer une modification de l'algorithme afin que le programme affiche : « Mauvaise saisie, recommencer. » en cas d'erreur de saisie.

Problème ouvert 1 Le π verre

Un artiste veut concevoir une sculpture composée d'une boule en verre à l'intérieur de laquelle se trouve emprisonné un cylindre de vide.
L'artiste souhaite que la sphère soit de diamètre 6 mètres et que le cylindre soit de diamètre 2 mètres. Les bases du cylindre sont des cercles de la sphère.

Calculer la masse de la sculpture.
On donne la masse volumique du verre : 2 500 kg/m^3.

Problème ouvert 2 Sur le terrain

Quatre ballons sphériques de diamètre 20 cm sont disposés de façon à former une pyramide.

Quelle est la hauteur de la pyramide ?

Problème ouvert 3 Qui est le patron ?

Dans une pyramide régulière dont la base est un carré de côté 7 cm, on construit le solide orange ci-après en joignant les milieux des arêtes de la pyramide de sorte à tronquer les coins de celle-ci.

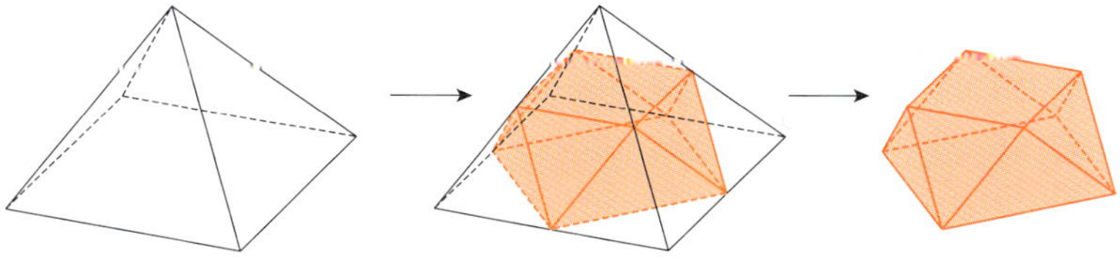

Fabriquer un patron du solide orange.

PLATON
(428 av. J.-C. - 348 av. J.-C., Grèce)
Il met en lumière les cinq polyèdres réguliers qui porteront son nom.

EUCLIDE
(~ 325 av. J.-C. - ~ 265 av. J.-C., Grèce)
Il étudie les plans et droites de l'espace et détermine le volume d'une pyramide.

Johannes KEPLER
(1571 - 1630, Allemagne)
Il calcule les trajectoires elliptiques des orbites de plusieurs planètes.

Les solides de Platon

La philosophie de Platon

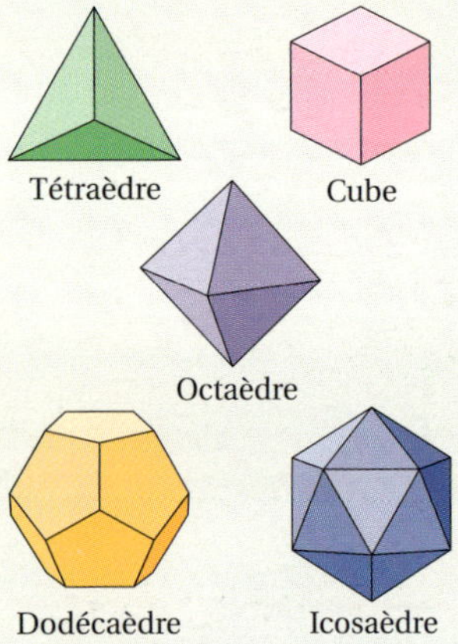

1. Les solides de Platon.

Dans son dialogue *Timée* (~ 358 av. J.-C.), PLATON décrit cinq solides dont les faces sont des polygones réguliers identiques et qui sont tous inscriptibles dans une sphère : ce sont les cinq polyèdres réguliers. Bien que les peuples néolithiques d'Écosse aient construit des modèles en pierre de ces figures en trois dimensions au moins 1 000 ans avant Platon, ces solides portent aujourd'hui le nom de ce dernier (→ 1).

Dans sa théorie sur la nature de l'Univers, Platon associe à chacun des quatre éléments physiques qui constituent l'Univers un de ces solides : au feu, il associe le tétraèdre, à la terre, le cube, à l'air, l'octaèdre et à l'eau, l'icosaèdre. Quant au dernier de ces solides, le dodécaèdre, il représente l'Univers, le Tout.

Pour Platon, il ne pouvait y avoir d'autres solides réguliers car l'équilibre du cosmos était ainsi fait. C'est EUCLIDE qui démontrera, dans *Les Éléments*, que les polyèdres réguliers sont exactement au nombre de cinq.

D'étonnantes propriétés

Ces polyèdres peuvent s'associer deux par deux. En effet, le solide qui relie les centres de chacune des faces d'un solide de Platon est lui même l'un des cinq solides de Platon, appelé son dual. Le dual du cube est l'octaèdre et réciproquement (→ 2), et le dual de l'icosaèdre est le dodécaèdre et réciproquement. Mais alors, comme il y a cinq solides, qui est le dual du tétraèdre ? Et bien c'est lui-même !

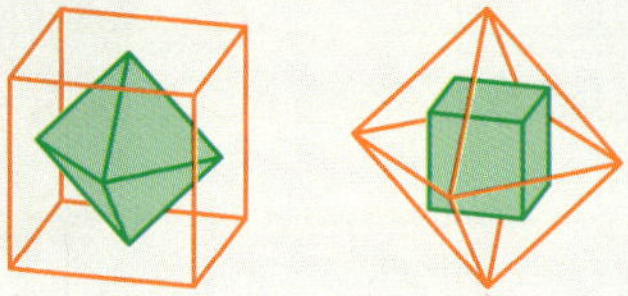

2. Exemple de dualité : le cube et l'octaèdre.

L'harmonie du cosmos selon Kepler

En 1596, à la Renaissance, Johannes KEPLER publie *Mysterium Cosmographicum* où il propose un modèle du système solaire, dont on ne connaît alors que six planètes, s'appuyant sur les cinq solides de Platon. Kepler emboîte ces solides à la manière des poupées russes (→ 3), chacun d'eux ayant une sphère inscrite et une sphère circonscrite. Chaque sphère décrit l'orbite d'une planète. Ainsi :

- la sphère circonscrite au cube décrit l'orbite de Saturne ;
- la sphère inscrite dans le cube et circonscrite au tétraèdre décrit l'orbite de Jupiter ;
- la sphère inscrite dans le tétraèdre et circonscrite au dodécaèdre décrit l'orbite de Mars ;
- la sphère inscrite dans le dodécaèdre et circonscrite à l'icosaèdre décrit l'orbite de la Terre ;
- la sphère inscrite dans l'icosaèdre et circonscrite à l'octaèdre décrit l'orbite de Vénus ;
- la sphère inscrite dans l'octaèdre décrit l'orbite de Mercure.

Ce modèle permit à Kepler d'expliquer qu'il n'y avait que six planètes puisqu'il n'existait que cinq polyèdres réguliers.

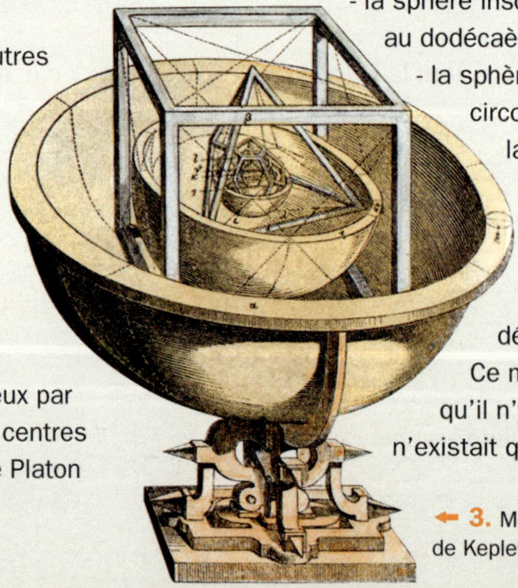

3. Modèle du système solaire de Kepler, 1596.

Représentation en perspective cavalière et règles de base dans l'espace

1 ABCDS est une pyramide régulière.
La figure codée ci-contre ne respecte pas toutes les règles de la perspective cavalière.
Corriger les erreurs qui ont été commises.

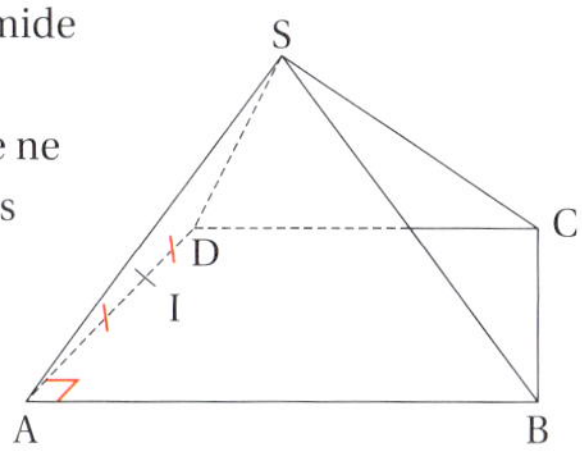

▸ Savoir-faire 1 p. 239

2 **1.** On a représenté ci-contre, en perspective cavalière, un cube de côté 3 carreaux.

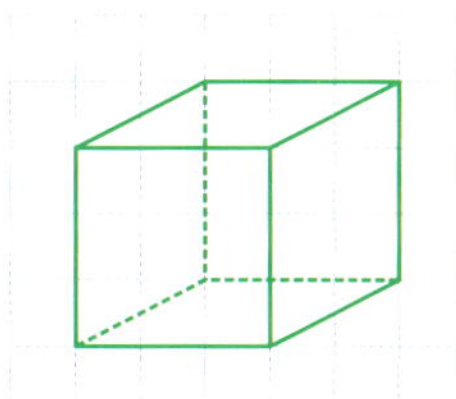

a. En respectant les mêmes règles de perspective, notamment l'angle de perspective et les proportions, construire un pavé droit de dimensions 3, 5 et 6 carreaux.

b. Construire de même un cône de rayon 3 carreaux et de hauteur 5 carreaux (on pourra placer le centre et quatre points du cercle de base ainsi que le sommet du cône avec précision).

2. Reprendre la question **1b** en respectant la perspective choisie sur la figure ci-contre.

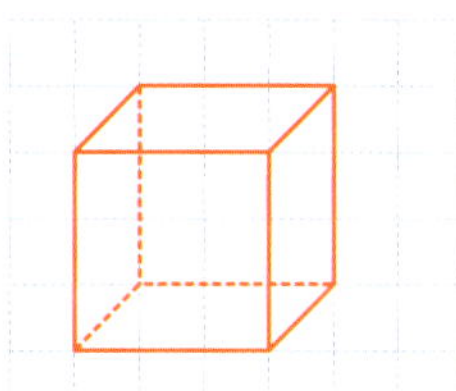

3 Un solide est représenté ci-contre en perspective.
Parmi les figures suivantes, déterminer lesquelles représentent une vue du solide en précisant de quel côté il est observé.

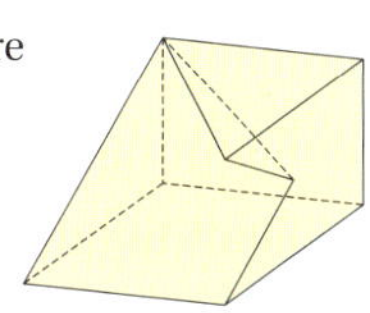

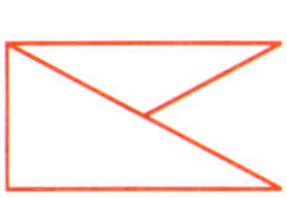
a.

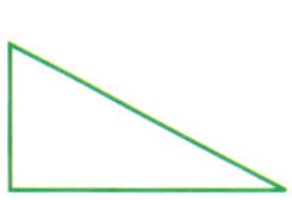
b.

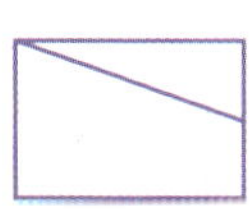
c.

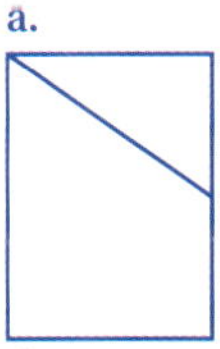
d.

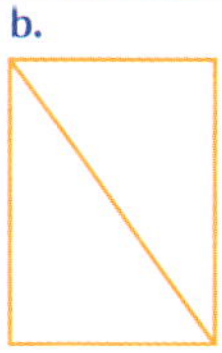
e.

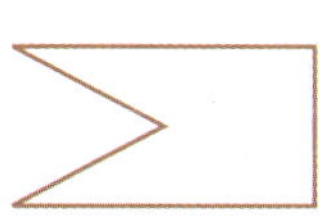
f.

Les solides usuels

4 Franck et Aurélie jouent au mot le plus long avec le pavé droit ABCDEFGH.
Le jeu consiste à mesurer la longueur parcourue pour écrire le mot.

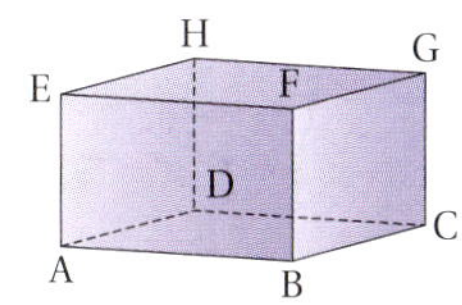

Par exemple, le mot BAC mesure BA + AC.

On donne AB = 10, BC = 8 et BF = 6.

a. Calculer la longueur exacte du mot CHEF.

b. Franck propose le mot FADE, Aurélie le mot CAGE. Qui est le gagnant ?

5 ABCDS est une pyramide régulière à base carrée de côté 6 cm. I, J et O sont les milieux respectifs des segments [SA], [SC] et [AC].

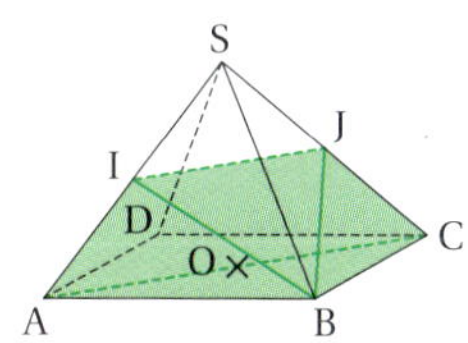

a. Calculer la longueur AC.
En déduire la nature du triangle SAC.

b. Représenter en vraie grandeur le triangle SAC ainsi que les éléments de la figure situés dans le plan (SAC).

c. Calculer la longueur IJ, puis l'aire du trapèze ACJI.

d. En admettant que (OB) soit une hauteur de la pyramide AIJCB, calculer son volume.

6 ABCDEF est un prisme droit tel que BC = 5 cm et FC = 6 cm.
On décide de le couper en deux suivant le plan (BCD).

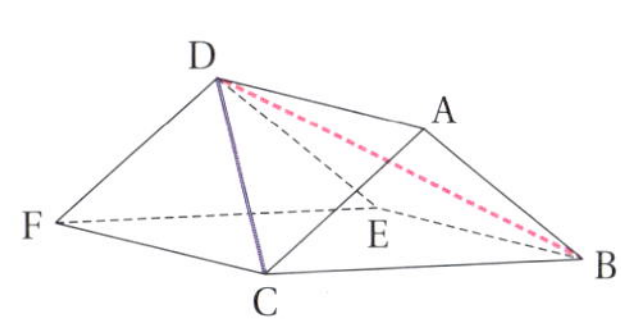

a. Quelle est la nature des deux solides obtenus ?

b. Sachant que la hauteur issue de A dans le triangle ABC mesure 4 cm, calculer le volume de chacun de ces solides.

c. En déduire une méthode pour couper le prisme ABCDEF en trois tétraèdres de même volume.

7 Problème ouvert Harry dispose de trois boîtes fermées et il doit en choisir une pour ranger sa baguette de magicien de 30 cm de long.
Quelle(s) boîte(s) peut-il choisir ? (On négligera la largeur de la baguette.)

Cône	Cylindre	Pyramide régulière à base carrée
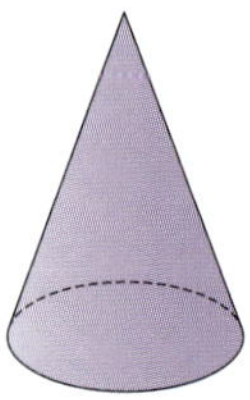	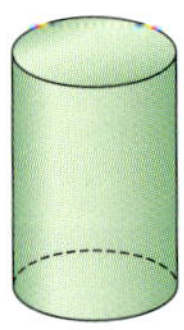	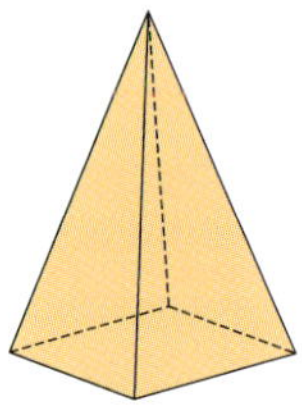
Rayon : 15 cm Hauteur : 25 cm	Rayon : 12 cm Hauteur : 20 cm	Côté : 20 cm Hauteur : 25 cm

8 **1.** Soit un pavé droit de base carrée de côté 10 cm.
a. Quelle doit-être sa hauteur pour contenir 2 L ?
b. Que mesure alors sa surface ?
2. Soit un cylindre de rayon 7 cm.
a. Quelle doit-être sa hauteur pour contenir 2 L ? (On arrondira au millimètre.)
b. Que mesure alors sa surface ?
3. Des deux récipients précédents, quel est celui qui consomme le moins d'emballage ?

9 Problème ouvert
Sur une boule de pétanque de rayon 37 mm, on veut tracer 6 cercles comme indiqué sur la figure ci-contre.
Leurs 8 points d'intersection sont les sommets d'un cube.
Calculer le rayon de ces cercles.

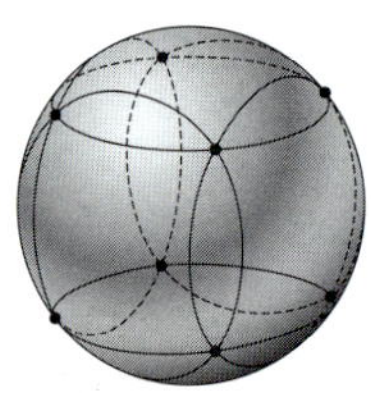

D'après *Mathématiques sans frontières*, mars 2003.

10 ABCD est un tétraèdre régulier de côté 4.
I et J sont les milieux respectifs de [AB] et [CD].
a. Montrer que AJ = $2\sqrt{3}$.
b. Quelle est la nature du triangle AJB ?
c. En déduire la longueur IJ.

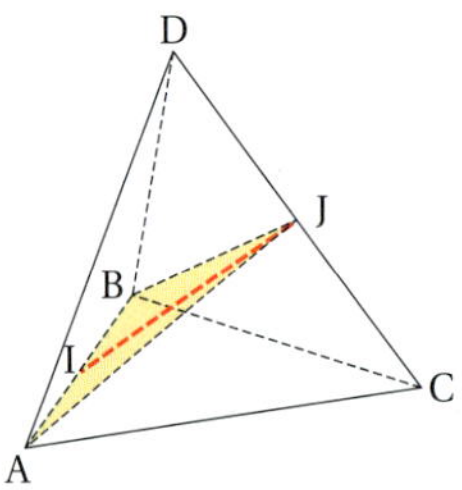

▸ Savoir-faire 2 p. 239

11 SABCD est une pyramide régulière à base carrée de côté 40 m.
H est le centre du carré ABCD.

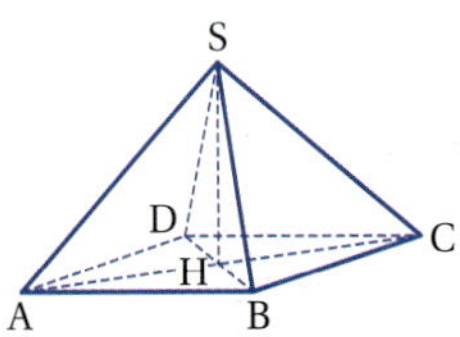

a. Calculer la longueur AH.
b. Dans le triangle SAC, montrer que (SH) est une hauteur. En déduire la longueur SH.
c. On admet que H est le pied de la hauteur issue de S de la pyramide SABCD.
Calculer le volume de SABCD.

12 Problème ouvert
Pour redresser une bague de rayon 1,2 cm, un bijoutier utilise un cône de rayon 2 cm et de hauteur 10 cm.
On souhaite trouver à quelle hauteur la bague se situera sur le cône.
On a représenté la situation en coupe.
Déterminer la longueur IJ.

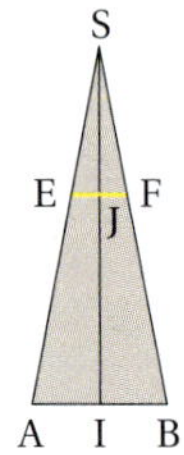

▸ Savoir-faire 2 p. 239

13 ABCDEFGH est un cube de côté a.
a. Justifier que les pyramides ABCDE, BCGFE et DCGHE sont identiques.
b. Retrouver la formule permettant de calculer le volume exact de la pyramide ABCDE à l'aide de la question **a**.
c. Construire le patron de la pyramide ABCDE en vraie grandeur avec $a = 5$ cm.
(Avec trois pyramides identiques, on pourrait donc reconstituer le cube.)

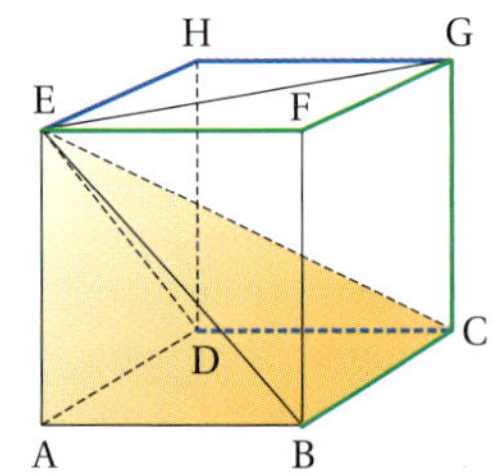

14 Problème ouvert

La figura adjunta muestra un cubo de arista a, un cubo pequeño de arista b y seis ladrillos (rectos) cuyas aristas miden a o b. Es posible juxtaponer estas ocho piezas de manera que, dos a dos, tengan solo un lado común o solo una arista común o solo un vértice común. La construcción forma un gran cubo.

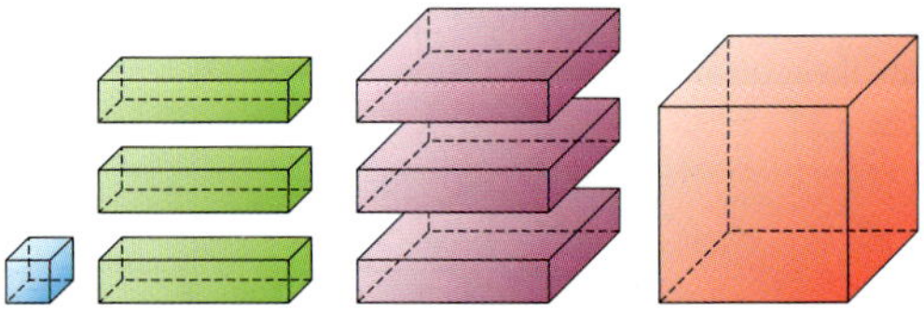

Representad la construcción en perspectiva caballera.
Escribid de dos formas diferentes la expresión del volumen del gran cubo en función de a y b para obtener una identidad notable.

D'après *Mathématiques sans frontières*, décembre 2009.

15 Problème ouvert

Le jeu ci-dessous est constitué de petits tétraèdres réguliers articulés entre eux pour former une grande pyramide. Une fois reconstruite, la grande pyramide a une seule couleur par face, différente sur chaque face.

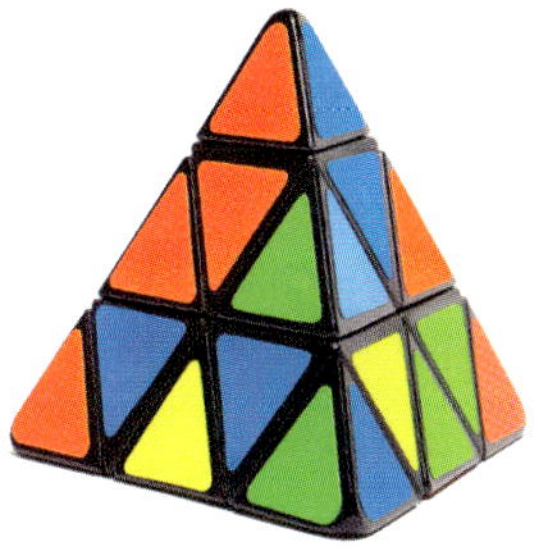

Combien y a-t-il de petits tétraèdres bicolores ?

16 ABCDEFGH est un cube de côté 12 cm.

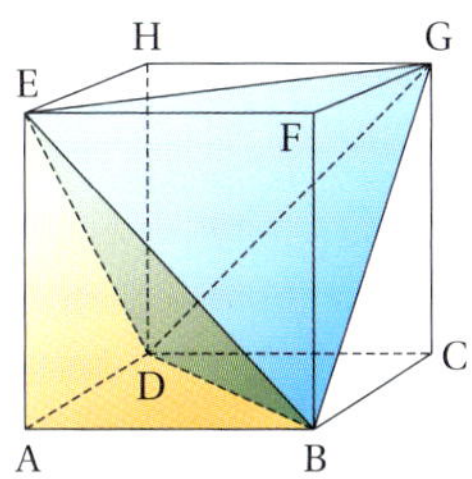

1. Calculer le volume du tétraèdre ABDE.

2. a. Calculer les longueurs EB, DB et DE.

b. En déduire la nature du triangle EBD.

3. a. Quelle est la nature du tétraèdre DBGE ?

b. Quel est le volume du tétraèdre DBGE ?

17 Un cube de côté 6 a été évidé comme sur la figure ci-contre (chaque perçage formant un pavé droit débouchant de l'autre côté du cube).

Le gabarit de perçage est un carré de côté 2.

Calculer le volume restant.

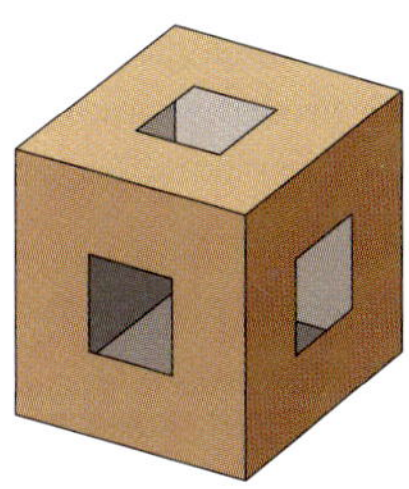

Plan de l'espace

18 SABCD est une pyramide à base carrée. I est le centre du carré ABCD et J est le milieu de [AB].

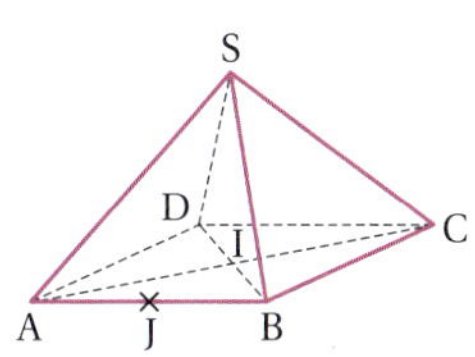

Dans chacun des cas suivants, dire si les éléments donnés définissent un plan. Si oui, préciser les autres points de la figure qui appartiennent à ce plan.

a. (AD) et (BC) **b.** (AJ) et (SB)

c. I, B et D **d.** J, D et S

e. (SD) et I **f.** (AD) et (BS)

g. (AJ) et C **h.** (AC) et I

▶ Savoir-faire 3 p. 240

19 ABCDEFGH est un pavé droit.

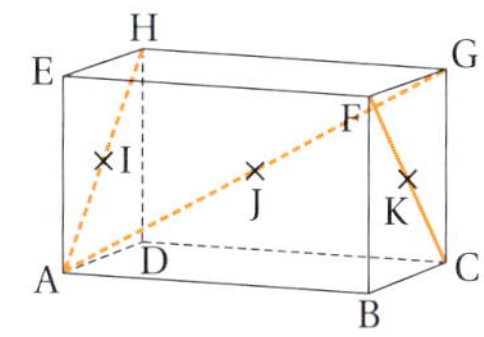

I est le milieu de [AH], J est le milieu de [AG] et K est le milieu de [FC].

Dans chacun des cas suivants, dire si les éléments donnés définissent un plan. Si oui, préciser les autres points de la figure qui appartiennent à ce plan.

a. (AD) et (FG) **b.** (AJ) et (GC)

c. I, J et K **d.** A, D et J

e. (HB) et G **f.** (AH) et (FC)

g. (FC) et E **h.** (HB) et J

Positions relatives dans l'espace

20 Vrai ou faux ?

ABCDEFGH est un cube. I est le milieu de [CG].

Pour chacune des affirmations illustrées ci-dessous, indiquer si elle est vraie ou fausse.

Justifier.

a. Les droites (BI) et (HG) sont sécantes en M.

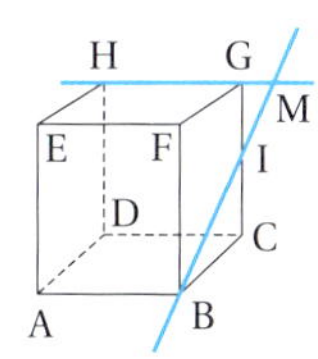

b. Les droites (BI) et (FG) sont sécantes en M.

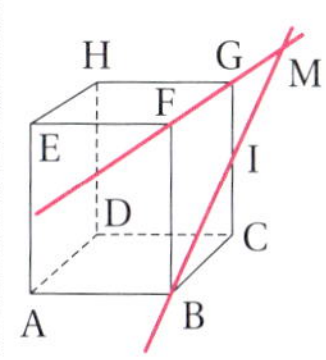

c. Les droites (BI) et (EG) sont sécantes en M.

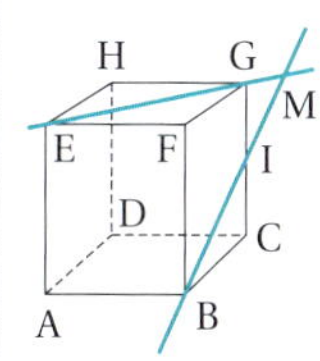

COUP DE POUCE

Pour justifier que deux droites définies par 4 points ne sont pas coplanaires, il suffit de montrer que les 4 points ne sont pas coplanaires.

▶ Savoir-faire 4 et 5 p. 241

21 ABCD est un tétraèdre.

I est le milieu de [AD] et J est le milieu de [DC].

Déterminer et justifier la position relative des droites suivantes.

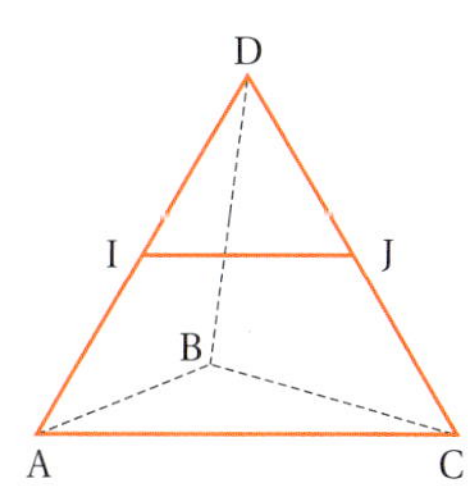

a. (AC) et (IJ)

b. (AJ) et (CI)

c. (AI) et (DJ)

d. (BD) et (IJ)

e. (AJ) et (BJ)

f. (AJ) et (BI)

22 SACBD est une pyramide à base trapèze.
I est le milieu de [SC] et J le milieu de [SB].
Les droites (AI) et (DJ) sont-elles sécantes ? Justifier.

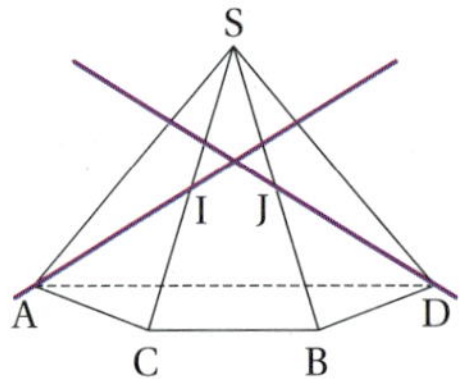

COUP DE POUCE

Pour justifier que deux droites sont sécantes, il faut d'abord s'assurer qu'elles sont coplanaires.
On pourra pour cela étudier la position relative des droites (AD) et (IJ).

23 ABCD est un tétraèdre.
I est un point de [AD] et J est un point de [BD].
Reproduire la figure et construire l'intersection des plans (AJC) et (BIC).

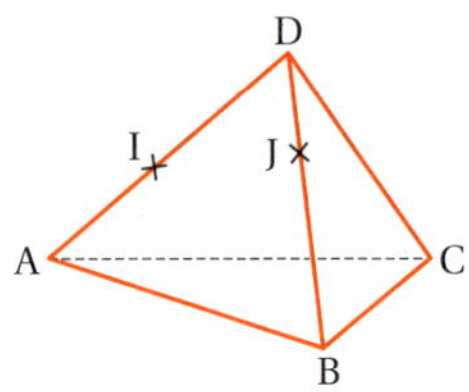

24 ABCDEFGH est un cube.
I est le milieu de [FB].
Le but de l'exercice est de construire l'intersection des plans (IGE) et (ABC).

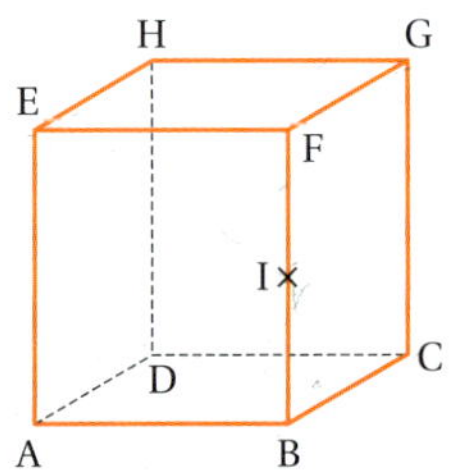

a. Quelle est la nature de l'intersection des plans (IGE) et (ABC) ?
b. Justifier que les droites (GI) et (BC) sont sécantes en un point M.
c. Justifier que les droites (EI) et (AB) sont sécantes en un point N.
d. Construire les points M et N.
e. En déduire l'intersection des plans (IGE) et (ABC).

25 𝒫 et 𝒫' sont deux plans sécants et d est leur droite d'intersection. I et J sont deux points distincts de 𝒫, K est un point de 𝒫' qui n'appartient pas à 𝒫.
On sait, de plus, que la droite (IJ) n' est pas parallèle à d.

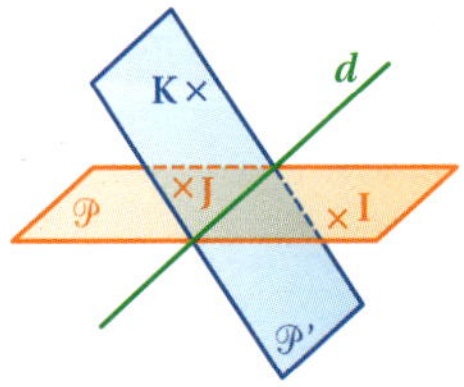

a. Reproduire la figure et construire le point M, intersection de la droite (IJ) et du plan 𝒫'.
b. En déduire la droite d'intersection des plans (IJK) et 𝒫'.

Parallélisme dans l'espace

26 **Vrai ou faux ?**
Soit 𝒫 et 𝒫' deux plans parallèles.
Pour chacune des affirmations suivantes, indiquer si elle est vraie ou fausse.

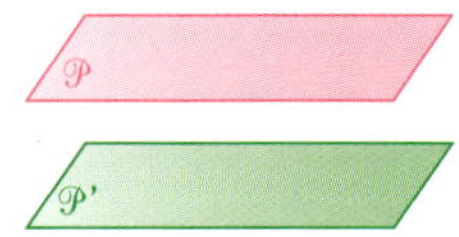

a. Toute droite de 𝒫 est parallèle à 𝒫'.
b. Toute droite de 𝒫 est parallèle à toute droite de 𝒫'.
c. Toute droite de 𝒫 et toute droite de 𝒫' sont non coplanaires.

27 **Vrai ou faux ?**
Soit d une droite parallèle à un plan 𝒫.
Pour chacune des affirmations suivantes, indiquer si elle est vraie ou fausse.

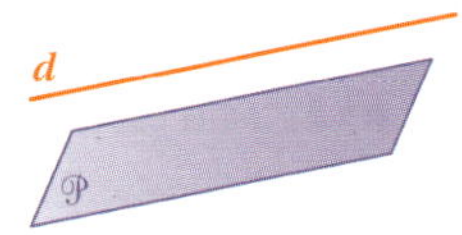

a. Toute droite parallèle à d est parallèle à 𝒫.
b. Toute droite parallèle à 𝒫 est parallèle à d.
c. d est parallèle à toute droite de 𝒫.
d. Toute droite sécante à d coupe le plan 𝒫.

28 ABCDEFGH est un cube.

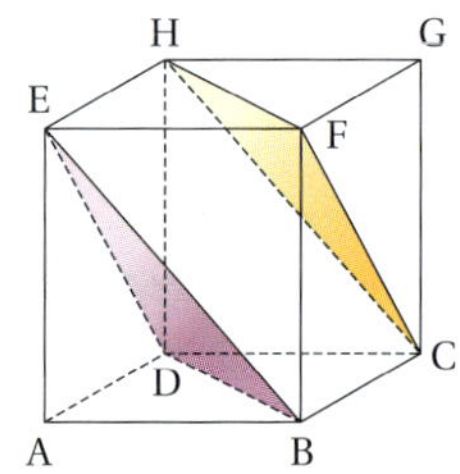

1. a. À l'aide des propriétés du cube, justifier que EFCD est un parallélogramme.
b. En déduire que la droite (FC) est parallèle au plan (EBD).
2. a. Montrer de même que la droite (FH) est parallèle au plan (EBD).
b. En déduire la position relative des plans (FCH) et (EBD).

▸ Savoir-faire 6 et 8 p. 242 et 243

29 SABCDT est un octaèdre régulier. On admet que les droites (AC), (BD) et (ST) se coupent en O.

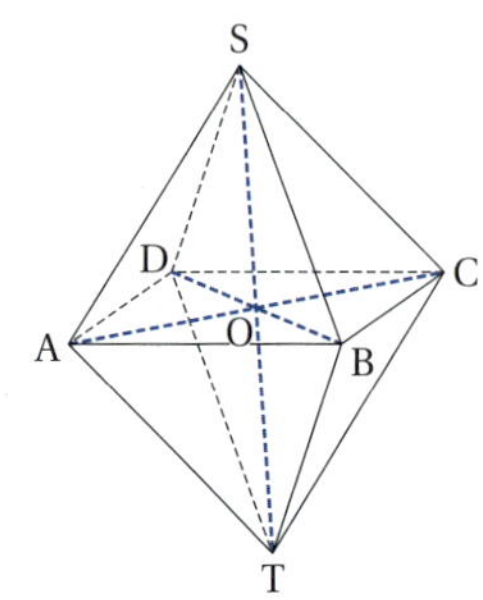

a. Montrer que la droite (BC) est parallèle au plan (ADS).
b. Montrer que les points S, B, T et D sont coplanaires.
En déduire que le quadrilatère SBTD est un losange.
c. En déduire que la droite (BT) est parallèle au plan (ADS).
d. Montrer alors que les plans (ADS) et (BTC) sont parallèles.

30 $\mathscr{P}$ et $\mathscr{P}'$ sont deux plans parallèles.
I est un point de $\mathscr{P}$, J et K sont deux points distincts de $\mathscr{P}'$.

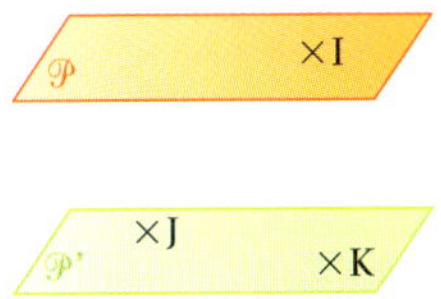

Reproduire la figure et construire l'intersection du plan (IJK) avec les plans $\mathscr{P}$ et $\mathscr{P}'$.

31 $\mathscr{P}$ et $\mathscr{P}'$ sont deux plans sécants et d est leur droite d'intersection.
I et J sont deux points distincts de $\mathscr{P}$, K est un point de $\mathscr{P}'$ qui n'appartient pas à $\mathscr{P}$.
On sait, de plus, que la droite (IJ) est parallèle à d.

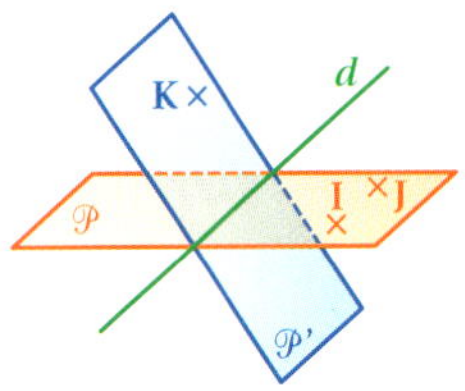

Reproduire la figure et construire la droite d'intersection des plans (IJK) et $\mathscr{P}'$.

▸ Savoir-faire 7 p. 242

32 ABCDEFGH est un prisme droit à base trapèze.
M est un point de la face ABFE.

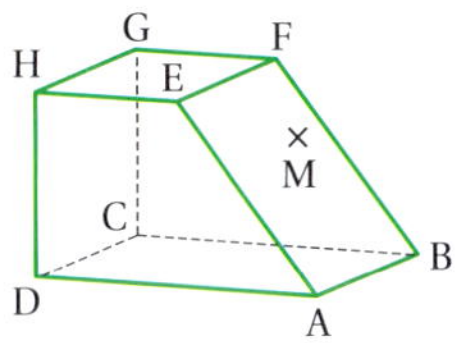

a. Reproduire la figure et construire la droite d'intersection des plans (DCM) et (ABE).
b. En déduire la trace de la section du prisme par le plan (DCM).
c. Construire la droite d, intersection des plans (HAB) et (DCM).
Préciser la position relative de la droite d par rapport aux droites (DC) et (AB).

▸ Savoir-faire 9 p. 243

33 ABCDEFGH est un cube.
I est le milieu de [AD] et J est le centre de la face BCGF.

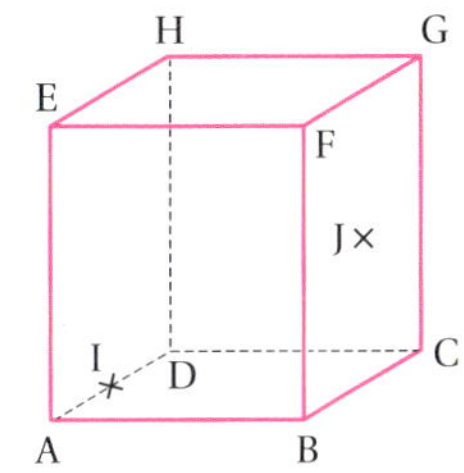

a. Reproduire la figure et construire la droite d, intersection des plans (HIJ) et (BCG).
En déduire la trace de la section du cube par le plan (HIJ).
b. On note M et N les points d'intersection respectifs de la droite d avec les arêtes [BC] et [FG].
Quelle est la nature du quadrilatère HIMN ?

34 ABCDEFGH est un cube.
I est le milieu de [AD] et J est le milieu de [FB].

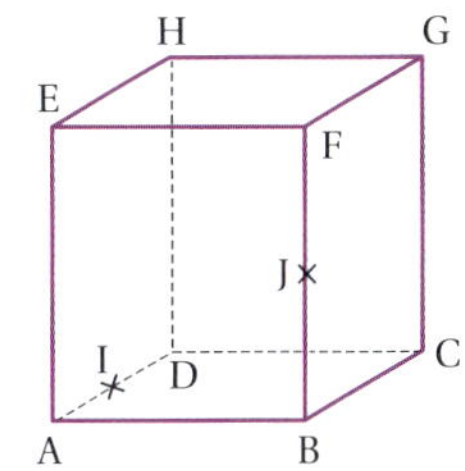

a. Reproduire la figure et construire la droite d, intersection des plans (HIJ) et (BCG).
b. On note N le point d'intersection de la droite d avec l'arête [FG]. Construire le point M, intersection du plan (HIJ) et de l'arête [AB].
c. Terminer la trace de la section du cube par le plan (HIJ).

35 Pour chacune des figures suivantes, indiquer si elle représente la trace d'une section du cube ABCDEFGH par un plan. Justifier la réponse.

a.

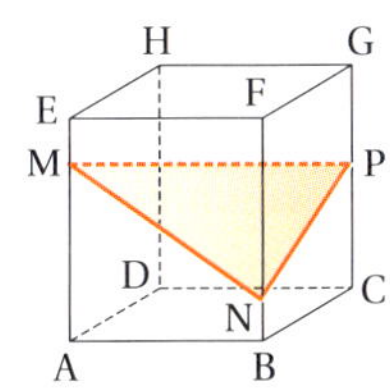

b.

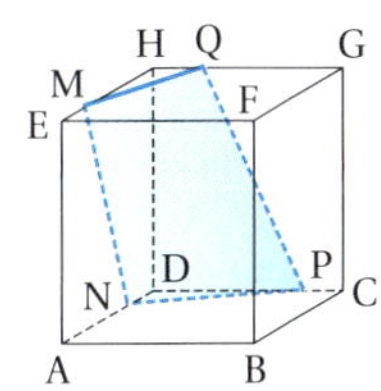

c.

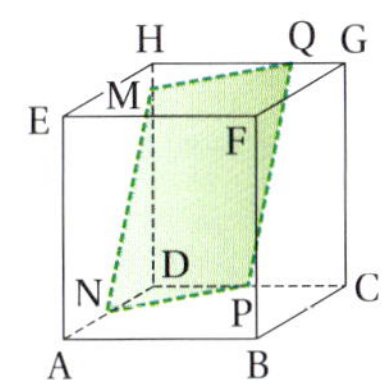

d.

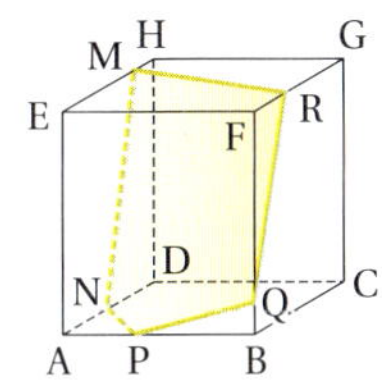

QCM Je me teste sur la géométrie dans l'espace

Pour chaque question, il y a une ou plusieurs bonnes réponses.

CORRIGÉ P. 313

Perspective cavalière, règles de base dans l'espace et solides usuels

36 La figure ci-contre est un octaèdre régulier.
Combien de segments auraient du être dessinés en pointillés ?

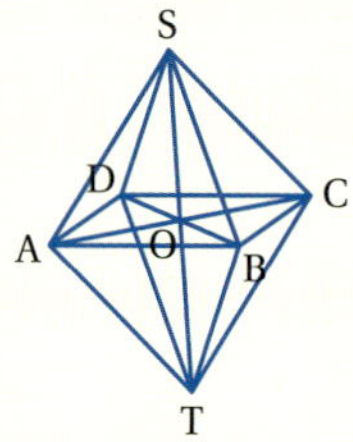

A 3 B 4
C 7 D 9

37 Déterminer le solide de plus grand volume parmi :

A un cube de côté 5.

B un cylindre de rayon 3 et de hauteur 4.

C une sphère de rayon 3.

D une pyramide à base carrée de côté 7 et de hauteur 7.

38 Un prisme droit de hauteur H a une base trapèze. Le trapèze est représenté ci-dessous.

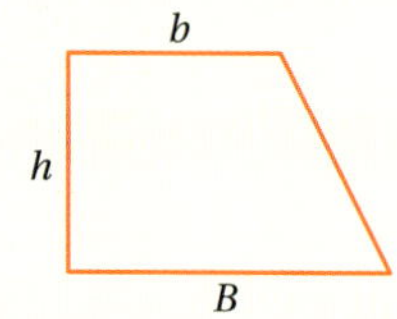

Quelle est la formule donnant le volume du prisme ?

A $B \times b \times h \times H$

B $\frac{1}{3} \times \frac{(B+b)}{2} \times h \times H$

C $\frac{(B+b)}{3} \times h \times H$

D $\frac{(B+b)}{2} \times h \times H$

Positions relatives dans l'espace

Pour les exercices **39** à **41**, on considère le parallélépipède suivant.

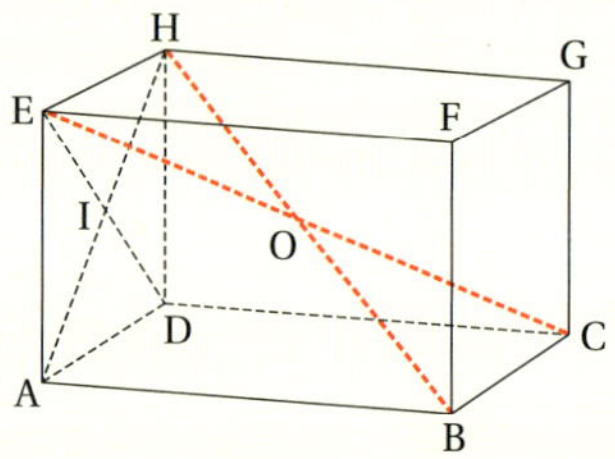

39 Quels sont, parmi les points suivants, ceux qui appartiennent au plan (GBH) ?

A O B I C C D A

40 Quelles sont, parmi les droites suivantes, celles qui sont coplanaires avec (IO) ?

A (EG) B (BG) C (HG) D (DC)

41 Quelles sont, parmi les droites suivantes, celles qui sont parallèles au plan (GBD) ?

A (HF) B (AO) C (AH) D (AF)

Parallélisme dans l'espace

42 Si un plan contient deux droites sécantes et qui sont parallèles à un autre plan alors :

A les deux plans sont sécants.

B les deux plans sont parallèles.

C les deux plans sont confondus.

43 Si une droite d d'un plan $\mathcal{P}$ est parallèle à une droite d' d'un plan $\mathcal{P}'$, alors $\mathcal{P}$ et $\mathcal{P}'$ peuvent être :

A sécants suivant une droite parallèle à d et d'.

B sécants suivant une droite sécante à d et d'.

C parallèles.

D confondus.

44 Le prisme ABCDEF ci-contre est coupé par le plan (DCI) où I est un point de (AF).

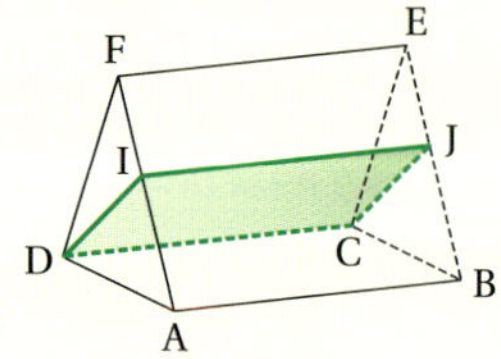

1. À l'aide du théorème du toit, on montre que :

A (IJ) // (DC) B (IJ) // (AB)
C (IJ) // (EF) D (DI) // (CJ)

2. À l'aide de la propriété d'un plan sécant à deux plans parallèles, on montre que :

A (IJ) // (DC) B (IJ) // (AB)
C (IJ) // (EF) D (DI) // (CJ)

Problèmes

45 Antiprisme

Un prisme droit est un polyèdre ayant deux faces polygonales parallèles et superposables et dont les faces latérales sont des rectangles.
Un antiprisme est un polyèdre ayant aussi deux faces polygonales parallèles et superposables mais dont les faces latérales sont des triangles isocèles.
Construire le patron d'un antiprisme tel que :

- les deux faces parallèles soient des hexagones réguliers de côté 3 cm ;
- les faces latérales soient des triangles isocèles, leurs côtés égaux mesurant 4 cm.

D'après *Mathématiques sans frontières*, février 2006.

46 Plus ou moins la moitié

Problème ouvert

Un cylindre est inscrit dans un cône.
Sa hauteur est la moitié de celle du cône.
Son volume est-il plus ou moins grand que la moitié du volume du cône ?

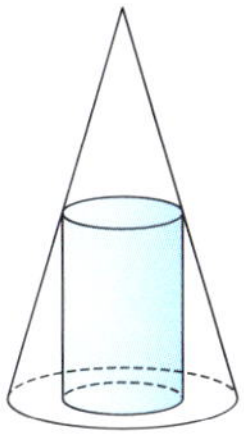

47 Le 100 mètres du pharaon

La pyramide de Khéops est à base carrée. Elle mesure 230 mètres de côté à sa base. À l'origine, elle était composée de 212 étages de 69 cm de haut chacun.

a. Quelle était sa hauteur à l'origine ?
b. Quelle distance parcourt-on en faisant le tour de sa base ?
c. De combien d'étages faut-il monter pour en faire le tour complet sur un même niveau en parcourant moins de 100 mètres ?

48 Euréka !

Archimède (287 av. J.-C. - 212 av. J.-C.) a travaillé sur le volume de la sphère et du cylindre et a demandé à ce que ces figures soient gravées sur sa tombe avec l'inscription suivante :

> LE RAPPORT DES VOLUMES D'UNE SPHÈRE ET D'UN CYLINDRE, SI LA SPHÈRE EST TANGENTE AU CYLINDRE PAR LA FACE LATÉRALE ET LES DEUX BASES, EST ÉGALE À DEUX-TIERS.

Justifier cette inscription.

49 Patron de cône

Le patron d'un cône sans base (**fig. 1**) est un secteur circulaire (**fig. 2**).

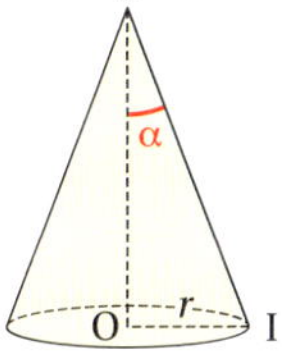

fig. 1

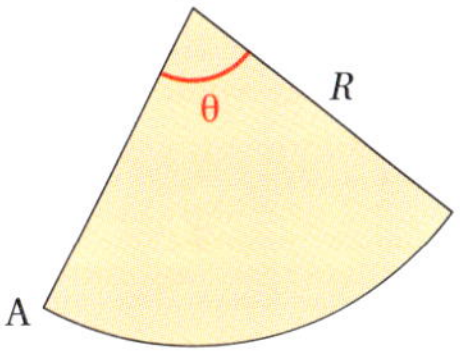

fig. 2

L'angle $\widehat{OSI}$, noté α, est appelé demi-angle du cône.
L'angle $\theta = \widehat{ASB}$ est l'angle du patron.
On note R la longueur SB et r la longueur OI.

1. Exprimer r en fonction de R et de α.

2. Justifier le fait que l'arc $\overset{\frown}{AB}$ mesure $2\pi R \times \dfrac{\theta}{360}$.

3. Écrire l'égalité entre le périmètre de la base du cône et la longueur de l'arc $\overset{\frown}{AB}$.
En déduire l'expression de θ en fonction de α.

4. On veut construire un cône avec $\alpha = 30°$.
a. Que vaut alors θ ?
b. On choisit $R = 5$.
Calculer r ainsi que la hauteur du cône.
c. Fabriquer ce cône et vérifier sur le solide les résultats précédents.

50 Sphère circonscrite à une pyramide

SABCD est une pyramide à base rectangle telle que AB = 8 et AD = 6.
Les faces latérales sont des triangles isocèles et l'on connaît AS = 13.
On note I le centre du rectangle ABCD et O le centre de la sphère circonscrite à la pyramide SABCD. On admettra que O est nécessairement sur la droite (SI).

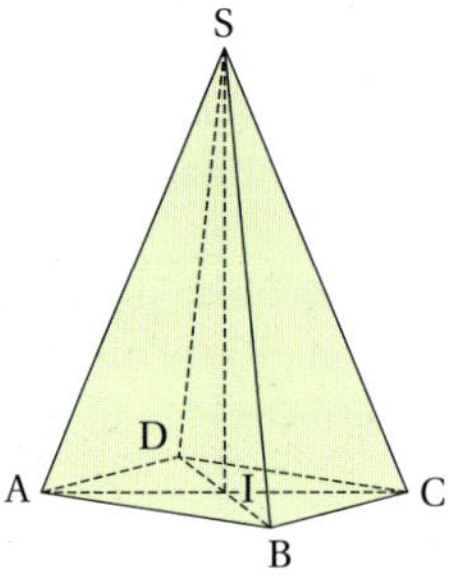

Le but du problème est de déterminer la position du point O sur le segment [SI] et le rayon de la sphère circonscrite.

a. Calculer les longueurs AI et IS.

b. Représenter le triangle SAC en vraie grandeur et construire le cercle circonscrit à ce triangle.

c. Justifier que le centre de la sphère circonscrite à la pyramide SABCD est le centre du cercle circonscrit au triangle SAC.
Justifier que cette sphère et ce cercle ont le même rayon.

d. En notant r le rayon de la sphère, montrer que $OI^2 = (13 - r)^2 = r^2 - 5^2$.

e. En déduire le rayon de la sphère puis la longueur OI.

51 Marche à l'ombre

Les rayons du Soleil dessinent l'ombre d'un bâtiment de forme cubique sur le sol plat.
On donne une extrémité M de l'ombre, obtenue en traçant le rayon passant par G.

a. Faire un schéma en conservant les proportions.

b. En supposant que les rayons du Soleil sont tous parallèles, construire à partir du point M l'ombre que laisse le cube sur le sol.

52 Sur la trace d'un para TICE

ABCDEFGH est un cube.
I et J sont les centres respectifs des faces BCGF et DCGH.

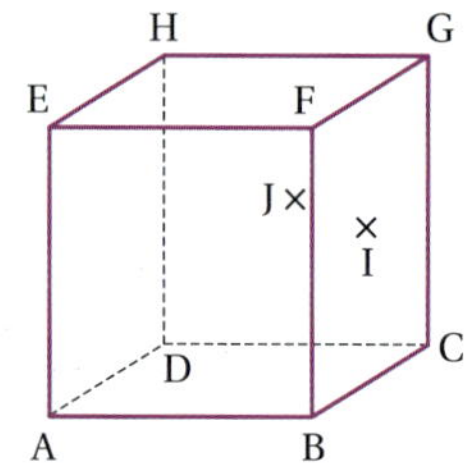

Le but de l'exercice est de tracer la section du cube par le plan (AIJ).

1. a. Reproduire la figure.

b. Montrer que les droites (IJ) et (DB) sont parallèles.

c. En déduire la construction de la droite d, intersection des plans (ABC) et (AIJ).

d. Construire le point K, intersection de la droite d et du plan (DCG).

e. En déduire la trace sur la face DCGH de la section du cube par le plan (AIJ).

f. Terminer la trace de la section du cube par le plan (AIJ).

2. Vérifier la construction à l'aide de l'outil de section d'un logiciel.

53 Section en aveugle TICE

ABCD est un tétraèdre. I, J et K sont des points des faces respectives ACD, ABD et BCD.

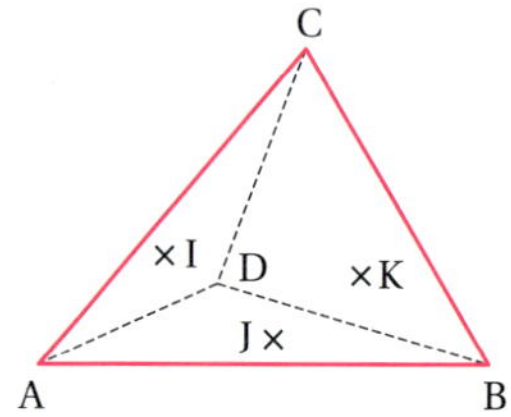

L'objectif est de construire la trace de la section du tétraèdre par le plan (IJK).

1. a. Reproduire la figure et construire la section du tétraèdre par le plan (AIJ).

b. En déduire la construction de M, point d'intersection de la droite (IJ) et du plan (BCD).

c. À l'aide du point M, construire la trace du plan (IJK) sur la face BCD.

d. Terminer la construction.

2. Vérifier la construction à l'aide de l'outil de section d'un logiciel.

PARTIE C

STATISTIQUES ET PROBABILITÉS

CORRIGÉ P. 313

Pour chaque question, il y a une ou plusieurs bonnes réponses.

Statistiques

Pour les exercices 1 à 5, on considère la série statistique suivante constituée des notes sur 20 obtenues à l'épreuve finale du brevet pour un collège :

Note	4	5	6	7	8	9	10	11	12	13	14	15	16	17	18	19	20
Effectif	5	0	3	3	6	7	10	3	9	14	17	12	7	6	3	0	1

1 La moyenne de la série arrondie au centième est :

A 12,2 B 12,3 C 12,25 D 12,26

2 La note médiane de la série est :

A 12 B 13 C 12,5 D 11,3

3 L'étendue de la série est :

A 106 B 16 C 20 D 13

4 Le premier quartile de la série est :

A 26,5 B 9 C 10 D 25 %

5 Le troisième quartile de la série est :

A 79,5 B 15 C 16 D 75 %

6 Pierrot affirme que dans son entreprise :

- le salaire médian est de 1750 € ;
- le salaire moyen est de 1950 €.

On peut alors affirmer que :

A l'étendue des salaires est de 200 €.

B l'entreprise comprend une proportion très importante de salariés dont le revenu est élevé.

C la moitié des salariés de l'entreprise gagne moins de 1750 €.

D la moitié des salariés de l'entreprise gagne plus de 1950 €.

Probabilités

7 On tire au hasard quatre cartes dans un jeu de 32 cartes.

On s'intéresse à l'événement « les quatre cartes forment un carré* ».

Quel est le nombre d'issues favorables à cet événement ?

A 1 B 4

C 8 D 16

* Un carré est formé de quatre cartes de même valeur. Par exemple, 4 as forment un carré.

8 Edwige tire au hasard deux boules dans un sac contenant des boules rouges et des boules blanches. Elle obtient deux boules blanches.

On peut alors affirmer que :

A le sac contient plus de boules blanches que de boules rouges.

B le sac contient deux fois plus de boules blanches que de boules rouges.

C la probabilité de tirer deux boules blanches est proche de 1.

D le sac contient au moins deux boules.

9 Pour une loterie, les joueurs font tourner une roue bien équilibrée et partagée en secteurs identiques comme celle ci-contre.

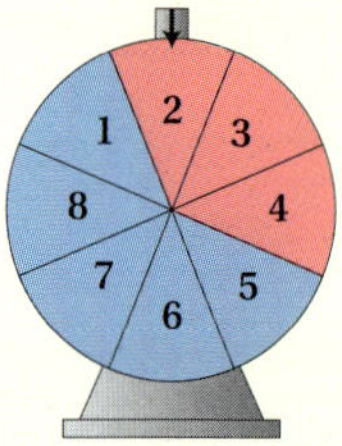

Quelle est la probabilité que la roue s'arrête sur un secteur bleu dont le numéro est pair ?

A $\frac{2}{5}$ B $\frac{1}{4}$ C $\frac{2}{8}$ D $\frac{5}{8}$

10 Aline, Bernard et Claude ont chacun un sac contenant des billes. Le contenu des sacs est le suivant :

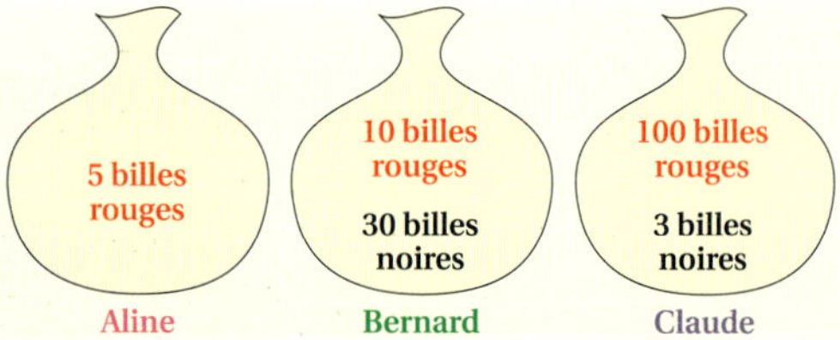

Chacun tire au hasard une bille de son sac. Lequel a la probabilité la plus grande de tirer une bille rouge ?

A Aline B Bernard C Claude

Statistiques et échantillonnage

10

Une question qui se pose souvent avant des élections est de prévoir quel candidat va être élu. Il suffirait, bien sûr, d'interroger tous les électeurs auparavant pour connaître la réponse ! À moins que l'on ne puisse pas tous les interroger car ils sont trop nombreux...
Les statisticiens ont ainsi inventé « l'échantillon représentatif » qui permet de publier un sondage. Mais deux échantillons représentatifs différents donnent des sondages différents !

Comment peut-on à partir de tels échantillons prévoir qui sera élu ?

Le chapitre en bref

Réinvestir

- Moyenne
- Médiane
- Quartiles
- Étendue

Découvrir

- Fréquences cumulées
- Échantillon, fluctuation
- Réalisation d'une simulation

UN PEU D'HISTOIRE P. 276

Activités

1 Des lettres et des chiffres

Réinvestir : Notion de fréquence.

1 Dans la langue française, la fréquence, en pourcentage, d'apparition des différentes lettres de l'alphabet est la suivante :

Lettre	A	B	C	D	E	F	G	H	I	J	K	L	M
Fréquence	8,11	0,81	3,38	4,28	17,69	1,13	1,19	0,74	7,24	0,18	0,02	5,99	2,29

Lettre	N	O	P	Q	R	S	T	U	V	W	X	Y	Z
Fréquence	7,68	5,2	2,92	0,83	6,53	8,87	7,44	5,23	1,28	0,06	0,53	0,26	0,12

a. Tracer un diagramme en bâtons de ces données.
Quelles sont les lettres les plus fréquentes ?

b. D'après ce tableau de fréquences, peut-on dire qu'il y a plus de voyelles que de consonnes dans un texte en français ?

2 L'extrait suivant du roman *Vipère au poing* d'Hervé Bazin contient 377 lettres :

> « Nos paysans, proches parents des paysans bretons, se contentent d'élargir leur pré carré quand ils le peuvent. Les plus riches d'entre eux iront jusqu'à se payer une étable de bonne pierre, matériau rare dans la région et qui doit être amené à grands frais de Bécon-les-Carrières. Mais les bourgeois semblent avoir besoin d'un nombre de pièces inutiles proportionnel à celui des hectares sur lesquels s'étend la domination de leurs redevances et de leurs chasses. »

a. Quel devrait être, d'après le tableau de fréquences de la question **1**, le nombre de lettres « e » et de lettres « z » contenues dans cet extrait de *Vipère au poing* ?

b. Combien de lettres « e » et de lettres « z » cet extrait contient-il ?

c. Expliquer les résultats obtenus.

3 Le codage d'un texte selon la méthode dite « de Jules César » correspond au remplacement de toutes les lettres par une autre lettre située n places plus loin dans l'alphabet.
Par exemple si $n = 1$, les lettres « a » sont remplacées par des « b », les « b » par des « c », … , les « y » par des « z » et les « z » par des « a ».
Anaïs découvre le message suivant, codé selon cette méthode :
« NGU RNWU TKEJGU F GPVTG GWZ KTQPV LWUSW C UG RCAGT WPG GVCDNG ».

a. Établir la fréquence d'apparition des lettres de ce texte codé.

b. En supposant que ces fréquences sont similaires à celles données à la question **1**, décoder le message.

c. Reprendre les questions **3 a** et **3 b** avec le message suivant : « STX UFDXFSX ».

2 Une entreprise dans la moyenne ?

Réinvestir : • Notions de moyenne et de médiane.
• Commenter des statistiques.

Filord, une entreprise de confection de jeans, souhaite s'installer dans une ville.
Pour obtenir l'accord de la municipalité, elle met en avant les embauches prévues, avec des salaires mensuels similaires à ce qui se pratique ailleurs. Elle fournit la grille suivante :

Salaire compris dans l'intervalle (en €)	[1 200 ; 2 000[	[2 000 ; 2 800[	[2 800 ; 3 600[	[3 600 ; 4 400]
Nombre de personnes à embaucher	19	1	2	3

Deux conseillers municipaux exposent leurs arguments.

Indication :
Pour calculer le salaire médian et le salaire moyen des données ci-dessus, on considérera les milieux de chaque intervalle : par exemple, pour l'intervalle [1 200 ; 2 000[, on considérera que les 19 personnes gagnent 1 600 €.

1 M. Dacor commente : « Beaucoup des salaires prévus par Filord ne sont pas élevés, mais globalement c'est similaire à ce qui se passe en France où, d'après l'INSEE pour l'année 2007, la médiane des salaires était de 1 594 € et la moyenne des salaires était de 1 997 €. »
Vérifier cette affirmation.

2 M. Padacor prétend que les informations fournies par Filord ne sont pas suffisantes : « Imaginons que les salaires réels soient les suivants :
1 240 ; 1 250 ; 1 260 ; 1 270 ; 1 280 ; 1 290 ; 1 300 ; 1 310 ; 1 320 ; 1 330 ; 1 340 ; 1 350 ; 1 360 ; 1 370 ; 1 380 ; 1 390 ; 1 400 ; 1 410 ; 1 420 ; 2 010 ; 2 810 ; 2 820 ; 3 620 ; 3 630 ; 3 630.
Cela pourrait correspondre au tableau donné par Filord, alors que moyenne et médiane ne sont absolument pas comparables aux valeurs connues pour la France. »
M. Padacor a-t-il raison ?

3 Simuler un lancer de dés

Algorithmique TICE

Découvrir : Notion de fluctuation d'échantillonnage.

Partie A : Expérience

1 **a.** Jeter 10 fois un dé et noter les résultats.
b. Reproduire et compléter le tableau suivant :

Face supérieure	1	2	3	4	5	6
Fréquence d'apparition						

Par exemple, pour la fréquence d'apparition du 1, on divisera le nombre de 1 obtenu par 10.
Est-il possible qu'une de ces fréquences soit nulle ? soit égale à 1 ?

2 Regrouper les résultats de 10 camarades pour obtenir la fréquence d'apparition du 1 pour 100 dés. Compléter un deuxième tableau avec ces nouvelles valeurs.

Partie B : Simulation

Voici des programmes saisis sur calculatrices.

```
======DE        ======
Ran# →X↵
Int (6X+1)→N↵
N◢
```

fig. 1 - Sur Casio Graph 35+.

```
PROGRAM:DE
:NbrAléat→X
:ent(6*X+1)→N
:Disp N
```

fig. 2 - Sur TI-83 Plus.

a. Vérifier que ces programmes donnent un entier compris entre 1 et 6.
b. Modifier un de ces programmes pour que l'utilisateur puisse choisir le nombre de lancers et pour qu'il affiche la fréquence (en pourcentage) d'apparition de chaque valeur lors de la série de lancers.

A. Statistiques descriptives

Dans cette partie, tous les exemples s'appuieront sur les données suivantes.

Une entreprise Z emploie 52 personnes. On souhaite étudier le montant, en euros, de leur salaire mensuel net. Le service comptable fournit le tableau suivant :

Salaire mensuel net (en €)	1 000	1 200	1 500	2 500	3 000
Nombre de personnes	5	8	24	13	2

1 Vocabulaire

- La **population** désigne l'ensemble des personnes ou objets sur lesquels porte l'étude statistique.
- L'ensemble des données recueillies s'appelle la **série statistique**. Elle énumère des propriétés des individus de la population, appelés **caractères**.

EXEMPLE

Ici, la population est l'ensemble des 52 personnes et le caractère est le montant du salaire mensuel net de chacune d'elles.

Lors d'une étude statistique, on note les valeurs prises par le caractère étudié.

- L'**effectif** d'une valeur du caractère est le nombre d'éléments de la population ayant cette valeur pour caractère.
- La **fréquence** d'une valeur du caractère est le quotient de l'effectif de la valeur par l'effectif total ; c'est un nombre compris entre 0 et 1.

EXEMPLE

Ici, les valeurs du caractère sont 1 000, 1 200, 1 500, 2 500 et 3 000.
L'effectif total de l'entreprise est égal à 52 (= 5 + 8 + 24 + 13 + 2).
L'effectif de la valeur 1 200 est 8 et la fréquence de la valeur 1 200 est $\frac{8}{52} \approx 0{,}154$.
Cela signifie que environ 15,4 % des personnes gagnent 1 200 €.

DÉFINITIONS

Les **effectifs cumulés croissants** donnent les effectifs des valeurs inférieures à chaque valeur du caractère.
De manière similaire, on peut étudier les **effectifs cumulés décroissants**.

DÉFINITIONS

Les **fréquences cumulées croissantes** donnent les fréquences des valeurs inférieures à chaque valeur du caractère.
De manière similaire, on peut étudier les **fréquences cumulées décroissantes**.

EXEMPLE

Le tableau suivant donne les effectifs cumulés croissants et fréquences cumulées croissantes (arrondies à 0,01 près) :

Salaire mensuel (en €)	1 000	1 200	1 500	2 500	3 000
Effectif cumulé croissant	5	13	37	50	52
Fréquence cumulée croissante (en %)	9,62 %	25 %	71,15 %	96,15 %	100 %

Le nombre 13 signifie que 13 salariés ont un salaire mensuel inférieur ou égal à 1 200 €.
Le nombre 25 % signifie que 25 % des salariés considérés ont un salaire mensuel inférieur ou égal à 1 200 €.

2 Représentation d'une série statistique

- Un **nuage de points** est, dans un repère, l'ensemble des points ayant comme abscisse une valeur du caractère et comme ordonnée l'effectif correspondant.
- Un **diagramme en bâtons** indique sous forme de segments les effectifs ou les fréquences qui correspondent aux valeurs du caractère étudié.
- Un **histogramme** indique sous forme de rectangles les effectifs ou les fréquences en fonction des différentes valeurs du caractère étudié. L'aire des rectangles est proportionnelle à l'effectif ou à la fréquence de la valeur.

REMARQUE

Les histogrammes sont principalement utilisés lorsque les valeurs du caractère sont regroupées en classes (cf. exercice 57 p. 287).

EXEMPLES

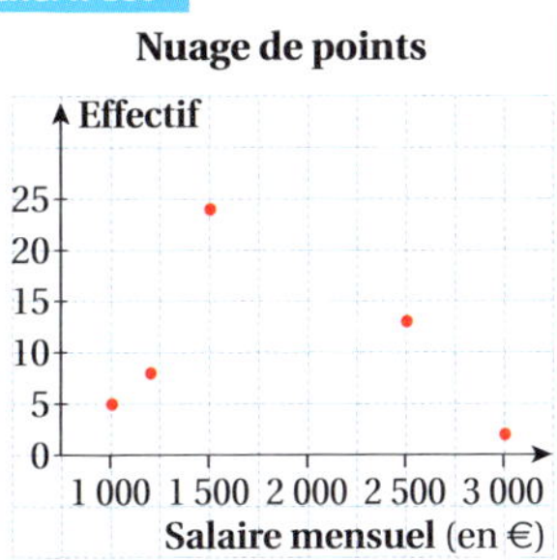

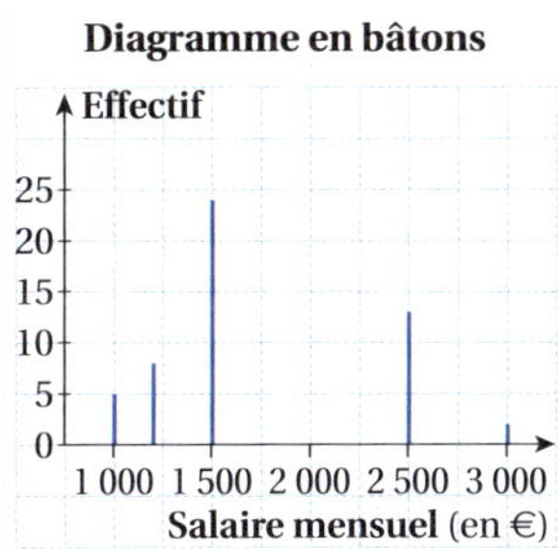

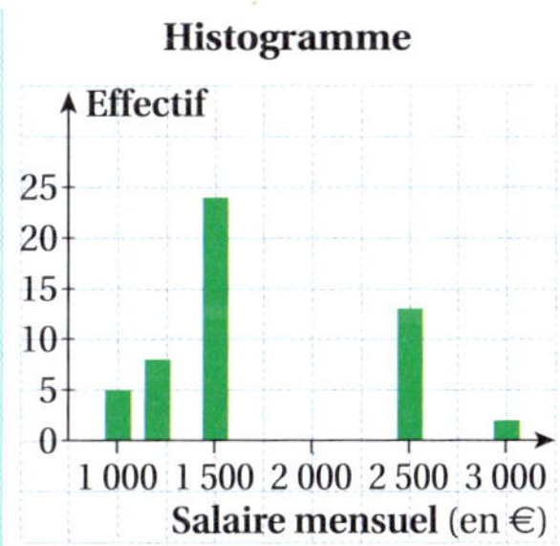

Une **courbe des fréquences cumulées** relie le nuage des points qui correspondent aux effectifs cumulés croissants.

EXEMPLE

Le point de coordonnées (1 200 ; 25) signifie que 25 % des salariés considérés ont un salaire mensuel inférieur ou égal à 1 200 €.

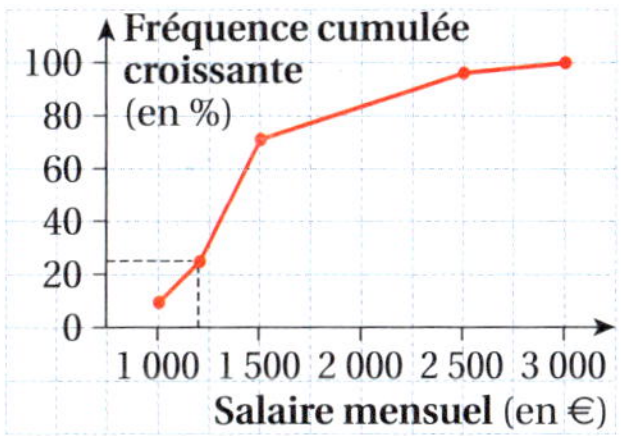

▶ Savoir-faire 1
Proposer une représentation graphique, p. 269

3 Moyenne

DÉFINITION

La **moyenne** d'une série statistique dont les valeurs du caractère sont x_1 ; x_2 ;...; x_k et les effectifs correspondants : n_1 ; n_2 ;...; n_k est notée $\overline{x}$ et vaut :

$$\overline{x} = \frac{n_1x_1 + ... + n_kx_k}{n_1 + ... + n_k}$$

EXEMPLE

Pour l'entreprise Z, la moyenne des salaires vaut environ 1 713 € :

$$\frac{5\times1\,000+8\times1\,200+24\times1\,500+13\times2\,500+2\times3\,000}{5+8+24+13+2} = \frac{89\,100}{52} \approx 1\,713$$

4 Médiane et quartiles

DÉFINITION

La **médiane** m est une valeur du caractère étudié telle que la moitié de l'effectif ait des valeurs inférieures à m et l'autre moitié des valeurs supérieures à m.

Pour déterminer la médiane de N valeurs, on range ces valeurs par **ordre croissant**.

- Si N est impair, la médiane m est la valeur du caractère numérotée $\frac{N+1}{2}$.
- Si N est pair, la médiane m est le milieu entre les valeurs numérotées $\frac{N}{2}$ et $\frac{N}{2}+1$.

DÉFINITIONS

Le **premier quartile** est le plus petit élément Q_1 des valeurs des termes de la série, tel qu'au moins 25 % des données sont inférieures ou égales à Q_1.
Le **troisième quartile** est le plus petit élément Q_3 des valeurs des termes de la série, tel qu'au moins 75 % des données sont inférieures ou égales à Q_3.

Les quartiles sont les valeurs d'une série statistique qui séparent cette série en 4 groupes de même effectif.

EXEMPLE

- Pour l'entreprise Z, la médiane des salaires est égale à 1 500 €.

En effet, la moitié de l'effectif est $\frac{52}{2} = 26$.
Les salaires rangés dans l'ordre sont :
1 000 ; 1 000 ;... ; 2 500 ; 3 000 ; 3 000.
Le 26e et le 27e salaires sont égaux à 1 500 €.

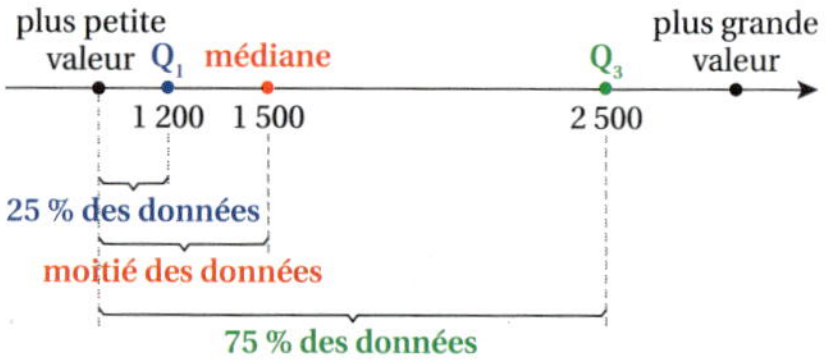

- $Q_1 = 1\,200$ € et $Q_3 = 2\,500$ €.

En effet, 25 % de l'effectif correspond à 13.
Le 13e salaire vaut 1 200 €.
75 % de l'effectif vaut 39.
Le 39e salaire vaut 2 500 €.

▶ Savoir-faire 2
Comparer deux séries statistiques, p. 270

B. Échantillonnage

1 Échantillon

DÉFINITION

Un échantillon de taille n est obtenu à partir d'une population en réitérant n fois de suite l'opération suivante : on prélève au hasard un de ses éléments, on note la valeur du caractère prélevé et on remet l'élément prélevé dans la population.

REMARQUE

Bien souvent, pour des raisons pratiques, il n'y a pas de remise lors du prélèvement. On peut néanmoins prouver que les résultats suivants restent vrais lorsqu'il n'y a pas remise après chaque prélèvement, pour peu que l'effectif total soit très grand par rapport au nombre d'éléments prélevés.

EXEMPLES

1. Dans une entreprise qui fabrique des lecteurs MP4, pour effectuer un contrôle dans la fabrication, on peut prélever un échantillon de taille 100. C'est-à-dire que l'on prend au hasard un des lecteurs pour vérifier si le logo est défectueux, puis on le remet. Et ceci 100 fois de suite.

2. Dans un établissement scolaire, pour étudier ce que les élèves pensent du restaurant, on peut adresser un questionnaire de satisfaction à 50 élèves. Pour cela, on prélève au hasard une fiche du fichier des élèves de l'établissement, on lui fait remplir le questionnaire de satisfaction, on note son nom et on remet la fiche. Et ceci 50 fois de suite.

2 Intervalle de fluctuation

Soit une population pour laquelle on étudie un caractère pouvant prendre les valeurs « vrai » ou « faux ». On suppose connaître la proportion p de la population pour laquelle le caractère est vrai ; nous la nommerons « **proportion effective** p ».
Un échantillon de taille n de cette population est prélevé. On peut mesurer la proportion f de l'échantillon pour laquelle le caractère est vrai ; nous la nommerons « **fréquence observée** f ».

DÉFINITION

L'**intervalle de fluctuation au seuil de 95 %** d'une fréquence d'un échantillon de taille n est l'intervalle I centré autour de la proportion effective p tel que la fréquence observée f se trouve dans I avec une probabilité égale à 0,95.

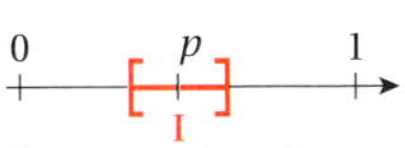

f se trouve dans I avec une probabilité de 0,95.

EXEMPLE

Dans une entreprise qui fabrique des lecteurs MP4, on suppose que 25 % d'entre eux ont le logo défectueux. La proportion effective p est donc égale à 0,25.
Lorsque l'on prélève un échantillon de taille $n = 100$ dans cette production, on peut compter le nombre de lecteurs MP4 ayant le logo défectueux dans ce prélèvement.

Notons ce nombre $n_{\text{défectueux}}$. La fréquence observée f est le quotient $\dfrac{n_{\text{défectueux}}}{n}$.

Pour un échantillon de taille $n = 100$, l'intervalle de fluctuation au seuil de 95 % de la fréquence des lecteurs au logo défectueux, est un intervalle I de centre 0,25 tel que pour 95 % des échantillons de taille 100, les fréquences observées se trouvent dans I.

PROPRIÉTÉ

Soit une population pour laquelle on connaît la proportion effective p d'un caractère, située entre 0,2 et 0,8. On s'intéresse à la fréquence observée f du caractère dans un échantillon de taille $n > 25$ prélevé dans cette population.

L'intervalle de fluctuation au seuil de 95 % de f est l'intervalle $[p - \frac{1}{\sqrt{n}} ; p + \frac{1}{\sqrt{n}}]$.

Cela signifie qu'il y a une probabilité de 0,95 pour que la fréquence observée du caractère dans un échantillon de taille n se trouve dans l'intervalle $[p - \frac{1}{\sqrt{n}} ; p + \frac{1}{\sqrt{n}}]$.

REMARQUE

Cet intervalle peut être obtenu, de façon approchée, par simulation (paragraphe B 4).

3 Estimation d'une proportion

▶ Savoir-faire 3 Comprendre l'influence de la taille sur l'étendue d'un intervalle de fluctuation, p. 271

▶ Savoir-faire 4 Estimation d'une proportion inconnue, p. 271

Soit p la proportion d'un caractère dans une population ; on suppose que p est comprise entre 0,2 et 0,8. Pour un échantillon de taille n prélevé dans cette population, on note f la fréquence observée pour cet échantillon. On suppose que n est supérieure à 25.

PROPRIÉTÉ

Parmi tous les échantillons de taille n possibles ayant comme fréquence observée f, 95 % des intervalles associés $[f - \frac{1}{\sqrt{n}} ; f + \frac{1}{\sqrt{n}}]$ contiennent la proportion effective p.

DÉFINITION

L'intervalle $[f - \frac{1}{\sqrt{n}} ; f + \frac{1}{\sqrt{n}}]$ est dit un **intervalle de confiance** de p au niveau 0,95 ou encore une fourchette de sondage de p au niveau 0,95.

4 Simulation

Pour déterminer l'intervalle de fluctuation au seuil de 95 %, ou encore pour vérifier si une hypothèse émise pourrait être vraie, des simulations s'avèrent nécessaires.

EXEMPLE

Une urne contient 400 boules rouges et 600 boules blanches.

Pour un échantillon de taille 100, on compte le nombre de boules rouges de l'échantillon et on calcule la fréquence observée f.

Le prélèvement de cet échantillon peut être simulé à l'aide d'une calculatrice ou d'un tableur*.

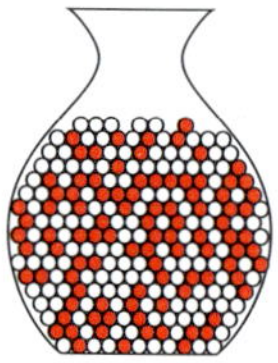

Une telle simulation permet d'« effectuer » des milliers de tels prélèvements et de vérifier que, dans 95 % des cas, la fréquence (proportion) des boules rouges dans l'échantillon est située dans l'intervalle [0,3 ; 0,5] ce qui correspond bien à l'intervalle $[p - \frac{1}{\sqrt{n}} ; p + \frac{1}{\sqrt{n}}]$ où $p = 0,4$ et $n = 100$.

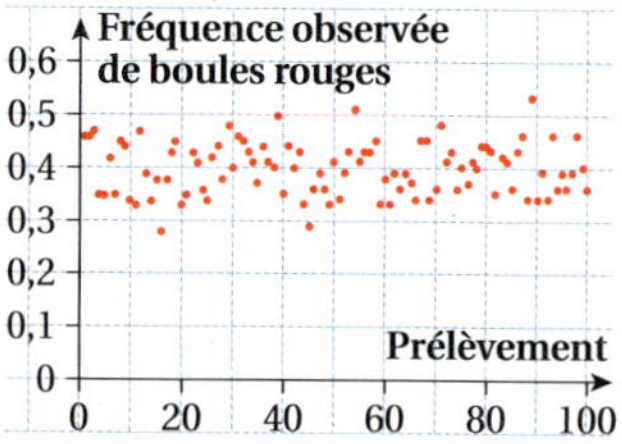

Graphique donnant pour 100 prélèvements les fréquences observées de boules rouges.

▶ Savoir-faire 5 Réaliser une simulation, p. 272

* Avec un tableur, on utilisera la fonction « =ENT(ALEA()+1,6) » qui donne 1 avec la probabilité 0,4 et 2 avec la probabilité 0,6.

Savoir-faire

Savoir-faire 1 *Proposer une représentation graphique*

ÉNONCÉ Dans une classe de seconde, chaque élève est invité à noter sur une feuille le nombre d'heures, arrondi à l'unité, passées devant l'écran d'un ordinateur durant son premier jour de vacances de printemps. Les données inscrites sur la feuille sont les suivantes :

3 ; 1 ; 3 ; 2 ; 5 ; 7 ; 7 ; 7 ; 0 ; 1 ; 4 ; 6 ; 0 ; 6 ; 5 ; 1 ; 0 ; 3 ; 3 ; 0 ; 4 ; 7 ; 6 ; 3 ; 5 ; 6 ; 7 ; 3 ; 5 ; 3 ; 0 ; 0 ; 7.

Proposer des représentations graphiques qui permettent de synthétiser ces données.

SOLUTION

Les valeurs du caractère étudié sont : 0 ; 1 ; 2 ; 3 ; 4 ; 5 ; 6 et 7. Le tableau qui donne les effectifs est :

Nombre d'heures devant un écran	0	1	2	3	4	5	6	7
Effectif	6	3	1	7	2	4	4	6

Traçons le nuage de points de cette série statistique :

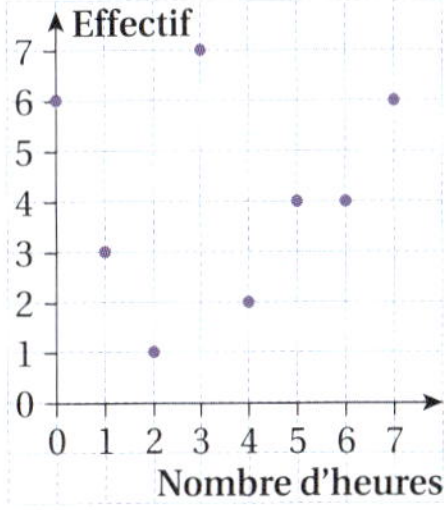

Le diagramme en bâtons correspondant est :

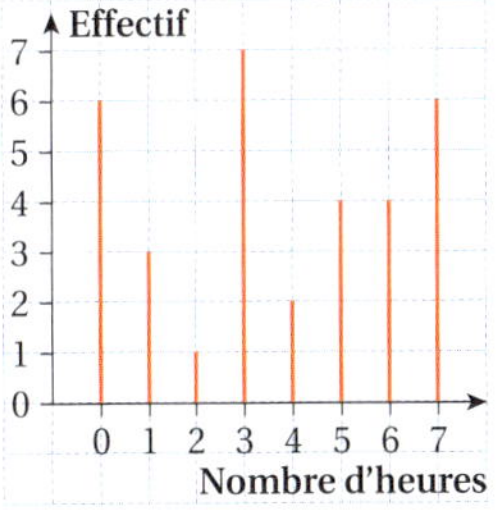

L'histogramme correspondant est :

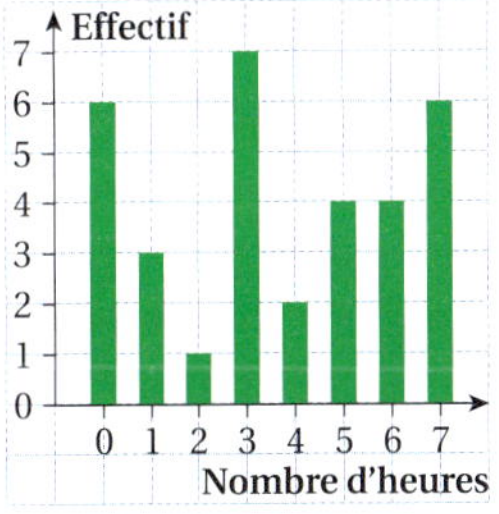

MÉTHODE

Il faut tout d'abord identifier précisément quel est le caractère étudié et quelles sont les valeurs prises par ce caractère.

Pour les représentations graphiques, les valeurs du caractère sont sur l'axe des abscisses et les effectifs correspondants sont sur l'axe des ordonnées.

REMARQUE On aurait également pu déterminer la fréquence de chaque valeur du caractère et tracer le diagramme en bâtons ou l'histogramme des fréquences.

Nombre d'heures devant un écran	0	1	2	3	4	5	6	7
Fréquence (en %)	18,2	9,1	3,0	21,2	6,1	12,1	12,1	18,2

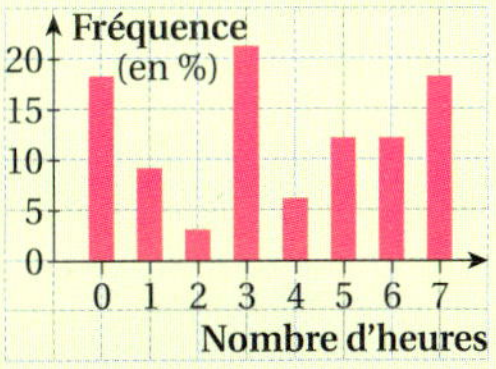

L'allure de cette représentation est similaire à celle des effectifs car effectifs et fréquences sont proportionnels (les fréquences s'obtiennent en divisant les effectifs par l'effectif total, *ici* 33).

REMARQUE

Un diagramme circulaire est également une représentation possible.

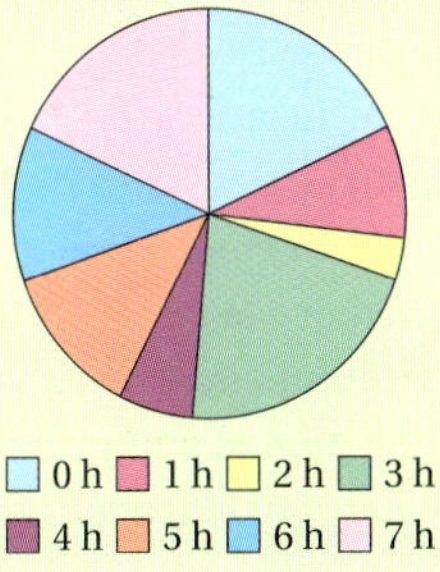

Savoir-faire 2 *Comparer deux séries statistiques*

ÉNONCÉ Les notes à un devoir de sciences de l'ingénieur, donné à deux groupes d'une même classe, sont les suivantes :

Groupe A	6 ; 6 ; 8 ; 10 ; 10 ; 10 ; 11 ; 11 ; 12 ; 12 ; 13 ; 13 ; 15 ; 15 ; 16.
Groupe B	6 ; 6 ; 6 ; 6 ; 7 ; 9 ; 10 ; 11 ; 14 ; 14 ; 14 ; 19 ; 19 ; 20.

a. Calculer les moyennes, médianes et quartiles pour chacun des groupes.
b. Comparer les notes des deux groupes.

SOLUTION

a. Pour le groupe A

- L'effectif est $N = 15$. La moyenne est 11,2.
- Comme N est impair, la médiane est le $\frac{N+1}{2}^{e}$ élément de la série, c'est-à-dire 11.
- $\frac{1}{4}N = 3{,}75$

Donc Q_1 est le 4e élément de la série, c'est-à-dire 10.

- $\frac{3}{4}N = 11{,}25$

Donc Q_3 est le 12e élément de la série, c'est-à-dire 13.

Pour le groupe B

- L'effectif est $N = 14$. La moyenne est 11,5.
- Comme N est pair, on cherche le $\frac{N}{2}^{e}$ élément de la série (10) et le $\left(\frac{N}{2}+1\right)^{e}$ élément de la série (11).

La médiane est le milieu de ces deux valeurs, c'est-à-dire $\frac{10+11}{2} = 10{,}5$.

- En procédant de la même manière que pour le groupe A, on trouve $Q_1 = 6$ et $Q_3 = 14$.

b. Comparaison des deux groupes

	Groupe A	Groupe B
Effectif total	15	14
Moyenne	11,2	11,5
Q_1	10	6
Médiane	11	10,5
Q_3	13	14

La moyenne des notes du groupe A est plus faible que celle du groupe B.
La médiane des notes du groupe A est plus élevée que celle du groupe B.
La différence la plus significative des deux groupes est le regroupement des notes autour de la médiane. En effet, pour le groupe A, Q_1 et Q_3 sont de 10 et 13, alors que pour le groupe B, ils valent respectivement 6 et 14.

MÉTHODE

a. • La moyenne est obtenue en divisant la somme des valeurs par le nombre de valeurs, ou effectif total, que nous noterons N.

REMARQUE L'effectif et la moyenne peuvent être obtenus à la calculatrice ou à l'aide d'un tableur.

• Pour déterminer médiane et quartiles, il faut au préalable ranger les valeurs du caractère étudié par ordre croissant.
- La médiane est définie comme la valeur du caractère numérotée $\frac{N+1}{2}$ lorsque N est impair, et le milieu entre les valeurs numérotées $\frac{N}{2}$ et $\frac{N}{2}+1$ lorsque N est pair.
- Les quartiles se trouvent après avoir calculé $\frac{1}{4}N$ et $\frac{3}{4}N$.

Si n est le plus petit entier naturel supérieur ou égal à $\frac{1}{4}N$, le premier quartile est la n^{e} valeur de la série étudiée.
On procède de même pour le troisième quartile.

REMARQUE La médiane et les quartiles donnés par le tableur ou la calculatrice peuvent différer de ce que l'on obtient en appliquant les définitions du cours mais cela permet néanmoins d'avoir un ordre de grandeur de ce qu'il faut trouver.

	A	B
Q_1_tableur	10	6,25
Médiane_tableur	11	10,5
Q_3_tableur	13	14

b. Pour comparer deux séries de données, on commente les différences entre les paramètres calculés. Pour la médiane et les quartiles, on peut expliquer leur signification. Mais il s'agit bien de faire une « comparaison mathématique » et non d'interpréter les résultats trouvés.

Savoir-faire 3 Comprendre l'influence de la taille sur l'étendue d'un intervalle de fluctuation

ÉNONCÉ On lance 50 fois une pièce de monnaie équilibrée.

a. Calculer l'intervalle de fluctuation au seuil de 95 % de la fréquence d'apparition de « pile » pour 50 lancers.

b. Proposer une méthode qui permette de diviser par 2 la taille de l'intervalle de fluctuation.

SOLUTION

a. L'intervalle de fluctuation de la fréquence observée f est $[p - \frac{1}{\sqrt{n}} ; p + \frac{1}{\sqrt{n}}]$, formule qui peut être appliquée lorsque $n \geqslant 25$ (ici $n = 50$) et $0,2 \leqslant p \leqslant 0,8$ (ici $p = 0,5$ car la pièce est équilibrée).

Donc l'intervalle de fluctuation est $[0,5 - \frac{1}{\sqrt{50}} ; 0,5 + \frac{1}{\sqrt{50}}]$ avec une probabilité d'au moins 0,95, soit [0,35 ; 0,64].

Cela signifie que, lorsque l'on lance 50 fois une pièce de monnaie équilibrée, la proportion de « pile » est entre 0,35 et 0,64 (entre 17 et 32 « pile ») avec une probabilité de 0,95.

b. La largeur de l'intervalle est $\frac{2}{\sqrt{50}} \approx 0,28$.

Pour la modifier, il faut changer n, le nombre de lancers.

Soit n' le nouveau nombre de lancers. Il faut : $\frac{2}{\sqrt{n'}} = \frac{1}{2}\frac{2}{\sqrt{50}} \Leftrightarrow \sqrt{n'} = 2\sqrt{50} \Leftrightarrow n' = 200$.

Pour diviser par 2 la taille de l'intervalle de fluctuation, il faut multiplier par 4 le nombre de lancers, soit ici faire 200 lancers.

MÉTHODE

Lancer n fois une pièce de monnaie et compter les « pile » peut être considéré comme un prélèvement d'un échantillon de taille n dans une population avec une proportion p d'éléments ayant le caractère « pile ».
Cette proportion p vaut 0,5 pour une pièce équilibrée.
Lorsque le nombre de prélèvements n est supérieur à 25, et p comprise entre 0,2 et 0,8, l'intervalle de fluctuation de la fréquence observée f pour un échantillon est $[p - \frac{1}{\sqrt{n}} ; p + \frac{1}{\sqrt{n}}]$ avec une probabilité d'au moins 0,95.

Savoir-faire 4 Estimation d'une proportion inconnue

ÉNONCÉ Avant une élection à laquelle se présente un candidat A, on réalise un sondage auprès de 98 personnes pour estimer le pourcentage de votants qui vont choisir le candidat A.

On suppose que ce sondage revient à une prise d'échantillon, c'est-à-dire que chaque personne interrogée est choisie au hasard parmi les votants et qu'elle va réellement voter pour la personne qu'elle aura désignée lors du sondage.

42 personnes interrogées déclarent voter pour le candidat A.
On note p la proportion des votants qui voteront effectivement pour le candidat A.

a. Donner un intervalle de confiance de p au niveau 0,95.

b. Le candidat A est déclaré élu si plus de 50 % des votants l'ont choisi.
Est-il possible que le candidat A ne soit pas élu ? Expliquer.

c. Un deuxième sondage est organisé dans les mêmes conditions mais on interroge 1 000 personnes.
Parmi celles-ci, 565 voteront pour le candidat A.
Est-il possible que le candidat A ne soit pas élu ? Expliquer.

SOLUTION

a. Si p désigne la proportion effective dans une population et f la fréquence (ou proportion observée) dans un échantillon de taille n, un intervalle de confiance de p au niveau 0,95 est $[f-\frac{1}{\sqrt{n}}\ ;f+\frac{1}{\sqrt{n}}]$.

$$f-\frac{1}{\sqrt{n}}=\frac{42}{98}-\frac{1}{\sqrt{98}}\approx 0{,}32$$

$$f+\frac{1}{\sqrt{n}}=\frac{42}{98}+\frac{1}{\sqrt{98}}\approx 0{,}53$$

L'intervalle de confiance de p au niveau 0,95 est donc [0,32 ; 0,53].

b. Les calculs de la question **a** ne permettent que de donner un intervalle dans lequel pourrait se situer la proportion des votes pour le candidat A. Il est tout à fait possible que le candidat A ne soit pas élu.

c. À partir du deuxième sondage, on trouve de la même manière un intervalle [0,53 ; 0,60].
On peut dire qu'il est probable que la proportion des votants pour le candidat A lui permettra de gagner, mais on ne peut pas exclure que le candidat A ne soit pas élu.

MÉTHODE

a. Lorsque l'on connaît une proportion p (comprise entre 0,2 et 0,8) dans une population, l'intervalle de fluctuation de la fréquence observée f pour un échantillon de taille n ($n \geqslant 25$) est $[p-\frac{1}{\sqrt{n}}\ ;\ p+\frac{1}{\sqrt{n}}]$ avec une probabilité d'au moins 0,95.
Inversement, lorsque l'on connaît f, on peut donner un intervalle de confiance de p au niveau 0,95 : $[f-\frac{1}{\sqrt{n}}\ ;f+\frac{1}{\sqrt{n}}]$.
C'est cet intervalle qui est utile dans la majorité des problèmes concrets car en réalité les échantillons sont pris pour essayer de donner des informations sur la population où la proportion effective n'est pas connue.
b. et **c.** Il faut bien préciser que l'encadrement de la proportion effective, ou intervalle de confiance, n'est qu'une indication et ne permet pas de conclure de façon ferme (*ici, d'affirmer qu'un candidat sera élu ou non*) à partir d'un échantillon.

Savoir-faire 5 *Réaliser une simulation*

TICE

ÉNONCÉ Un jeu consiste à lancer 100 dés cubiques équilibrés dont les faces sont numérotées de 1 à 6.

a. Simuler ce jeu à l'aide de la calculatrice, d'un tableur ou d'un logiciel de programmation.

b. Compter, parmi les 100 dés, la proportion observée de dés dont la face supérieure est un 6.

SOLUTION

a. Il s'agit de demander à la calculatrice, au tableur ou au logiciel de programmation choisi de donner une liste de 100 nombres entiers, choisis au hasard entre 1 et 6.
Utilisons, par exemple, un tableur. En saisissant la formule « =ENT(6*ALEA())+1 » dans la première cellule et en la copiant dans 99 autres cellules, on obtient les 100 résultats demandés, par exemple en lignes 1 à 10 et en colonnes A à J.
La touche F9 permet de générer un nouveau lancer de 100 dés.

b. Avec le tableur, la formule « =NB.SI(A1:J10;6) » permet de trouver le nombre de 6 obtenus et donc de calculer la proportion f demandée : $f=\frac{\text{nombre de 6}}{100}$.

MÉTHODE

Pour demander à la calculatrice, au tableur ou à un logiciel de programmation, une liste de 100 nombres entiers, choisis au hasard entre 1 et 6, il faut connaître la syntaxe à utiliser.
En voici des exemples.

TI-83 Plus

```
PROGRAM:LANCEDE
:100→dim(L1)
:For(I,1,100)
:entAléat(1,6)→L
1(I)
:End
:Disp L1■
```

Casio Graph 35+

```
======LANCEDE ======
100→Dim List 1↵
For 1→I To 100↵
Int (Ran# ×6)+1→List
1[I]↵
Next↵
List 1◢
```

Python

```
from random import *

for i in range (100):
    x=randint(1,6)
    print x, " ; ",
```

Travaux pratiques

TICE 1 Entre les deux

Objectif : Simuler le lancer d'une pièce de monnaie.

Arthur est hésitant. Il est à mi-chemin entre une pizzeria A et un vendeur de kebabs B. Il décide de faire tout son chemin en jouant à pile ou face avec les règles suivantes : « pile », il se rapproche de 10 pas vers A ; « face », il se rapproche de 10 pas vers B.
La distance entre les deux restaurants est de 200 pas. Arthur décide de lancer sa pièce au plus 50 fois. Sur un axe gradué, on peut considérer qu'Arthur se trouve à l'origine, que la pizzeria se trouve au point A d'abscisse 100, et donc que l'abscisse du point B est -100.

1 **a.** Montrer que si Arthur, après un certain nombre de lancers, se trouve en un point d'abscisse n différent de -100 et de 100, il se trouvera après un lancer supplémentaire en un point d'abscisse $n+10$ ou $n-10$.
b. À l'aide d'un tableur ou d'une calculatrice, réaliser une simulation de 50 lancers.

2 Réaliser plusieurs simulations de 50 lancers.
Arthur a-t-il plus de chances de déjeuner ou plus de chances de jeûner ?

TICE 2 Étudier une grande quantité de données

Objectif : Traitement statistique d'une grande quantité de données.

Sur le site du loto, on trouve l'historique des tirages du loto en France au cours des six premiers mois de l'année 2009.

1 Importer ces données dans un tableur en faisant apparaître les informations suivantes : numéro du tirage, boule n°1, boule n°2, boule n°3, boule n°4, boule n° 5 et la boule « numéro chance ».

	A	B	C	D	E	F	G
1	Numéro tirage	boule_1	boule_2	boule_3	boule_4	boule_5	Numéro chance
2	77	35	43	9	28	10	8
3	76	13	4	3	41	6	8
4	75	17	21	22	16	4	1
5	74	36	17	42	28	41	4
6	73	26	27	49	21	33	7
7	72	3	27	41	8	37	2
8	71	49	11	41	21	40	4
9	70	39	16	46	28	24	4

	A	B	C	D	E	F	G
79							
80	Numéro sorti	1	2	3	4	5	6
81	Effectif pour ce numéro pendant les 6 mois	12	14	19	19	13	9
82	Fréquence d'apparition d'un numéro	0,03	0,03	0,04	0,04	0,03	0,02
83							
84	Nombre de boules sorties pendant les 6 mois	462					
85	Plus petit numéro	1					
86	Plus grand numéro	49					
87							

2 Déterminer pour ces données, à l'aide des fonctions NBVAL, MIN et MAX, le nombre total de boules tirées pendant les six mois, ainsi que le plus petit et le plus grand numéros sortis aux tirages.

3 **a.** Utiliser la fonction NB.SI pour déterminer l'effectif, puis la fréquence d'apparition de chacun des numéros sortis durant les six mois.
b. Une telle étude permet-elle d'augmenter les chances pour un joueur de gagner ?

VOIR FICHES ALGORITHMIQUE P. 11

TP Algorithmique 1

Déterminer le premier quartile

Objectif : Constater que la recherche des quartiles se fait par algorithme.

On donne l'algorithme suivant.

```
Entrée :          Demander un nombre et l'affecter à la variable N.
                  Créer une liste L à N éléments (notés dans la suite L(1), … , L(N)).
                  Demander N nombres et les affecter aux N variables L(1), L(2), … , L(N).

Initialisation :  Affecter le nombre L(1) à la variable MM.

Traitement :      Pour k allant de 1 à N-1
                       Déterminer le plus petit nombre x de la liste
                       L(k), … , L(N).
                       On note i l'entier tel que x se trouve en L(i).
                       Échanger les nombres L(i) et L(k).
                  fin du pour
                  Si N est impair, affecter à MM le nombre L((N+1)/2).
                  Si N est pair, affecter à MM le nombre (L(N/2) + L(N/2 + 1))/2.

Sortie :          Afficher le nombre MM.
```

1. Que vaut la sortie de cet algorithme lorsqu'on l'applique aux nombres suivants :
   - 4 pour la variable N ;
   - 16 ; 12 ; 19 ; 13 pour les éléments de la liste L ?
2. Modifier l'algorithme proposé pour qu'il affiche le premier quartile d'une liste de nombres.
3. Programmer l'algorithme de la question 2.

TP Algorithmique 2

Prendre une décision après prise d'échantillon

Objectif : Aborder la notion de test.

Un sac contient des grains de blé et des grains d'avoine.
En apparence, la proportion de grains de blé pourrait être de 50 %.
On souhaite en savoir plus sur cette proportion p de grains de blé par rapport à tous les grains du sac, sans bien sûr tout compter !
Pour cela, on prélève au hasard un grain, on note sa nature (blé ou avoine). Après avoir recommencé ce tirage N fois, on calcule f la proportion de grains de blé parmi les N tirages.

Écrire un algorithme qui, à partir des données N et f, donne les deux bornes de l'intervalle de confiance p au niveau 0,95.

Problème ouvert 1 Petite laine ou grosses moufles ?

Voici les données météorologiques des mois de janvier 2000 et 2007 pour la ville de Paris.

	2000				2007			
Jour	**Températures** (en °C)			**Précipitations** (en mm)	**Températures** (en °C)			**Précipitations** (en mm)
	moyenne	**minimale**	**maximale**		**moyenne**	**minimale**	**maximale**	
01-janv	8,5	7	10	0	11,3	8,3	14,3	7
02-janv	8,5	7	10	0	7	5,6	8,5	5
03-janv	7	5,5	8,4	0,4	6,9	5,4	8,4	0
04-janv	8,4	6,7	10,1	1,6	10	8,5	11,5	3
05-janv	8,9	7,5	10,3	0	10,2	8,9	11,5	0
06-janv	7,5	4,5	10,5	1,4	12,4	11,7	13	1
07-janv	6	5,3	6,8	0	8	5,4	10,6	0
08-janv	7,6	5	10,2	2	11	10,4	11,6	0
09-janv	6,2	5,2	7,2	0	13,4	12,4	14,4	0
10-janv	3,6	1,6	5,6	0	11,2	9	13,3	2
11-janv	–1,4	–2,6	–0,1	0	8	4,3	11,7	0
12-janv	0,1	–2,2	2,4	0	10,2	7,8	12,5	0
13-janv	1,5	0,3	2,7	0	11,1	10,4	11,8	0
14-janv	4	2,1	5,9	0	9,1	6,9	11,3	0
15-janv	3,4	1,3	5,6	0	5,4	2,4	8,5	0
16-janv	3	0,2	5,8	0	8	6,2	9,9	0
17-janv	6,6	3,8	9,3	0	11,9	10,7	13,1	0
18-janv	6	4,2	7,8	0	14,6	13,7	15,6	7
19-janv	5,7	5,1	6,3	0	14	13,1	14,9	0
20-janv	4,9	2,9	6,9	0	12,3	10,3	14,3	3
21-janv	6	4,6	7,4	0	8,4	6,5	10,4	0
22-janv	5,1	3,8	6,4	5,1	5,4	2,9	8	0
23-janv	4,7	3,1	6,3	1,6	1,7	0,7	2,7	0
24-janv	1,2	–0,5	2,9	0	1,8	0,3	3,3	0
25-janv	–0,5	–3,3	2,3	0	0,1	–2,2	2,4	0
26-janv	–0,6	–3,7	2,4	0		–2,9	3	0
27-janv	–0,3	–4,7	4,1	0	5,2	2,5	8	0
28-janv	2,3	–3,3	7,9	2	4,7	1,9	7,5	0
29-janv	7,8	4,3	11,3	0,2	7,8	5,8	9,8	0
30-janv	11,8	9,9	13,7	0	8,4	7,5	9,2	0
31-janv	11	9,4	12,7	0	8,6	7,5	9,6	0

1. Calculer les moyennes et les médianes correspondant à ces données pour les deux années. Commenter ces résultats.
2. Proposer une présentation comparative synthétique à l'aide de graphiques.

Problème ouvert 2 Le mouton

Un paisible mouton écossais se trouve chaque matin au centre d'une lande carrée, de côté 20 m, bordée d'une route. Durant la journée, pendant 10 heures, toutes les 5 minutes, le mouton se déplace de 1 m en choisissant au hasard une direction : soit le nord, soit le sud, soit l'est, soit l'ouest.
La moitié des jours de l'année, il est retrouvé, le soir, hors de la lande. Est-ce normal ?

Gottfried ACHENWALL
(1719 - 1772, Allemagne)
Économiste considéré comme un des fondateurs de la statistique.

Pierre Simon DE LAPLACE
(1749 - 1827, France)
Donne la définition de la probabilité d'un événement.

Wallodi WEIBULL
(1887 - 1979, Suède)
Ses travaux permettent de préciser la notion de fiabilité d'un produit.

XVIIIe siècle — 1795 — 1951

1600 1650 1700 1750 1800 1850 1900 1950 2000

Des recensements aux statistiques

Naissance d'une science

Les recensements sont nés avec le besoin de démontrer une certaine puissance d'un peuple. On répertoriait ainsi les armes, les soldats, les récoltes, les revenus du commerce… On trouve les premières données de recensements dans l'Antiquité : par exemple, en Chine en 2200 avant J.-C. ou bien chez les Égyptiens en 1700 avant J.-C. Chez les Romains, les censeurs effectuaient tous les 5 ans sur la place publique un recensement du peuple. En l'an 21 de notre ère, l'empereur Auguste ordonna un dénombrement général de tout son empire. En France, on trouve quelques données sur la population dès le Ve siècle. En 1697, Louis XIV demanda à ses intendants une étude détaillée de l'état politique, agricole et commercial du royaume.

D'après une évaluation statistique donnée par Vauban en 1698, la France comptait alors : 13 millions d'habitants, 1,5 millions de domestiques, 24 000 maisons à Paris dont 4 000 à porte cochère.

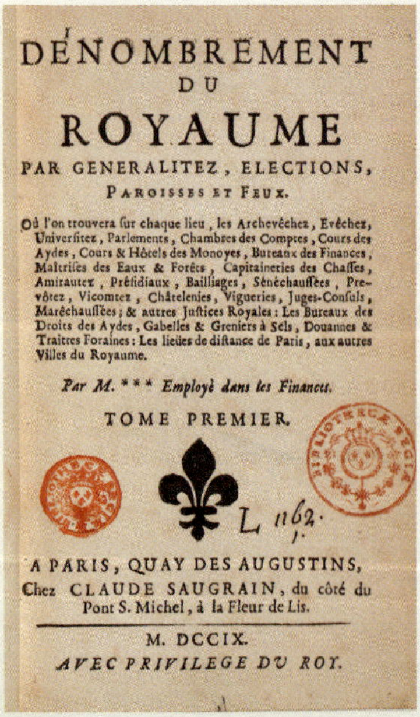

DÉNOMBREMENT DU ROYAUME
PAR GENERALITEZ, ELECTIONS, PAROISSES ET FEUX.
Où l'on trouvera sur chaque lieu, les Archevêchez, Evêchez, Universitez, Parlements, Chambres des Comptes, Cours des Aydes, Cours & Hôtels des Monoyes, Bureaux des Finances, Maîtrises des Eaux & Forêts, Capitaineries des Chasses, Amirautez, Présidiaux, Bailliages, Sénéchaussées, Prevôtez, Vicomtez, Châtelenies, Vigueries, Juges-Consuls, Maréchaussées ; & autres Justices Royales : Les Bureaux des Droits des Aydes, Gabelles & Greniers à Sels, Douannes & Traittes Foraines : Les lieües de distance de Paris, aux autres Villes du Royaume.
*Par M. *** Employé dans les Finances.*
TOME PREMIER.
A PARIS, QUAY DES AUGUSTINS, Chez CLAUDE SAUGRAIN, du côté du Pont S. Michel, à la Fleur de Lis.
M. DCCIX.
AVEC PRIVILEGE DU ROY.

1. 1709, Bibliothèque Nationale de France, Paris.

Le mot « statistique » est introduit au XVIIIe siècle par l'économiste allemand Gottfried ACHENWALL. Il désigne alors une arithmétique permettant de connaître un État par l'étude de sa population, de son commerce, de son industrie…
La statistique est restée essentiellement descriptive jusqu'au XVIIIe siècle.

Statistiques et mathématiques

À partir du XVIIIe siècle, les statistiques prennent une orientation différente : il s'agit alors de réfléchir sur les données descriptives et d'étudier les enseignements que l'on peut en tirer. En particulier, on cherche à émettre les premières prévisions à partir de phénomènes observés. Par exemple, à la fin du XVIIIe siècle, sont dressées les premières tables de mortalité en vue d'organiser un système d'assurance sur la vie. Cette évolution des statistiques s'appuie sur celle des probabilités : on utilise le calcul des probabilités pour exploiter les résultats observés. Jacques BERNOULLI (1654 - 1705) et Pierre Simon DE LAPLACE sont les initiateurs de ce progrès : ils ont formulé la loi des grands nombres et ont montré l'utilisation possible des probabilités dans les sciences humaines et sociales.
Depuis la fin du XIXe siècle, les statistiques trouvent leur application dans de nombreux domaines : astronomie, physique, sociologie, médecine, industrie…
Dans l'industrie par exemple, les travaux du suédois Wallodi WEIBULL ont contribué à fournir aux industriels des méthodes afin de mettre en place des tests de fiabilité à partir d'études sur des échantillons d'un produit.

Exercices d'application

Statistiques descriptives

Représentations graphiques

1 Un magasin de sport a fait l'inventaire des paires de skis paraboliques qu'il propose en location :

Taille des skis (en cm)	**Nombre de paires**
130	2
135	5
140	7
145	15
150	35
155	46
160	63
165	32
170	10
175	10

Proposer plusieurs représentations graphiques de ces données.

▸ Savoir-faire 1 p. 269

2 Un contrôle dans une production de jus de fruits porte sur la contenance réelle de 50 bouteilles produites. Les mesures, au cL près, donnent les résultats suivants :
- 32 bouteilles contiennent exactement 100 cL ;
- dans 8 bouteilles, il manque 1 cL ;
- dans 7 bouteilles, il y a 1 cL de trop ;
- dans 3 bouteilles, il y a 2 cL de trop.

Dessiner deux représentations graphiques : l'une pour les effectifs et l'autre pour les fréquences.

▸ Savoir-faire 1 p. 269

3 Les notes à un devoir de sciences économiques et sociales dans une classe de première sont les suivantes :
13 ; 11 ; 8 ; 11 ; 9 ; 12 ; 13 ; 8 ; 16 ; 8 ; 14 ; 15 ; 7 ; 11 ; 8 ; 6 ; 6 ; 10 ; 16 ; 8 ; 15 ; 12 ; 14 ; 16 ; 16 ; 14 ; 14 ; 14 ; 12 ; 9 ; 15 ; 8.

a. Établir le tableau des effectifs cumulés croissants pour ces notes.

b. Tracer le diagramme en bâtons des effectifs cumulés croissants.

c. Compléter les phrases suivantes :

« ... % des élèves ont eu une note inférieure ou égale à 10. »

« ... % des élèves ont eu une note inférieure ou égale à 12. »

« ... % des élèves ont eu une note inférieure ou égale à 16. »

▸ Savoir-faire 1 p. 269

4 Dans une publication de l'« Agence Nationale de Lutte Contre l'Illettrisme », on trouve des statistiques concernant l'âge des 180 000 personnes illettrées d'une région française. Ces statistiques sont comparées à celles portant sur les 3 100 000 personnes illettrées en France métropolitaine.

> **Illetrisme et âge**
>
> Si l'on considère les 180 000 personnes concernées :
>
> - 4 % sont âgées de 18 à 25 ans (France métropolitaine : 9 %) ;
> - 15 % sont âgées de 26 à 35 ans (France métropolitaine : 15 %) ;
> - 25 % sont âgées de 36 à 45 ans (France métropolitaine : 23 %) ;
> - 29 % sont âgées de 46 à 55 ans (France métropolitaine : 30 %) ;
> - 27 % sont âgées de 56 à 65 ans (France métropolitaine : 23 %).

a. Tracer dans un même repère :

– l'histogramme des pourcentages d'illettrés en France métropolitaine ;

– l'histogramme des pourcentages d'illettrés dans cette région.

b. Commenter ces graphiques.

5 Dans un magazine, on lit :

> « Alors que l'information de Canal A traverse une zone de turbulence, Canal B sourit.
> Dimanche 19 octobre, le journal de 20 h de Canal B a réalisé sa meilleure audience depuis février 2008 (pour une édition du week-end). Près de 6,068 millions de téléspectateurs ont suivi ce journal télévisé, soit 24,1 % de part d'audience sur les 4 ans et plus. Sur Canal A, le journal a rassemblé 8,816 millions de téléspectateurs, soit 35,4 % du public. »

a. Représenter l'histogramme qui donne les effectifs des téléspectateurs pour les deux journaux télévisés cités.

b. Expliquer quelles sont les données qui manquent dans l'article du magazine pour s'assurer que l'affirmation « Canal B sourit » est exacte.

6 TICE

Voici des données de l'INSEE sur la structure de la population française par sexe et par groupe d'âge au 1er janvier 2007.

	A	B	C
1	Sexe masculin	Moins de 15 ans	6 018 382
2		Moins de 20 ans	8 096 106
3		De 20 à 59 ans	16 962 365
4		60 ans ou plus	5 745 681
5		75 ans ou plus	1 922 295
6		De 15 à 49 ans	14 886 082
7	Sexe féminin	Moins de 15 ans	5 744 990
8		Moins de 20 ans	7 740 003
9		De 20 à 59 ans	17 227 874
10		60 ans ou plus	7 620 111
11		75 ans ou plus	3 327 375
12		De 15 à 49 ans	14 906 512
13	Population totale		63 392 140

Pour tout l'exercice, on pourra utiliser un tableur.

1. Quel est le nombre d'habitants en France au 1er janvier 2007 ? Pour vérifier la cohérence des nombres indiqués, montrer qu'il est possible de retrouver ce nombre en additionnant 6 cellules de la colonne C.

2. Quel est le nombre d'habitants de sexe masculin qui ont entre 15 et 20 ans ?

3. On note Fm(a) la proportion des Français de sexe masculin dont l'âge est inférieur à a par rapport au nombre total des Français de sexe masculin.
On note Ff(a) la proportion des Français de sexe féminin dont l'âge est inférieur à a par rapport au nombre total des Français de sexe féminin.

a. Compléter le tableau suivant :

Âge a	15	20	60	75	150
Fm(a)					
Ff(a)					

b. Représenter sur un même graphique ces deux séries de fréquences cumulées croissantes.

Moyenne

7 Deux clubs de cyclistes souhaitent comparer leurs performances lors de l'ascension du col du Galibier.
Les temps mis par les cyclistes du club *BeCycle* sont :

2 h 45 min 30 s ; 3 h 01 min 15 s ; 3 h 07 min 30 s ;
3 h 17 min 00 s ; 3 h 35 min 00 s ; 3 h 43 min 30 s ;
3 h 45 min 30 s ; 4 h 00 min 15 s ; 4 h 06 min 00 s ;
4 h 12 min 15 s ; 4 h 15 min 00 s ; 4 h 24 min 00 s.

Ceux des cyclistes du club *CycloPlus* sont :

2 h 53 min 00 s ; 2 h 53 min 45 s ; 3 h 23 min 15 s ;
3 h 25 min 00 s ; 3 h 25 min 45 s ; 3 h 32 min 00 s ;
3 h 42 min 30 s ; 3 h 50 min 00 s ; 3 h 58 min 45 s ;
4 h 17 min 00 s ; 4 h 17 min 30 s.

Calculer le temps moyen mis par les cyclistes de chacun des clubs. On pourra convertir les temps en seconde.

▶ Savoir-faire 2 p. 270

8 Un dictionnaire de Scrabble indique en première page le nombre de mots qu'il contient en fonction du nombre de lettres qui les composent :

Mots de 2 lettres :	75
Mots de 3 lettres :	571
Mots de 4 lettres :	2 364
Mots de 5 lettres :	7 277
Mots de 6 lettres :	16 622
Mots de 7 lettres :	29 996
Mots de 8 lettres :	44 664
Mots de 9 lettres :	55 309
Mots de 10 lettres :	58 149
Mots de 11 lettres :	53 026
Mots de 12 lettres :	42 227
Mots de 13 lettres :	29 666
Mots de 14 lettres :	18 550
Mots de 15 lettres :	10 589

Calculer le nombre moyen de lettres des mots donnés par ce dictionnaire.

9 Le montant moyen des 145 factures éditées au mois de juillet dans un camping est de 253,45 €.
Pour le mois d'août, le montant moyen pour les 152 factures est de 221,10 €.
Quel est le montant moyen des factures éditées pendant les deux mois de juillet et août dans ce camping ?

10 La moyenne des notes en mathématiques au diplôme national du Brevet pour les 25 élèves d'une classe de troisième a été de 14.
La moyenne des notes des 18 filles de la classe a été de 14,7.

a. Calculer la somme des notes des filles de cette classe.

b. Calculer la somme des notes de tous les élèves de cette classe.

c. Calculer la moyenne des notes des garçons.

11 **1.** Calculer la moyenne M_1 des températures suivantes :

14 °C, 15 °C, 20 °C, 28 °C et 30 °C.

2. Le lien entre le degré Celsius (°C) et Kelvin (K) est donné par la relation suivante :

$$T = \theta + 273{,}15$$

avec θ la température en °C et T la température en K.

a. Exprimer les cinq températures données dans la question 1 en K.

b. Quelle est leur moyenne M_2 en K ?

12 Deux facteurs se partagent une tournée pour desservir un village en courrier.

Pendant une partie du mois de juin, le premier facteur a eu, en moyenne, 14,950 kg de courrier par jour.

Pendant le reste du mois, le deuxième facteur a eu, en moyenne, 16,250 kg de courrier par jour.

Calculer le nombre de jours où le courrier a été distribué par le premier facteur, sachant qu'en moyenne, au cours des 26 jours ouvrables du mois, il y a eu 15,700 kg de courrier par jour.

13 Le professeur de latin rend un devoir aux 28 élèves de sa classe.

Il n'a mis que deux notes différentes : 15/20 et 20/20.

a. Montrer que la moyenne de la classe se situera entre 15/20 et 20/20.

b. Le professeur annonce que la moyenne des notes pour ce devoir, arrondie au dixième, est de 19,6/20.

Stéphane a eu 15/20 à ce devoir. Peut-il trouver le nombre d'élèves qui, comme lui, ont eu 15/20 ? Expliquer.

14 Voici la pyramide des âges pour la population française au 1er janvier 2009.

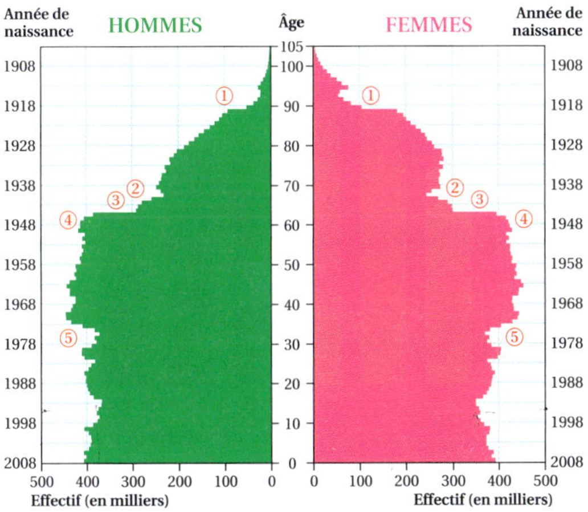

① Déficit des naissances dû à la guerre de 1914-1918 (classes creuses)

② Passage des classes creuses à l'âge de fécondité

③ Déficit des naissances dû à la guerre de 1939-1945

④ Baby-boom

⑤ Fin du baby-boom

D'après l'INSEE.

Expliquer précisément comment calculer l'âge moyen des Français à partir de cette pyramide des âges.

15 La figure suivante donne la répartition de la population française par sexe, âge et état matrimonial au 1er janvier 2007. Elle est constituée par des histogrammes.

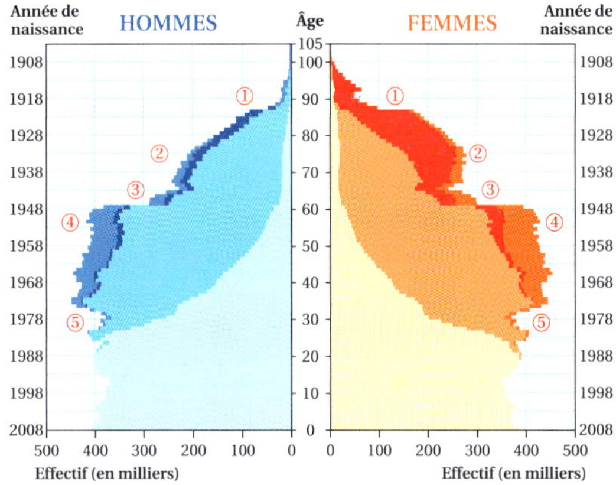

Célibataires — Marié(e)s — Veufs / veuves — Divorcé(e)s

① Déficit des naissances dû à la guerre de 1914-1918 (classes creuses)

② Passage des classes creuses à l'âge de fécondité

③ Déficit des naissances dû à la guerre de 1939-1945

④ Baby-boom

⑤ Fin du baby-boom

D'après l'INSEE.

1. a. Indiquer quels sont les caractères étudiés.

b. A-t-on affaire à des histogrammes d'effectifs ou d'effectifs cumulés croissants ?

2. a. Donner l'allure de l'histogramme des effectifs de l'âge des hommes mariés.

b. Donner l'allure de l'histogramme des effectifs cumulés croissants de l'âge des femmes mariées.

16 **Algorithmique**

Le diagramme en bâtons suivant donne, pour chaque mois d'une année, la température moyenne et la hauteur moyenne des précipitations à Paris.

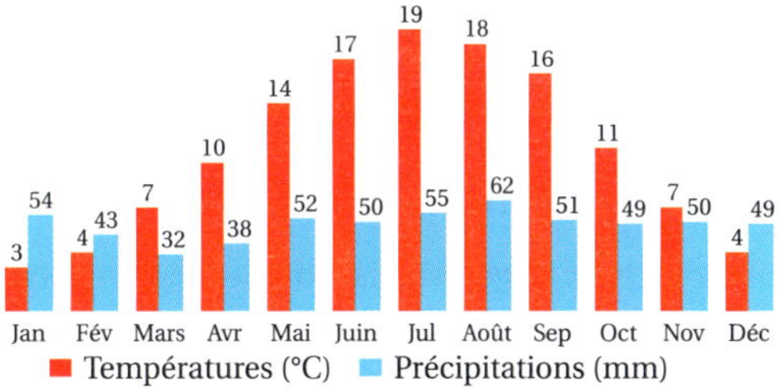

a. Calculer la moyenne des hauteurs des précipitations.

Le nombre obtenu permet-il de donner la hauteur totale des précipitations pendant une année à Paris ?

b. À votre avis, par quelle(s) mesure(s), a-t-on pu obtenir le nombre 3 indiqué pour le mois de janvier ?

Proposer un algorithme qui permette d'obtenir une température moyenne par mois à un endroit donné.

17 Sur un site Internet de jeu de billard gratuit en ligne, on trouve un tableau des meilleurs scores.

Date	Joueur	Score
15/03/2008 16:21	shakka31	6800
01/04/2008 13:42	rafik	4620
03/05/2008 22:05	thundercat91	8220
13/06/2008 18:07	chris	6500
30/06/2008 07:51	chapyChapo	8350
03/08/2008 18:46	ciboxon	9240
15/08/2008 02:35	vielibre	4820
22/08/2008 21:40	ice	7250
24/10/2008 13:38	spirou11	5480
01/11/2008 18:17	laetis	3800
06/11/2008 00:07	tidav_WD	6720
03/04/2009 23:35	nkhata	5310
27/05/2009 23:26	lucien555	9460
23/06/2009 17:02	angel	8510
01/07/2009 09:43	julioman	7380
25/07/2009 00:44	ed14	7530
06/08/2009 13:40	massimous	8300
13/09/2009 16:21	gizmo	7830
23/09/2009 21:21	darkind	1 250

1. Représenter les scores graphiquement par :

a. un diagramme en bâtons ;

b. un histogramme, après avoir regroupé les scores par tranches de 1 000 ([0 ; 1 000[, [1 000 ; 2 000[, …).

2. Quelle est la moyenne des scores ?

3. On s'intéresse aux scores des joueurs qui terminent leur partie entre 7 h et 21 h, que l'on appellera « joueurs diurnes », par rapport aux scores des autres joueurs, que l'on appellera « joueurs nocturnes ».

a. Comparer les moyennes des scores des joueurs diurnes et des joueurs nocturnes.

b. Parmi les joueurs diurnes, quel est le pourcentage de ceux qui ont un score dépassant la moyenne de tous les joueurs ? Même question pour les joueurs nocturnes.

Médiane et quartiles

18 Voici les longueurs (en km) de chacune des 20 étapes du Tour de France 2009 :

187 ; 196 ; 39 ; 196 ; 181 ; 224 ; 176 ; 160 ; 194 ; 192 ; 211 ; 200 ; 199 ; 207 ; 159 ; 169 ; 40 ; 178 ; 167 ; 164.

1. Calculer la moyenne de cette série.

2. a. Ranger les données de cette série dans l'ordre croissant et déterminer sa médiane.

b. Recopier et compléter les phrases suivantes.

« La moitié des étapes du Tour de France 2009 a comporté moins de … km. »

« Le kilométrage total représente 20 fois … km. »

19 Lors de ses 15 derniers matchs de basket, Maddy a marqué les points suivants :

32 ; 13 ; 23 ; 15 ; 15 ; 21 ; 19 ; 15 ; 22 ; 32 ; 6 ; 9 ; 33 ; 21 ; 2.

a. Calculer la moyenne de cette série de points.

b. Déterminer la médiane de la série.

c. Maddy semblait-elle en meilleure forme en début de saison ?

20 Soit les cinq séries de données suivantes :

Série 1 :	4	12	56	67	90
Série 2 :	0	0	56	86	86
Série 3 :	28	29	56	57	58
Série 4 :	2	26	56	57	88
Série 5 :	22	45	56	100	108

a. Calculer pour chacune de ces séries les 3 paramètres suivants : l'étendue*, la moyenne et la médiane.

b. Expliquer les ressemblances ou les différences constatées.

* On rappelle que l'étendue d'une série statistique est la différence entre la plus grande et la plus petite valeur de cette série.

21 **a.** Inventer une série de huit valeurs dont l'étendue est 8, la moyenne est 13 et la médiane est 14.

b. Modifier l'une des valeurs extrêmes de la série pour que l'étendue devienne égale à 15.

Quel est l'effet sur les deux autres caractéristiques ?

22 Dans une station de métro, on note le nombre de tickets achetés à l'unité par chaque client. L'histogramme des effectifs cumulés croissants est le suivant :

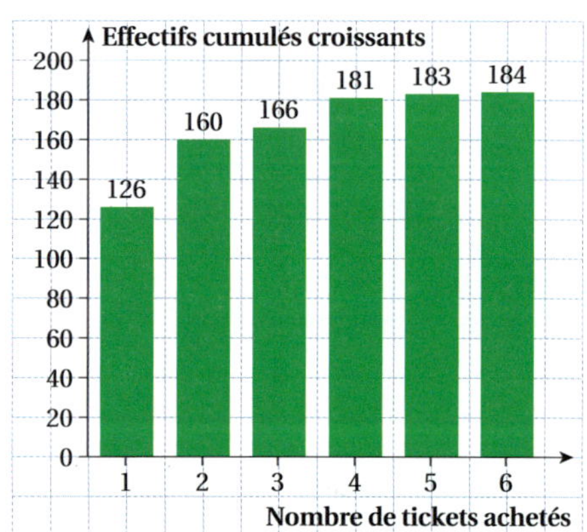

Peut-on en déduire que :

a. chaque client achète au moins 2 tickets ?

b. aucun client n'achète plus de 7 tickets ?

c. la moyenne des tickets achetés est de 3 ?

d. la médiane vaut 2 ?

e. le premier quartile est 1 ?

f. plus de 75 % des clients achètent un seul ticket ?

23 On a mené une étude statistique sur la durée de stationnement de véhicules sur un parking « Dépose minute ». L'histogramme des effectifs en fonction de la durée de stationnement est le suivant :

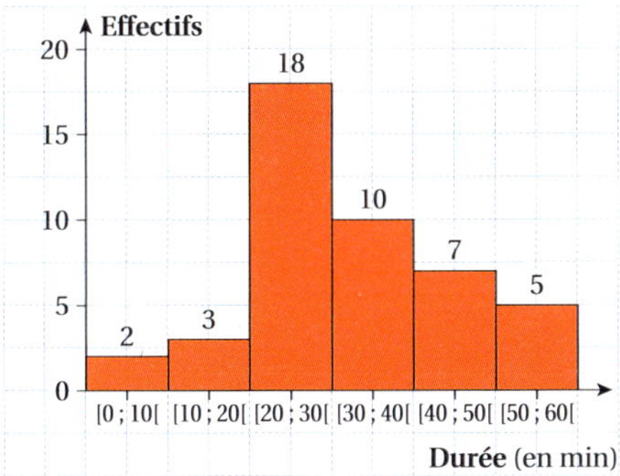

a. Donner la médiane et les quartiles.

b. Peut-on affirmer que la médiane est égale à la moyenne ? Expliquer.

24 **Vrai ou faux ?**

Une étude statistique portant sur les tailles, en mètre, des élèves d'une classe a donné les résultats suivants :

- minimum : 1,54 m ;
- moyenne : 1,73 m ; - médiane : 1,75 m ;
- premier quartile : 1,65 m ; - troisième quartile : 1,82 m.

Pour chacune des affirmations suivantes, indiquer si elle est vraie, fausse ou si on ne peut pas savoir.

a. « L'élève le plus grand mesure 1,90 m. »

b. « La somme des tailles de tous les élèves est 100 m. »

c. « Il y a exactement autant d'élèves qui ont une taille inférieure ou égale à 1,75 m que d'élèves qui ont une taille supérieure ou égale à 1,75 m. »

d. « 30 % des élèves ont une taille inférieure ou égale à 1,67 m. »

e. « $\frac{3}{4}$ des élèves ont une taille inférieure ou égale à 1,82 m. »

25 www. Les salaires annuels, en euros, dans le secteur production d'une entreprise sont les suivants.

15 238 € ; 20 236 € ; 22 704 € ; 27 435 € ; 16 301 € ; 20 268 € ; 22 730 € ; 27 710 € ; 16 895 € ; 20 307 € ; 23 021 € ; 27 842 € ; 17 106 € ; 20 421 € ; 23 828 € ; 27 851 € ; 17 377 € ; 20 932 € ; 24 215 € ; 27 995 € ; 17 946 € ; 20 951 € ; 24 796 € ; 28 177 € ; 17 951 € ; 21 251 € ; 25 352 € ; 28 540 € ; 18 006 € ; 21 256 € ; 25 520 € ; 28 789 € ; 18 098 € ; 21 373 € ; 25 556 € ; 29 164 € ; 18 315 € ; 21 378 € ; 26 646 € ; 29 256 € ; 18 840 € ; 21 988 € ; 26 824 € ; 29 311 € ; 18 954 € ; 22 008 € ; 26 937 € ; 29 330 € ; 19 044 € ; 22 047 € ; 27 285 € ; 29 576 €.

Déterminer la médiane et les quartiles de ces salaires.

26 www. Lors d'un championnat européen de marche, les temps au 10 km route des 29 participantes classées ont été les suivants.

Rang	Temps	Participante	Pays
1	44'16''	MINEYEVA T.	Russie
2	46'32''	TURNEA A.	Roumanie
3	46'48''	PALMISANO A.	Italie
4	48'25''	TSINOPOULOU P.	Grèce
5	48'37''	DELON L.	France
6	48'45''	MENUET É.	France
7	48'48''	CURIAZZI F.	Italie
8	49'00''	KAEMAKA A.	Lettonie
9	49'24''	ALONSO S.	Espagne
10	49'30''	GRADINARIU A.	Roumanie
11	50'12''	KRIVAN B.	Hongrie
12	50'22''	MIELCAREK A.	Pologne
13	50'55''	YERGA S.	Espagne
14	51'06''	DARAZHUK N.	Biélorussie
15	51'21''	JASINSKA M.	Pologne
16	51'36''	SVITKO K.	Ukraine
17	51'39''	MARTINEZ P.	Espagne
18	53'03''	CZYCHY C.	Allemagne
19	53'10''	YAKOVCHUK H.	Ukraine
20	53'13''	LOFBACKA M.	Finlande
21	53'32''	BUSSU C.	Italie
22	53'43''	KOC E.	Turquie
23	54'39''	ONNO M.	France
24	55'11''	DENNEHY F.	Irlande
25	55'15''	LADA N.	Grèce
26	55'35''	KLEBAUSKAITE A.	Lituanie
27	55'54''	DOHERTY E.	Irlande
28	57'13''	PRENDIVILLE E.	Irlande
29	59'52''	TASER H.	Turquie

1. a. Situer la moyenne des temps des participantes françaises par rapport à la moyenne des temps des 29 participantes européennes de ce tableau.

b. Situer les participantes françaises par rapport à la médiane de cette série.

c. Situer les participantes françaises par rapport aux quartiles de cette série.

2. Les analyses statistiques demandées dans la question 1 vous semblent-elles pertinentes ?

27 Un professeur d'EPS note les performances (en m) de ses élèves au lancer de poids.

La première série, relevée au début du cycle d'athlétisme, est :

4,7 ; 5,12 ; 5,1 ; 5,45 ; 5,44 ; 5,72 ; 6,01 ; 6 ; 6,3 ; 6,5 ; 6,7 ; 6,9 ; 6,99 ; 6,57 ; 7,59 ; 7,7 ; 7,8 ; 8,1 ; 8,4 ; 7,99 ; 8,59 ; 8 ; 8,09 ; 8,23 ; 9,54 ; 9,7 ; 9,7 ; 9,9 ; 10,1 ; 10,3.

La deuxième série, relevée à la fin du cycle d'athlétisme, est :

4,58 ; 6,19 ; 5,1 ; 5,49 ; 5,5 ; 7,1 ; 5,56 ; 5,95 ; 7,32 ; 7,95 ; 6,7 ; 6,28 ; 7,1 ; 7,3 ; 7,38 ; 7,92 ; 7,9 ; 7,99 ; 8,41 ; 8,5 ; 8,7 ; 8,83 ; 9,1 ; 9,3 ; 9,72 ; 9,7 ; 9,7 ; 9,98 ; 10,16 ; 10,41.

a. Déterminer, pour chacune des séries, l'effectif et l'étendue.

b. La proportion d'élèves qui ont lancé le poids au-delà de 8 m a-t-elle augmenté entre le début et la fin du cycle d'athlétisme ? Peut-on en conclure que les élèves ne se sont pas améliorés ?

c. Déterminer, pour chacune des deux séries, la moyenne, la médiane et les quartiles.

d. Quelle a été l'évolution de la médiane et des quartiles ? Que peut-on en conclure ?

▶ Savoir-faire 2 p. 270

28 Le tableau suivant donne la distribution en décile (chacune des 9 valeurs divisant une distribution statistique en 10 classes d'effectif égal) des salaires mensuels nets, en euros, des salariés français pour les années 2005 et 2006.

	Ensemble		Hommes		Femmes	
	2005	2006	2005	2006	2005	2006
D1*	1 040	1 060	1 080	1 099	985	1 005
D2	1 162	1 186	1 210	1 232	1 094	1 119
D3	1 272	1 297	1 328	1 353	1 186	1 211
D4	1 391	1 417	1 454	1 480	1 285	1 311
Médiane	1 529	1 555	1 598	1 625	1 403	1 429
D6	1 699	1 727	1 781	1 809	1 552	1 579
D7	1 926	1 957	2 036	2 067	1 745	1 776
D8	2 286	2 324	2 449	2 487	2 011	2 051
D9	3 032	3 084	3 312	3 363	2 528	2 585
D1 ÷ D9	2,9	2,9	3,1	3,1	2,6	2,6

D'après l'INSEE.

* La ligne D1 donne, pour chaque catégorie, la valeur du salaire telle que 10 % de l'effectif a un salaire inférieur ou égal à cette valeur. Par exemple, le nombre 1 040 signifie que 10 % des salariés français ont eu, en 2005, un salaire inférieur ou égal à 1 040 € par mois.
De même, la ligne D2 donne les valeurs du salaire en deçà duquel se trouve 20 % de l'effectif…

a. Interpréter le nombre 1 529 de ce tableau.

b. Donner un encadrement du premier quartile pour les salaires mensuels des salariés français en 2005.

c. Interpréter par une phrase la différence entre les nombres 1 625 et 1 429.

d. Quelle est, pour chaque catégorie donnée, l'augmentation en pourcentage de D1 entre 2005 et 2006 ?

29 **Vrai ou faux ?**

Pour chacune des phrases suivantes, relatives aux séries statistiques, indiquer si elle est vraie ou fausse ; justifier.

a. La médiane est toujours supérieure à la moyenne.

b. Le premier quartile est toujours inférieur ou égal à la médiane.

c. Le premier quartile est toujours strictement inférieur au troisième quartile.

d. La moitié de l'étendue peut être égale à la médiane.

e. La moitié de l'étendue est toujours égale à la médiane.

Échantillonnage

Intervalle de fluctuation

30 Dans une boîte, il y a 15 boules rouges, 10 boules vertes et 5 boules bleues.

On tire une boule, on note sa couleur et on la remet dans la boîte. On fait ainsi 300 tirages successifs. On note f_r, f_v et f_b les fréquences d'apparition d'une boule rouge, d'une boule verte et d'une boule bleue dans les 300 tirages.

Donner les intervalles de fluctuation au seuil de 95 % de ces trois fréquences.

▶ Savoir-faire 3 p. 271

31 Un journaliste interroge un candidat à une élection :

Le journaliste. – Les sondages d'hier, auprès d'un échantillon représentatif de 1 000 personnes, vous donnent gagnant à 70 %. Quelles dispositions prendrez-vous dès lundi matin ?

Le candidat. – Il est clair que lorsque je serai élu, j'augmenterai les salaires de 5 % dès que possible.

Commenter ce dialogue.

Pour étayer vos arguments, il pourra être intéressant de parler d'intervalle de confiance.

32 Dans un article traitant des sondages, on trouve l'affirmation suivante :

« Lorsque l'on réalise un sondage, pour diviser la marge d'erreur par deux, il faut quadrupler l'effectif à interroger, et pour la diviser par dix, il faut le centupler. »

a. Expliquer ce que l'auteur voulait dire en parlant de « marge d'erreur ».

b. Quelle erreur peut-on commettre lorsque l'on commente les résultats d'un sondage ?

▶ Savoir-faire 3 p. 271

33 Une roue de loterie est partagée en 8 secteurs.
Chacun d'eux a la même probabilité d'être obtenu chaque fois que la roue est lancée. Parmi ces secteurs, deux sont rouges et les autres sont jaunes.
Dans une journée, la roue est lancée 50 fois.
On note a le nombre de lancers où un secteur rouge est obtenu.

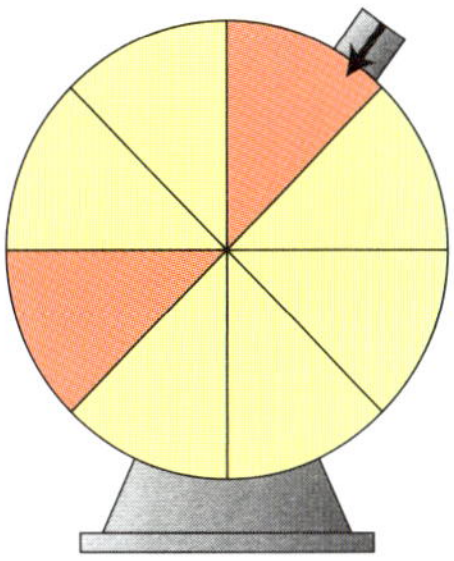

Donner l'intervalle de fluctuation au seuil de 95 % du nombre $\frac{a}{50}$.

34 On lance en même temps deux pièces de monnaie : une pièce de 1 € et une pièce de 2 €. Un des résultats possible est, par exemple, $\{P_1 ; P_2\}$, ce qui signifie que la pièce de 1 € est tombée sur le côté « pile » et la pièce de 2 € sur le côté « pile » également.

a. Quel est l'ensemble des résultats possibles ?
On supposera, dans la suite, que chacun de ces résultats a la même probabilité.

b. On reproduit 100 fois un tel lancer.
On note f_1 la proportion de lancers, parmi les 100, qui aboutissent à deux « pile » et f_2 la proportion de lancers, parmi les 100, qui aboutissent à un « pile » et un « face ».
Donner les intervalles de fluctuation au seuil de 95 % de f_1 et f_2.

35 Lu sur un site Internet :
« Dès le début de la campagne électorale des élections présidentielles françaises de 2002, la prolifération prévue des sondages révélait des divergences inquiétantes. »

Que penser de cette phrase ?

▸ Savoir-faire 4 p. 271

Simulation

36 **a.** Les logiciels et les calculatrices possèdent une fonction (notée par exemple « Ran# », « NbrAleat », « ALEA() », « random() »…) qui donne un nombre aléatoire compris dans l'intervalle $[0 ; 1[$.
Nous noterons un tel nombre r.
Montrer que : $1 \leqslant 6r + 1 < 7$.

b. Les logiciels et les calculatrices possèdent également une fonction (notée par exemple « intg », « PartEnt », « ENT() », « floor() »…) qui donne, à partir d'un nombre réel x, le plus grand entier naturel inférieur ou égal à x. Nous le noterons $E(x)$.
Quelles sont les valeurs que peut prendre $E(6r + 1)$ où r est le nombre défini à la question **a** ?

37 **Algorithmique**
Début décembre 2009, des statistiques donnant l'audience de chaînes de télévision sont les suivantes :

Chaîne 1	Chaîne 2	Chaîne 3	Autres chaînes
25,5 %	17 %	11 %	46,5 %

Supposons que ces chiffres aient été exacts et restent stables dans les mois suivants.
a. On souhaite simuler le choix au hasard d'une personne parmi les téléspectateurs.
Expliquer comment ceci est réalisable à l'aide d'une urne qui contient 255 boules rouges, 170 boules vertes, 110 boules jaunes et 465 boules blanches.
b. Proposer un algorithme qui permet de simuler ce choix.
c. Programmer cet algorithme à la calculatrice ou à l'aide d'un logiciel.
d. On choisit au hasard 1 000 téléspectateurs.
Simuler ce choix pour donner le nombre d'entre eux qui ont fait le choix des chaînes 1, 2 et 3.

▸ Savoir-faire 5 p. 272

38 **TICE** Lors d'une élection, le dépouillement des bulletins de vote d'une urne donne le résultat suivant : 50 % des bulletins portent le nom du candidat A et 50 % celui du candidat B !

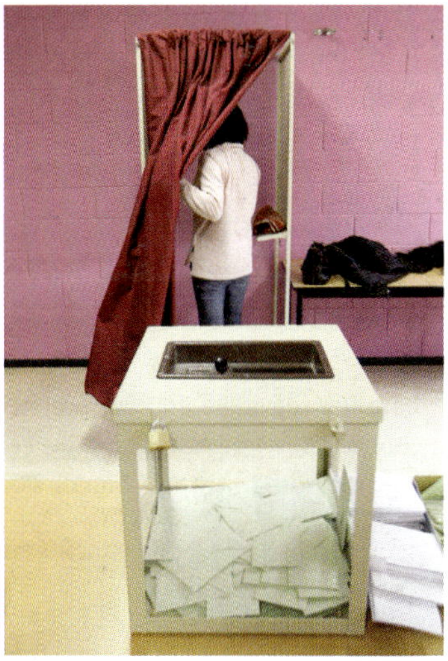

a. Simuler ce qu'aurait donné un sondage sortie des urnes auprès de 50 personnes, c'est-à-dire le choix au hasard de 50 personnes qui viennent de mettre leur bulletin de vote dans cette urne et auxquelles on demande pour qui elles ont voté.
b. Reproduire une dizaine de fois cette simulation et noter, pour chaque simulation, le score des deux candidats.

▸ Savoir-faire 5 p. 272

QCM Je me teste sur les statistiques

Pour chaque question, il y a une ou plusieurs bonnes réponses.

CORRIGÉ P. 313

Statistiques descriptives

39 Dans une étude statistique, on donne l'histogramme des effectifs ci-contre.
La moyenne vaut :

A 5

B $\frac{44}{7}$

C 5,6

D 6,28

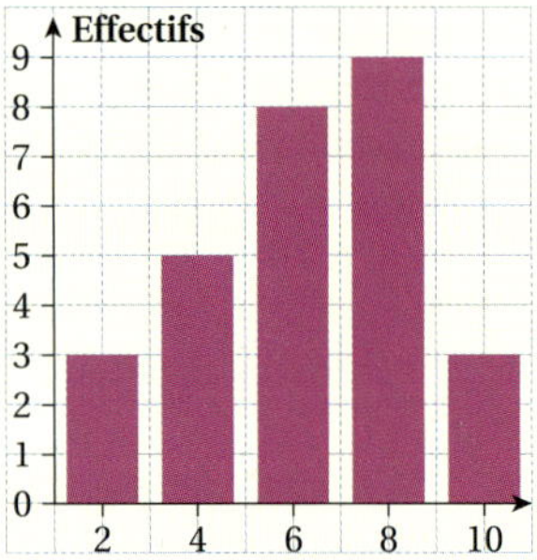

40 À un devoir, les notes des filles sont 7, 8, 12 et 17 ; la moyenne des notes des garçons à ce même devoir est 10.
La moyenne des notes de la classe à ce devoir est :

A 10 B 10,5 C 11 D On ne peut pas savoir.

41 On a mesuré la hauteur de plants de framboisiers. Les valeurs, en cm, sont les suivantes :

105 ; 105 ; 115 ; 115 ; 115 ; 115 ; 120 ; 120 ; 120 ; 120 ; 120 ; 125 ; 135 ; 135 ; 135 ; 135 ; 135 ; 140 ; 140 ; 140 ; 140 ; 140 ; 145 ; 145 ; 150.

La médiane de ces données est :

A 135 B égale à la moyenne C 145 D $\frac{105+150}{2}$

42 On considère les mêmes données que dans l'exercice **41**. Le premier quartile est égal à :

A la moitié de la médiane B $\frac{6Q_3}{7}$

C 120 D $\frac{Q_3}{3}$

43 Lors d'un contrôle postproduction de billes destinées à des roulements, on mesure leur diamètre :

Diamètre (en mm)	9,8	9,9	10	10,1	10,2
Nombre de billes	2	39	32	6	1

La médiane vaut :

A $Q_1 + 0{,}1$ B 9,9 C 10 D Q_1

44 On considère les mêmes données que dans l'exercice **43**. Le nombre 2 + 39 + 32 représente :

A le nombre de billes ayant un diamètre inférieur ou égal à 10,05 mm.

B la médiane.

C le nombre de billes ayant un diamètre inférieur ou égal à 10,1 mm.

D la différence entre le nombre total de billes et le nombre de celles qui ont un diamètre supérieur ou égal à 10,1 mm.

Échantillonnage

45 Un échantillon de taille 100 est prélevé dans une urne qui contient 30 % de boules rouges et le reste de boules noires. On note f la proportion de boules rouges dans l'échantillon.

A f vaut 0,30.

B f est comprise entre 0 et 1.

C Au seuil de 95 %, f est comprise entre 0,20 et 0,40.

D On ne peut pas connaître f sans compter le nombre de boules rouges.

46 Gap, ville de 40 000 habitants, a été ville d'arrivée d'une des étapes du Tour de France. Avant l'une de ces arrivées, un sondage auprès de 1 000 personnes choisies au hasard dans cette ville a indiqué que 25 % d'entre elles iraient voir l'arrivée du Tour. On note N le nombre de Gapençais effectivement présents à l'arrivée.

A On peut affirmer, avec une probabilité de 1, que N est compris entre 0 et 2 000.

B On est certain que N est très proche de 10 000.

C Si on avait interrogé 10 000 personnes lors du sondage, on pourrait connaître N.

D On peut affirmer que l'intervalle de confiance de la proportion de Gapençais présents à l'arrivée est [0,21 ; 0,28].

47 Dans un tableur, une cellule contient la formule « =1+ENT(6*ALEA()) ». Cette formule peut simuler :

A le lancer d'un dé équilibré à 6 faces.

B le lancer d'une pièce de monnaie équilibrée.

C le tirage au hasard d'un nombre entier entre 1 et 6.

D le tirage au hasard d'un nombre entier entre 1 et 2.

48 Percent-age-ism

In a town of 5 000 inhabitants there are only young people and old people.
But 20 % of the young ones consider themselves to be old and 10 % of the old people consider themselves as young. The others just accept themselves for what they are.
Everyone in this strange town is asked the same question : « Are you old ? ». 34 % of the inhabitants answer yes !

How many young people live in the town ? Justify your answer.

D'après *Mathématiques sans frontières*, février 2008.

49 www.velos-occasions.com

Un site Internet permet à des particuliers de vendre leurs vélos. Pour étudier l'évolution des annonces présentes sur le site, le webmaster a relevé les prix demandés par les internautes au cours des mois de janvier 2009 et janvier 2010. Le tableau suivant donne ces prix en euros, arrondis à 10 euros.

Janvier 2009	Janvier 2010
10 ; 10 ; 10 ; 10 ; 10 ; 20 ;	10 ; 10 ; 10 ; 10 ; 10 ; 10 ;
20 ; 20 ; 20 ; 30 ; 30 ; 30 ;	20 ; 20 ; 20 ; 30 ; 30 ; 30 ;
30 ; 40 ; 40 ; 60 ; 60 ; 70 ;	40 ; 40 ; 40 ; 40 ; 40 ; 40 ;
80 ; 110 ; 180 ; 200 ; 210 ;	40 ; 50 ; 70 ; 70 ; 80 ; 90 ;
230 ; 250 ; 270 ; 280 ; 290 ;	100 ; 130 ; 130 ; 160 ; 170 ;
290 ; 290 ; 320 ; 330 ; 330 ;	180 ; 180 ; 210 ; 220 ; 220 ;
330 ; 340 ; 350 ; 350 ; 380 ;	230 ; 240 ; 250 ; 250 ; 280 ;
390 ; 390 ; 390 ; 390 ; 400 ;	290 ; 330 ; 330 ; 340 ; 340 ;
400 ; 410 ; 430 ; 440 ; 450 ;	340 ; 340 ; 350 ; 350 ; 390 ;
450 ; 450 ; 460 ; 460 ; 460 ;	390 ; 400 ; 410 ; 420 ; 420 ;
470 ; 470 ; 480 ; 480 ; 500 ;	430 ; 430 ; 440 ; 440 ; 440 ;
570 ; 780 ; 800 ; 810 ; 930 ;	450 ; 470 ; 480 ; 480 ; 490 ;
940 ; 970 ; 1 010 ; 1 230 ;	570 ; 590 ; 750 ; 840 ; 930 ;
1 250 ; 1 270 ; 1 270 ;	940 ; 950 ; 1 030 ; 1 060 ;
1 280 ; 1 430	1 080 ; 1 120 ; 1 190 ; 1 330

1. Faire une étude statistique complète : représentation graphique, calcul de paramètres.

2. En quelques phrases, en s'appuyant sur votre étude, comparer l'évolution des annonces présentes sur ce site.

50 Maritime/Semi-continental

Le tableau suivant donne les températures mensuelles maximales (T_{xx}), minimales (T_{nn}), moyennes (T_m), ainsi que la pluviométrie totale (RR_{tot}) au cours de l'année 2009 dans les villes de Brest et de Strasbourg.

Brest Strasbourg

	T_{xx} (en °C)		T_{nn} (en °C)		T_m (en °C)		RR_{tot} (en mm)	
	Brest	Strasbourg	Brest	Strasbourg	Brest	Strasbourg	Brest	Strasbourg
janv.	11,7	11,8	−7,1	−12,5	5,4	−1,6	205,4	12,6
fév.	13,2	13,9	−4,7	−6,1	5,8	2,2	101	54,5
mars	20,7	15,4	−0,7	−3	8,2	6,2	57,2	64,4
avril	19,3	25,6	0,4	4,2	9,6	13,6	123,4	12,4
mai	25,6	32,7	3	3,7	12,4	16,8	40,2	47,6
juin	27,6	30,7	6,3	6,6	15,9	18,1	38,2	57,6
juill.	27,1	31,4	11	10,1	16,5	19,9	105,6	130,2
août	24,7	35	7,4	6,2	16,4	20,7	51,4	33,2
sept.	23,5	32,1	6,1	6,9	14,5	16,4	37	13
oct.	21	28,1	3,3	−2,7	13,6	10,3	100,4	35,2
nov.	16,9	18,6	5,2	−1,2	10,9	8,5	281,6	62,6
déc.	12,9	12,5	−4,6	−13,2	6,6	2,8	101	29,8

1. Représenter ces données sur 3 graphiques :
a. températures mensuelles minimales, moyennes et maximales pour Brest.
b. températures mensuelles minimales, moyennes et maximales pour Strasbourg.
c. précipitations mensuelles pour Brest et Strasbourg.

2. Déterminer la température médiane pour les températures moyennes à Brest, puis à Strasbourg.

3. Calculer le minimum et le maximum des différences entre T_{xx} et T_{nn} pour les deux villes.

4. Calculer la moyenne annuelle des températures minimales, moyennes et maximales mensuelles pour les deux villes.

5. Comparer les climats à Brest et à Strasbourg.

51 A voté

Sur son blog, Marjolaine invite ses visiteurs à donner leur avis et une note. La moyenne actuelle est indiquée.
Julien, qui aime bien le blog de son amie, décide de donner comme note cette moyenne augmentée de 1 point.
Après son vote, Julien constate que la moyenne a augmenté de 0,02 point. Il se demande alors combien de personnes ont bien pu voter avant lui.
Calculer le nombre d'internautes qui ont voté avant Julien sur le blog de Marjolaine.

D'après *Mathématiques sans frontières*, février 2008.

52 Drôle de moyenne — Algorithmique

Voici la courbe des températures relevées pendant une journée, de 0 h à 24 h.

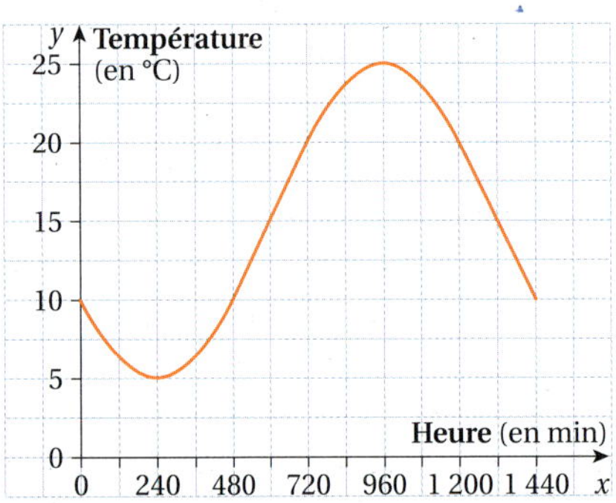

La moyenne des températures pour un jour donné en un lieu donné n'est pas définie par toutes les personnes de la même manière. Voici trois possibilités pour déterminer dans notre cas cette valeur.

1. a. Quelle est la température maximale (θ_{max}) durant ces 24 heures ? la température minimale (θ_{min}) ?

b. Calculer $M_1 = (\theta_{max} - \theta_{min}) \div 2$.

C'est le calcul préconisé par l'OMM (Organisation Météorologique Mondiale).

2. Déterminer la température à 6 h, 12 h, 18 h et 24 h, puis calculer la moyenne M_2 de ces 4 températures.

C'est le calcul préconisé par Météo-France en l'absence de très nombreuses données.

3. Supposons que la fonction dont la courbe approxime ces températures soit donnée par :

$$f(x) = 15 + 10\sin\left(\frac{x}{4} - 150\right)$$

avec la calculatrice en mode degré.

a. Donner, en langage naturel, un algorithme qui calcule la moyenne M_3 des températures prises chaque minute.

b. Programmer cet algorithme et calculer M_3.

C'est la méthode qui se rapproche le plus de ce que l'on devrait faire. Mais elle ne peut être appliquée car les relevés de températures ne se font pas en continu.

53 Qui est gagnant ? — Algorithmique

Le jeu du Vingt, organisé par une association, se déroule de la manière suivante.
Le joueur mise 5 € et lance un dé cubique équilibré plusieurs fois. Il additionne le total des points obtenus et s'arrête lorsque cette somme a atteint 20. Si le total de ses points atteint ou dépasse 20 en 5 lancers ou moins, il a gagné et l'organisateur du jeu lui donne 10 €. Dans le cas contraire, le joueur a perdu et l'organisateur ne lui donne rien.
L'objet de ce problème est de simuler ce jeu pour savoir si l'association va être gagnante.

1. Première situation : un seul joueur

a. Soit N le nombre de fois où le joueur lance le dé. Montrer que $4 \leqslant N \leqslant 20$.

b. Écrire un algorithme qui simule les lancers pour un joueur.

c. Programmer cet algorithme avec une calculatrice ou un logiciel.

2. Deuxième situation : plusieurs joueurs

a. Est-il possible que le premier joueur gagne ? que les 10 premiers joueurs gagnent ? que les 100 000 premiers joueurs gagnent ?

b. Avec la simulation de la question **1**, remplir pour 10 joueurs le tableau suivant :

Numéro du joueur	1	2	…
Nombre de lancers de dé			
Gain du joueur (–5 ou +5)			
Gain total de l'association			
Gain moyen de l'association par joueur			

c. Modifier le programme de la question **1** pour qu'il simule les lancers de 100 joueurs et qu'il donne le gain moyen pour l'association par joueur après le passage des 100 joueurs.

d. Exécuter plusieurs fois le programme précédent et observer la fluctuation du gain moyen.
Peut-on être certain que l'association va être gagnante ?

54 Vendredi 13 — Algorithmique

Un jeu consiste à tirer au hasard un carton comportant un nom de jour (lundi, mardi, …, dimanche) et un carton comportant un nombre choisi au hasard parmi les entiers de 1 à 30.

1. Écrire un algorithme qui permet de simuler 10 000 jeux de ce type pour déterminer la fréquence observée f des cartons « vendredi 13 ».

2. Programmer cet algorithme avec une calculatrice ou un logiciel et indiquer le nombre f trouvé.

55 Et si le vendredi 12 portait chance ? — Algorithmique

1. Combien de « vendredi 12 » y a-t-il dans l'année civile 2010 ?

2. a. On choisit 12 fois un jour au hasard dans l'année 2010. Simuler un tel choix à l'aide de la calculatrice.
On pourra considérer le numéro du jour compris entre 1 et 365.

b. Modifier la simulation précédente pour déterminer la proportion v de « vendredi 12 » dans ces 12 choix.

c. Comparer entre elles les proportions v trouvées par tous les élèves de la classe.

3. Pourquoi ne peut-on pas dans ce cas appliquer la propriété qui donne l'intervalle $[p - \frac{1}{\sqrt{n}} ; p + \frac{1}{\sqrt{n}}]$?

56 Remplacer deux dés — Algorithmique

1. Une roue de loterie a 11 secteurs de même taille numérotés de 2 à 12. Quand on fait tourner la roue, on a autant de chance de s'arrêter sur chacun des secteurs. On gagne lorsque le 4 sort.

a. Simuler 100 tirages à cette loterie pour déterminer la proportion f_1 sur les 100 tirages où l'on aurait gagné.

b. Simuler 1 000 fois 100 tirages et donner le minimum et le maximum des 1 000 nombres f_1.

2. Un jeu consiste à lancer deux dés équilibrés à six faces numérotées de 1 à 6. On gagne lorsque la somme des deux nombres sur les faces supérieures vaut 4.

a. Simuler 100 lancers de ce type pour déterminer la proportion f_2 sur les 100 lancers où l'on aurait gagné.

b. Simuler 1 000 fois 100 lancers et donner le minimum et le maximum des 1 000 nombres f_2.
Peut-on remplacer les deux dés par la roue de loterie ?

57 Téléphone portable

Le DAS, « Débit d'Absorption Spécifique », est un indice qui mesure le niveau de radiofréquences émis par un téléphone portable envers l'usager durant son fonctionnement en puissance maximale. On conseille de choisir un téléphone avec cet indice le plus bas possible.

On a étudié le DAS de 625 téléphones portables sur le marché en France et aux États-Unis. Les résultats sont indiqués dans le tableau suivant.

Intervalle dans lequel se trouve le DAS	Effectif n_i	Milieu de l'intervalle x_i
[0,1 ; 0,3[	17	0,2
[0,3 ; 0,5[	32	0,4
[0,5 ; 0,7[	114	0,6
[0,7 ; 0,9[	185	0,8
[0,9 ; 1,1[	78	1,0
[1,1 ; 1,3[	94	1,2
[1,3 ; 1,5[	76	1,4
[1,5 ; 1,7[	29	1,6

On sait donc, par exemple, que 17 téléphones ont un DAS compris entre 0,1 et 0,3.

1. Reproduire et compléter le tableau ci-dessus.

2. Tracer le nuage de points $(x_i ; n_i)$.

3. Étudier la série statistique $(x_i ; n_i)$ en :

a. dressant le tableau des effectifs cumulés croissants ;

b. déterminant sa moyenne ; 72,125

c. déterminant sa médiane.

4. Le téléphone portable de Florence a un DAS de 0,9.
Cette caractéristique est-elle en dessous de la moyenne des DAS des 625 téléphones de l'étude ?
Son téléphone fait-il partie de la moitié des portables qui ont le DAS le plus faible ?

58 Au hasard — Algorithmique

1. Le hasard 1

a. Demander à une personne d'écrire une suite de 10 chiffres, choisis au hasard parmi les deux chiffres 0 ou 1.
Noter la fréquence d'apparition du chiffre 0 dans la suite proposée.

b. Reproduire ceci plusieurs fois, par exemple auprès des différents élèves de la classe.

2. Le hasard 2

a. Écrire un algorithme qui :

- donne 10 chiffres au hasard, choisis parmi les deux chiffres 0 ou 1 ;
- calcule la fréquence f des chiffres 0 parmi les 10 chiffres donnés.

b. Programmer cet algorithme avec la calculatrice ou un logiciel.

c. Modifier ce programme pour qu'il s'exécute 1 000 fois et qu'il calcule la moyenne, le maximum et le minimum des fréquences f obtenues.

3. Comparer les nombres f obtenus dans les questions **1** et **2**.

59 Bienvenue

Dans un article sur l'élargissement de l'Union Européenne, Julien a trouvé le tableau suivant :

Pays	Nombre d'habitants	Superficie (en km^2)
Chypre	800 000	9 251
Estonie	1 380 000	45 227
Hongrie	10 320 000	93 036
Lettonie	2 390 000	64 589
Lituanie	3 620 000	65 300
Malte	390 000	316
Pologne	38 660 000	312 683
République Tchèque	10 310 000	78 864
Slovaquie	5 420 000	49 032
Slovénie	1 940 000	20 256

Il se propose alors de représenter chaque pays par un pavé droit à base carrée dessiné en perspective tel que :

- l'aire de la base de chaque pavé soit proportionnelle à la superficie du pays qu'il représente ;
- le volume de chaque pavé soit proportionnel à la population du pays.

Il prend un carré de 1 cm de côté pour représenter une superficie réelle de 10 000 km^2 et 1 cm^3 de volume pour représenter 100 000 habitants.

1. a. Calculer les dimensions des pavés pour Chypre, l'Estonie, la République Tchèque, la Pologne et Malte.

b. Dessiner en perspective les pavés représentant Chypre, l'Estonie, la République Tchèque et la Pologne.

2. Quelle caractéristique démographique est illustrée par les hauteurs des pavés de Julien ?

D'après *Mathématiques sans frontières*, mars 2004.

60 Au Mali

Les statistiques suivantes donnent les valeurs moyennes de différents paramètres météorologiques pour chacun des mois de l'année à Gao, au Mali.

	Températures (en °C)			Précipitations (en mm)	Autres paramètres	
	Maximum	Minimum	Moyenne	Total	Ensoleillement (en h)	Vitesse du vent (en km/h)
J	31	15	23	0	270	15
F	34	17	26	0	258	15
M	37	21	2	0	270	16
A	41	25	32	3	254	15
M	43	29	35	6	275	15
J	42	29	35	22	227	19
J	39	37	33	57	250	19
A	37	26	31	69	252	16
S	39	26	32	28	254	13
O	39	25	32	4	280	11
N	36	20	28	0	281	11
D	31	16	24	0	262	14

1. Proposer une représentation graphique pour les températures.

2. Pour les précipitations, tracer un diagramme en 3D en représentant pour chaque mois un cube (schématisant une citerne cubique) tel que le volume de chaque cube soit proportionnel à la hauteur des précipitations du mois.

61 Le magicien TICE Algorithmique

Filibert le magicien vient d'acheter une pièce de monnaie truquée à la boutique « Trucs pour tous » où le vendeur annonçait : « Avec cette pièce, le nombre de "pile" sera supérieur de 50 % au nombre de "face". »
Filibert lance la pièce 30 fois et obtient 15 fois « pile ». Il retourne immédiatement à « Trucs pour tous » pour se faire rembourser son achat. Mais le vendeur lance également la pièce 30 fois et obtient 25 fois « pile ».

1. a. Montrer, qu'avec une telle pièce, la probabilité d'obtenir « pile » est de 0,6.

b. Donner l'intervalle de fluctuation au seuil de 95 % de la fréquence de « pile » dans un échantillon de 30 lancers d'une telle pièce truquée.

c. Expliquer les résultats obtenus par Filibert et le vendeur lors de leurs lancers.

2. a. Proposer une méthode avec un tableur, la calculatrice ou un logiciel de programmation, qui permet de simuler le lancer de 30 fois une pièce truquée où la probabilité d'obtenir « pile » est de 0,6.

b. En effectuant de nombreuses simulations de 30 lancers, comparer le nombre de fois où l'on obtient 15 fois « pile » et le nombre de fois où l'on obtient 25 fois « pile ».

Probabilités

11

Au craps, parier que la somme des faces supérieures des deux dés fera sept rapporte quatre fois la mise.
Or la probabilité d'obtenir un total de 7 lorsqu'on lance deux dés est $\frac{1}{6}$ (voir TP TICE 3, p. 302).

Combien de fois la mise ce pari devrait-il rapporter pour être équitable ?

Le chapitre en bref

Réinvestir

- Expérience aléatoire
- Probabilité d'un événement
- Modélisation d'une expérience à l'aide d'un arbre

Découvrir

- Probabilité d'un événement contraire
- Calculs de probabilités à partir d'arbres
- Réunion et intersection d'événements

UN PEU D'HISTOIRE P. 306

Activités

1 Probabilité ou certitude ?

Réinvestir : • Réaliser une expérience aléatoire.
• S'appuyer sur la loi des grands nombres pour déterminer une probabilité.

Matériel nécessaire : 5 pions noirs et 5 pions blancs identiques d'un jeu d'échec ou de dames et un sac en tissu.

Expérience : Le professeur choisit 5 pions parmi les 10 et les place dans le sac en tissu. La classe doit mettre en place une stratégie pour découvrir la répartition entre les pions noirs et les pions blancs. Pour cela, les élèves peuvent tirer au hasard un pion dans le sac, regarder sa couleur et le remettre dans le sac. Ils peuvent renouveler un tel tirage autant de fois qu'ils le souhaitent.

1 Réaliser l'expérience et déterminer le nombre de pions de chaque couleur dans le sac.

2 Trois classes ont proposé les stratégies suivantes pour découvrir la répartition des pions. Pour chacune de ces stratégies, donner un argument pour contredire le raisonnement.

- Classe 1 : « On tire 5 fois de suite. On obtient 4 pions noirs et 1 pion blanc ; c'est la répartition des pions. »
- Classe 2 : « On tire 10 fois de suite. La fréquence d'apparition des pions noirs est $\frac{4}{10} = 40\ \%$. Il y a donc 2 pions noirs car $\frac{2}{5} = 40\ \%$. »
- Classe 3 : « On effectue 10 séries de 5 tirages. Les résultats sont consignés dans ce tableau :

Série	1	2	3	4	5	6	7	8	9	10
Pions noirs	2	4	2	3	5	2	2	4	3	2
Pions blancs	3	1	3	2	0	3	3	1	2	3

La répartition correspond au tirage le plus fréquent, soit 2 pions noirs et 3 pions blancs. »

2 Des statistiques aux probabilités

Réinvestir : • Réaliser une expérience aléatoire.
• Faire un bilan statistique pour évaluer une probabilité.

Matériel nécessaire : un dé équilibré à 6 faces par élève.

1 **a.** Effectuer vingt lancers de dé et relever le nombre de résultats supérieurs ou égaux à 5.
b. Calculer la fréquence d'apparition des résultats supérieurs ou égaux à 5.

2 **a.** Avec le professeur, regrouper les résultats de tous les élèves de la classe.
b. Reproduire et compléter le tableau suivant résumant les résultats de la classe.

Nombre de résultats supérieurs ou égaux à 5	0	1	2	3	4	5	6	7	8	9	10	11	12	13	14	15	16	17	18	19	20
Nombre d'élèves																					

c. Calculer la fréquence des nombres de résultats supérieurs ou égaux à 5 pour l'ensemble des lancers de la classe.

3 **a.** Recommencer l'expérience avec de nouveaux relevés. Que constate-t-on ?
b. À l'aide de tous les lancers effectués, évaluer la probabilité que la face supérieure du dé porte un chiffre supérieur ou égal à 5.
c. Comparer ce résultat à la probabilité théorique.

3 Avec ou sans remise ?

Réinvestir : • Modéliser une expérience. • Construire un arbre pour dénombrer.

Un sac contient trois boules indiscernables au toucher. Les boules sont numérotées 1, 2 et 3.

Partie A : Expérience 1

On tire successivement deux boules **avec** remise de la première boule tirée.
On considère le couple obtenu en tenant compte de l'ordre des tirages.

Exemple : On tire en premier la boule n° 1 ; on la remet dans le sac ; on tire en second la boule n° 3. Le couple obtenu se note (1 ; 3).
On tire en premier la boule n° 1 ; on la remet dans le sac ; on tire en second la boule n° 1. Le couple obtenu se note (1 ; 1). Ainsi, les couples (1 ; 2) et (2 ; 1) sont des issues différentes.

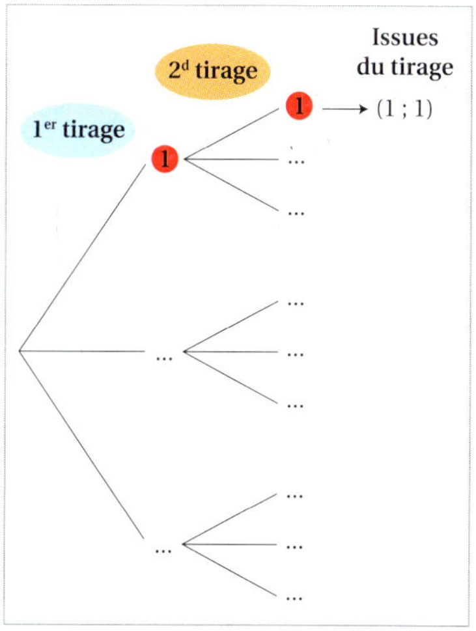

1 Reproduire et compléter l'arbre ci-contre donnant l'ensemble des issues.

2 Dénombrer les issues possibles de ce tirage et en déduire la probabilité de chacune d'elles.

3 Donner la probabilité des événements suivants :
a. « On a tiré deux fois le même nombre. »
b. « Le premier nombre tiré est strictement inférieur au second. »
c. « La somme des deux nombres tirés est 4. »

Partie B : Expérience 2

On tire successivement deux boules **sans** remise de la première boule tirée.
On considère le couple obtenu en tenant compte de l'ordre des tirages.

Exemple : On tire en premier la boule n° 1 ; on ne la remet pas dans le sac ; on tire en second la boule n° 3. Le couple obtenu se note (1 ; 3).
Si on tire en premier la boule n° 1, comme on ne la remet pas dans le sac, on ne peut tirer en second la boule n° 1. Le couple (1 ; 1) ne peut donc pas être une issue du tirage.

1 Représenter l'ensemble des issues possibles à l'aide d'un arbre.

2 Reprendre les questions **2** et **3** de la partie A.

Partie C : Comparaison des expériences 1 et 2

Dans chacune des situations suivantes, indiquer laquelle des deux expériences ci-dessus offre la plus grande probabilité.
a. On souhaite tirer deux fois le même nombre.
b. On souhaite que le premier nombre tiré soit strictement inférieur au second.
c. On souhaite que la somme des deux nombres tirés soit 4.

A. Expérience aléatoire

DÉFINITIONS

- Une **expérience aléatoire** est une expérience vérifiant les deux conditions suivantes :
  - elle comporte plusieurs issues envisageables ;
  - on ne peut prévoir l'issue lorsqu'on réalise l'expérience.

  On se restreindra aux expériences comportant un nombre fini d'issues.
- L'**univers** de l'expérience aléatoire est l'ensemble des issues de cette expérience.
- Un **événement** est un ensemble d'issues de l'expérience aléatoire.
- Les **événements élémentaires** sont les événements réduits à une unique issue de l'expérience.

EXEMPLES

Les trois expériences suivantes permettront d'illustrer l'ensemble du cours.

- **Expérience n° 1**

On lance un dé équilibré à 6 faces et on note le résultat obtenu sur la face supérieure.
L'univers de l'expérience est l'ensemble $\Omega = \{1 ; 2 ; 3 ; 4 ; 5 ; 6\}$.
L'événement « obtenir un nombre pair » est l'ensemble $I = \{2 ; 4 ; 6\}$.
L'événement « obtenir 4 » est un événement élémentaire. Il y a 6 événements élémentaires.

- **Expérience n° 2**

On tire au hasard une carte dans un jeu de 32 cartes.
L'univers de l'expérience est l'ensemble Ω des 32 cartes :
Ω = {as de pique ; as de cœur ; … ; sept de carreau ; sept de trèfle}.
L'événement « tirer un roi » est l'ensemble :
J = {roi de trèfle ; roi de carreau ; roi de cœur ; roi de pique}.
L'événement « tirer l'as de cœur » est un événement élémentaire.
Il y a 32 événements élémentaires.

- **Expérience n° 3**

On tire au hasard une boule dans une urne contenant 2 boules blanches, 3 boules jaunes et 4 boules noires. On note la couleur de la boule tirée.
L'univers de l'expérience est l'ensemble Ω = {boule blanche ; boule jaune ; boule noire}.
L'événement « tirer une boule de couleur claire » est l'ensemble :
K = {boule blanche ; boule jaune}.
L'événement « tirer une boule blanche » est un événement élémentaire.
Il y a 3 événements élémentaires.

▶ Savoir-faire 1 Identifier et dénombrer les événements élémentaires d'un univers, p. 296

B. Probabilité d'un événement

1 Loi des grands nombres et probabilité

PROPRIÉTÉ ET DÉFINITION

Lors d'une expérience répétée n fois, les fréquences obtenues d'un événement A de l'expérience se rapprochent d'une valeur théorique lorsque n devient grand.
Cette valeur s'appelle **probabilité** de l'événement A.

EXEMPLE

On a simulé n lancers d'un dé équilibré à 6 faces et noté le nombre de fois que le chiffre 4 est sorti. Le tableau suivant résume les résultats obtenus.

Nombre de lancers, n	10	50	100	500	1 000	10 000	100 000
Nombre de 4 obtenu	3	10	19	76	161	1 681	16 649
Fréquence d'apparition du chiffre 4	0,30	0,20	0,19	0,152	0,161	0,1681	0,16649

Si le dé est bien équilibré, le chiffre 4 a une chance sur 6 de sortir, soit $\frac{1}{6} \simeq 0{,}1666...$

On peut remarquer que la fréquence d'apparition du chiffre 4 se rapproche de cette valeur théorique quand le nombre de lancers augmente.

2 Calcul de probabilités

PROPRIÉTÉS

Dans une expérience aléatoire :
- la probabilité $p(\text{A})$ d'un événement A vérifie $0 \leqslant p(\text{A}) \leqslant 1$;
- la somme des probabilités des événements élémentaires vaut 1 ;
- la probabilité d'un événement est la somme des probabilités des événements élémentaires qui le constituent.

REMARQUES
- La probabilité de l'événement vide vaut 0 ; on la note $p(\varnothing) = 0$.
- La probabilité de l'événement certain vaut 1 ; on la note $p(\Omega) = 1$.

DÉFINITION

Lorsque, dans une expérience aléatoire, toutes les issues ont la même probabilité de se réaliser, on dit que l'expérience est **équiprobable**.

NOTE VN
On appellera « cardinal de A » et on notera card(A), le nombre d'éléments d'un ensemble A.

PROPRIÉTÉS

Lors d'une expérience aléatoire ayant n issues équiprobables :
- la probabilité de chaque événement élémentaire est $\frac{1}{n}$;
- la probabilité d'un événement A est $p(\text{A}) = \frac{\text{card(A)}}{n}$.

▶ Savoir-faire 2 Dénombrer pour calculer une probabilité, p. 296
▶ Savoir-faire 3 Modéliser avec un arbre pour calculer une probabilité, p. 297
▶ Savoir-faire 4 Modéliser avec un arbre pondéré pour calculer une probabilité, p. 297

EXEMPLES

- Dans **l'expérience n° 1**, la probabilité d'un événement élémentaire est $\frac{1}{6}$.

La probabilité de l'événement I : « tirer un nombre pair » est $p(\text{I}) = \frac{3}{6} = \frac{1}{2}$.

- Dans **l'expérience n° 2**, la probabilité d'un événement élémentaire est $\frac{1}{32}$.

La probabilité de l'événement J : « tirer un roi » est $p(\text{J}) = \frac{4}{32} = \frac{1}{8}$.

- Dans **l'expérience n° 3**, les événements élémentaires ne sont pas équiprobables.

Toutefois, en considérant l'expérience équiprobable de tirer une boule parmi les 9 présentes dans le sac, on peut calculer les probabilités de chacun des événements élémentaires.
L'urne contient 2 boules blanches, 3 boules jaunes et 4 boules noires, soit 9 boules au total.

$$p(\{\text{boule blanche}\}) = \frac{2}{9} \ ; \ p(\{\text{boule jaune}\}) = \frac{3}{9} = \frac{1}{3} \ \text{ et } \ p(\{\text{boule noire}\}) = \frac{4}{9}.$$

3 Événement contraire

DÉFINITION

On appelle **événement contraire** d'un événement A, l'événement noté $\overline{A}$ qui contient l'ensemble des événements élémentaires n'appartenant pas à A.

PROPRIÉTÉ

La probabilité de l'événement contraire d'un événement A est :

$$p(\overline{A}) = 1 - p(A)$$

DÉMONSTRATION

En notant $\Omega = \{e_1 ; e_2 ; \ldots ; e_n\}$ l'univers de l'expérience et en considérant l'événement $A = \{e_1 ; e_2 ; \ldots ; e_k\}$, on peut déterminer $\overline{A} = \{e_{k+1} ; \ldots ; e_n\}$.

Comme la probabilité de l'événement A est la somme des probabilités des événements élémentaires qui le composent, on a :

$p(A) = p(e_1) + p(e_2) + \ldots + p(e_k)$.

On obtient de même :

$p(\overline{A}) = p(e_{k+1}) + p(e_{k+2}) + \ldots + p(e_n)$.

Or $p(\Omega) = p(e_1) + p(e_2) + \ldots + p(e_n) = 1$.

D'où $p(A) + p(\overline{A}) = 1$.

On en déduit que $p(\overline{A}) = 1 - p(A)$. ■

On peut schématiser la propriété ainsi :

$$\Omega = \left\{ \underbrace{e_1 ; e_2 ; \ldots ; e_k}_{A} ; \underbrace{e_{k+1} ; \ldots ; e_n}_{\overline{A}} \right\}$$

$$p(\Omega) = \quad p(A) \quad + \quad p(\overline{A})$$

EXEMPLE

▶ Savoir-faire 5
Identifier l'événement contraire et calculer sa probabilité, p. 298

- Dans **l'expérience n° 1**, l'événement contraire de I : « obtenir un nombre pair » est l'événement $\overline{I}$: « obtenir un nombre impair » et $p(\overline{I}) = 1 - p(I) = 1 - \frac{1}{2} = \frac{1}{2}$.
- Dans **l'expérience n° 2,** l'événement contraire de J : « tirer un roi » est l'événement $\overline{J}$: « ne pas tirer un roi » et $p(\overline{J}) = 1 - p(J) = 1 - \frac{1}{8} = \frac{7}{8}$.
- Dans **l'expérience n° 3**, l'événement contraire de M : « tirer une boule blanche » est l'événement $\overline{M}$: « ne pas tirer une boule blanche » et $p(\overline{M}) = 1 - p(M) = 1 - \frac{2}{9} = \frac{7}{9}$.

C. Réunion et intersection de deux événements

1 Réunion et intersection

DÉFINITIONS

- L'événement « A et B », noté $A \cap B$, s'appelle l'**intersection** des événements A et B. Il est réalisé lorsque les deux événements sont réalisés simultanément.
- L'événement « A ou B », noté $A \cup B$, s'appelle la **réunion** des événements A et B. Il est réalisé lorsqu'au moins l'un des deux événements est réalisé.

Ces situations sont représentées par le diagramme de Venn ci-contre.

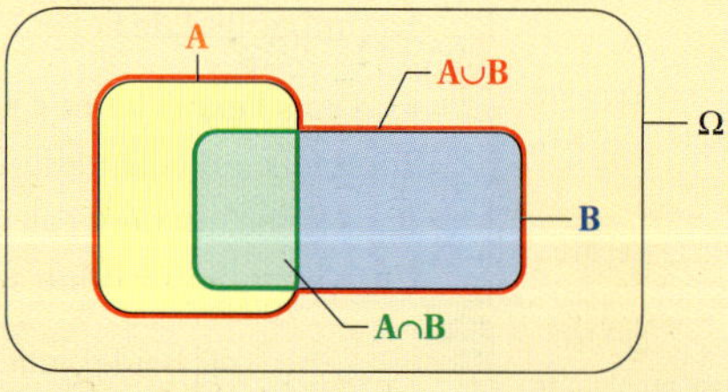

▶ Savoir-faire 7
Dénombrer à l'aide d'un diagramme ou d'un tableau, p. 299

EXEMPLE

Dans **l'expérience n° 1**, en considérant l'événement A : « obtenir un nombre pair » et l'événement B : « obtenir un multiple de 3 », on a $A \cap B = \{6\}$ et $A \cup B = \{2 ; 3 ; 4 ; 6\}$.

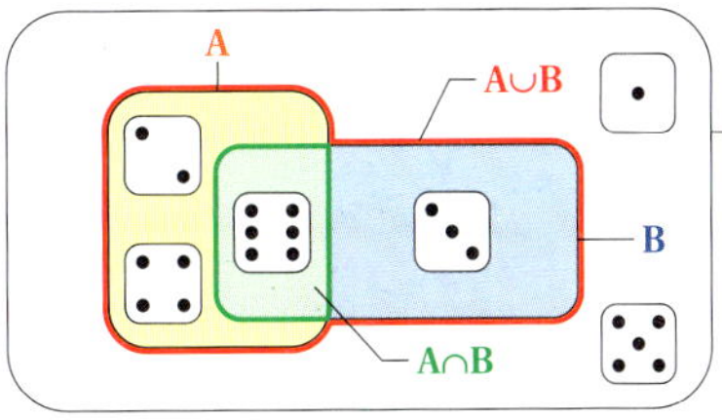

2 Événements incompatibles

DÉFINITION

Deux événements A et B sont dits **incompatibles** lorsqu'ils sont disjoints, c'est-à-dire lorsque $A \cap B = \emptyset$.

PROPRIÉTÉ

Si deux événements A et B sont incompatibles alors $p(A \cup B) = p(A) + p(B)$.

EXEMPLE

Dans **l'expérience n° 2**, les événements A : « tirer un pique » et B : « tirer un cœur » sont incompatibles. L'événement $A \cup B$: « tirer un pique ou un cœur » a pour probabilité

$$p(A \cup B) = p(A) + p(B) = \frac{1}{4} + \frac{1}{4} = \frac{1}{2}.$$

NOTE N
$\emptyset$ désigne l'ensemble vide.

REMARQUE A et $\overline{A}$ sont incompatibles car $A \cap \overline{A} = \emptyset$.
De plus, $A \cup \overline{A} = \Omega$, donc $p(A \cup \overline{A}) = p(A) + p(\overline{A}) = p(\Omega) = 1$ (relation établie au paragraphe B 3).

3 Probabilité d'une réunion

THÉORÈME

Si A et B sont deux événements d'une expérience aléatoire alors :

$$p(A \cup B) = p(A) + p(B) - p(A \cap B)$$

DÉMONSTRATION

Les éléments de la réunion $A \cup B$ sont répartis dans trois sous-ensembles : ceux appartenant à A et à B ($A \cap B$), ceux appartenant à A mais pas à B ($A \cap \overline{B}$) et ceux appartenant à B mais pas à A ($\overline{A} \cap B$).

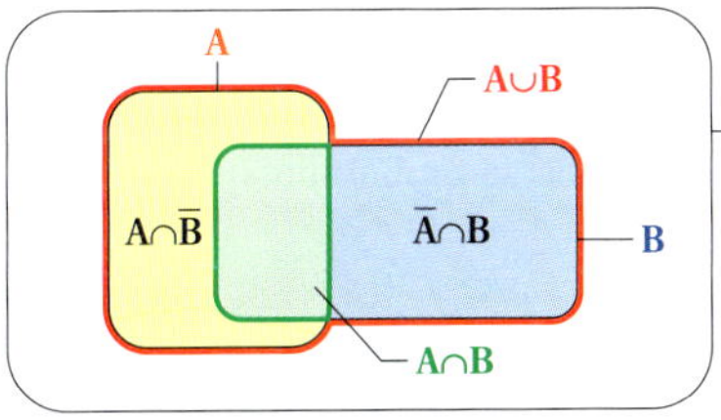

Ces trois sous-ensembles sont deux à deux disjoints donc $p(A \cup B) = p(A \cap \overline{B}) + p(A \cap B) + p(\overline{A} \cap B)$.
D'où $p(A \cup B) + p(A \cap B) = p(A \cap \overline{B}) + p(A \cap B) + p(\overline{A} \cap B) + p(A \cap B)$.
Or $A = (A \cap \overline{B}) \cup (A \cap B)$ avec $A \cap \overline{B}$ et $A \cap B$ disjoints. Donc $p(A) = p(A \cap \overline{B}) + p(A \cap B)$.
De même, $p(B) = p(\overline{A} \cap B) + p(A \cap B)$.
D'où $p(A \cup B) + p(A \cap B) = p(A) + p(B)$. Donc $p(A \cup B) = p(A) + p(B) - p(A \cap B)$. ■

EXEMPLE

Dans **l'expérience n° 2,** on considère les événements A : « tirer un roi » et B : « tirer un cœur ».

$A \cap B$ est l'événement élémentaire : « tirer le roi de cœur », donc $p(A \cap B) = \frac{1}{32}$.

On a vu que $p(A) = \frac{1}{8}$ et $p(B) = \frac{1}{4}$. L'événement $A \cup B$ a pour probabilité :

$$p(A \cup B) = p(A) + p(B) - p(A \cap B) = \frac{1}{8} + \frac{1}{4} - \frac{1}{32} = \frac{4}{32} + \frac{8}{32} - \frac{1}{32} = \frac{11}{32}.$$

▶ Savoir-faire 6
Calculer la probabilité d'une réunion, p. 298

Savoir-faire

Savoir-faire 1 Identifier et dénombrer les événements élémentaires d'un univers

ÉNONCÉ

Un sac contient 4 jetons indiscernables au toucher : un noir, un blanc, un vert et un rouge.
On tire simultanément deux jetons dans le sac.
Décrire l'univers de cette expérience.

SOLUTION

En notant N, B, V et R les couleurs des jetons, les 6 issues envisageables sont :
$\{\{N, B\} ; \{N, V\} ; \{N, R\} ; \{B, V\} ; \{B, R\} ; \{V, R\}\}$.

MÉTHODE

Il faut avant tout identifier la nature des issues (*ici, ce sont des paires de jetons de couleur*).
Il faut ensuite identifier toutes les combinaisons possibles, en organisant cette liste pour ne pas en oublier.

REMARQUE

Dans cette expérience, l'ordre des jetons ne doit pas être pris en compte car le tirage est simultané : les tirages (N ; R) et (R ; N) correspondent à la même issue.

Savoir-faire 2 Dénombrer pour calculer une probabilité

ÉNONCÉ

On lance simultanément deux dés équilibrés à 6 faces, l'un vert, l'autre rouge.
a. Combien y a-t-il d'issues à l'expérience ?
b. Quelle est la probabilité que la somme des faces supérieures des dés soit 4 ?

SOLUTION

a. Il y a 6 issues pour le dé vert et, pour chacune d'elles, 6 issues pour le dé rouge.
Il y a donc $6 \times 6 = 36$ issues différentes et la probabilité d'un événement élémentaire est de $\frac{1}{36}$.

b. Les issues dont la somme est 4 sont les couples (V1 ; R3), (V2 ; R2) et (V3 ; R1).
Il y a donc 3 issues dont la somme est 4.
Ainsi, $p(\text{« la somme est 4 »}) = \frac{3}{36} = \frac{1}{12}$.

MÉTHODE

a. Ici, les issues sont des couples ordonnés car les dés n'ont pas la même couleur. Il y a donc deux façons d'obtenir un 1 et un 5. La couleur du dé, vert (V) ou rouge (R), doit être prise en compte dans la notation des issues : les couples (V1 ; R5) et (V5 ; R1) sont des issues différentes.

b. On utilise la formule $p(A) = \frac{\text{card}(A)}{n}$ où n est le nombre d'issues équiprobables de l'expérience.

REMARQUE

Ici, toutes les issues de l'expérience sont bien équiprobables car les dés sont équilibrés.

Savoir-faire 3 Modéliser avec un arbre pour calculer une probabilité

ÉNONCÉ On lance simultanément deux pièces de monnaie identiques.
Quelle est la probabilité qu'elles tombent sur la même face ?

SOLUTION

Pour chaque pièce, obtenir « pile » (P) ou « face » (F) est équiprobable. L'arbre ci-contre admet 4 issues équiprobables. Les événements élémentaires sont alors des couples ordonnés et leur probabilité est $\frac{1}{4}$.

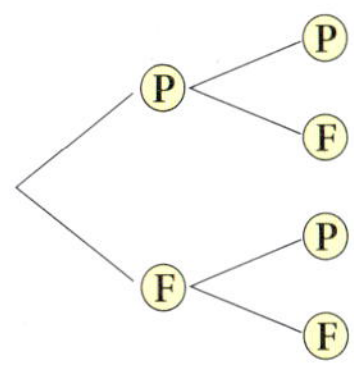

L'événement A : « les pièces sont tombées sur la même face » est constitué de deux événements élémentaires de cette modélisation : (P ; P) et (F ; F).

Donc $p(A) = \frac{2}{4} = \frac{1}{2}$.

La probabilité que les deux pièces tombent sur la même face est $\frac{1}{2}$.

MÉTHODE

Les trois issues envisageables sont simples à identifier (2 « pile », 2 « face » ou 1 « pile » et 1 « face ») mais elles ne sont pas nécessairement équiprobables.
Pour calculer leur probabilité, il peut être ici astucieux de reformuler l'expérience : on peut considérer les lancers comme consécutifs et non simultanés car ils sont de toute façon indépendants.
Ainsi, on peut construire un arbre et en dénombrer des issues équiprobables.

Savoir-faire 4 Modéliser avec un arbre pondéré pour calculer une probabilité

ÉNONCÉ On lance deux dés équilibrés à 6 faces. Quelle est la probabilité d'obtenir un et un seul 6 ?

SOLUTION

L'expérience peut être modélisée par l'arbre de probabilités suivant :

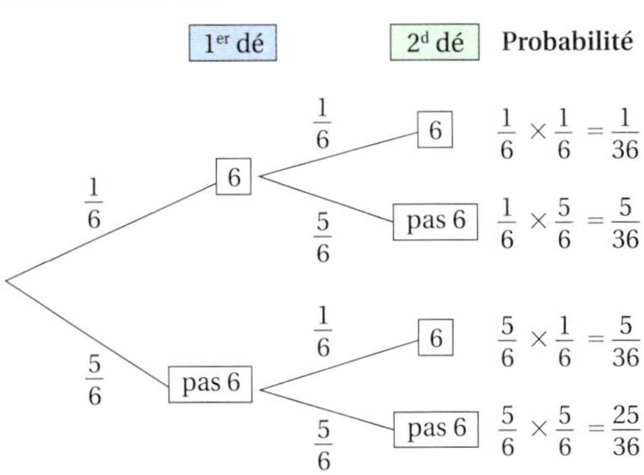

L'événement A : « un et un seul des deux dés vaut 6 » est composé des deux événements disjoints (6 ; pas 6) et (pas 6 ; 6).
Sa probabilité est donc la somme de ces deux probabilités : $p(A) = \frac{5}{36} + \frac{5}{36} = \frac{10}{36} = \frac{5}{18}$.

MÉTHODE

On peut considérer que chaque lancer de dé a deux issues qui ne sont pas équiprobables : obtenir 6 avec la probabilité $\frac{1}{6}$ et ne pas obtenir 6 avec la probabilité $\frac{5}{6}$.
On représente alors la situation par un arbre pondéré.
On peut ainsi calculer les probabilités de chacune des issues de l'arbre en effectuant le produit des probabilités pondérant les branches.

Savoir-faire 5 Identifier l'événement contraire et calculer sa probabilité

ÉNONCÉ Dans une école primaire, on sait que seuls 4 élèves sur 196 ont 5 ans et que 56 élèves ont 10 ans ou plus. On choisit un élève au hasard.

1. a. Quelle est la probabilité que cet élève ait 5 ans ?

b. Quel est l'événement contraire ? Quelle est sa probabilité ?

2. a. Quelle est la probabilité que cet élève ait 10 ans ou plus ?

b. Quel est l'événement contraire ? Quelle est sa probabilité ?

SOLUTION

1. a. En notant A l'événement « l'élève choisi au hasard a 5 ans », $p(\mathrm{A})=\frac{4}{196}=\frac{1}{49}$.

b. L'événement contraire est $\overline{\mathrm{A}}$: « l'élève choisi au hasard n'a pas 5 ans ».

$$p(\overline{\mathrm{A}})=1-p(\mathrm{A})=1-\frac{1}{49}=\frac{48}{49}.$$

2. a. En notant B l'événement « l'élève choisi au hasard a 10 ans ou plus », $p(\mathrm{B})=\frac{56}{196}=\frac{2}{7}$.

b. L'événement contraire est $\overline{\mathrm{B}}$: « l'élève choisi au hasard a moins de 10 ans ».

$$p(\overline{\mathrm{B}})=1-p(\mathrm{B})=1-\frac{2}{7}=\frac{5}{7}.$$

MÉTHODE

L'événement contraire de l'événement A est la négation de A.
Dans la question **2**, il faut être vigilant quant aux enfants de 10 ans exactement. S'ils sont comptabilisés dans les élèves qui ont 10 ans ou plus, ils ne doivent pas l'être dans l'événement contraire.

Savoir-faire 6 Calculer la probabilité d'une réunion

ÉNONCÉ Dans un lycée, un tiers des élèves sont en seconde et 60 % des élèves sont des filles.
Les filles de seconde représentent un dixième des élèves du lycée.
On choisit un élève au hasard. Quelle est la probabilité que ce soit une fille ou un élève de seconde ?

SOLUTION

En notant A l'événement « l'élève choisi est en seconde » et B l'événement « l'élève choisi est une fille », on cherche la probabilité de $\mathrm{A}\cup\mathrm{B}$.

On sait que $p(\mathrm{A})=\frac{1}{3}$, $p(\mathrm{B})=\frac{60}{100}=\frac{3}{5}$ et $p(\mathrm{A}\cap\mathrm{B})=\frac{1}{10}$.

$$p(\mathrm{A}\cup\mathrm{B})=p(\mathrm{A})+p(\mathrm{B})-p(\mathrm{A}\cap\mathrm{B})$$
$$=\frac{1}{3}+\frac{3}{5}-\frac{1}{10}=\frac{10}{30}+\frac{18}{30}-\frac{3}{30}=\frac{25}{30}=\frac{5}{6}$$

La probabilité qu'un élève choisi au hasard soit une fille ou un élève de seconde est $\frac{5}{6}$.

MÉTHODE

Il faut traduire l'énoncé afin d'identifier les ensembles d'élèves correspondant à l'intersection et à la réunion.
Il suffit ensuite d'appliquer le théorème donnant la probabilité de la réunion :

$$p(\mathrm{A}\cup\mathrm{B}) = p(\mathrm{A}) + p(\mathrm{B}) - p(\mathrm{A}\cap\mathrm{B})$$

Savoir-faire 7 Dénombrer à l'aide d'un diagramme ou d'un tableau

ÉNONCÉ Dans une classe de seconde de 35 élèves, 16 élèves pratiquent le ski et 11 élèves pratiquent le surf. 4 élèves pratiquent les deux sports.
Combien d'élèves ne pratiquent aucun sport ?

SOLUTION 1 : à l'aide d'un diagramme de Venn

On note A l'ensemble des élèves qui pratiquent le ski et B l'ensemble des élèves qui pratiquent le surf. La situation peut être représentée par le diagramme suivant* :

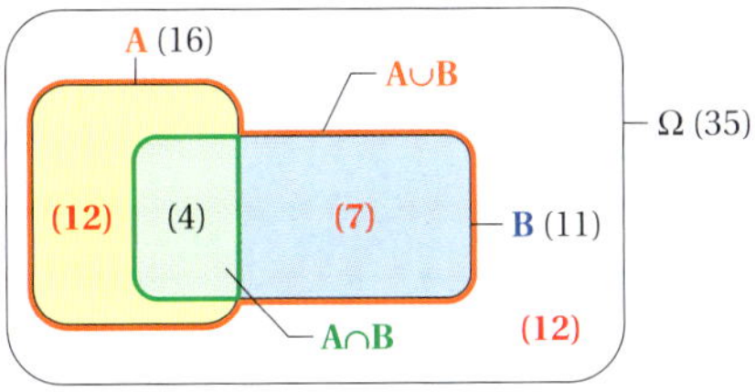

$16 - 4 = 12$ élèves ne pratiquent que le ski.
$11 - 4 = 7$ élèves ne pratiquent sur le surf.
$35 - (12 + 4 + 7) = 12$
Il y a 12 élèves qui ne pratiquent aucun sport.

MÉTHODE

Il y a deux façons de représenter la situation : un diagramme de Venn (solution 1) ou un tableau (solution 2).
Dans un cas comme dans l'autre, il faut veiller à bien reporter les données de l'énoncé.
Ici, il faut bien comprendre que les données « 16 élèves pratiquent le ski » et « 11 élèves pratiquent le surf » incluent toutes deux les 4 élèves qui pratiquent les deux sports.
Selon les données de l'énoncé et les informations recherchées, une méthode peut être plus adaptée que l'autre.
Ici, le tableau est plus complet que le diagramme, mais certaines données sont superflues pour répondre à la question.

SOLUTION 2 : à l'aide d'un tableau

L'énoncé peut être traduit par le tableau additif suivant :

	Pratiquent le surf	Ne pratiquent pas le surf	Total
Pratiquent le ski	4	12	16
Ne pratiquent pas le ski	7	12	19
Total	11	24	35

$16 - 4 = 12$ élèves ne pratiquent que le ski.
$11 - 4 = 7$ élèves ne pratiquent que le surf.
$35 - 11 = 24$ élèves ne pratiquent pas le surf.
$35 - 16 = 19$ élèves ne pratiquent pas le ski.
$19 - 7 = 12$
Il y a 12 élèves qui ne pratiquent aucun sport.

* Les données de l'énoncé sont en **noir**, les données calculées sont en **rouge**.

Travaux pratiques

TP 1 TICE — Simuler le lancer d'une pièce à la calculatrice

Objectifs : • Comprendre les fonctions aléatoires d'une calculatrice.
• Utiliser les outils statistiques pour contrôler la conformité d'une simulation.

On souhaite comparer différentes méthodes pour simuler un « pile » ou « face » avec la calculatrice.

Partie A

Pour simuler le lancer d'une pièce de monnaie avec la calculatrice, il faut utiliser une fonction aléatoire : *entAléat* ou *RanInt#*. Cette fonction renvoie au hasard 0 ou 1.
Dans la suite de cet exercice, on note cette fonction *AléaEntier*(0,1) et on attribue « pile » à 1 et « face » à 0.

1 Simuler un « pile » ou « face » puis, avec la touche d'exécution, relancer plusieurs fois la simulation (**fig. 1** et **2**).

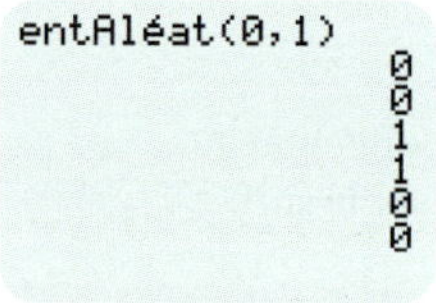

Fig. 1 - Avec la TI-83Plus.

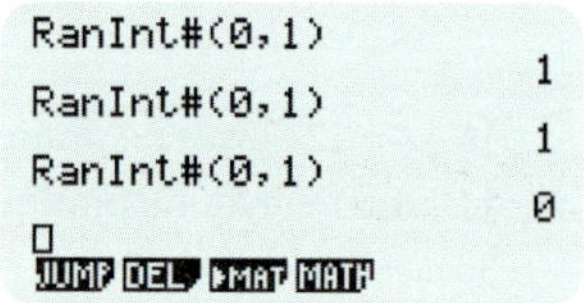

Fig. 2 - Avec la Casio Graph35+.

2 On peut ajouter une variable à la fonction pour préciser le nombre de lancers.
Par exemple pour 10 lancers, on exécutera la commande *AléaEntier*(0, 1, 10) ; le résultat sera alors une liste.
Effectuer 10 puis 200 lancers d'une pièce.

3 On souhaite étudier la répartition des résultats. Pour cela, on utilise le mode statistique de la calculatrice. Affecter la liste des résultats de la simulation à une liste du menu statistique (voir **Boîte à outils**, p. 301) puis, à l'aide du menu de calcul, déterminer la fréquence d'apparition du côté « pile ».

4 Chaque issue du lancer d'une pièce est équiprobable.
Comment peut-on l'interpréter avec la simulation réalisée ?

Partie B

On souhaite désormais trouver une formule permettant de simuler le lancer de trois pièces et de compter le nombre de résultats « pile ».

1 Exécuter plusieurs fois la commande *AléaEntier*(0, 1)*3.
Cette commande réalise-t-elle la simulation espérée ? Expliquer.

2 Le nombre de « pile » est 0, 1, 2 ou 3.

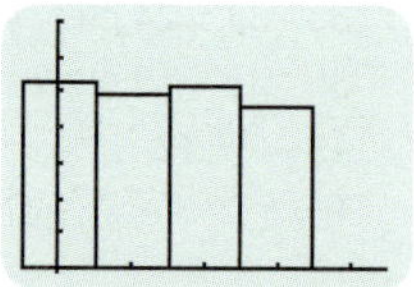

a. Affecter la commande *AléaEntier*(0, 3, 200) à la liste 1 et construire un histogramme de cette série (voir **Boîte à outils**, p. 301).
Peut-on penser que la répartition des résultats observée est équiprobable ?

b. Combien y a-t-il de triplets (pièce n° 1, pièce n° 2, pièce n° 3) permettant d'obtenir 3 « pile » ? 2 « pile » ?

c. Quelle contradiction y a-t-il avec l'expérience du **2** **a** ?

3 a. Simuler 200 lancers d'une pièce de monnaie dans chacune des listes 2, 3 et 4.
Affecter à la liste 1 la somme des valeurs contenues dans ces trois listes.
b. Afficher l'histogramme de cette somme.
c. Quelle semble être le nombre de « pile » ayant la plus forte probabilité ?
d. Contrôler ce résultat en déterminant les probabilités de chaque issue à l'aide d'un arbre.

BOÎTE À OUTILS (voir aussi p. III)

Avec TI	Avec Casio
• Affecter les résultats de la simulation à une liste	
Avant de commencer, nettoyer les listes qui vont être utilisées (commande *EffList*). Saisir la formule « entAléat(0, 1, 200) → L1 ».	Avant de commencer, nettoyer les listes qui vont être utilisées (commande *ClrList*). Dans le menu Run, saisir la formule « RanInt#(0, 1, 200) → List 1 ».
• Construire l'histogramme des résultats de la série statistique	
Entrer dans le menu graphique (2nde f(x)). Ouvrir Graph1. Dans *Type*, choisir l'histogramme, puis affecter L1 dans *ListeX* et 1 dans *Effectifs*. Afficher le graphique.	Entrer dans le menu Stat. Paramétrer le graphique (bouton F1) en allant dans Set (bouton F6). Dans *GraphType*, choisir l'histogramme (Hist), puis affecter List1 dans *XList* et 1 dans *Frequency*. Afficher le graphique.

TICE 2 Simuler et comprendre la loi des grands nombres

Objectif : Utiliser les fonctions d'un tableur pour simuler, dénombrer les issues et construire un histogramme des fréquences.

On souhaite construire une table de chiffres au hasard.

1 Créer sur la feuille de calcul 1 une table de chiffres aléatoires de dimensions 10 par 10.
Pour simuler un chiffre au hasard, on utilisera la formule « =ENT(ALEA()*10) ».

2 a. Sur la feuille de calcul 2 du même fichier, construire le tableau ci-dessous, dénombrant les effectifs de chaque chiffre dans la table.

Chiffre	0	1	2	3	4	5	6	7	8	9
Effectif										

Pour compléter la ligne « Effectif », on utilisera la formule « =NB.SI(plage ; critère) » ; le critère est le chiffre à dénombrer dans la table (dans la plage de cellules de la feuille 1). Il faut saisir cette formule dans la première cellule, puis la recopier vers la droite.
b. Ajouter une ligne permettant d'afficher la fréquence d'apparition de chaque chiffre.
c. Construire un histogramme des fréquences observées (on pourra fixer l'échelle des ordonnées pour faciliter la lecture des simulations futures).

3 Répéter plusieurs simulations à l'aide de la touche F9.
Peut-on préjuger du chiffre qui apparaît le plus fréquemment ?
Quelle est l'amplitude maximale entre les fréquences observées de deux chiffres ?

4 Modifier les feuilles de calcul afin de simuler 10 000 chiffres choisis au hasard, puis reprendre la question 3.

5 Peut-on penser que cette simulation est équiprobable ?

TP TICE 3 Sommes de plusieurs dés

Objectif : Simuler avec un tableur une situation non équiprobable.

On souhaite simuler 100 lancers de deux dés afin d'étudier la série des sommes obtenues.

1 Construire la feuille de calcul et le graphique ci-dessous. Les lancers de dés pourront être simulés à l'aide de la formule « =ENT(ALEA()*6)+1 » et on pourra comptabiliser les effectifs de chaque somme à l'aide de la fonction « NB.SI ».

	A	B	C	D
1	n°	dé 1	dé 2	somme
2	1	6	1	7
3	2	2	4	6
4	3	4	6	10
5	4	3	1	4
6	5	5	5	10
7	6	4	6	10
8	7	5	1	6
9	8	2	6	8
10	9	1	6	7
11	10	2	4	6
12	11	3	2	5
13	12	6	6	12
14	13	6	5	11
15	14	5	1	6
16	15	1	1	2
17	16	2	2	4
18	17	4	2	6
19	18	4	1	5
20	19	6	1	7
21	20	2	2	4
22	21	2	6	8

	F	G	H	I	J	K	L	M	N	O	P	Q	R
1	Somme	2	3	4	5	6	7	8	9	10	11	12	nb de lancers
2	Effectif	1	4	10	16	12	15	21	6	9	5	1	100
3	Fréquence	0,01	0,04	0,1	0,16	0,12	0,15	0,21	0,06	0,09	0,05	0,01	

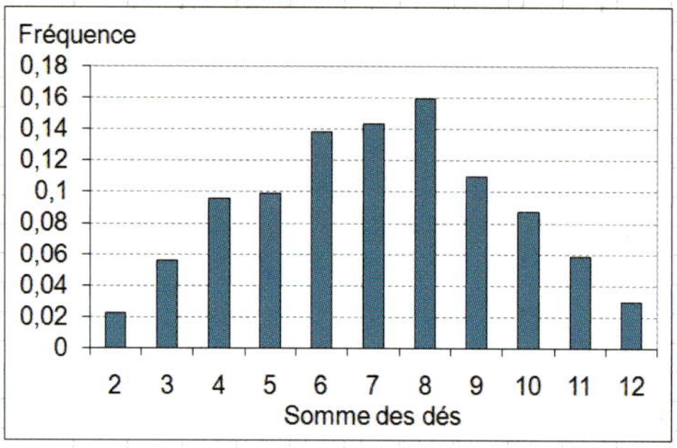

2 À l'aide de la touche F9, on peut répéter l'expérience. La régularité des résultats permet-elle de déterminer la valeur la plus fréquente de la série ainsi que sa fréquence ?

3 Modifier le tableau pour simuler 2 000 lancers de deux dés et reprendre la question **2**.

4 En construisant un tableau à double entrée (en listant les couples (dé1 ; dé2)), déterminer les probabilités de chacun des résultats de l'expérience.

REMARQUE

La probabilité que la somme des faces supérieures de deux dés fasse 7 est $\frac{1}{6}$.

Ainsi, au craps (cf. p. 289) pour que le pari sur le 7 soit équitable, il faudrait que le rapport des gains soit de 6 contre 1 (il n'est que de 4 contre 1).

5 **Pour aller plus loin**

Cosmes de Medicis (1590 - 1621), prince de Toscane, avait remarqué que, bien qu'il y ait autant de façons d'écrire 9 et 10 comme somme de trois entiers compris entre 1 et 6 (voir ci-dessous), on obtient plus souvent un total de 10 lorsqu'on lance trois dés.

$$9=\begin{cases}1+2+6\\1+3+5\\1+4+4\\2+2+5\\2+3+4\\3+3+3\end{cases}\qquad 10=\begin{cases}1+3+6\\1+4+5\\2+2+6\\2+3+5\\2+4+4\\3+3+4\end{cases}$$

a. À l'aide du tableur, simuler cette expérience 2 000 fois.

b. L'expérience confirme-t-elle la conjecture du prince de Toscane ?

c. Simuler cette expérience 10 000 fois et reprendre la question **b.**

VOIR FICHES ALGORITHMIQUE P. 11

Algorithmique 1 Lancers de dés

Objectif : Comprendre la structure d'un algorithme avec une boucle itérative et un test conditionnel programmé sur une calculatrice.

Voici un algorithme programmé sur calculatrices (**fig. 1** et **2**) permettant de simuler N lancers d'un dé à 6 faces et de calculer la fréquence d'apparition du 6.

```
PROGRAM:DES
:Prompt N
:0→S
:For(I,1,N)
:entAléat(1,6)→A
:If A=6
:Then
:S+1→S
:End
:End
:Disp S/N
```

Fig. 1 - Avec la TI-83Plus.

```
======DES       ======
?→N↵
0→S↵
For 1→I To N↵
RanInt#(1,6)→A↵
If A=6↵
Then S+1→S↵
IfEnd↵
Next↵
S÷N◢
TOP BTM SRC MENU A⇔a CHAR
```

Fig. 2 - Avec la Casio Graph35+.

1 **a.** Écrire l'algorithme correspondant en langage naturel, en précisant les entrées, le traitement et la sortie (on structurera la présentation afin de bien voir le début et la fin de chaque traitement).

b. Expliquer le rôle des variables N, S et A.

c. Que représente la valeur affichée en sortie ?

2 La probabilité d'obtenir un 6 est de $\frac{1}{6}$.

On souhaite mesurer l'écart observé entre le résultat de la simulation et cette valeur théorique.

a. Ajouter à l'algorithme la ligne permettant d'afficher cet écart.

b. Programmer ce nouvel algorithme.

c. Tester plusieurs fois le programme avec N = 20.

Atteint-on parfois un écart inférieur à 1 % ? Peut-on l'expliquer ?

Algorithmique 2 Marche aléatoire

Objectif : Comprendre et modifier un algorithme avec une boucle itérative et un test conditionnel.

L'algorithme ci-contre, écrit sous AlgoBox, propose une marche aléatoire sur un quadrillage muni d'un repère orthonormé $(O, \vec{i}, \vec{j})$ d'unité 1 cm en partant de O.

On appelle « pas » un segment de longueur 1 suivant l'un des axes du quadrillage.

Le résultat de l'exécution de ce programme est donné ci-dessous.

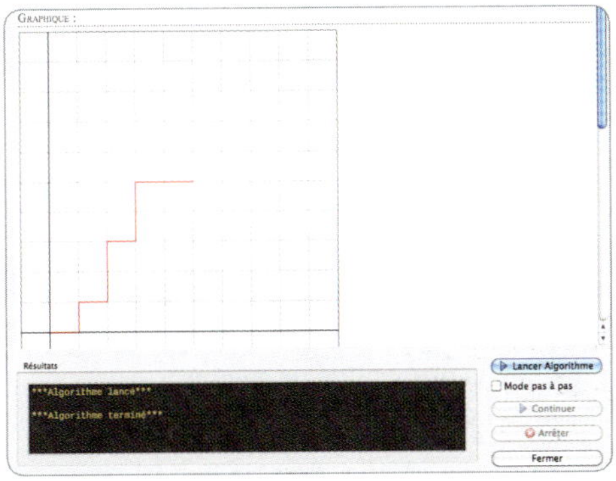

Code de l'algorithme

```
VARIABLES
  pas EST_DU_TYPE NOMBRE
  i EST_DU_TYPE NOMBRE
  A EST_DU_TYPE NOMBRE
  x EST_DU_TYPE NOMBRE
  y EST_DU_TYPE NOMBRE
DEBUT_ALGORITHME
  LIRE pas
  x PREND_LA_VALEUR 0
  y PREND_LA_VALEUR 0
  POUR i ALLANT_DE 1 A pas
    DEBUT_POUR
    A PREND_LA_VALEUR round(random())
    SI (A==1) ALORS
      DEBUT_SI
      TRACER_SEGMENT (x,y)->(x+1,y)
      x PREND_LA_VALEUR x+1
      FIN_SI
      SINON
        DEBUT_SINON
        TRACER_SEGMENT (x,y)->(x,y+1)
        y PREND_LA_VALEUR y+1
        FIN_SINON
    FIN_POUR
FIN_ALGORITHME
```

1 **a.** Quelle est la valeur de la variable « pas » proposée en entrée ?

b. Quelle est la dernière valeur obtenue pour A ?

2 **a.** Dans un repère, représenter tous les points que l'on peut atteindre en 3 pas ; en 8 pas.

b. Expliquer pourquoi les points que l'on peut atteindre en p pas sont alignés.

Des applications variées

Contrairement à son image simplement ludique, l'étude des marches aléatoires est des plus moderne et raisonnée. En effet, grâce à des modèles aléatoires comme les chaînes de Markov (cf. p. 306), on a pu accélérer le décodage de l'ADN, résoudre de nombreuses questions de cryptographie et participer à l'évolution des nouveaux ordinateurs quantiques. La marche aléatoire d'une particule est au cœur des recherches actuelles et porte le nom de « mouvement Brownien ».

TP Algorithmique 3 L'affirmation du chevalier de Méré

Objectifs : • Évaluer le coût d'un algorithme.
• Écrire et programmer une simulation.

Le chevalier de Méré (1607 - 1684) prétendait qu'il fallait lancer quatre fois le dé pour avoir plus de chance d'obtenir un 6 que de ne pas en obtenir.

1 Pour simuler l'expérience, Thibaut a écrit les trois algorithmes suivants et les a programmés.

Algorithme n° 1

```
K = 0
Pour i allant de 1 à 4
   A est un entier aléatoire
   entre 1 et 6
   Si A = 6
      K prend la valeur K+1
Si K = 0
   Afficher « Perdu ! »
Sinon
   Afficher « Gagné ! »
```

Algorithme n° 2

```
i = 0
Tant que i est inférieur à 4
   A est un entier aléatoire
   entre 1 et 6
   Si A = 6
      i prend la valeur i+4
      Afficher « Gagné! »
   Sinon
      i prend la valeur i+1
Si i ⩾ 4
      Afficher « Perdu! »
```

Algorithme n° 3

```
A = 0
i = 0
Tant que A est différent de 6
   A est un entier aléatoire
   entre 1 et 6
   i prend la valeur i+1
Si i est inférieur ou égal à 4
   Afficher « Gagné! »
Sinon
   Afficher « Perdu! »
```

a. Expliquer le principe de chacun de ces algorithmes et le rôle de leurs variables.

b. Thibaut a ajouté des compteurs pour déterminer le nombre de fois que la boucle de chaque algorithme s'exécute. En expérimentant chacun d'eux, il obtient comme nombre de boucles 3, 4 et 6. À quel algorithme correspond chacun de ces résultats ?

c. Lequel des trois algorithmes semble être le plus économe ?

2 Thibaut exécute le programme n° 2 de nombreuses fois mais ses résultats ne lui permettent pas de prendre parti sur l'affirmation du chevalier de Méré. Il décide de modifier son programme pour simuler N fois l'expérience et obtenir la fréquence de parties gagnées.

a. Écrire cet algorithme en langage naturel.

b. Programmer cet algorithme et l'exécuter pour de grandes valeurs de N.
Est-il possible de conclure ?

3 Pour en avoir le cœur net, Thibaut construit un arbre de probabilités, en considérant qu'à chaque lancer il n'y a que deux issues : obtenir 6 ou non.

a. Construire un arbre représentant quatre lancers successifs.

b. Déterminer la probabilité de perdre. En déduire la probabilité de gagner.

c. Peut-on expliquer pourquoi il a fallu choisir N très grand à la question **2b** pour que l'expérience soit probante ?

Problème ouvert 1 Embouteillage sur le parking

De combien de façons peut-on choisir l'emplacement de 3 voitures lorsqu'on a 4 places de parking ?

Problème ouvert 2 L'injuste arrondi

Une fonction aléatoire F choisit un nombre au hasard dans l'intervalle $[1 ; 6]$.
Pour simuler un lancer de dé à 6 faces, on propose de choisir l'entier le plus proche de la valeur fournie par F.
Par exemple :
- si F fournit la valeur 4,714 2 alors le résultat de la simulation du lancer de dé est 5 ;
- si F fournit la valeur 4,314 2 alors le résultat de la simulation du lancer de dé est 4.

1. Donner la probabilité d'obtenir un 6.
2. Donner la probabilité d'obtenir un résultat pair.

Problème ouvert 3 Improbable

Pour gagner le grand prix de l'Euro-Loto, il faut choisir les cinq bons numéros parmi 50 et les deux bonnes étoiles parmi 9.

1. Quelle est la probabilité de choisir les deux bonnes étoiles ?
2. Sachant qu'il y a une chance sur 2 118 760 de trouver les cinq bons numéros, quelle est la probabilité de gagner le grand prix ?

Pierre de Fermat (1601 - 1665, France) et **Blaise Pascal** (1623 - 1662, France)
Leur correspondance marque le point de départ de la théorie des probabilités.

Jacques Bernoulli (1654 - 1705, Suisse)
Il énonce la loi des grands nombres.

Andreï Kolmogorov (1903 - 1987, Russie)
Il formalise une théorie moderne des probabilités.

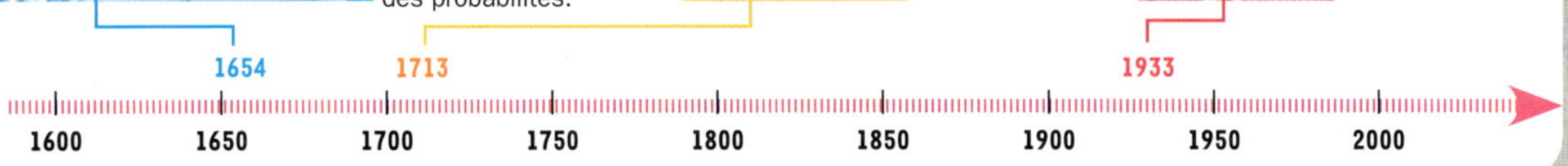

Du jeu à la science

Des jeux de hasard naissent les probabilités

Pour ARISTOTE (–384 - –322), le concept de probabilité se distingue clairement de celui de hasard : alors que la probabilité est un discours rationnel qui peut permettre d'opérer des choix, le hasard échappe à la nature et à la rationalité.
Les probabilités, au sens actuel du terme, naissent en 1654 d'une correspondance entre Blaise PASCAL et Pierre de FERMAT. En étudiant les jeux de hasard, les deux mathématiciens posent les bases du traitement mathématique des probabilités.
Ils s'intéressent tout particulièrement à la résolution de problèmes de dénombrement. Le problème le plus célèbre est celui dit « des parties » (➜ 1) : comment répartir équitablement les mises effectuées par deux joueurs lorsqu'une partie d'un jeu de hasard a été interrompue avant la fin ?

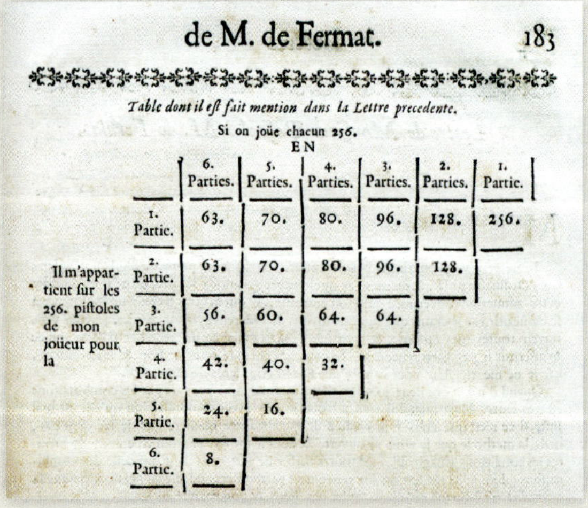

de M. de Fermat. 183

Table dont il est fait mention dans la Lettre precedente.

Si on joüe chacun 256.

EN

Il m'appartient sur les 256. pistoles de mon joüeur pour la		6. Parties.	5. Parties.	4. Parties.	3. Parties.	2. Parties.	1. Partie.
	1. Partie.	63.	70.	80.	96.	128.	256.
	2. Partie.	63.	70.	80.	96.	128.	
	3. Partie.	56.	60.	64.	64.		
	4. Partie.	42.	40.	32.			
	5. Partie.	24.	16.				
	6. Partie.	8.					

↑ **1.** Reproduction d'une table envoyée à P. de Fermat par B. Pascal dans *Varia Opera Mathematica*, 1679.

Néanmoins, Blaise Pascal et Pierre de Fermat n'ont pas publié leurs travaux. Le premier ouvrage traitant des probabilités est publié par Christiaan HUYGENS (1629 - 1695) en 1657.

De la théorie du jeu à la théorie des probabilités

Dans son ouvrage *Ars conjectandi* (*L'Art de la conjecture*), publié post-mortem en 1713, Jacques BERNOULLI étudie les fréquences des événements et aboutit à l'énoncé de la loi appelée loi des grands nombres. En 1814, dans son *Essai philosophique sur les probabilités*, le mathématicien Pierre Simon de LAPLACE (1749 - 1827) résume la découverte de Jacques Bernoulli en ces termes :
« [...] en multipliant indéfiniment les observations et expériences, le rapport des événements de diverses natures qui doivent arriver, approche de celui de leurs possibilités respectives, dans des limites dont l'intervalle se resserre de plus en plus et devient moindre qu'aucune quantité assignable. »

Les probabilités modernes et leurs applications

Au début du xxe siècle, de nombreux mathématiciens ont établi une théorie générale des probabilités.
Les chercheurs russes sont au premier plan.
Andreï Andreïevitch MARKOV (1856 - 1922) proposa dès 1910 des modèles aléatoires dont les applications sont encore au cœur de l'actualité. Par exemple, les algorithmes d'identification des chaînes de Markov permettent aujourd'hui de décrypter une séquence d'ADN. En 1933, son compatriote Andreï KOLMOGOROV unifie les concepts de probabilités et fonde la théorie des probabilités modernes. Les applications modernes de cette théorie en économie, en sciences physiques et biologiques, en informatique… sont tout sauf un jeu !

Exercices d'application

Expérience aléatoire

1 On tire trois boules dans un sac contenant trois boules rouges et trois boules noires.
a. Décrire l'univers de cette expérience.
b. Décrire l'événement « On tire au moins une boule noire ».
c. L'expérience aurait-elle eu plus d'issues si l'on avait tiré quatre boules ?

Savoir-faire 1 p. 296

2 On lance deux dés équilibrés à six faces.
a. On calcule la somme des faces obtenues.
Déterminer l'univers de cette expérience.
b. On calcule le produit des faces obtenues.
Déterminer l'univers de cette expérience.
c. Laquelle des deux expériences a le plus d'issues ?

3 On lance une pièce de monnaie. Si on obtient « pile », on relance la pièce une fois ; sinon, on la relance deux fois. Déterminer les issues de cette expérience.

4 Monsieur Élégant passe beaucoup de temps à accorder les couleurs de ses vêtements.
Il possède par exemple trois chapeaux (un noir, un bleu et un marron) et deux manteaux (un noir et un bleu).
En choisissant au hasard un chapeau et un manteau, de combien de façons différentes peut-il s'habiller ?

5 Un menuisier dispose de baguettes de bois de longueurs 85 cm et 125 cm.
Il possède trois baguettes de la première catégorie et six de la seconde.
a. Combien de longueurs différentes peut-il obtenir en mettant bout à bout trois baguettes prises au hasard ?
b. Même question avec quatre baguettes.

6 Pour ouvrir un cadenas, il faut composer le bon code à partir de 4 roues chacune numérotée de 0 à 9.
a. Dénombrer toutes les combinaisons possibles de ce cadenas.
b. Dénombrer les combinaisons commençant par un 4.
c. Dénombrer les combinaisons possédant quatre chiffres identiques.

7 L'anagramme d'un mot est un mot composé des mêmes lettres mais choisies dans un ordre quelconque.
a. Combien le mot PROBA possède-t-il d'anagrammes ?
b. Même question avec le mot STAT.

Probabilité d'un événement

8 Le professeur de mathématiques a réalisé une enquête anonyme auprès de ses élèves. Ces derniers devaient répondre à la question « Comment aimes-tu les mathématiques ? ».
Les résultats sont donnés dans le tableau ci-contre.

Un peu	5
Beaucoup	6
Passionnément	9
À la folie	10
Pas du tout	3

a. Calculer la fréquence de chacune des réponses.
b. En désignant un de ses élèves au hasard, quelle est la probabilité que le professeur choisisse un élève qui aime beaucoup les mathématiques ?
c. En désignant un de ses élèves au hasard, quelle est la probabilité que le professeur choisisse un élève qui aime au moins un peu les mathématiques ?

9 Le magazine de mode *Belle* contient 128 pages dont les thèmes sont répartis de la façon suivante :
- deux cinquièmes d'articles d'information ;
- un huitième de photos de mode ;
- 2 pages pour le sommaire ;
- 3 pages de jeux ;
- le reste pour les publicités.

On ouvre une page au hasard.
Quelle est la probabilité de tomber sur une publicité ?

10 Lorsque Yacine a déplacé son lecteur DVD, il a été obligé de débrancher trois câbles. Les trois câbles, de couleurs différentes, correspondent chacun à une entrée spécifique. Malheureusement, les entrées n'ont pas de couleur. Yacine ne se souvient plus dans quelle prise brancher chaque câble.

a. Combien de possibilités différentes existe-t-il pour effectuer les branchements ?
b. Yacine prétend qu'il a une chance sur trois de réussir au hasard le branchement. Est-ce vrai ? Expliquer.

11 Dans un sac, on a placé 5 boules rouges et 4 boules noires.

Les boules rouges sont marquées par les nombres :

1 ; 1 ; 2 ; 3 ; 5.

Les boules noires sont marquées par les nombres :

1 ; 2 ; 3 ; 3.

Calculer la probabilité des événements suivants.

a. A : « tirer une boule noire ».

b. B : « tirer une boule marquée d'un 1 ».

c. C : « tirer une boule noire marquée d'un 3 ».

d. D : « tirer une boule marquée d'un nombre pair ».

▸ Savoir-faire 2 p. 296

12 Une roue de loterie bien équilibrée est partagée en 12 secteurs identiques.

La probabilité que la roue s'arrête sur un secteur coloré :

- en rouge est de $\frac{1}{4}$;
- en bleu est de $\frac{1}{12}$;
- en jaune est de $\frac{2}{3}$.

Proposer une représentation de la roue.

13 On tire au hasard une carte dans un jeu de 32 cartes.

Calculer la probabilité des événements suivants.

a. A : « tirer un cœur ».

b. B : « tirer une carte de couleur noire ».

c. C : « tirer un as ».

d. D : « tirer une figure ».

14 Problème ouvert

Évaluer le nombre de personnes en France qui sont nées un 29 février.

On considérera que la population française est de 64 millions de personnes.

15 Un animateur propose 3 jeux de hasard différents :

- lancer une roue ;
- tirer une boule dans un sac ;
- lancer un dé.

Pour chacun d'eux, la couleur verte indique que le joueur est gagnant.

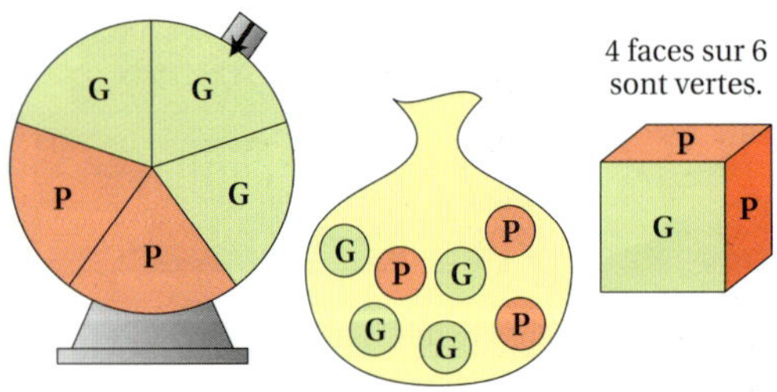

Quel jeu vaut-il mieux choisir pour avoir la plus grande chance de gagner ? Expliquer.

16 On suppose que lorsqu'un couple attend un enfant, il est équiprobable d'avoir une fille ou un garçon.

a. Représenter, à l'aide d'un arbre, les possibilités pour une famille de deux enfants.

b. Quelle est la probabilité d'avoir deux garçons ?

c. Quelle est la probabilité d'avoir une fille en second ?

▸ Savoir-faire 3 p. 297

17 À la fête foraine, une grande loterie est proposée.

Le jeu consiste à faire tourner une roue bien équilibrée et divisée en 8 secteurs identiques numérotés de 1 à 8.

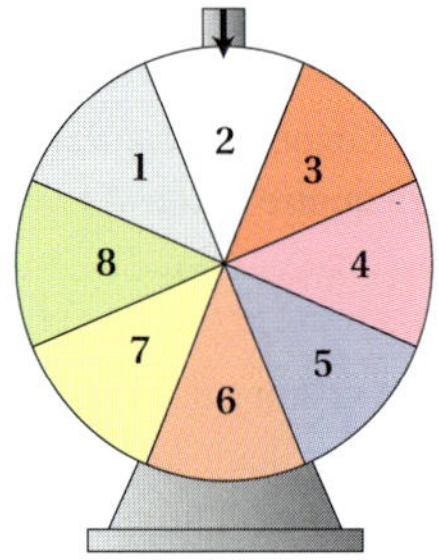

Si la roue s'arrête sur un nombre supérieur à 6, le joueur gagne un cadeau qu'il pourra choisir au hasard dans un sac.

Le sac contient des lapins en peluche : 12 roses et 16 verts.

a. Quelle est la probabilité de gagner ?

b. Quelle est la probabilité de gagner un lapin rose ?

▸ Savoir-faire 4 p. 297

18 On dispose de deux porte-monnaie identiques.

Le premier contient 3 billets de 10 € et 5 billets de 20 €.

Le second contient 2 billets de 10 € et 4 billets de 20 €.

On choisit au hasard un porte-monnaie et on tire à l'aveugle un billet de ce porte-monnaie.

Quelle est la probabilité de choisir un billet de 10 € ? un billet de 20 € ?

19 On lance cinq dés équilibrés à six faces. Un yams consiste à obtenir le même chiffre sur les cinq dés.

a. Quelle est la probabilité d'obtenir un yams de six ?

b. Quelle est la probabilité d'obtenir un yams ?

20 Dans un QCM, on propose pour chaque question trois réponses dont une seule est correcte.

Yann répond au hasard à toutes les questions.

a. Quelle est la probabilité qu'il réponde juste aux trois premières questions ?

b. À partir de combien de questions la probabilité de répondre tout juste tombe-t-elle à 1 pour 1 000 ?

21 On choisit un entier au hasard entre 1 et 10.

a. Calculer la probabilité des événements suivants :

A : « le nombre choisi est pair ».

B : « le nombre choisi est supérieur ou égal à 8 ».

C : « le nombre choisi est premier ».

b. Exprimer par une phrase les événements contraires de A, B et C puis calculer leur probabilité.

▸ Savoir-faire 5 p. 298

22 **Problème ouvert**

On lance deux dés équilibrés à six faces.

Calculer la probabilité de ne pas obtenir deux faces identiques.

23 Un jour de grève dans une grande gare, on sait que la probabilité qu'il n'y ait aucun train est de 25 % et celle qu'il y ait tous les trains est de 5 %.

a. Quelle est la probabilité qu'il y ait au moins un train ?

b. Quelle est la probabilité qu'il manque au moins un train ?

Réunion et intersection de deux événements

24 Dans une classe de 32 élèves, 12 élèves suivent l'option *arts plastiques* et 5 élèves suivent l'option *escalade*. Sachant que 3 élèves suivent les deux options, déterminer à l'aide d'un diagramme combien d'élèves ne suivent aucune option.

▶ Savoir-faire 7 p. 299

25 Une université a dénombré ses étudiants issus d'un Baccalauréat scientifique (noté S) suivant leur sexe (F ou G). Les résultats sont donnés dans le tableau suivant.

	S	$\overline{S}$	Total
F	78	147	225
G	102	75	177
Total	180	222	402

On choisit un étudiant au hasard.

a. Définir l'événement $F \cap S$ et donner sa probabilité.

b. Définir l'événement $\overline{S}$ et donner sa probabilité.

c. Définir l'événement $F \cup S$ et donner sa probabilité.

d. Définir l'événement $F \cup G$ et donner sa probabilité.

▶ Savoir-faire 6 p. 298

26 On a effectué un sondage sur les activités extrascolaires dans un lycée.

10 % des élèves font à la fois un sport et jouent d'un instrument de musique, 35 % font seulement du sport et 40 % ne pratiquent ni sport ni musique.

On interroge un élève au hasard à la sortie du lycée. À l'aide d'un tableau, déterminer les probabilités suivantes :

a. l'élève ne pratique pas de sport mais joue d'un instrument.

b. l'élève pratique un sport.

c. l'élève joue d'un instrument.

d. l'élève pratique un sport ou joue d'un instrument.

27 A et B sont deux événements incompatibles tels que $p(A) = 0{,}4$ et $p(B) = 0{,}5$.

a. Calculer $p(A \cup B)$.

b. $\overline{A}$ et $\overline{B}$ sont-ils incompatibles ?

28 Dans un jeu de 52 cartes, on ajoute deux jokers.

On tire une carte au hasard.

a. Quelle est la probabilité de tirer un joker ?

b. Quelle est la probabilité de tirer un pique ?

c. Quelle est la probabilité de tirer un pique ou un joker ?

29 **Problème ouvert**

Une étude montre qu'un adolescent sur trois possède une télévision dans sa chambre et un sur cinq un ordinateur. 60 % des adolescents n'ont ni l'un ni l'autre dans leur chambre.

Déterminer la part d'adolescents ayant à la fois un téléviseur et un ordinateur dans leur chambre.

30 On lance un dé équilibré à douze faces numérotées de 1 à 12.

a. Calculer la probabilité de l'événement A : « le résultat est pair ».

b. Calculer la probabilité de l'événement B : « le résultat est un multiple de 3 ».

c. Calculer les probabilités des événements $A \cap B$ et $A \cup B$.

31 **Problème ouvert**

A et B sont deux événements tels que :

$$p(A) = 0{,}2 \;;\; p(B) = 0{,}5 \text{ et } p(A \cap B) = 0{,}1.$$

1. Déterminer les probabilités des événements suivants :

a. $p(A \cap \overline{B})$

b. $p(\overline{A} \cap B)$

c. $p(A \cup B)$

d. $p(\overline{A} \cup B)$

e. $p(\overline{A} \cap \overline{B})$

2. Identifier parmi les événements de la question **1**, l'événement contraire de $A \cup B$.

QCM Je me teste sur les probabilités

Pour chaque question, il y a une ou plusieurs bonnes réponses.

CORRIGÉ P. 313

Expérience aléatoire

32 Un sac contient des jetons rouges, verts et bleus (au moins deux de chaque couleur).
On tire au hasard deux jetons dans le sac.

1. Le nombre d'événements élémentaires est :

A 2 B 3 C 6 D 9

2. Le nombre d'événements élémentaires comportant exactement deux couleurs est :

A 2 B 3 C 6 D 9

3. Le nombre d'événements élémentaires comportant au moins un jeton rouge est :

A 2 B 3 C 6 D 9

33 On sépare un jeu de 32 cartes en quatre paquets selon les quatre couleurs (pique, cœur, carreau, trèfle).
On pioche une carte au hasard dans chaque paquet.

1. Combien peut-on former de mains de quatre cartes ?

A 4 B 24 C 8^4 D $32 \times 31 \times 30 \times 29$

2. Combien peut-on former de carrés ?

A 1 B 4 C 8 D 24

3. Combien peut-on former de brelans d'as (3 as exactement) en ayant les as de pique et de cœur ?

A 2 B 3 C 8 D 14

Probabilité d'un événement

34 On lance deux dés équilibrés à 6 faces.

1. La probabilité de faire un double 6 est :

A $\frac{1}{6}$ B $\frac{1}{3}$ C $\frac{1}{36}$ D $\frac{1}{12}$

2. La probabilité de ne pas faire un double 6 est :

A $\frac{5}{6}$ B $\frac{35}{36}$ C $\frac{25}{36}$ D $\frac{11}{12}$

3. La probabilité de ne pas faire un seul 6 est :

A $\frac{5}{6}$ B $\frac{35}{36}$ C $\frac{25}{36}$ D $\frac{11}{36}$

4. La probabilité de faire au moins un 6 est :

A $\frac{5}{6}$ B $\frac{35}{36}$ C $\frac{25}{36}$ D $\frac{11}{36}$

35 On lance un dé truqué à 6 faces. La face 6 a une probabilité de sortir de 0,3 et la face 1 a une probabilité de sortir de 0,1. Les autres faces sont équiprobables et leur probabilité de sortir est :

A 0,2 B $\frac{1}{4}$ C $\frac{1}{6}$ D 0,15

36 On pioche une boule dans une urne contenant un tiers de boules rouges, un quart de boules vertes et le reste de boules bleues.

La probabilité de tirer une boule bleue est :

A $\frac{5}{12}$ B $\frac{7}{12}$ C $\frac{6}{7}$ D $\frac{1}{2}$

Réunion et intersection de deux événements

37 Lors d'un sondage auprès des garçons d'un lycée, 46 % d'entre eux affirmaient aimer le football et 64 % le rugby.

Seuls 10 % des garçons n'aiment aucun des deux sports.
La part de garçons aimant à la fois les deux sports est :

A 90 % B 18 % C 46 % D 20 %

38 Dans un jeu de 52 cartes, on tire une carte au hasard.

1. La probabilité de tirer une figure de cœur est :

A $\frac{3}{52}$ B $\frac{3}{8}$ C $\frac{10}{52}$ D $\frac{1}{4}$

2. La probabilité de tirer une figure ou un cœur est :

A $\frac{3}{52}$ B $\frac{25}{52}$ C $\frac{22}{52}$ D $\frac{1}{4}$

3. La probabilité de ne tirer ni figure ni cœur est :

A $\frac{49}{52}$ B $\frac{27}{52}$ C $\frac{3}{4}$ D $\frac{30}{52}$

Problèmes

39 Perhaps ?

Chantal wants to use the bike her friend has lent her. Unfortunately, she has forgotten the anti-theft code which has three numbers.

Patiently and methodically she tries to find the combination again.

Each attempt takes her about 2 seconds.

Chantal thinks she has little chance to find the correct combination in less than 30 minutes.

Do you agree with her ? Justify.

D'après *Mathématiques sans frontières*, décembre 2009.

40 SuperKado

Au jeu du SuperKado, le candidat choisit une boîte parmi trois qui lui sont présentées, sans l'ouvrir. Une seule boîte contient le SuperKado. Quand ce choix est fait, pour augmenter le suspense, le présentateur ouvre alors l'une des deux boîtes restantes, en choisissant évidemment une boîte vide. Le candidat doit alors choisir entre conserver la boîte qu'il a désignée au début ou bien modifier son choix.

a. Modéliser les choix du candidat à l'aide d'un arbre.

b. Sarah et Bernard regardent le jeu à la télévision. Sarah prétend que le candidat a une chance sur deux car le premier choix ne sert à rien ; il doit se décider entre les deux dernières boîtes.

Bernard n'est pas d'accord. Il pense que si le candidat décide dès le début qu'il gardera sa boîte, il n'a qu'une chance sur trois de gagner ; il a donc intérêt à changer car il aura alors deux chances sur trois de gagner.

Qui a raison ? Expliquer.

41 Bataille navale

Le jeu de la bataille navale consiste à désigner à tour de rôle une case de la grille de l'adversaire sur laquelle il a placé des navires :

- 1 porte-avion de 5 cases ;
- 2 cuirassiers de 4 cases chacun ;
- 1 sous-marin de 3 cases ;
- 1 croiseur de 2 cases.

La grille comporte 144 cases.

Tant qu'aucun bateau n'est touché, le joueur choisit une case au hasard.

1. Au premier tour de jeu, quelle est la probabilité des événements suivants :

a. « toucher un navire » ?

b. « toucher un porte-avion » ?

c. « toucher un cuirassier » ?

2. Après 15 tours de jeu, quelle est la probabilité de toucher un navire sachant que le joueur va encore jouer au hasard mais a déjà coulé le croiseur et un cuirassier ?

42 Bon anniversaire

5 personnes discutent de leur date de naissance.

1. a. Calculer la probabilité qu'aucune d'entre elles ne soit née le même mois.

b. En déduire la probabilité qu'au moins deux d'entre elles soient nées le même mois.

2. En supposant qu'aucune d'entre elles n'est née un 29 février, montrer que la probabilité qu'au moins deux d'entre elles soient nées à la même date est inférieure à 3 %.

43 Bon anniversaire bis

On recherche la probabilité qu'au moins deux personnes de la classe soient nées à la même date.
Pour cela, on étudie l'événement contraire : « aucune personne n'est née à la même date ».
Pour qu'il soit vérifié, la première personne a 365 possibilités de date, la deuxième en a 364 et ainsi de suite.
On construit la feuille de calcul ci-dessous.

	A	B	C	D
1	nombre de personnes	nombre de dates restantes	probabilité de dates toutes différentes	probabilité qu'au moins deux dates soient identiques
2	1	365	1	0
3	2	364	0,997260274	0,002739726
4	3	363	0,991795834	0,008204166
5	4	362	0,983644088	0,016355912
6	5	361	0,972864426	0,027135574

1. a. Expliquer comment remplir les colonnes A et B.

b. Donner les formules à recopier vers le bas que l'on a saisies en C3 et D2 pour construire cette feuille.

2. Construire la feuille de calcul et déterminer pour votre classe la probabilité recherchée.

44 Au téléski

Morgan est perchiste dans une station de sports d'hiver. Il observe qu'un tiers des personnes font du snowboard et les autres du ski. Les trois quarts des snowboarders ont moins de 20 ans, alors que la moitié des personnes ont 20 ans ou plus.
Quelle est la probabilité que la prochaine personne qui se présente à la remontée mécanique soit un skieur de 20 ans ou plus ?

45 Le labyrinthe magique

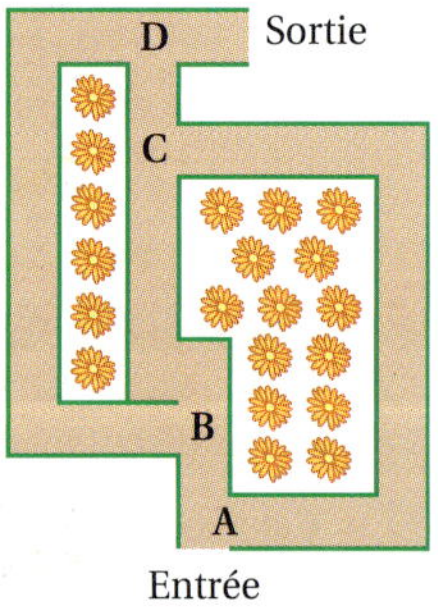

Hector emprunte le labyrinthe ci-contre.
On nomme les embranchements A, B, C et D.
À chaque embranchement, Hector décide de la direction à suivre au hasard, sauf en D où il voit la sortie (alors il s'y dirige) et en A et B où il voit l'entrée (alors il s'en éloigne). S'il reconnaît un embranchement où il est déjà passé, il choisit dès que possible un chemin qu'il n'a pas encore emprunté.

a. Déterminer les chemins qui le mènent à la sortie ainsi que la probabilité qu'il les emprunte.

b. Vérifier que la probabilité qu'il trouve ainsi la sortie vaut 1. Interpréter ce résultat.

46 Le loup

Lolita et quatre de ses camarades se mettent en cercle. Lolita choisit au hasard l'un d'entre eux, puis les désigne un par un en suivant le cercle toujours dans le même sens, à chaque syllabe de la phrase : « ça-se-ra-toi-qui-se-ra-le-loup ».

1. Quelle est la probabilité que Lolita soit le loup ?

2. a. Au bout de 20 parties, Tom s'énerve : « Je n'ai pas de chance, ce n'est jamais moi le loup ! ». Peut-on proposer à Tom une autre explication que la malchance ?

b. Finalement, Tom arrête de jouer. Les autres reprennent une partie. Quelqu'un aura-t-il désormais autant de malchance que Tom ?

47 Tricherie — Algorithmique

Un professeur demande à ses élèves de lancer une pièce de monnaie 50 fois et de consigner la liste des résultats « pile » (P) ou « face » (F).
Voici la liste de David :

PFPPPFPFFP PFPFFPPFPP FFPPFFPPFF
PFPFFFPPFP PFFFPPFPFF.

1. Calculer la fréquence d'apparition du « pile ».
Ce résultat semble-t-il cohérent avec l'équiprobabilité théorique de cette expérience ?

2. Le professeur n'est pas satisfait ; il affirme que David a probablement triché et n'a pas lancé la pièce. David ne comprend pas comment le professeur a pu s'en rendre compte. Pour convaincre David, le professeur propose de programmer l'algorithme ci-contre sur sa calculatrice.

```
PROGRAM:PILE
:0→B
:0→C
:For(I,1,50)
:entAléat(0,1)→A
:If A=1
:Then
:B+1→B
:Else
:If B>C
:Then
:B→C
:End
:0→B
:End
:End
:Disp C
```

a. Comment le programme propose-t-il de simuler un « pile » ou « face » ?

b. En supposant que les quatre premières simulations donnent dans A les valeurs 1-1-1-0, quelles seront les valeurs de B et C lorsque le programme recalculera une nouvelle valeur de A ?

c. Quel est le rôle des variables B et C ?

3. En faisant tourner le programme, voici ce que David obtient sur sa calculatrice.

```
                Fait
                   6
                Fait
                   5
                Fait
                  12
                Fait
```

a. En regardant la liste de David, comprend-on l'argument du professeur ?

b. David aurait-il pu obtenir ces résultats sans tricher ?

Corrigés des exercices

INITIATION À L'ALGORITHMIQUE

1 Le script calcule le nombre $\sqrt{a^2+b^2}$, c'est-à-dire le troisième côté d'un triangle dont les côtés de l'angle droit sont égaux à a et b.

2 **a.** En prenant 65 comme valeur initiale, on obtient la suite finie :

65 130 13 26 52 104 10 1 2 4

b.

```
A=input('A=')
while A!=4:
    if A%10==4:
        A=(A-A%10)/10
        print A,
    elif A%10==0:
        A=A/10
        print A,
    else:
        A=A*2
        print A,
```

3 fonc(2) = 1 ; fonc(4) = fonc(5) = fonc(6) = fonc(7) = fonc(8) = 2 ; fonc(9) = 3.
On peut conjecturer que fonc(x) renvoie le plus grand entier dont le carré est inférieur à x.

4 **a.**

```
def boite(c):
    i=0
    while i<10:
        carre(c+i*20)
        i=i+1
```

b.

```
def hexagone(c):
    for i in range(6):
        forward(c)
        right(60)
```

c. La figure est construite à partir de la figure « maison », qui est reproduite 6 fois.

```
def maison(c):
    for i in range(4):
        forward(c)
        left(90)
    right(90)
    backward(c)
    left(90)
    for i in range(3):
        forward(c)
        left(120)
    left(60)
    forward(c)
    right(120)

for i in range(6):
    maison(70)
```

d. De la même manière, la figure « abeille » est construite à partir du « modele » qui est reproduit 6 fois.

```
def modele(c):
    left(150)
    hexagone(c)
    forward(c)
    right(60)
    forward(c)
    right(60)
    for i in range(2):
        forward(c)
        left(60)
        forward(c)
        left(120)
    forward(c)

def abeille(c):
    for i in range(6):
        modele(c)
        right(90)
```

Partie A FONCTIONS

QCM Je teste mes acquis sur les fonctions

1 C **2** D **3** B et D
4 D **5** A, C et D **6** D
7 C **8** B **9** C et D
10 A **11** C

Chapitre 1 Calcul algébrique

Question d'ouverture

L'action permettant de transformer un produit de facteurs en une somme de termes est le développement de l'expression. L'action permettant de transformer une somme de termes en un produit de facteurs est la factorisation de l'expression.

Exercices d'application

1 Sommes : C, D, E.
Produits : A, B, F.

2 **a.** $x + xy$ **b.** $(x-3)^2$
c. $\dfrac{x^2}{3y^2}$ **d.** $\dfrac{x}{y}-(3+3x)$

6 **a.** $2 \times ((x-3)+x+3) = 2 \times 2x = 4x$
b. Les deux périmètres valent $4x$.
c. En effet EF = FG = GA= AE.

8 $A = -15x + 4$ $B = -14y + x - 16$
$C = -y - 2x - 20$ $D = -x + 3y + 8$

10 $A = 30x + 10y - 14$
$B = -25x + 8y + 8$
$C = 6x + 28y + 18$
$D = -xy - 8x - 4y - 32$

12 $A = 64x^2 - 96x + 36$
$B = 9x^2 - 49$
$C = 36x^2 + 12x + 1$
$D = 9x^2 + 12x + 4$
$E = 81x^2 - 180x + 100$
$F = 9x^2 - 64$

17 $A = (8x-3)(-8x-1)$
$B = (3-4x)(-11x-2)$
$C = (5x-9)(10x+1)$
$D = (-3x-2)(-8x-10)$

20 $A = (3x-10)(3x+8)$
$B = (5x-6)(5x+2)$
$C = (-2x+7)(2x-1)$
$D = (8x-10)(8x-8)$
$E = (-2x-3)(8x-5)$
$F = (\sqrt{3}x-1)(\sqrt{3}x+1)$

24 $A = x - 2\sqrt{xy} + y = 7 - 2\sqrt{4} = 3$
$B = 2x - 2xy + 2y - 4xy = 2(x+y) - 6xy$
$= 2 \times 7 - 6 \times 4 = -10$
$C = x^2 - 2xy + y - (x^2 + 2xy + y^2) = -4xy$
$= -4 \times 4 = -16$

27 **a.** $A = \dfrac{x+1}{(x-1)(x+1)} - \dfrac{x-1}{(x-1)(x+1)}$
$= \dfrac{x+1-(x-1)}{x^2-1} = \dfrac{2}{x^2-1}$
b. $A = \dfrac{2}{(-\sqrt{3})^2-1} = \dfrac{2}{3-1} = 1$

29 **a.** $1{,}187\,5 \in \mathbb{D}$ **b.** $-3 \in \mathbb{Z}$
c. $\dfrac{121}{190} \in \mathbb{Q}$ **d.** $\sqrt{3} \in \mathbb{R}$
e. $5 \in \mathbb{N}$

31 **a.** Faux car l'opposé d'un entier naturel est un entier négatif.
b. Faux car l'opposé d'un entier relatif négatif est entier positif.
c. Faux, $\dfrac{1}{3} \notin \mathbb{D}$ par exemple.
d. Vrai car l'inverse de $\dfrac{a}{b}$ est $\dfrac{b}{a}$ et $a \neq 0$.
e. Faux car $\sqrt{4} = 2 \in \mathbb{N}$ par exemple.

34 $\dfrac{9}{8} < \dfrac{8}{7} < \dfrac{9}{7} < \dfrac{8}{6}$

37 **a.** $\left[-1\,;\dfrac{1}{3}\right]$ **b.** $]3\,;3{,}1[$
c. $[-3\,;\sqrt{2}\,[$ **d.** $]-2\,;+\infty[$
e. $]-\infty\,;4]$ **f.** $]0\,;+\infty[$

39 **a.** $I \cap J = [-2\,;8]$ et $I \cup J = [-8\,;12]$
b. $I \cap J = [5\,;8[$ et $I \cup J =]1\,;9]$
c. $I \cap J = [1\,;\sqrt{2}\,]$ et $I \cup J =]0\,;+\infty[$
d. $I \cap J = \varnothing$ et $I \cup J =]-\infty\,;1[\cup[2\,;5]$

QCM Je me teste sur le calcul algébrique

42 C **43** A, B et D
44 A et C **45** B
46 D **47** B et C
48 A, B et D **49** A, B et D
50 B, C et D **51** C
52 B **53** B
54 A

Chapitre 2 Généralités sur les fonctions

Question d'ouverture

La fusée continue d'accélérer hors de l'atmosphère puisque sa vitesse augmente à partir du point H_1.

Exercices d'application

3 **a.** −3 et 3 **b.** 0

12 **1.** $25^2 - 10 \times 9 = 535$ m²
2. a. $10 < x < 30$ **b.** $f(x) = x^2 - 90$

13 **1.** b **2.** c **3.** a et b
4. a **5.** c

19 **a.**

x	−7	−3	−1	0	1	3	7
$f(x)$	2 400,82	80,1	−3,5	−9	−3,5	80,1	2 400,82

b. $f(-x) = f(x)$

23 **1.**

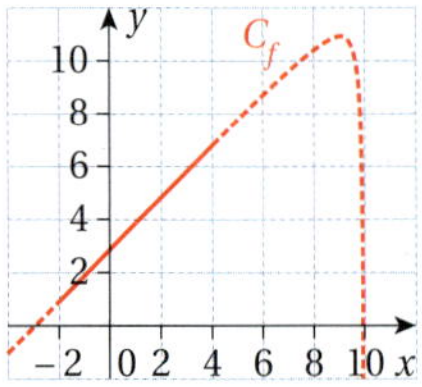

2. a. Environ 5,4

b. Environ : −0,9 ou 9,9.

26 **a.** $x = 1$ ou $x = 2$ ou $x = 6$.

b. $x = -4$ ou $x = -1$ ou $x = 3$ ou $x = 4$.

c. $[-4\,;-1] \cup [3\,;4]$.

30 **a.**

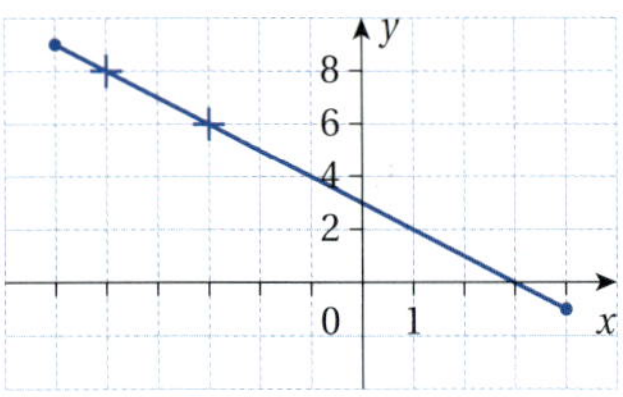

b. $x = 3$

c. $[3\,;4]$

34 **1.** On trouve $x = -4$ ou $x = 2$.

2. a. On pourra développer l'expression $(2x+8)(3x-6)$.

b. On résout l'équation produit $(2x+8)(3x-6) = 0$.

50 On pourra tracer une fonction d'abord croissante puis ensuite décroissante de maximum −1 atteint en 1 et telle que $f(-3) = -5$ et $f(4) = -8$.

57 **a.**

x	−2	0	1	2	5
$f(x)$	2 ↗	5 ↘	3	↘ 2 →	2

b. *Voir savoir-faire 7 p. 51.*

QCM Je me teste sur les fonctions

62 **1.** C **2.** A **3.** A et C

63 A, C et D

64 D

65 A

66 A et C

67 D

68 C

69 B et C

70 A et C

Chapitre 3 Fonctions de référence

Question d'ouverture

Les ondes qui arrivent depuis l'espace sont réfléchies par la parabole vers son foyer, c'est-à-dire le module situé à l'avant tenu par un support. Le trou au milieu de cette parabole laisse passer ensuite ces rayons renvoyés par le module vers le centre de traitement des informations à l'arrière de la parabole.

Exercices d'application

2

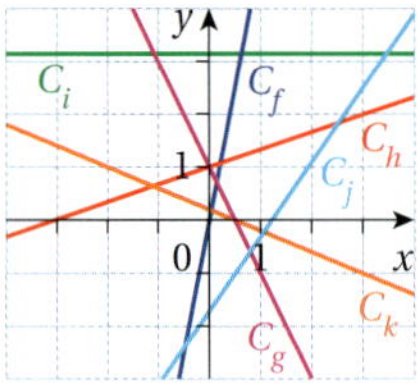

5 **a.**

x	1	2	0
$f(x)$	2	4	**0**

x	−1	5	10	$-\frac{\mathbf{17}}{\mathbf{2}}$
$g(x)$	5	−7	**−17**	20

b. $f(x) = 2x$ et $g(x) = -2x + 3$

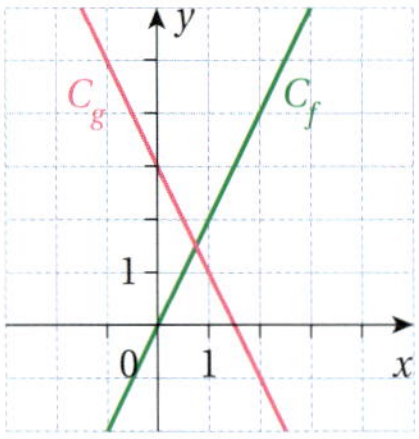

9 d_1 ou (AB) : $f(x) = 5x - 4$

d_2 ou (BC) : $f(x) = -\frac{1}{2}x + \frac{3}{2}$

d_3 ou (AE) : $f(x) = \frac{3}{5}x - 4$

d_4 ou (DE) : $f(x) = -1{,}5$

12 $f(x) = -8{,}5x + 8$: fonction affine.

15 **1.**

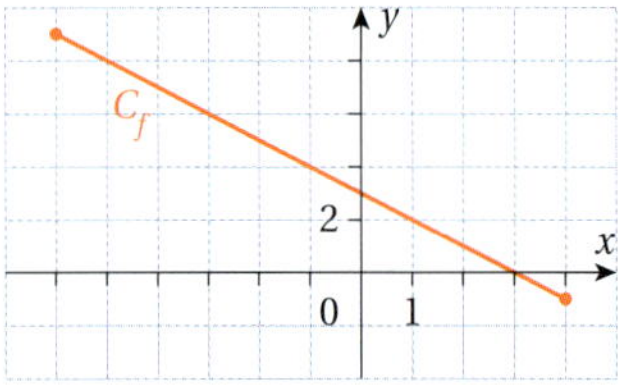

2. a. $S = \{3\}$ **b.** $S = [3\,;4]$

19 $f(x) = 4x$ $g(x) = \frac{\pi x^2}{4}$

$h(x) = 4x + \pi x = (4 + \pi)x$

$i(x) = \left(1 - \frac{\pi}{4}\right)x^2$

a. f et h sont linéaires.

b. f et h sont affines car elles sont linéaires.

g et i ne sont ni affines ni linéaires.

22 **a.** $\frac{13}{11} \approx 1{,}182$

Augmentation de 18,2 % environ.

b. $\frac{11}{13} \approx 0{,}846$

Diminution de 15,4 % environ.

33

Nombre	0	1	4	3	−4
Antécédents par f	0	−1 ; 1	−2 ; 2	$-\sqrt{3}\,;\sqrt{3}$	aucun

38 **a.** $x \in [2\,;7]$ alors $2 \leqslant x \leqslant 7$ donc $4 \leqslant x^2 \leqslant 49$.

b. Réciproque fausse : $4 \leqslant x^2 \leqslant 49$ donc $x \in [2\,;7]$ ou $x \in [-7\,;-2]$.

40 **1.**

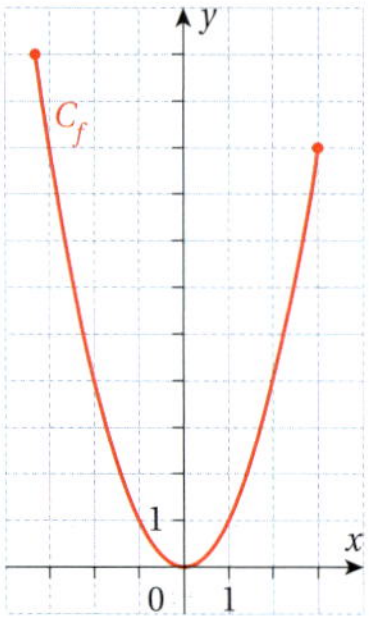

2. a. $I = [\frac{1}{3}\,;3]$: minimum : $\frac{1}{9}$; maximum : 9.

b. $I = [-3\,;-\frac{1}{3}]$: minimum : $\frac{1}{9}$; maximum : 9.

c. $I = [-\frac{10}{3}\,;\frac{1}{3}]$: minimum : 0 ; maximum : $\frac{100}{9}$.

53 **1. a.** $S = \{\frac{1}{4}\}$ **b.** $S = \{\frac{1}{\pi}\}$

c. $S = \{-5\}$

2. a. $S = [-\frac{1}{2}\,;0[$ **b.** $S =]0\,;2]$

c. $S =]-\infty\,;0[\cup]\frac{1}{4}\,;+\infty[$

QCM Je me teste sur les fonctions de référence

60 **1.** A **2.** C

61 D

62 A

63 D

64 C

65 B et C

66 B et C

67 A

68 A et C

Chapitre 4 Fonctions du second degré et homographiques

Question d'ouverture

Le périmètre de sécurité peut être calculé théoriquement pour chaque élément tiré si on connaît sa vitesse initiale et sa masse (voir TP TICE 2 p. 110). Mais en réalité, il faut ajouter au moins trois autres paramètres – la résistance due à l'air, l'influence de la combustion pendant le trajet, la vitesse du vent – ce qui rend les calculs impossibles.

Exercices d'application

1 **1.**

x	−3	0	1	2	3
$f(x)$	5,5	−3,5	−2,5	0,5	5,5

2. Une image peut être négative ; par exemple, $f(0)$.

Une image ne peut être strictement inférieure à −3,5 car $x^2 - 3{,}5 \geqslant -3{,}5$.

7 **a.** Développer $-(x-0{,}5)^2-3{,}75$ pour trouver $-x^2+x-4$.
b. Comme le coefficient devant x^2 est négatif, f est décroissante puis croissante.
L'écriture $-(x-0{,}5)^2-3{,}75$, montre que le maximum de f est $-3{,}75$ et qu'il est atteint pour $x = 0{,}5$.

x	$-\infty$	0,5	$+\infty$
$f(x)$	↗	$-3{,}75$	↘

10 **1.**

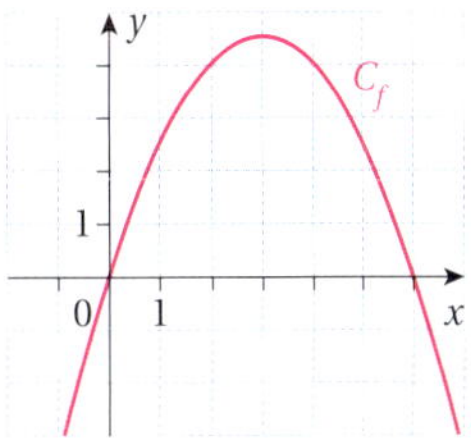

2. a. $S = \{0\}$
b. $f(x) = 0 \Leftrightarrow x(-0{,}5x+3) = 0$
$\Leftrightarrow x = 0$ ou $x = 6$
Sur $[-3\ ;\ 3]$, $S = \{0\}$.
3. $f(x) \leqslant 4{,}5 \Leftrightarrow 0{,}5x^2-3x+4{,}5 \leqslant 0$
$\Leftrightarrow 0{,}5(x-3)^2 \geqslant 0$
Ceci est vrai pour tout x et prouve que $f(x) \leqslant 4{,}5$ pour tout x.

12 **a.**

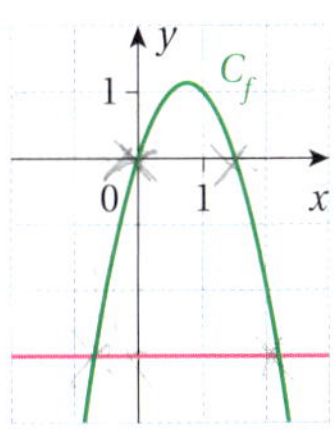

b. $f(x) = 0 : S = \{0\ ;\ 1{,}5\}$
$f(x) = -3 : S = \{-0{,}7\ ;\ 2{,}2\}$
c. $f(x) \geqslant 0 : S = [0\ ;\ 1{,}5]$
$f(x) < -3 : S =]-\infty\ ;\ -0{,}7] \cup [2{,}2\ ;\ +\infty[$

14 **a.**

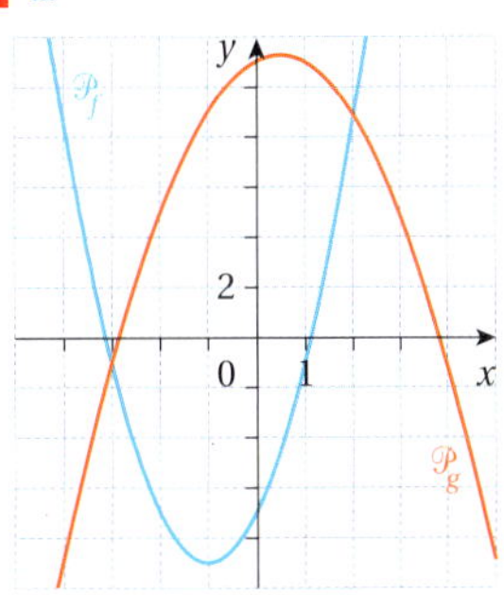

b. $f(x)-g(x) = 3x^2+3x-18$
et $3(x-2)(x+3) = 3x^2+3x-18$.
Points d'intersection : $(-3\ ;\ -1)$ et $(2\ ;\ 9)$.
c. $\mathcal{P}_f$ est en-dessous de $\mathcal{P}_g$ pour $x \in]-3\ ;\ 2[$.
$f(x)-g(x) < 0 \Leftrightarrow 3(x-2)(x+3) < 0$
$\Leftrightarrow x \in]-3\ ;\ 2[$
(Faire un tableau de signes.)

22 **a.** La fonction f n'est pas définie en 5 car cette valeur annule le dénominateur.
b. Par exemple, g telle que $g(x) = \dfrac{x+10}{x-4}$.

24 **a.**

x	-8	-7	-6	$-5{,}5$
$f(x)$	2,666 7	3,5	6	11

x	$-4{,}5$	-4	-3	-2
$f(x)$	-9	-4	$-1{,}5$	$-0{,}666\ 7$

b.

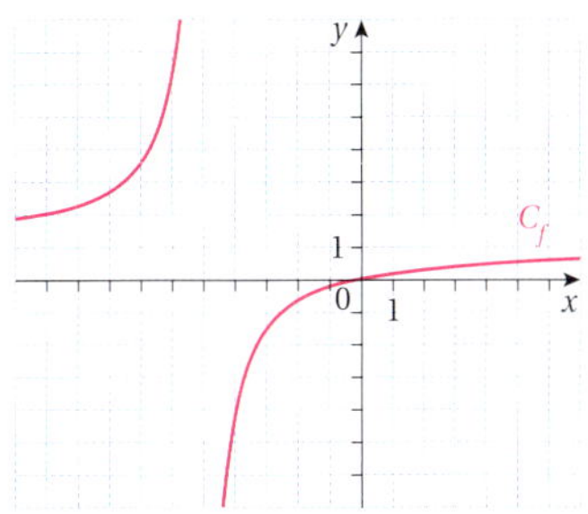

27 **a.**

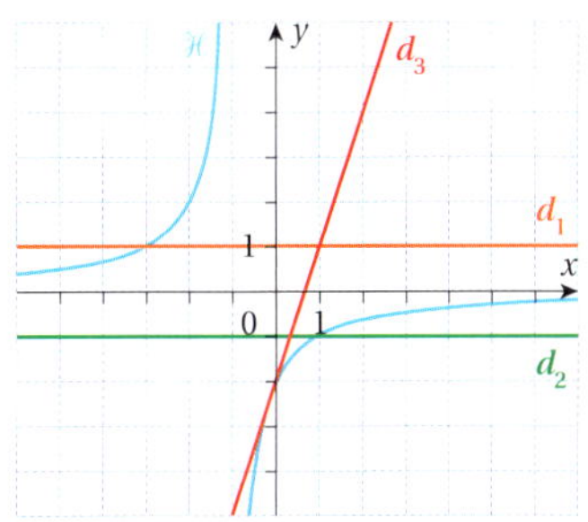

b. $\mathcal{H} \cap d_1 : (-3\ ;\ 1)$;
$f(x) = 1 \Leftrightarrow -2 = x+1 \Leftrightarrow x = -3$.
$\mathcal{H} \cap d_2 : (1\ ;\ -1)$;
$f(x) = -1 \Leftrightarrow -2 = -(x+1) \Leftrightarrow x = 1$.
$\mathcal{H} \cap d_3 : (0\ ;\ -2)$ et $(-0{,}3\ ;\ -3)$;
$f(x) = 3x-2 \Leftrightarrow -2 = (x+1)(3x-2)$
$\Leftrightarrow 3x^2+x = 0 \Leftrightarrow x = 0$ ou $x = -\dfrac{1}{3}$.

QCM Je me teste sur les fonctions du second degré et homographiques

31 B et C — **32** C
33 A et C — **34** C
35 A — **36** A et B
37 A et B — **38** D

Chapitre 5 Équations et inéquations

Question d'ouverture

$6x = 120-4x$ d'où $10x = 120$ soit $x = 12$.
L'ouvrier a travaillé 12 jours.

Exercices d'application

16 **a.** $\dfrac{1}{2}$ **b.** $\dfrac{1}{2}$ **c.** -1
d. 3 **e.** -5 ou 1 **f.** -7 ou 6

27
a.

x	$-\infty$		6		$+\infty$
$f(x)$		$-$	0	$+$	

b.

x	$-\infty$		3		$+\infty$
$g(x)$		$+$	0	$-$	

c.

x	$-\infty$		3		$+\infty$
$h(x)$		$-$	0	$+$	

36 **a.** $x < 1$ **b.** $x \geqslant \dfrac{1}{2}$
c. $x < -\dfrac{1}{8}$ **d.** $x > -3$
e. $x > \dfrac{4}{7}$ **f.** $x \leqslant -\dfrac{4}{3}$

40 **a.** $]-\infty\ ;\ \dfrac{8}{5}] \cup [\dfrac{9}{5}\ ;\ +\infty[$
b. $]-\infty\ ;\ -\dfrac{5}{9}[\cup]\dfrac{9}{10}\ ;\ +\infty[$
c. $]-3\ ;\ \dfrac{1}{2}[$
d. $]-\infty\ ;\ -3[\cup]\dfrac{8}{7}\ ;\ +\infty[$

QCM Je me teste sur les équations et les inéquations

49 B — **50** B
51 C — **52** A
53 B — **54** B
55 B et C — **56** C et D
57 A — **58** D
59 B

Partie B GÉOMÉTRIE

QCM Je teste mes acquis sur la géométrie

1 B — **2** B
3 A — **4** B et D
5 C et D — **6** A, B et D
7 B et D — **8** B
9 B et D — **10** D
11 B — **12** B
13 C

Chapitre 6 Vecteurs et repères

Question d'ouverture

Les coordonnées géographiques de l'œil du cyclone sont (130°E ; 25°N).

Exercices d'application

1 La translation de vecteur $\overrightarrow{BN}$ envoie la figure 1 sur la figure 7.
La translation de vecteur $\overrightarrow{DK}$ envoie la figure 2 sur la figure 8.
La translation de vecteur $\overrightarrow{EG}$ envoie la figure 3 sur la figure 5.
La translation de vecteur $\overrightarrow{OI}$ envoie la figure 4 sur la figure 6.

5 **a.** $\overrightarrow{AB} = \overrightarrow{EF} = \overrightarrow{GH} = \overrightarrow{JO}$
b. $\overrightarrow{CD} = \overrightarrow{EG} = \overrightarrow{GI} = \overrightarrow{NP} = \overrightarrow{FH}$
c. $\overrightarrow{DC} = \overrightarrow{GE} = \overrightarrow{IG} = \overrightarrow{PN} = \overrightarrow{HF}$

6 **a.** Vrai **b.** Faux
c. Vrai **d.** Vrai
e. Faux **f.** Faux
g. Vrai

18 **a.** $\vec{u} = \vec{a}$ **b.** $\vec{u} = -\frac{7}{8}\vec{a}$
c. $\vec{u} = -17\vec{a}$ **d.** $\vec{u} = 10\vec{a}$

38 **a.** A(0 ; 0) et C(1 ; 1)
b. A(1 ; 0) et C(0 ; 1)
c. A(0 ; 0) et C(1 ; 0)

42 $\vec{u}(-3\,;1)\,;-\vec{u}(3\,;-1)$
$\vec{v}(-1\,;3)\,;-\vec{v}(1\,;-3)$
$\vec{w}(1\,;3)\,;-\vec{w}(-1\,;-3)$
$\vec{z}(-3\,;-1)\,;-\vec{z}(3\,;1)$.

54 Les vecteurs $\vec{u}$ et $\vec{v}$ sont colinéaires dans les cas a et b.

64 **a.** On démontre que les vecteurs $\overrightarrow{AB}$ et $\overrightarrow{CD}$ ne sont pas colinéaires.
b. On démontre que les vecteurs $\overrightarrow{AC}$ et $\overrightarrow{DE}$ sont colinéaires.

65 **a.** et **b.** On démontre que les vecteurs $\overrightarrow{AB}$ et $\overrightarrow{AC}$ sont colinéaires.

QCM Je me teste sur les vecteurs et repères

77 B et C **78** A et C
79 A, B et D **80** A
81 B, C et D **82** B et D
83 B et D **84** A et D
85 B et C **86** B

Chapitre 7 Équations de droites et systèmes

Question d'ouverture

Une équation de droite est de la forme $y = ax + b$, avec a et b des nombres réels.

Exercices d'application

3 **a.** Vrai **b.** Faux
c. Vrai **d.** Faux
e. Vrai

4 **a.** d_6 **b.** d_4
c. d_2 **d.** d_1
e. d_3 **f.** d_5

8 $d_1 :\ y = -\frac{1}{4}x + 2$
$d_2 :\ y = -3x + 5$
$d_3 :\ y = -\frac{1}{2}x + 6$

11 $-3 \times 2{,}6 + 7 = -0{,}8 \neq -1$
donc A n'appartient pas à la droite d.
$-3 \times 479 + 7 = -1\,430$
donc B appartient à la droite d.

14 **a.** A(5 ; –18) **b.** B(2 ; –3)

17 **a.** $y = 3x - 1$ **b.** $y = -2x + 3$
c. $y = x + 11$

18 **a.** $y = -\frac{3}{2}x + \frac{5}{2}$
b. $y = \frac{1}{2}x - 2$ **c.** $y = \frac{4}{3}x - \frac{25}{3}$

22 **a.**

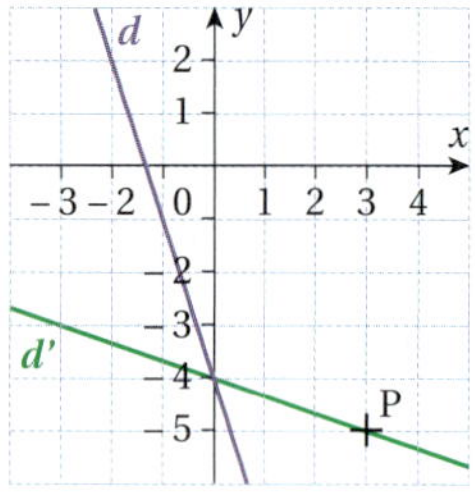

b. $y = -\frac{1}{3}x - 4$

27 **a.** $y = -5x + 22$ **b.** $y = -5x - 36$

33 (–1 ; –3)

36 **a.** (3 ; –3)
b. Une infinité de solutions.
c. Pas de solution.
d. $\left(\frac{1}{8}\,;-\frac{5}{8}\right)$

44 **a.** Le système admet une solution.
b. Le système n'a pas de solution.
c. Le système admet une solution.

47 **a.** (–1 ; 1)
b. $\left(\frac{1}{2}\,;-\frac{11}{2}\right)$

QCM Je me teste sur les équations de droites et systèmes

52 C **53** A et D
54 A et D **55** C et D
56 B **57** B
58 A et C **59** A et D

Chapitre 8 Trigonométrie

Question d'ouverture

Il faut 4 satellites – au moins – pour qu'un récepteur GPS arrive à se localiser.

Exercices d'application

2 $M_5\left(-\frac{3\pi}{2}\right) = M\left(\frac{\pi}{2}\right) = B$
$M_6\left(\frac{5\pi}{2}\right) = M\left(\frac{\pi}{2}\right) = B$
$M_7\left(-\frac{13\pi}{2}\right) = M\left(-\frac{\pi}{2}\right) = D$
$M_8\left(\frac{2010\pi}{2}\right) = M(\pi) = C$

4 **a.** N est le milieu de l'arc $\overset{\frown}{AB}$.
b. Les points $M_{20}\left(\frac{\pi}{4} + 2\pi\right)$, $M_{21}\left(\frac{\pi}{4} + 4\pi\right)$, $M_{22}\left(\frac{\pi}{4} + 6\pi\right)$, $M_{23}\left(\frac{\pi}{4} + 8\pi\right)$, $M_{24}\left(\frac{\pi}{4} - 2\pi\right)$ et $M_{25}\left(\frac{\pi}{4} - 4\pi\right)$.

5 $L_{\overset{\frown}{AB}} = 12 \times \frac{\pi}{180} \times 70 = \frac{14\pi}{3}$
$\approx 14{,}7$ cm
$\mathcal{P}_{\text{secteur}} = 2 \times 12 + \frac{14\pi}{3} = 24 + \frac{14\pi}{3}$
$\approx 38{,}7$ cm
$\mathcal{A}_{\text{secteur}} = \pi \times 12^2 \times \frac{70}{360} = 28\pi \approx 87{,}96\ \text{cm}^2$

9 **a.**

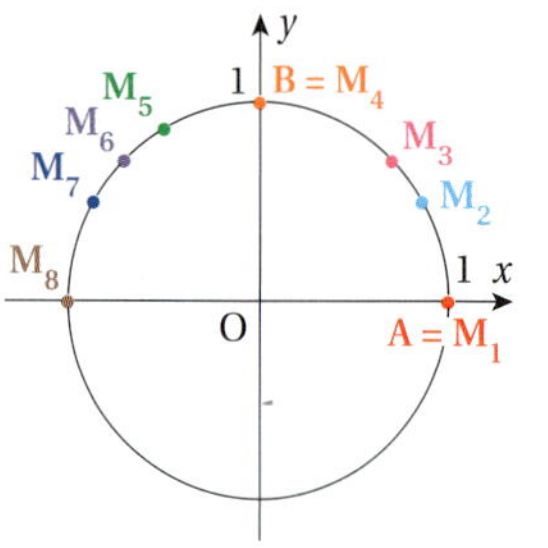

b.

Point	M_1	M_2	M_3	M_4
Angle	0°	30°	45°	90°
Sinus	0	$\frac{1}{2}$	$\frac{\sqrt{2}}{2}$	1
Cosinus	1	$\frac{\sqrt{3}}{2}$	$\frac{\sqrt{2}}{2}$	0

Point	M_5	M_6	M_7	M_8
Angle	120°	135°	150°	180°
Sinus	$\frac{\sqrt{3}}{2}$	$\frac{\sqrt{2}}{2}$	$\frac{1}{2}$	0
Cosinus	$-\frac{1}{2}$	$-\frac{\sqrt{2}}{2}$	$-\frac{\sqrt{3}}{2}$	–1

12 **a.** $a = 0°$ **b.** $a = 30°$
c. $a = 60°$ **d.** $a = 45°$

15 **a.** $\sin a = \sqrt{1 - (\cos(a))^2} = \sqrt{\frac{5}{9}} = \frac{\sqrt{5}}{3}$
b. $\cos b = \sqrt{1 - (\sin(b))^2} = 0{,}5$

20 **2. a.** $\mathcal{A}_{ABCD} = AB \times AD \times \sin\alpha$
$= 60 \sin\alpha$
b. Cette aire peut être égale à 60 cm² si $\alpha = 90°$.
Cette aire peut être égale à 50 cm² si $\alpha = 56{,}44°$ ou $\alpha = 123{,}56°$.
Cette aire ne peut pas être égale à 70 cm².

23 **a.** $IJ = \frac{60}{\cos 36°} \approx 74{,}2$ cm
$PQ = \frac{60}{\cos 13{,}5°} \approx 61{,}7$ cm
b. $LI = \frac{20}{\sin 54°} \approx 24{,}7$ cm
$JK = \frac{20}{\sin 36°} \approx 34$ cm
c. $LK = IJ + LI \times \cos 54° + JK \times \cos 36°$
$\approx 116{,}2$ cm

QCM Je me teste sur la trigonométrie

29 A **30** C
31 B et D **32** B
33 D **34** B, C et D
35 B **36** A
37 B et C **38** A, B et D
39 A **40** B

Chapitre 9 Géométrie dans l'espace

Question d'ouverture

4 traits déplacés permettent de rendre la figure possible :

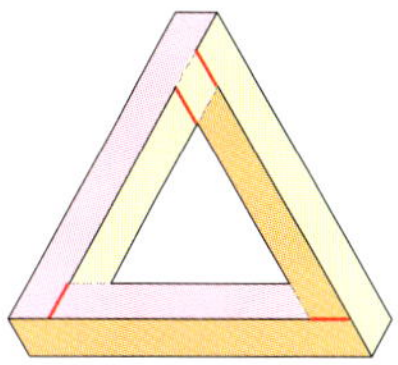

Exercices d'application

1 I est codé au milieu de [AD], il doit être placé au milieu du segment représenté.

Le segment [DC] est caché, il doit être entièrement en pointillés.

ABCD est un carré, les droites (AD) et (BC) sont donc parallèles. Elles doivent aussi l'être sur la représentation.

3 **a.** Vue de la gauche.

e. Vue de dessus.

f. Vue de la droite.

4 **a.** L(CHEF) = CH + HE + EF

$= \sqrt{10^2+6^2} + 8 + 10 = \sqrt{136}+18$

$= 2\sqrt{34}+18$

b. L(FADE) = FA + AD + DE

$= \sqrt{10^2+6^2} + 8 + \sqrt{6^2+8^2}$

$= \sqrt{136}+8+\sqrt{100} = 2\sqrt{34}+8+10$

$= 2\sqrt{34}+18$

L(CAGE) = CA + AG + GE

$= \sqrt{10^2+8^2} + \sqrt{10^2+8^2+6^2} + \sqrt{10^2+8^2}$

$= 2\sqrt{136}+\sqrt{200} = 4\sqrt{34}+10\sqrt{2}$

L(FADE) ≈ 29,7 et L(CAGE) ≈ 37,5 donc Aurélie est la gagnante.

6 **a.** ABCD est un tétraèdre, FCBED est une pyramide.

b. L'aire du triangle ABC vaut :

$$b = \frac{BC\times h}{2} = \frac{5\times 4}{2} = 10 \text{ cm}^2$$

ABCDEF est un prisme droit donc [AD] est une hauteur dans le tétraèdre ABCD.

Or AD = FC = 6 cm d'où :

$$V_{ABCD} = \frac{1}{3}b\times AD = \frac{1}{3}\times 10\times 6 = 20 \text{ cm}^3$$

Le volume de FCBED s'obtient en retranchant celui du tétraèdre à celui du prisme :

$$V_{FCBED} = V_{ABCDEF} - V_{ABCD} = b\times AD - 20$$
$$= 10\times 6 - 20 = 40 \text{ cm}^3$$

c. Il suffit de couper la pyramide FCBED en deux tétraèdres de même volume. En gardant la même hauteur issue de D, il suffit de couper la base en deux triangles de même aire, par exemple FCB et FBE qui donnent les tétraèdres FCBD et FBED.

10 **a.** ADC étant un triangle équilatéral, (AJ) en est une hauteur et une médiane, d'où le triangle AJC est rectangle en J et CJ = 2.

D'après le théorème de Pythagore dans le triangle AJC :

$$AJ^2 = AC^2 - JC^2 = 4^2 - 2^2 = 16 - 4 = 12$$

Donc $AJ = \sqrt{12} = 2\sqrt{3}$.

b. On peut montrer de même que $BJ = 2\sqrt{3}$, d'où le triangle AJB est isocèle en J.

c. (IJ) est donc une médiane et une hauteur dans le triangle AJB.

D'après le théorème de Pythagore dans le triangle AJB :

$$IJ^2 = AJ^2 - AI^2 = (2\sqrt{3})^2 - 2^2 = 12 - 4 = 8$$

Donc $IJ = \sqrt{8} = 2\sqrt{2}$.

16 **1.** $V_{ABDE} = \frac{1}{3}\times(\frac{AB\times AD}{2})\times AE$

$= \frac{1}{3}\times\left(\frac{12\times 12}{2}\right)\times 12$

$= 288 \text{ cm}^3$

2. a. $EB = AB\times\sqrt{2} = 12\sqrt{2}$ cm.

De même $DB = DE = 12\sqrt{2}$ cm.

b. EBD est un triangle équilatéral.

3. a. Toutes les longueurs des côtés de DBGE sont des diagonales d'une face du carré, elles sont donc toutes égales et le tétraèdre DBGE est donc régulier.

b. On peut dénombrer quatre tétraèdres identiques à ABDE, tels que :

$$V_{DBGE} = V_{cube} - 4\times V_{ABDE}$$
$$= 12^3 - 4\times 288 = 576 \text{ cm}^3$$

18 **a.** Oui, car les droites sont parallèles. I et J appartiennent aussi à ce plan.

b. Oui, car les droites sont sécantes.

c. Non, car les points sont alignés.

d. Oui, car les points ne sont pas alignés.

e. Oui, car I n'appartient pas à (SD). B appartient aussi à ce plan.

f. Non, car le point D n'appartient pas au plan (SAB).

g. Oui, car C n'appartient pas à (AJ). B, I et D appartiennent aussi à ce plan

h. Non, car les points sont alignés.

21 **a.** Dans le plan (ACD), on peut appliquer le théorème des milieux, d'où (IJ)//(AC).

b. (AJ) et (CI) sont coplanaires et non parallèles, elles sont donc sécantes.

c. (AI) et (DJ) sont sécantes en D.

d. J ∉ (BDI), donc les points B, D, I et J ne sont pas coplanaires. On en déduit que les droites (BD) et (IJ) ne sont pas coplanaires.

e. (AJ) et (BJ) sont sécantes en J.

f. J ∉ (ABI), donc les points A, B, I et J ne sont pas coplanaires. On en déduit que les droites (AJ) et (BI) ne sont pas coplanaires.

26 **a.** Vrai **b.** Faux

c. Faux

27 **a.** Vrai **b.** Faux

c. Faux **d.** Faux

32 **a.** Comme (DC)//(AB), d'après le théorème du toit, la droite d'intersection des plans (DCM) et (ABM) est une droite parallèle à (DC) et à (AB). On construit donc la parallèle à (AB) passant par M.

b. Il suffit de terminer le tracé sur les faces AEHD et CBFG où l'on connaît deux points du plan (DCM).

c. Sur les faces AEHD et CBFG, on connaît deux points communs aux plans (DCM) et (HAB). L'intersection est donc la droite passant par ces deux points.

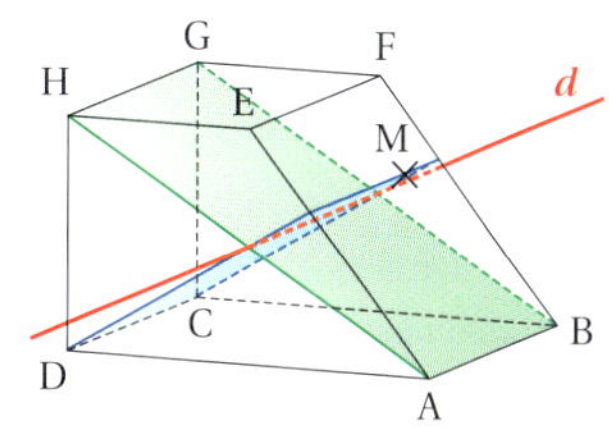

d est elle aussi parallèle à (DC) et (AB) d'après le théorème du toit.

QCM Je me teste sur la géométrie dans l'espace

36	C	**37**	A
38	D	**39**	A, B et D
40	B, C et D	**41**	A, C et D
42	B	**43**	A, C et D
44	**1.** A, B et C **2.** D		

Partie C STATISTIQUES ET PROBABILITÉS

QCM Je teste mes acquis sur les statistiques et probabilités

1	C	**2**	B
3	B	**4**	C
5	B	**6**	C
7	C	**8**	D
9	B et C	**10**	A

Chapitre 10 Statistiques et échantillonnage

Question d'ouverture

On ne peut jamais savoir qui va être élu à partir d'un sondage ! En revanche, on peut annoncer un intervalle dit « de confiance » représentatif de la proportion de personnes qui voteront pour un candidat. Cet intervalle est assorti d'un « niveau », souvent 0,95.

Exercices d'application

2

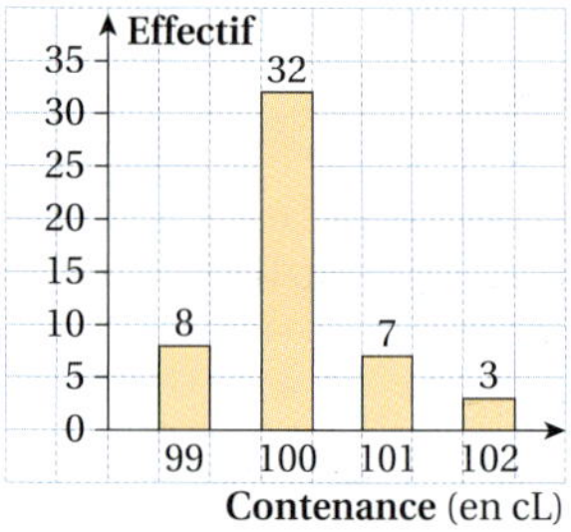

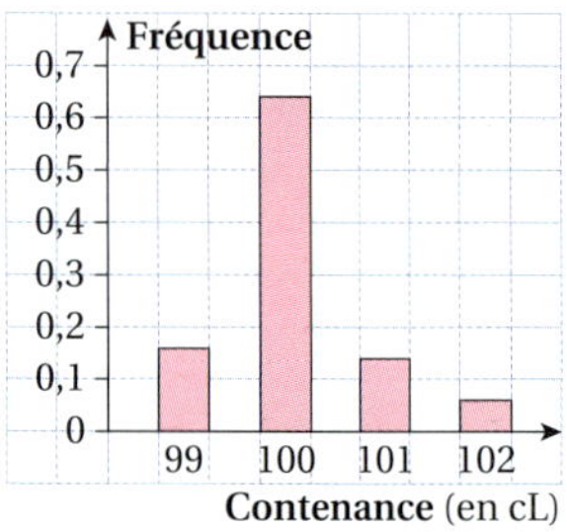

7 *BeCycle* : 3 h 41 min 04 s en moyenne.
CycloPlus : 3 h 36 min 14 s en moyenne.

9 Montant moyen des factures :

$\dfrac{145 \times 253{,}45 + 152 \times 221{,}1}{145 + 152} \approx 236{,}89$ €

14 On lit l'âge sur l'axe vertical : environ 405 000 hommes de 1 an, 400 000 hommes de 2 ans…

De même pour les femmes.

L'âge moyen = $\dfrac{405\,000 \times 1 + 400\,000 \times 2 + ...}{405\,000 + 400\,000 + ...}$

19 **a.** Moyenne = $\dfrac{278}{15} \approx 18{,}53$

b. Médiane = 19

c. Oui. Moyenne sur les 7 premiers matchs : 19,7 ; moyenne sur les 7 derniers matchs : 17,8.

21 **a.** Par exemple : 9 ; 9 ; 9 ; 13 ; 15 ; 16 ; 16 ; 17.

b. En remplaçant un des 9 par 2, l'étendue vaut alors 15. La médiane est la même, mais la moyenne baisse.

27 **a.** et **c.**

	Effectif	Étendue	Moyenne
Série 1	30	5,6	7,44
Série 2	30	5,83	7,73

	Médiane	Q_1	Q_3
Série 1	7,65	6,01	8,23
Série 2	7,91	6,28	8,83

b. La proportion des élèves qui ont lancé au-delà de 8 m n'a pas changé ; on ne peut rien conclure.

d. Moyenne, médiane, quartiles ont augmenté. Les élèves se sont améliorés.

QCM Je me teste sur les statistiques

39 B
40 D
41 A
42 B et C
43 B et D
44 A et D
45 B, C et D
46 D
47 A et C

Chapitre 11 Probabilités

Question d'ouverture

Pour être équitable, le pari sur le 7 devrait rapporter 6 fois la mise (cf. TP TICE 3 p. 302).

Exercices d'application

1 **a.** Ω = {3 rouges ; 1 noire et 2 rouges ; 2 noires et 1 rouge ; 3 noires}

b. A = {1 noire et 2 rouges ; 2 noires et 1 rouge ; 3 noires}

c. Non.

2 **a.** Ω = {2 ; 3 ; 4 ; 5 ; 6 ; 7 ; 8 ; 9 ; 10 ; 11 ; 12}

b. Ω' = {1 ; 2 ; 3 ; 4 ; 5 ; 6 ; 8 ; 9 ; 10 ; 12 ; 15 ; 16 ; 18 ; 20 ; 24 ; 25 ; 30 ; 36}

c. La deuxième.

3 Ω = {(P, P) ; (P, F) ; (F, P, P) ; (F, P, F) ; (F, F, F) ; (F, F, P)}

6 **a.** 10 000 **b.** 1 000 **c.** 10

11 **a.** $p(A) = \dfrac{4}{9}$ **b.** $p(B) = \dfrac{1}{3}$

c. $p(C) = \dfrac{2}{9}$ **d.** $p(D) = \dfrac{2}{9}$

12

13 **a.** $p(A) = \dfrac{1}{4}$ **b.** $p(B) = \dfrac{1}{2}$

c. $p(C) = \dfrac{1}{8}$ **d.** $p(D) = \dfrac{3}{8}$

19 **a.** $p = \dfrac{1}{7776}$ **b.** $p = \dfrac{1}{1296}$

21 **a.** $p(A) = 0{,}5$; $p(B) = 0{,}3$; $p(C) = 0{,}4$.

b. $\overline{A}$: « Le nombre choisi est impair », $p(\overline{A}) = 0{,}5$.

$\overline{B}$: « Le nombre choisi est inférieur à 8 », $p(\overline{B}) = 0{,}7$.

$\overline{C}$: « Le nombre choisi n'est pas premier », $p(\overline{C}) = 0{,}6$.

30 **a.** $p(A) = \dfrac{1}{2}$ **b.** $p(B) = \dfrac{1}{3}$

c. $p(A \cap B) = \dfrac{1}{6}$ et $p(A \cup B) = \dfrac{1}{2} + \dfrac{1}{3} - \dfrac{1}{6} = \dfrac{2}{3}$

QCM Je me teste sur les probabilités

32 **1.** C **2.** B **3.** B
33 **1.** C **2.** C **3.** D
34 **1.** C **2.** B **3.** C **4.** D
35 D
36 A
37 D
38 **1.** A **2.** C **3.** D

Problèmes

42 **1. a.** $\dfrac{12 \times 11 \times 10 \times 9 \times 8}{12 \times 12 \times 12 \times 12 \times 12} = \dfrac{55}{144}$

b. $1 - \dfrac{55}{144} = \dfrac{89}{144}$

2. $1 - \dfrac{365 \times 364 \times 363 \times 362 \times 361}{365 \times 365 \times 365 \times 365 \times 365}$

= 0,027 1 % < 3 %

INDEX

TABLE DES ILLUSTRATIONS

17		ph ©	L. Maisant/hemis.fr
19		ph ©	Kutay Tanir / Getty Images
29		ph ©	Leemage
34	bg	ph ©	AKG-Images - © Adagp, Paris 2010
34	hd	ph ©	Archives Hatier
34	hg	ph ©	AKG-Images
34	hm	ph ©	MP/Leemage
41		ph ©	ESA/CNES/CSG/Novapix
42		ph ©	S. Kazlowski/Peter Arnold/Biosphoto
43		ph ©	Pierre GLEIZES/Réa
59		ph ©	Foodfolio/Age Fotostock
60	bg	ph ©	Roger-Viollet
60	hd	ph ©	Roger-Viollet
60	hg	ph ©	Erich Lessing/ AKG-Images
60	hm	ph ©	The Bridgeman Art Library
75		ph ©	IRAM
90	hd	ph ©	SPL/ AKG-Images
90	hg	ph ©	MP/Leemage
90	hm	ph ©	AKG-Images
101		ph ©	Pool New/Reuters
102		ph ©	Mantey/Pressesports
116	bd	ph ©	CNAC/MNAM Dist. RMN - P.Migeat - © Adagp, Paris 2010
116	hm	ph ©	Battaglini/Leemage
125		ph ©	RMN/Droits réservés
135		ph ©	Patrick Forget/Eyedea
139	hd	ph ©	AKG-Images
139	hg	ph ©	Fototeca/Leemage
139	md	ph ©	B.N.F., Paris
147		ph ©	Coll. Centre Georges Pompidou, Dist. RMN - © Adagp, Paris 2010
149		ph ©	Geoeye / SPL / Biosphoto
170	bd	ph ©	Rabatti - Domingie / AKG-Images
170	hd	ph ©	Selva/Leemage
170	hg	ph ©	RMN - Photo Martine Beck Coppola
170	hm	ph ©	Luisa Ricciarini/Leemage
179		ph ©	Nasa/Novapix
182	bd	ph ©	J.Lodriguss/Novapix
182	bg	ph ©	A.Fujii/David Malin Images/Novapix
183		ph ©	Jon Hicks/Corbis
199		ph ©	Eric Chauche / Pressesports
200	hd	ph ©	Mary Evans/Rue des Archives
200	hg	ph ©	Tal / Rue des Archives
200	hm	ph ©	AISA/Leemage
200	mg	ph ©	Erich Lessing / AKG-Images
209		ph ©	Mao/Pressesports
211		ph ©	V. Curutchet / DPPI
222		ph ©	B. MORANDI / hemis.fr
223	hd	ph ©	AKG-Images
223	hg	ph ©	Leemage
223	md	ph ©	Roger-viollet
223	mg	ph ©	B.N.F., Paris
231		©	avec l'aimable autorisation de Mathieu Hamaekers
247		ph ©	P. Narayan/AGE Fotostock
250	b	ph ©	North Wind Pictures/Leemage
250	hd	ph ©	AKG-Images
250	hg	ph ©	Electa/Leemage
250	hm	ph ©	Lee/Leemage
253		ph ©	Frédéric Hanoteau
259		ph ©	L. Robertson/FoodPix/Getty Images
261		ph ©	Diana Ong / Getty Images
262		Coll.	Prod DB © Ramona - Zephyr / DR
263		ph ©	Alles-Schlumpf / Getty Images
276	bg	ph ©	B.N.F., Paris
276	hd	ph ©	San C. Saunders
276	hm	ph ©	Pizzi/MP/Leemage
283		ph ©	N. Tavernier / Réa
289		ph ©	C. Benson/Getty Images
306	bg	ph ©	Gaston Boussières / Bibliothèque municipale de Toulouse
306	hd	ph ©	SPL / AKG-Images
306	hg-d	ph ©	Giraudon/The Bridgeman Art Library
306	hg-g	ph ©	Selva/Leemage
306	hm	ph ©	Archives Hatier
309		ph ©	J. Westrich/Corbis

Malgré nos efforts, il nous a été impossible de joindre certains photographes ou leurs ayants-droit, ainsi que des éditeurs ou leurs ayants-droit, de certains documents, pour solliciter l'autorisation de reproduction, mais nous avons naturellement réservé en notre comptabilité les droits usuels.

Maquette : Nicolas Balbo - Laurent Romano - Graphismes
Mise en page : Nicolas Balbo
Illustrations : Gabriel Rebufello
Infographie : Domino
Iconographie : Hatier Illustration

Achevé d'imprimer par Loire Offset Titoulet à Saint-Etienne - FRANCE
Dépôt légal : 94646-2 / 01 - Avril 2010

	TI	Casio	Xcas	Scilab	Python
Entrer des données	**Input** A	?→A	**input**(A) ; ou **saisir**(A) ;	A=**input**(" A= ") ;	A=**input**("A=")
Afficher le contenu de la variable A	**Disp** A	A◢	**print**(A) ;	**disp**(A) ;	**print**(A)
Affecter 3 à la variable A	3→A	3→A	A:=3 ;	A=3 ;	A=3
Pour *i* variant de 1 à 10	**For**(i,1,10) *action* **End**	**For** 1→i to 10 *action* **Next**	**pour** i de 1 **jusque** 10 **faire** *action ;* **fpour** ;	**for** i=1:10 *action* ; **end** ;	**for** i **in range** (1,11) : *action*

Si *condition*
alors *action1*
sinon *action2*
	If *condition*
	Then *action1*
	Else *action2*
	End
		If *condition*
		Then *action1*
		Else *action2*
		IfEnd
			si *condition* **alors**
			action1 ;
			sinon
			action2 ;
			fsi ;
				if *condition* **then**
				action1 ;
				else
				action2 ;
				end ;
					if *condition* :
					action1
					else :
					action2

Tant que *condition* **faire** *action1*	**While** *condition* *action* **End**	**While** *condition* *action* **WhileEnd**	**tantque** *condition* **faire** *action ;* **ftanque** ;	**while** *condition* ; *action* ; **end** ;	**while** *condition* : *action*
Définition d'une fonction *f* de la variable *x* qui renvoie *y*	*pour TInSpire* **Define** f(x)= **Func** *instructions de calcul de y* **Return** *y* **EndFunc**	*pour Classpad* **Define** f(x)=instructions	f(x):=*expression en fonction de x*	**function** y=f(x) y=... **endfunction**	**def** f(x): y=... **return** y

Les opérations élémentaires en Python

Opérateur	+	-	*	/	**	%
Description	Addition	Soustraction	Multiplication	Division euclidienne	Exposant	Reste
Exemple				Si *a* et *b* sont des entiers, *a*/*b* renvoie le quotient de la division euclidienne de *a* par *b*.	*a***3 renvoie le cube de *a*. *a***0.5 donne une valeur approchée de la racine carrée de *a*.	*a*%*b* renvoie le reste de la division euclidienne de *a* par *b*. Par exemple, 5%3 renvoie 2.

FORMULAIRE (RAPPELS DE COLLÈGE)

Calcul algébrique

Les identités remarquables

Pour tous réels a et b, on a :

$(a+b)^2 = a^2 + 2ab + b^2$ $\quad (a-b)^2 = a^2 - 2ab + b^2$ $\quad (a+b)(a-b) = a^2 - b^2$

Les puissances

Pour tous réels a et b non nuls et pour tous entiers relatifs n et p, on a :

$a^n \times a^p = a^{n+p}$ $\quad \dfrac{a^n}{a^p} = a^{n-p}$ $\quad \dfrac{1}{a^p} = a^{-p}$

$(a^n)^p = a^{n \times p}$ $\quad a^n \times b^n = (a \times b)^n$ $\quad \dfrac{a^n}{b^n} = \left(\dfrac{a}{b}\right)^n$

Les racines carrées

Pour tous réels positifs a et b, b non nul, on a :

$\sqrt{a \times b} = \sqrt{a} \times \sqrt{b}$ $\quad \sqrt{\dfrac{a}{b}} = \dfrac{\sqrt{a}}{\sqrt{b}}$

$\sqrt{a^2} = a$ $\quad (\sqrt{a})^2 = a$

Dans un triangle rectangle

Théorème de Pythagore

Si ABC est un triangle rectangle en A alors on a : $BC^2 = AB^2 + AC^2$

Réciproque du théorème de Pythagore

Si, dans un triangle ABC, on a l'égalité $BC^2 = AB^2 + AC^2$ alors le triangle ABC est rectangle en A.

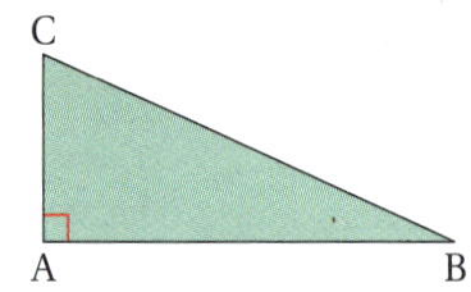

Droites sécantes coupées par des droites parallèles

Théorème de Thalès

Soit (AB) et (AC) deux droites sécantes en A, B' un point de la droite (AB) et C' un point de la droite (AC).

Si les droites (B'C') et (BC) sont parallèles alors on a : $\dfrac{AB'}{AB} = \dfrac{AC'}{AC} = \dfrac{B'C'}{BC}$

Réciproque du théorème de Thalès

Soit (AB) et (AC) deux droites sécantes en A, B' un point de la droite (AB) et C' un point de la droite (AC) tels que les points A, B' et B sont alignés dans le même ordre que les points A, C' et C.

Si on a l'égalité $\dfrac{AB'}{AB} = \dfrac{AC'}{AC}$ alors les droites (B'C') et (BC) sont parallèles.

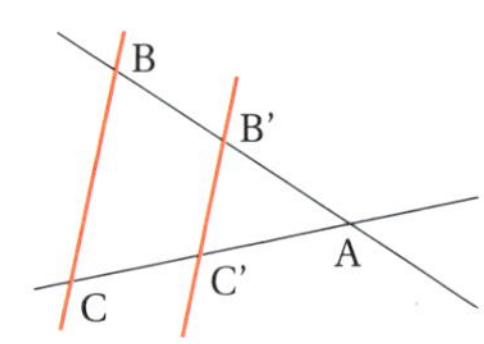

ou

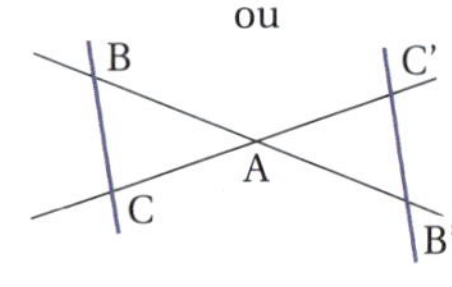

Angle au centre et angles inscrits

• Dans un cercle, la mesure d'un angle au centre est le double de celle de l'angle inscrit qui intercepte le même arc.

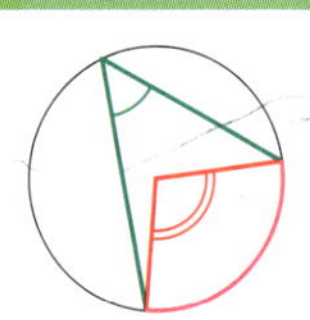

• Dans un cercle, deux angles inscrits qui interceptent le même arc ont la même mesure.

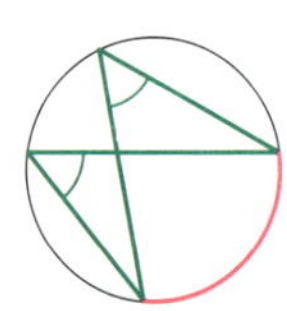